Springer-Lehrbuch

Springer
Berlin
Heidelberg
New York
Barcelona
Budapest
Hongkong
London
Mailand
Paris
Santa Clara
Singapur
Tokio

Otfried Georg

Elektromagnetische Wellen

Grundlagen und durchgerechnete Beispiele

Mit 164 Abbildungen

Springer

Professor Dr. Otfried Georg
Fachhochschule Trier
Schneidershof
54293 Trier

ISBN-540-62924-6 Springer-Verlag Berlin Heidelberg New York

Die Deutsche Bibliothek - CIP Einheitsaufnahme

Georg, Otfried:
Elektromagnetische Wellen: Grundlagen und durchgerechnete Beispiele / Otfried Georg. - Berlin; Heidelberg; New York; Barcelona; Budapest; Hongkong; Mailand; Paris; Santa Clara; Singapur; Tokio: Springer, 1997
(Springer-Lehrbuch)
ISBN 3-540-62924-6

Dieses Werk ist urheberrechtlich geschützt. Die dadurch begründeten Rechte, insbesondere die der Übersetzung, des Nachdrucks, des Vortrags, der Entnahme von Abbildungen und Tabellen, der Funksendung, der Mikroverfilmung oder Vervielfältigung auf anderen Wegen und der Speicherung in Datenverarbeitungsanlagen, bleiben, auch bei nur auszugsweiser Verwertung, vorbehalten. Eine Vervielfältigung dieses Werkes oder von Teilen dieses Werkes ist auch im Einzelfall nur in den Grenzen der gesetzlichen Bestimmungen des Urheberrechtsgesetzes der Bundesrepublik Deutschland vom 9. September 1965 in der jeweils geltenden Fassung zulässig. Sie ist grundsätzlich vergütungspflichtig. Zuwiderhandlungen unterliegen den Strafbestimmungen des Urheberrechtsgesetzes.

© Springer-Verlag Berlin Heidelberg 1997
Printed in Germany

Die Wiedergabe von Gebrauchsnamen, Handelsnamen, Warenbezeichnungen usw. in diesem Buch berechtigt auch ohne besondere Kennzeichnung nicht zu der Annahme, daß solche Namen im Sinne der Warenzeichen- und Markenschutz-Gesetzgebung als frei zu betrachten wären und daher von jedermann benutzt werden dürften.

Sollte in diesem Werk direkt oder indirekt auf Gesetze, Vorschriften oder Richtlinien (z.B. DIN, VDI, VDE) Bezug genommen oder aus ihnen zitiert worden sein, so kann der Verlag keine Gewähr für die Richtigkeit, Vollständigkeit oder Aktualität übernehmen. Es empfiehlt sich, gegebenenfalls für die eigenen Arbeiten die vollständigen Vorschriften oder Richtlinien in der jeweils gültigen Fassung hinzuzuziehen.

Einbandentwurf: Design & Production, Heidelberg
Satz: Camera ready Vorlage durch Autor
SPIN: 10628818 62/3020 - 5 4 3 2 1 0 - Gedruckt auf säurefreiem Papier

Vorwort

Dieses Lehr- und Übungsbuch möchte ein Bindeglied schaffen zwischen den klassischen Vorlesungen der *Grundlagen der Elektrotechnik* und der umfangreichen Fachliteratur zu elektromagnetischen Wellen, die sich in zahlreiche Spezialgebiete über die Wellenlängenbereiche von

- Längstwellen mit bis hin zu tausenden von Kilometern Wellenlänge - über den kommerziell stark genutzten
- Meterbereich - den für Breitband- und/oder Satelliten- und/oder Mobilfunkanwendungen stark expandierenden
- Mikrowellenbereich (cm-Wellen) - bis zum Datenautobahn-Bereich
- optischer Wellen, insbes. in Lichtwellenleitern mit Wellenlängen im µm-Bereich,

auffächert.

Das wirkliche Verständnis elektromagnetischer Wellen bildet damit die Grundlage unserer heutigen Telekommunikationstechnik. Im OSI-Modell würde man sagen, elektromagnetische Wellen realisieren die unteren Anteile der Schicht 1. Wer daher Ingenieur sein will und niedere Protokolle implementiert, muß Codierungsverfahren anwenden, die Rücksicht auf die Physik der Übertragungstechnik nehmen, die wiederum durch zahlreiche Parameter beschrieben wird, wie: Dämpfung, Verzerrung, Laufzeit, Reflexionsfaktor, Leistungsbudget etc., womit die Liste bei weitem nicht erschöpft ist.

Bei einer viersemestrigen Aufteilung des Vordiplomstudienfaches *Grundlagen der Elektrotechnik* - wie an der Fachhochschule in Trier - bietet sich eine vollständige Abdeckung an (SWS):

1. Sem. (4): Gleichstromtechnik
2. Sem. (6): Elektrische und magnetische Felder
3. Sem. (4): Wechselstromtechnik und allgemein zeitveränderliche Vorgänge
4. Sem. (4): Elektromagnetische Wellen (freie und leitungsgebundene je 2)

Dabei ist der Inhalt des 4. Semesters thematisch eine konsequente Fortsetzung des in den beiden vorangegangenen erarbeiteten: freie elektromagnetische Wellen vereinigen die Feldtheorie mit der komplexen Wechselstromrechnung in Form komplexer Vektoren - sog. *Phasoren* - sowie bei leitungsgebundenen Wellen eine Abbildung vieler zuvor erarbeiteter Größenarten auf nichtkonzentrierte Netzwerke.

Das Buch soll für Fachhochschulen und Universitäten gleichermaßen geeignet sein, in Form eines Grundlagenkurses muß jedoch die Mathematik auf mittlerem Niveau gehalten werden können, dafür ist die Physik klar herauszuarbeiten. Daher die Zielsetzung: soviel physikalisches und daraus resultierendes technisch, d.h. praktisch nutzbringendes Verständnis wie möglich, sowenig Mathematik wie nötig.

Somit folgt, daß ein grundlegendes Verständnis der Vektoralgebra, Differential- und Integralrechnung, daraus resultierend der Vektoranalysis mit den Operatoren rot, div, grad (in dieser Reihenfolge) und aus allem resultierend der Umgang mit den MAXWELLgleichungen unabdingbar ist. Worauf jedoch in einem Grundlagenwerk meist verzichtet werden sollte, sind z.B.:

- Umrechnungen in verschiedenen Koordinatensystemen (Zylinder-, Kugel-). Wo immer möglich, sollen Begriffe kartesisch erklärt werden.
- Ausführliche Vektorbetrachtungen, auch in kartesischen Koordinatensystemen, d.h. die Probleme sollen, soweit das physikalische Verständnis nicht einengend, eindimensionalisiert werden.
- Begriffe und Darstellungen höheren Abstraktionsgrades, wie *Vektorpotential*, *HERTZscher Vektor*, *LAPLACE*- und *POISSONgleichung*, *DIRACsche Funktionen*.
- Wellenausbreitung in beliebig inhomogenen Medien.
- Grafische Methoden (SMITHdiagramm), Vierpoltheorie, Streuparameter für Wellen auf Leitungen, da die Methoden nicht grundsätzlich spezifisch für elektromagnetische Wellen sind.

Man wird Grundbegriffe finden, abgeleitet aus Durchflutungs- und Induktionsgesetz: Einflüsse der Materialeigenschaften, Ausbreitungskonstanten und Eindringtiefen, Wellenlänge und Geschwindigkeit, Wellenwiderstand, POYNTINGvektor, Skineffekt etc. Man wird weniger finden: Transformationen, Antennen, Ionosphärenausbreitung, Leitungsstrukturen und Filter etc. All dies ist dominant der weiterführenden Literatur oder der theoretischen Elektrotechnik vorbehalten, von denen zahlreiche gute Werke in der Literaturliste angegeben sind.

In diesem Sinne ist das Buch in fünf Kapitel unterteilt. Eine kurze Einführung bildet den mechanischen Wellenbegriff der Physik, wie er dem Verstand einfach zugänglich ist, auf die Mathematik ab, damit man weiß, wo man bei elektromagnetischen Wellen hinzurechnen hat. Ein zweites Kapitel rekapituliert das benötigte Wissen des zweiten Semesters über elektrische und magnetische Felder; hier ist vorausgesetzt, daß dieser Stoff als auch der hier nicht weiter vertiefte Umgang mit komplexer Wechselstromrechnung sitzen.

Das dritte Kapitel bringt den vollen Einstieg in das Themengebiet, indem alle wichtigen Grundlagen freier Wellen erarbeitet werden. Das vierte Kapitel bildet das Pendant für geführte Wellen auf Leitungen, das fünfte schließt mit Wellenleitern ab. Diese Kapitel sind reichlich mit Übungsaufgaben versehen, die teilweise auf Folgeabschnitte vorgreifen. Hier ist es wichtig, daß der Studierende diese durcharbeitet, bevor er im Stoff fortschreitet, denn nur so kann er prüfen, ob er diesen verstanden hat.

Nicht vergessen werden sollen die Pioniere dieser Technik des vorangegangenen und auch dieses Jahrhunderts, die bei den einzelnen Effekten, die sie entdeckt bzw. an deren Entdeckung sie maßgeblichen Anteil hatten und die für die Erkenntnisse auf dem Gebiet der Wellenausbreitung von Bedeutung sind, aufgeführt werden.

Trier, im Januar 1997 Otfried Georg

Inhaltsverzeichnis

Darstellungskonventionen

Auf der nächsten Seite sind alle Symbole von universeller Bedeutung in diesem Buch angegeben. Folgende Regeln werden dabei weitgehend eingehalten:

Konstanten in Normalschrift, z.B. e (EULERsche Zahl), j ($\sqrt{-1}$), π (3,1415...)

Einheiten in Normalschrift, z.B. Hz (Hertz), Wb (Weber), V (Volt)

Skalare Variablen in *Kursivschrift*: x, X.

Vektorielle Variablen in ***fetter Kursivschrift***: $\boldsymbol{x}$, $\boldsymbol{X}$.

Komplexe Variablen unterstrichen: $\underline{x}$, $\underline{X}$, $\underline{\boldsymbol{x}}$, $\underline{\boldsymbol{X}}$

Amplituden als überdachte GROßBUCHSTABEN: $\hat{X}$, $\underline{\hat{X}}$, $\hat{\boldsymbol{X}}$, $\underline{\hat{\boldsymbol{X}}}$

Macht für diese Größen eine Unterscheidung in zeitkonstante und zeitabhängige Darstellung einen Sinn, so ist die zeitabhängige Größe in *kleinbuchstaben*, die zeitkonstante Größe in *GROßBUCHSTABEN* dargestellt. Bei einigen Größen wird diese Regel wegen sehr verbreiteter anderer Darstellung in der Literatur nicht eingehalten. Beispiele sind (Dipol-)Momente, die immer in Kleinbuchstaben dargestellt werden (***p***, ***m***).

Einige Größen kommen in Form sog. *Hüllgrößen* vor, d.h. sie stellen einen Wert integriert über eine geschlossenen Hülle oder einen geschlossenen Umlauf dar. Diese werden mit einem Kringel über dem Symbol dargestellt: $\overset{\circ}{x}$.

Eigennamen und Gesetze oder Regeln, die nach ihren Entdeckern benannt sind, werden in KAPITÄLCHEN dargestellt, außer wenn sie mit Einheiten identisch sind (z.B. Coulomb = As).

Werden Produkte in Nennern von Brüchen ohne Multiplikationszeichen dargestellt, impliziert dies eine Klammer. Beispiele: $1/xy = 1/(x \cdot y)$; $1/x \cdot y = y/x$.

Zusammengesetzte Argumente transzendenter Funktionen (sin, cos, log etc.) werden nur geklammert, sofern Operatoren (+, –, ·, /) explizit vorkommen. Beispiele: $\sin 2xy = \sin(2 \cdot x \cdot y)$; $\sin 2 \cdot x \cdot y = x \cdot y \cdot \sin(2)$.

Bei den **Aufgaben** sind solche mit erhöhten Anforderungen mit einem Stern (*) versehen und extrapolieren den Stoff auf allgemeinere Betrachtungen. Sie erfordern, daß das dazugehörige Gebiet gut verstanden wurde und stellen einige Erfordernisse an das Abstraktionsvermögen.

Symbolverzeichnis

In der folgenden Symboltabelle sind von Größen, die vektoriell auftreten können, entspr. der Regel nur die zeitabhängigen und zeitkonstanten Vektordarstellungen angegeben. Die Beträge sind implizit definiert. Vektorkomponenten als skalare - ggfls. komplexe - Variablen, indiziert mit kartesischen, zylindrischen oder Kugelkoordinatenindizes, sind implizit definiert.

...	In dieser Tabelle Platzhalter für einen Operanden
*	bedeutet bei einer komplexen Zahl die konjugiert komplexe
□	Index bei verschiedenen Oberflächengrößen (Stromdichte, Impedanz)
a	allgemeiner Radius, Breite des Rechteckhohlleiters, Dämpfungsmaß
a, A	allgemeine Vektorkomponente eines elektromagnetischen Felds
$\mathbf{a}$, $\mathbf{A}$	Flächennormalenvektor
$\mathbf{a}_m$	(magnetisches) Vektorpotential
b	Phasenmaß, auch: Übertragungswinkel, Höhe des Rechteckhohlleiters,
$\mathbf{b}$, $\mathbf{B}$	magnetische Flußdichte, auch magnetische Induktion
B	Blindleitwert, Bandbreite
c, c_0	Lichtgeschwindigkeit allgemein; im Freiraum (299 792 km/s)
c	als Index: Cutoffgrößen des Hohlleiters
C, C'	Kapazität; Kapazitätsbelag
$\mathbf{d}$, $\mathbf{D}$	elektrische Flußdichte, auch elektrische Verschiebung(sdichte)
d_V	Verlustfaktor bei dielektrischen Verlusten
d...	gewöhnliches oder totales Ableitungssymbol
∂...	allgemeines Symbol für partielle Ableitungen
e	EULERsche Zahl (2,718 ...)
e	Elementarladung ($1{,}602 \cdot 10^{-19}$ C)
$\vec{e}_i$	Einheitsvektor in die Richtung, die durch den Index angegeben wird
$\mathbf{e}$, $\mathbf{E}$	elektrische Feldstärke, mit Index i: induzierte elektrische Feldstärke
f	Frequenz
$\mathbf{f}$, $\mathbf{F}$	Kraft, mit Index C: COULOMBkraft; mit Index L: LORENTZkraft
$\mathbf{f}_V$	Volumenkraftdichte
g	Übertragungsmaß
G, G'	Leitwert bzw. Wirkleitwert; Ableitungsbelag
h	PLANCKsches Wirkungsquantum ($6{,}626 \cdot 10^{-34}$ Ws/Hz)
$\mathbf{h}$, $\mathbf{H}$	magnetische Feldstärke
i, I	Stromstärke
$\Im\{...\}$	Imaginärteil-Operator
j	imaginäre Einheit ($\sqrt{-1}$)
$j^{(m,n)}$	*n*te Nullstelle der BESSELfunktion *m*ter Ordnung

j, J	magnetisches Dipolmoment
k	(magnetischer) Kopplungsfaktor
l	allgemeine Länge
L, L'	(Selbst-)Induktivität; Induktivitätsbelag
M	Gegeninduktivität, Gruppenlaufzeitstreuung
m	magnetisches (Flächen-)Moment (immer Kleinbuchstabe)
m	Anpassungsfaktor, Modenkennzahl bei Hohlleiterwellen
n	Ladungsträgerdichte, Brechzahl, Modenkennzahl bei Hohlleiterwellen
N	Ladungsträgeranzahl, Windungszahl, Gruppenbrechzahl
p, P	Momentanwert der Leistung; Wirkleistung
p	elektrisches Dipolmoment (immer Kleinbuchstabe)
p, P	Polarisation, mit Index e, m: der elektrischen bzw. magnetischen Flußdichte
p_V	Volumenleistungsdichte
$\wp$, $\mathcal{P}$	POYNTINGvektor; zeitgemittelter POYNTINGvektor
q, Q	Ladung
q_m	magnetische Polstärke
Q	Blindleistung, Güte
r, φ, z	Radial-, Azimutal- und Longitudinalkoordinate im Zylinderkoordinatensystem
r, ϑ, φ	Radial-, Azimutallängen- und -breitenkoordinaten im Kugelkoordinatensystem
r	Reflexionsfaktor, mit Index e, m: der elektrischen bzw. magnet. Feldstärke
R, R'	Widerstand oder Wirkwiderstand; Widerstandsbelag
R_m	Magnetischer Widerstand
$\Re\{...\}$	Realteil-Operator
s, S	Stromdichte
s	Welligkeit
$s_\square$, $S_\square$	Oberflächenstromdichte
$\underline{S}$, S	komplexe Leistung; Scheinleistung
t	Zeit
t	Transmissionsfaktor, mit Index e, m: der elektr. bzw. magnet. Feldstärke
T	Periodendauer
t, T	Drehmoment
u, U	Spannung
$ü$	Transformator-Übersetzungsverhältnis
v	Geschwindigkeit, mit Index ϕ, G: Phasen- bzw. Gruppengeschwindigkeit
v_D	Ladungsträgerdriftgeschwindigkeit
V	Volumen, Normierte Frequenz im Lichtwellenleiter
w, W	Energie, mit Index e, s, m: des elektrostatischen, Strömungs-, magnet. Felds
x, y, z	kartesische Ortskoordinaten
X	Blindwiderstand
$\underline{Y}$, Y	komplexer Leitwert bzw. Admittanz; Scheinleitwert
$\underline{Z}$, Z	komplexer Widerstand bzw. Impedanz, Scheinwiderstand
$\underline{Z}_\square$	Oberflächenimpedanz
$\underline{Z}_L$	Leitungswellenwiderstand
α	Dämpfungskonstante, mit Index ε: bei dielektrischen Verlusten; Winkel
β	Phasenkonstante oder Wellenzahl; mit Index z: im Hohlleiter
χ	Ladungsträgerbeweglichkeit; mit Index e, m: elektr., magnet. Suszeptibilität
δ	Eindringtiefe

δ_ε	Verlustwinkel bei dielektrischen Verlusten
ε	Permittivität oder Dielektrizitätszahl (ε_0: des Freiraums, ε_r: relative)
ϕ, Φ	magnetischer Fluß
γ, $\boldsymbol{\gamma}$	komplexe(r) Ausbreitungs- oder Fortpflanzungskonstante bzw. -vektor
η	Feldwellenwiderstand, reell mit Index 0: des Freiraums
η_E, η_H	Feldwellenwiderstand der *E*- bzw. *H*-Moden im Hohlleiter
φ	Azimutalkoordinate im Zylinder- und Kugelkoordinatensystem
φ	Nullphasenwinkel, elektrisches Potential
φ_m	magnetisches Potential
κ	elektrische Leitfähigkeit, auch Konduktivität
λ	Wellenlänge, Ladungsbelag, auch Linienladung(sdichte)
μ	Permeabilität oder Induktionszahl (μ_0: des Freiraums, μ_r: relative)
ν	magnetische Spannung
π	Verhältnis von Kreisumfang zu Durchmesser (3,1415 ...)
ϑ	azimutale Längenkoordinate im Kugelkoordinatensystem
ρ	Raumladungsdichte, spezifischer elektrischer Widerstand, auch Resistivität
σ	Ladungsbedeckung, auch Flächenladung(sdichte)
τ	Zeitkonstante, Laufzeit
τ_ϕ, τ_G	Phasenlaufzeit; Gruppenlaufzeit
ϖ	Volumenenergiedichte, mit Index e, s, m: wie Energie *w*
ω	Kreisfrequenz
ξ	LORENTZfaktor (bei relativistischen Umrechnungen)
ψ	(magnetischer) Spulenfluß, magnetische Durchflutung oder Verkettungsfluß
ζ	Verkettungsfaktor (beim Spulenfluß), Längskoordinate
Δ ...	differentiell kleines Stück, LAPLACEoperator, relative Brechzahldifferenz
Λ	magnetischer Leitwert, Konstante bei Hohlleiterwellen
θ	Brechungswinkel
Θ	elektrische Durchflutung, auch magnetische Quellspannung
Ψ	elektrischer Fluß
∇...	Nabla-Operator (Gradient, Divergenz oder Rotor)
$\aleph$	Feldwellenleitwert

1 Mechanische Querwellen

1.1 Momentanbilder und Zeitverläufe

Werfen wir einen Stein ins Wasser, können wir kurz nach dessen Eintauchen zu vier aufeinanderfolgenden Zeitpunkten t_0 - t_3 in etwa folgende Bilder beobachten:

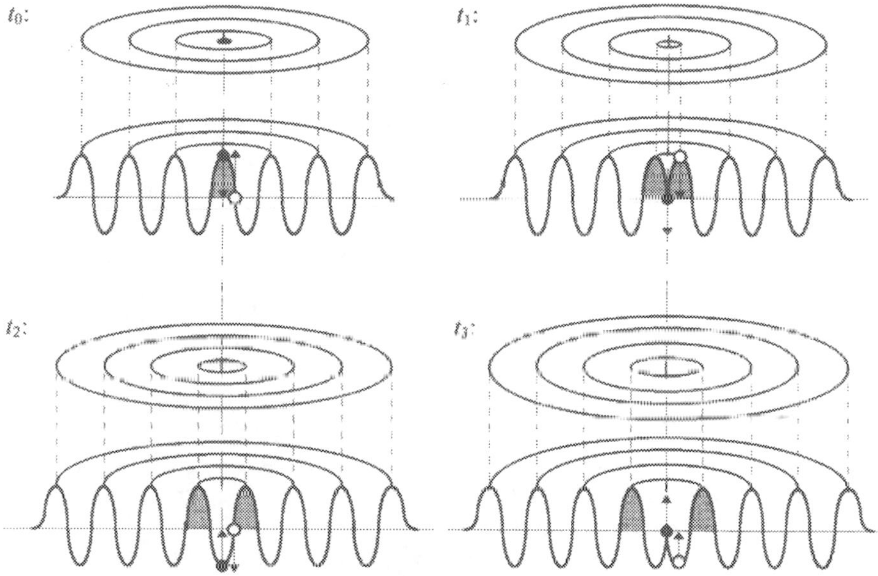

Abb. 1.1-1: Wellenbilder nach einem Steinwurf ins Wasser zu vier aufeinanderfolgenden Zeitpunkten, die sich um jeweils ein Viertel der zugehörigen Wellenlänge unterscheiden.

In den vier Skizzen ist jeweils oben die perspektivische Sicht der Wellenberge auf der Wasseroberfläche dargestellt, unmittelbar darunter der zugehörige perspektivische Schnitt. Die Darstellung ist natürlich in dem Sinne vereinfacht, als zu erwarten ist, daß eine Gesamtdämpfung stattfindet und damit zu späteren Zeitpunkten der Pegel niedriger als zu früheren ist. Auch können wir erwarten, daß die Höhe der Wellenberge außen niedriger als innen ist. Die wesentlichen Aspekte einer Wellenausbreitung lassen sich jedoch anhand der vereinfachten Darstellungen hinreichend erkennen.

Es mag zunächst den Anschein haben, als ob die jeweils grau schattierte Zone eine Molekülgruppe darstellt, die zusammenhängend jeweils nach außen fortschreitet und so die Wellenbewegung erzeugt. Betrachten wir jedoch das physikalische Verhalten der

H_2O-Moleküle anhand von Abb. 1.1-2 etwas genauer, so erkennen wir, daß der Mechanismus etwas anders funktioniert:

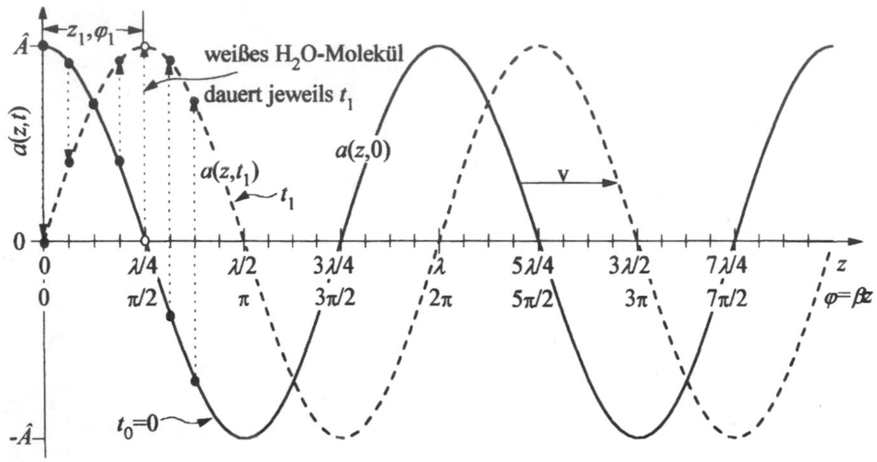

Abb. 1.1-2: Zwei Momentanbilder einer in positive *z*-Richtung fortschreitenden Welle.

Wir definieren in einem Koordinatensystem die *z*-Achse als Ausbreitungsrichtung. Sie weist vom Eintrittspunkt des Steins in das Wasser in jede Richtung in der Ebene der Wasseroberfläche weg. Der ein Wassermolekül repräsentierende schwarze Punkt in Abb. 1.1-1 bewegt sich mit fortschreitender Zeit *t* in der Detaildarstellung in Abb. 1.1-2 vom ersten Wellenberg der Cosinusfunktion bei $z_0 = 0$ in Richtung Tal. Das *weiße Molekül* bei z_1 in Abb. 1.1-1 bewegt sich in Abb. 1.1-2 vom Neutralniveau zum Berg der Sinusfunktion usw.

Es handelt sich in Abb. 1.1-1 offenbar um vier bzw. in Abb. 1.1-2 um zwei Momentaufnahmen der Wellenbewegung, so als hätte man sie eingefroren und wieder weiterlaufenlassen, weshalb diese Darstellungen als *Momentanbilder* der Wellenbewegung bezeichnet werden. Wir erkennen daraus, daß das Fortschreiten der Welle durch eine rein vertikale Schwingung der Wassermoleküle erzeugt wird. Bezüglich der Ausbreitung in *z*-Richtung bewegen sich die Moleküle nicht. Das ist charakteristisch für eine mechanische *Quer*- oder *Transversalwelle*.

Ein nicht dargestelltes fünftes Bild in Abb. 1.1-1 im selben zeitlichen Abstand $\Delta t = t_1$ sähe wieder genauso aus wie das Bild zum Zeitpunkt $t_0 = 0$, nur daß außen ein weiterer Wellenberg vorhanden wäre, der aber nichts anderes als den äußeren Wellenberg in allen Bildern darstellt, jetzt um eine vollständige Wellenlänge λ fortgeschritten gegenüber dem Zeitpunkt $t_0 = 0$.

Demgegenüber gibt es natürlich auch Nicht-Transversalwellen, z.B. Longitudinal- oder Längswellen. Ein typischer Vertreter derselben sind Schallwellen, bei denen die Wellenbewegung durch eine schwingende Membran entsteht, die durch diese Schwingung die Moleküle (die natürlich auch Wassermoleküle sein können) in Ausbreitungsrichtung wegschubst, bis sie schwingend wieder eine Membran erreichen, die sie in Resonanz versetzen können (z.B. unser Trommelfell). Mischformen sind ebenfalls möglich.

Die Transversalwelle schreitet offenbar im Zeitintervall t_1 um den Weg z_1 fort. Folglich ist die Geschwindigkeit der Welle $v = z_1/t_1$. Im Beispiel ist $t_1 = T/4$, also ein Viertel der Periodendauer T, die vergeht, bis das Molekül seine ursprüngliche Position wieder eingenommen hat; $z_1 = \lambda/4$, also ein Viertel der Wellenlänge λ, die den Abstand zweier Wellenberge, -täler, -knoten oder sonstiger Moleküle gleicher Phasenlage darstellt. Wir erhalten also

$$v = \frac{\lambda}{T} = \lambda f . \tag{1.1-1}$$

Anders interpretiert: hat jedes Molekül eine vollständige Schwingung der Dauer $T = 1/f$, wobei f die Frequenz gemessen in Hertz (Hz) darstellt, ausgeführt, ist die Wellenform um die Wellenlänge λ in z-Richtung fortgeschritten. Das Wellenbild überlagert sich wieder mit sich selbst, d.h. im Abstand der Wellenbilder $t_0 = 0$ und $t_4 = T$ entspr. Abb. 1.1-1. Die dazugehörige Phasendrehung beträgt dann $\varphi = 2\pi$.

Wir können analog zu den vorangegangenen Abbildungen die Zeitverläufe der Wellenbewegung darstellen, indem wir ein Molekül - z.B. das schwarze am Ort $z_0 = 0$ oder das weiße am Ort $z_1 = \lambda/4$ beobachten:

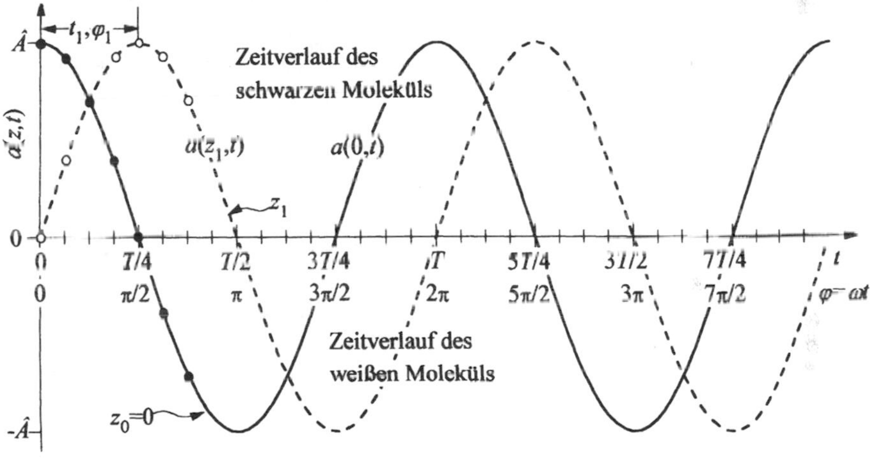

Abb. 1.1-3: Zeitverläufe des schwarzen und des weißen Wassermoleküls in Abb. 1.1-1.

1.2 Mathematische Beschreibung der Wellenbilder

Anhand dieser Darstellungen sind wir nun in der Lage, Wellen mathematisch zu beschreiben. Es ist wichtig, diese Beschreibung aus der unmittelbaren Anschauung durchführen zu können. Wenn wir entspr. dem eigentlichen Thema des Buchs später die deutlich abstrakteren aus den MAXWELLgleichungen entstehenden Wellengleichungen lösen, und diese Lösung die gleiche Struktur hat, wie die hier aus der Anschauung gewonnene mathematischen Beschreibung, wissen wir, wie sich die Lösung der Wellengleichung physikalisch verhält.

Die durchgezogene Kurve in Abb. 1.1-2 läßt sich offenbar durch die Gleichung

$$a(z,t_0=0)=\hat{A}\cos\omega_z z=\hat{A}\cos\frac{2\pi}{\lambda}z \quad \text{mit} \quad \omega_z=\frac{2\pi}{\lambda} \quad \text{analog zu} \quad \omega_{(t)}=\frac{2\pi}{T}$$

beschreiben. ω_z könnte man in Analogie zur (*zeitlichen*) *Kreisfrequenz* $\omega_{(t)}$ als *räumliche Kreisfrequenz* mit der Einheit *1/m* oder auch $[\omega_z/2\pi]$ = *Hertz*$_{\text{räumlich}}$ bezeichnen. Sie gibt die mit 2π multiplizierte Anzahl vollständiger Phasendrehungen pro Meter an. Anders ausgedrückt: $\omega_z/2\pi$ ist gleich der Wellenanzahl mit je einem Berg und einem Tal pro Meter. Den Index *t* lassen wir in der Folge, wie bei der zeitlichen Kreisfrequenz üblich, weg.

Betrachten wir nun demgegenüber die gestrichelte Wellenfunktion in Abb. 1.1-2, so weist sie offenbar eine von dem gewählten Zeitpunkt t_1 abhängige Phasenverschiebung $\varphi_1(t_1)$ gegenüber der durchgezogenen Funktion $a(z,0)$ auf und läßt sich daher zunächst allgemein durch

$$a(z,t_1)=\hat{A}\cos\left(\omega_z z-\varphi_1(t_1)\right)=\hat{A}\cos\left(\frac{2\pi}{\lambda}z-\varphi_1(t_1)\right) \tag{1.2-1}$$

beschreiben. Da sich die Phase φ um 2π gedreht hat, wenn die Welle um die Wellenlänge λ fortgeschritten und damit eine Periodendauer T vorüber ist, kann man folgende Verhältnisgleichungen, die auch direkt aus den Achsenbeschriftungen ablesbar sind, angeben:

$$\frac{\varphi_1(t_1)}{2\pi}=\frac{z_1(t_1)}{\lambda}=\frac{t_1}{T} \qquad \text{oder} \qquad \varphi_1(t_1)=2\pi\frac{t_1}{T}=\omega t_1. \tag{1.2-2}$$

Im speziellen in der Abbildung dargestellten Fall gilt $\varphi_1=\pi/2$, woraus die Sinusfunktion resultiert. Daraus können wir durch Einsetzen dieser Beziehung in Gl. 1.2-1 für beliebige Orts- und Zeitbeziehung die Wellenfunktion $a(z,t)$ darstellen:

$$a(z,t)=\hat{A}\cos(\omega_z z-\omega t)=\hat{A}\cos\left(\frac{2\pi}{\lambda}z-\frac{2\pi}{T}t\right). \tag{1.2-3}$$

Das gleiche Ergebnis erhielte man aus einer analogen Ableitung aus den Zeitverläufen der Welle in Abb. 1.1-3.

Eine Welle unterscheidet sich also von einer Schwingung dadurch, daß erstere sowohl Raum- als auch Zeitabhängigkeit aufweist, letztere nur Zeitabhängigkeit. Um hier eine Darstellungskompatibilität zu erreichen, sollte folgender Aspekt betrachtet werden: Da die Cosinusfunktion eine gerade Funktion ist, kann man das Vorzeichen des Arguments umdrehen, ohne daß sich die Funktion selbst ändert. Dies wollen wir nutzen, um den Zeitfaktor positiv darzustellen, was für Schwingungen üblich ist und Wellen ihre Ursachen in Schwingungen haben.

Da der Nullzeitpunkt $t=0$ und Nullort $z=0$ nicht zwingend mit dem Maximum der Cosinusfunktion zusammenfallen müssen, können wir dies durch einen beliebigen Nullphasenwinkel φ_0 berücksichtigen, woraus folgende allgemeine Wellendarstellung durch die harmonische Wellenfunktion $a(z,t)$ resultiert:

$$a(z,t)=\hat{A}\cos(\omega t-\beta z+\varphi_0)=\hat{A}\cos\left(2\pi\left(\frac{t}{T}-\frac{z}{\lambda}\right)+\varphi_0\right). \tag{1.2-4}$$

Hier haben wir für die räumliche Kreisfrequenz statt ω_z das verbreitetere

$$\beta = \frac{2\pi}{\lambda} \tag{1.2-5}$$

eingeführt, das auch als *Wellenzahl* oder *Phasenkonstante* bezeichnet wird. Der erste der beiden Begriffe ist etwas irreführend, suggeriert er doch, daß β unmittelbar die (An)Zahl der Wellen pro Meter angibt. Dies ist jedoch bei $\beta/2\pi = 1/\lambda$ der Fall, genauso wie die Frequenz in Hz die Anzahl der Schwingungen pro Sekunde beschreibt, nicht jedoch ω. Das Inverse der Wellenlänge hat im Gegensatz dazu jedoch aus historischen Gründen in der Physik keinen eigenen Namen.

Mit dem Minuszeichen in Gl. 1.2-4 ist also eindeutig eine in positive z-Richtung fortschreitende Welle assoziiert. Diese Welle bezeichnen wir im folgenden als *hinlaufende Welle* und verwenden dafür den Index h. Steht vor βz ein Pluszeichen, gehört dazu folglich eine in negative z-Richtung *rücklaufende Welle* (Index r), die im Beispiel entweder ihren Ursprung von einem anderen Stein haben könnte, oder in einer Reflexion der hinlaufenden Welle am Wasserrand (z.B. einer Regentonne).

Die Wellenfunktion läßt sich auch so darstellen:

$$a(z,t) = \hat{A}\cos\left(\beta\left(\frac{\omega}{\beta}t - z\right) + \varphi_0\right) = \hat{A}\cos\left(\omega\left(t - \frac{\beta}{\omega}z\right) + \varphi_0\right). \tag{1.2-6}$$

Da für die Geschwindigkeit einer Welle nach Gl. 1.1-1 $v = \lambda f$ gilt, folgt weiterhin auch

$$v = \frac{2\pi f}{\beta} = \frac{\omega}{\beta}, \tag{1.2-7}$$

womit dann auch

$$a(z,t) = \hat{A}\cos\left(\beta(vt - z) + \varphi_0\right) = \hat{A}\cos\left(\omega\left(t - \frac{z}{v}\right) + \varphi_0\right). \tag{1.2-8}$$

Vor allem die letzten Gleichungen lassen noch eine andere anschauliche Interpretation der Wellengeschwindigkeit v zu: stellen wir uns einen Surfer z.B. auf einem Wellenberg vor, der so geschickt ist, sich beim Fortschreiten der Welle permanent auf dem Berg zu halten, so wird er sich genau mit der Geschwindigkeit der Welle bewegen. Setzen wir für den Moment $\varphi_0 = 0$, so kann dieser Berg bei einer Cosinusfunktion nur durch ganzzahlige Vielfache des Arguments von 2π vorhanden sein ($\cos 0 = \cos 2\pi = \cos 4\pi = \ldots = 1$). Das Argument kann nur Null sein für $vt - z = 0$, also $v = z/t$ ($= \lambda f = \lambda/T = \omega/\beta$).

Aufgabe 1.2: Eine hinlaufende und eine rücklaufende Welle mit gleicher Amplitude und unterschiedlichen Nullphasen φ_{h0} und φ_{r0} entspr. Gl. 1.2-4 überlagern sich. Man stelle das Ergebnis als Produkt zweier trigonometrischer Funktionen $\hat{A}'\cdot\cos(\omega t+\varphi_{10})\cdot\cos(\beta z+\varphi_{20})$ dar und interpretiere es physikalisch.

1.3 Einmalige Vorgänge, Pulse

Vorstehend wurden oszillatorische Vorgänge betrachtet. Bei elektromagnetischen Wellen sind mittlerweile einmalige Vorgänge, wie Pulse, von mindestens gleicher Bedeutung. Vor allem die digitale Übertragungstechnik arbeitet mit solchen Pulsfolgen und es ist zunächst aus allgemeiner Sicht wichtig zu wissen, wie Ausbreitungsvorgänge solcher Pulse beschrieben werden können.

Es gelingt mit unserem Wassermodell nicht so einfach, einen Wasserpuls zu erzeugen. Dieser würde z.B. einem einzelnen sich ausbreitenden Ring mit im Prinzip beliebigem Verlauf auf einer endlichen Strecke entsprechen, wozu uns aufgrund der hydromechanischen Eigenschaften des Wassers i.allg. eine geeignete Anregung fehlt. Näherungsweise werden in der realen Welt solche Formen durch Tsunamis erzeugt, die mit gewaltigen Energien hervorgerufen durch unterseeische Beben Wasserberge empordrücken können.

Unabhängig von der möglichen Ursache stellen wir uns einen Puls entspr. Abb. 1.3-1 vor, der sich mit der Geschwindigkeit v ausbreitet:

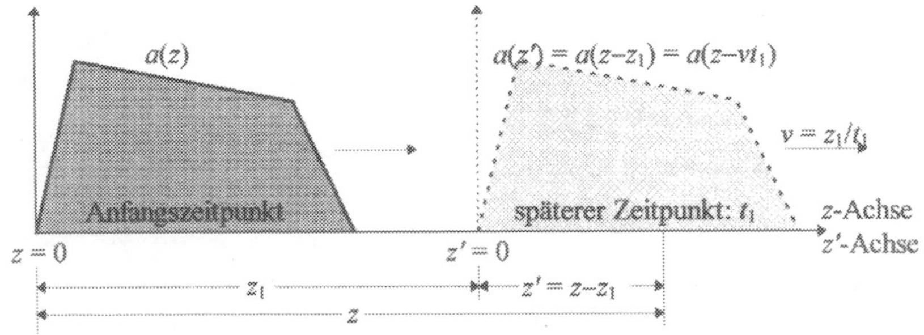

Abb. 1.3-1: Zwei Momentanbilder eines fortschreitenden Pulses beliebiger Form.

Wie erkennen, daß sich ein beliebig geformter Puls für die Hin- bzw. Rückrichtung zu einem beliebigen Zeitpunkt $t_1 = t$ durch die allgemeinen Gleichungen

$$a(z,t) = a(z - vt) \quad \text{bzw.} \quad a(z,t) = a(z + vt) \tag{1.3-1}$$

beschreiben läßt. Wir erkennen insbes., daß Gl. 1.2-8 nichts anderes als eine andere spezielle Form der Gl. 1.3-1 darstellt. Wir erinnern uns, daß wir dazu bei einer Cosinusfunktion das Vorzeichen des Arguments umdrehen dürfen. Auch hier wollen wir die adäquate Gleichung aus dem Zeitverlauf direkt ableiten. Dazu betrachten wir in Abb. 1.3-2 das Hinwegwandern des Pulses zum einen über den Ort $z = 0$ und zum anderen über den Ort $z' = 0$ bzw. $z = z_1$:

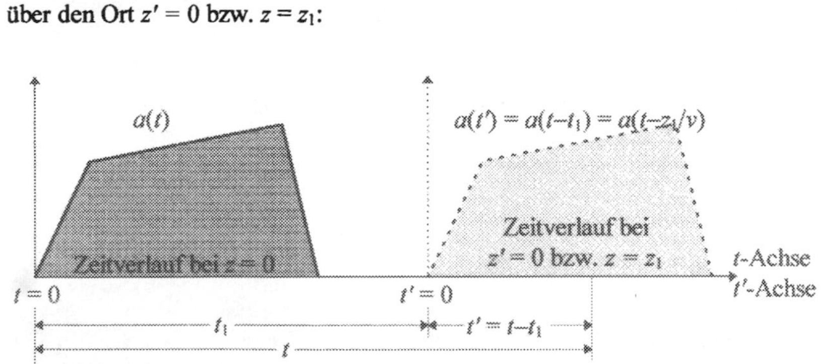

Abb. 1.3-2: Zwei Zeitverläufe des fortschreitenden Pulses aus Abb. 1.3-1.

Wie sehen, daß sich der Puls an einem beliebigen Ort $z_1 = z$ durch die allgemeinen Gleichungen

$$a(z,t) = a(t - \frac{z}{v}) \quad \text{bzw.} \quad a(z,t) = a(t + \frac{z}{v}) \qquad (1.3\text{-}2)$$

beschreiben läßt.

Insbesondere erkennen wir, daß Raum- und Zeitverlauf gespiegelt zueinander dargestellt sind, was eine weitere anschauliche Interpretation des Minuszeichens in den Gleichungen zuläßt. Ein einfaches Gedankenexperiment könnte in diesem Zusammenhang ein Auto sein, das vorwärts aus einer Garage fährt. In der Darstellung über dem Weg wird sich der Kühler für jedes Momentanbild auf der Ortsachse rechts befinden. Geben wir den zugehörigen Zeitverlauf an, kommt der Kühler zuerst heraus, wird sich also links im Zeitverlauf befinden, der Kofferraum hinten erschcint zuletzt, also zu einem späteren Zeitpunkt und damit rechts im Zeitverlauf.

Weiterhin erkennen wir, daß sich die Darstellungen der vorstehenden Gleichungen ebenfalls wieder mit den Oszillationen der vorstehenden Abschnitte, speziell dem rechten Teil von Gl. 1.2-8 decken. Bei diesen ist allerdings die Spiegelung nicht ohne weiteres zu erkennen, was daran liegt, daß als Basisfunktion die gerade und damit selbst spiegelsymmetrisch zur Ordinaten liegende Cosinusfunktion gewählt wurde.

Führen wir stattdessen die Berechnung mit der Sinusfunktion als Basis durch, d.h. wählen wir in Abb. 1.1-1 t_1 statt t_0 als Startzeitpunkt der Vergleiche, wird auch bei einer Oszillation der Unterschied anschaulich. Als Selbsttestaufgabe vergewissere sich der Leser, daß dem so ist. Dies ist auch der Grund, warum der Puls der Abbildungen 1.3 unsymmetrisch gewählt wurde. Ein Rechteckpuls an dieser Stelle hätte den genauen Sachverhalt ebenfalls nicht hinreichend veranschaulicht.

Eben und auch bei den harmonischen Wellen wurde vorausgesetzt, daß sich die Form der Welle beim Fortschreiten nicht verändert. Dann ist eine Angabe der Geschwindigkeit v eindeutig möglich. Verändert die Welle ihre Form in irgendeiner Weise, ist die Festlegung einer Wellengeschwindigkeit nicht ohne weiteres auf diese einfache Art möglich, da der Referenzpunkt fehlt. In diesem Fall ist eine andere Geschwindigkeitsdefinition angebracht; wir werden aus diesem Grund später bei den elektromagnetischen Wellen zwischen *Phasengeschwindigkeit* und *Gruppengeschwindigkeit* unterscheiden.

Wenden wir uns nun zunächst von den Wellen ab und in Kap. 2 den grundlegenden Gleichungen der Elektrotechnik zu, aus deren Querbezügen in Kap. 3 die MAXWELL-gleichungen entstehen, deren Zusammenführung die Wellengleichungen beschreiben, deren Lösungen wiederum Funktionen sind, die Wellen in der bisher besprochenen Form darstellen, womit sich der Kreis schließt.

Aufgabe 1.3: Man weise nach, daß Gln. 1.2-8 und 1.3-2 Lösungen der Differentialgleichung $\partial^2 a/\partial z^2 - k^2 \cdot \partial^2 a/\partial t^2 = 0$ sind. Wie hängt der allgemeine Faktor k mit den Parametern der Lösungsfunktionen zusammen?

2 Elektrische und magnetische Felder

Dieses Kapitel möchte einen Überblick und eine knappe Ableitung aller wichtigen zur Beschreibung elektromagnetischer Wellen notwendigen elektrischen und magnetischen Größenarten geben. Es kann und soll die vorausgesetzte intensive Behandlung mit elektrischen und magnetischen Feldern nicht ersetzen. Der Leser möge sich entspr. den Anmerkungen im Vorwort beim Durcharbeiten der Formeln vergewissern, daß er deren Bedeutung anhand von praktischen Beispielen verstanden hat und die Querbezüge der Ableitung rasch durchschaut.

Die Normen der meisten in der Folge angegebenen Grundbegriffe sind in der DIN 1324 (elektromagnetisches Feld, Mai 1988) festgelegt, zuweilen wird im Text allerdings aus Gründen der Praktikabilität von diesen abgewichen. Einige Begriffe, wie z.B. *Potential* und *Fluß*, haben über die mit der Elektrotechnik assoziierte Physik hinaus allgemeine mathematische Bedeutung, die sich formal, z.B. aus Gründen der Abstraktion oder Allgemeingültigkeit, zuweilen unterscheiden. Für die Elektrotechnik führen die formal unterschiedlichen Definitionen jedoch für alle normalen Fälle zum gleichen Ergebnis. Wenn eine formale mathematische Definition existiert, wird diese jeweils zuerst angegeben, um dann rasch auf den elektrotechnisch physikalischen Inhalt zu kommen.

Einige Gleichungen in diesem Kapitel sind mit einem Rahmen umgeben. Diese Gleichungen werden zur Konstruktion der MAXWELLgleichungen benötigt oder stellen bereits selbst deren Integralformen dar.

2.1 Elektrostatik

Die Ursache all dessen, was man allumfassend mit Elektrizität bezeichnen kann, ist die Existenz der ***Elementarladung*** e, deren Wert erstmals 1910 von ROBERT A. MILLIKAN (Nobelpreis 1923) angegeben wurde und heute festgelegt ist zu:

$$e := 1{,}602\,177\,33 \cdot 10^{-19}\ \text{C (oulomb)}. \qquad (2.1\text{-}1)$$

(***Elektrische***) ***Ladungen*** Q sind quantisiert und uns in ganzzahligen Vielfachen N der Elementarladung technisch zugänglich:

$$Q := Ne; \qquad [Q] = \text{C} = \text{As}. \qquad (2.1\text{-}2)$$

Verursacher dieser Ladungen sind Protonen ($+e$; Identifikation als Bestandteile der Kanalstrahlen durch ERNEST RUTHERFORD um 1902 - Physik-Nobelpreis 1908) und Elektronen ($-e$; Identifikation als Bestandteile der Kathodenstrahlen durch JOHN JOSEPH THOMSON 1897 - Physik-Nobelpreis 1906). Bruchteilgeladene Grundbestandteile - Quarks ($u\{p\}$[$2e/3$] und $d\{own\}$ [$-e/3$]; MURRAY GELL-MANN 1963 - Physik-Nobelpreis 1969) - von Protonen (*uud*) und Neutronen (*udd*) sind uns technisch nicht zugänglich, weshalb wir *e* als Elementarladung bezeichnen und betrachten wollen. Elektronen hingegen scheinen bereits elementar zu sein.

2.1.1 COULOMBkraft und weitere Kräfte

Zwei punktförmige Ladungen Q_1 und Q_2 (z.B. Protonen) im Abstand r innerhalb eines homogenen Mediums üben gemäß Abb. 2.1-1 ***COULOMBkräfte*** F_C aufeinander aus, die durch das COULOMBsche Gesetz (CHARLES AUGUSTIN DE COULOMB; 1785) beschrieben werden:

$$\vec{F}_{Cw} := k_C \frac{Q_1 Q_2}{r^2} \vec{e}_{uw}; \qquad [F_C] = \text{N (ewton)} = \text{kg}\frac{\text{m}}{\text{s}^2}. \qquad (2.1\text{-}3)$$

k_C ist eine Umrechnungskonstante, die die zahlen- und einheitenmäßige Adaption an das jeweilige Maß- und Einheitensystem durchführt. $\vec{e}_{uw}$ stellt einen Einheitsvektor in Ursache- (u) → Wirkungsrichtung (w) dar. Im Beispiel gehören dazu die Indizes 12 bzw. 21. Den Wirkungsindex bei der COULOMBkraft lassen wir in der Folge weg, da es offensichtlich ist, daß diese an einem Wirkungsobjekt angreift. Die Vektorrichtungen stellen für gleichnamige Ladungen eine Abstoßung, für ungleichnamige eine Anziehung dar.

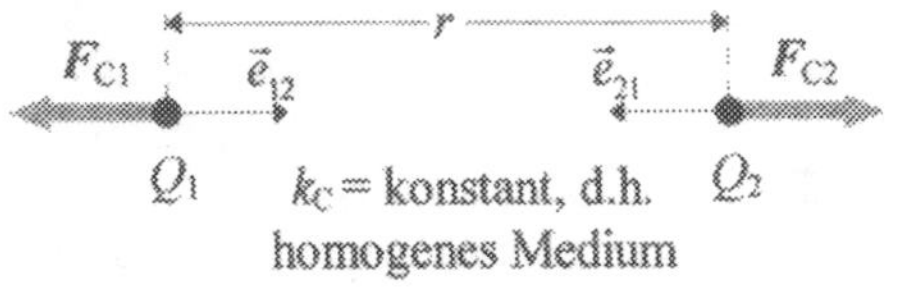

Abb. 2.1-1: COULOMBsches Kraftgesetz.

Prinzipiell könnte man im Freiraum $k_C = 1$ setzen, wobei dann aber die Ladung die exotische SI-Einheit $\sqrt{\text{kg m}^3}$ / s hätte. Die Existenz der Ladung ist jedoch ein physikalisches Phänomen, das durch keine anderen bekannten Grundgrößenarten sinnvoll beschreibbar ist, weshalb eine eigene Einheit - eben das Coulomb - angebracht ist. In diesem Fall aber hätte für einheitenloses k_C die Kraft die SI-Einheit $(\text{C/m})^2$.

Früher wurde das dazugehörige *Elektrostatische Maßsystem* mit der sog. *elektrostatischen Ladungseinheit* und der Krafteinheit *dyn* verwendet. Bereits seit ISAAC NEWTON (1687) ist die Kraft jedoch zu dem Produkt aus Masse und Beschleunigung definiert und der daraus resultierende Zahlenwert ist durch die Festlegungen des *Kilogramms*, des *Meters* und der *Sekunde* bestimmt, und die Einheit resultiert zu kg m/s^2 (MKS-System oder heute: SI = Système International d' Unités). (Anm.: die Kraft ist heute als zeitliche Impulsänderung festgelegt; eine Unterscheidung ist erst bei nichtkonstanten Massen, also solchen mit relativistischen Geschwindigkeiten, notwendig). Die aus unterschiedlichen Ursachen resultierenden Kräfte müssen auf einer gemeinsamen Basis stehen, da sie miteinander wechselwirken. So ist die Bahn eines Elektrons durch ein COULOMBfeld nur durch beide Eigenschaften: Ladung und Masse zu erklären. Sie sind untrennbar miteinander verbunden.

Wenn wir Q_1 an einem bestimmten Ort betrachten, müssen für r = const. alle gleichgroßen Ladungen Q_2 in diesem Abstand die gleiche Kraft F_C erfahren, sofern k_C überall denselben Wert hat, was wir für die Gültigkeit des COULOMBgesetzes voraussetzen. r = *const.* stellt die Gleichung einer Kugel mit Radius r um den Mittelpunkt von Q_1 dar.

Eine Kugel ist folglich auch eine Fläche gleicher potentieller Energie - eine Äquipotentialfläche - um eine punkt- aber auch allgemein selbst kugelförmige Ladung. Durch die Normierung der COULOMBschen Kraftgleichung auf eine Kugeloberfläche $4\pi r^2$ gewinnen wir später die MAXWELLgleichungen frei von dem lästigen Faktor 4π.

Damit können wir statt k_C eine andere Normierungskonstante einführen, die wir auch noch zusätzlich in den Nenner statt in den Zähler der Kraftgleichung schreiben. Dies wiederum hat seinen Grund in dem typischen Verhalten von dielektrischer Materie (Isolator), ein solches COULOMBsches Kraftfeld, dessen Feldlinien durch sie hindurchgehen (gr.: dia - durch), aufgrund von Polarisierung zu schwächen (s. Abschnitt 2.1.6). Dies ist durch einen Faktor beschreibbar, der für Materie, die das Kraftfeld stärker schwächt als andere, auch größer ist:

$$\boldsymbol{F}_C = \frac{Q_1 Q_2}{4\pi\varepsilon r^2}\vec{e}_{uw}. \tag{2.1-4}$$

Dieses COULOMBsche Gesetz beschreibt nach allem, was wir heute wissen, neben den Gesetzen der *schwachen Kraft* (bestimmte radioaktive Zerfallsarten), der *starken Kraft* (Stabilität des Atomkerns trotz abstoßender COULOMBkraft der Protonen) und *Gravitationskraft* (Massenanziehung) eine der vier fundamentalen Wechselwirkungen der Natur und kann nicht aus anderen Gesetzen zwingend abgeleitet werden. Eine Vereinheitlichung von *COULOMBkraft* und *schwacher Kraft* zur *elektroschwachen Kraft* wurde nach zähem Ringen von STEVEN WEINBERG, ABDUS SALAM und SHELDON GLASHOW Ende der sechziger Jahre durchgeführt, wofür sie 1979 den Nobelpreis erhielten. Das Verhalten der Ladungen - ihre Anziehungen bzw. Abstoßungen - sind jedoch letztendlich von uns nicht weiter begründbar. Es kann nur experimentell nachgewiesen werden, genauso wie z.B. das von NEWTON selbst entdeckte Gravitationsgesetz, das die gleiche Grundstruktur aufweist; wir kennen allerdings keinen Massenabstoßungseffekt.

Das Gravitationsgesetz entzieht sich im übrigen unserem wahren Verständnis von der Funktionsweise der Natur noch stärker als das COULOMBgesetz und von einem wesentlichen Ziel einer vereinheitlichten Theorie der fundamentalen Wechselwirkungen sind wir trotz der umwälzenden und garnicht hoch genug zu würdigenden Erkenntnisse eines ALBERT EINSTEIN (1915) über die Erklärung der Gravitation als eine Raumzeitkrümmung durch Massen noch Lichtjahre entfernt. Relativistisch erklärbare Gravitation, die die Struktur des Universums bestimmt, und Quantenmechanik, die die Struktur des Mikrokosmos beschreibt, bilden fundamentale Gegensätze und doch müssen sie beim Urknall eine Einheit gebildet haben. EINSTEIN erhielt 1921 den Nobelpreis, allerdings nicht für die Relativitätstheorie - diese war dem Nobelkomitee damals noch zu suspekt - sondern für die quantentheoretische Erklärung des photoelektrischen Effekts. Diese ist wiederum für unsere elektromagnetischen Wellen von tiefer Bedeutung, als sich hiermit der Dualismus elektromagnetischer Energie als Welle und Teilchen offenbarte.

2.1.2 Elektrische Feldstärke *E*, Spannung *U* und Potential φ

Wir können das COULOMBsche Kraftgesetz in einen Ursachen- und Wirkungsanteil zerlegen. Als Ursache betrachten wir z.B. die Ladung Q_1, die am Ort der Ladung Q_2 ein Feld hervorruft, auch wenn Q_2 sich nicht dort befindet. Q_2 ist somit nur ein Test- oder Meßobjekt, das wir benötigen, um das dort vorhandene Feld von Q_1 nachzuweisen. Dazu dividieren wir die COULOMBkraft $\boldsymbol{F}_C$ durch das Wirkungsobjekt Q_2, und definieren die neue Größenart als ***elektrische Feldstärke E***:

$$\boldsymbol{E} := \frac{F_C}{Q_w} = \frac{Q_u}{4\pi\varepsilon r^2}\vec{e}_r; \qquad [\boldsymbol{E}] = \frac{\mathrm{V\,(olt)}}{\mathrm{m}}. \qquad (2.1\text{-}5)$$

Der linke Formelanteil beschreibt die allgemeine Definition, der rechte gilt für den Spezialfall des Außenraums der Punktladung, aber auch einer Kugel mit homogener Ladungsdichte, wie in Abb. 2.1-2 dargestellt. Das elektrische Feld wirkt entspr. Abb. 2.1-3 in Richtung der am Ort der Wirkungsladung gedachten COULOMBkraft. Diese Richtung ist bei einer Punktladung aus Symmetriegründen die radiale Kugelkoordinate ($\vec{e}_{uw} = \vec{e}_r$). In Analogie zur Kraftgleichung sind jetzt die Ladungen mit allgemeinen Ursachen- und Wirkungsindizes versehen. Elektrostatische Feldlinien beginnen wie die Kraftlinien an positiven Ladungen und enden an negativen.

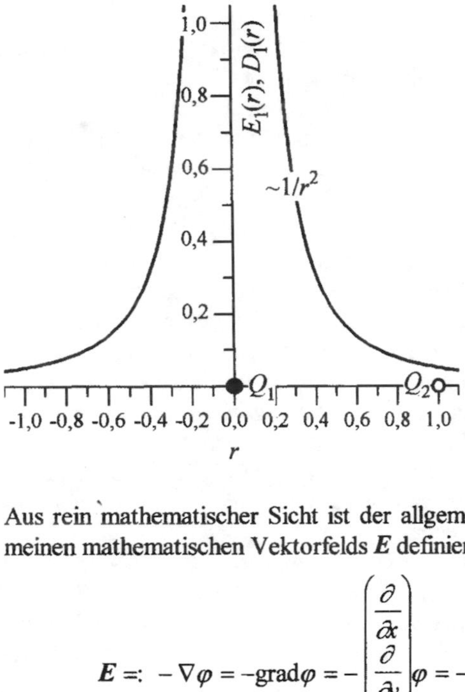

Abb. 2.1-2: *E*- und *D*-Feld einer Ladung Q_1 in normierter Darstellung.

Aus rein mathematischer Sicht ist der allgemeine Begriff des Potentials φ eines allgemeinen mathematischen Vektorfelds $\boldsymbol{E}$ definiert über

$$\boldsymbol{E} =: -\nabla\varphi = -\mathrm{grad}\varphi = -\begin{pmatrix} \frac{\partial}{\partial x} \\ \frac{\partial}{\partial y} \\ \frac{\partial}{\partial z} \end{pmatrix}\varphi = -\begin{pmatrix} \frac{\partial\varphi}{\partial x} \\ \frac{\partial\varphi}{\partial y} \\ \frac{\partial\varphi}{\partial z} \end{pmatrix}. \qquad (2.1\text{-}6)$$

Stellt $\boldsymbol{E}$ die elektr(ostat)ische Feldstärke dar, ist φ das dazugehörige ***elektrische Potential***. Hier haben wir den *Nabla-Operator* in Form des *Gradienten* eingeführt, der uns später auch in anderen Ausprägungsformen begegnen wird. Der Gradient ist ein Vektor, der in Richtung des am stärksten (zu positiven Werten, also nichtnegativen Ladungen) wachsenden Potentials zeigt. Der elektrische Feldstärkevektor zeigt jedoch in die entgegengesetzte Richtung, woraus das Minuszeichen resultiert. Senkrecht zu dem Gradientenvektor liegen die Äquipotentialflächen.

Aus physikalischer Sicht kann der Begriff des Potentials in einem Kraftfeld festgelegt werden über das Verhältnis der Energie, die aufgewendet werden muß, um ein Objekt durch das Kraftfeld von einem Punkt niederen Potentials zu einem Punkt höheren Potentials zu bewegen, zu den Objekteigenschaften, auf die das Kraftfeld zugreifen kann. Er gilt streng für alle konservativen Kraftfelder, wie auch das Gravitationsfeld eines darstellt. Bei diesen Feldern ist die dabei verrichtete Arbeit vom Weg unabhängig. Da wir die Energie separat in Abschnitt 2.1.10 behandeln, kommen wir dort auf diesen Querbezug nochmals zurück.

Legen wir also einen bestimmten Weg $\boldsymbol{l}$ in einem elektrischen Feld zurück, ist die Summe aller Feldstärkewerte $\boldsymbol{E}$ entlang dieses Weges, jeweils multipliziert mit den dazugehörigen differentiell kleinen Wegstücken $\mathrm{d}\boldsymbol{l}$, gleich der ***Spannung*** U bzw. dem ***Potentialunterschied*** $\Delta\varphi$ zwischen den Endpunkten des Wegs. Dies illustriert Abb. 2.1-3 am Beispiel der Punktladung. Die allgemeine Beziehung lautet für U_{12}:

$$U_{12} = \Delta\varphi = \varphi_1 - \varphi_2 = \int_1^2 \boldsymbol{E} \cdot \mathrm{d}\boldsymbol{l}; \qquad [\varphi] = [U] = \mathrm{V\,(olt)} = \frac{\mathrm{kg\,m^2}}{\mathrm{A\,s^3}}. \quad (2.1\text{-}7)$$

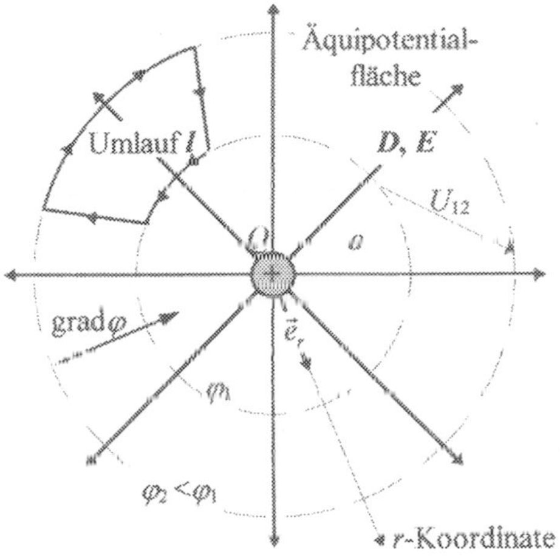

Abb. 2.1-3:
Elektrisches Feld, Gradient des Potentials, Äquipotentialflächen und Spannung in der Umgebung einer positiv geladenen Kugel.

Über diese Gleichung kann gleichwohl das Potential definiert werden. Welche günstiger ist, hängt davon ab, was gegeben und was gesucht ist.

Das *Volt* wird in der Elektrotechnik wie eine Basiseinheit behandelt und ersetzt dort üblicherweise das *Kilogramm*. Es ist praktisch die integrale Ursache aller elektrischen Wirkungen, die ihrerseits über die definierte Basiseinheit *Ampère* beschrieben werden. Bezüglich des Potentials besteht ein Freiheitsgrad der Lage des Nullpunkts. Für den vorliegenden Fall einer Punktladung ist dieser sinnvollerweise ins ∞ zu legen und wir erhalten für das Potential an einer beliebigen Stelle im Abstand r vom Kugelmittelpunkt:

$$\varphi(r) = \frac{Q}{4\pi\varepsilon}\int_r^\infty \frac{\mathrm{d}r'}{r'^2} = \frac{Q}{4\pi\varepsilon r}. \qquad (2.1\text{-}8)$$

Handelt es sich um ein in nur einer Dimension inhomogenes Feld, wie in diesem Beispiel in (radialer) r-Richtung eines Kugelkoordinatensystems, können wir den Gradienten durch eine einfache Ableitung ersetzen; ist das Feld hingegen homogen und suchen wir die Spannung entlang einer Feldlinie, kann die Ableitung durch einen Quotienten skalarer Größen bzw. das Integral durch ein Produkt ersetzt werden:

$$\boldsymbol{E} = -\frac{\partial \varphi}{\partial r}\vec{e}_r \qquad \text{bzw.} \qquad E = \frac{U}{l}; \qquad U = El. \tag{2.1-9}$$

Bewegen wir uns auf einem geschlossenen Umlauf, wie links oben in Abb. 2.1-3 dargestellt, muß die ***Umlaufspannung*** $\overset{\circ}{U}$, die durch das folgende Integral beschrieben wird, verschwinden:

$$\boxed{\overset{\circ}{U} := \oint\limits_{\substack{\text{Bel. geschl.}\\ \text{Umlauf}}} \boldsymbol{E} \cdot \mathrm{d}\boldsymbol{l} = 0}. \tag{2.1-10}$$

Dies ist eine unmittelbare Folge der o.a. Konservativität des COULOMBfelds. Die mit dem Potentialunterschied assoziierte potentielle Energie, die wir z.B. beim Hochlauf von φ_2 nach φ_1 gewinnen, verlieren wir wieder vollständig beim Rücklauf. Die Weganteile auf den Äquipotentialflächen werden ohne Zugewinn oder Verlust an Energie bzw. Potential ausgeführt. Diese Gleichung stellt nichts anderes als den *zweiten KIRCHHOFFschen Satz* (GUSTAV ROBERT KIRCHHOFF, 1847) - die *Maschenregel* - dar, die besagt, daß entlang eines vollständigen Umlaufs die Summe aller Spannungen gleich Null ist:

$$\sum_{\mathrm{i}} \pm U_{\mathrm{i}} = 0. \tag{2.1-11}$$

Jeweils eines der Vorzeichen ist auszuwählen, je nachdem, ob der Spannungszählpfeil in Richtung (+) oder in Gegenrichtung (–) zu der frei vorgebbaren Umlaufzählrichtung weist.

Insbesondere stellen die letzten Gleichungen nochmals anschaulich dar, daß es sich bei dem elektrostatischen Feld um ein Quellenfeld handelt. Quellen COULOMBscher Feldlinien sind Protonen, Senken Elektronen. Sie bilden keine Wirbel, d.h. sie sind nicht in sich geschlossen. Das elektrostatische Feld ist somit ein wirbelfreies Quellenfeld. Alle Gleichungen müssen i.allg. bei Anwesenheit zeitveränderlicher Magnetfelder modifiziert werden, was aber an sich selbstverständlich ist, da wir ja hier bei der Elektrostatik mit ruhenden Ladungen sind. Dann jedoch gelten die gerade zuvor gemachten Aussagen nicht mehr.

2.1.3 COULOMBscher Dipol, elektrisches Dipolmoment *p*

Aus der Mechanik ist eng mit dem Kraft- der Drehmomentbegriff verwandt. In der Elektrotechnik bildet der HERTZsche Dipol (HEINRICH HERTZ, 1857 - 1894) als schwingender COULOMBscher Elementardipol in Form einer verzerrten Atom- oder Molekülladungsstruktur die Quelle der Wellenausbreitung in Materie.

Als einfaches Modell können wir uns entspr. Abb. 2.1-4 einen solchen Dipol als ein Ladungspaar vorstellen, das durch eine starre isolierende Achse verbunden ist. Unter dem Einfluß eines äußeren elektrischen Felds in beliebiger Richtung zur Achse wird aufgrund der COULOMBkräfte $\boldsymbol{F}_{\mathrm{C}}$ und $-\boldsymbol{F}_{\mathrm{C}}$ und des Hebelarms $\boldsymbol{l}$ (bzw. $2\cdot\boldsymbol{l}/2$) ein mechanisches ***Drehmoment*** $\boldsymbol{T}$ entstehen.

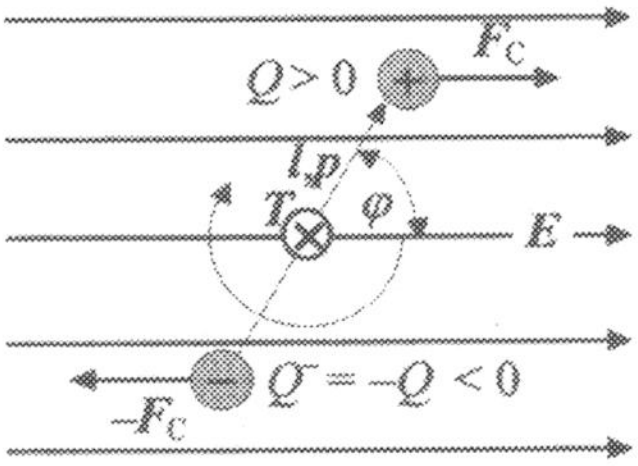

Abb. 2.1-4:
COULOMBscher Elementardipol mit Drehung im äußeren Feld.

Die Hebelarmrichtung $\boldsymbol{l}$ ist per Definition so festgelegt, daß sie in Richtung des äußeren Felds zeigt, wenn das Drehmoment verschwindet, also bzgl. der Ladungsanordnung von – nach +. Dies ist für $\varphi = 0$ der Fall. Allgemein ist der Drehmomentvektor $\boldsymbol{T}$ als Vektorprodukt von Hebelarm und Kraft definiert - in dieser Reihenfolge, damit die Rechte-Hand-Regel angewendet werden kann: zeigen die Finger der rechten Hand in Drehrichtung, gibt der Daumen die Vektorrichtung an.

In der Elektrotechnik sind wir an *Feldgrößen* interessiert, die Ursache/Wirkungszerlegungen repräsentieren. Wir ersetzen dazu den Kraftvektor wieder sinnvollerweise durch den Vektor der elektrischen Feldstärke:

$$\boldsymbol{T} := \boldsymbol{l} \times \boldsymbol{F} = \boldsymbol{l} \times Q\boldsymbol{E} = Q\boldsymbol{l} \times \boldsymbol{E} = \boldsymbol{p} \times \boldsymbol{E}; \qquad [T] = \text{Nm}. \qquad (2.1\text{-}12)$$

Dazu gehört die Betragsgleichung:

$$T = Fl \sin\varphi = QlE \sin\varphi = pE \sin\varphi. \qquad (2.1\text{-}13)$$

$\boldsymbol{p}$ definieren wir als ***elektrisches Dipolmoment***:

$$\boldsymbol{p} := Q\boldsymbol{l}; \qquad [p] = \text{Cm} = \text{Asm}. \qquad (2.1\text{-}14)$$

Man kann sagen, daß das Dipolmoment den elektrostatischen Hebelarm darstellt. Er weist dementspr. bei verschwindendem Moment ebenfalls in Richtung des äußeren Felds, bzgl. der Ladungsanordnung auch von – nach +.

Aufgrund dieser Dreheigenschaften ist der COULOMBsche Dipol der Repräsentant der Feldrichtung. Hängen wir sehr viele Dipole in einem Gebiet frei beweglich auf und lassen dieses von einem äußeren elektrischen Feld durchdringen, werden wir eine Feldlinie durch eine Kettung sich aneinander anschließender COULOMBscher Dipole identifizieren können.

2.1.4 Ladung *Q*, elektrischer Fluß *Ψ* und elektrische Flußdichte *D*

Mathematisch ist das Flußintegral $\overset{\circ}{\Psi}$ eines allgemeinen mathematischen Vektorfeldes $\boldsymbol{D}$ über die beliebige geschlossene Oberfläche $\boldsymbol{A}$ eines Raumgebiets definiert als die Menge aller diese Fläche normal durchsetzenden Feldlinien:

$$\boxed{Q = \overset{\circ}{\Psi} =: \underset{Q \text{ in Hülle}}{\oint\!\!\oint} \boldsymbol{D} \cdot \mathrm{d}\boldsymbol{A}}; \quad [\overset{\circ}{\Psi}] = [Q] = \text{C (oulomb)} = \text{As}, \quad [\boldsymbol{D}] = \frac{\text{C}}{\text{m}^2}. \qquad (2.1\text{-}15)$$

Diese Gleichungsstruktur wird uns für andere integrale elektrotechnische Größenarten noch öfter begegnen. Den Ursachenindex bei der Ladung haben wir hier, wie im folgenden, weggelassen, da es selbstverständlich ist, daß Q die das $\boldsymbol{D}$-Feld verursachende Ladung darstellt. Die Indizierung wird nur, wie beispielsweise in Gl. 2.1-5 benötigt, wenn genau zwischen Ursache und Wirkung unterschieden werden muß, d.h. beide in einer Gleichung vorkommen.

Die Ladung Q kann hier als ***elektrischer Hüllenfluß*** $\overset{\circ}{\Psi}$ interpretiert werden, der von der Ladung ausgeht. Charakteristisch für jedwede Art diesen (Hüllen-)Flusses ist jedoch, daß *nichts wirklich fließt*. Man muß sich in diesem Zusammenhang klarmachen, daß nicht das Proton oder Elektron als gedachtes Kügelchen, sondern der umgebende Raum - praktisch der Rest der Welt - Träger der Ladung - des Flusses, und damit der zugehörigen Energie - ist, allerdings nur in der unmittelbaren Umgebung dicht konzentriert, aber überall vorhanden (FARADAYsche Nahewirkungstheorie).

Das Partikel sendet in unserer einfachen Modellvorstellung der klassischen Physik *Strahlen* in der Menge der Ladung aus, womit aber kein Energietransport weg von diesem Partikel verbunden ist, sondern die Energie ruht um das Kügelchen, sofern dieses selbst ruht. Die Quantenmechanik assoziiert hiermit als Inkarnation dieser *Strahlen* den Austausch von Photonen. Man unterscheide in diesem Zusammenhang also deutlich zwischen den Begriffen *Träger*, wie hier dargestellt, und *Verursacher*, wie zu Anfang des Kapitels festgelegt.

Anders gesagt: die Existenz eines Ladungskügelchens, wie eines Elektrons, über das wir sehr wenig wirklich wissen - nicht einmal seinen (wahren) Durchmesser und ob es überhaupt einen solchen hat oder ob dies ein Begriff ist, den wir ihm überhaupt sinnvoll zubilligen können (Unschärferelation) - versetzt den Raum in einen besonderen physikalischen Zustand - nämlich den, ein Feld zu führen, mit dem wir recht gut umgehen können, und von dem wir gerade dabei sind, es in seinen einzelnen Eigenschaften zu beschreiben.

Die ***elektrische Flußdichte*** oder ***elektrische Verschiebung(sdichte)*** $\boldsymbol{D}$ gibt die Konzentration des Normalanteils des Flusses pro Flächeneinheit an. Wählen wir als Integrationsfläche ein Äquipotentialfläche und ist die Flußdichte darauf konstant, kann die Gleichung nach

$$\overset{\circ}{\Psi} = Q = DA \qquad \text{bzw.} \qquad D = \frac{\overset{\circ}{\Psi}}{A} = \frac{Q}{A} \tag{2.1-16}$$

aufgelöst werden. Ist eine einfache Ladungsverteilung gegeben - z.B. homogen eben, zylinder- oder kugelförmig (Punktladung; s.o.) - kann diese Fläche einfach beschrieben werden. Für letztere beispielsweise ergibt sich durch Integration über jede Äquipotentialfläche die behauptete Beziehung auf einfache Weise:

$$\overset{\circ}{\Psi} = DA = \frac{Q}{4\pi r^2} 4\pi r^2 = Q\,. \tag{2.1-17}$$

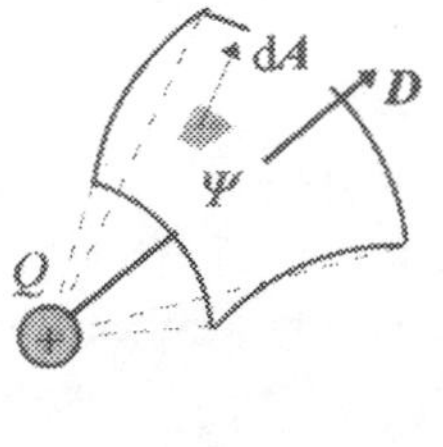

Abb. 2.1-5:
Von der Ladung Q hervorgerufener elektrischer Fluß Ψ auf einem beliebig geformten Teilgebiet.

Ein ***elektrischer Fluß*** Ψ bildet entspr. Abb. 2.1-5 die Summe aller Flußdichtefeldlinien über ein bestimmtes, auch nichtgeschlossenes, Teilgebiet $\boldsymbol{A}$:

$$\Psi := \iint \boldsymbol{D} \cdot \mathrm{d}\boldsymbol{A}. \qquad (2.1\text{-}18)$$

2.1.5 Ladungsbelag λ, Ladungsbedeckung σ und Raumladung ρ

Ladungen können über bestimmte geometrische Formationen angeordnet sein. Die Gesamtladung ist dann grundsätzlich über

$$Q = (N^{+} - N^{-})e \qquad (2.1\text{-}19)$$

angebbar, wobei N^{+} bzw. N^{-} die Anzahl von Protonen bzw. Elektronen *entlang*, *auf* oder *im* betrachteten Objekt ist. Die Werte der N sind i.allg. sehr groß, weshalb eine Beschreibung der Gesamtladung in Form einer kontinuierlichen Verteilung angebracht ist. Ladungsüberschüsse, um die es hier geht, können positiv, negativ oder Null sein, je nachdem ob und ggf. welcher Ladungstyp im Gebiet überwiegt.

Sind Ladungen linien- oder fadenförmig angeordnet, z.B. auf der Oberfläche einer Litzenleitung, ist die Beschreibung einer kontinuierlichen Ladungsverteilung über der Länge sinnvoll. Wir definieren als ***Linienladungsdichte*** oder ***Ladungsbelag*** λ:

$$\lambda := \frac{\mathrm{d}Q}{\mathrm{d}l} \quad \text{bzw.} \quad Q = \int_l \lambda \mathrm{d}l; \qquad [\lambda] = \frac{\mathrm{C}}{\mathrm{m}}. \qquad (2.1\text{-}20)$$

Ist die Linie eine Gerade, kann das Integral durch ein Produkt ersetzt werden und die Äquipotentialflächen bilden Zylinder. Demnach folgt mit Gl. 2.1-16 für die elektrische Flußdichte und die elektrische Feldstärke in der Umgebung des Ladungsbelags:

$$\boldsymbol{D} = \frac{Q}{2\pi r l}\vec{e}_r = \frac{\lambda}{2\pi r}\vec{e}_r \quad \text{und} \quad \boldsymbol{E} = \frac{Q}{2\pi \varepsilon r l}\vec{e}_r = \frac{\lambda}{2\pi \varepsilon r}\vec{e}_r. \qquad (2.1\text{-}21)$$

Ladungen können sich auf Flächen aufhalten. Insbesondere bei Metallen halten sich Überschußladungen immer auf der Oberfläche auf, da sie aufgrund der abstoßenden Eigenschaften möglichst weit voneinander weg wollen und die Leitfähigkeit eine Verschiebung erlaubt, so daß das Innere feldfrei sein muß. Dann ist die Beschreibung einer ***Flächenladungsdichte*** oder ***Ladungsbedeckung*** σ sinnvoll:

$$\sigma := \frac{\mathrm{d}Q}{\mathrm{d}A} \quad \text{bzw.} \quad Q = \iint_A \sigma \mathrm{d}A; \qquad [\sigma] = \frac{\mathrm{C}}{\mathrm{m}^2}. \qquad (2.1\text{-}22)$$

Speziell unmittelbar oberhalb einer Ladungsbedeckung muß aus den Überlegungen des vorangegangenen Abschnitts folgen, daß für das von dieser Ladungsbedeckung hervorgerufene Flußdichtefeld gilt

$$\sigma = D. \qquad (2.1\text{-}23)$$

In einem Dielektrikum, aber auch in Übergangszonen verschieden dotierter Halbleiter, können Ladungen über ein Volumen V konzentriert verteilt vorkommen. Die ***Raumladungsdichte*** oder einfach ***Raumladung*** ρ gibt die Konzentration der Ladung über dem Volumen an. Diese integriert über das betrachtete Volumen ergibt die Nettoladung in diesem Volumen:

$$\rho := \frac{\mathrm{d}Q}{\mathrm{d}V} \quad \text{bzw.} \quad Q = \iiint_V \rho \mathrm{d}V; \qquad [\rho] = \frac{\mathrm{C}}{\mathrm{m}^3}. \tag{2.1-24}$$

Gemeinsam mit Gl. 2.1-15 stellt die vorstehende Gleichung eine integrale Beziehung zwischen zwei Feldgrößen her: der skalaren Raumladungsdichte ρ und der von ihr hervorgerufenen und sie umgebenden vektoriellen elektrischen Flußdichte $\boldsymbol{D}$:

$$\boxed{Q = \oint\!\!\!\oint_{\substack{\text{Bel. geschl.}\\ \text{Hülle um } V}} \boldsymbol{D} \cdot \mathrm{d}\boldsymbol{A} = \iiint_V \rho \mathrm{d}V}. \tag{2.1-25}$$

Diese Gleichung wird auch als *GAUßscher Satz der Elektrostatik* bezeichnet und stellt die 3. MAXWELLgleichung in integraler Form dar.

Ist die elektrische Feldstärke einer gegebenen diskreten Ladungsverteilung Q_i gefragt, erhalten wir diese durch das Superpositionsprinzip. Das COULOMBgesetz muß für jede Einzelladung angewendet und alle Kräfte auf eine Meßladung vektoriell überlagert werden. Dabei machen wir uns zunutze, daß jeder Einheitsvektor durch den Quotienten eines beliebigen Vektors durch sein Länge dargestellt werden kann, speziell auch $\vec{e}_r = \boldsymbol{r} / r$. Für diskrete Ladungsverteilungen Q_i zeigt i.allg. jeder Einheitsvektor in eine diskrete *i*te Richtung: $\vec{e}_{ri} = \boldsymbol{r}_i / r_i$. Die Feldformel für punktförmige Ladungen erweitert sich entspr. dem Beispiel in Abb. 2.1-6 zu:

$$\boldsymbol{E} = \sum_i \boldsymbol{E}_i = \frac{1}{Q_w} \sum_i \boldsymbol{F}_{Ci} = \frac{1}{4\pi\varepsilon} \sum_i \frac{Q_{ui}}{r_i^2} \vec{e}_{ri} = \frac{1}{4\pi\varepsilon} \sum_i \frac{Q_{ui}}{r_i^3} \boldsymbol{r}_i. \tag{2.1-26}$$

Zur Berechnung des dazugehörigen Potentials kann Gl. 2.1-8 auf jeden Summanden angewendet werden und wir erhalten:

$$\varphi = \sum_i \varphi_i = \frac{1}{4\pi\varepsilon} \sum_i \frac{Q_{ui}}{r_i}. \tag{2.1-27}$$

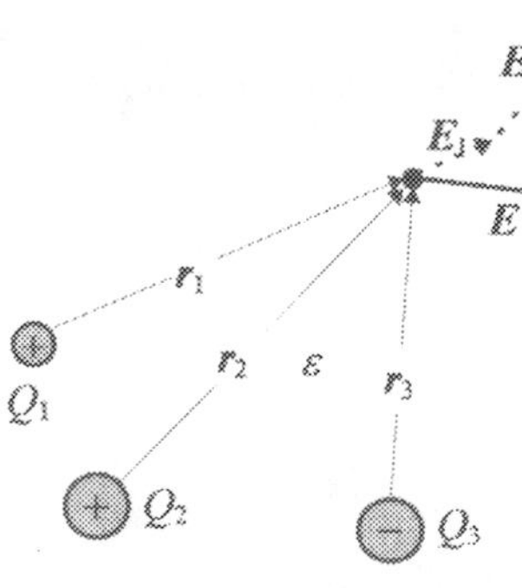

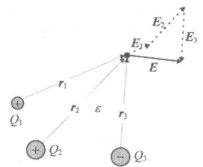

Abb. 2.1-6:
Vektorielle Überlagerung von Einzelfeldern zur Konstruktion der Gesamtfeldstärke $\boldsymbol{E}$.

Ist die elektrische Feldstärke einer gegebenen kontinuierlichen Ladungsverteilung λ, σ oder ρ gefragt, müssen wir praktisch für jede verursachende Ladung dQ die zugehörige Feldstärke d$\boldsymbol{E}$ berechnen und alle vektoriell korrekt aufaddieren - sprich: integrieren:

$$E = \int \mathrm{d}E = \frac{1}{4\pi\varepsilon}\int_Q \frac{\mathrm{d}Q}{r^3}\boldsymbol{r} = \frac{1}{4\pi\varepsilon}\int_l \frac{\lambda \mathrm{d}l}{r^3}\boldsymbol{r} = \frac{1}{4\pi\varepsilon}\iint_A \frac{\sigma \mathrm{d}A}{r^3}\boldsymbol{r} = \frac{1}{4\pi\varepsilon}\iiint_V \frac{\rho \mathrm{d}V}{r^3}\boldsymbol{r}. \tag{2.1-28}$$

Bei der Ausführung der Rechnung ist zu beachten, daß $\vec{e}_r = \boldsymbol{r} / r$ jetzt in Abhängigkeit des Ortes der Integration variiert, d.h. eine kontinuierliche Verteilung darstellt. Möchten wir das zu der jeweiligen Konfiguration gehörende Potential mit entspr. festgelegtem Nullpunkt kennen, können wir analog zu obiger Darstellung des diskreten Falls Gl. 2.1-8 auf die vorstehende erweitern:

$$\varphi = \int \mathrm{d}\varphi = \frac{1}{4\pi\varepsilon}\int_Q \frac{\mathrm{d}Q}{r} = \frac{1}{4\pi\varepsilon}\int_l \frac{\lambda \mathrm{d}l}{r} = \frac{1}{4\pi\varepsilon}\iint_A \frac{\sigma \mathrm{d}A}{r} = \frac{1}{4\pi\varepsilon}\iiint_V \frac{\rho \mathrm{d}V}{r}. \tag{2.1-29}$$

2.1.6 Permittivität ε und elektrische Polarisation P_e

Elektrische Flußdichte $\boldsymbol{D}$ und elektrische Feldstärke $\boldsymbol{E}$ existieren in Form eines Wirkungs/Ursachepaares gleichzeitig im Raum an jeder Stelle - im Vakuum, als auch im Medium - und zeigen für dielektrisch isotrope Medien in die gleiche Richtung. Im Freiraum ist ihr Betragsverhältnis durch die Naturkonstante ***elektrische Feldkonstante***

$$\varepsilon_0 := \frac{1}{\mu_0 c_0^2} = 8{,}854\,187\,817...\cdot 10^{-12}\frac{\text{As}}{\text{Vm}} = \frac{D_0}{E_0} \tag{2.1-30}$$

festgelegt. Der Index 0 kennzeichnet hier, wie in der Folge, sofern nicht anders vereinbart, Größen im Freiraum. c_0 ist hier die Freiraumlichtgeschwindigkeit, μ_0 die magnetische Feldkonstante, die beide in Abschnitt 2.3 bestimmt werden. Aus praktischen Erwägungen, die mit der Definition der Basiseinheit A (mpère) zu tun haben, wird ε_0 auf diese Weise soz. rückdefiniert.

Die einheitenlose ***relative Permittivität*** ε_r eines Materials gibt den Faktor an, um den ein elektrisches Feld $\boldsymbol{E}$ bei konstanter äußerer Ladungsverteilung in der Materie gegenüber dem Freiraum geschwächt wird. Damit folgt für die ***Dielektrizitätszahl*** oder ***Permittivität*** ε:

$$\varepsilon := \varepsilon_0\varepsilon_r \tag{2.1-31}$$

mit der gleichen Einheit. Wie bereits dargelegt, gilt das COULOMBsche Gesetz in der angegebenen Form nur für konstantes ε, was wir zunächst weiter voraussetzen. Ist das Medium inhomogen, müssen entspr. Abschnitt 2.1.8 Brechungsgesetze berücksichtigt werden. Damit ergibt sich die allgemeine Vektorbeziehung zwischen $\boldsymbol{D}$ und $\boldsymbol{E}$ zu:

$$\boldsymbol{D} = \varepsilon\boldsymbol{E} = \varepsilon_0\varepsilon_r\boldsymbol{E}. \tag{2.1-32}$$

Anschaulich wird der Zusammenhang z.B. an dem Vergleich der beiden Größenarten wieder für das COULOMBfeld einer Punktladung:

$$\boldsymbol{D} = \varepsilon\boldsymbol{E} = \frac{Q}{4\pi r^2}\vec{e}_r, \tag{2.1-33}$$

also das gleiche Ergebnis wie aus der Quotientenbildung von Hüllenfluß und Oberfläche. Umgeben wir also die kugelförmige Ladung Q im Vakuum mit einem Medium mit $\varepsilon_r > 1$, wird das elektrische Feld $\boldsymbol{E}$ hierdurch geschwächt, das Flußdichtefeld $\boldsymbol{D}$ ist jedoch unabhängig davon. Damit ist es aus dieser Sicht auch gerechtfertigt, zu sagen, daß $\boldsymbol{D}$ eine Ursachengröße ist, und $\boldsymbol{E}$ eine Wirkungsgröße.

Materie kann auf verschiedene Art mit elektrischen (und magnetischen) Feldern wechselwirken. Da diese Felder ja letztendlich immer selbst von Materie verursacht werden, wird diese entsprechend der Art der Wechselwirkung verändert und richtet ihre Feldvektoren in bestimmte Richtungen - das äußere Feld verstärkend oder schwächend - aus. Dies hat Einfluß auf den Durchmarsch elektromagnetischer Wellen durch Materie, als sich eine Überlagerung der äußeren Ursache und der Rückwirkung der Materie ergibt.

Die Wechselwirkung hängt u.a. vom Aggregatzustand, Druck, Temperatur und auch vom Ionisationszustand der Materie ab. Wir wollen hier nur Wechselwirkungen für das Vakuum, unionisierte Gase bei normalen Drücken und Temperatur mit mit dem Vakuum vergleichbaren Eigenschaften (typ.: Luft), sowie Festkörper bei normalen Drücken und Temperaturen betrachten.

Die Materie wird durch einen Satz von Materialgrößen beschrieben, die die Wechselwirkungen mit elektromagnetischen Feldern kennzeichnen. Für die Elektrostatik ist das, wie o.a. $\varepsilon_r \rightarrow \varepsilon = \varepsilon_0\varepsilon_r$. Doch was bedeutet ein bestimmter Wert von ε_r physikalisch anschaulich?

Betrachten wir dazu zunächst den Fall, daß wir eine Quellspannung U_q, d.h. eine feste belastungsunabhängige eingeprägte Spannung mit zugehöriger elektrischer Feldstärke $\boldsymbol{E} = \boldsymbol{E}_q$ entspr. Abb. 2.1-7 an zwei metallische Elektroden zwischen einem festen dielektrischen Materiestück - also einen Kondensator - anlegen.

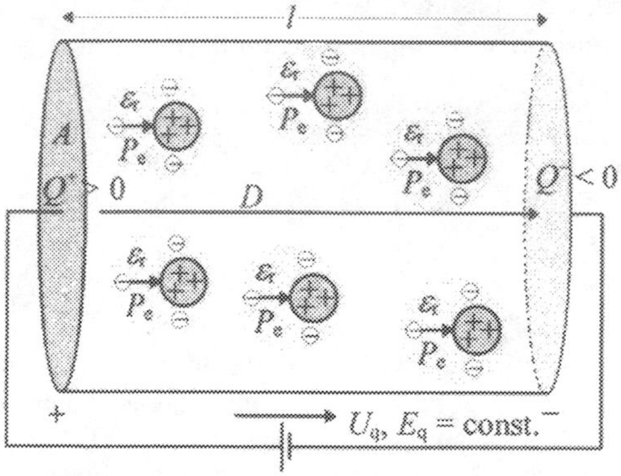

Abb. 2.1-7:
Reaktionen eines Dielektrikums auf ein von außen angelegtes elektrisches Feld.

Hier geht es um die Wechselwirkung mit der an die Atomrümpfe gebundene Elektronenwolke. Diese deformiert sich durch die angelegte Spannung derart, daß ihr negativer Ladungsschwerpunkt näher beim positiven Pol der Spannungsquelle zu liegen kommt. Der dadurch bewirkte *Polarisierungseffekt* führt zu einem Gegenfeld, welches versucht, das äußere $\boldsymbol{E}$-Feld zu schwächen.

Da wir dieses jedoch als eingeprägt definiert haben, müssen zusätzliche Ladungen gegenüber dem Freiraumfall auf den Elektroden aufgebracht werden, die die Schwächung neutralisieren. *Mehr Ladungen* bedeutet aber eine größere Flußdichte $\boldsymbol{D} > \boldsymbol{D}_0$.

Der zusätzliche Anteil bildet die ***elektrische Polarisation*** $\boldsymbol{P}_e$ bzw. die ***Elektrisierung*** $\boldsymbol{P}_e/\varepsilon_0$, die daher auch in Bezug auf die Deformation der Elektronenhüllkurve von – → + weisen, in Bezug auf die zusätzlich aufgebrachten Ladungen aber wieder von + → –. Ein Maß für diese Polarisierung ist die relative Dielektrizitätszahl ε_r bzw. die ***elektrische Suszeptibilität*** χ_e (für χ sprich: chi):

$$\chi_e := \varepsilon_r - 1, \tag{2.1-34}$$

$$\boldsymbol{P}_e := \boldsymbol{D} - \boldsymbol{D}_0 = \boldsymbol{D} - \varepsilon_0 \boldsymbol{E} = (\varepsilon_r - 1)\varepsilon_0 \boldsymbol{E} = \chi_e \varepsilon_0 \boldsymbol{E} \qquad \text{oder}$$

$$\boldsymbol{D} = \boldsymbol{D}_0 + \boldsymbol{P}_e = \varepsilon_0 \boldsymbol{E} + \boldsymbol{P}_e = (1 + \chi_e)\varepsilon_0 \boldsymbol{E} = \varepsilon_r \varepsilon_0 \boldsymbol{E}. \tag{2.1-35}$$

Nehmen wir dementgegengesetzt an, es befände sich zunächst keine Materie zwischen den Platten, diese seien auf eine bestimmte Spannung U aufgeladen und danach sei die Spannungsquelle abgeklemmt worden. Wir schieben nun gemäß Abb. 2.1-8 ein Dielektrikum zwischen die Platten.

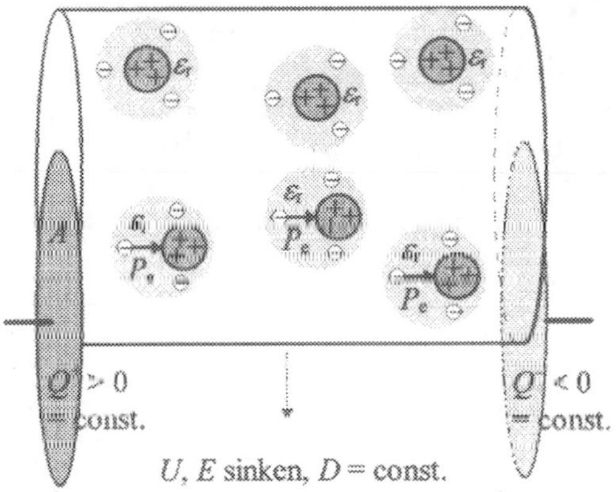

Abb. 2.1-8:
Polarisation eines Dielektrikums durch Hineinschieben in ein elektrisches Feld.

Da in diesem Fall die Ladung Q auf den Platten konstant bleiben muß, ist auch das D-Feld in der Materie konstant, da $D = Q/A$. Folglich muß das E-Feld infolge der Polarisierung nachgeben: $E = D/\varepsilon_0\varepsilon_r < D/\varepsilon_0$, und die Spannung U absinken.

Aus den beiden vorangehenden Betrachtungen können wir die Permittivität physikalisch interpretieren als das Verhältnis von sich einstellender dielektrischer Flußdichte zur elektrischen Feldstärke. Die Einheit, die hier ein besseres physikalisches Verständnis gewährleistet, kann man zu

$$[\varepsilon] = \frac{\mathrm{C/m^2}}{\mathrm{V/m}} \quad (= \frac{\mathrm{F\ (arad)}}{\mathrm{m}} = \frac{\mathrm{As}}{\mathrm{Vm}}) \tag{2.1-36}$$

angeben. Man kann damit auch allgemein für die Reaktion von Materie auf ein Feldpaar angeben, daß die zugehörige Materialeigenschaft das Verhältnis von Wirkung (die mit der Verschiebungsdichte D getrennten Ladungen) zu Ursache (das trennende elektrische Feld E) angibt. Nach diesem Prinzip sollen auch die anderen elektromagnetischen Materialeigenschaften definiert werden.

Liegt nun im zuerst betrachteten Fall statt eines Gleichfeldes ein Wechselfeld an, so muß die an den Atomrumpf gebundene Elektronenwolke dieser Oszillation folgen, d.h. nach einer Halbschwingung sieht das dazugehörige Bild praktisch um die vertikale Mittelachse gespiegelt aus.

Dieses Hin- und Herschütteln der Elektronenwolke geschieht aufgrund der Elektronenmassen, des Atom- und Molekülaufbaus stoff- und frequenzabhängig nicht trägheitslos. Vor allem in Bezug auf den Atom- und Molekülaufbau muß noch unterschieden werden, ob die Elektronenbahnen ohne äußeres Feld *keine* oder *eine* Eigenpolarisierung aufweisen. Im ersten Fall, der sog. ***Verschiebungs***- oder ***Verzerrungspolarisation***, wird die Energie nur temporär aufgenommen und nach Abschalten der Wechselquelle wieder an diese zurückgegeben.

Im zweiten Fall, der sog. ***Orientierungspolarisation***, erfolgt neben der Weiterpolarisierung eine Drehung derselben, was in einer Energieaufnahme und Trägheit resultiert, die nicht mehr an das erzeugende Feld zurückgegeben wird. *Trägheit* bedeutet für Wechselerregung ein Nachhinken der Phase, d.h. das D-Feld als Wirkung hinkt dem durch die vorgegebene Spannung erzwungenen E-Feld hinterher.

Wasser ist z.B. ein Stoff, der diese letztgenannte Eigenschaft aufweist, aber auch in Analogie zu Magneten gibt es *Elektrete*, die daneben i.allg. auch anisotrop sind. Für letztere wird die Beziehung zwischen E-Feld als Ursache und D-Feld als Wirkung über eine Hystereseschleife beschrieben, wie wir sie von Permanentmagneten kennen. ε ist dann nicht mehr konstant, sondern eine Funktion der Feldgrößen. Auch entstehen durch eine sinusförmige Anregung nicht nur Reaktionen gleicher Frequenz, sondern noch weitere mit ganzzahligen Vielfachen der Grundfrequenz entspr. der Nichtlinearität einer solchen Hysteresekennlinie (Oberschwingungen).

2.1.7 Atomare Polarisation

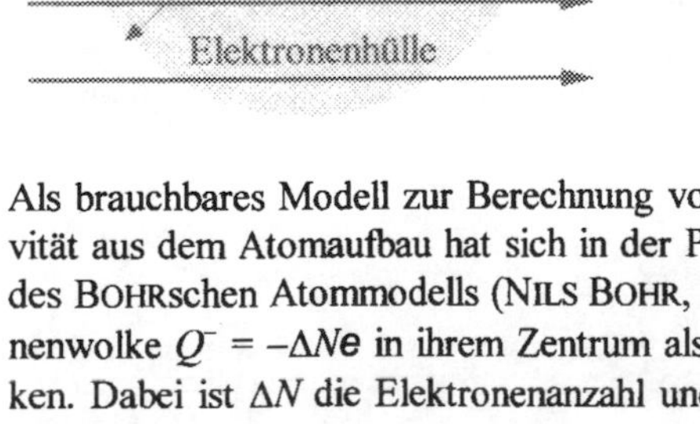

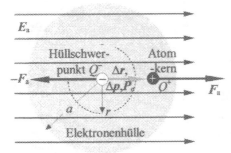

Abb. 2.1-9:
Atom unter dem Einfluß eines äußeren elektrischen Feldes $\boldsymbol{E}_a$.

Als brauchbares Modell zur Berechnung von Dipolmoment, Polarisation und Permittivität aus dem Atomaufbau hat sich in der Praxis entspr. Abb. 2.1-9 auf der Grundlage des BOHRschen Atommodells (NILS BOHR, Nobelpreis 1922) bewährt, die Hüllelektronenwolke $Q^- = -\Delta N e$ in ihrem Zentrum als Ladungsschwerpunkt konzentriert zu denken. Dabei ist ΔN die Elektronenanzahl und beim neutralen Atom die Protonenanzahl im Kern.

Wird infolge einer äußeren Kraft $-\boldsymbol{F}_a$, hervorgerufen durch ein äußeres elektrisches Feld $\boldsymbol{E}_a$, die negativ geladene Hülle um ein Stück $-\Delta\boldsymbol{r}$ ausgelenkt, so müssen sich analog am Atomkern mit der Ladung $Q^+ = \Delta N e$ $\boldsymbol{F}_a$ und die COULOMBsche Rückstellkraft $-\boldsymbol{F}_C$ durch den Hüllelektronenladungsschwerpunkt aufheben. Die Anordnung können wir als COULOMBschen Elementardipol ansehen, wie wir ihn grundsätzlich schon in Abschn. 2.1.3 betrachtet haben.

Wird das äußere elektrische Feld gedreht, wird sich die exzentrierte Elektronenhülle unter gleicher Auslenkung $\Delta\boldsymbol{r}$ mitdrehen. Dazu gehört ein mechanisches Drehmoment $\boldsymbol{T}$, das wir durch seinen elektrischen Hebelarm, das elektrische Dipolmoment, vorgestellt haben. $\Delta\boldsymbol{p}$ als atomares Dipolmoment nimmt hier folgende Form an:

$$\Delta\boldsymbol{p} = Q^+\Delta\boldsymbol{r}, \qquad (2.1\text{-}37)$$

und weist in Richtung des Polarisationsvektors $\boldsymbol{P}_e$, also von – nach + des Atoms. Wir suchen den Zusammenhang zwischen dem Gesamtdipolmoment $\boldsymbol{p}$ in einem endlichen Volumen V und $\boldsymbol{P}_e$. Der Geamtfluß von Kern zu Hüllschwerpunkt muß gerade gleich Q^+, also dem Hüllenfluß des Kerns und damit gleich dem Polarisationsfluß sein, denn er ist ja durch das äußere Feld erst hervorgerufen worden. Diesen können wir mit ΔA als Atomquerschnittsfläche normal zur Flußrichtung durch $\Delta\boldsymbol{p}$ als auch durch $\boldsymbol{P}_e$ darstellen:

$$Q^+ = \frac{\Delta p}{\Delta r} = P_e\Delta A \qquad \Rightarrow \quad \boldsymbol{P}_e = \frac{\Delta\boldsymbol{p}}{\Delta A\Delta r} = \frac{\Delta\boldsymbol{p}}{\Delta V}. \qquad (2.1\text{-}38)$$

Mit N als sehr großer Gesamtanzahl der Atome im Volumen $V = N\Delta V$ ist wieder eine kontinuierliche Ausformulierung angebracht:

$$\boldsymbol{P}_e = \frac{\mathrm{d}\boldsymbol{p}}{\mathrm{d}V}; \qquad \Rightarrow \quad \boldsymbol{p} = \int \boldsymbol{P}_e \mathrm{d}V. \qquad (2.1\text{-}39)$$

Die elektrische Polarisation $\boldsymbol{P}_e$ ist also gleich der räumlichen Dichte des elektrischen Moments atomarer oder molekularer Dipole.

Betrachten wir das Elementardipolvolumen der Elektronenhülle ΔV als kugelhomogene Raumladung ρ der Gesamtelektronenladung $Q^-/\Delta V = Q^-/\frac{4}{3}\pi a^3$. Entsprechend dem zuvor hergeleiteten GAUßschen Satz der Elektrostatik muß für eine beliebige konzentrische Hülle mit Radius r um den Hüllschwerpunkt im Innern der Elektronenwolke für die hiervon verursachte Flußbilanz gelten:

$$D_r^-(r)\cdot A(r) = \rho\cdot V(r) \quad = \quad \varepsilon_0 E_r^-(r)\cdot 4\pi r^2 = \frac{Q^-}{\frac{4}{3}\pi a^3}\cdot\frac{4}{3}\pi r^3 = Q^-\cdot\frac{r^3}{a^3}$$

$$\Rightarrow \quad E_r^-(r) = \frac{Q^- r}{4\pi\varepsilon_0 a^3} < 0. \qquad (2.1\text{-}40)$$

Ihre Feldstärke steigt also linear mit dem Radius r an, während sie im Außenraum gemäß dem normalen COULOMBgesetz quadratisch abfällt. Dort wird sie über einer beliebigen geschlossenen Hülle exakt vom Atomkern kompensiert. Liegt diese Hülle exzentriert um den Atomkern, können wir im Bild links einen größeren negativen, rechts einen größeren positiven Fluß identifizieren, deren Unsymmetrie letztendlich für chemische Molekülbindungen verantwortlich ist, denn das äußere Feld kann von einem anderen Atom, das seinerseits verzerrt ist, hervorgerufen werden.

Hingegen verschwindet die Ladungstrennung für eine Hülle in großem Abstand, sodaß wir hier an jeder Stelle dieser Hülle elektrische Neutralität wahrnehmen. Daraus resultiert, daß sich der Einzugsbereich der beiden unterschiedlichen Elementarladungen in der Ferne neutralisiert. Demgegenüber addiert sich die monopolare Gravitation immer weiter auf und hält so das Universum zusammen. Damit dieses jedoch nicht augenblicklich zusammenbricht, liegt zwischen COULOMBkraft und Gravitationskraft ein Betragsverhältnis von $\approx 2{,}27 \cdot 10^{39}$ (!)

Nehmen wir als einfachstes Beispiel das Wasserstoffatom, so gilt $Q^- = -e$ und $a \approx$ 1Å (ngstrøm) = 10^{-10} m. Das Kräftegleichgewicht stellt sich für $\boldsymbol{E}_\mathrm{a} = -\boldsymbol{E}_r^-(\Delta\boldsymbol{r})$ ein, womit sich aus der vorigen Gleichung ergibt:

$$\Delta\boldsymbol{r} = \frac{4\pi\varepsilon_0 a^3}{e}\boldsymbol{E}_\mathrm{a} \qquad \Rightarrow \qquad \Delta\boldsymbol{p} = e\Delta\boldsymbol{r} = 4\pi\varepsilon_0 a^3 \boldsymbol{E}_\mathrm{a}. \tag{2.1-41}$$

Mit der im vorangegangenen Abschnitt angegebenen Definition der Polarisation folgt mit $n = 1/\Delta V$ als Ladungsträgerdichte:

$$\boldsymbol{P}_\mathrm{e} = (\varepsilon_\mathrm{r}-1)\varepsilon_0\boldsymbol{E}_\mathrm{a} = n4\pi\varepsilon_0 a^3\boldsymbol{E}_\mathrm{a} \qquad \Rightarrow \qquad \varepsilon_\mathrm{r}-1 = \chi_\mathrm{e} = n4\pi a^3, \tag{2.1-42}$$

womit bekannt ist, wie sich die Permittivität prinzipiell aus der Atomgeometrie berechnet. Diese Gleichung stellt i.allg. eine Näherung dar, da das Kugelmodell des Atoms doch recht einfach ist. Außerdem schließen sich Atome, wie auch der Wasserstoff, meist zu Molekülen zusammen, die in ihrer Gesamtheit betrachtet werden müssen. Weiterhin ist die Deformation der Hüllkurve nichtlinear, d.h. feldstärkeabhängig.

Wird das äußere elektrische Feld abgeschaltet, versucht sich die exzentrierte Elektronenwolke wieder zu zentrieren, d.h. in den Zustand zu gelangen, daß Atomkern und negativer Ladungsschwerpunkt wieder koinzidieren. Aufgrund der endlichen Elektronenmassen von $m_\mathrm{e} = 9{,}1 \cdot 10^{-31}$ kg und der daraus resultierenden NEWTONschen Trägheitskraft (Masse mal Beschleunigung)

$$m_\mathrm{e}\frac{\mathrm{d}^2 r}{\mathrm{d}t^2} = -\frac{e^2}{4\pi\varepsilon_0 a^3} r \tag{2.1-43}$$

wird die Hülle jedoch zur anderen Seite mit der gleichen Auslenkung Δr überschwingen. Wenn wir, wie hier geschehen, in erster Näherung Reibungskräfte vernachlässigen, wird diese Schwingung mit der Amplitude Δr immer weitergehen - das Atom stellt dann einen HERTZschen Dipol dar.

Diese Differentialgleichung ist eine klassische Schwingungsdifferentialgleichung mit Cosinusfunktion als Lösung. Daraus ist ersichtlich, daß ein entsprechend angeregtes Atom mit einer Oszillation antworten wird, was wiederum bedeutet, daß es Zentrum und Verursacher einer elektromagnetischen Welle darstellt.

2.1.8 Brechungsgesetze an Grenzflächen der Permittivität

Die in den vorstehenden Abschnitten hergeleiteten Formeln sind in der angegebenen Form meist nur für konstantes ε gültig. Variiert ε stückweise oder weist es einen kontinuierlichen inhomogenen Verlauf $\varepsilon(x,y,z)$ auf, müssen Brechungsgesetze angewendet werden. Dies führt bei stückweise konstanten Medien zu abgeknickten Feldlinien und bei inhomogenen Medien zu kontinuierlich gebogenen Feldlinien.

Von Interesse sind die Winkelunterschiede, unter denen die Feldlinien bei einem Übergang von einem Medium ε_1 zu einem Medium ε_2 weiterlaufen. Davon hängen bei elektromagnetischen Wellen die reflektierten und transmittierten Energieanteile ab. Dazu betrachten wir das Modell in Abb. 2.1-10. Der Spannungsumlauf für das links skizzierte in der Dicke d gegen Null gehende Rechteck ergibt:

$$\overset{\circ}{U} = \boldsymbol{E}_1 \cdot \boldsymbol{l} - \boldsymbol{E}_2 \cdot \boldsymbol{l} = 0 = E_1 l \sin\theta_1 - E_2 l \sin\theta_2 \quad \Rightarrow \quad E_1 \sin\theta_1 = E_2 \sin\theta_2 . \tag{2.1-44}$$

Das bedeutet, daß die Tangentialkomponenten der elektrischen Feldstärke stetig sind und diejenigen der Flußdichte sich wie die Permittivitäten verhalten, die somit erwartungsgemäß ein Maß für die Leitfähigkeit dielektrischer Flußfeldlinien darstellen:

$$E_{t1} = E_{t2} \quad \Rightarrow \quad \frac{D_{t2}}{D_{t1}} = \frac{\varepsilon_2}{\varepsilon_1} . \tag{2.1-45}$$

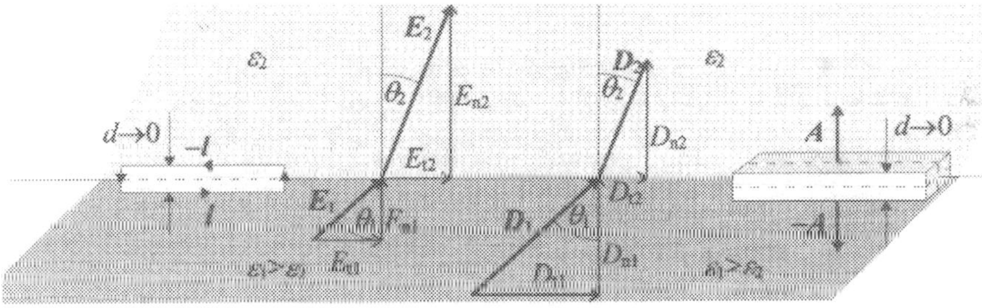

Abb. 2.1-10: Brechungsgesetze an dielektrischen Grenzflächen.

Der Hüllenfluß über den in der Dicke d gegen Null gehenden rechts dargestellten Quader ergibt unter der Bedingung, daß sich in der Grenzfläche Ladungsbedeckungen σ befinden können:

$$\overset{\circ}{\Psi} = \boldsymbol{D}_2 \cdot \boldsymbol{A} - \boldsymbol{D}_1 \cdot \boldsymbol{A} = \sigma A = D_2 A \cos\theta_2 - D_1 A \cos\theta_1 . \tag{2.1-46}$$

Wir eliminieren die Fläche A:

$$D_{n2} - D_{n1} = \sigma. \tag{2.1-47}$$

Das bedeutet für Feldlinien, die nicht von σ erzeugt werden ($\sigma = 0$), daß die Normalkomponenten der elektrischen Flußdichte stetig sind und damit die Normalkomponente der elektrischen Feldstärke in Zonen hoher Permittivität zusammenbricht, was uns wegen der zuvor erläuterten Polarisierung nicht wundert:

$$D_{n1} = D_{n2} \quad \Rightarrow \quad E_{n2} = \frac{\varepsilon_1}{\varepsilon_2} E_{n1} > E_{n1} . \tag{2.1-48}$$

Zur Berechnung der Winkelbeziehung zwischen θ_1 und θ_2 bilden wir die Quotienten:

$$\frac{E_1 \sin\theta_1}{\varepsilon_1 E_1 \cos\theta_1} = \frac{E_2 \sin\theta_2}{\varepsilon_2 E_2 \cos\theta_2} \quad \Rightarrow \quad \frac{\tan\theta_1}{\tan\theta_2} = \frac{\varepsilon_1}{\varepsilon_2} , \tag{2.1-49}$$

woraus sich bei Bedarf ein Winkel durch den anderen ausdrücken läßt. Das Ergebnis ist erwartungsgemäß unabhängig von den absoluten Feldwerten. Es gilt auch für die in Abschnitt 2.4 besprochenen magnetisch induzierten elektrischen Feldstärken.

2.1.9 Kapazität *C*

Der *Kondensator* ist das Bauelement des elektrostatischen Feldes und wird durch Geometrie und Material bestimmt. Analog zur Materialgröße - hier der Permittivität ε - wird ein Bauelement allgemein über ein Wirkungs/Ursachenverhältnis integraler Größen definiert. Im vorliegenden Fall heißt das: ein Kondensator hat dann eine große ***Kapazität*** *C*, wenn man mit wenig Spannung *U* eine große Ladungstrennung *Q* und damit einen großen elektrischen Hüllenfluß $\overset{\circ}{\Psi}$ erreicht:

$$C := \frac{Q}{U} = \frac{\overset{\circ}{\Psi}}{U}; \qquad [C] = \mathrm{F\,(arad)} = \frac{\mathrm{C}}{\mathrm{V}} = \frac{\mathrm{As}}{\mathrm{V}}. \qquad (2.1\text{-}50)$$

Bei der Anwendung dieser Gleichung ist zu beachten, daß mit *Q* bzw. $\overset{\circ}{\Psi}$ per Definition immer die Ladung bzw. der Gesamtfluß der positiven Elektrode gemeint ist. Die Gesamtladung auch eines *geladenen* Kondensators ist ja nach wie vor noch Null; die Ladungen sind durch die angelegte Spannung lediglich separiert.

Einen einfachen Kondensator stellt der schon betrachtete Plattenkondensator dar. Für ihn kann die Kapazität *C* für nicht zu großen Plattenabstand *l* in guter Näherung angegeben werden:

$$C \approx \frac{DA}{El} = \frac{\varepsilon EA}{El} = \varepsilon \frac{A}{l}. \qquad (2.1\text{-}51)$$

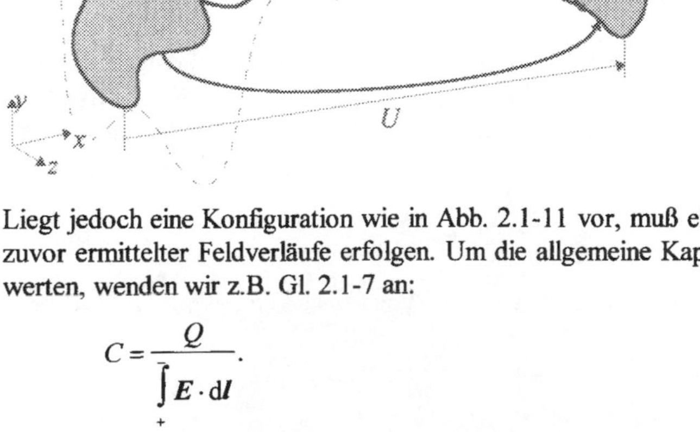

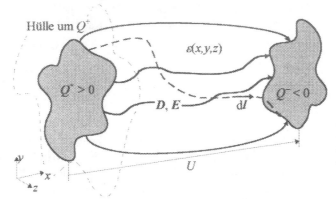

Abb. 2.1-11: Allgemeine Kapazität. Feldlinien entspringen und enden senkrecht auf Oberflächen.

Liegt jedoch eine Konfiguration wie in Abb. 2.1-11 vor, muß eine Berechnung mithilfe zuvor ermittelter Feldverläufe erfolgen. Um die allgemeine Kapazitätsgleichung auszuwerten, wenden wir z.B. Gl. 2.1-7 an:

$$C = \frac{Q}{\int_{+}^{-} \boldsymbol{E} \cdot \mathrm{d}\boldsymbol{l}}. \qquad (2.1\text{-}52)$$

Besorgen wir uns die Abhängigkeit $\boldsymbol{D}(Q)$, bilden $\boldsymbol{E} = \boldsymbol{D}(Q)/\varepsilon$, werten das untere Integral über einen beliebigen, aber möglichst einfachen Weg $\boldsymbol{l}$ zwischen den Elektroden aus und kürzen Q weg, so erhalten wir die Kapazität C. Dies ist auch die Vorgehensweise, wie wir sie später auch für weniger komplizierte, aber doch inhomogene Geometrien für unsere leitungsgebundenen Wellen, z.B. für die praktisch wichtigen Zweidraht- oder Koaxialleitungen, anwenden.

Benötigen wir die Gesamtkapazität C_{par} einer Parallelschaltung mehrerer Einzelkapazitäten C_i, können wir sie durch die einfache Überlegung, daß an allen die gleiche Spannung U anliegt, die Ladungen Q_i sich jedoch addieren, folgern, daß sich auch die Einzelkapazitäten C_i zur Gesamtkapazität C_{par} addieren:

$$C_{\text{par}} = \frac{Q}{U} = \sum_\text{i} \frac{Q_\text{i}}{U} = \sum_\text{i} C_\text{i} . \tag{2.1-53}$$

Bei einer Serienschaltung hingegen trägt jeder Kondensator die gleiche Ladung Q, da er ja permanent elektrisch neutral sein muß. Dadurch führt bei unterschiedlichen Kapazitäten C_i jeder Kondensator die Spannung U_i, so daß sich folgende Verhältnisse einstellen:

$$\frac{1}{C_{\text{ser}}} = \frac{U}{Q} = \sum_\text{i} \frac{U_\text{i}}{Q} = \sum_\text{i} \frac{1}{C_\text{i}} \qquad \Rightarrow \qquad C_{\text{ser}} = \frac{1}{\sum_\text{i} 1/C_\text{i}} . \tag{2.1-54}$$

2.1.10 Energiedichte w_e und Energie W_e

Energie W ist allgemein definiert als die Fähigkeit, ***Arbeit*** W zu verrichten. Konkret bedeutet dies, ein Kraftfeld greift an einem Objekt an und verschiebt es um ein Stück Weg: Verrichtete Arbeit = Kräfte aufaddiert entlang des von dem Objekt zurückgelegten Wegs, und dabei multipliziert mit den jeweiligen differentiell kleinen Wegstücken:

$$W := \int_1^2 \boldsymbol{F} \cdot \text{d}\boldsymbol{l} = \int_1^2 Q\boldsymbol{E} \cdot \text{d}\boldsymbol{l} = Q \int_1^2 \boldsymbol{E} \cdot \text{d}\boldsymbol{l} = QU_{12};$$

$$[W] = \text{J (oule)} = \text{Nm} = \text{kg}\frac{\text{m}^2}{\text{s}^2} = \text{VAs}. \tag{2.1-55}$$

Links steht die für jedes Kraftfeld universell gültige Formel, rechts ist die Rechnung für das konkret vorliegende COULOMBfeld z.B. entspr. Abb. 2.1-3 durchgeführt. Aus dieser Sicht läßt sich also analog zur Definition der elektrischen Feldstärke als Kraft/Ladungsverhältnis das elektrische Potential φ universell als Energie/Ladungsverhältnis angeben:

$$\varphi = \frac{W_\text{u}}{Q_\text{w}} . \tag{2.1-56}$$

Zur Berechnung des Energieflusses elektromagnetischer Wellen ist es nützlich, den Energieinhalt eines Feldes zu kennen. Diesen kann man aus Feldgrößen angeben, wie sie $\boldsymbol{E}$ und $\boldsymbol{D}$ repräsentieren, oder aus integralen Größen, wie sie Q, U und C durch Linien- oder Flächenintegrale über diese Felder bilden, darstellen.

Legen wir an einem Kondensator mit linearem Dielektrikum und beliebiger Geometrie $\varepsilon(x,y,z)$ z.B. entspr. Abb. 2.1-11 eine Spannung U an, wird über die Zuleitungen für jede der negativen Elektrode zugeführte differentielle Ladungsmenge dQ (Elektronen) die Potentialdifferenz zwischen den Elektroden um dU = dQ/C erhöht. Jedes dQ durchläuft das vollständige Feld der Quelle, da es (virtuell) von der einen Elektrode zur anderen gebracht werden muß, und nimmt damit die Energie

$$\mathrm{d}W_e = U\mathrm{d}Q = UC\mathrm{d}U = CU\mathrm{d}U \tag{2.1-57}$$

auf. Mit *virtuell* ist hier gemeint, daß i.allg. nicht wirklich die Ladungen zur gegenüberliegenden Platte wandern, sondern sie schubsen einander aufgrund der Abstoßung gegenseitig weiter, was aufgrund der Impulserhaltung und energetisch gesehen bei ideal leitenden Zuleitungen den gleichen Effekt hervorruft. Wir werden im nächsten Kapitel lernen, daß dieser Vorgang eine elektromagnetische Welle beschreibt, die sich mit Lichtgeschwindigkeit entlang, aber außerhalb, des Leiters zu den Platten fortbewegt und hier durch Feldlinien repräsentiert wird, die die Ladungsbewegung bewirken. Für die Gesamtenergie erhalten wir bis zum vollständigen Aufladen auf U:

$$W_e = \int \mathrm{d}W_e = C\int_0^U U'\mathrm{d}U' = \frac{1}{2}CU^2 = \frac{Q^2}{2C} = \frac{1}{2}QU = \frac{1}{2}\overset{\circ}{\Psi}U\,. \tag{2.1-58}$$

Alternativ können wir zur Herleitung einen auf U aufgeladenen Kondensator über einen Widerstand R entladen und berechnen, welche Energie dabei in Wärme umgesetzt wird. Aufgrund des Energieerhaltungssatzes muß dies gerade die im Kondensator gespeicherte Energie sein. Der Rechengang mit vergleichbarem Aufwand wird bei der magnetischen Energie vorgestellt. Der Entladevorgang ist darüberhinaus auch ein Objekt des elektrischen Strömungsfelds, das wir erst im Folgeabschnitt besprechen.

Wie in Abschnitt 2.1.4 dargelegt, ist der Träger dieser Energie das Feld zwischen den Elektroden. Dazu betrachten wir entspr. Abb. 2.1-12 ein differentiell kleines quaderförmiges Volumen irgendwo in diesem durchaus inhomogenen Feld. Von der zwischen den entfernten Elektroden angelegten Spannung U liegt am Volumen, das wegen seiner differentiellen Kleinheit innen nur homogene Feldgrößen führen kann, der Anteil d$\varphi = \boldsymbol{E}\cdot\mathrm{d}\boldsymbol{l}$. Von dem Hüllenfluß $\overset{\circ}{\Psi}$ durchsetzt der Anteil d$\Psi = \boldsymbol{D}\cdot\mathrm{d}\boldsymbol{A}$ dieses Volumen.

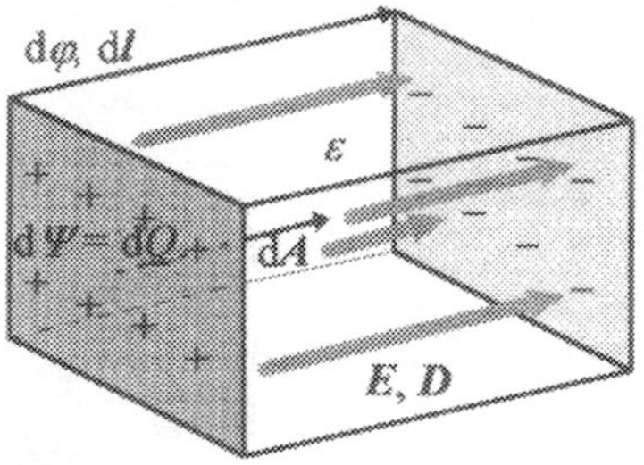

Abb. 2.1-12:
Differentiell kleines Volumenelement zur Berechnung der Energiedichte.

Folglich beträgt sein Energieinhalt:

$$\mathrm{d}W_e = \frac{1}{2}\mathrm{d}\Psi\mathrm{d}\varphi = \frac{1}{2}\,\boldsymbol{D}\cdot\mathrm{d}\boldsymbol{A}\,\boldsymbol{E}\cdot\mathrm{d}\boldsymbol{l} = \frac{1}{2}\boldsymbol{D}\cdot\boldsymbol{E}\mathrm{d}V\,. \tag{2.1-59}$$

Für isotrope Medien, bei denen $\boldsymbol{E}$ und $\boldsymbol{D}$ in die gleiche Richtung zeigen, können sie durch Skalare ersetzt werden. Damit können wir die ***elektrostatische Volumenenergiedichte*** ϖ_e definieren, die bei inhomogenem Feld von Ort zu Ort variiert:

$$\varpi_{\mathrm{e}} := \frac{\mathrm{d}W_{\mathrm{e}}}{\mathrm{d}V} = \frac{1}{2}DE = \frac{1}{2}\varepsilon E^2 = \frac{D^2}{2\varepsilon}; \qquad [\varpi] = \frac{\mathrm{VAs}}{\mathrm{m}^3}. \tag{2.1-60}$$

Die im Feld gespeicherte ***elektrostatische Energie*** W_{e} berechnen wir durch Integration:

$$W_{\mathrm{e}} = \int \mathrm{d}W_{\mathrm{e}} = \iiint \varpi_{\mathrm{e}} \mathrm{d}V = \frac{1}{2}\iiint DE\mathrm{d}V. \tag{2.1-61}$$

Ist das Feld homogen, wie z.B. zwischen den Platten eines Plattenkondensators, kann man die Integrale wieder durch Produkte ersetzen und bei Bedarf wieder auf die Formeln, die die Kapazität C enthalten, zurückrechnen.

Das Aufladen des Kondensators ist mit einem Stromfluß verbunden, der schon zur im folgenden Abschnitt besprochenen Elektrodynamik gehört. Ist der Kondensator jedoch aufgeladen, ist seine Energie natürlich wieder rein elektrostatischer Natur. Wird der Kondensator entladen, wird diese Energie vollständig an das Entladeobjekt abgegeben.

2.2 Elektrodynamik

Unter *Elektrodynamik* sollen in diesem Kontext im Gegensatz zur im vorigen Abschnitt behandelten *Elektrostatik* die Effekte verstanden werden, die im Zusammenhang mit unter dem unmittelbaren Einfluß eines elektrischen Feldes bewegten Ladungen auftreten. Ausgeschlossen davon sind magnetische Effekte, die in den Folgeabschnitten abgehandelt werden. Auf diese Vereinbarung sei hier besonders hingewiesen, da unter *Elektrodynamik* in der Literatur üblicherweise das ganze in diesem Kapitel abgedeckte Gebiet und das weitere Umfeld verstanden wird.

In der Folge werden für die Größen entspr. der Konvention Kleinbuchstaben verwendet, womit zum Ausdruck gebracht wird, daß sie nun zeitveränderlich sein können. Für die zuvor behandelten Begriffe bedeutet dies, daß sie natürlich auch im Fall einer Zeitveränderlichkeit gelten, sich ihnen aber die nun beschriebenen Effekte überlagern.

2.2.1 Stromstärke *i* und Stromdichte *s* des Strömungsfelds

Befindet sich entspr. Abb. 2.2-1 zwischen zwei Polen COULOMBscher Ladungen statt eines Dielektrikums ein Medium mit freien Ladungen, z.B. ein Metall oder ein Halbleiter, so können sich diese Ladungen unter dem Einfluß des elektrischen Feldes bewegen - hier Elektronen zum Pluspol der Quelle wandern. Wir sprechen dann von einem *elektrischen Strömungsfeld*. Ein Maß für die Stärke dieser Bewegung ist die zeitlichen Änderung der Ladung in Form der ***Stromstärke*** i, im Falle eines Gleichfeldes I:

$$i := \frac{\mathrm{d}q}{\mathrm{d}t}; \qquad q = \int i\mathrm{d}t \qquad \text{bzw.}$$

$$I := \frac{Q}{t}; \qquad Q = It \qquad [i, I] = \mathrm{A\,(mpère)} = \frac{\mathrm{C}}{\mathrm{s}}. \tag{2.2-1}$$

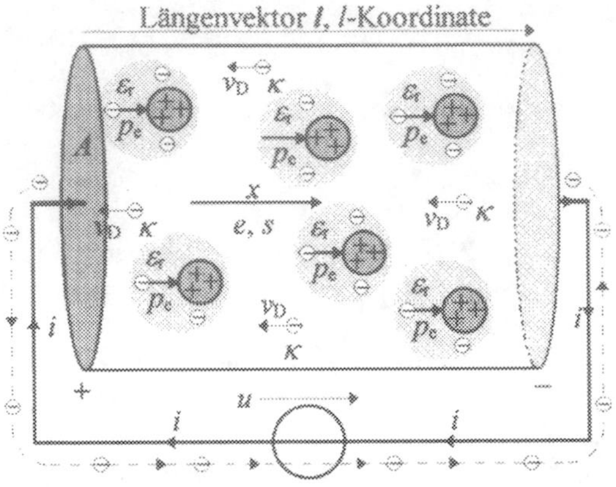

Abb. 2.2-1: Reaktion freier und gebundener Ladungen auf ein von außen angelegtes elektrisches Feld.

Die Einheit der Stromstärke - das *Ampère* - ist aus Praxisgründen statt des physikalisch angebrachteren *Coulomb* als Basiseinheit des SI für die Elektrizität festgelegt, d.h., alle elektrischen Größen führen das Ampère bei einer Zerlegung in ihre Dimensionen.

Der vorstehende Ausdruck kann als die Menge der Ladungen dq betrachtet werden, die im Zeitintervall dt z.B. den Übergang von einem Ende des Mediums zur Zuleitung durchführt. Das leitfähige Medium läßt eine Bewegung der (freien) Ladungen zu und man kann diese mittels ihrer ***Driftgeschwindigkeit*** v_D durch dieses Medium ausdrücken:

$$i = \frac{dq}{dl}\frac{dl}{dt} = \frac{dq}{dl}v_D. \tag{2.2-2}$$

dq/dl stellt damit die in $\boldsymbol{l}$-Richtung eines gedachten Koordinatensystems erfolgende örtliche Änderung positiver bzw. hier in Gegen-$\boldsymbol{l}$-Richtung negativer Ladungen im Volumen $V = lA$ dar. Betrachten wir die Bewegung dieses ganzen Ladungsvolumens, können wir dq/dl wie folgt darstellen:

$$\frac{dq}{dl} = \frac{dq}{dV}\frac{dV}{dl} = -neA. \tag{2.2-3}$$

Das Minuszeichen trägt der Tatsache Rechnung, daß beim Elektronenfluß deren Richtung entgegengesetzt der definierten technischen Stromrichtung erfolgt. Dabei haben wir die ***Ladungsträgerdichte*** n eingeführt, die angibt, wieviele freie Ladungsträger sich pro Volumen aufhalten. Für einwertige Metalle, wie die Edelmetalle und Kupfer, die im wesentlichen alle ihr einziges Elektron der äußeren Schale bei Zimmertemperatur abgegeben haben, liegt dieser Wert in der Größenordnung der Volumenpackungsdichte der Atome:

$$n \approx \frac{10^{23}}{\text{cm}^3}. \tag{2.2-4}$$

Die Volumenladungsdichte freier Ladungen dq/dV ist dann nichts anderes als das Produkt $-ne$, und die Änderung des Volumens entlang des Wegs in Ausbreitungsrichtung dV/dl gleich der Querschnittsfläche A. $-ne$ kann man prinzipiell entspr. Gl. 2.1-24 als eine Raumladung $\rho^- = -ne < 0$ auffassen, nur daß es dort primär um einen Ladungsüberschuß ging und hier in einem elektrisch neutralen Leiter dieses ρ^- durch ein gleich großes ρ^+ der ionisierten Atomrümpfe kompensiert wird.

Somit ergibt sich für den elektronenverursachten Stromfluß in einem homogenen leitfähigen Medium:

$$i = -env_\mathrm{D}A = \rho^- v_\mathrm{D}A. \tag{2.2-5}$$

Die vorstehenden Gleichungen können für ein inhomogenes Strömungsfeld, wie es in Abb. 2.2-2 dargestellt ist, nicht ohne weiteres verwendet werden. Hier ist i.allg. die Ladungsträgerdichte n eine inhomogene Verteilungsfunktion des Ortes: $n(x,y,z)$, die Driftgeschwindigkeit kann über dem Ort und in der Richtung variieren ($v_\mathrm{D} \Rightarrow v_\mathrm{D}(x,y,z)$) und der einfache Flächenausdruck A verliert für unebene Oberflächen seinen Sinn. Das bedeutet, daß die Verteilung der Stromstärke i für diesen allgemeinen Fall analog zum elektrischen Fluß Ψ über ein Feld beschrieben werden muß.

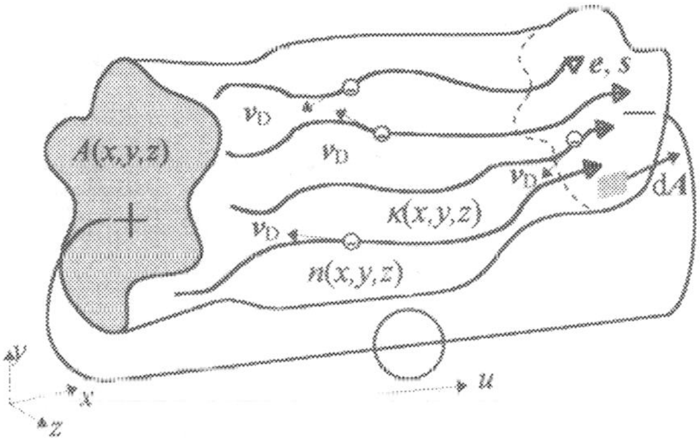

Abb. 2.2-2:
Inhomogenes Strömungsfeld durch inhomogenes Medium.

Aus dem verursachenden elektrischen Feld beschreibt die ***Stromdichte s*** als Pendant zur elektrischen Flußdichte $\boldsymbol{d}$ - gemessen in Coulomb pro Quadratmeter - die Konzentration des Stromflusses über der Fläche. Die logische Konsequenz für bewegte Ladungen ist dann ein Feld, das wir in Coulomb pro Sekunde - also A (mpère), ebenfalls bezogen auf die Querschnittsfläche $A(x,y,z)$ - messen. Nehmen wir die vorstehende Formel, dividieren sie durch die Fläche A und assoziieren mit der Gegenrichtung des Driftgeschwindigkeitsvektors $\boldsymbol{v}_\mathrm{D}$ die Richtung der Stromdichte, ergibt sich unmittelbar deren Definitionsgleichung:

$$\boldsymbol{s} := \rho\boldsymbol{v}_\mathrm{D} = -ne\boldsymbol{v}_\mathrm{D}; \qquad [s] = \frac{\mathrm{A}}{\mathrm{m}^2}. \tag{2.2-6}$$

Sie ist jedoch in dieser Form i.allg. nur für eine Ladungsträgersorte, wie bei Elektronen in Metallen üblich, verwendbar. Ist die Stromdichte gegeben, läßt sich daraus für den allgemeinen Fall des inhomogenen Mediums in Analogie zu Gl. 2.1-18 die zugehörige Stromstärke bestimmen:

$$i = \iint \boldsymbol{s} \cdot \mathrm{d}\boldsymbol{A} = -e \iint n\boldsymbol{v}_\mathrm{D} \cdot \mathrm{d}\boldsymbol{A} \qquad \text{bzw.} \qquad s = \frac{\mathrm{d}i}{\mathrm{d}A}. \tag{2.2-7}$$

Für die einfache Geometrie des homogenen Widerstands gilt somit:

$$i = sA; \qquad s = \frac{i}{A} \qquad \text{bzw.} \qquad I = SA; \qquad S = \frac{I}{A}. \tag{2.2-8}$$

Allgemein ist auch hier die Frage von Interesse, wie der Hüllenstrom für eine beliebige geschlossenen Hülle aussieht. Wenn wir voraussetzen, daß es innerhalb dieser Hülle nicht zu einer Ladungsspeicherung kommt (Ladungsträger inkompressibel), müssen alle Elektronen, die in die geschlossene Hülle eintreten, diese auch wieder verlassen, was sich mathematisch gemäß

$$\overset{\circ}{i} = 0 = \oiint_{\substack{\text{Bel. geschl.}\\ \text{Hülle}}} \boldsymbol{s} \cdot \mathrm{d}\boldsymbol{A} \tag{2.2-9}$$

beschreiben läßt, d.h.: der Strom ist im Gegensatz zum Fluß grundsätzlich quellenfrei. Dies ist nichts anderes als die Aussage des *ersten KIRCHHOFFschen Satzes* - der *Knotenregel*: Die Summe aller in einen Knoten eintretenden Ströme ist gleich der Summe der austretenden:

$$\sum_{\mathrm{i}} \pm i_{\mathrm{i}} = 0. \tag{2.2-10}$$

Jeweils eines der Vorzeichen ist auszuwählen, je nachdem, ob der Stromzählpfeil in Richtung (+) oder in Gegenrichtung (–) zu der frei vorgebbaren Knotenzu- oder -abflußrichtung weist.

2.2.2 Elektrische Leitfähigkeit κ und Beweglichkeit χ

Nun muß noch der Bezug zur Ursache des Stromflusses, dem elektrischen Feld $\boldsymbol{e}$, hergestellt werden. $\boldsymbol{e}$, $\boldsymbol{s}$ und $-\boldsymbol{v}_{\mathrm{D}}$ zeigen in die gleiche Richtung, da die freien Ladungen den elektrischen Feldlinien folgen. Als Umrechnungsfaktor zwischen $\boldsymbol{e}$ und $\boldsymbol{s}$ setzt in Analogie zu ε eine Materialgröße - die ***elektrische Leitfähigkeit*** oder ***Konduktivität*** κ - die beiden ins Verhältnis:

$$\kappa := \frac{s}{e} = en\frac{v_{\mathrm{D}}}{e} = en\chi = |\rho^-|\chi =: \frac{1}{\rho};$$

$$[\kappa] = \frac{\mathrm{A/m^2}}{\mathrm{V/m}} \; (= \frac{\mathrm{A}}{\mathrm{Vm}} = \frac{\mathrm{S\,(iemens)}}{\mathrm{m}}); \quad [\rho] = \frac{\mathrm{V/m}}{\mathrm{A/m^2}} \; (= \frac{\mathrm{Vm}}{\mathrm{A}} = \Omega\mathrm{m}). \tag{2.2-11}$$

Hier haben wir als weitere nützliche Größe die ***Beweglichkeit*** χ der freien Ladungsträger als das Maß dafür, wie gut sich diese durch das elektrische Feld zwischen den Atomrümpfen hindurchmanövrieren lassen, eingeführt:

$$\chi := \frac{v_{\mathrm{D}}}{e}; \qquad [\chi] = \frac{\mathrm{m/s}}{\mathrm{V/m}} \quad (= \frac{\mathrm{m^2}}{\mathrm{Vs}}). \tag{2.2-12}$$

Die Beweglichkeit haben wir mit dem selten verwendeten χ gekennzeichnet, damit das hierfür in der Literatur übliche μ nicht mit dem hier und in der Literatur verwendeten μ für die Permeabilität verwechselt wird. Der ***spezifische (elektrische) Widerstand*** oder die ***Resistivität*** ρ ist der Kehrwert der elektrischen Leitfähigkeit. Für die vektorielle Beziehung gilt somit in Analogie zu Gl. 2.1-32 das OHMsche Gesetz in Vektorform:

$$\boldsymbol{s} = \kappa\boldsymbol{e}; \qquad \boldsymbol{e} = \rho\boldsymbol{s}. \tag{2.2-13}$$

Ist neben einem passiven Spannungsabfall noch eine ***eingeprägte elektrische Feldstärke*** $\boldsymbol{e}_{\mathrm{q}}$ (interne Spannungsquelle), wie z.B. bei einem chemischen Prozeß infolge des Zusammentreffens von Stoffen an unterschiedlicher Position der elektrochemischen Spannungsreihe in einer Batterie zu berücksichtigen, ist die Gleichung um den zu dieser Feldstärke gehörigen Stromdichteanteil zu erweitern:

$$\boldsymbol{s} = \kappa(\boldsymbol{e} + \boldsymbol{e}_{\mathrm{q}}). \tag{2.2-14}$$

Zur physikalischen Interpretation repräsentiert κ das Wirkungs/Ursachenverhältnis der durch das elektrische Feld verursachten Konzentration der Stromdichtefeldlinien zu der verursachenden elektrischen Feldstärke. χ beschreibt als Wirkung die Driftgeschwindigkeit freier Ladungsträger zur verursachenden elektrischen Feldstärke.

Haben wir es mit Medien zu tun, in denen beide Ladungsträgersorten, Elektronen und Ionen - z.B. in ionisierten Flüssigkeiten (Konvektionsströme in Laugen, Basen, Säuren) - vorkommen, ist deren Beweglichkeit meist unterschiedlich und muß separat berücksichtigt werden. In Metallen ist nur die Elektronenbeweglichkeit von Bedeutung, in Halbleitern ist jedoch praktisch immer noch die Löcherbeweglichkeit im Valenzband zu berücksichtigen. Hier bewegen sich zwar physikalisch ebenfalls Elektronen, jedoch ist die Besetzungsdichte freier Plätze im Valenzband meist deutlich anders als die des Leitungsbands. Als Modifikation der Stromdichteformel können wir dann angeben:

$$\boldsymbol{s} = \rho^{+}\boldsymbol{v}_{\mathrm{D}}^{+} + \rho^{-}\boldsymbol{v}_{\mathrm{D}}^{-}. \tag{2.2-15}$$

2.2.3 Brechungsgesetze an Grenzflächen der Leitfähigkeit

Dieser Abschnitt korrespondiert so eng mit Abschnitt 2.1.8 über die Brechungsgesetze beim Durchgang von elektrischen Feldern durch ein Dielektrikum, so daß keinerlei Verständnisschwierigkeit besteht, wenn dargelegt wird, daß die Ergebnisse übernommen werden können, wenn wir in diesem ganzen Abschnitt die elektrische Flußdichte $\boldsymbol{d}$ durch die Stromdichte $\boldsymbol{s}$ und die Permittivität ε durch die spezifische Leitfähigkeit κ ersetzen. Als Ergebnisse erhalten wir:

$$e_{\mathrm{t1}} = e_{\mathrm{t2}} \qquad s_{\mathrm{n1}} = s_{\mathrm{n2}} \qquad \frac{\tan\theta_1}{\tan\theta_2} = \frac{\kappa_1}{\kappa_2}. \tag{2.2-16}$$

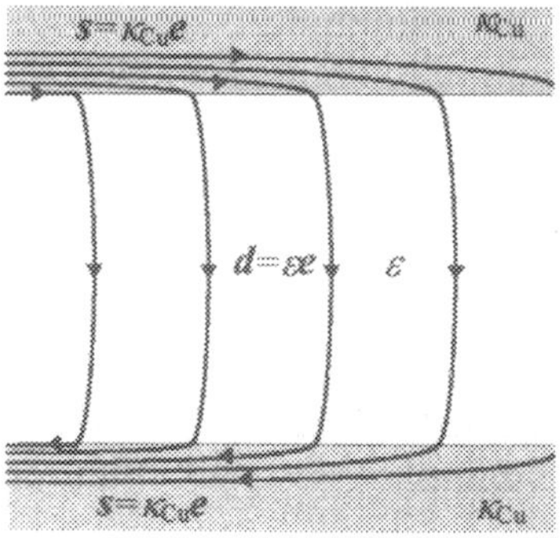

Abb. 2.2-3:
Verlauf der elektrischen Feldstärke am Rand eines Leiters und zwischen Hin- und Rückleiter.

Nehmen wir als Beispiel den Übergang zwischen einem Leiter, wie Kupfer mit $\kappa_1 = 58\ \mathrm{S{\cdot}m/mm^2}$ und einem Nichtleiter mit $\kappa_2 \to 0$, so gilt praktisch unabhängig von θ_1

$\vartheta_2 = 0°$, d.h. wenn das elektrische Feld im Leiterinnern in Richtung der Stromdichte fast parallel zur Leiteroberfläche zeigt, werden Feldlinien, die einen *leichten Schlag* nach außen haben, zum Isolator fast senkrecht wegeknickt, wie in Abb. 2.2-3 darstellt.

Dies ist wichtig im Hinblick auf elektromagnetische Wellen, da von der Feldlinienrichtung die Kenntnis der Energieflußrichtung abhängt. Welcher Natur der Strom im Isolator ist - denn ein solcher muß ja aufgrund der Quellenfreiheit vorhanden sein - wird uns in Abschnitt 2.2.6 beschäftigen.

2.2.4 OHMscher Leitwert *G* und Widerstand *R*, OHMsches Gesetz

Der (elektrische oder OHMsche) ***Leitwert*** *G* ist in Analogie zum Kondensator das Bauelement des elektrischen Strömungsfeldes und wird durch Geometrie und Material bestimmt. Seine Inversion ist der (elektrische oder OHMsche) ***Widerstand*** *R*. Analog zur Materialgröße - hier der spezifischen Leitfähigkeit κ - wird auch dieses Bauelement über ein allgemeines Wirkungs/Ursachenverhältnis definiert. Im vorliegenden Fall heißt das: ein Leitwert *G* ist dann groß, wenn man mit wenig Spannung *u* eine große Stromstärke *i* erreicht:

$$G := \frac{i}{u};$$

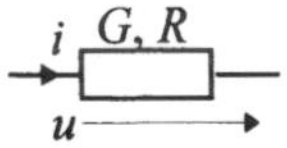

$$[G] = \mathrm{S\,(iemens)} = \frac{\mathrm{A}}{\mathrm{V}}. \qquad (2.2\text{-}17)$$

Gebräuchlicher, aber invers im Sinne der Definition eines Bauelements ist der OHMsche Widerstand *R*:

$$R := \frac{u}{i}; \qquad [R] = \Omega\,\mathrm{(Ohm)} = \frac{\mathrm{V}}{\mathrm{A}}. \qquad (2.2\text{-}18)$$

Die beiden vorstehenden Gleichungen stellen das OHMsche Gesetz dar (GEORG SIMON OHM, um 1830). Einen einfachen Widerstand realisiert eine Geometrie wie in Abb. 2.2-1. Für ihn kann praktisch exakt der Leitwert *G* angegeben werden:

$$G \approx \frac{sA}{el} = \frac{\kappa eA}{el} = \kappa\frac{A}{l}. \qquad (2.2\text{-}19)$$

Liegt jedoch eine Konfiguration, wie in Abb. 2.2-2 vor, muß eine Berechnung mithilfe zuvor ermittelter Feldverläufe erfolgen. Um die vorstehende allgemeine Leitwertgleichung auszuwerten, wenden wir z.B. Gl. 2.1-7 an:

$$G = \frac{i}{\int_{+}^{-} \boldsymbol{e}\cdot \mathrm{d}\boldsymbol{l}}. \qquad (2.2\text{-}20)$$

Besorgen wir uns die Abhängigkeit $\boldsymbol{s}(i)$, bilden $\boldsymbol{e} = \boldsymbol{s}(i)/\kappa$, werten das untere Integral über einen beliebigen, aber möglichst einfachen Weg $\boldsymbol{l}$ zwischen den Elektroden aus und kürzen *i* weg, so erhalten wir den Leitwert *G*. Auf diese Weise lassen sich z.B. koaxiale Widerstände oder Kugelerder berechnen.

Benötigen wir den Gesamtleitwert G_{par} einer Parallelschaltung mehrerer Einzelleitwerte G_i, können wir analog zur Kapazität aus der einfachen Überlegung, daß an allen die gleiche Spannung *u* anliegt, sich die Ströme i_i jedoch nach der Knotenregel zum

Gesamtstrom i addieren, folgern, daß sich auch die Einzelleitwerte G_i zum Gesamtleitwert G_{par} addieren:

$$G_{par} = \frac{i}{u} = \sum_i \frac{i_i}{u} = \sum_i G_i = \sum_i \frac{1}{R_i}. \qquad (2.2\text{-}21)$$

Bei einer Serienschaltung hingegen muß jeder Widerstand den gleichen Strom i führen. Dadurch führt bei unterschiedlichen Widerstandswerten R_i jeder Widerstand die Spannung u_i:

$$R_{ser} = \frac{u}{i} = \sum_i \frac{u_i}{i} = \sum_i R_i = \sum_i \frac{1}{G_i}. \qquad (2.2\text{-}22)$$

2.2.5 Energiedichte ϖ_s, Energie w_s und Leistung p

Da im Strömungsfeld die Massen der Elektronen $N^- m_e$ bewegt werden, ist mit ihrer Driftgeschwindigkeit eine kinetische Energie

$$w_{kin} = \int \boldsymbol{f} \cdot d\boldsymbol{l} = \int N^- m_e \frac{d\boldsymbol{v}_D}{dt} \cdot \boldsymbol{v}_D dt = \frac{1}{2} N^- m_e v_D^2 \qquad (2.2\text{-}23)$$

assoziiert, die sie dem elektrischen Feld entziehen und in Wärme umwandeln. Mit $dq = idt$ modifiziert sich die allgemeine Energieformel 2.1-55 gemäß

$$dw_s = udq = uidt. \qquad (2.2\text{-}24)$$

Mit der allgemeinen Definition der ***Leistung*** p als dem Verhältnis von Arbeit und Zeit sowie dem OHMschen Gesetz erhalten wir:

$$p := \frac{dw}{dt} = ui = u^2 G = \frac{u^2}{R} = i^2 R = \frac{i^2}{G}; \qquad [p] = \text{W (att)} = \text{VA} \qquad (2.2\text{-}25)$$

Integrieren wie über ein vorgegebenes Zeitintervall, erhalten wir die in diesem Intervall dem Feld der Spannungsquelle entzogene ***Strömungsfeldenergie*** w_s:

$$w_s = \int p dt = \int ui dt = G \int u^2 dt = \frac{1}{R} \int u^2 dt = R \int i^2 dt = \frac{1}{G} \int i^2 dt. \qquad (2.2\text{-}26)$$

Bei Gleichspannung können wir die Integrale durch Produkte ersetzen:

$$W_s = Pt = UIt = U^2 Gt = \frac{U^2 t}{R} = I^2 Rt = \frac{I^2 t}{G}. \qquad (2.2\text{-}27)$$

Wegen des Auftretens des Zeitfaktors ist zu erkennen, daß das elektrische Strömungsfeld im Gegensatz zum elektrostatischen, aber auch dem später besprochenen magnetischen Feld keine Energie speichern kann.

Von Interesse ist auch hier die Berechnung der Feldenergie bzw. -leistung aus den Feldgrößen $\boldsymbol{e}$ und $\boldsymbol{s}$. Dazu betrachten wir entspr. Abb. 2.2-4 ein differentiell kleines quaderförmiges Volumen irgendwo in diesem durchaus inhomogenen Feld, z.B. wie in Abb. 2.2-2. Von dem Gesamtstrom i durchsetzt der Anteil $di = \boldsymbol{s} \cdot d\boldsymbol{A}$ dieses Volumen, das wegen seiner differentiellen Kleinheit innen nur homogene Feldgrößen führen kann. Der zugehörige Spannungsabfall beträgt $d\varphi = e \cdot dl$. Folglich beträgt sein Leistungsinhalt

$$dp = d\varphi di = edl\, sdA = esdV. \qquad (2.2\text{-}28)$$

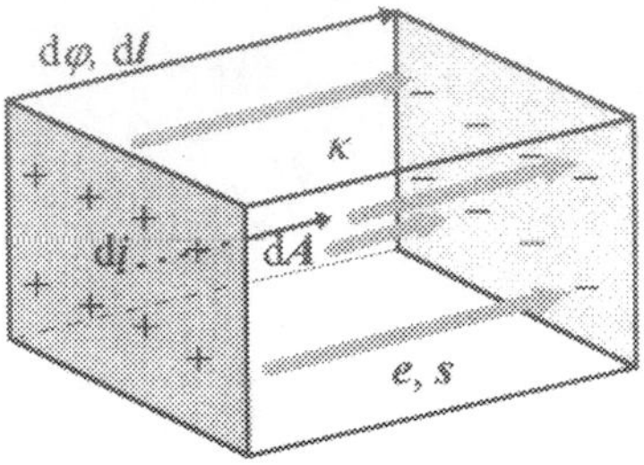

Abb. 2.2-4: Differentiell kleines Volumenelement zur Berechnung der Leistungsdichte.

Hier sind alle Vektor- durch Skalargrößen ersetzt, da Feldstärke und Stromdichte für ein isotropes Medium immer in die gleiche Richtung zeigen. Damit können wir die ***Volumenleistungsdichte*** p_V definieren, die bei inhomogenem Feld von Ort zu Ort variiert:

$$p_V := \frac{dp}{dV} = es = \kappa e^2 = \frac{s^2}{\kappa}; \qquad [p_V] = \frac{W}{m^3}. \qquad (2.2\text{-}29)$$

Die dem Feld entnommene ***elektrische Leistung*** p berechnen wir wieder durch Integration:

$$p = \int dp = \iiint p_V dV = \iiint esdV. \qquad (2.2\text{-}30)$$

Integrieren wir diesen Ausdruck über der Zeit, erhalten wir die Energie in Abhängigkeit der Feldgrößen, eine Multiplikation mit der Zeit ist wieder für Gleichfelder angebracht. Ist das Feld homogen, z.B. in einem homogenen OHMschen Widerstand, kann man die Integrale wieder durch Produkte ersetzen und bei Bedarf auf die Formeln, die z.B. den Leitwert G enthalten, zurückrechnen.

2.2.6 Verschiebungsstromstärke i_V und -dichte s_V

Wir schließen nun den Kreis zur Elektrostatik. Beim Hineinschieben eines Dielektrikums entspr. Abb. 2.2-5 zwischen zwei (Kondensator-)Platten, an denen die Spannung konstant gehalten wird, wird eine äußere Ladungszufuhr benötigt, die die zusätzlichen Feldlinien erzeugt, die von der Polarisierung der Materie wieder neutralisiert werden. Diese Ladungszufuhr muß über die hinreichend gut leitfähigen Zuleitungen zu den Platten erfolgen und resultiert dort in einem Stromfluß i mit entspr. der Geometrie der Zuleitungen zugehöriger Stromdichte s.

Prinzipiell gehört diese Thematik damit auch zur Elektrostatik, man könnte sagen, sie stellt die Dynamik der Elektrostatik dar. Wegen der engen Verknüpfung mit dem Strömungsfeld und der klareren Logik der Erklärungsreihenfolge wird dieses Thema hier abgehandelt.

Da U_q = const. folgt $E_q = U_q/l$ = const., d.h. der von der Spannungsquelle erzeugte elektrische Fluß muß wachsen, um den Wert des elektrischen Felds E_q halten zu können. Aufgrund der isolierenden Eigenschaften des Dielektrikums können keine Ladungen durch dieses hindurch, so daß die Anhäufung der Ladungen auf den Platten während des Hereinschiebens in ein entsprechendes $\partial d/\partial t$ resultiert, welches bei Beendigung der Bewegung wieder verschwindet. Dieses $\partial d/\partial t$ können wir als eine zweite Art von Stromdichtetyp auffassen, den MAXWELL als ***Verschiebungsstromdichte*** s_V mit dazugehörigem ***Verschiebungsstrom*** i_V bezeichnete:

$$s_V := \frac{\partial d}{\partial t}; \qquad [s_V, s_L] = \frac{A}{m^2}, \tag{2.2-31}$$

$$i_V := \int \frac{\partial d}{\partial t} \cdot dA; \qquad [i_V, i_L] = A. \tag{2.2-32}$$

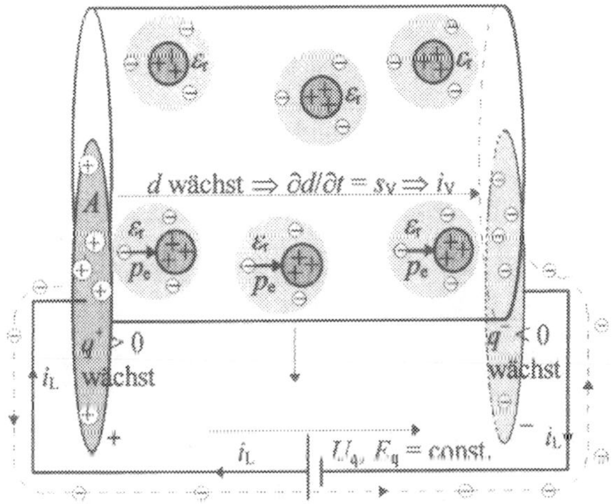

Abb. 2.2-5: Verschiebungsstrom i_V durch Hineinschieben eines Dielektrikums zwischen zwei metallische Platten.

Hier haben wir zur Differenzierung gegenüber dem gewöhnlichen Strom - genannt: Leitungsstrom mit Index L - den Index V eingeführt. L verwenden wir jedoch nur dann, wenn die Unterscheidung zwischen diesen beiden Stromarten benötigt wird. Ansonsten verwenden wir für den normalen Leitungsstrom weiterhin einfach i und für die normale Leitungsstromdichte einfach s.

Im Beispiel wird die zeitliche Änderung durch eine zeitabhängige Kapazität hervorgerufen. Ein i.allg. praktisch wichtigerer Fall ist bei konstanter Kapazität mit konstantem Dielektrikum eine zeitveränderliche Spannung $u(t)$, z.B. eine Wechselspannung. Dann ändert sich auch das zugehörige elektrische Feld zeitlich, und die beiden vorstehenden Gleichungen können wie folgt dargestellt werden:

$$s_V = \varepsilon \frac{\partial e}{\partial t} \qquad \text{und} \qquad i_V = \int \varepsilon \frac{\partial e}{\partial t} \cdot dA. \tag{2.2-33}$$

Bei homogener Verteilung von ε kann dieses in der rechten Gleichung noch vor das Integral gezogen werden. Insbesondere läßt sich mit der allgemeinen Kapazitätsdefinition in Gl. 2.1-50 für den Verschiebungsstrom durch einen Kondensator angeben:

$$i_V = \frac{d\overset{\circ}{\Psi}}{dt} = \frac{d(Cu)}{dt} = C\frac{du}{dt} \qquad \text{bzw.} \qquad u = \frac{1}{C}\int i dt. \tag{2.2-34}$$

Die vorstehenden Überlegungen sind das primäre Verdienst von JAMES CLERK MAXWELL (1861, 1873), der damit aus rein praktischen Überlegungen eine physikalisch extrem nützliche Beschreibung einführte, die erst Jahrzehnte später durch die aufkeimende Atomphysik physikalisch erklärbar war. Insbesondere überlegte er, daß die Elektroden kilometerweit entfernt sein können und sagte damit in Verbindung mit dem Induktionsgesetz die Existenz (elektromagnetischer) Wellen voraus, die von dem *praktisch* genialen HEINRICH HERTZ 1887 gefunden wurden. Dieser hielt sie allerdings nicht für modulierbar und damit nicht als Informationsträger geeignet.

Da jedes Medium prinzipiell beide Stromarten führen kann, ergibt sich der ***Gesamtstrom*** i_{tot} immer aus der Summe beider Arten. Bei normalen Temperaturen dominiert für einen Leiter oder auch Halbleiter mit Abstand die Leitungsstromdichte, bei einem Dielektrikum oder einer in Sperrichtung gepolten Halbleiterkombinationen die Verschiebungsstromdichte. Erstere tritt also sowohl bei angelegten Gleichspannungen als auch bei zeitveränderlichen Spannungen - insbes. Wechselspannungen - auf, letztere nur, wenn mindestens einer der Parameter zeitveränderlich ist.

Wir können somit folgende Gleichung für den Gesamtstrom i_{tot} angeben:

$$\boxed{i_{tot} := i_L + i_V = \int\left(\mathbf{s} + \frac{\partial \mathbf{d}}{\partial t}\right)\cdot \mathrm{d}\mathbf{A} = \int\left(\kappa \mathbf{e} + \varepsilon \frac{\partial \mathbf{e}}{\partial t}\right)\cdot \mathrm{d}\mathbf{A} = \int\left(\kappa + \varepsilon \frac{\partial}{\partial t}\right)\mathbf{e}\cdot \mathrm{d}\mathbf{A}} . \tag{2.2-35}$$

Dieses physikalische Verhalten unterscheidet also in einem solchen Gebiet zwischen einer *Stromkomponente als Bewegung von Ladungen q* und einer anderen *Stromkomponente als zeitliche Veränderung eines elektrischen Hüllflusses* $\mathring{\Psi}$, der von Ladungen herrührt, die sich außerhalb dieses Gebiets aufhalten, aber sozusagen ihre Feldlinien hineinschicken, weil auf der anderen Seite Ladungen entgegengesetzter Polarität vorhanden sind:

$$i_{tot} = \frac{\mathrm{d}q}{\mathrm{d}t} + \frac{\mathrm{d}\mathring{\Psi}}{\mathrm{d}t} = -neA\frac{\mathrm{d}l}{\mathrm{d}t} + \frac{\mathrm{d}\mathring{\Psi}}{\mathrm{d}t}. \tag{2.2-36}$$

Der rechte Teil dieser Gleichung gilt wieder für den homogenen Fall.

Insbesondere müssen wir die KIRCHHOFFsche Knotenregel von Gl. 2.2-9 entspr. diesen Gegebenheiten modifizieren:

$$\mathring{i}_{tot} = 0 = \oiint_{\substack{\text{Bel. geschl.}\\ \text{Hülle}}} \left(\mathbf{s} + \frac{\partial \mathbf{d}}{\partial t}\right)\cdot \mathrm{d}\mathbf{A} \tag{2.2-37}$$

bzw. mit den o.a. Variationen von i_{tot}. Diese Gleichung wird auch (integrale Form der) *Kontinuitätsgleichung* genannt, da sie die Kontinuität von Leitungsstrom und Verschiebungsstrom beschreibt. Sie gehört in das unmittelbare Umfeld der MAXWELLgleichungen, insbes. zum u.a. Durchflutungsgesetz, welches sich indirekt hierüber begründen läßt. Diese Kontinuitätsgleichung ist praktisch die feldtheoretische Beschreibung des Ladungserhaltungssatzes (BENJAMIN FRANKLIN) - eines Axioms der Physik ähnlich dem des Energieerhaltungssatzes, das aus der Tatsache resultiert, daß wir keine Vorgänge kennen, bei denen Protonen oder Elektronen einzeln entstehen oder vernichtet werden. Wäre dies anders, müßte eine Komponente eingeführt werden, die dem Rechnung trägt.

2.3 AMPÈREscher Magnetismus

Unter dem Überschriftsbegriff soll Magnetismus verstanden werden, bei dem Ströme, oder allgemeiner: bewegte Ladungen, Magnetfelder verursachen (HANS CHRISTIAN OERSTEDT, 1819; ANDRÉ MARIE AMPÈRE, 1820), nicht jedoch umgekehrt. Es soll also immer gelten *Ursache*: Strom, *Wirkung*: Magnetfeld. Der Fall, daß Magnetfelder Ströme oder/und Spannungen erzeugen, wird im Folgeabschnitt über den FARADAYschen Magnetismus abgehandelt.

Das COULOMBsche Gesetz gilt exakt nur für ruhende Punktladungen. Können wir zusätzliche Veränderungen des Raumzustands erwarten, wenn sich die Ladungen bewegen, d.h. einen Stromfluß repräsentieren?

2.3.1 Magnetische Kraft f_m zwischen stromdurchflossenen Leitern

Wenn sich eine Ladung q_1 zu einem bestimmten Zeitpunkt zu bewegen beginnt, ist die Fundamentalfrage, ob eine andere Ladung q_2 unabhängig von ihrem Abstand zu q_1 *sofort* den neuen Aufenthaltsort von q_1 infolge der Kraftänderung durch die Abstandsänderung erfährt. Diese Frage ist ganz klar mit *nein* zu beantworten. Befindet sich q_2 z.B. im Abstand von einem Meter von q_1, so dauert es 3,3356 ns, bis q_2 dies bemerkt. Dazwischen liegt eine Totzeit - genannt: *Retardierung* - in der q_2 sich sozusagen einbildet, q_1 befände sich noch an ihrem Platz, obwohl dies nicht mehr der Fall ist.

Der Zahlenwert wird durch die Endlichkeit der (Freiraum-)***Lichtgeschwindigkeit*** von

$$c_0 := 299\,792,458\ \frac{\text{km}}{\text{s}} \tag{2.3-1}$$

bestimmt, welche neben der COULOMBkraft die zweite hier benutzte Fundamentalgröße der Physik darstellt. Diese Endlichkeit der Lichtgeschwindigkeit ist die grundlegende Ursache des Magnetismus, wie unten skizziert wird. Wir werden in diesem Kap. c_0 durch c - der Lichtgeschwindigkeit in einem beliebigen Medium ersetzen - da die hergeleiteten Formeln sich nicht auf den Freiraumfall beschränken.

Die Lichtgeschwindigkeit ist nichts anderes als die Ausbreitungsgeschwindigkeit der Information über den Raumzustand, der durch ein elektrisches Feld hervorgerufen wird. Aufgrund der Kugelsymmetrie breitet sich diese Information kugelförmig um die bewegte Ladung aus. Bevor nicht eine Sekunde vorüber ist, merken alle Ladungen im Abstand von mehr als ca. 300 000 km nichts von einer Bewegung der Ladung im Zentrum. Dies hätte z.B. auch zur Folge, daß wir erst nach ca. acht Minuten feststellen würden, wenn eine böse Macht schlagartig die ca. 150 Mio. km entfernte Sonne wegnähme. Dies resultiert daraus, daß das Sonnenlicht nichts anderes als eine hochfrequente elektromagnetische Welle darstellt, hervorgerufen durch die Wärmeoszillation der schwingenden Ladungen, aus denen die Sonne besteht.

Die Komplexität der exakten Begründung des Magnetismus läßt sich daran ermessen, daß es dazu der Relativitätstheorie eines ALBERT EINSTEIN (1905) bedurfte. Glücklicherweise waren und sind die MAXWELLgleichungen bereits relativistisch korrekt, weshalb die Relativitätstheorie in diesem Sinne *lediglich* eine physikalische Erklärung der durch die MAXWELLgleichungen phänomenal beschriebenen Zusammenhänge lieferte. Im übrigen waren noch Anfang des Jahrhunderts MAXWELLs Erkenntnisse - vor allem in Deutschland - wenig verbreitet.

Vor 1905 glaubte man, daß die magnetische Kraftformel genauso elementar wäre, wie die COULOMBsche. Erst der MICHELSON-MORLEY-Versuch 1881/1887 (A. A. MICHELSON - Nobelpreis 1907) brachte die folgenschwere Gewißheit, daß die Lichtgeschwindigkeit eine Größe unabhängig vom Bewegungszustand des Körpers bzw. des Koordinatensystems ist, in dem sie gemessen wird und sie somit eine physikalische Fundamentalgröße darstellt. Damit ist die *Zeit* keine absolute, allen Objekten gemeinsame Größe, sondern genauso individuell wie der Aufenthaltsort jedes einzelnen Objekts.

Es kann nicht Aufgabe eines einführenden Buches über elektromagnetische Wellen sein, mithilfe der speziellen Relativitätstheorie diesen Nachweis zu führen, dennoch sei in wenigen Zeilen die Beweisführung nachskizziert. Daß dieses Verständnis für den praktischen Umgang mit elektromagnetischen Wellen nicht unbedingt notwendig ist, ist daran erkennbar, daß es exzellente Antennenbauer gibt, denen dieser Tatbestand nicht bewußt ist - und wäre er ihnen bewußt, wären die Antennen deswegen nicht besser.

Statt die relativen Kraftveränderungen einzelner bewegter Punktladungen zu berechnen ist zunächst eine Kraftberechnung *stromdurchflossener Leiter* vom praktischen Standpunkt nützlicher. Wir führen daher die Beweisskizze hier zunächst mittels einer parallel zu einem dünnen stromdurchflossenen Leiter bewegten Ladung. Diese dürfte nach den bisherigen Betrachtungen unabhängig von ihrem Bewegungszustand und dem Stromfluß im Leiter eigentlich keine Kraft erfahren, denn der Leiter führt bei jeder Stromstärke die gleiche Gesamtladung: Null. Dabei setzen wir noch gleichmäßige Verteilung voraus, wie z.B. in einem quellspannungslosen Supraleiter. Jedes bewegte Elektron wird in seiner Ladung zu jedem Zeitpunkt von einem positiv ionisierten Atomrumpf kompensiert, so daß der Leiter nach außen ungeladen erscheinen müßte. Die dazugehörigen Verhältnisse sind in Abb. 2.3-1 dargestellt:

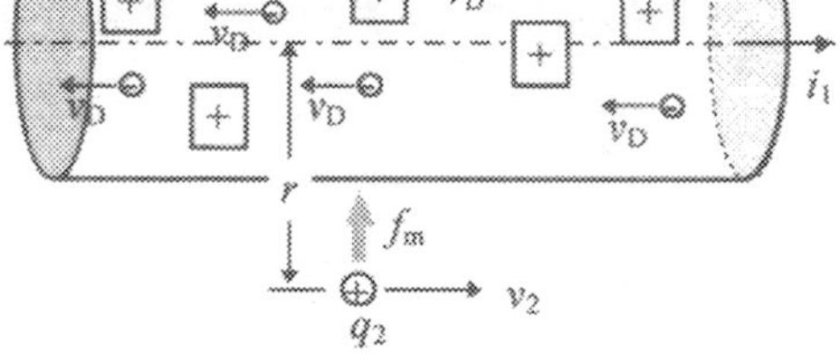

Abb. 2.3-1: Feststehende Atomrümpfe und nach links mit Driftgeschwindigkeit v_D bewegte Leiterelektronen verursachen eine Kraftwirkung f_m auf die nach rechts mit v_2 bewegte Ladung q_2.

Ein auf einem langen dünnen Stab der Länge l gleichmäßig verteilter Ladungsbelag $\lambda = Q/l$ verursacht gemäß Gl. 2.1-21 ein radiales E-Feld:

$$E = \frac{Q}{2\pi\varepsilon r l} = \frac{\lambda}{2\pi\varepsilon r}. \tag{2.3-2}$$

In unserem Leiter in Abb. 2.3-1, der ja linienförmig sein soll und nur deswegen dicker gezeichnet wurde, um alle an dem Vorgang beteiligten Objekte unterzubringen, kommen zwei Sorten von Ladungsbelägen vor: der der ionisierten Atomrümpfe mit λ^+, und derjenige der freien Elektronen mit $\lambda^- = -\lambda^+$.

Wir stellen uns nun vor, wir säßen wie der BARON VON MÜNCHHAUSEN auf der mit v_2 bewegten äußeren Ladung q_2, womit diese relativ zu uns in Ruhe ist. Wir beobachten, daß sich sowohl Ionen als auch Elektronen nach links wegbewegen. Sei

$$\xi := \frac{1}{\sqrt{1-(v_2/c)^2}} \tag{2.3-3}$$

der hier sog. ***LORENTZfaktor***, so sieht ein Objekt q_2, das sich an einem ruhenden Objekt λ^+ mit der Geschwindigkeit v_2 vorbeibewegt, dieses infolge der LORENTZ*kontraktion* (HENDRIK ANTOON LORENTZ - Nobelpreis 1902) um den Faktor $1/\xi$ relativistisch verkürzt - und umgekehrt. Dieser Faktor taucht immer wieder in relativistischen Formeln auf und hat seine Begründung in der LORENTZtransformation, die die Lichtgeschwindigkeit bei Relativbewegungen als absolute Obergrenze gegenüber der klassischen GALILEI-Transformation berücksichtigt. Ein anderes Beispiel für sein Auftreten ist die Massezunahme bewegter Massen, indem die Ruhemasse mit ξ zu multiplizieren ist.

Ein verkürztes Ladungsvolumen bedeutet aber eine größere Ladungsdichte mit entsprechend geringerem mittleren Abstand zum bewegten Objekt. Da sich die Elektronen (λ^-) relativ zu q_2 aber mit größerer Geschwindigkeit als v_2 bewegen, ist deren Kontraktion größer, was relativistisch zu einem negativen Netto-Ladungsüberschuß führt. Die Geschwindigkeiten v_2 und v_D müssen noch relativistisch korrekt addiert werden $\Sigma(v_2,v_D) = (v_2 + v_D)/(1 + v_2 v_D/c^2)$ und wir erhalten für den effektiv von q_2 zu beobachtenden Ladungsbelag λ' den Wert

$$\lambda' = -\xi \frac{v_2 v_D}{c^2} \lambda^- = -\xi \frac{v_2 i_1}{c^2} \tag{2.3-4}$$

mit $\lambda^- v_D = -nAev_D = i_1$. Für die nun anziehende (magnetische) Kraft f_m' zwischen q_2 und dem Leiter gilt also mit obiger Gleichung für den Ladungsbelag:

$$f_m' = q_2 e' = q_2 \frac{-\lambda'}{2\pi\varepsilon r} = \xi \frac{1}{\varepsilon c^2} \frac{i_1}{2\pi r} q_2 v_2 \tag{2.3-5}$$

Diese Kraft erfährt die bewegte Ladung q_2. Findet diese Bewegung in einem zweiten, relativ zu dem ersten ruhenden Leiter statt, muß von dem bewegten Koordinatensystem von q_2 auf das ruhende umgerechnet werden. Dabei entfällt der LORENTZfaktor ξ, womit sich als Endergebnis für die ***magnetische Kraft*** als Betrag der LORENTZkraft

$$f_m = \mu \frac{i_1}{2\pi r} q_2 v_2 \tag{2.3-6}$$

mit

$$\mu = \frac{1}{\varepsilon c^2}. \tag{2.3-7}$$

als ***Permeabilität*** einstellt. μ ist in Analogie zur Permittivität ein Maß für die Fähigkeit eines Mediums bzw. des Freiraums magnetische Feldlinien zu leiten und sich magnetisch polarisieren zu lassen. Wir werden sie in Abschn. 2.3.9 separat besprechen.

Ersetzen wir nun noch q_2 ebenfalls durch eine in einen Strom i_2 resultierende Elektronenwolke:

$$\frac{dq_2 l}{dt} = q_2 \frac{dl}{dt} = q_2 v_2 = \frac{dq_2}{dt} l = i_2 l, \qquad (2.3\text{-}8)$$

die sich in einem zweiten Leiter parallel zum ersten bewegen möge, so modifiziert sich diese Gleichung zu

$$f_m =: \mu \frac{i_1 i_2 l}{2\pi r}. \qquad (2.3\text{-}9)$$

Dabei ist vorausgesetzt, daß der Leiter theoretisch unendlich lang ist und l davon ein beliebiges endliches Stück repräsentiert. Dies ist dann auch die Definitionsgleichung für das Ampère, das ja, wie bereits dargelegt, im SI wegen der größeren praktischen Bedeutung als Basiseinheit statt des Coulomb verwendet wird:

Ein konstanter Gleichstrom von 1 Ampère (1 A) bewirkt zwischen zwei unendlich langen Leitern mit vernachlässigbarem Querschnitt, die geradlinig mit einem Meter Abstand im Vakuum parallel angeordnet sind, eine Kraft von $2 \cdot 10^{-7}$ kg m/s^2 (N ewton) pro Meter Länge.

Dazu gehört Abb. 2.3-2. Beträgt hier der Leiterabstand r = 1m, der Längenausschnitt l = 1m und $I_1 = I_2$ = 1A, so messen wir entspr. obiger Gleichung $F_m = 2 \cdot 10^{-7}$ N. Man beachte, daß zu dieser Gleichung mit gleichgerichteten Strömen I_1 und I_2 und impliziertem positiven Vorzeichen Kraftpfeile gehören, die eine Anziehung beschreiben - im Gegensatz zum COULOMBgesetz, wo sich gleichnamige Ladungen abstoßen, und hier zum positiven Vorzeichen nach außen weisende Pfeile gehören. Dreht man einen der Ströme um, erfolgt eine Abstoßung, so wie beim COULOMBgesetz bei unterschiedlichen Ladungsvorzeichen eine Anziehung erfolgt.

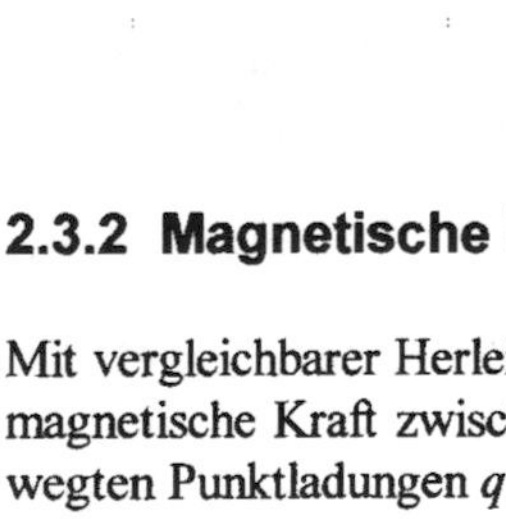

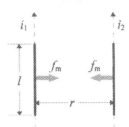

Abb. 2.3-2:
Magnetische Kräfte zwischen zwei stromdurchflossenen Leitern.

2.3.2 Magnetische Kraft f_m zwischen bewegten Punktladungen

Mit vergleichbarer Herleitung wie bei stromdurchflossenen Leitern können wir auch die magnetische Kraft zwischen zwei parallel im Abstand r mit der Geschwindigkeit v bewegten Punktladungen q_1 und q_2 über das klassische COULOMBgesetz angeben:

$$f_C' = \frac{q_1 q_2}{4\pi\varepsilon r^2}\left(1 - \frac{v^2}{c^2}\right) = \frac{q_1 q_2}{4\pi\varepsilon (r\xi)^2} = \frac{q_1 q_2}{4\pi\varepsilon r^2} - \frac{q_1 q_2}{4\pi\varepsilon r^2}\left(\frac{v}{c}\right)^2 = f_C - f_m. \qquad (2.3\text{-}10)$$

Hier findet im Gegensatz zu den stromdurchflossenen Leitern keine Kompensation des statischen COULOMBanteils statt. Um es auch hier nochmals deutlich darzustellen: es ist wegen des Minuszeichens eine die Abstoßung gleichnamiger Ladungen abschwächende Kraft, also eine überlagerte anziehende magnetische Kraft f_m senkrecht zur Ausbreitungsrichtung entstanden, die als solche den Magnetismus repräsentiert und mit der o.a. Formel für die Permeabilität μ gilt:

$$f_{\mathrm{m}} = \mu \frac{q_1 q_2 v^2}{4\pi r^2} = \frac{\mu}{4\pi} \frac{q_{\mathrm{m}1} q_{\mathrm{m}2}}{r^2}. \qquad (2.3\text{-}11)$$

Hier haben wir das Ladungs-Geschwindigkeitsprodukt

$$q_{\mathrm{m}} := qv = q \frac{\mathrm{d}l}{\mathrm{d}t} = i\Delta l; \qquad [q_{\mathrm{m}}] = \mathrm{Am} \qquad (2.3\text{-}12)$$

als ***magnetische Polstärke*** definiert, womit die Kraftgleichung dieselbe Grundstruktur wie das Gravitationsgesetz und das COULOMBgesetz hat. q_{m} steht so auf dem Niveau einer punktförmigen Masse m bzw. einer Punktladung q, repräsentiert im Gegensatz zu diesen jedoch keinen Monopol, weshalb hier bewußt der Name *magnetische Ladung* vermieden wird. Er kann jedoch in etlichen Fällen für analoge Sachverhalte herangezogen werden, was in der Folge zuweilen getan wird.

Ordnen wir dem Zeitintervall dt die Bewegung der Ladung q_{i} über ein Stück der Länge dl zu, stellt der daraus gebildete Differentialquotient $\mathrm{d}q_{\mathrm{i}}/\mathrm{d}t$ wieder einen Strom i_{i} dar. dl betrachten wir als eine kleine Variation in Ausbreitungsrichtung: setze $\mathrm{d}l \rightarrow \Delta l$, womit sich der rechte Teil der obigen Gleichung ergibt. Die magnetische Polstärke läßt sich analog im vorigen Abschnitt verwenden. Damit läßt sich auch diese Kraftgleichung als Stromformel darstellen:

$$f_{\mathrm{m}} = \mu \frac{i_1 i_2 \Delta l^2}{4\pi r^2}. \qquad (2.3\text{-}13)$$

Der Übergang mag mathematisch nicht völlig sauber aussehen. Die Ladungen hätte man wegen ihrer vorausgesetzten Punktförmigkeit jedoch von vorneherein als differentielle Größen ($\mathrm{d}q_{\mathrm{i}}$ statt q_{i}) betrachten können, womit die Exaktheit des Formalismus gegeben wäre. Andererseits ist es in der Literatur unüblich, das COULOMBgesetz mit differentiellen Ladungen darzustellen, weshalb diese kleine Unreinheit erlaubt sei, die der Physik keinen Abbruch tut.

Weiterhin soll hier festgehalten werden, daß es in dieser und den folgenden Gleichungen zum Magnetismus unerheblich ist, ob der Strom ein Leitungs-, Verschiebungs- oder ein von beiden Anteilen gebildeter Strom ist. Darüberhinaus deuten die Betrachtungen an, daß keine absolute Unterscheidung zwischen elektrischen und magnetischen Kräften und damit Größen möglich ist. Diese lassen sich in Abhängigkeit der Bewegungszustände von Teilchen und Beobachtern dual transformieren - charakteristisch für ein relativistisches System.

Kräfte sind Vektoren und die Ergebnisgleichungen müssen nun so erweitert werden, daß die Ströme bzw. die bewegten Ladungen in beliebigen Beträgen und Richtungen relativ zueinander fließen können. Dieser Aspekt ist sinnvoll erst nach der im folgenden Abschnitt definierten magnetischen Flußdichte zu diskutieren.

2.3.3 Magnetische Flußdichte *b*

Wir wollen nun in Analogie zu Gl. 2.1-5 eine Zerlegung in Ursache und Wirkung vornehmen und daraus nützliche magnetische Feldgrößen definieren. Ursache sei nun q_{mu}=

$q_u v_u$ bzw. $i_u \Delta l_u$. Wir dividieren f_m durch diese Größen und definieren die neu entstandene Größenart als ***magnetische Flußdichte*** b oder ***magnetische Induktion*** (veraltet), für deren Betrag für den Fall zweier stromdurchflossener Leiter entspr. Gl. 2.3-9 gilt:

$$b := \frac{f_m}{q_{mu}} = \frac{f_m}{i_u l_u} = \mu \frac{i_w}{2\pi r}; \qquad [b] = \mathrm{T\ (esla)} = \frac{\mathrm{Vs}}{\mathrm{m}^2}. \tag{2.3-14}$$

Für bewegte Punktladungen entspr. den Gleichungen im vorigen Abschnitt ergibt sich:

$$b := \frac{f_m}{q_{mu}} = \frac{f_m}{q_u v_u} = \mu \frac{q_w v_w}{4\pi r^2} = \mu \frac{i_w \Delta l_w}{4\pi r^2} = \mu \frac{q_{mw}}{4\pi r^2}. \tag{2.3-15}$$

Der Begriff der *Flußdichte* steht in Analogie zur elektrischen Verschiebungs- oder Flußdichte d, die hier die Konzentration eines magnetischen Flusses ϕ mit $[\phi]$=Vs = Weber (Wb) vergleichbar dem elektrischen Fluß $\Psi = q$, gemessen in C (oulomb), über einer Fläche angibt. In weiterer Analogie ist die elektrische Stromdichte s zu sehen, bei der ja wirklich etwas strömt, z.B. die Elektronen im Metall.

Die Vektordarstellung des $\boldsymbol{b}$-Feldes ist etwas diffiziler als beim elektrischen Feld und seinen Reaktionsfeldern, bei denen Kraftvektor und Feldvektor sinnvoll durch die gleiche Richtung beschrieben waren. Wir können in den vorstehenden Gleichungen nicht einfach f_m, l_u und v_u durch Vektoren ersetzen. Dies verbietet sich zum einen mathematisch und ergibt auch physikalisch keinen Sinn. Was ist also eine sinnvolle Definition der Richtung von $\boldsymbol{b}$?

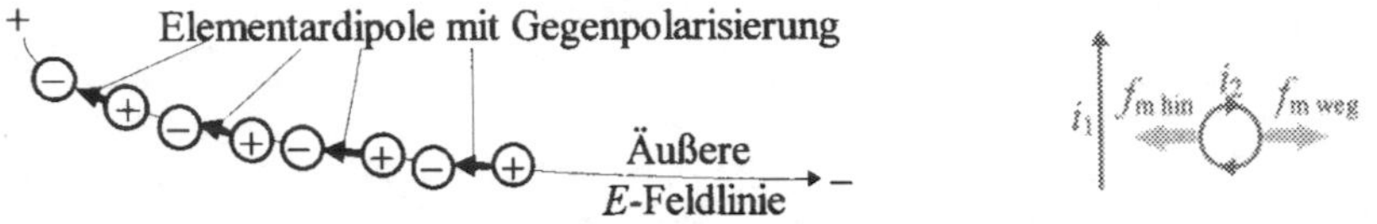

Abb. 2.3-3: Links Kettung COULOMBscher Elementardipole entlang einer E-Feldlinie, rechts magnetischer Elementardipol in Form eines sehr kleinen Kreisstroms i_2.

Dazu definieren wir uns analog zum COULOMBschen einen *magnetischen Elementardipol*. Ein Elementardipol soll folgendes Kriterium erfüllen: er muß sich praktisch punktförmig komprimieren lassen, so daß entspr. Abb. 2.3-3 links eine Aneinanderreihung sehr vieler Elementardipole in ihrer Kettung der Feldlinienrichtung, die der erste Dipol festlegt, folgt.

Ein magnetischer Elementardipol muß die Bewegung der Ladung mit einbeziehen, aber gleichzeitig an der Stelle verharren, um in seiner Richtung die Feldrichtung zu repräsentieren. Dies ist nur möglich, indem wir als magnetischen Elementardipol einen differentiell kleinen Kreisstrom identifizieren. Wie dieser sich entspr. den vorangegangenen Darlegungen neben einem magnetfelderzeugenden stromdurchflossenen Leiter ausrichtet, zeigt Abb. 2.3-3 rechts.

Ein noch besserer magnetischer Elementardipol als ein Kreisstrom ist eine um ihre Achse rotierende punktförmige Ladung - ein Proton oder ein Elektron. Die Drehachse ist dabei die sinnvolle Festlegung der Dipolrichtung. Hier hat man genauso wie bei Ladungen zwei Freiheitsgrade bzgl. der Festlegung von positivem und negativem Pol - besser: Nord- (N) und Südpol (S). Wir legen als Nordpol den Pol fest, zu dem der

Daumen der rechten Hand bei einer in Richtung der gekrümmten Finger rechtsdrehenden positiven Ladung zeigt (Rechte-Hand-Regel).

Wie sich die Dipolachsen entspr. den vorangegangenen Überlegungen um den stromdurchflossenen Leiter ausrichten, zeigt Abb. 2.3-4 - und auch die daraus resultierende sinnvolle Ausrichtung der von i_1 hervorgerufenen ***b***-Feldlinie. Sie kann nun einfach dadurch festgelegt werden, daß, wenn der Daumen der rechten Hand in Richtung des Stromflusses i_1 zeigt, die übrigen gekrümmten Finger dieser Hand in Richtung der ***b***-Feldlinie zeigen. Die Aussage behält ihre Gültigkeit bei Vertauschung von Stromflußrichtung und ***b***-Feldlinienrichtung.

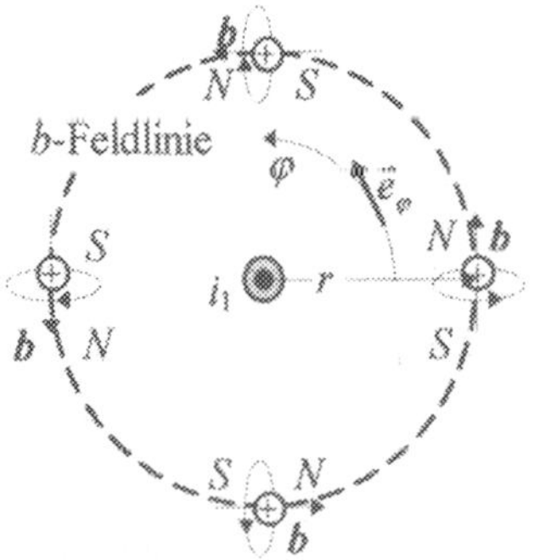

Abb. 2.3-4:
Rotierende punktförmige Ladungen bestimmen mit ihren Drehachsen die Richtung einer Magnetfeldlinie.

Die Namensgebung der Pole hat historische Gründe. Da aus der Abbildung ersichtlich ist, daß sich genauso wie positive und negative COULOMBsche Ladungen auch Nord- und Südpol anziehen, muß der Nordpol einer Kompaßnadel zum magnetischen Südpol der Erde zeigen, der dann logischerweise in der Nähe des geographischen Nordpols liegen sollte, damit der Nordpol der Kompaßnadel zumindest in hinreichender Entfernung von den Polen in Richtung des geographischen Nordpols weist.

In diesem Zusammenhang soll bereits erwähnt werden, daß der Magnetismus der Materie durch den Eigendrehimpuls - auch *Spin* genannt - der Ladungsträger entsteht. Ein weiterer Effekt ist der Bahndrehimpuls der Elektronen um den Atomkern, der eher der Darstellung in dem Bild davor entspricht, aber von untergeordneter Bedeutung ist. Für die ferromagnetischen Materialien Eisen, Kobalt und Nickel, die auch in dieser Reihenfolge im Periodensystem der Elemente stehen, lassen sich die Spinachsen der Hüllelektronen einfach ausrichten, was durch den Atomaufbau begründbar ist.

Wir erkennen als Folge dieser Überlegungen weiterhin, daß ***b***-Feldlinien niemals Quellen oder Senken aufweisen - im Gegensatz zum COULOMBfeld, bei dem die ***d***- und ***e***-Feldlinien Quellen bzw. Senken bei positiven bzw. negativen Ladungen haben. Die ***b***-Feldlinien sind immer in sich geschlossen, d.h. sie bilden Wirbel um zeitveränderliche Ladungen bzw. um deren COULOMBfelder - das ***b***-Feld ist ein quellenfreies Wirbelfeld. Die Feldlinien zeigen senkrecht zum stromdurchflossenen Leiter, dessen vektorielle Richtung wir festlegen können, indem wir der Länge ***l*** Vektorcharakter in Stromrichtung geben. Die Stromstärke selbst ist, wie in Abschnitt 2.2 dargelegt, kein Vektor, sondern diese Eigenschaft müssen wir der Stromdichte zubilligen.

Eine andere Interpretation dieser Tatsache ist, daß es keine magnetischen Monopole gibt. Proton und Elektron sind COULOMBsche Monopole, allerdings mit der Einschränkung, daß aufgrunddessen, daß wir nur Vorgänge kennen, bei denen positive und negative Ladungen paarweise entstehen bzw. vernichtet werden, zu jedem COULOMBschen

Monopol immer ein zugehöriger Gegenpol irgendwo existieren muß (Ladungserhaltungsgesetz; s. Abschn. 2.2.6). Demgegenüber kennen wir keine magnetischen Monopole, was auch die Begründung für die Form der Feldlinien anschaulich darstellt.

Vermutlich gibt es auch keine; bestimmte Hypothesen über den Ablauf des Urknalls lassen zumindest zu, daß es einmal welche gegeben hat. Frappierend ist allerdings, daß nach Berechnungen des Nobelpreisträgers P. A. M. DIRAC 1931 aus der Existenz magnetischer Monopole für alle elektrischen Ladungen zwingend folgt, daß sie ein ganzzahliges Vielfaches einer Elementarladung sein müssen. Nichts anderes beobachten wir, es ist jedoch strittig, ob der Umkehrschluß genauso zwingend ist.

2.3.4 LORENTZkraft f_L

Mit der Richtungsfestlegung der magnetischen Flußdichte $\boldsymbol{b}$ können wir die Richtung der magnetischen ***LORENTZkraft*** f_L als Vektordarstellung der magnetischen Kraft der Gln. 2.3-11 und 2.3-13 im Zusammenhang mit der Stromrichtung $\boldsymbol{l}$ festlegen:

$$f_L := q\boldsymbol{v} \times \boldsymbol{b} = i\boldsymbol{l} \times \boldsymbol{b} = \boldsymbol{q}_m \times \boldsymbol{b}. \qquad (2.3\text{-}16)$$

Hier haben wir die magnetische Polstärke in der Vektorform eingeführt. Speziell für den zuvor betrachteten Fall, daß Bewegungs- bzw. Stromrichtung und verursachendes Feld senkrecht aufeinander stehen, vereinfacht sich die Gleichung für den Kraftbetrag zu

$$f_L = qvb = ilb = q_m b, \qquad (2.3\text{-}17)$$

und wir erhalten mit der Definition von b wieder die vorstehenden skalaren Kraftformeln für f_m. Speziell bei zwei parallelen Stromleitern entspr. Abb. 2.3-5 ist dies der Fall. Insbesondere gilt folglich für die Gesamtkraft als Vektor von Gl. 2.3-10 auf eine bewegte Ladung q bei nicht neutralisiertem COULOMBanteil als Summe von COULOMB- und LORENTZkraft die ***LORENTZbeziehung***:

$$f_{Ges} := q(\boldsymbol{e} + \boldsymbol{v} \times \boldsymbol{b}). \qquad (2.3\text{-}18)$$

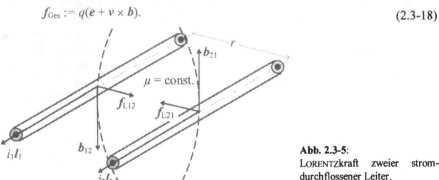

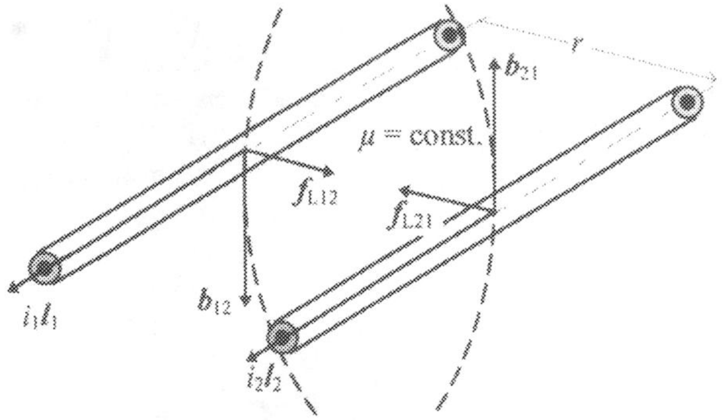

Abb. 2.3-5: LORENTZkraft zweier stromdurchflossener Leiter.

Der COULOMBanteil tritt also nur auf, wenn die verursachende Ladung nicht kompensiert wird, so wie bei den frei fliegenden Ladungen. Ein Beispiel hierfür ist ein Elektronenstrahl in einer BRAUNschen Röhre (1897; FERDINAND BRAUN, Nobelpreis 1909 zusammen mit GUGLIELMO MARCONI, der erstmals 1900 elektromagnetische Wellen zur Informationsübertragung über 100 km - also funktechnisch - nutzte; 1901 bereits von England nach Amerika).

Möchten wir die LORENTZkraft auf ein Volumengebiet innerhalb eines Leiters kennen, durch das nicht der ganze Strom hindurchgeht und das vielleicht noch dazu inhomogen in seiner Stromverteilung ist, so ist dies nur über die Kenntnis der Verteilung der Stromdichte $\boldsymbol{s}$ möglich. Wir betrachten entspr. obiger Definitionsgleichung für die LORENTZkraft zunächst die Kraft $\mathrm{d}\boldsymbol{f}_\mathrm{L}$ auf ein differentiell kleines Volumenelement $\mathrm{d}V$ der Länge und Stromflußrichtung $\mathrm{d}\boldsymbol{l}$ sowie der Fläche $\mathrm{d}\boldsymbol{A}$, wobei auch der Flächennormalenvektor in Stromfluß- sprich: in $\boldsymbol{l}$-Richtung - zeigt: $\mathrm{d}V = \mathrm{d}\boldsymbol{A}\cdot\mathrm{d}\boldsymbol{l}$. Somit ergibt sich:

$$\mathrm{d}\boldsymbol{f}_\mathrm{L} = i\mathrm{d}\boldsymbol{l} \times \boldsymbol{b} = \boldsymbol{s}\cdot\mathrm{d}\boldsymbol{A}\ \mathrm{d}\boldsymbol{l} \times \boldsymbol{b} = \boldsymbol{s}\mathrm{d}V \times \boldsymbol{b} = \boldsymbol{s} \times \boldsymbol{b}\mathrm{d}V. \qquad (2.3\text{-}19)$$

$$\boldsymbol{f}_\mathrm{LV} := \frac{\mathrm{d}\boldsymbol{f}_\mathrm{L}}{\mathrm{d}V} = \boldsymbol{s} \times \boldsymbol{b}; \qquad [f_\mathrm{LV}] = \frac{\mathrm{N}}{\mathrm{m}^3} \qquad (2.3\text{-}20)$$

repräsentiert somit die ***Volumenkraftdichte***. Die LORENTZkraft auf ein endliches Volumen der Größe V errechnet sich durch Integration:

$$\boldsymbol{f}_\mathrm{L} = \iiint_V \boldsymbol{f}_\mathrm{LV}\mathrm{d}V = \iiint_V \boldsymbol{s} \times \boldsymbol{b}\mathrm{d}V. \qquad (2.3\text{-}21)$$

Für die COULOMBkraft lassen sich vergleichbare Formeln angeben. Der Leser überlege ihre Struktur.

2.3.5 Magnetischer Dipol, magnetisches Moment $\boldsymbol{m}$

Wir möchten in Analogie zu Abschnitt 2.1.3 Drehbewegungen magnetischer Dipole beschreiben können, denn sie sind genauso an dem Empfang und der Erzeugung elektrischer und magnetischer Felder und damit elektromagnetischer Wellen beteiligt, wie COULOMBsche Dipole. Aufgrund der Nichtexistenz magnetischer Monopole müssen wir uns im Gegensatz zur Elektrostatik jedoch keine Mühe geben, Monopole zu Dipolen zu verbinden; magnetische Dipole existieren immer in dieser Form als stromdurchflossene Leiterschleifen oder rotierende Ladungsträger, wie bereits angegeben.

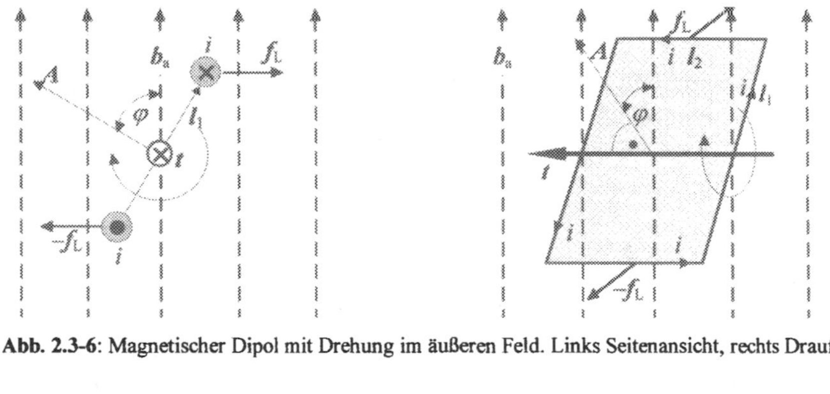

Abb. 2.3-6: Magnetischer Dipol mit Drehung im äußeren Feld. Links Seitenansicht, rechts Draufsicht.

Wir modellieren entspr. Abb. 2.3-6 einen solchen Dipol als eine rechteckige Leiterschleife der Fläche $A = l_1 l_2$. Zeigen die gekrümmten Finger der rechten Hand in Richtung des Stromflusses, gibt der ausgestreckte Daumen die Richtung des Flächennormalenvektors $\boldsymbol{A}$ an. Unter dem Einfluß eines äußeren magnetischen Felds $\boldsymbol{b}_\mathrm{a}$ in beliebiger

Richtung zur Achse wird aufgrund der LORENTZkräfte $\boldsymbol{f}_L$ und $-\boldsymbol{f}_L$ und des Hebelarms $\boldsymbol{l}_1$ (bzw. $2\cdot\boldsymbol{l}_1/2$) ein mechanisches ***Drehmoment t*** entstehen. Wir sind wie in der Elektrostatik an *Feldgrößen* interessiert und ersetzen den Kraftvektor durch den Vektor der magnetischen Flußdichte $\boldsymbol{b}_a$:

$$\boldsymbol{t} = \boldsymbol{l}_1 \times \boldsymbol{f}_L = \boldsymbol{l}_1 \times (i\boldsymbol{l}_2 \times \boldsymbol{b}_a) = i(\boldsymbol{l}_1 \times \boldsymbol{l}_2) \times \boldsymbol{b}_a = i\boldsymbol{A} \times \boldsymbol{b}_a = \boldsymbol{m} \times \boldsymbol{b}_a. \qquad (2.3\text{-}22)$$

Dazu gehört die Betragsgleichung:

$$t = f_L\, l_1 \sin\varphi = i l_1 l_2 b_a \sin\varphi = iAb_a \sin\varphi = mb_a \sin\varphi. \qquad (2.3\text{-}23)$$

m definieren wir als ***magnetisches (Flächen-)Moment***, ***j*** als ***magnetisches Dipolmoment***:

$$\boldsymbol{m} := i\boldsymbol{A} = \boldsymbol{l}_1 \times \boldsymbol{q}_{m2}; \qquad [m] = \mathrm{Am}^2. \qquad (2.3\text{-}24)$$

$$\boldsymbol{j} := \mu_0\boldsymbol{m} = \mu_0 i\boldsymbol{A} = \mu_0\boldsymbol{l}_1 \times \boldsymbol{q}_{m2}; \qquad [j] = \mathrm{Vsm} = \mathrm{Wb\cdot m}. \qquad (2.3\text{-}25)$$

Das magnetische Moment stellt den magnetischen Hebelarm dar. Er weist wie das elektrische Dipolmoment bei verschwindendem Drehmoment in Richtung des äußeren Felds, bzgl. der Stromrichtung gilt die Rechte-Hand-Regel. Hier verhält es sich anders als das COULOMBsche Moment, da das äußere Feld unmittelbar unterstützt wird, was sich in der Kraftformel darin manifestiert, daß die Materialgröße μ im Zähler steht. Die rechte Seite der beiden Gleichungen stellt die unmittelbare Analogie zum COULOMBschen Dipolmoment dar: hier Vektorprodukt von Hebelarm und magnetischer Polstärke (magnetischer Ladung), dort Skalarprodukt von Hebelarm und elektrischer Ladung.

2.3.6 Magnetischer Fluß ϕ und Spulenfluß ψ

Der zu der magnetischen Flußdichte ***b*** gehörige ***magnetische Fluß*** ϕ läßt sich nun über ein beliebiges Gebiet ***A*** in Analogie zu Gln. 2.1-15 und 2.2-7 gemäß

$$\phi := \iint \boldsymbol{b}\cdot \mathrm{d}\boldsymbol{A}; \qquad [\phi] = \mathrm{Wb\ (Weber)} = \mathrm{Vs}. \qquad (2.3\text{-}26)$$

angeben. Ist der Fluß in diesem Gebiet homogen, durchsetzt er die Fläche senkrecht und ist diese eben, können wir die Beziehung wie beim elektrischen Feld für die elektrische Flußdichte und Stromdichte vereinfachen:

$$\phi = bA \qquad \text{bzw.} \qquad b = \frac{\phi}{A}. \qquad (2.3\text{-}27)$$

Suchen wir in Analogie zu Gl. 2.1-15 den magnetischen Hüllenfluß $\overset{\circ}{\phi}$ innerhalb eines beliebigen geschlossenen Gebiets, werden wir ihn nicht finden: aufgrund der Tatsache, daß es keine magnetischen Monopole gibt, kann kein solches Gebiet existieren, aus dem Feldlinien austreten, die nicht anderswo eingetreten sind:

$$\boxed{\overset{\circ}{\phi} = 0 = \oiint_{\text{Bel. geschl. Hülle}} \boldsymbol{b}\cdot \mathrm{d}\boldsymbol{A}}. \qquad (2.3\text{-}28)$$

Diese Gleichung ist nichts anderes als die 4. MAXWELLgleichung in Integralform. Sie korrespondiert zur (Strom-)Knotenregel Gl. 2.2-37 und stellt die *KIRCHHOFFsche Flußknotenregel* dar, die mit der Aussage, daß die Summe aller Flüsse in einem Knoten verschwinden muß, neben dem später betrachteten Durchflutungsgesetz eine der beiden Grundlagen zur Analyse magnetischer Kreise darstellt:

$$\sum_{\mathrm{i}} \pm\phi_{\mathrm{i}} = 0. \qquad (2.3\text{-}29)$$

Wie beim Strom ist eines der Vorzeichen auszuwählen, je nachdem, ob der Flußzählpfeil in Richtung (+) oder in Gegenrichtung (–) zu der frei vorgebbaren Knotenzu- oder -abflußrichtung weist.

Sozusagen als Ersatz für den immer verschwindenden Gesamtfluß ist dagegen der ***verkettete Fluß*** ϕ_{v} von Bedeutung. Betrachten wir in Abb. 2.3-12 rechts die grau schattierte Windungsfläche des Stromkreises. Wir können beim Verlassen dieser Fläche im Außenraum immer Flächen beliebiger Form und Lage identifizieren, durch die alle die graue Fläche durchsetzenden Feldlinien genau einmal hindurchgehen, die also alle den gleichen Fluß führen. Bei der später festgelegten Spulendefinition darf der Fluß nur einmal gezählt werden, d.h. es ist dafür zu sorgen, daß genau alle Feldlinien über die Fläche integriert werden, jedoch ohne die Rücklinien. Dies ist der verkettete Fluß.

Eine weitere Größenart von Bedeutung ist in diesem Zusammenhang der ***Spulenfluß*** ψ, auch ***magnetische Durchflutung*** oder ***Verkettungsfluß***, der für einlagige Spulen identisch mit dem normalen Fluß ist, für mit N Windungen mehrlagige Spulen aber gleich dem Produkt aus Windungszahl, ***Verkettungsfaktor*** ζ sowie Fluß ist:

$$\psi := \zeta N \phi. \qquad (2.3\text{-}30)$$

Der Verkettungsfaktor ist dann < 1, wenn nicht alle Feldlinien alle Windungen der Spule durchsetzen. Da wir solche Fälle in der Folge nicht explizit betrachten, setzen wir immer $\zeta = 1$. Die Notwendigkeit des Spulenflusses kann erst nach der Besprechung des Induktionsgesetzes sinnvoll dargelegt werden.

2.3.7 Magnetische Feldstärke *h*, Gesetz von BIOT-SAVART

Das ***b***-Feld selbst können wir für die zuvor skizzierten Fälle in einem Zylinderkoordinatensystem beschreiben; seine Richtung ist dann dort gleich der Azimutalrichtung φ:

$$\boldsymbol{b} = \mu \frac{i}{2\pi r}\vec{e}_{\varphi} \quad \text{bzw.} \quad \boldsymbol{b} = \mu \frac{qv}{4\pi r^2}\vec{e}_{\varphi} = \mu \frac{i\Delta l}{4\pi r^2}\vec{e}_{\varphi} = \mu \frac{q_{\mathrm{m}}}{4\pi r^2}\vec{e}_{\varphi}. \qquad (2.3\text{-}31)$$

In diesem Zusammenhang ist es analog zum COULOMBfeld nützlich, eine materialunabhängige Feldgrößenart, die ***magnetische Feldstärke h***:

$$\boldsymbol{h} := \frac{\boldsymbol{b}}{\mu}; \qquad [\boldsymbol{h}] = \frac{\mathrm{A}}{\mathrm{m}} \qquad (2.3\text{-}32)$$

zu definieren, die dann z.B. für den stromdurchflossenen langen geraden Leiter die einfache Darstellung

$$\boldsymbol{h} = \frac{i}{2\pi r}\vec{e}_{\varphi} \qquad (2.3\text{-}33)$$

annimmt. Effektiver ist die koordinatenfreie Darstellung der magnetischen Flußdichte und damit auch der Feldstärke, da der Einheitsvektor $\vec{e}_{\varphi}$ in nicht Zylinderkoordinatensystemen angepaßten Stromleitern nicht so einfach zu bestimmen ist. Dieses Problem wird durch das *Gesetz von* BIOT-SAVART (1820) gelöst, das allerdings nur für Feldberechnungen in Medien mit konstanter Permeabilität gilt. Andernfalls müssen Brechungsgesetze berücksichtigt werden, die vollständig erst mithilfe von Durchflutungsgesetzes im Abschnitt 2.3.11 angegeben werden können.

Im Prinzip bedarf es zur Verallgemeinerung auf die BIOT-SAVARTsche Formel nur der Darstellung von $\vec{e}_{\varphi}$ durch den Vektor in Bewegungsrichtung der verursachenden Ladungen $\boldsymbol{l}$ (i.allg. der Stromrichtung) und einem Vektor, der von Ursache zur Wirkung zeigt. Die Konfiguration wird in Abb. 2.3-7 anschaulich dargestellt:

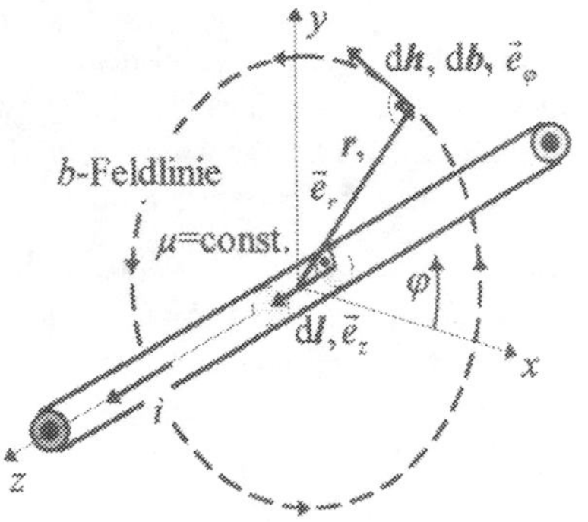

Abb. 2.3-7: Zum Gesetz von BIOT-SAVART.

$\mathrm{d}\boldsymbol{h}$ ist ein differentiell kleiner $\boldsymbol{h}$-Feldvektor, der von dem Segment $\mathrm{d}\boldsymbol{l} = \mathrm{d}l\vec{e}_z$ hervorgerufen wird. Darauf steht senkrecht der $\boldsymbol{r}$-Vektor, der von diesem Ort der Ursache zu dem Ort, an dem $\mathrm{d}\boldsymbol{h}$ gesucht ist, zeigt. Er hat die gleiche Richtung, wie der Einheitsvektor in Radialrichtung eines hier gedachten Zylinderkoordinatensystems: $\vec{e}_r = \boldsymbol{r}/r$. $\vec{e}_{\varphi}$ und mit gleicher Richtung $\mathrm{d}\boldsymbol{h}$ stehen darauf wieder senkrecht. Folglich gilt mit dem Rechtssystem r, φ, z bzw. φ, z, r:

$$\vec{e}_{\varphi} = \vec{e}_z \times \vec{e}_r \qquad \Rightarrow \qquad \mathrm{d}l\vec{e}_{\varphi} = \mathrm{d}\boldsymbol{l} \times \vec{e}_r = \mathrm{d}\boldsymbol{l} \times \frac{\boldsymbol{r}}{r}, \qquad (2.3\text{-}34)$$

woraus für beliebiges, aber homogenes μ folgt:

$$\mathrm{d}\boldsymbol{h} = \frac{i}{4\pi r^2}\mathrm{d}\boldsymbol{l} \times \frac{\boldsymbol{r}}{r} = \frac{i}{4\pi}\frac{\mathrm{d}\boldsymbol{l} \times \boldsymbol{r}}{r^3}. \qquad (2.3\text{-}35)$$

Da wir nun nicht nur den Feldanteil kennen möchten, der von $\mathrm{d}\boldsymbol{l}$ herrührt, sondern von dem ganzen Leiterstück, müssen wir über die Leiterlänge integrieren:

$$\boldsymbol{h} := \frac{i}{4\pi}\int_{\substack{\text{Leiter-}\\\text{länge}}} \frac{\mathrm{d}\boldsymbol{l} \times \boldsymbol{r}}{r^3}. \qquad (2.3\text{-}36)$$

Da Stromkreise immer geschlossen sein müssen, können wir folglich das Feld des Gesamtleiters an einer beliebigen Stelle im Raum angeben:

$$\overset{\circ}{\boldsymbol{h}} := \frac{i}{4\pi} \oint_{\substack{\text{Leiter-}\\ \text{umlauf}}} \frac{\mathrm{d}\boldsymbol{l} \times \boldsymbol{r}}{r^3}. \tag{2.3-37}$$

Die beiden zuletzt dargestellten Gleichungen sind die Formeln von BIOT-SAVART, die die vektorielle Berechnung von Magnetfeldern in homogenen Medien erlauben. Sie stellen praktisch das Pendant zur Berechnung der elektrischen Feldstärke aus einer Ladungsanordnung, wie in Gl. 2.1-28 angegeben, dar. Eine Multiplikation mit μ ergibt das jeweils zugehörige $\boldsymbol{b}$-Feld. In der Folge wird für das magnetische Feld immer angenommen, daß es an der betrachteten Stelle vom Gesamtleiter hervorgerufen wird und der Kringel über dem Feldsymbol weggelassen.

2.3.8 Magnetische Spannung v

Legen wir einen bestimmten Weg $\boldsymbol{l}$ in einem Magnetfeld zurück, ist die Summe aller Feldstärkewerte $\boldsymbol{h}$ entlang dieses Weges, multipliziert mit den jeweils dazugehörigen differentiell kleinen Wegstücken $\mathrm{d}\boldsymbol{l}$, in Analogie zur elektrischen Spannung u per Definition gleich der ***magnetischen Spannung*** v zwischen den Endpunkten des Wegs. Dies illustriert Abb. 2.3-8 in der Umgebung des stromdurchflossenen Leiters.

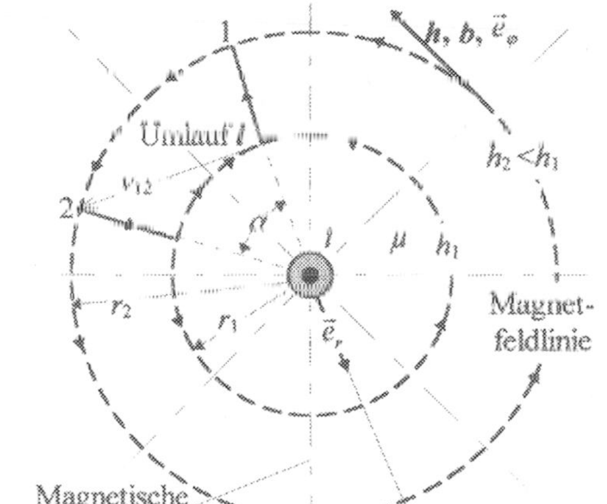

Abb. 2.3-8: Magnetisches Feld und magnetische Spannung in der Umgebung eines stromdurchflossenen Leiters.

Die allgemeine Beziehung lautet in Analogie zu Gl. 2.1-7 für v_{12}:

$$v_{12} := \int_1^2 \boldsymbol{h} \cdot \mathrm{d}\boldsymbol{l}; \qquad [v] = \mathrm{A\,(mpère)}. \tag{2.3-38}$$

Mit dieser magnetischen Spannung kann auch ein (skalares) ***magnetisches Potential*** φ_m assoziiert werden, das allerdings nur in der *Magnetostatik* - der Lehre von der Verursachung magnetischer Felder durch Permanentmagneten - eine vollständige physikalische Analogie zum elektrostatischen Potential hat. Weitere Ausführungen dazu s. Durchflutungsgesetz in Abschnitt 2.3.10.

Ist der Leiter gerade, so bilden die Feldlinien konzentrische Kreise, auf denen die magnetische Feldstärke h konstant ist: $h = i/2\pi r$. Bewegen wir uns von 1 nach 2 ein Stück l_{12} entlang der äußeren Feldlinie, erhalten wir folglich:

$$v_{12} = h_2 l_{12} = \frac{i}{2\pi r_2} \alpha r_2 = i \frac{\alpha}{2\pi}. \qquad (2.3\text{-}39)$$

Vergleichen wir damit z.B. einen geraden Ladungsbelag, so bilden dessen elektrostatischen Äquipotentialflächen geschlossene konzentrische Zylinder, die elektrische Feldstärke bildet (mathematische) Strahlen in Ebenen, die am Leiter beginnen (bzw. enden). Bei einem geraden stromdurchflossenen Leiter ist dies genau umgekehrt: die magnetischen Feldstärkelinien sind geschlossen, die Äquipotentialflächen sind (Halb-)Ebenen, die am Leiter beginnen. Bei anderen Geometrien verhält sich dies analog.

Der bei der Analyse magnetischer Felder und Wellen vielfach nützliche abstrakte Begriff des *magnetischen Vektorpotentials* soll hier nicht weiter verfolgt werden, da er für die beschriebenen Anwendungsfälle nicht zwingend benötigt wird.

2.3.9 Permeabilität μ und magnetische Polarisation p_m

Magnetische Flußdichte $\boldsymbol{b}$ und magnetische Feldstärke $\boldsymbol{h}$ existieren wie $\boldsymbol{d}/\boldsymbol{e}$ beim elektrostatischen Feld in Form eines Wirkungs/Ursachepaares gleichzeitig im Raum an jeder Stelle - im Vakuum, als auch im Medium - und zeigen für magnetisch isotrope Medien in die gleiche Richtung. Im Freiraum ist ihr Betragsverhältnis durch die ***magnetische Feldkonstante*** μ_0 oder ***Induktionskonstante*** (veraltet) des Freiraums

$$\mu_0 := 4\pi \cdot 10^{-7} \frac{\text{Vs}}{\text{Am}} = 1{,}256\,637 \ldots \cdot 10^{-6} \frac{\text{Vs}}{\text{Am}} = \frac{b_0}{h_0} = \frac{1}{\varepsilon_0 c_0^2}. \qquad (2.3\text{-}40)$$

bestimmt. Die einheitenlose ***relative Permeabilität*** oder ***Permeabilitätszahl*** μ_r eines Materials gibt den Faktor an, um den ein Flußdichtefeld $\boldsymbol{b}$ in der Materie gegenüber dem Freiraum *verstärkt* wird. Vergleiche im Gegensatz dazu: beim COULOMBfeld bewirkt die Polarisierung eine *Schwächung* des elektrischen Felds. Die Verstärkung beim Magnetismus erkennen wir bereits in Abb. 2.3-3 rechts, wenn wir zur Bildung des von der LORENTZkraft des Stroms i_1 ausgerichteten kleinen Kreisstroms die Rechte-Hand-Regel zur Feststellung der Richtung des nun von diesem Kreisstrom verursachten Magnetfelds anwenden. Aus diesem Grund steht μ auch im Zähler der Kraftformel. Damit folgt für die ***Permeabilität*** μ, wie sie zuvor schon aus der LORENTZkraft definiert wurde:

$$\mu = \mu_0 \mu_r = \frac{1}{\varepsilon c^2} \qquad \text{mit} \qquad \boldsymbol{b} = \mu_0 \mu_r \boldsymbol{h} \qquad (2.3\text{-}41)$$

mit der gleichen Einheit. Diese geben wir wieder aus der Sicht des Wirkungs/Ursacheverhältnisses an:

$$[\mu] = \frac{\text{Wb}/\text{m}^2}{\text{A}/\text{m}} \quad (= \frac{\text{Vs}}{\text{Am}} = \frac{\text{H (enry)}}{\text{m}}). \qquad (2.3\text{-}42)$$

Betrachten wir nun in Abb. 2.3-9 ein gut magnetisierbares Medium, das von einem Magnetfeld durchdrungen wird. Einen das äußere Magnetfeld verursachenden stromdurchflossenen Leiter können wir uns hinter dem Medium mit nach links oder vor dem Medium mit nach rechts fließendem Strom vorstellen. Diese beiden Ströme können auch ein und derselbe sein, nämlich eine oder mehrere Windungen einer Spule um einen Eisenkern.

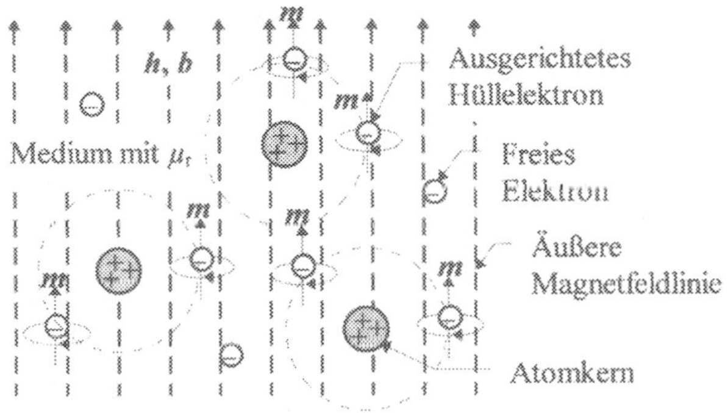

Abb. 2.3-9: Ausrichtung des Spins von Hüllelektronen infolge eines äußeren Magnetfelds.

$\mu_r \to \mu_0\mu_r$ ist ein Maß für die Ausrichtbarkeit der Spinachsen der Hüllelektronen. Im Beispiel sind alle ausgerichtet, was in der Praxis nur bei hochpermeablen (ferromagnetischen mit $\mu_r = 10 \ldots > 100\,000$) Stoffen und hinreichend starker äußerer magnetischer Feldstärke der Fall ist. Wie bei der Elektrostatik können wir durch eine subtraktive bzw. additive Zerlegung eine ***magnetische Polarisation*** $\boldsymbol{p}_\mathrm{m}$ und die ***magnetische Suszeptibilität*** χ_m definieren:

$$\chi_\mathrm{m} := \mu_r - 1.$$

$$\boldsymbol{p}_\mathrm{m} := \boldsymbol{b} - \boldsymbol{b}_0 = \boldsymbol{b} - \mu_0\boldsymbol{h} = (\mu_r - 1)\mu_0\boldsymbol{h} = \chi_\mathrm{m}\mu_0\boldsymbol{h} \qquad \text{bzw.}$$

$$\boldsymbol{b} = \boldsymbol{b}_0 + \boldsymbol{p}_\mathrm{m} = \mu_0\boldsymbol{h} + \boldsymbol{p}_\mathrm{m} = (1 + \chi_\mathrm{m})\mu_0\boldsymbol{h} = \mu_r\mu_0\boldsymbol{h}. \qquad (2.3\text{-}43)$$

Der Zusammenhang mit dem magnetischen Moment $\boldsymbol{m}$ und dem magnetischen Dipolmoment $\boldsymbol{j}$ läßt sich bei bekannter Dipolvolumendichte n analog zu den elektrostatischen Feldgrößen in Abschnitt 2.1.7 herleiten:

$$\boldsymbol{p}_\mathrm{m} = \mu_0 n\boldsymbol{m} = \mu_0\frac{\mathrm{d}\boldsymbol{m}}{\mathrm{d}V} = \frac{\mathrm{d}\boldsymbol{j}}{\mathrm{d}V}; \qquad \boldsymbol{j} = \int \boldsymbol{p}_\mathrm{m}\mathrm{d}V. \qquad (2.3\text{-}44)$$

Daß hier im Vergleich zu Gl. 2.1-41 μ_0 auftritt, liegt an der Definition aller Polarisationen, die ihrem Wesen nach Flußdichten repräsentieren, das elektrische Dipolmoment flußorientiert ein Flußlängenprodukt, das magnetische Moment jedoch feldstärkeorientiert ein Stromflächenprodukt darstellt. Bilden wir $\boldsymbol{p}_\mathrm{m}/\mu_0$, erhalten wir die ***Magnetisierung*** als Pendant zur *Elektrisierung* $\boldsymbol{P}_\mathrm{e}/\varepsilon_0$. Auf die mannigfaltigen magnetischen Polarisationsausprägungen im atomaren Bereich soll hier im Gegensatz zur Elektrostatik nicht weiter eingegangen werden, da sie für elektromagnetische Wellen nicht die Bedeutung wie die elektrostatischen Polarisationen haben.

Betrachten wir das Heranführen eines linear magnetisierbaren (weichmagnetischen) Materials homogen um einen mit I = const. $\Rightarrow$ $\boldsymbol{H}$ = const. stromdurchflossenen Leiter.

Ist $\boldsymbol{B}_0$ das Flußdichtefeld in dem Materiegebiet, bevor die Materie dort war, so ist $\boldsymbol{P}_m = \mu_0(\mu_r - 1)\boldsymbol{H}$ der durch die ausgerichteten Hüllelektronen hinzukommende Anteil.

Vergleiche dazu in der Elektrostatik: die Forderung nach U = const. $\Rightarrow$ $\boldsymbol{E}$ = const. beim Hereinschieben des Dielektrikums zwischen die Kondensatorplatten hatte zur Folge, daß zur Neutralisierung der Gegenpolarisierung durch die deformierten Atomhüllen von außen mehr Ladungen beigezogen wurden ($q\uparrow$, also $q \neq$ const.), damit wuchs das $\boldsymbol{d}$-Feld, d.h. gegenüber dem Freiraumfall kam von der Ladungszunahme $\boldsymbol{p}_e \leftrightarrow \boldsymbol{p}_m$ hinzu.

Prinzipiell können wir auch hier zwischen *magnetischer Verschiebungspolarisation* und *magnetischer Orientierungspolarisation* unterscheiden. Im ersten Fall besteht eine lineare Beziehung zwischen verursachendem $\boldsymbol{h}$-Feld und sich einstellendem $\boldsymbol{b}$-Feld, gültig für para-, dia- und weichferromagnetische Stoffe. Im Fall, der magnetischen Orientierungspolarisation, erfolgt eine irreversible Drehung der Spinachsen, was ebenfalls in einer Energieaufnahme und Trägheit resultiert, die nicht mehr an das erzeugende Feld zurückgegeben wird. Dazu gehören *hartmagnetische* Stoffe oder einfach *Dauermagnete*, bei denen sich die Spinachsen in WEIßschen Bezirken einheitlich ausrichten.

Bei letzteren ist μ nur sinnvoll durch eine Hysteresekurve beschreibbar, außerdem unterscheiden sich i.allg. die Richtungen von $\boldsymbol{H}$- und $\boldsymbol{B}$-Feld, weshalb μ als Tensor dargestellt werden muß (Anisotropie). Hinzu kommt bei allen ferromagnetischen Stoffen, daß sie als Metalle auch eine gute elektrische Leitfähigkeit κ aufweisen, was bei Wechselwirkung mit elektromagnetischen Wellen in Wirbelströme mit zugehörigen OHMschen Verlusten führt - zusätzlich zu Ummagnetisierungsverlusten durch Umpolarisierung, die proportional zur Frequenz und zur Hysteresefläche sind.

Gyromagnetische Stoffe, speziell Ferrite (Eisenoxyde Fe_2O_3 + Beimengungen anderer Metalloxyde) verhalten sich bzgl. der Leitfähigkeit fast wie Isolatoren, lassen sich aber bei weitem nicht so gut magnetisieren wie Ferromagnete.

2.3.10 Durchflutungsgesetz

Bewegen wir uns auf einem geschlossenen Umlauf, der, wie links oben in Abb. 2.3-8 dargestellt, den Leiter nicht mit einschließt, muß die ***magnetische Umlaufspannung*** $\overset{\circ}{v}$, die durch das folgende Integral beschrieben wird, verschwinden:

$$\overset{\circ}{v} := \oint\limits_{\substack{i \text{ nicht im} \\ \text{Umlauf}}} \boldsymbol{h} \cdot \mathrm{d}\boldsymbol{l} = 0. \tag{2.3-45}$$

Für dieses Beispiel ist das leicht nachweisbar:

$$\overset{\circ}{v} = \frac{i}{2\pi r_2}\alpha r_2 - \frac{i}{2\pi r_1}\alpha r_1 = 0. \tag{2.3-46}$$

Schließt der Umlauf den Strom i ein, und besteht der Stromleiter noch aus mehreren Lagen N (Spule), so ist der Strom auch Nmal gewichtet zu zählen. Wir definieren in diesem Zusammenhang die (***elektrische***) ***Durchflutung*** Θ:

$$\Theta := \overset{\circ}{v} = Ni = \oint\limits_{Ni \text{ in Umlauf}} \boldsymbol{h} \cdot \mathrm{d}\boldsymbol{l}; \qquad [\Theta] = \text{A, oft: Ampèrewindungen.} \tag{2.3-47}$$

Ein anderer gebräuchlicher Name ist ***magnetische Quellspannung***. Die vorstehende Formel ist noch universeller, als die von einem beliebigen geschlossenen Umlauf eingeschlossenen beliebig großen und beliebig gerichteten Ströme beliebiger Leitergeometrie bei beliebiger inhomogener Verteilung der Permeabilität $\mu(x,y,z)$ vorzeichenrichtig addiert die Durchflutung ergeben, wie Abb. 2.3-10 beispielhaft illustriert:

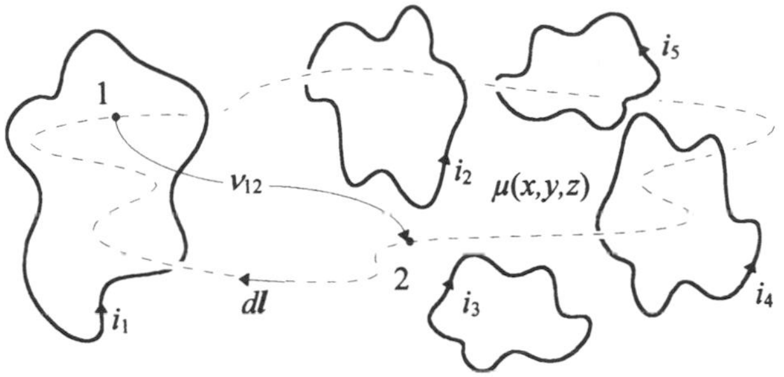

Abb. 2.3-10: Zur Veranschaulichung des Durchflutungsgesetzes.

$$\Theta = \sum_i \pm i_i = -i_1 - i_2 + i_4 - i_5. \qquad (2.3\text{-}48)$$

Diese Gleichungen stellen in Analogie zum elektrischen Stromkreis die *KIRCHHOFFsche Maschenregel des magnetischen Kreises* dar. Die Richtungszuordnung für positives Vorzeichen erfolgt wieder mit einer Rechte-Hand-Regel: Daumen der rechten Hand in Umlaufrichtung ⇒ gekrümmte Finger zeigen in Stromrichtung - und - Daumen der rechten Hand in Stromrichtung ⇒ gekrümmte Finger zeigen in Umlaufrichtung.

Nehmen wir wieder unseren geraden Leiter in Abb. 2.3-8 als Beispiel. Er wird von $h = i/2\pi r$ umgeben ⇒ integriere entlang eines konzentrischen Kreises:

$$\Theta = \oint_{\substack{\text{konzentrischer}\\ \text{Kreis um } i}} \boldsymbol{h} \cdot \mathrm{d}\boldsymbol{l} = \frac{i}{2\pi r} 2\pi r = i. \qquad (2.3\text{-}49)$$

Über das obige Beispiel hinaus kann beim Umlauf um den Leiter beliebig auf Äquipotentialflächen zwischen den Kreisen hin- und hergesprungen werden; bei einem größeren Kreis wird die Feldschwächung durch den längeren Weg kompensiert. Dies läßt sich beliebig fein unterteilen und ermöglicht so einen beliebigen, genau einmal geschlossenen Weg um den geraden Leiter, um $\Theta = i$ zu erhalten.

Daß das Durchflutungsintegral für einen Umlauf um Leiter nicht verschwindet, hat aber auch zur Folge, daß zwei Integrationswege zwischen zwei Punkten, die auf verschiedenen Leiterseiten entlanggeführt werden, nicht die gleiche magnetische Spannung liefern. Dies im Unterschied zum COULOMBfeld mit zwei unterschiedlichen Wegen um eine Punkt-, Linien- oder sonstige beliebige -Ladungsanordnung. Dazu gehört auch, daß die auf den entspr. Abb. 2.3-11 verschiedenen Wegen verrichtete Arbeit unterschiedlich ist - das Magnetfeld eines stromdurchflossenen Leiters ist kein konservatives Kraftfeld. Hier gilt:

$$v_1 = \int_{\text{Weg 1}} \boldsymbol{h} \cdot \mathrm{d}\boldsymbol{l} \neq v_2 = \int_{\text{Weg 2}} \boldsymbol{h} \cdot \mathrm{d}\boldsymbol{l} = v_1 - i. \qquad (2.3\text{-}50)$$

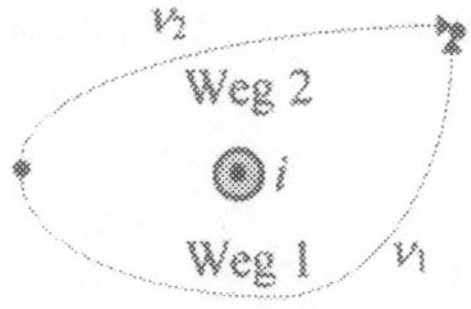

Abb. 2.3-11:
Unterschiedliche magnetische Spannungen bei verschiedenen Leiterumläufen.

Im strengen mathematischen Sinne ist hierfür das magnetische Potential keine sinnvoll definierte Größe. Bei Mehrfachumläufen um einen Leiter wird Arbeit verrichtet, da dessen Stromstärkewert bzw. die Durchflutung mit der Anzahl der Umläufe berücksichtigt werden muß, was dazu führt, daß das Potential nicht eindeutig ist. Andererseits ist die Eindeutigkeit beim elektrostatischen Feld ebenfalls nicht gegeben, da der Nullpunkt grundsätzlich beliebig vorgegeben werden kann.

In beiden Fällen kann natürlich die Feldstärke aus dem Gradienten einer skalaren Funktion gebildet werden, die aber nur beim COULOMBfeld das Potential repräsentiert. Führen wir in das magnetische Ersatzschaltbild ersatzweise eine konzentrierte magnetische Quellspannung ein, lassen sich hierüber magnetische Spannungen als Potentialdifferenzen in diesem Ersatzschaltbild angeben. Die Methode wird beim Induktionsgesetz, wo das Problem in vergleichbarer Weise bei induzierten elektrischen Feldern auftritt, dargestellt.

Insbesondere kann nun eine Verknüpfung zwischen den durch obige Definitionsgleichung für die Durchflutung Θ beschriebenen Leiterfeldgrößen und den hervorgerufenen Raumfeldgrößen nach Gl. 2.2-35 angegeben werden - das eigentliche *Durchflutungsgesetz* - wie es die 1. MAXWELLgleichung in der Integralform beschreibt:

$$\Theta = \underset{\substack{\text{Beliebiger} \\ \text{Umlauf um } \Theta}}{\oint \boldsymbol{h} \cdot \mathrm{d}\boldsymbol{l}} = \underset{\substack{\text{Fläche des} \\ \text{Umlaufs}}}{\iint} \left(\boldsymbol{s} + \frac{\partial \boldsymbol{d}}{\partial t} \right) \cdot \mathrm{d}\boldsymbol{A} \qquad (2.3\text{-}51)$$

Der exakte Beweis der o.a. Allgemeingültigkeit ist der aufwendigste aller MAXWELLgleichungen. Man kann die BIOT-SAVARTsche Formel in das linke Ringintegral einsetzen, wodurch ein Doppelringintegral entsteht, von dem man nachweisen kann, daß sein Wert weder von der Geometrie des Umlaufs noch von der Geometrie des Leiters abhängt, sofern er diesen einschließt. Daher kann man sich Leitergeometrie und Umlaufgeometrie maximal einfach vorgeben - Gerade und konzentrischer Kreis darum. Hierfür wurde das Durchflutungsgesetz oben nachgewiesen.

Die Gültigkeit für magnetisch inhomogene Materialien $\mu(x,y,z)$ kann durch Einführung einer auf der magnetischen Polarisation $\boldsymbol{p}_m$ basierenden zusätzlichen Magnetisierungsstromdichte nachgewiesen werden. Auf diese Weise kann soz. als vierte Stromkomponente auch ein aus der zeitlichen Änderung der elektrostatischen Polarisierung $\boldsymbol{p}_e$ resultierender Stromanteil separat berücksichtigt werden.

Das Durchflutungsgesetz bildet daher neben dem später besprochenen Induktionsgesetz das Fundament zur Beschreibung elektromagnetischer Wellen. Ohne den Anteil des Verschiebungsstroms heißt diese Gleichung auch AMPÈREsches Gesetz, da sie von AMPÈRE erstmals angegeben wurde. Die Erweiterung um den Verschiebungsstrom stammt, wie schon oben dargelegt, von MAXWELL (1860). Zur universellen Gültigkeit des Gesetzes finden wir noch weitere Anmerkungen in Abschnitt 3.1.1, wo auch die zur

Berechnung elektromagnetischer Wellen wichtigere differentielle Form des Durchflutungsgesetzes vorgestellt wird.

Auch ein Permanentmagnet erzeugt eine Durchflutung, nur daß hiermit kein expliziter Strom I assoziiert werden kann. Daher muß für eine Feldanalyse die rechte Seite des Durchflutungsgesetzes verschwinden und der Beitrag im H-Feld berücksichtigt werden.

2.3.11 Brechungsgesetze an Grenzflächen der Permeabilität

Dieser Abschnitt korrespondiert so eng mit Abschnitten 2.1.8 und 2.2.3 über die Brechungsgesetze beim Durchgang von elektrischen Feldern durch ein Dielektrikum bzw. ein leitfähiges Medium, so daß keinerlei Verständnisschwierigkeit besteht, wenn dargelegt wird, daß die Ergebnisse übernommen werden können, wenn wir in diesen ganzen Abschnitten die elektrische Flußdichte $\boldsymbol{d}$ bzw. Stromdichte $\boldsymbol{s}$ durch die magnetische Flußdichte $\boldsymbol{b}$ und die Permittivität ε bzw. die spezifische Leitfähigkeit κ durch die Permeabilität μ ersetzen. Als Ergebnisse erhalten wir für Magnetika:

$$h_{t1} = h_{t2} \qquad b_{n1} = b_{n2} \qquad \frac{\tan\theta_1}{\tan\theta_2} = \frac{\mu_1}{\mu_2}. \tag{2.3-52}$$

Diese Brechungsgesetze gelten wieder für den Fall, daß die Feldlinien von irgendwoher kommen und hinter der Trennfläche nach irgendwohin weiterlaufen. Infolge des in Abschn. 3.3.12 besprochenen Skineffekts können bei raschen zeitlichen Änderungen der Felder tangential zur Trennfläche gerichtete Oberflächenströme der *Oberflächenstromdichte* $s_\square$ (Einheit A/m) fließen, die dort ein zusätzliches Magnetfeld hervorrufen. Dieses muß dann in Analogie zur Erzeugung elektrischer Verschiebungsfeldlinien aufgrund von Ladungsbedeckungen σ in der Grenzfläche von Stoffen unterschiedlicher Permittivität oder/und Leitfähigkeit berücksichtigt werden, und führt zu:

$$h_{t2} - h_{t1} = s_\square. \tag{2.3-53}$$

2.3.12 Magnetischer Leitwert Λ und magnetischer Widerstand R_m

Der ***magnetische Leitwert*** Λ ist in gewisser Analogie zum Kondensator und OHMschen Leitwert das Bauelement des magnetischen Feldes und wird durch Geometrie und Material bestimmt. Induktionseffekte, die weiter unten besprochen werden, machen es jedoch sinnvoll, bei mehrlagigen Stromwindungen die dort ebenfalls besprochene leitwertproportionale Spule als das eigentliche Bauelement des Magnetismus anzusehen.

Seine Inversion ist der ***magnetische Widerstand*** R_m. Entsprechend der Definition eines Bauelements als allgemeines Wirkungs/Ursachenverhältnis ist ein magnetischer Leitwert dann groß, wenn wenig Stromstärke i einen großen Fluß ϕ hervorruft, d.h. viele flußunterstützende magnetischen Elementardipole ausrichtet. Der Strom muß bei einer N-lagigen Spule N-fach gezählt werden, so daß für den allgemeinen Fall i durch Θ zu ersetzen ist, bzw. bei einer Reihenschaltung magnetischer Widerstände der effektiv von Θ wirksame Anteil der magnetischen Spannung v:

$$\Lambda := \frac{\phi}{v};$$ 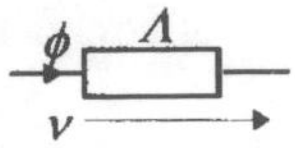 $$[\Lambda] = \mathrm{H(enry)} = \frac{\mathrm{Vs}}{\mathrm{A}}. \qquad (2.3\text{-}54)$$

Für den magnetischen Widerstand R_m ergibt sich durch Inversion:

$$R_m := \frac{v}{\phi}; \qquad [R_m] = \frac{\mathrm{A}}{\mathrm{Vs}}. \qquad (2.3\text{-}55)$$

Die beiden vorstehenden Gleichungen stellen das OHMsche Gesetz des Magnetismus dar.

Ein einfacher magnetischer Leitwert stellt entspr. Abb. 2.3-12 links ein ringförmiger Spulenkern mit hinreichend hoher Permeabilität μ dar. Für ihn kann der Leitwert Λ in guter Näherung angegeben werden:

$$\Lambda \approx \frac{bA}{h\mathring{l}} = \frac{\mu hA}{h\mathring{l}} = \mu\frac{A}{\mathring{l}}. \qquad (2.3\text{-}56)$$

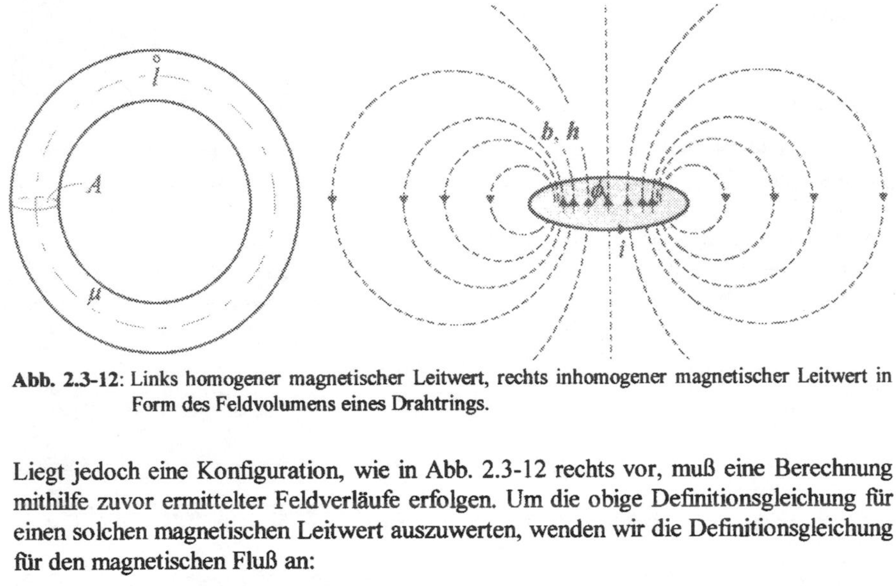

Abb. 2.3-12: Links homogener magnetischer Leitwert, rechts inhomogener magnetischer Leitwert in Form des Feldvolumens eines Drahtrings.

Liegt jedoch eine Konfiguration, wie in Abb. 2.3-12 rechts vor, muß eine Berechnung mithilfe zuvor ermittelter Feldverläufe erfolgen. Um die obige Definitionsgleichung für einen solchen magnetischen Leitwert auszuwerten, wenden wir die Definitionsgleichung für den magnetischen Fluß an:

$$\Lambda = \frac{\displaystyle\iint\limits_{\substack{\text{Verkettete}\\ \text{Fläche}}} \boldsymbol{b}\cdot \mathrm{d}\boldsymbol{A}}{Ni}. \qquad (2.3\text{-}57)$$

Besorgen wir uns die Abhängigkeit $\boldsymbol{h}(Ni)$, bilden $\boldsymbol{b} = \mu\boldsymbol{h}(Ni)$, werten das obere Integral über einer beliebigen, aber möglichst einfachen Fläche $\boldsymbol{A}$ aus (z.B. die Ebene im Leiterring) und kürzen Ni weg, so erhalten wir den magnetischen Leitwert Λ. Auf diese Weise lassen sich z.B. Paralleldrahtleitungen und Koaxialleiter berechnen.

Möchten wir den magnetischen Gesamtleitwert oder Gesamtwiderstand einer Zusammenschaltung von Einzelobjekten kennen, können wir die Formeln der Kapaziät bzw. des elektrischen Leitwerts unmittelbar übernehmen. In der Argumentation ist der elektrische Fluß bzw. der elektrische Strom durch den magnetischen Fluß zu ersetzen, Spannung bleibt Spannung.

2.4 FARADAYscher Magnetismus

Im Gegensatz zum im vorigen Abschnitt besprochenen AMPÈREschen Magnetismus wird hier beim FARADAYschen Magnetismus die Rückwirkung magnetischer Felder auf Leiter und Magnete, die *Induktion*, betrachtet (MICHAEL FARADAY, 1831). Nicht alle der folgenden Rechnungen setzen zwingend Induktionsvorgänge voraus, jedoch ist ihre Betrachtungsweise und Anschaulichkeit dann deutlich einfacher.

Man unterscheide den hier benutzen Begriff der *Induktion* in dem o.a. Sinn als einen physikalischen Vorgang von dem Alternativnamen des Flußdichtefelds ***b***. Aufgrund der leichten Verwechselbarkeit und auch des engen physikalischen Zusammenhangs soll für ***b*** nach DIN 1324 nur noch der Flußdichtebegriff verwendet werden: ein Vorgang - *Induktion* - wird verursacht von einem veränderlichen Feld - *Induktion*, meßbar in T - und verursacht seinerseits bei geschlossenem Stromkreis ein Feld - *Induktion*.

2.4.1 Bewegungsinduktion

Induktion bedeutet die Spannungserzeugung und damit die Erzeugung elektrischer Felder aus Magnetfeldern. Sie ist grundsätzlich nur möglich, wenn mindestens eines der beteiligten Objekte bewegt wird oder/und sich zeitlich ändert. Ruhende Magnetfelder können auf ruhende Ladungen keine Spannungen induzieren. Sie können entspr. den vorangegangenen Darlegungen auf bewegte Ladungen Kräfte ausüben, die Ursache der Ladungsbewegungen sind dann jedoch fremde Spannungsquellen ⇒ AMPÈREscher Magnetismus.

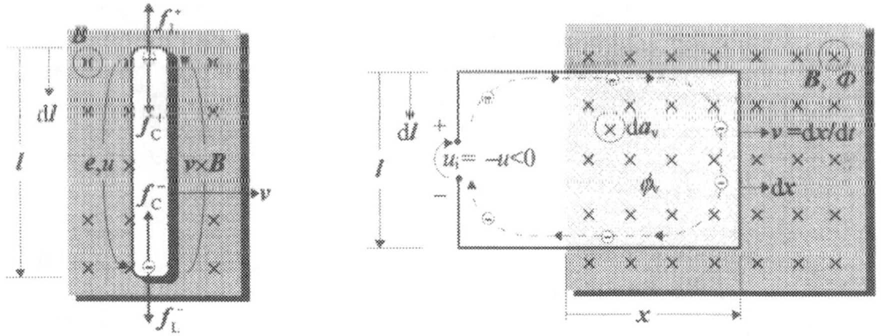

Abb. 2.4-1: Wechselwirkung zwischen COULOMB- und LORENTZkraft beim Induktionsvorgang.

Ist bei einem Induktionsvorgang der Leiter geschlossen, fließt ein Strom, der seinerseits gemäß dem AMPÈREschen Magnetismus wieder ein Magnetfeld hervorruft. Entsprechend dem Grundversuch in Abb. 2.4-1 ist die Bewegungsinduktion eine Wechselwirkung zwischen einer Bewegung eines Leiters in einem Magnetfeld, dessen Ladungen durch die LORENTZkraft getrennt werden, damit ein COULOMBfeld aufbauen, welches wiederum versucht sie zu vereinigen. Ein stationärer Zustand stellt sich jederzeit ein, wobei sich COULOMB- und LORENTZkräfte die Waage halten.

Auf der linken Seite wird ein metallischer Stab mit der Geschwindigkeit $\boldsymbol{v}$ durch ein Magnetfeld der (konstanten) Flußdichte $\boldsymbol{B}$ nach rechts bewegt. Die LORENTZkraft $\boldsymbol{f}_{\mathrm{L}}^{-}$

treibt die freien Elektronen nach unten, womit die obere Zone an Elektronen verarmt und die positiv ionisierten Atomrümpfe in gleicher Menge dort zurückbleiben. Die dabei zwischen den getrennten Elektronen und positiven Ionen induzierte COULOMBkraft f_C versucht diese wieder zu vereinigen, was auch stattfindet, wenn entweder der Stab im Feld stehenbleibt ($\boldsymbol{v} = 0 \Rightarrow f_L = 0$) oder der Stab das Feld verläßt ($\boldsymbol{B} = 0 \Rightarrow f_L = 0$).
Die Gleichgewichts-Kräftebilanz lautet mit Gl. 2.3-18 an einem Ladungsträger q:

$$f_C + f_L = 0 = q(\boldsymbol{e} + \boldsymbol{v} \times \boldsymbol{B}). \tag{2.4-1}$$

Daraus folgt die ***(elektrische) Feldstärke e*** zu

$$\boldsymbol{e} = -\boldsymbol{v} \times \boldsymbol{B}. \tag{2.4-2}$$

Die zugehörige ***Spannung*** u in Form einer ***Bewegungsspannung*** ergibt sich aus Gl. 2.1-7 zu:

$$u = \int_{\substack{\text{Leiter-}\\\text{länge}}} \boldsymbol{e} \cdot \mathrm{d}\boldsymbol{l} = -\int_{\substack{\text{Leiter-}\\\text{länge}}} (\boldsymbol{v} \times \boldsymbol{B}) \cdot \mathrm{d}\boldsymbol{l} = -\int_{\substack{\text{Leiter-}\\\text{länge}}} (\mathrm{d}\boldsymbol{l} \times \boldsymbol{v}) \cdot \boldsymbol{B} = -\int_{\substack{\text{Leiter-}\\\text{länge}}} \mathrm{d}(\boldsymbol{l} \times \boldsymbol{v}) \cdot \boldsymbol{B}. \tag{2.4-3}$$

Dabei wurde rechts das Spatproduktvertauschungsgesetz angewendet und weiterhin die Geschwindigkeit $\boldsymbol{v}$ in die Integrationsvariable $\boldsymbol{l}$ hineingezogen, was erlaubt ist, da beide unabhängig voneinander sind. Ist, wie in der Abbildung, das Feld homogen, und stehen alle Größen senkrecht auseinander, reduziert sich die Formel zu:

$$u = Blv. \tag{2.4-4}$$

Führen wir entspr. der rechten Darstellung die Leiterenden nach links aus dem Magnetfeld heraus, schieben sich die Elektronen aufgrund ihrer gegenseitigen Abstoßung an die untere Klemme, an der oberen bleiben die Ionen übrig. Die Klemmen wirken über die Luftstrecke als Kondensator, über die sich die Ladungen nun anziehen. Sie wirken hier wie eine Spannungsquelle. Gemäß der Rechte-Hand-Regel definieren wir die ***induzierte (Quell-)Spannung*** u_i:

$$u_i = -u = \int_{+}^{-} (\boldsymbol{v} \times \boldsymbol{B}) \cdot \mathrm{d}\boldsymbol{l} = \int_{+}^{-} \mathrm{d}(\boldsymbol{l} \times \boldsymbol{v}) \cdot \boldsymbol{B} = \int_{+}^{-} \mathrm{d}\frac{\boldsymbol{l} \times \mathrm{d}\boldsymbol{x}}{\mathrm{d}t} \cdot \boldsymbol{B}. \tag{2.4-5}$$

Wir können setzen: $-\mathrm{d}\boldsymbol{a}_\mathrm{v} = \boldsymbol{l} \times \mathrm{d}\boldsymbol{x}$, wobei $\boldsymbol{a}_\mathrm{v}$ die hellgrau schattierte verkettete Fläche darstellt: effektiv wirksam ist die LORENTZkraft nur auf der rechten Länge l. Zur Ermittlung des Vorzeichens verwende man wieder die Rechte-Hand-Regel. Ist $\int \mathrm{d}t$ die Zeit seit Eintritt der Windung in das Feld, ist $\boldsymbol{x} = \int \mathrm{d}\boldsymbol{x}$ das zugehörige Wegstück. Wir erhalten:

$$u_i = -\int_{\substack{\text{Verkettete}\\\text{Fläche}}} \boldsymbol{B} \cdot \mathrm{d}(\frac{\mathrm{d}\boldsymbol{a}_\mathrm{v}}{\mathrm{d}t}) = -\int_{\substack{\text{Verkettete}\\\text{Fläche}}} \mathrm{d}(\frac{\boldsymbol{B} \cdot \mathrm{d}\boldsymbol{a}_\mathrm{v}}{\mathrm{d}t}) = -\frac{\boldsymbol{B} \cdot \mathrm{d}\boldsymbol{a}_\mathrm{v}}{\mathrm{d}t} = -\frac{\mathrm{d}\phi_\mathrm{v}}{\mathrm{d}t}. \tag{2.4-6}$$

Das Miteinbeziehen von $\boldsymbol{B}$ in die Integrationsvariable ist erlaubt, da es ja ohnehin (zeitlich) konstant ist. Für den Fall, daß $\boldsymbol{B}$ homogen ist, hätten wir es schon früher vor das Integral ziehen können. Ist $\boldsymbol{B}$ aber inhomogen, muß die Formel immer noch gelten und wir müssen es für diesen Fall im Integral belassen.

Schließen wir die Drahtschleife an den Enden kurz, können sich die Elektronen im Außenkreis mit den ionisierten Atomrümpfen wiedervereinigen, da sie hier nicht unter dem Einfluß des trennenden Feldes stehen, und es entsteht ein Kreisstrom i, wie in Abb. 2.4-2 dargestellt. Dies führt zu der in Abschnitt 2.4.3 beschriebenen Gegeninduktion. Führen wir, wie rechts dargestellt, eine Ersatzspannungsquelle ein, die denselben Strom erzeugen würde, hätte sie vorzeichenrichtig den Wert $\overset{\circ}{u}_i$ (Erzeugerzählpfeilsystem), während u den dazugehörig korrekten Spannungsabfall nach dem Verbraucherzählpfeilsystem beschreibt. Durch Einführen der Ersatzspannungsquelle lassen sich die KIRCHHOFFschen Maschengleichungen wieder anwenden. $\overset{\circ}{u}_i$ können wir folglich über das Ringintegral berechnen:

$$\overset{\circ}{u}_i = \oint_{\text{Leiter}} (\boldsymbol{v} \times \boldsymbol{B}) \cdot \mathrm{d}\boldsymbol{l}. \qquad (2.4\text{-}7)$$

Man beachte die Zuordnung zu den Vektorrichtungen der Abb. 2.4-2. Sind alle Vektoren physikalisch so gerichtet wie die Zählpfeile, ist $\overset{\circ}{u}_i$ eine positive Quellspannung.

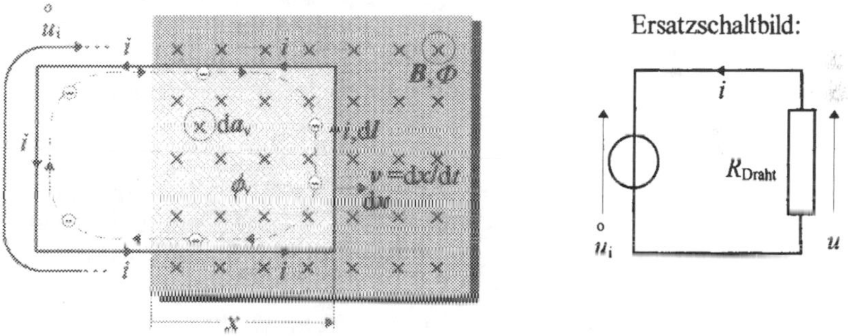

Abb. 2.4-2: Induzierter Stromfluß durch Bewegungsspannung.

Im Beispiel wurde die Spannung durch eine translatorische Bewegung induziert. Noch wichtiger sind rotatorische Bewegungen. Drehen wir die Leiterschleife mechanisch im Magnetfeld, tritt an den Enden entsprechend der verketteten Flußänderung eine Wechselspannung auf. Dieser Vorgang bildet die Grundlage unserer Energietechnik beim Bau von *Generatoren*, indem die mechanische in elektromagnetische Energie umgewandelt wird.

Bewegen wir statt des Leiters das Magnetfeld, tritt der gleiche Effekt auf, d.h. die Relativbewegung ist von Bedeutung. Wenn das Magnetfeld rotiert, folgt ihm eine stromdurchflossene Leiterschleife oder ein Permanentmagnet, womit dann aufgrund des vorliegenden AMPÈREschen Magnetismus entspr. Abschnitt 2.3.5 ein *Motor* realisiert ist, der die elektrische Energie des Generators aufnimmt und sie in mechanische zurückwandelt.

Bewegt sich die Schleife vollständig im homogenen Magnetfeld, verschwindet die Spannung, da die verkettete Flußänderung Null ist. Auf die Elektronen der linken und rechten Kante wirken die gleichen Kräfte entgegengesetzt gerichtet. Ist das Feld inhomogen, sind diese Kräfte i.allg. unterschiedlich und es tritt wieder eine Spannung auf.

Eine Spannung tritt auch auf, wenn der Leiter im Feld deformiert wird, da hierbei ebenfalls eine Bewegung stattfindet und sich die verkettete Fläche ändert.

2.4.2 Transformatorische Induktion

Bei der Bewegungsinduktion waren ein von irgendwoher verursachtes Magnetfeld und ein relativ dazu bewegter Leiter notwendig, um am Leiter eine Kraftwirkung auf Elektronen hervorrufen zu können. Befindet sich die Schleife wie in Abb. 2.4-3 z.B. parallel neben einem gleichstromdurchflossenen Leiter und schieben wir sie mit der Geschwindigkeit v zum Leiter hin, wird eine Netto-Spannung induziert, da sich die äußere Kante entspr. der Formel $H = I/2\pi r$ immer in einer Zone schwächeren Magnetfelds befindet.

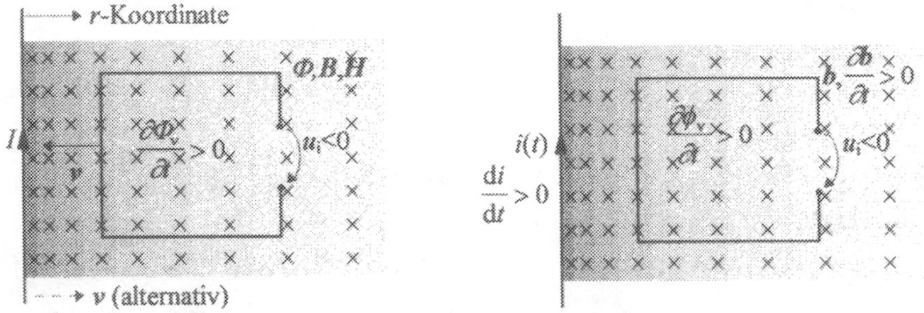

Abb. 2.4-3: Vergleich von Bewegungsinduktion (links) und äquivalenter transformatorischer Induktion (rechts).

Beim Hinschieben der Schleife werden Feldlinien geschnitten, was den gleichen Effekt hervorruft, wie wenn der stromdurchflossene Leiter in Richtung Schleife geschoben wird. Entsprechend $H = I/2\pi r$ ist das Magnetfeld in einem bestimmten Abstand r vom Leiter umgekehrt proportional zu r, und proportional zur Stromstärke I und damit zur Ladungsträgerdriftgeschwindigkeit v_D. Die Schleife ist jedoch nicht in der Lage, eine durch

$$\frac{\partial H}{\partial t} = \frac{\partial H}{\partial r}\frac{\mathrm{d}r}{\mathrm{d}t} = -\frac{I}{2\pi r^2}\frac{\mathrm{d}r}{\mathrm{d}t} = \frac{I}{2\pi r^2}v \tag{2.4-8}$$

beschriebene Relativbewegung zum stromdurchflossenen Leiter (links; $v = -\mathrm{d}r/\mathrm{d}t$) von einer stromänderungsverursachten

$$\frac{\partial h}{\partial t} = \frac{\partial h}{\partial i}\frac{\mathrm{d}i}{\mathrm{d}t} = \frac{1}{2\pi r}\frac{\mathrm{d}i}{\mathrm{d}t} = \frac{1}{2\pi r}\frac{\mathrm{d}^2 q}{\mathrm{d}t^2} \tag{2.4-9}$$

zu unterscheiden (rechts). Sie registriert nur die Änderung des Magnetfelds bzw. des dazugehörigen Flusses und kann nicht auflösen, ob die Ursache eine Variation in r war oder eine Ladungsträgerbeschleunigung, die ja die Stromänderung darstellt. Daraus müssen wir schließen, daß durch Stromänderungen die gleichen Effekte hervorrufbar sind, wie durch Relativbewegungen.

Für diese Betrachtung greift allerdings die LORENTZsche Kraftformel nicht unmittelbar. Mithilfe der Relativitätstheorie war der unmittelbare Nachweis geführt worden, daß (auch gleichförmig) bewegte Ladungen in einem an sich elektrisch neutralen Leiter auf bewegte Ladungen außerhalb des Leiters magnetische Kräfte ausüben. Aus der Ununterscheidbarkeit von Relativbewegung und zeitlicher Änderung lernen wir nun, daß beschleunigte Ladungen im Leiter auf ruhende Ladungen im Außenbereich mittelbar die gleichen Effekte hervorrufen. Es wird sozusagen ein d/dt von der Wirkung zur Ursache verschoben.

Um es daher nochmals klar zu unterscheiden:

- *ruhende* Ladungen führen ein radiales elektrisches wirbelfreies COULOMBfeld mit sich und bilden dessen Quelle.
- *gleichförmig bewegte* Ladungen (z.B. ein Gleichstrom) rufen ein um ihre Bahn rotierendes zeitkonstantes Magnetfeld hervor.
- *beschleunigte* Ladungen induzieren in ihrer Umgebung ein quellenfreies elektrisches Wirbelfeld.

Bei der Bewegungsinduktion haben wir erkannt, daß eine induzierte Spannung u_i dem Betrage nach gleich der zeitlichen Änderung des verketteten magnetischen Flusses ϕ_v infolge der Änderung der verketteten Fläche $\boldsymbol{a}_v$ ist. Nun wird diese Flußänderung stattdessen durch $\boldsymbol{B} \Rightarrow \boldsymbol{b}(t)$ beschrieben. Für diesen Fall modifizieren wir Gl. 2.4-6 wie folgt zur ***transformatorischen Spannung***:

$$u_\mathrm{i} = -\frac{\mathrm{d}\phi_\mathrm{v}}{\mathrm{d}t} = -\int\limits_{\substack{\text{Verkettete}\\ \text{Fläche}}} \frac{\partial \boldsymbol{b}}{\partial t}\cdot \mathrm{d}\boldsymbol{A}_\mathrm{v}\,. \tag{2.4-10}$$

Das Partielldifferentialzeichen benutzen wir, um zu unterscheiden, daß jetzt die Fläche ruht. Damit der gleiche Effekt wie bei der dargestellten Bewegung erzielt wird, muß das Induktionsfeld wachsen, d.h. der $\partial \boldsymbol{b}/\partial t$-Vektor in die gleiche Richtung wie der $\boldsymbol{b}$-Vektor zeigen. Das bedeutet, daß in beiden Fällen die Anzahl der Magnetfeldlinien pro Zeiteinheit zunimmt. Im Beispiel des stromdurchflossenen Leiters hat das Anwachsen des Stroms den gleichen Effekt wie das relative Heranführen von Schleife zu Leiter.

Nimmt das Magnetfeldfeld hingegen zeitlich ab, wird der gleiche Effekt erzielt, wie wenn die Schleife bei der Erzeugung der Bewegungsspannung nach rechts aus dem Feld herausgezogen wird. $\partial \boldsymbol{B}/\partial t$ bzw. $\partial \boldsymbol{b}/\partial t$ zeigen dann in Gegenrichtung von $\boldsymbol{B}$ bzw. $\boldsymbol{b}$. Speziell für den Fall ebener Leiterfläche und homogenem, die Fläche senkrecht durchsetzenden Feldes können wir die vorstehende Gleichung vereinfachen:

$$u_\mathrm{i} = -\frac{\mathrm{d}b}{\mathrm{d}t} A_\mathrm{v}. \tag{2.4-11}$$

Das Auftreten der transformatorischen Induktion ist über die vorangegangenen Betrachtungen hinaus aber von noch fundamentalerer Bedeutung, denn sie setzt die Notwendigkeit der Schleife als Testobjekt für das Auftreten des Induktionsvorgangs selbst nicht mehr voraus. Bei der Bewegungsinduktion müssen sowohl das fremde $\boldsymbol{B}$-Feld, als auch die Schleife vorhanden sein, um dem Begriff der Relativbewegung überhaupt einen Sinn zu geben. Bei der rein zeitlichen Änderung des $\boldsymbol{b}$-Feldes hingegen genügt dessen Existenz, d.h. wir können unabhängig von irgendeiner Schleife mit einem zeitveränderlichen Magnetfeld eine darum wirbelnde quellenfreie Spannung mit elektrischem Feld assoziieren.

Dies ist eine der fundamentalen Implikationen elektromagnetischer Wechselwirkungen, die den frühen Pionieren auf diesem Gebiet im vorigen Jahrhundert einiges Kopfzerbrechen bereitete. Sie begründet gemeinsam mit dem Durchflutungsgesetz - vor allem dem Verschiebungsstromanteil - die Existenz elektromagnetischer Wellen, da sich nun weitab von Ladungen elektrische und magnetische Felder gegenseitig hervorrufen können. Und *weitab* kann Milliarden von Lichtjahren entfernt entspr. Milliarden von Jahren später bedeuten, wenn die verursachenden Ladungsträger längst selbst zerstrahlt sind. Die diese Wellen durch Bewegungen verursachenden Ladungen haben danach keinen Einfluß mehr auf die einander umtanzenden Energiekringel.

2.4.3 Gegeninduktion, LENZsche Regel

Wir kommen nochmals auf die Bewegungsinduktion zurück. Ist der Leiter wie in Abb. 2.4-2 geschlossen, verursacht der fließende Strom seinerseits ein Magnetfeld, das immer der ursprünglichen Flußänderung entgegenwirkt. Diese Richtungszuordnung wird durch die LENZsche Regel beschrieben (H. F. E. LENZ, 1834). Der Vorgang selbst wird als *Gegeninduktion* bezeichnet. Das induzierte Magnetfeld wirkt auf die Spannungsquelle zurück, durchsetzt diese zumindest teilweise und ruft hier wiederum sekundäre Induktionsvorgänge hervor.

Hier tritt also AMPÈREscher Magnetismus als Reaktion auf den FARADAYschen Magnetismus auf. Dabei entstehen induzierte LORENTZkräfte $\boldsymbol{f}_{\mathrm{Li}}$, die immer der Ursache entgegenwirken. Die anschauliche Begründung liefert Abb. 2.4-4.

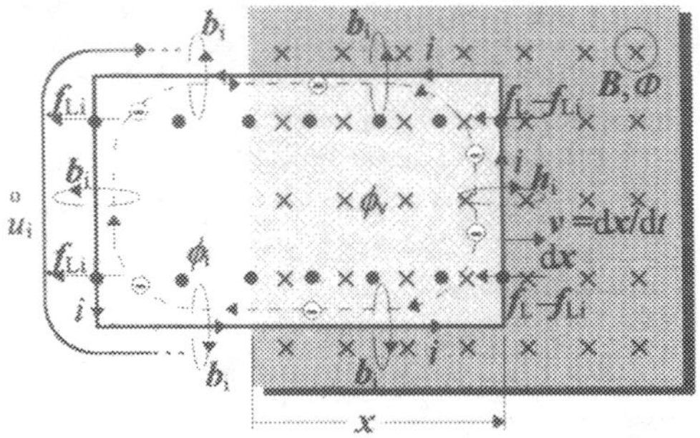

Abb. 2.4-4: LENZsche Regel.

Nach der Rechte-Hand-Regel baut der durch die Bewegung infolge der primären LORENTZkraft induzierte Strom i seinerseits Feldlinien $\boldsymbol{b}_{\mathrm{i}}$ auf, die die jeweilige gegenüberliegende Leiterseite so durchsetzen, daß die Windung sich auszudehnen versucht. Auf die nach oben fließenden Elektronen der linke Kante wirkt nur das induzierte Feld der gegenüberliegenden Kante, woraus sich die Kraftrichtung ergibt.

Auf die nach unten fließenden Elektronen der rechte Kante wirkt die entgegengesetzt gerichtete Überlagerung von Primär- und von der linken Kante induziertem Feld, wovon das Primärfeld größer ist und sich damit ebenfalls die Kraft in diese Richtung einstellt. Die LORENTZkraft auf diese Elektronen verringert sich, womit die induzierte Feldstärke, die Spannung und damit die Stromstärke sinken:

$$\boldsymbol{e} = -\boldsymbol{v} \times (\boldsymbol{B} + \boldsymbol{b}_{\mathrm{i}}). \tag{2.4-12}$$

Dies führt bei hinreichender Geschwindigkeit und Magnetfeldstärke zu massiven Rückstoßkräften, die zu Materialzerstörungen führen können. Bei dem Vorzeichen von $\boldsymbol{b}_{\mathrm{i}}$ ist zu beachten, daß es sich an den Zählpfeilen der Abb. 2.4-4 orientiert und so $\boldsymbol{b}_{\mathrm{i}}$ entgegen $\boldsymbol{B}$ wirkt.

Dieser Vorgang schwächt wieder das induzierte $\boldsymbol{b}_{\mathrm{i}}$-Feld, so daß sich zwischen allen beteiligten Größen ein Gleichgewichtszustand einstellt, der z.B. bei Supraleitern dazu führt, daß sich die netto-induzierte Quellspannung erst garnicht aufbaut. Der verkettete Fluß bleibt konstant. Diese Technik kann angewendet werden, um stromdurchflossene Leiter mit Nutzlast über Magneten zum Schweben zu bringen und so z.B. Magnetschwebebahnen zu ermöglichen.

Die LENZsche Regel gilt ebenfalls allgemein, also auch bei der transformatorischen Induktion.

2.4.4 Das FARADAYsche Induktionsgesetz

Das allgemeine Induktionsgesetz ist nun in der Lage, alle möglichen Arten von Bewegungs- und transformatorischer Spannung gemeinsam zu berücksichtigen. Es verknüpft vergleichbar dem Durchflutungsgesetz die aus den magnetischen Feldgrößen durch irgendeine Änderung der beteiligten Objekte hervorgerufenen elektrischen Feldgrößen mit den magnetischen.

$$\overset{\circ}{u} = -\frac{\mathrm{d}\phi_\mathrm{v}}{\mathrm{d}t} = \oint \boldsymbol{e} \cdot \mathrm{d}\boldsymbol{l} = -\frac{\mathrm{d}}{\mathrm{d}t} \iint_{\substack{\text{Fläche von} \\ l \text{ berandet}}} \boldsymbol{b} \cdot \mathrm{d}\boldsymbol{a} \qquad (2.4\text{-}13)$$

Indizes verwenden wir hier nicht mehr, sondern lassen für diese Formel allgemein eine Rechtsschraubenzuordnung wie in Abb. 2.4-5 gelten.

Demgegenüber beschreibt das in Gl. 2.3-51 angegebene Durchflutungsgesetz, wie magnetische Feldgrößen von elektrischen hervorgerufen werden. Das Induktionsgesetz ist die 2. MAXWELLgleichung. Bringen wir in diese beiden Gleichungen die vorgegebenen Materialparameter ε, μ und κ mit ein, lassen sich diese auf Integralgleichungen der elektrischen und magnetischen Feldstärke $\boldsymbol{e}$ und $\boldsymbol{h}$ reduzieren. Damit lassen sich elektrische und magnetische Felder in quellenfreien Gebieten berechnen und somit auch deren Wellenausbreitung beschreiben.

Das Wesen induzierter Spannungen ist entspr. den beschriebenen Ursachen anders als bei den von ruhenden Punktladungen hervorgerufenen Potentialen. COULOMBsche Spannungen haben ihre Quellen und Senken in Ladungen und bilden keine Wirbel. Die Feldlinien beginnen an Protonen und enden an Elektronen. Das vorstehende Induktionsgesetz bezieht dementsprechend natürlich COULOMBsche Spannungen mit ein, da für diese der rechte Anteil der Gleichung ohnehin verschwindet, d.h. sozusagen eine mathematisch bedeutungslose Null addiert.

Induzierte Spannungen sind demgegenüber quellenfrei und bilden stattdessen Wirbel, d.h. die Feldlinien der induzierten elektrischen Feldstärke sind in sich geschlossen und haben weder Anfang noch Ende. Sie existieren fernab von Ladungen, z.B. im Vakuum und schließen sich dort vollständig. Sie sind wie Felder der magnetischen Flußdichte quellenfreie Wirbelfelder um (relativ zu ihnen) zeitveränderliche Magnetfelder. Genauso wie bei diesen ist der Potentialbegriff daher auch hier eine wegabhängige Größe, also im strengen Sinn nicht definiert. Beim Umlauf um eine (relativ) zeitveränderliche Magnetfeldlinie ist der Energiebeitrag im Gegensatz zum COULOMBfeld nicht Null. Abb. 2.4-5 veranschaulicht den Unterschied nochmals deutlich.

Im folgenden Abschnitt werden diese und alle zuvor betrachteten Gleichungen im Zusammenhang mit Induktionsvorgängen noch für den Fall modifiziert, daß die Windungen mehrlagig sind, also eine Spule vorliegt.

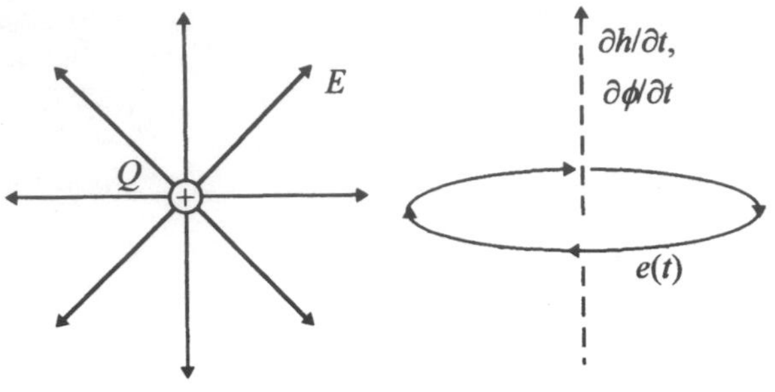

Elektrisches COULOMBfeld Induziertes elektrisches Feld

Abb. 2.4-5: Vergleich des quellenbehafteten COULOMBfelds und des geschlossenen induzierten elektrischen Felds.

2.4.5 (Selbst-)Induktivität *L*

Die *Spule* ist in Form eines i.allg. mit N Windungen mehrlagig umwickelten magnetischen Leitwerts Λ das eigentliche Bauelement des Magnetismus. Um den genauen Unterschied zu Abschnitt 2.3.12 zu erkennen, ist es nützlich, den Begriff des verketteten Spulenflusses ψ_v aus der Sicht eines Induktionsvorgangs zu verstehen. Wir betrachten dazu entspr. Abb. 2.4-6 eine zweilagige Spule ($N = 2$), an die eine zeitveränderliche, z.B. eine Wechselspannungsquelle $u(t)$, angeschlossen wird:

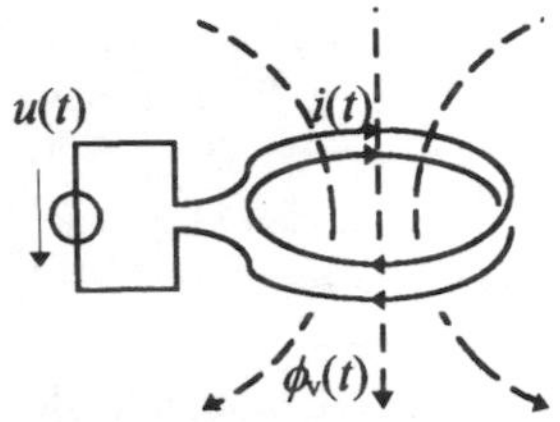

Abb. 2.4-6: Zweilagige Luftspule.

Der zugehörige Stromfluß $i(t)$ ist nun im Gegensatz zu den vorangegangenen Betrachtungen so gerichtet, daß er nach dem Einschalten der Quelle in Richtung der angegebenen Zählpfeile fließt. Er wird ja nicht von einem fremden Magnetfeld erzeugt (Gegeninduktion), sondern elektrisch von einer direkt angeschlossenen Spannungsquelle und der dadurch in der Spule verursachten Selbstinduktion. Hauptsächlich ist damit die Spule ein Objekt transformatorischer Induktion.

Die obere Windung verursacht über den fließenden Strom i den Windungsfluß ϕ_w. Beim Durchlauf von i durch die zweite Windung wird derselbe Windungsfluß nochmals verursacht, die Summe beider ergibt den (Gesamt)fluß:

$$\phi = N\phi_w. \tag{2.4-14}$$

Da die Magnetfeldlinien, die von einer Stelle der oberen Windung hervorgerufen werden, dieselbe Windung an anderen Stellen durchsetzen, verursachen sie dort entsprechend den vorangegangenen Erläuterungen eine Selbstinduktionsspannung. Vorausgesetzt, daß der hier verursachte Windungsfluß vollständig auch die untere Windung durchsetzt - was wir bei dichter Wicklung immer annehmen können - wird dort nochmals diese Spannung hervorgerufen. Die untere Windung verursacht ebenso in sich selbst und in der oberen Windung diese Spannung. Daraus ist erkennbar, daß die Spannung viermal so groß ist, wie im Fall einer einlagigen Spule mit ϕ_w bei gleicher Stromstärke i.

Daher können wir den effektiv wirksamen verketteten Spulenfluß ψ_v, wie er schon in Abschnitt 2.3.6 vorgestellt wurde, als nützliche Größenart infolge der Selbstinduktion begründen:

$$\psi_v = N\phi_v = N^2\phi_{wv}. \tag{2.4-15}$$

Im Falle einer einlagigen Spule sind diese drei Größen gleich, bei einer N-lagigen Spule ist nur der (verkettete) Fluß ϕ_v meßbar. Im vorliegenden Fall heißt das: eine Spule hat dann eine große (***Selbst-***)***Induktivität*** L, wenn man mit wenig Strom i einen großen Spulenfluß ψ_v erreicht:

$$L := \frac{\psi_v}{i} = \frac{N\phi_v}{i} = \frac{N^2\phi_v}{Ni} = N^2\frac{\phi_v}{\Theta} = N^2\Lambda;$$

$$[L] = [\Lambda] = \mathrm{H\,(enry)} = \frac{\mathrm{Wb}}{\mathrm{A}} = \frac{\mathrm{Vs}}{\mathrm{A}}. \tag{2.4-16}$$

Damit ist auch der Zusammenhang zum magnetischen Leitwert Λ hergestellt. Bei der Anwendung dieser Gleichung sei nochmals hervorgehoben, daß der gesamte von i hervorgerufene Fluß zu berücksichtigen ist - nicht mehr und nicht weniger. Das heißt, es müssen alle Feldlinien berücksichtigt werden, aber jeweils nur für eine Richtung. Der Index v steht für *verkettet* und bedeutet, daß alle Feldlinien alle Windungen einschließen müssen. Ist dies nicht der Fall, muß der Strom mit dem zuvor bereits angegebenen Verkettungsfaktor ζ gewichtet werden.

Die obige Definitionsgleichung gilt natürlich auch für einen Gleichstrom I, hat jedoch dann keine nützliche physikalische Anwendung. Eine gleichstromdurchflossene Spule ist nichts wesentlich anderes als ein Stück Draht, in dem keine Induktionsvorgänge stattfinden (bzw. nur beim Ein- und Ausschalten, wenn man geschaltete Gleichströme mit einbezieht). Sinnvoll bzgl. des Verständnisses wird die Spule, wie dargelegt, erst, wenn der Induktionsvorgang mit einbezogen wird.

Weiterhin muß aus diesen Überlegungen für mehrlagige Spulen das Induktionsgesetz modifiziert werden. Die an den Spulenklemmen anliegende Spannung u muß zu jedem Zeitpunkt gleich der vollständigen Selbstinduktionsspannung sein:

$$u = \pm\frac{\mathrm{d}\psi_v}{\mathrm{d}t} = \pm N\frac{\mathrm{d}\phi_v}{\mathrm{d}t}. \tag{2.4-17}$$

Daß hier zwei verschiedene Vorzeichen eingeführt wurden, ist so zu interpretieren, daß entsprechend den gewählten Zählpfeilen eines korrekt anzunehmen ist. Im Falle der an die Spule angelegten Spannung $u(t)$ erhalten wir

$$u = \frac{\mathrm{d}\psi_v}{\mathrm{d}t} = \frac{\mathrm{d}(Li)}{\mathrm{d}t} = L\frac{\mathrm{d}i}{\mathrm{d}t} \quad \text{bzw.} \quad i = \frac{1}{L}\int u\,\mathrm{d}t. \tag{2.4-18}$$

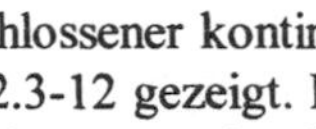

Eine einfache Spule stellt ein magnetisch gut leitender geschlossener kontinuierlich und dicht bewickelter ringförmiger Eisenkern dar, wie in Abb. 2.3-12 gezeigt. Für ihn kann aus dem dort bereits berechneten magnetischen Leitwert näherungsweise die Induktivität L angegeben werden:

$$L \approx N^2 \mu \frac{A_\circ}{l}. \tag{2.4-19}$$

Liegt jedoch eine Konfiguration vor, bei der dem Fluß die Führung fehlt, z.B. bei der rechts dargestellten Luftspule oder bei inhomogenem Eisenkern, ist wieder eine Berechnung über Feldgrößen notwendig, wie bereits bei der Besprechung des magnetischen Leitwerts angegeben. Eine Berechnungsalternative, die häufig einfacher zum Ziel führt, nutzt die im Abschnitt 2.4.7 beschriebene Energiebetrachtung.

Möchten wir Spulen zusammenschalten, ergibt sich die Gesamtinduktivität unmittelbar über das Ergebnis der Zusammenschaltung der magnetischen Leitwerte entspr. Abschnitt 2.3.12, nur daß eben jeder Leitwert mit dem Quadrat der jeweiligen Spulenwindungszahlen gewichtet werden muß. Wichtig für das richtige Ergebnis ist jedoch, daß alle Spulen nur elektrisch und nicht magnetisch gekoppelt sind. Ist dies nicht der Fall, muß die entspr. Gegeninduktivität zwischen den Spulen mit einbezogen werden, der wir uns nun zuwenden wollen.

2.4.6 Gegeninduktivität *M*, Transformatorgleichungen

Gegenüber den vorangegangenen Betrachtungen ist also die ***Gegeninduktivität*** M ein Maß für die magnetische Kopplung zweier Induktivitäten. Dabei wird die zuvor beschriebene Gegeninduktion wirksam. Dazu betrachten wir Abb. 2.4-7:

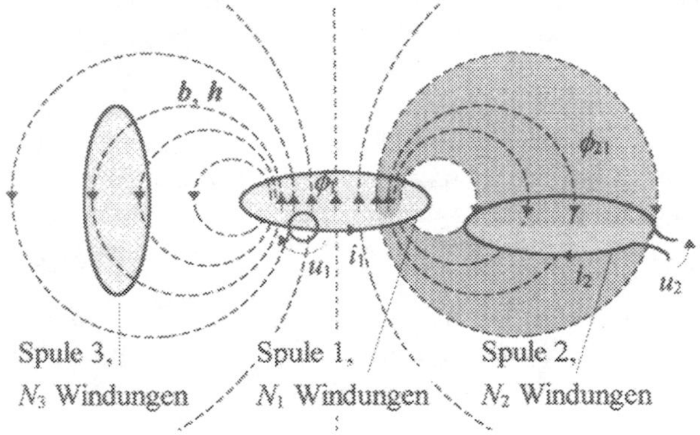

Abb. 2.4-7:
Zur Gegeninduktivität.

Von dem Gesamtfluß ϕ_1, den Spule 1 verursacht, durchsetzt Spule 2 der Anteil

$$\phi_{21} = k_{21}\phi_1 = k_{21}N_1 i_1 \Lambda_1 \quad \Rightarrow \quad \frac{d\phi_{21}}{dt} = k_{21}N_1\Lambda_1\frac{di_1}{dt}. \tag{2.4-20}$$

k_{21} ist der ***Kopplungsfaktor*** von Spule 1 nach Spule 2, wobei für jedweden Kopplungsfaktor k gelten muß: $0 \le k \le 1$. Wir definieren weiterhin den ***Kopplungsspulenfluß*** ψ_{ij} (ij = 21 oder 12):

$$\psi_{ij} := N_i\phi_{ij}. \tag{2.4-21}$$

Nach dem Induktionsgesetz resultiert die damit in der zweiten Spule induzierte Spannung zu:

$$u_2 = N_2 \frac{\mathrm{d}\phi_{21}}{\mathrm{d}t} = \frac{\mathrm{d}\psi_{21}}{\mathrm{d}t} = k_{21} N_1 N_2 \Lambda_1 \frac{\mathrm{d}i_1}{\mathrm{d}t}. \tag{2.4-22}$$

Eine sinnvolle Festlegung für die Gegeninduktivität M zwischen dem verursachenden Strom i_1 und der induzierten Spannung u_2 ist analog zur obigen Definitionsgleichung für die Selbstinduktivität L:

$$M = k_{21} N_1 N_2 \Lambda_1 \qquad \Rightarrow \qquad u_2 = M \frac{\mathrm{d}i_1}{\mathrm{d}t}. \tag{2.4-23}$$

Wollen wir analog zur Selbstinduktivität eine allgemeinere Definition, die sich nur auf Flüsse und Ströme bezieht, integrieren wir obige Spannungsgleichung:

$$M := \frac{\psi_{\mathrm{ij}}}{i_{\mathrm{j}}} = N_{\mathrm{i}} \frac{\phi_{\mathrm{ij}}}{i_{\mathrm{j}}}. \tag{2.4-24}$$

Vertauschen wir sämtliche Indizes, gelten die Formeln für lineare Medien mit Spule 2 als Verursacher und Spule 1 als Wirkungsobjekt genauso. Der Beweis dieser Aussage ist für allgemeine Geometrien und Permeabilitätsverteilung z.B. mithilfe des Vektorpotentials durchführbar und soll hier nicht weiterverfolgt werden.

Weiterhin erkennen wir, daß bei offener Spule 2, wenn also kein entspr. der LENZschen Regel induzierter Strom i_2 auftreten kann, sich die Primärspannung u_1 und die Sekundärspannung u_2 wie die Windungszahlen der Spulen verhalten, sofern $k = 1$, d.h. der Fluß der einen Spule die andere Spule vollständig durchsetzt:

$$\frac{u_1}{u_2} = \frac{N_1^2 \Lambda}{N_1 N_2 \Lambda} = \frac{N_1}{N_2} =: \ddot{u}. \tag{2.4-25}$$

$\ddot{u}$ heißt ***Übersetzungsverhältnis***. Diese Beziehung bildet die Grundlage des Energietransports, da auf diese Weise verlustarm (Wechsel-)Spannungen hoch- oder niedertransformiert werden können (Transformator). Ist der Transformator ideal, d.h. verlust- und streufrei ($k = 1$ bei $\mu_r \to \infty$) gilt diese Beziehung auch bei endlicher Last, die zugehörigen Ströme verhalten sich wie $-1/\ddot{u}$ und die primärseitigen und sekundärseitigen Leistungen sind folglich gleich.

Gleichwohl ist die Beziehung für die Wellenausbreitung von Bedeutung, da hiermit Abschlußwiderstände von Leitungen mit $\ddot{u}^2$ an deren Leitungswellenwiderstände angepaßt und so Reflexionen minimiert werden können (Übertrager). Da hierbei die Lasten endlich sind, werden natürlich entspr. der LENZschen Regel Ströme i_2 induziert, die diese Gleichung entspr. den *Transformatorgleichungen* modifizieren:

$$u_1 = \frac{\mathrm{d}\psi_1}{\mathrm{d}t} + \frac{\mathrm{d}\psi_{12}}{\mathrm{d}t} = L_1 \frac{\mathrm{d}i_1}{\mathrm{d}t} + M \frac{\mathrm{d}i_2}{\mathrm{d}t}$$

$$u_2 = \frac{\mathrm{d}\psi_{21}}{\mathrm{d}t} + \frac{\mathrm{d}\psi_2}{\mathrm{d}t} = M \frac{\mathrm{d}i_1}{\mathrm{d}t} + L_2 \frac{\mathrm{d}i_2}{\mathrm{d}t}. \tag{2.4-26}$$

Die Gleichungen drücken aus, daß sich die Spannung in jeder Spule u_{i} aus der Selbstinduktionsspannung $\mathrm{d}\psi_{\mathrm{i}}/\mathrm{d}t$ und der Gegeninduktionsspannung $\mathrm{d}\psi_{\mathrm{ij}}/\mathrm{d}t$ infolge der LENZschen Regel der jeweils anderen Spule zusammensetzt. Die Vorzeichen sind dabei wie in der Abbildung zu wählen.

Als weiteres Beispiel ist in der Abbildung eine Spule 3 aufgeführt, die zu Spule 1 keine Gegeninduktivität aufweist ($k_{13} = k_{31} = 0$), da alle Feldlinien, die in die Spulenfläche eintreten, die Windungen nicht umschlingen, sondern innerhalb der Fläche wieder austreten. Demgegenüber können wir einen endlichen Kopplungsfaktor und damit nichtverschwindende Gegeninduktivität zwischen Spulen 2 und 3 erwarten.

Die Gegeninduktivität ist bei elektromagnetischen Wellen für das Übersprechen zwischen benachbarten Leitern verantwortlich und entspr. dieser letzten Überlegung durch geeignete geometrische Formgebung der Leiter und deren Lage zueinander zu minimieren. Beispiele dafür sind das Verdrillen von Leitungen, Aufbau im Sternvierer oder DIESELHORST-MARTIN-(DM)-Vierer.

2.4.7 Energiedichte ϖ_m und Energie w_m

Magnetische Energie kann man analog zu elektrostatischer und OHMscher Energie durch die Feldgrößen $\boldsymbol{b}$ und $\boldsymbol{h}$ oder aus den integralen Größen ϕ_v bzw. ψ_v, i und L darstellen. Zur Berechnung des Energieinhalts einer Spule der Induktivität L, die von einem Gleichstrom I durchflossen wird, modifizieren wir die Berechnung der Elektrostatik dahingehend, daß wir diesen Energieinhalt nicht unmittelbar berechnen, sondern wir entladen entspr. Abb. 2.4-8 die Spulenenergie über einen OHMschen Widerstand.

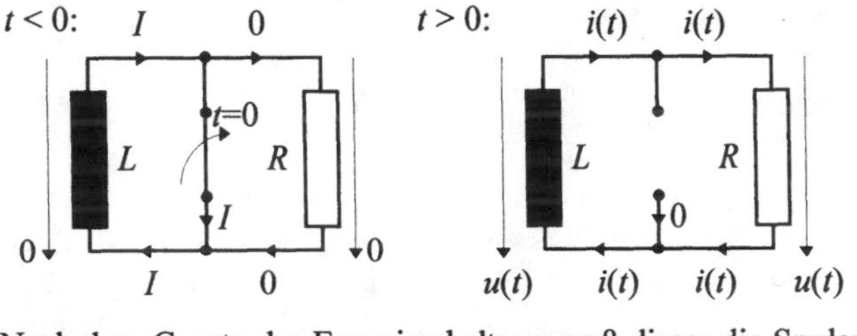

Abb. 2.4-8: Zur Berechnung der Spulenenergie.

Nach dem Gesetz der Energieerhaltung muß dieser die Spulenenergie dabei vollständig in Wärme umwandeln. Wie wir die Energieaufnahme eines Widerstands berechnen, wurde bereits in Abschnitt 2.2.5 angegeben. Zu jedem Zeitpunkt nach Umlegen des Schalters lautet die Spannungsbilanz:

$$u = Ri = -L\frac{\mathrm{d}i}{\mathrm{d}t}. \tag{2.4-27}$$

Wir multiplizieren diese Gleichung mit i, integrieren über den theoretisch unendlich lange dauernden Entladevorgang und erhalten:

$$\int_0^\infty ui\mathrm{d}t = -\int_0^\infty Li\frac{\mathrm{d}i}{\mathrm{d}t}\mathrm{d}t = -\int_{i(0)}^{i(\infty)} Li\mathrm{d}i = -\frac{1}{2}L\left(i^2(\infty) - i^2(0)\right) = -\frac{1}{2}L(0 - I^2). \tag{2.4-28}$$

Da der Strom in der Spule nicht springen kann, weil sonst ein DIRACstoß in der Spannung auftritt, fließt im ersten Moment nach Umlegen des Schalters noch ein Strom vom Wert des Gleichstroms I. Für $t \to \infty$ muß der Strom versiegen, da ein Gleichstrom keinen Spannungsabfall an der Spule, wohl aber am Widerstand verursacht, und damit die Maschenregel verletzt wäre. Damit erhalten wir als Ergebnis für einen beliebigen, auch zeitveränderlichen Strom:

$$w_{\mathrm{m}} = \frac{1}{2} L i^2 = \frac{1}{2} \psi_{\mathrm{v}} i = \frac{\psi_{\mathrm{v}}^2}{2L}. \tag{2.4-29}$$

Das Ergebnis hängt auch erwartungsgemäß nicht vom Widerstandswert R ab.

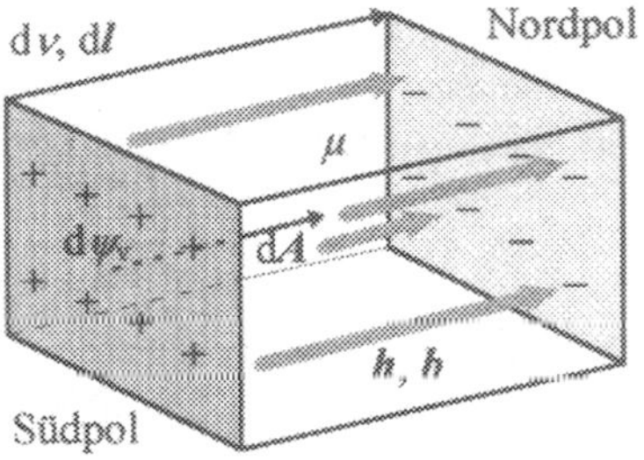

Abb. 2.4-9:
Differentiell kleines Volumenelement im Spuleninnern zur Berechnung der magnetischen Feldenergiedichte.

Träger dieser Energie ist der Fluß ϕ, nicht der Strom i - also wie beim Kondensator der Raum - nicht die materiellen Objekte, die den Strom repräsentierenden Elektronen. Zur Berechnung der in diesem Raum vorhandenen magnetischen Feldenergie betrachten wir entspr. Abb. 2.4-9 ein differentiell kleines quaderförmiges Volumenelement im Innern einer Spule mit durchaus inhomogener Flußverteilung. Der verursachende magnetische Spannungsabfall an diesem Volumen, das wegen seiner differentiellen Kleinheit im Innern nur homogene Feldgrößen führen kann, errechnet sich aus dem Durchflutungsgesetz $\mathrm{d}v = N\mathrm{d}i = \boldsymbol{h} \cdot \mathrm{d}\boldsymbol{l}$. Von dem gesamten verketteten Spulenfluß ψ_{v} ist nur der Anteil $\mathrm{d}\psi_{\mathrm{v}} = N\boldsymbol{b} \cdot \mathrm{d}\boldsymbol{A}$ wirksam.

Wir erhalten für den differentiellen Feldausschnitt:

$$\mathrm{d}w_{\mathrm{m}} = \frac{1}{2} \mathrm{d}\psi_{\mathrm{v}} \mathrm{d}i = \frac{1}{2} N\boldsymbol{b} \cdot \mathrm{d}\boldsymbol{A} \frac{\boldsymbol{h} \cdot \mathrm{d}\boldsymbol{l}}{N} = \frac{1}{2} \boldsymbol{b} \cdot \boldsymbol{h} \mathrm{d}V. \tag{2.4-30}$$

Damit können wir die ***magnetische Volumenenergiedichte*** ϖ_{m} berechnen, die bei inhomogenem Feld von Ort zu Ort variiert:

$$\varpi_{\mathrm{m}} = \frac{\mathrm{d}w_{\mathrm{m}}}{\mathrm{d}V} = \frac{1}{2} \mu h^2 = \frac{1}{2} hb = \frac{b^2}{2\mu}. \tag{2.4-31}$$

Hier haben wir wieder für die ausschließlich in der Folge betrachteten isotropen Materialien und der damit verbundenen gleichen Richtung von $\boldsymbol{h}$ und $\boldsymbol{b}$ diese als skalare Größen eingeführt. Die im Feld gespeicherte ***magnetische Energie*** w_{m} berechnen wir wieder durch Integration:

$$w_{\mathrm{m}} = \int \mathrm{d}w_{\mathrm{m}} = \iiint \varpi_{\mathrm{m}} \mathrm{d}V = \frac{1}{2} \iiint hb \mathrm{d}V. \tag{2.4-32}$$

Ist das Feld homogen, kann man die Integrale wieder durch Produkte ersetzen und bei Bedarf wieder auf die Formeln, die die Induktivität L enthalten, zurückrechnen. Bei nichtlinearen hartmagnetischen Materialien können diese Formeln nicht angewendet werden, da μ keine konstante Größe ist. Die Energiedichte modifiziert sich dann zu einem Integral entlang der bekannten Hysteresekurve

$$\varpi_{\mathrm{m}} = \int \boldsymbol{h} \cdot \mathrm{d}\boldsymbol{b}. \tag{2.4-33}$$

Auch sollten hier die Vektoren beibehalten werden, da im Dauermagneten ***h*** und ***b*** gegeneinander verdreht sein können. Das Material ist anisotrop und μ muß strenggenommen durch einen Tensor beschrieben werden. Für ein lineares Medium ergeben sich hieraus wieder die vorstehenden Formeln. Eine vergleichbare Modifikation ist für die elektrische Feldenergiedichte in Elektreten notwendig.

Diese Gleichung bedeutet somit, daß Hystereseverluste durch Ummagnetisierung proportional der gesamten Hysteresefläche sind. Weiterhin sind sie frequenzproportional, da mit jeder Schwingung die Hysteresefläche einmal durchfahren wird. Folglich steigt für magnetische Werkstoffe die Erwärmung mit ihren hartmagnetischen Eigenschaften und der Frequenz der elektromagnetischen Welle, die dieses Medium durchdringt.

Auch diese Gleichungen gelten für den Fall, daß die Spule von einem Gleichstrom durchflossen wird und folglich Gleichfelder aufbaut. Da, wie zuvor dargelegt, der Begriff der Induktivität sinnvoll nur aus Induktionsvorgängen physikalisch zu definieren ist und wir die Energie auch in Abhängigkeit von L angegeben haben, ist eine Energiebetrachtung hier erst zum Ende der für elektromagnetische Wellen zu legenden Grundlagen angebracht.

Bei der Induktivitätsberechnung wurde bereits auf die Alternative über die Feldenergie hingewiesen. Da in diesem Abschnitt die Energie sowohl in Abhängigkeit von L als auch von den Feldgrößen angegeben wurde, bietet sich ein Gleichsetzen der Gln. 2.4-29 und 2.4-32 an, nachdem bei inhomogener Spulengeometrie z.B. der Feldverlauf $h(Ni)$ bekannt ist:

$$L = \mu \iiint \left(\frac{h}{i}\right)^2 \mathrm{d}V. \tag{2.4-34}$$

Vergleichbare Formeln lassen sich für Kapazität und OHMschen Widerstand angeben. Die Bedeutung für Induktivitäten ist jedoch am größten, da aufgrund komplizierter Feldkonfigurationen schon bei einfachen Stromgeometrien auf Effizienz des Berechnungsverfahrens geachtet werden muß, um mit vertretbarem Aufwand zum Ziel zu kommen.

3 Elektromagnetische Wellenfelder

In diesem Kapitel geht es um die Beschreibung elektromagnetischer Wellen von Vektorfeldern, primär der elektrischen und magnetischen Feldstärke. Der Begriff des *Feldes* wird also hier, wie in diesem Kontext in der Literatur üblich, als ein Synonym für ein *Vektorfeld* angesehen, obwohl strenggenommen Spannung und Stromstärke, also Linienintegrale über diese Vektorfelder, ebenfalls Felder - nämlich *Skalar*felder - darstellen. Um diese geht es primär im nächsten Kapitel. Für jedwede Art von Wellenfeld ist dabei charakteristisch, daß es Abhängigkeiten von Raum oder/und Zeit aufweist.

3.1 MAXWELLgleichungen und POYNTINGvektor

Die MAXWELLgleichungen wurden im vorangegangenen Kapitel anschaulich auf physikalischen Grunderscheinungen, wie der COULOMBkraft und der Endlichkeit der Lichtgeschwindigkeit, gegründet. Sie stellen die Fundamente der Ausbreitung elektromagnetischer Wellen dar. Ihnen kann axiomatischer Charakter zugestanden werden, weshalb sie vielfach in der Literatur an den Anfang einer Wellenbeschreibung gestellt werden.

Die bisher vorgestellten Darstellungsformen sind die MAXWELLgleichungen in Integralform - also Integralgleichungen. Sie ließen sich unmittelbar aus der Anschauung angeben. Um Wellen zu beschreiben, benötigen wir jedoch primär Feldverläufe (Feldstärken, Flußdichten ...) in Abhängigkeit von Ort und Zeit, nicht aber Integrale darüber (Stromstärken, Spannungen ...). Unmittelbar sind solche Feldverläufe *Integral*gleichungen nicht zu entnehmen, sondern nur *Differential*gleichungen. Daher müssen die MAXWELLgleichungen in Integralform in solche in Differentialform umgewandelt werden.

Diese Differentialgleichungen sind sodann zu lösen und wir erhoffen uns von den Lösungsstrukturen bekannte Formen, wie sie im ersten Kapitel dargestellt wurden, so daß wir die Wellenform - sofern sie denn auftritt - als solche erkennen und sie uns anschaulich machen können. Als nächstes müssen wir daher die jeweiligen Integralformen der MAXWELLgleichungen nacheinander in ihre Differentialformen auflösen. Dies soll zunächst allgemein geschehen, um dann auf die speziellen Eigenschaften der Quelle sowie des Mediums, in dem sich die Welle ausbreitet, zu spezialisieren.

Zur Auswertung der MAXWELLgleichungen müssen die Felder in ihrer Orts- und Zeitabhängigkeit dargestellt werden. Grundsätzlich haben wir es mit fünf Vektorfeldern und einem Skalarfeld zu tun:

- Elektrische Feldstärke $\boldsymbol{e}$
- Elektrische Flußdichte $\boldsymbol{d} = \varepsilon \boldsymbol{e}$
- Elektrische Stromdichte $\boldsymbol{s} = \kappa \boldsymbol{e}$
- Raumladungsdichte ρ
- Magnetische Feldstärke $\boldsymbol{h}$
- Magnetische Flußdichte $\boldsymbol{b} = \mu \boldsymbol{h}$

Hier haben wir gleich die Materialbeziehungen eingearbeitet, die es uns später erlauben, die Anzahl der unbekannten Vektorfeldgrößen von fünf auf zwei zu reduzieren.

Wir definieren in kartesischen Koordinaten den Ortsvektor vom Aufpunkt eines Koordinatensystems zu dem Punkt, an dem uns die Feldgröße interessiert:

$$\boldsymbol{x} = (x,y,z). \tag{3.1-1}$$

Hat unser Feld nicht nur Raum-, sondern auch Zeitabhängigkeit, wie für Wellen charakteristisch, definieren wir den Zustandsvektor:

$$\boldsymbol{X} = (\boldsymbol{x},t) = (x,y,z,t). \tag{3.1-2}$$

Repräsentiere $\boldsymbol{a}$ eines der fünf Vektorfelder, das von Raum und Zeit abhängt, können wir dieses allgemein entspr. Abb. 3.1-1 in kartesischen Koordinaten in seine kartesischen Komponenten zerlegen:

$$\boldsymbol{a} = \begin{pmatrix} a_x \\ a_y \\ a_z \end{pmatrix} = \boldsymbol{a}(x,y,z,t) = \boldsymbol{a}(\boldsymbol{x},t) = \boldsymbol{a}(\boldsymbol{X}) = \begin{pmatrix} a_x(x,y,z,t) \\ a_y(x,y,z,t) \\ a_z(x,y,z,t) \end{pmatrix} = \begin{pmatrix} a_x(\boldsymbol{x},t) \\ a_y(\boldsymbol{x},t) \\ a_z(\boldsymbol{x},t) \end{pmatrix} = \begin{pmatrix} a_x(\boldsymbol{X}) \\ a_y(\boldsymbol{X}) \\ a_z(\boldsymbol{X}) \end{pmatrix}. \tag{3.1-3}$$

Die jeweiligen Orts- und Zeitparameter geben wir jedoch nur dann an, wenn sie für das Verständnis und/oder physikalische Verhalten einer Beschreibung von wesentlicher Bedeutung sind.

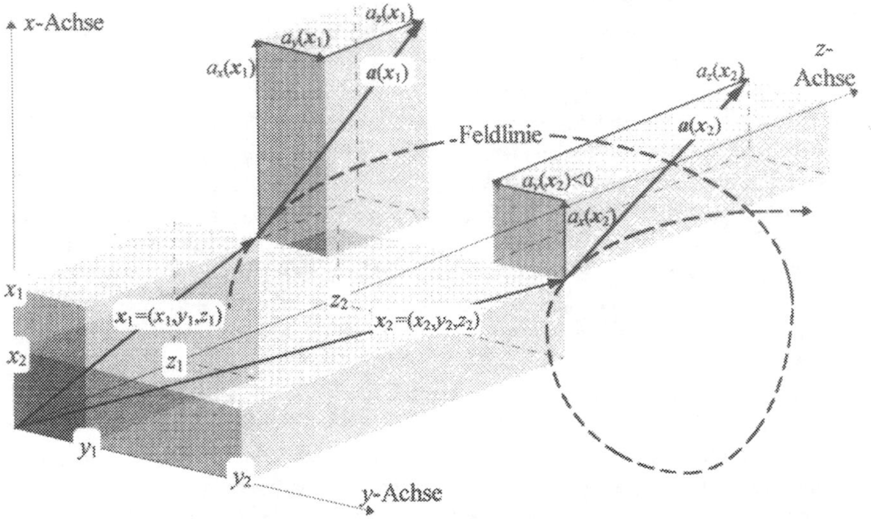

Abb. 3.1-1: Illustration der Vektordarstellung als Tangente an eine Feldlinie des Vektorfeldes $\boldsymbol{a}(\boldsymbol{x})$ an zwei Stellen $\boldsymbol{x}_1 = (x_1,y_1,z_1)$ und $\boldsymbol{x}_2 = (x_2,y_2,z_2)$.

Wir müssen uns darüber im klaren sein, daß wir zur vollständigen Darstellung eines solchen Vektorfeldes ein sechsdimensionales Koordinatensystem benötigen: drei für die Ortskoordinaten x,y,z und drei weitere für die Vektorkomponenten a_x, a_y, a_z. Ist das Feld zeitveränderlich, käme eine siebte t-Koordinate hinzu.

3.1.1 Durchflutungsgesetz

Die allgemeine Form des Durchflutungsgesetzes wurde in Abschnitt 2.3 angegeben:

$$\Theta = \oint_{\substack{\text{Beliebiger}\\ \text{Umlauf um }\Theta}} \boldsymbol{h}\cdot \mathrm{d}\boldsymbol{l} = \iint_{\substack{\text{Flä che des}\\ \text{Umlaufs}}} \left(\boldsymbol{s}+\frac{\partial \boldsymbol{d}}{\partial t}\right)\cdot \mathrm{d}\boldsymbol{A}. \tag{3.1-4}$$

Abb. 3.1-2 zeigt anschaulich die Wirbelbildung des Magnetfelds um einen i.allg. inhomogenen stromdurchflossenen Leiter. Diese Magnetfeldlinien schließen sich sowohl im Außenbereich als auch im Innenbereich des Leiters. Im Beispiel sind nur Leitungsstromdichtefeldlinien angenommen. Für (zusätzliche) Verschiebungsstromdichtefeldlinien folgt der Rechengang analog.

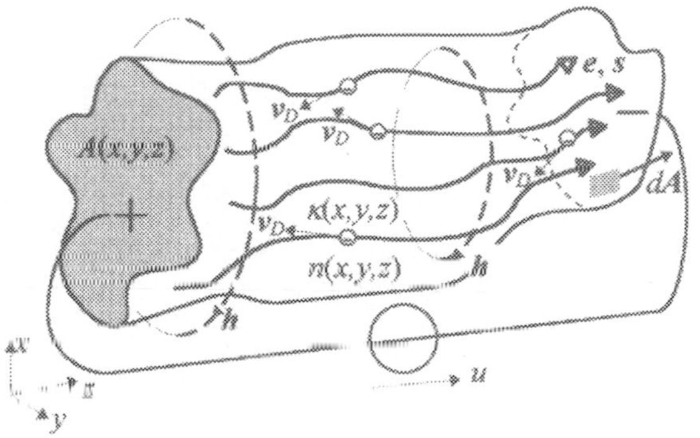

Abb. 3.1-2: Magnetfeldlinien in und um einen stromdurchflossenen Leiter.

Um nun die Differentialform des Durchflutungsgesetzes zu erhalten, ist es nützlich, zunächst ein differentiell kleines quaderförmiges Volumen, dessen Kanten parallel zum Koordinatensystem ausgerichtet sind, herauszuschneiden:

$$\mathrm{d}V = \mathrm{d}x\mathrm{d}y\mathrm{d}z. \tag{3.1-5}$$

Durch dieses Volumen an einer bestimmten Stelle $\boldsymbol{x} = (x,y,z)$ im Leiter fließen i.allg. schräg die Elektronen und es wird damit schräg von einer Stromdichtefeldlinie $\boldsymbol{s}$ durchdrungen. Wir möchten herausfinden, welche Beziehung zwischen $\boldsymbol{s}$ und den von $\boldsymbol{s}$ verursachten $\boldsymbol{h}$-Feldlinien besteht.

Von diesem Volumen betrachten wir zunächst entspr. Abb. 3.1-3 die obere (grau schattierte) Deckelfläche. Von dem diese Fläche durchtretenden Anteil des Stroms $\mathrm{d}i = \boldsymbol{s}\cdot\mathrm{d}\boldsymbol{A}$ im rechten Anteil des Durchflutungsgesetzes ist nur die x-Komponente der Stromdichte s_x von Bedeutung, da die anderen beiden normal zum Flächennormalenvektor $\mathrm{d}\boldsymbol{A} = \mathrm{d}y\mathrm{d}z\vec{e}_x$ liegen. Zur Auswertung des linken Ringintegrals beginnen wir mit dem Umlauf links unten, folgen der eingetragenen $\boldsymbol{l}$-Richtung und setzen das Ergebnis dem rechten Flächenintegral gleich:

$$h_y(z)\mathrm{d}y + \left(h_z(y)+\frac{\partial h_z}{\partial y}\mathrm{d}y\right)\mathrm{d}z - \left(h_y(z)+\frac{\partial h_y}{\partial z}\mathrm{d}z\right)\mathrm{d}y - h_z(y)\mathrm{d}z = s_x\mathrm{d}y\mathrm{d}z. \tag{3.1-6}$$

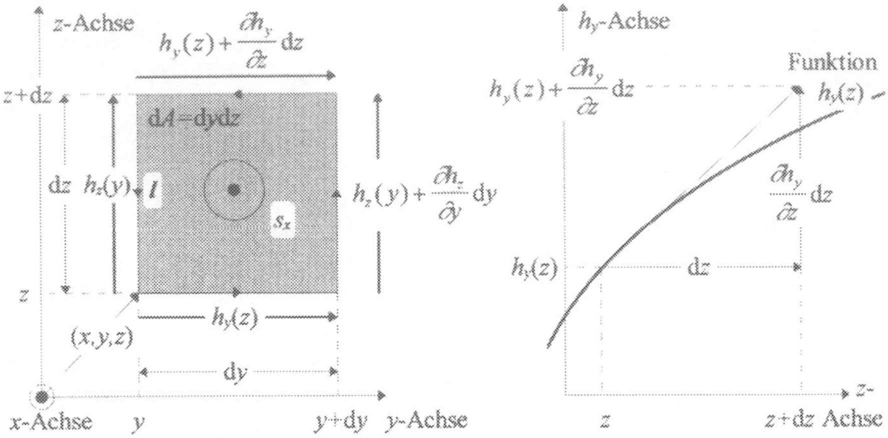

Abb. 3.1-3: Links Anwendung des Durchflutungsgesetzes zur Berechnung der Beziehung zwischen Stromdichte und magnetischer Feldstärke, rechts allgemeine Veranschaulichung der Begriffe am Beispiel eines zweidimensionalen Koordinatensystems.

Alle anderen Anteile des Magnetfelds sind bedeutungslos, da sie jeweils senkrecht auf dem Umlauf stehen und folglich bei der Skalarproduktbildung $\mathrm{d}i = \boldsymbol{h}\cdot\mathrm{d}\boldsymbol{l}$ wegfallen. Durch Wegkürzen der Anteile $h_y(z)\mathrm{d}y$ und $h_z(y)\mathrm{d}z$ und Division durch die Fläche $\mathrm{d}A = \mathrm{d}y\mathrm{d}z$ ergibt sich:

$$\frac{\partial h_z}{\partial y}-\frac{\partial h_y}{\partial z}=s_x; \qquad \frac{\partial h_x}{\partial z}-\frac{\partial h_z}{\partial x}=s_y; \qquad \frac{\partial h_y}{\partial x}-\frac{\partial h_x}{\partial y}=s_z. \tag{3.1-7}$$

Die beiden rechts dargestellten Gleichungen erhalten wir, indem wir die Koordinaten zyklisch vertauschen. Dies entspricht der Auswertung des Formalismus für die zx- und xy-Ebenen. Dies stellen wir vektoriell dar:

$$\begin{pmatrix} \frac{\partial h_z}{\partial y}-\frac{\partial h_y}{\partial z} \\ \frac{\partial h_x}{\partial z}-\frac{\partial h_z}{\partial x} \\ \frac{\partial h_y}{\partial x}-\frac{\partial h_x}{\partial y} \end{pmatrix} = \begin{vmatrix} \frac{\partial}{\partial x} & h_x & \vec{e}_x \\ \frac{\partial}{\partial y} & h_y & \vec{e}_y \\ \frac{\partial}{\partial z} & h_z & \vec{e}_z \end{vmatrix} = \begin{pmatrix} \frac{\partial}{\partial x} \\ \frac{\partial}{\partial y} \\ \frac{\partial}{\partial z} \end{pmatrix} \times \begin{pmatrix} h_x \\ h_y \\ h_z \end{pmatrix} = \begin{pmatrix} s_x \\ s_y \\ s_z \end{pmatrix} = \boldsymbol{s}. \tag{3.1-8}$$

Hierbei ist in der Folge von links kommend der linke Vektor als Kreuzprodukt des Nabla-Operators mit dem Magnetfeldvektor $\boldsymbol{h}$ angegeben. In der Kompaktschreibweise können wir diese verkoppelten partiellen Differentialgleichungen nun so darstellen:

$$\boxed{\nabla\times\boldsymbol{h}=\mathrm{rot}\boldsymbol{h}=\boldsymbol{s}+\frac{\partial\boldsymbol{d}}{\partial t}=\kappa\boldsymbol{e}+\varepsilon\frac{\partial\boldsymbol{e}}{\partial t}=\left(\kappa+\varepsilon\frac{\partial}{\partial t}\right)\boldsymbol{e}}. \tag{3.1-9}$$

Dies ist das Durchflutungsgesetz oder die 1. MAXWELLgleichung in differentieller Form. die wir zur weiteren Wellenberechnung benötigen. Zusätzlich wurde der rechte Term wieder um die Verschiebungsstromdichte erweitert, die, wie schon dargelegt, grundsätzlich mit einbezogen werden muß, und für Dielektrika, wie auch den Freiraum und die Atmosphäre, den einzigen Anteil darstellt. Die weitere Umformung gilt bzgl. der Flußdichte wieder für zeitunabhängige Permittivität, was wie immer annehmen.

Der Nabla-Operator tritt hier in Form des *Rotors* auf, der kreuzmultipliziert mit dem Magnetfeldvektor den Stromdichtevektor beschreibt. Er steht für die Wirbelbildung des Magnetfelds um das Stromdichtefeld. *rot* kann man somit in der Gleichung verbal ersetzen durch *Die Wirbelstärke von.* Für obige Gleichung heißt das im Klartext:

Die Wirbelstärke der magnetischen Feldstärke ist gleich der Stromdichte.

Diese Herleitung ist sehr allgemeiner, an sich rein mathematischer Natur. Sie gilt für alle umeinander wirbelnden Felder und resultiert in dem Satz von STOKES, wenn wir diese Gleichung in die rechte Seite des Durchflutungsgesetzes in Integralform einsetzen:

$$\Theta = \underset{\substack{\text{Beliebiger}\\ \text{Umlauf um } \Theta}}{\int} \boldsymbol{h} \cdot \mathrm{d}\boldsymbol{l} = \underset{\substack{\text{Fläche des}\\ \text{Umlaufs}}}{\iint} \mathrm{rot}\boldsymbol{h} \cdot \mathrm{d}\boldsymbol{A}. \tag{3.1-10}$$

Der Satz von STOKES ist natürlich Standard der mathematischen Literatur. Er soll jedoch hier, genauso wie der unten hergeleitete Satz von GAUß begründet werden, da dieses Buch bzgl. der Vektoranalysis im wesentlichen selbsttragend sein soll. Insbesondere fördert die geometrische Veranschaulichung der beteiligten Größen das physikalische Verständnis.

Diese Integralgleichung erlaubt die Berechnung der durch sie bestimmten Größen aus einer Umlauf-Integration, wobei nur das Feld auf dem Rand der Kurve bekannt zu sein braucht oder alternativ aus der Integration der Rotation des Feldes über die Fläche innerhalb des Umlaufs.

Aufgabe 3.1.1: Man berechne den Betrag der magnetische Feldstärke H eines von einem Gleichstrom I durchflossenen homogenen rotationssymmetrischen Leiters mit Radius a innen und außen über die integrale Form des Durchflutungsgesetzes. Aus dem Ergebnis berechne man $\mathrm{rot}H = S$, indem man den Rotor in Zylinderkoordinaten auswerte.

3.1.2 Induktionsgesetz

Die allgemeine Form des Induktionsgesetzes wurde in Abschnitt 2.4 angegeben:

$$\overset{\circ}{u} = \underset{\substack{\text{beliebiger}\\ \text{Umlauf}}}{\oint} \boldsymbol{e} \cdot \mathrm{d}\boldsymbol{l} = -\frac{\mathrm{d}}{\mathrm{d}t} \underset{\substack{\text{Fläche des}\\ \text{Umlaufs}}}{\iint} \boldsymbol{b} \cdot \mathrm{d}\boldsymbol{a}. \tag{3.1-11}$$

Die allgemeine Struktur entspricht der des Durchflutungsgesetzes, wenn wir dort die magnetische Feldstärke durch die elektrische und die Stromdichte(n) durch die negative zeitliche Änderung der magnetischen Flußdichte ersetzen. Wenn rechts als direktes Pendant zur elektrischen Stromdichte $\boldsymbol{s}$ als Symmetriebrecher eine magnetische Stromdichte fehlt, ist dies durch die Nichtexistenz magnetischer Monopole begründbar; die elektrische Stromdichte ist ein Feld fließender elektrischer Monopole, typisch Elektronen.

Folglich lautet das Transformationsergebnis auf die differentielle Form der 2. MAXWELLgleichung in Analogie zur differentiellen Form des Durchflutungsgesetzes:

$$\boxed{\nabla \times \boldsymbol{e} = \operatorname{rot}\boldsymbol{e} = -\frac{\partial \boldsymbol{b}}{\partial t} = -\mu\frac{\partial \boldsymbol{h}}{\partial t}}. \tag{3.1-12}$$

Wir erkennen durch die gemeinsame Betrachtung der ersten beiden MAXWELLgleichungen, daß Magnetfelder um elektrische Felder Wirbel bilden. Diese müssen im Dielektrikum zeitveränderlich sein. Genauso bilden elektrische Felder um zeitveränderliche Magnetfelder Wirbel. Um diese Magnetfelder bilden wiederum elektrische Felder Wirbel. Dies setzt sich immer *weiter* fort, wie in Abb. 3.1-4 beispielhaft dargestellt. *Weiter* bedeutet hier, wenn keine Absorption auftritt: bis in unendliche Weiten und für alle Zeit, was wir anschaulich durch einen Blick an den Sternenhimmel nachvollziehen können.

Außer irgendeiner initiierenden Ursache aufgrund einer Ladungstrennung mit zugehörigem COULOMBfeld rufen sich danach die Felder gegenseitig hervor, ohne daß es für die Feldlinien zwingend irgendwelcher Quellen im Sinne von Ladungen bedarf. Für die magnetischen Anteile sind diese ohnehin nicht existent. Im Klartext heißt also diese Gleichung:

Die Wirbelstärke der elektrischen Feldstärke ist gleich der negativen zeitlichen Änderung der magnetischen Flußdichte.

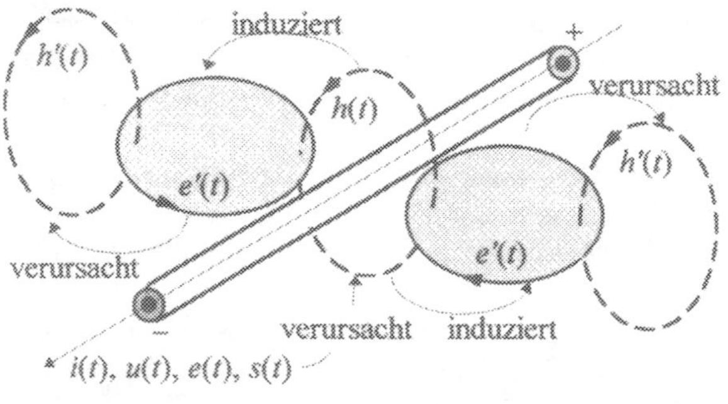

Abb. 3.1-4:
Prinzip: Gegenseitiges Verursachen elektrischer und magnetischer Felder zu Wellen.

Aufgabe 3.1.2: Ein rotationssymmetrisches Magnetfeld habe innerhalb eines Radius a folgenden axialen Feldstärkeverlauf über der Radialkoordinaten r: $h_z(r,t) = H_0 \cdot (r/a)^2 \cdot \sin\omega t$, außerhalb a sei es Null; $\mu = \mu_0$. Man berechne an jeder Stelle des Raums die induzierte elektrische Feldstärke $e_\varphi(r,t)$ über beide Formen des Induktionsgesetzes.

3.1.3 GAUßscher Satz der Elektrostatik, POISSON/LAPLACEgleichung

Die vorstehenden beiden MAXWELLgleichungen sagen etwas über die Wirbelbildung von Feldern aus. Sie sind die mit Abstand wichtigsten Gleichungen zur Wellenberechnung. Für spezielle Aspekte der Wellenbildung sind auch die letzten beiden MAXWELLgleichungen von Bedeutung. Zum Beispiel ist es mit ihrer zusätzlichen Hilfe oft einfacher, Übergänge von Wellenfeldern zwischen verschiedenen Medien zu betrachten. Wir wollen uns nun auch hier die zugehörigen differentiellen Formen besorgen, die etwas über die Quellen und Senken dieser Felder aussagen.

Der Begriff der Quelle muß hier sorgfältig betrachtet werden und ist rein mathematischer, nicht physikalischer Natur. Wenn wir von einem Proton als COULOMBfeldquelle reden, meinen wir als mathematisches Modell, daß es den Verschiebungsfluß aussendet.

Wenn wir von dem Elektron als Senke reden, meinen wir, daß es einen genauso großen Verschiebungsfluß aussendet, nur mit negativem Vorzeichen.

Dies wird zum einen sofort einsichtig, wenn wir bedenken, daß die negative numerische Festlegung der Elektronenladung reine Willkür darstellt. Man hätte genausogut die Protonenladung negativ definieren können. BENJAMIN FRANKLIN hat jedoch diese Festlegung anders getroffen. Manches wäre mathematisch mit positiven Elektronen einfacher, z.B. die Nichtnotwendigkeit der Unterscheidung zwischen Elektronenflußrichtung und technischer Stromrichtung. Es ist sogar so, daß die Physik erhebliche Anstrengungen unternehmen mußte, um überhaupt nachweisbar werden zu lassen, daß nicht letzte Nacht sämtliche Ladungsträger im Universum umgepolt wurden oder alles um uns herum aus Antimaterie statt aus dem, was wir als Materie wahrnehmen, besteht. Auch kann z.B. nicht zwingend ausgeschlossen werden, daß vielleicht ganze andere Galaxien aus Antimaterie bestehen (Elektronen ⇒ Positronen). Alleinige Betrachtungen der elektromagnetischen Wechselwirkungen erlauben eine solche Feststellung nicht, erst seit 1956 (T. D. LEE, C. N. YANG; Nobelpreis 1957) bekannte Zerfallsvorgänge der schwachen Wechselwirkung lösen dieses Problem.

Beide Ladungsträgertypen verursachen ihr Feld selbst. Daran ändert auch das bekannte Feldlinienbild einer positiven und einer negativen Ladung nichts, bei dem die Feldlinien beim Proton beginnen und beim Elektron enden. Dies ist ein rein mathematisches (sehr zweckmäßiges) Superpositionskonstrukt. Beim Auseinandernehmen der Ladungen bleiben beide Feldlinienbilder für sich übrig.

Demgegenüber steht ein Senkschacht, in dem sich Regenwasser sammelt und abfließt als Modell einer wirklichen physikalische Senke atmosphärischen Niederschlags, wobei im Gegensatz zum COULOMBfeld der Senkschacht das Wasser, das er verschluckt, nicht selbst erzeugt - das Elektron das Feld, das es mit sich führt, aber sehr wohl selbst hervorruft. Wenn wir daher in der Folge von *austretenden* Flüssen reden, ist lediglich ein mathematisch zu verstehender Zählpfeil gemeint. Tritt ein Fluß irgendwo ein, weil sich dahinter Elektronen verbergen, ist dies einfach ein *negatives Austreten*.

Von der physikalischen Logik erscheinen zunächst Quellen wichtiger als Wirbel, denn zuerst muß ein Feld erzeugt werden, bevor es um ein anderes wirbeln kann. Da für Wellen jedoch, wie schon mehrfach dargelegt, charakteristisch ist, daß sie weitab von der Ursache existieren, sind die ersten beiden MAXWELLgleichungen von erheblich größerer Bedeutung. Man vergleiche das Beispiel in Kap. 1, wo der Stein ins Wasser fällt: er ist die Ursache der Welle, sie existiert jedoch noch, wenn er längst auf dem Boden liegt.

Die Integralform des GAUßschen Satzes der Elektrostatik lautet gemäß Abschn. 2.1:

$$\overset{\circ}{\Psi} = q = \underset{\substack{\text{Bel. geschl.}\\ \text{Hülle um } V}}{\oiint} \boldsymbol{d} \cdot \mathrm{d}\boldsymbol{A} = \iiint_V \rho \mathrm{d}V . \qquad (3.1\text{-}13)$$

Zur Umwandlung in die zugehörige differentielle Form betrachten wir analog zu den ersten beiden MAXWELLgleichungen entspr. Abb. 3.1-5 wieder einen differentiell kleinen Quader des Volumens $\mathrm{d}V = \mathrm{d}x\mathrm{d}y\mathrm{d}z$. In diesem kann sich eine differentiell kleine Ladung $\mathrm{d}q = \rho\mathrm{d}V$ befinden, deren Fluß $\mathrm{d}\overset{\circ}{\Psi} = \mathrm{d}q$ aus dem Quader austritt (bzw. eintritt, wenn $\mathrm{d}q < 0$).

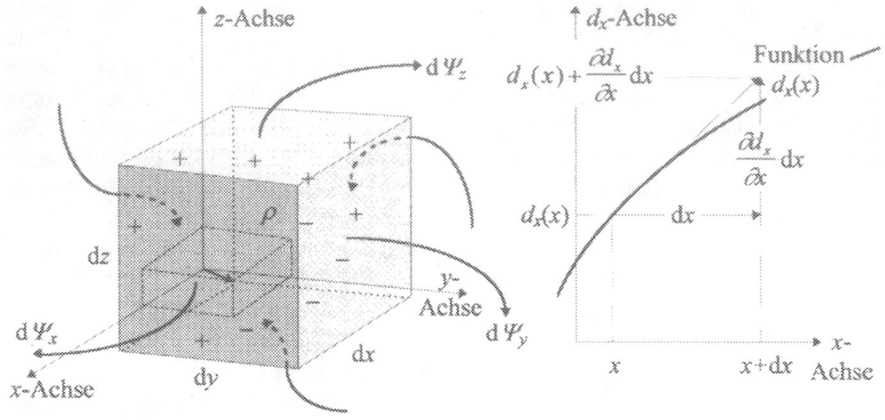

Abb. 3.1-5: Differentiell kleiner Quader zum Berechnen der Divergenz.

Außerhalb des Quaders können sich ebenfalls Ladungen befinden, deren Feldlinien in den Quader eintreten. Das linke Integral zerfällt in sechs Anteile für die sechs Quaderflächen. Betrachten wir zunächst die dunkelgraue vordere Frontfläche dydz gemeinsam mit der parallel dazu liegenden hinteren, so zeigen deren Normalenvektoren in positive bzw. negative x-Richtung. Von dem hier (schräg) austretenden Fluß zählt wegen des Skalarprodukts im linken Integral nur der in positive bzw. negative x-Richtung zeigende Normalanteil der Flußdichte d_x:

$$\mathrm{d}\Psi_x = \left(\frac{\partial d_x}{\partial x}\mathrm{d}x\right)\mathrm{d}y\mathrm{d}z = \frac{\partial d_x}{\partial x}\mathrm{d}V \tag{3.1-14}$$

ist dabei genau der Flußanteil, der innen verursacht wird zuzüglich dem Anteil, der von außen über die vier anderen Grenzflächen eindringt und über genau diese beiden Flächenanteile austritt. Führen wir denselben Gedankengang für die anderen beiden Flächenpaare weiter, muß für den Gesamtfluß gelten:

$$\mathrm{d}\mathring{\Psi} = \mathrm{d}\Psi_x + \mathrm{d}\Psi_y + \mathrm{d}\Psi_z = \frac{\partial d_x}{\partial x}\mathrm{d}V + \frac{\partial d_y}{\partial y}\mathrm{d}V + \frac{\partial d_z}{\partial z}\mathrm{d}V = \rho\mathrm{d}V. \tag{3.1-15}$$

Wir dividieren diese Gleichung durch das Volumenelement dV und erhalten:

$$\frac{\partial d_x}{\partial x} + \frac{\partial d_y}{\partial y} + \frac{\partial d_z}{\partial z} = \begin{pmatrix} \frac{\partial}{\partial x} \\ \frac{\partial}{\partial y} \\ \frac{\partial}{\partial z} \end{pmatrix} \cdot \begin{pmatrix} d_x \\ d_y \\ d_z \end{pmatrix} = \rho\,. \tag{3.1-16}$$

Hier haben wir, wie bei den ersten beiden MAXWELLgleichungen, wieder den Nabla-Operator eingeführt, der in Form eines Skalarprodukts auf das Flußdichtefeld wirkt. In dieser nach *Gradient* und *Rotor* dritten Ausprägungsform wird er als *Divergenz* bezeichnet. In Kurzschreibweise läßt sich diese Gleichung somit darstellen:

$$\boxed{\nabla \cdot \boldsymbol{d} = \mathrm{div}\boldsymbol{d} = \mathrm{div}(\varepsilon\boldsymbol{e}) = \rho}. \tag{3.1-17}$$

Wie der Name *Divergenz* anschaulich macht, divergiert - will sagen: quillt - hier etwas. Man kann direkt *div* ersetzen durch *Die Quellstärke von.* Im Klartext kann man damit diese Gleichung lesen:

Die Quellstärke der elektrischen Flußdichte ist die Raumladung.

Befindet sich in dem Quader keine Raumladung ($\rho = 0$), muß sämtlicher Fluß, der in das Gebiet eintritt auch wieder austreten:

$$\nabla \cdot \boldsymbol{d} = \mathrm{div}\boldsymbol{d} = \mathrm{div}(\varepsilon\boldsymbol{e}) = 0. \tag{3.1-18}$$

Auch hier haben wir gleich wieder die elektrische Feldstärke eingeführt. Man kann nun das Produkt $\varepsilon\boldsymbol{e}$ gemäß der Produktregel der Differentiation auflösen. Das Ergebnis hängt davon ab, ob sich in dem Gebiet Raumladungen aufhalten und ε homogen oder inhomogen ist. Im homogenen Fall kann man ε vor den Nabla-Operator ziehen:

$$\mathrm{div}(\varepsilon\boldsymbol{e}) = \varepsilon\,\mathrm{div}\boldsymbol{e} = \rho, \qquad \text{woraus} \qquad \mathrm{div}\boldsymbol{e} = \frac{\rho}{\varepsilon}. \tag{3.1-19}$$

Diese Gleichung besagt, daß in diesem Fall elektrische Feldlinien ebenfalls (erwartungsgemäß) an Raumladungen entspringen, sofern sie denn da sind. Betrachten wir demgegenüber den Fall inhomogenen $\varepsilon(x,y,z)$, folgt:

$$\nabla \cdot (\varepsilon\boldsymbol{e}) = \varepsilon\nabla \cdot \boldsymbol{e} + \boldsymbol{e} \cdot \nabla\varepsilon = \varepsilon\,\mathrm{div}\boldsymbol{e} + \boldsymbol{e} \cdot \mathrm{grad}\varepsilon = \rho, \tag{3.1-20}$$

woraus wieder für Gebiete, in denen keine Raumladungen vorkommen, folgt:

$$\mathrm{div}\boldsymbol{e} = -\boldsymbol{e} \cdot \frac{\mathrm{grad}\varepsilon}{\varepsilon}. \tag{3.1-21}$$

Diese Gleichung besagt, daß außer an Raumladungen elektrische Feldlinien auch dort entstehen (oder verschwinden) können, wo ε inhomogen ist, also z.B. am Übergang zwischen zwei Gebieten homogenen ε. Dies ist physikalisch einsichtig, da unterschiedliches ε unterschiedliche Polarisierungsfähigkeit der Materie beschreibt und folglich das elektrische Feld in Gebieten schwächeren ε weniger geschwächt wird.

In diesem Sinne ist auch das Minuszeichen zu verstehen: der Gradient zeigt ja in Richtung wachsender Permittivität, dort bricht aber das elektrische Feld zusammen, d.h. Feldlinien aus Gebieten niederer Permittivität müssen an der Grenze enden. In Gebieten hoher Permittivität werden die Feldlinien durch die Gegenpolarisierung aufgefressen. Dies bedeutet, daß aus Richtung niederer Permittivität eine Grenzfläche eine Senke (soz. eine *Konvergenz*) elektrischer Feldlinien darstellt.

Setzen wir nun in div$\boldsymbol{e}$ noch die Beziehung $\boldsymbol{e} = -\mathrm{grad}\varphi$ ein, erhalten wir die ***POISSONgleichung***, für $\rho = 0$ die ***LAPLACEgleichung***:

$$\mathrm{div}\boldsymbol{e} = -\mathrm{div}\,\mathrm{grad}\varphi = -\nabla \cdot \nabla\varphi = -\nabla^2\varphi =: -\Delta\varphi$$

$$\Rightarrow \quad \Delta\varphi = -\frac{\rho}{\varepsilon} \qquad \text{bzw.} \quad \Delta\varphi = 0. \tag{3.1-22}$$

Δ ist er LAPLACEoperator, auf den weiter unten nochmals eingegangen wird. Ihre Lösung ist Gl. 2.1-29. Oft kann es sinnvoll sein, das elektrische Feld in einem Gebiet über die Gradientenbildung des zuvor bestimmten Potentials zu ermitteln. Wir werden von der POISSON/LAPLACEgleichung im weiteren keinen Gebrauch machen, da wir uns meist einfache Feldgeometrien vorgeben und an deren Wellenausbreitung interessiert sind.

Auch hier soll nicht unerwähnt bleiben, daß analog zum Satz von STOKES der GAUßsche Satz über diese Anwendung hinaus mathematisch weitreichende Bedeutung hat. Er stellt eine Beziehung her zwischen der Kenntnis des Feldverlaufs über einer geschlossenen Oberfläche und der Kenntnis des Quellenverhaltens im Integrationsvolumen. Dazu setzen wir wieder die differentielle Form in das rechte Integral ein:

$$\overset{\circ}{\Psi} = q = \oiint_{\substack{\text{Bel. geschl.}\\ \text{Hülle um } V}} \boldsymbol{d} \cdot \mathrm{d}\boldsymbol{A} = \iiint_{V} \mathrm{div}\boldsymbol{d}\,\mathrm{d}V. \tag{3.1-23}$$

Ein beliebiges elektrisches Feld ist also in seiner Eigenschaft mit elektrostatischen Quellanteilen in Raumladungen und Permittivitätsübergängen sowohl ein Quellen- als auch ein Wirbelfeld mit Wirbelbildung um zeitveränderliche Magnetfelder.

Während es also der STOKESsche Satz ermöglicht, aus dem Randumlauf einer Fläche eine Aussage über den Inhalt zu machen, gibt der GAUßsche Satz Auskunft über die (mathematische) Emission eines Volumens, indem nur die Hülle betrachtet wird. Dies ist direkter einsichtig als der STOKESsche Satz, denn der GAUßsche Satz besagt etwa, daß es in einem Gefängnis genügt, statt jedem Gefangenen einen permanenten Aufpasser beizugeben, sämtliche möglichen Ausgänge zu bewachen (zu Wasser, zu Lande und in der Luft, was zuweilen nicht so einfach zu sein scheint).

Aufgabe 3.1.3: Man weise nach, daß im allgemeinen Fall auf der Grenzfläche zwischen zwei gleichstromdurchflossenen Leitern zwingend eine Ladungsbedeckung σ auftritt. Gibt es spezielle Bedingungen, unter denen σ verschwindet?

3.1.4 Quellenfreiheit der Induktion, Vektorpotential a_m

Aus den Überlegungen des vorangegangenen Abschnitts läßt sich aus der integralen Form der 4. MAXWELLgleichung

$$\overset{\circ}{\phi} = \oiint_{\substack{\text{Bel. geschl.}\\ \text{Hülle}}} \boldsymbol{b} \cdot \mathrm{d}\boldsymbol{A} = 0. \tag{3.1-24}$$

rasch auf die differentielle schließen. Aufgrund der nicht vorhandenen magnetischen Monopole ($\rho_m = 0$) ersetzen wir in allen Gleichungen die elektrische durch die magnetische Flußdichte und die Raumladung zu Null:

$$\boxed{\nabla \cdot \boldsymbol{b} = \mathrm{div}\boldsymbol{b} = \mathrm{div}(\mu\boldsymbol{h}) = 0}. \tag{3.1-25}$$

Das magnetische Flußdichtefeld ist ein reines Wirbelfeld. Für Gebiete, in denen μ sich ändert, gilt analog zu den vorherigen Betrachtungen:

$$\operatorname{div}\boldsymbol{h} = -\boldsymbol{h}\cdot\frac{\operatorname{grad}\mu}{\mu}. \tag{3.1-26}$$

Ein allgemeines Feld magnetischer Feldstärke ist also in seiner Eigenschaft mit Quellanteilen an Permeabilitätsübergängen sowohl ein Quellen- als auch ein Wirbelfeld mit Wirbelbildung um (zeitveränderliche) elektrische Felder.

Hier soll in Analogie zum vorigen Abschnitt das ***Vektorpotential*** $\boldsymbol{a}_{\mathrm{m}}$ erwähnt werden. So wie es oft einfacher ist, das elektrische Feld einer Ladungsanordnung über den Gradienten des elektrischen Potentials zu bestimmen, kann eine Ermittlung des magnetischen Feldes über ein Potential der in Abschnitt 2.3.2 eingeführten magnetischen Polstärke $\boldsymbol{q}_{\mathrm{m}} = q\boldsymbol{v} = i\Delta\boldsymbol{l}$ als Ladungsäquivalent nützlich sein. Da diese im Gegensatz zu COULOMBschen Ladungen selbst eine vektorielle Größe ist, muß ihre Richtung in dieses Potential in Form eines Vektors mit eingebracht werden.

Das gesuchte magnetische Vektorfeld muß aus einer räumlichen Ableitung des Vektorpotentials bestimmt werden. Der Gradient kann nur auf Skalarfelder wirken, die Divergenz erzeugt einen Skalar, so daß nur der Rotor als Option übrig bleibt:

$$\nabla\times\boldsymbol{a}_{\mathrm{m}} = \operatorname{rot}\boldsymbol{a}_{\mathrm{m}} := \boldsymbol{b}; \qquad [\boldsymbol{a}_{\mathrm{m}}] = \frac{\mathrm{Wb}}{\mathrm{m}}. \tag{3.1-27}$$

$\operatorname{div}\boldsymbol{b} = 0$ ist damit ebenso erfüllt. Die Lösung der Gleichung ist in Richtung $\boldsymbol{b} \to \boldsymbol{a}_{\mathrm{m}}$ mehrdeutig. Sinnvoll ist die COULOMBeichung für statische Probleme bzw. die LORENTZeichung für dynamische:

$$\operatorname{div}\boldsymbol{A}_{\mathrm{m}} = 0 \qquad \text{bzw.} \qquad \operatorname{div}\boldsymbol{a}_{\mathrm{m}} + \mu\varepsilon\frac{\partial\varphi}{\partial t} = 0. \tag{3.1-28}$$

Mithilfe des Durchflutungsgesetzes läßt sich im homogenen Medium der Zusammenhang zwischen Stromdichte und Vektorpotential in der POISSONgleichung analoger Struktur angeben; die Lösung ist folglich analog zur Lösung 2.1-29 der elektrostatischen POISSONgleichung angebbar:

$$\Delta\boldsymbol{a}_{\mathrm{m}} = -\mu\boldsymbol{s} \qquad \Rightarrow \qquad \boldsymbol{a}_{\mathrm{m}} = \frac{\mu}{4\pi}\iiint_V \frac{\boldsymbol{s}\,\mathrm{d}V}{r}. \tag{3.1-29}$$

Aus den o.a. Gründen werden wir vom Vektorpotential, als auch von seinem Zeitintegral, dem HERTZschen Vektor, keinen weiteren Gebrauch machen.

Aufgabe 3.1.4-1: Ein magnetisches Flußdichtefeld ist mit seinen kartesischen Komponenten zu $\boldsymbol{b} = (4xyz\cdot\sin\omega t\cdot\mathrm{T/m^3}, -3z^3\cdot\cos\omega t\cdot\mathrm{T/m^3}, b_z)$ gegeben. Man bestimme b_z.

Aufgabe 3.1.4-2: Man gebe die Differentialformen der MAXWELLgleichungen für folgende Spezialfälle an: Elektrostatik, Magnetostatik, Stationäre Felder (Gleichfelder), Quasistationäre Felder (Niederfrequenzfelder), Hochfrequenzfelder.

3.1.5 Kontinuitätsgleichung, Ladungserhaltung

Die Kontinuitätsgleichung, von der zu Ende des Abschn. 2.2.6 die integrale Form vorgestellt wurde, ist im Prinzip die elektrotechnische Vektorfeldbeschreibung des für die Physik axiomatischen Ladungserhaltungssatzes. Aus ihm resultiert für die Netzwerkanalyse die KIRCHHOFFsche Knotenregel, die besagt, daß in einem Knoten die Summe aller Ströme verschwindet. Da es sich wie bei den letzten beiden MAXWELLgleichungen um ein geschlossenes Oberflächenintegral handelt, kann auch hierauf der Satz von GAUß angewendet werden:

$$\overset{\circ}{i}_{\text{tot}} = 0 = \oint\!\!\oint_{\substack{\text{Bel. geschl.}\\ \text{Hülle um } V}} \left(\boldsymbol{s} + \frac{\partial \boldsymbol{d}}{\partial t} \right) \cdot \mathrm{d}\boldsymbol{A} = \iiint_V \operatorname{div}\left(\boldsymbol{s} + \frac{\partial \boldsymbol{d}}{\partial t} \right) \mathrm{d}V, \tag{3.1-30}$$

woraus unmittelbar folgt, daß die differentielle Form der Kontinuitätsgleichung lauten muß:

$$\operatorname{div}\left(\boldsymbol{s} + \frac{\partial \boldsymbol{d}}{\partial t} \right) = 0 = \operatorname{div} \operatorname{rot} \boldsymbol{h}. \tag{3.1-31}$$

Hier haben wir rechts die differentielle Form des Durchflutungsgesetzes eingesetzt, die für sich unabhängig von der linken Seite zur Null führt: ein Feld - besser: eine Feldlinie - kann nicht gleichzeitig quellen und wirbeln. Dies ist ein rein mathematischer, nicht nur physikalischer Aspekt und gilt für jedes Feld. Wir kommen also sowohl von Seiten der Kontinuitätsgleichung als auch der universellen Gültigkeit des Durchflutungsgesetzes zu einem identischen Ergebnis und somit zu einer impliziten Begründung des Durchflutungsgesetzes aus der Ladungserhaltung.

Setzen wir hingegen die 3. MAXWELLgleichung in die linke Seite der differentiellen Kontinuitätsgleichung ein, ergibt sich:

$$\nabla \cdot \boldsymbol{s} = \operatorname{div} \boldsymbol{s} = -\frac{\partial \rho}{\partial t}, \tag{3.1-32}$$

was besagt, daß die Quelle der Stromdichte gleich der negativen zeitlichen Änderung von Raumladungen ist. Diese Gleichung wird zuweilen als direkte Definition der Kontinuitätsgleichung bezeichnet.

Wendet man das Prinzip der *div rot*-Bildung auf das Gesetz der Quellenfreiheit der Induktion und das Induktionsgesetz an, folgt ebenfalls eine Identität, die als Bestätigung für das Induktionsgesetz aus dem Axiom der Nichtexistenz magnetischer Monopole angesehen werden kann:

$$\operatorname{div} \boldsymbol{b} = 0 \qquad \Rightarrow \qquad \operatorname{div} \frac{\partial \boldsymbol{b}}{\partial t} = 0 = -\operatorname{div} \operatorname{rot} \boldsymbol{e}. \tag{3.1-33}$$

Aufgabe 3.1.5: Man weise in kartesischen Koordinaten komponentenweise nach, daß div rot$\boldsymbol{a}$ = 0 für jedes beliebige Vektorfeld $\boldsymbol{a}$ gilt.

3.1.6 POYNTINGvektor $\wp$

In Kap. 2 wurden die Energieinhalte des elektrostatischen, des elektrischen Strömungs- und des magnetischen Felds berechnet. Befinden wir uns in einem allgemeinen Medium mit den Materialeigenschaften ε, κ und μ, können wir Energie eines jeden Anteils erwarten, im Dielektrikum, speziell im Freiraum, immer elektrostatische und magnetische.

ε und μ sind für den ungedämpften Energietransport zuständig, κ kennzeichnet Verluste. Da fortschreitende Wellen an jeder Stelle eine definierte Ausbreitungsrichtung aufweisen, erscheint eine vektorielle Beschreibung des Energietransports in dieser Richtung angebracht. Die Gesamtvolumenenergiedichte ϖ eines elektromagnetischen Felds ergibt sich zu

$$\varpi = \varpi_{\mathrm{s}} + \varpi_{\mathrm{e}} + \varpi_{\mathrm{m}} = \int \boldsymbol{e} \cdot \boldsymbol{s} \mathrm{d}t + \frac{\boldsymbol{e} \cdot \boldsymbol{d}}{2} + \frac{\boldsymbol{h} \cdot \boldsymbol{b}}{2}. \tag{3.1-34}$$

Wir berechnen durch Differentiation dieser Gleichung nach der Zeit die Volumenleistungsdichte p_{V}, die wir dann mithilfe der ersten beiden MAXWELLgleichungen umformen, und darauf eine mathematische Identität anwenden:

$$p_{\mathrm{V}} = \frac{\partial \varpi}{\partial t} = \boldsymbol{e} \cdot \left(\boldsymbol{s} + \frac{\partial \boldsymbol{d}}{\partial t} \right) + \boldsymbol{h} \cdot \frac{\partial \boldsymbol{b}}{\partial t} = \boldsymbol{e} \cdot \mathrm{rot}\boldsymbol{h} - \boldsymbol{h} \cdot \mathrm{rot}\boldsymbol{e} = -\mathrm{div}(\boldsymbol{e} \times \boldsymbol{h}). \tag{3.1-35}$$

Die (momentane) die Hülle nach innen durchsetzende Leistung $\overset{\circ}{p}$ ergibt sich durch Integration über das Volumen und Anwendung des GAUßschen Satzes, der am Beispiel der Elektrostatik bereits in Abschnitt 3.1.3 nachgewiesen wurde:

$$\overset{\circ}{p} = \iiint_V p_{\mathrm{V}} \mathrm{d}V = -\iiint_V \mathrm{div}(\boldsymbol{e} \times \boldsymbol{h}) \mathrm{d}V = -\oiint_{\substack{\text{Bel. geschl.} \\ \text{Hülle um } V}} (\boldsymbol{e} \times \boldsymbol{h}) \cdot \mathrm{d}\boldsymbol{A}. \tag{3.1-36}$$

Eine Gesamtleistungsbilanz in einem Volumen V des linearen Mediums mit den Materialeigenschaften ε, κ und μ sieht somit wie folgt aus:

$$\underbrace{\iiint_V \frac{\boldsymbol{s}^2}{\kappa} \mathrm{d}V}_{\substack{\text{Ohmsche Verluste} \\ \text{(Joule'sche Wärme)}}} = \underbrace{\iiint_V \boldsymbol{e}_{\mathrm{q}} \cdot \boldsymbol{s} \mathrm{d}V}_{\substack{\text{Eingeprägte Leistung} \\ \text{(z.B. chemisch)}}} \underbrace{- \frac{\partial}{\partial t} \iiint_V \left(\mu \frac{\boldsymbol{h}^2}{2} + \varepsilon \frac{\boldsymbol{e}^2}{2} \right) \mathrm{d}V}_{\text{Abnahme gespeicherter Feldenergie}} \underbrace{- \oiint_{\text{Hülle}} (\boldsymbol{e} \times \boldsymbol{h}) \cdot \mathrm{d}\boldsymbol{A}}_{\substack{\text{Über Hülle zugeführte} \\ \text{Leistung}}}.$$

$$p \quad = \quad p_{\mathrm{q}} \quad - \frac{\partial}{\partial t} \quad (w_{\mathrm{m}} + w_{\mathrm{e}}) \quad + \quad \overset{\circ}{p}. \tag{3.1-37}$$

Dies ist praktisch der Energieerhaltungssatz aus der Sicht elektrotechnischer Feldgrößenarten. Die analoge Struktur aus den dazugehörigen integralen Größen lautet:

$$\frac{i_{\mathrm{G}}^2}{G} \quad = \quad u_{\mathrm{q}} i_{\mathrm{q}} \quad - \frac{\partial}{\partial t} \quad \left(\frac{1}{2} L i^2 + \frac{1}{2} C u^2\right) \quad + \quad \overset{\circ}{p} \tag{3.1-38}$$

$$= \quad u_{\mathrm{q}} i_{\mathrm{q}} \quad - \frac{\partial}{\partial t} \quad \left(\frac{1}{2} \psi_{\mathrm{v}} i + \frac{1}{2} \overset{\circ}{\Psi} u\right) \quad + \quad \overset{\circ}{p}. \tag{3.1-39}$$

Abb. 3.1-6 illustriert den Sachverhalt symbolisch.

Bezüglich der eingeprägten Leistung ist zu beachten, daß es sich hier um eine Quelle handelt, bei der entsprechend dem Erzeugerzählpfeilsystem eingeprägte elektrische Feldstärke $\boldsymbol{e}_{\mathrm{q}}$ (Quellgröße) und resultierende Stromdichte in entgegengesetzte Richtung zeigen müssen, weshalb der Term auf der rechten Seite positiv auftritt: $\boldsymbol{s} = \kappa(\boldsymbol{e}+\boldsymbol{e}_{\mathrm{q}})$. Wird in dem Volumen Leistung erzeugt und nach außen über die Hülle abtransportiert, wird diese durch $+\oiint (\boldsymbol{e} \times \boldsymbol{h}) \cdot \mathrm{d}\boldsymbol{A}$ repräsentiert, weist also positiv in Richtung vom Koordinatenursprung in der Hülle weg. Der ***POYNTINGvektor*** (JOHN HENRY POYNTING, 1884)

$$\wp := \boldsymbol{e} \times \boldsymbol{h}; \qquad [\wp] = \frac{\text{W (att)}}{\text{m}^2} \qquad (3.1\text{-}40)$$

steht normal auf der von $\boldsymbol{e}$ und $\boldsymbol{h}$ aufgespannten Ebene, und zeigt, wie unten begründet wird, in Ausbreitungsrichtung. Er hat die Dimension einer Flächenleistungsdichte und beschreibt so die Konzentration des Leistungsflusses über die Fläche A.

Möchten wir wissen, welche Leistung p einen Teil A einer geschlossenen Oberfläche nach außen durchtritt, können wir i.allg. das POYNTINGintegral entspr.

$$p = \iint_A \wp \cdot \mathrm{d}\boldsymbol{A} = \iint_A (\boldsymbol{e} \times \boldsymbol{h}) \cdot \mathrm{d}\boldsymbol{A}; \qquad \wp = \frac{\mathrm{d}p}{\mathrm{d}A}. \qquad (3.1\text{-}41)$$

modifizieren.

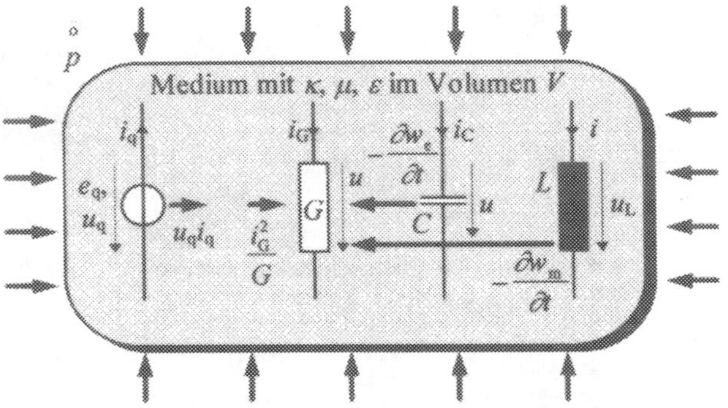

Abb. 3.1-6: Leistungsbilanz am Medium im Volumen V.

Die Abbildung ist in dem Sinne primär symbolisch zu verstehen, als die dargestellten (konzentrierten) Bauelemente ja nicht diskret vorkommen, sondern die Materialeigenschaften des Mediums charakterisieren sollen. Bauelemente müssen immer in einer bestimmten Weise zusammengeschaltet werden: seriell, parallel oder komplizierter, z.B. im Stern. Dies hat zur Folge, daß bei seriengeschalteten Bauelementen der Strom gleich ist, bei parallel geschalteten die Spannung; außer bei Einmaschennetzwerken mit einer Quelle und einem Verbraucher sind beide nie gleich. Dies ist aufgrund der Nichtkonzentriertheit hier anders: das Medium muß als kompliziertes Netzwerk, wie im nächsten Kapitel bei den Leitungen demonstriert, modelliert werden.

Aufgabe 3.1.6-1: Man stelle den POYNTINGvektor $\wp = (\wp_x, \wp_y, \wp_z)$ für ein elektromagnetisches Feld $\boldsymbol{e} = (e_x, e_y, e_z)$ und $\boldsymbol{h} = (h_x, h_y, h_z)$ komponentenweise dar.

Aufgabe 3.1.6-2: Man weise die Identität $\boldsymbol{e}\cdot\mathrm{rot}\boldsymbol{h} - \boldsymbol{h}\cdot\mathrm{rot}\boldsymbol{e} = -\mathrm{div}(\boldsymbol{e} \times \boldsymbol{h})$ nach, indem man die Rechnung komponentenweise durchführt.

3.2 Wellen bei beliebiger Anregung

Wir setzen nun zur Generierung der Wellengleichung(en) aus den zuvor abgeleiteten differentiellen Formen der MAXWELLgleichungen folgende sinnvollen Randbedingungen voraus:

1. Die Feldgrößen mögen sich nur in Abhängigkeit einer Koordinaten eines kartesischen Koordinatensystems, in dem wir die Wellenausbreitung beschreiben, ändern. Diese legen wir als z-Koordinate fest. Dies ist in homogenen Medien immer möglich und hat zur Folge, daß wir überall in den Nabla-Operatoren

   $$\frac{\partial}{\partial x} = \frac{\partial}{\partial y} = 0 \tag{3.2-1}$$

   setzen können, d.h. wir können auf normalem mathematische Niveau quasi eindimensional - skalar, statt vektoriell - rechnen. Dadurch, daß wir an jeder Stelle eine einheitliche kartesische Abhängigkeit voraussetzen, beschreiben wir *ebene Wellen*, bei denen der Ausbreitungsvektor an jeder Stelle des Mediums in z-Richtung zeigt. An einigen Stellen, die entspr. gekennzeichnet sind, wird, um bestimmte Sachverhalte zu verdeutlichen, von diesem allgemeinen Prinzip abgewichen.

   Demgegenüber stehen z.B. Kugelwellen, wie sie in Kap. 1 beschrieben wurden, bei denen die Abhängigkeit der Feldgrößen und die Ausbreitungsrichtung vom Ort der Verursachung radial wegweisen. Zur Beschreibung solcher Wellen, wie sie z.B. von kurzen Dipolen erregt werden, sind Kugelkoordinatensysteme angebracht.

2. Das Medium, in dem sich die Felder in Form von Wellen ausbreiten mögen, sei entspr. Abb. 3.2-1 in z-Richtung zweiseitig begrenzt, und in die anderen x- und y-Richtungen beliebig ausgedehnt. Eine Seite bei $z = 0$ diene zur Einspeisung der Welle in das Medium, ein davon entfernter endlicher Ort bei einem positiven Wert von z diene zum Auskoppeln und stellt eine mögliche Reflexionsstelle der Welle dar, von der ein Teil der Energie zum Anfang zurückreflektiert wird.

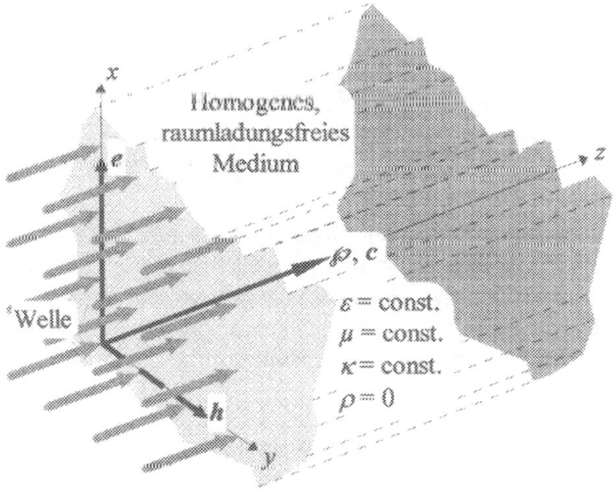

Abb. 3.2-1: Koordinatensystem und Eigenschaften des Mediums der Wellenausbreitung.

3. Die Medien seien homogen, isotrop, zeitunabhängig und linear, d.h. ε, κ, und μ seien konstant, skalar und nicht von den Feldstärkewerten selbst abhängig.

4. Die Medien seien raumladungsfrei, d.h. $\rho = 0$, womit die Quellen der Felder außerhalb des betrachteten Gebiets liegen (div$\boldsymbol{d} = 0$).

3.2.1 Wellengleichung für beliebige Zeitanregung

Die MAXWELLschen Vektordifferentialgleichungen sind verkoppelt, d.h. die gesuchten Größen kommen in mehreren Differentialgleichungen vor. Ziel ist es nun, diese zu entkoppeln, d.h., daß jede Vektorkomponente durch genau eine Gleichung beschrieben wird. Es werden nach wie vor partielle Differentialgleichungen mit Orts- und Zeitabhängigkeit sein, was wir aufgrund des Wellencharakters natürlich erwarten können. Der Preis für die Entkopplung der MAXWELLschen Differentialgleichungen erster Ordnung wird eine Erhöhung der Ordnung auf 2 scin.

3.2.1.1 Komponentendarstellung

Für die obigen Randbedingungen werten wir nun die ersten beiden MAXWELLgleichungen aus. Wir spezialisieren uns dabei zunächst auf dielektrische Medien ($\kappa = 0$). Dabei kommt der Rotor als Vektoroperator vor, den wir zunächst entspr. den Randbedingungen für unser allgemeines Feld $\boldsymbol{a}$ darstellen:

$$\mathrm{rot}\boldsymbol{a} = \begin{vmatrix} \frac{\partial}{\partial x} & a_x & \vec{e}_x \\ \frac{\partial}{\partial y} & a_y & \vec{e}_y \\ \frac{\partial}{\partial z} & a_z & \vec{e}_z \end{vmatrix} = \begin{vmatrix} 0 & a_x & \vec{e}_x \\ 0 & a_y & \vec{e}_y \\ \frac{\partial}{\partial z} & a_z & \vec{e}_z \end{vmatrix} = \begin{pmatrix} -\frac{\partial a_y}{\partial z} \\ \frac{\partial a_x}{\partial z} \\ 0 \end{pmatrix}. \tag{3.2-2}$$

Dies setzen wir in die ersten beiden MAXWELLgleichungen ein:

$$\mathrm{rot}\boldsymbol{h} = \varepsilon \frac{\partial \boldsymbol{e}}{\partial t} = \begin{pmatrix} -\frac{\partial h_y}{\partial z} \\ \frac{\partial h_x}{\partial z} \\ 0 \end{pmatrix} = \begin{pmatrix} \varepsilon \frac{\partial e_x}{\partial t} \\ \varepsilon \frac{\partial e_y}{\partial t} \\ \varepsilon \frac{\partial e_z}{\partial t} \end{pmatrix}; \quad -\mathrm{rot}\boldsymbol{e} = \mu \frac{\partial \boldsymbol{h}}{\partial t} = \begin{pmatrix} \frac{\partial e_y}{\partial z} \\ -\frac{\partial e_x}{\partial z} \\ 0 \end{pmatrix} = \begin{pmatrix} \mu \frac{\partial h_x}{\partial t} \\ \mu \frac{\partial h_y}{\partial t} \\ \mu \frac{\partial h_z}{\partial t} \end{pmatrix}. \tag{3.2-3}$$

Zunächst erkennen wir, daß die z-Komponenten der Felder zeitkonstant - also Gleichkomponenten sein - müssen, wie sie elektrostatische und magnetostatische (z.B. von einem ruhenden Permanentmagneten) darstellen. Sie rufen sich nicht gegenseitig hervor, da ja die Zeitabhängigkeit fehlt und beschreiben damit auch keine Wellenbewegung. Da wir an Wellen interessiert sind, setzen wir diese Anteile zu Null:

$$e_z = h_z = 0. \tag{3.2-4}$$

Mit den verbliebenen vier Komponenten werden danach die rechts neben den Gleichungen dargestellten Operationen vorgenommen:

$$-\frac{\partial h_y}{\partial z} = \varepsilon \frac{\partial e_x}{\partial t} \quad \Big| \frac{\partial}{\partial t} \qquad \frac{\partial e_y}{\partial z} = \mu \frac{\partial h_x}{\partial t} \quad \Big| \frac{\partial}{\partial z} \tag{3.2-5}$$

$$\frac{\partial h_x}{\partial z} = \varepsilon \frac{\partial e_y}{\partial t} \quad \Big| \frac{\partial}{\partial t} \qquad -\frac{\partial e_x}{\partial z} = \mu \frac{\partial h_y}{\partial t} \quad \Big| \frac{\partial}{\partial z}. \tag{3.2-6}$$

Wir erhalten:

$$-\frac{\partial^2 h_y}{\partial t \partial z} = \varepsilon \frac{\partial^2 e_x}{\partial t^2} \qquad \frac{\partial^2 e_y}{\partial z^2} = \mu \frac{\partial^2 h_x}{\partial t \partial z} \tag{3.2-7}$$

$$\frac{\partial^2 h_x}{\partial t \partial z} = \varepsilon \frac{\partial^2 e_y}{\partial t^2} \qquad -\frac{\partial^2 e_x}{\partial z^2} = \mu \frac{\partial^2 h_y}{\partial t \partial z}. \tag{3.2-8}$$

Einsetzen von $\partial^2 h_y / \partial t \partial z$ links oben nach rechts unten sowie $\partial^2 h_x / \partial t \partial z$ links unten nach rechts oben ergibt:

$$\frac{\partial^2 e_x}{\partial z^2} = \mu\varepsilon \frac{\partial^2 e_x}{\partial t^2} \qquad \frac{\partial^2 e_y}{\partial z^2} = \mu\varepsilon \frac{\partial^2 e_y}{\partial t^2}. \tag{3.2-9}$$

Ersetzen wir in denselben Gleichungen die zweiten Ableitungen $\partial/\partial z$ durch $\partial/\partial t$ und umgekehrt, erhalten wir auf gleiche Art die Differentialgleichungen für die jeweils zugehörigen Komponenten der magnetischen Feldstärke:

$$\frac{\partial^2 h_y}{\partial z^2} = \mu\varepsilon \frac{\partial^2 h_y}{\partial t^2} \qquad \frac{\partial^2 h_x}{\partial z^2} = \mu\varepsilon \frac{\partial^2 h_x}{\partial t^2}. \tag{3.2-10}$$

Dabei gehören die jeweils untereinander stehenden Gleichungen zueinander, da sie aus den jeweils gleichen Gleichungspaaren entstehen. Wir erhalten also zwei voneinander unabhängige Lösungspaare: e_x, h_y und e_y, h_x. Eine physikalische Interpretation dieses Ergebnisses wird weiter unten gegeben.

Aufgabe 3.2.1.1: Man stelle die Wellengleichungen für ein Medium mit endlicher Leitfähigkeit κ und Dielektrizitätszahl ε auf und stelle die Ergebnisse dann für eine allgemeine a-Komponente dar.

3.2.1.2 Vektordarstellung

Nun soll die vektorielle Ableitung der vektoriellen Wellengleichung skizziert werden, von der wir in der Folge an einigen Stellen Gebrauch machen. Wir wenden z.B. auf die 2. MAXWELLgleichung nochmals den Rotor an und setzen die 1. MAXWELLgleichung rechts ein.

$$\nabla \times \nabla \times \boldsymbol{e} = -\nabla \times \frac{\partial \boldsymbol{b}}{\partial t} = -\mu \frac{\partial}{\partial t}(\nabla \times \boldsymbol{h}) = -\mu \frac{\partial}{\partial t}\left(\varepsilon \frac{\partial \boldsymbol{e}}{\partial t}\right) = -\mu\varepsilon \frac{\partial^2 \boldsymbol{e}}{\partial t^2}. \tag{3.2-11}$$

Nun machen wir von der mathematischen Identität $\nabla\times\nabla\times = -\nabla^2 = -\Delta$ für homogene Medien Gebrauch:

$$\Delta \boldsymbol{e} = \mu\varepsilon \ddot{\boldsymbol{e}} \qquad \Delta \boldsymbol{h} = \mu\varepsilon \ddot{\boldsymbol{h}}. \tag{3.2-12}$$

Die rechte dieser beiden Gleichungen erhalten wir analog aus der 1. mit der 2. MAXWELLgleichung. Δ ist der beim Vektorpotential schon erwähnte LAPLACEoperator, der für ein beliebiges Feld $\boldsymbol{a}$ gemäß

$$\Delta \boldsymbol{a} = \begin{pmatrix} \frac{\partial^2 a_x}{\partial x^2} + \frac{\partial^2 a_x}{\partial y^2} + \frac{\partial^2 a_x}{\partial z^2} \\ \frac{\partial^2 a_y}{\partial x^2} + \frac{\partial^2 a_y}{\partial y^2} + \frac{\partial^2 a_y}{\partial z^2} \\ \frac{\partial^2 a_z}{\partial x^2} + \frac{\partial^2 a_z}{\partial y^2} + \frac{\partial^2 a_z}{\partial z^2} \end{pmatrix} \tag{3.2-13}$$

darstellbar ist. Für eine i-te skalare Komponente ($i = x,y,z$) heißt das:

$$\Delta a_i = \frac{\partial^2 a_i}{\partial x^2} + \frac{\partial^2 a_i}{\partial y^2} + \frac{\partial^2 a_i}{\partial z^2} = \mu\varepsilon \frac{\partial^2 a_i}{\partial t^2}. \tag{3.2-14}$$

Mittels dieser Darstellung läßt sich ein Fortschreiten der Welle in jede beliebige Raumrichtung angeben. $\boldsymbol{a}(x,t)$ heißt ***vektorielle Wellenfunktion***.

Aufgabe 3.2.1.2-1: Man weise die Gültigkeit der Umformung $\nabla\times\nabla\times = -\Delta$ für ein quellenfreies Medium komponentenweise nach.

Aufgabe 3.2.1.2-2: Man leite die vektorielle Wellengleichung für das magnetische Feld in einem Medium mit endlicher Leitfähigkeit κ und Dielektrizitätszahl ε her.

3.2.2 Lösung der Wellengleichung für beliebige Zeitabhängigkeit

Alle vier aus der komponentenweisen Berechnung entstandenen Differentialgleichungen haben die gleiche Struktur der sog. *skalaren Wellengleichung*

$$\frac{\partial^2 a}{\partial z^2} = \mu\varepsilon \frac{\partial^2 a}{\partial t^2} \qquad \Rightarrow \qquad a''(z) = \mu\varepsilon\ddot{a}(t), \tag{3.2-15}$$

müssen folglich also alle dem gleichen Lösungsansatz gehorchen. a ist, wie gehabt, jetzt der (skalare) Stellvertreter für die vier Feldkomponenten. Deren Lösungen können sich also nur durch unterschiedliche Anfangsbedingungen für diese Komponenten unterscheiden, die einzelnen *Formen* der jeweiligen Wellenfunktion sind jedoch gleich. Der Ausdruck $\mu\varepsilon$ sollte uns bekannt vorkommen. Weiterhin haben wir die in der Mathematik üblichen Kurzsymbole für räumliche und zeitliche Ableitungen eingeführt.

Wir sind zunächst an einer universellen Lösung für beliebige Zeitabhängigkeit, etwa in der Form, wie sie in Abschn. 1.3 vorgestellt wurde, interessiert. Ein solcher Ansatz muß aus rein physikalischen Überlegungen grundsätzlich möglich sein, da eine Welle aus einem prinzipiell beliebig vorgebbaren Zeitverlauf einer Spannungsquelle anregbar sein muß. Anders ausgedrückt beschreibt dieser Zeitverlauf das Verhalten der wellenverursachenden Quelle; die Wellengleichung kann lediglich angeben, wie das Medium, in dem sich die Welle ausbreitet, den Quellenzeitverlauf in eine räumlichen Verlauf transformiert. Kurz gesagt: das Medium kann der Quelle nicht vorschreiben, wie sie zu schwingen hat.

Entspr. den Vorüberlegungen des Abschn. 1.3 versuchen wir daher folgenden Ansatz der ***skalaren Wellenfunktion*** $a(z,t)$:

$$a(z,t) = a(t \mp \frac{z}{v}) = a(\tau) \qquad \text{mit} \qquad \tau = t \mp \frac{z}{v}. \tag{3.2-16}$$

Dies können wir so interpretieren, daß zwischen der Quellzeit τ und der Beobachtungszeit t im räumlichen Abstand z zwischen Quell- und Beobachtungszeitpunkt aufgrund der endlichen Ausbreitungsgeschwindigkeit v der Welle der rechte - als ***Retardierung*** bezeichnete - Zusammenhang besteht. Zweimaliges Ableiten des Ansatzes nach der Zeit und dem Ort ergibt:

$$\frac{\partial a}{\partial t} = \frac{\partial a}{\partial \tau}\frac{\partial \tau}{\partial t} = \frac{\partial a}{\partial \tau} \qquad \Rightarrow \quad \frac{\partial^2 a}{\partial t^2} = \frac{\partial^2 a}{\partial \tau^2} \tag{3.2-17}$$

$$\frac{\partial a}{\partial z} = \frac{\partial a}{\partial \tau}\frac{\partial \tau}{\partial z} = \mp\frac{1}{v}\frac{\partial a}{\partial \tau} \Rightarrow \frac{\partial^2 a}{\partial z^2} = \mp\frac{1}{v}\frac{\partial}{\partial z}\frac{\partial a}{\partial \tau} = \mp\frac{1}{v}\frac{\partial \tau}{\partial z}\frac{\partial}{\partial \tau}\frac{\partial a}{\partial \tau} = \frac{1}{v^2}\frac{\partial^2 a}{\partial \tau^2}. \tag{3.2-18}$$

Aufgabe 3.2.2: Man überprüfe, ob der Ansatz auch eine allgemeine Lösung der Wellengleichung unter Einbezug endlicher Leitfähigkeit κ ist.

3.2.3 Wellengeschwindigkeit *v*

Einsetzen in die skalare Wellengleichung liefert die Identität:

$$v = \frac{1}{\sqrt{\mu\varepsilon}} = \frac{1}{\sqrt{\mu_0\varepsilon_0}}\frac{1}{\sqrt{\mu_r\varepsilon_r}} = \frac{c_0}{\sqrt{\mu_r\varepsilon_r}} =: c. \tag{3.2-19}$$

Die Geschwindigkeit der Welle ist also erwartungsgemäß gleich der Lichtgeschwindigkeit. Insbesondere erhalten wir die Lösung, über die bereits ε mithilfe des Magnetismus definiert wurde. In einem Medium mit größerer Permeabilität oder/und Permittivität als der des Freiraums ist die Welle gebremst. Dies ist physikalisch dadurch erklärbar, daß sich die Welle im Medium durch elektrische und magnetische Polarisationen fortpflanzen muß, die eine bestimmte Zeit brauchen. Liegt eine starke elektrische Polarisationsfähigkeit vor, ist die Elektronenwolke stark verzerrt und es dauert entspr. länger, bis sich diese Verzerrung in die vorgegebene Feldrichtung ausgebildet hat.

Wir wollen den Namen *Lichtgeschwindigkeit* hier in ***Phasengeschwindigkeit*** ändern. Lichtgeschwindigkeit ist ein historischer Begriff, da man im vorigen Jahrhundert erst nachweisen konnte, daß Licht eine ganz gewöhnliche elektromagnetische Welle ist, nur eben mit besonders hoher Frequenz (Größenordnung $3 \cdot 10^{14}$ Hz = 300 THz). Auch alle anderen elektromagnetischen Wellen anderer Frequenzen breiten sich mit der gleichen Geschwindigkeit im Freiraum aus und werden auch in Medien durch die gleichen Materialkonstanten bestimmt.

Demgegenüber brauchen wir eine begriffliche Unterscheidung zu der Geschwindigkeit von Einhüllenden von Wellenpaketen von Frequenzgemischen. Beliebige Zeitfunktionen, um die es ja hier geht, lassen sich durch eine FOURIERtransformation als solche darstellen, und decken damit ein ganzes Frequenzspektrum ab. In Anbetracht der Tatsache, daß, wie in Abschnitt 3.3.6.3 weiter ausgeführt, die Materialkonstanten frequenzabhängig sind, führt dies zu unterschiedlichen Geschwindigkeiten der unterschiedlichen Spektralanteile.

Diesen Effekt bezeichnet man konsequenterweise als Materialdispersion und er hat zur Folge, daß eine bestimmte Pulsform, die angeregt wurde, im Laufe des Durchmarschs durch ein Medium diese Form verändert. Diese Formveränderung resultiert dann in einer von der Phasengeschwindigkeit unterschiedlichen ***Gruppengeschwindig-***

digkeit. Die genauen Unterschiede und wie sie berechnet werden können, werden daher bei der Besprechung sinusförmiger Erregung abgehandelt.

Bezüglich $\mu_r \gg 1$ ist jedoch zu beachten, daß ferromagnetische Stoffe üblicherweise auch gute elektrische Leiter sind und daher deren spezifische Leitfähigkeit grundsätzlich mit einbezogen werden muß, was im Ansatz jedoch nicht getan wurde. Daher ist diese Formel in dem betrachteten Zusammenhang eher für Ferrite, besonders aber für (unmagnetische) Dielektrika von Bedeutung. Für solche Medien ist die ***Brechzahl*** n vor allem für den Bereich optischer Frequenzen definiert:

$$n := \sqrt{\varepsilon_r} \qquad \Rightarrow \qquad c = \frac{c_0}{n}. \tag{3.2-20}$$

Für Quarzglas (SiO_2) z.B. ist im sichtbaren Frequenzbereich $n \approx 1{,}5$, weshalb hier die Phasengeschwindigkeit nur $c \approx 200\,000$ km/s beträgt.

Das Auftreten permittivitäts- bzw. brechzahlabhängiger Geschwindigkeiten ist auch eine anschauliche Erklärung für den Brechungsvorgang von Feldlinien beim Übergang zwischen zwei Medien mit unterschiedlichen dielektrischen Materialeigenschaften. Während der Tangentialanteil der Energie den Übergang soz. ignoriert, geht die Brechzahl in die Geschwindigkeit des Normalanteils direkt entspr. obiger Gleichung mit ein. Dies wurde erstmals von NEWTON vermutet, als er Lichtbrechungsvorgänge an Glasprismen untersuchte. Wir werden dies nochmals anschaulich weiter unten begründen.

Da die Geschwindigkeit ein Vektor ist, zeigt der Geschwindigkeitsvektor $\boldsymbol{c}$ in Ausbreitungsrichtung. In unserem Beispielkoordinatensystem gilt folglich $\boldsymbol{c} = c\vec{e}_z$.

3.2.4 Hinlaufende und rücklaufende Wellen

Nachdem der allgemeine Lösungsansatz, der den Zeitverlauf der Welle uneingeschränkt läßt, als richtig nachgewiesen wurde, soll der Lösungsansatz verfeinert werden. Wir erinnern uns an die Darlegungen in Kap. 1, daß das Minuszeichen vor der Ortskoordinaten als hinlaufende, das Pluszeichen als rücklaufende Welle interpretierbar war. Da beide grundsätzlich gleichzeitig existieren können, modifizieren wir die Lösung gemäß

$$a(z,t) = a_h(z,t) + a_r(z,t) = a_h(t - \frac{z}{v}) + a_r(t + \frac{z}{v}). \tag{3.2-21}$$

Beide Funktionen sind grundsätzlich frei vorgebbar. Das heißt, der zweite Summand kann durchaus eine Welle beschreiben, die vom anderen Ende des Mediums aktiv eingespeist wurde. Ist a_r eine Reflexion von a_h, wird die Wellenfunktion grundsätzlich proportional gespiegelt zu erwarten sein. Die Amplitudenverhältnisse werden von den unterschiedlichen Medieneigenschaften des gerade betrachteten Mediums und des Mediums dahinter abhängen.

Keineswegs muß aber der hinlaufende Anteil derjenige sein, der genau von der Quelle eingespeist wurde. Vielmehr muß grundsätzlich in Betracht gezogen werden, daß die rücklaufende Welle am Anfang nochmals reflektiert wird und daß dies an jedem Ende des Mediums immer so weitergeht, so daß der o.a. Ausdruck die Überlagerung aller möglichen Reflexionen darstellen muß.

3.2.5 Feldwellenwiderstand η

Als nächstes interessiert uns, welche Freiheitsgrade bzgl. der Zusammenhänge zwischen den Feldkomponenten e_x, h_y, e_y und h_x bestehen. Es wurde bereits dargelegt, daß die beiden Lösungspaare voneinander unabhängig sein müssen, so daß die konkreten Fragen lauten: wie hängen e_x und h_y zusammen; wie hängen e_y und h_x zusammen? Wir betrachten dazu das erste Paar e_x, h_y:

$$e_x(z,t) = e_{\mathrm{hx}}(z,t) + e_{\mathrm{rx}}(z,t) = e_{\mathrm{hx}}(t - \frac{z}{v}) + e_{\mathrm{rx}}(t + \frac{z}{v}) \qquad (3.2\text{-}22)$$

und

$$h_y(z,t) = h_{\mathrm{hy}}(z,t) + h_{\mathrm{ry}}(z,t) = h_{\mathrm{hy}}(t - \frac{z}{v}) + h_{\mathrm{ry}}(t + \frac{z}{v}). \qquad (3.2\text{-}23)$$

Für den Vergleich ist es nur sinnvoll, hinlaufende und rücklaufende Paare getrennt zu betrachten, also die (Unter-)Paare e_{hx}, h_{hy} und e_{rx}, h_{ry}, denn nur diese bilden jeweils eine physikalische, sich gegenseitig hervorrufende und auch gleichzeitig an einem Ort zwingend existierende Einheit. Wir lösen dazu die linke Gleichung von Gl. 3.2-5 nach h_y auf:

$$\begin{aligned} h_y &= -\varepsilon \int \frac{\partial e_x}{\partial t} \partial z = -\varepsilon \int \frac{\partial e_x}{\partial \tau}\frac{\partial \tau}{\partial t}\frac{\partial z}{\partial \tau} \partial \tau = -\varepsilon \int \frac{\partial e_x}{\partial \tau} \cdot 1 \cdot (\mp v) \partial \tau = \\ &= \pm \varepsilon v \int \frac{\partial e_x}{\partial \tau} \partial \tau = \pm \frac{\varepsilon}{\sqrt{\mu\varepsilon}} \int \partial e_x = \pm \sqrt{\frac{\varepsilon}{\mu}} e_x . \end{aligned} \qquad (3.2\text{-}24)$$

Daraus folgt unmittelbar, daß

$$h_y(z,t) = h_{\mathrm{hy}}(z,t) + h_{\mathrm{ry}}(z,t) = \sqrt{\frac{\varepsilon}{\mu}} \left(e_{\mathrm{hx}}(z,t) - e_{\mathrm{rx}}(z,t) \right), \qquad (3.2\text{-}25)$$

was bedeutet, daß:

$$\frac{e_{\mathrm{hx}}(z,t)}{h_{\mathrm{hy}}(z,t)} = -\frac{e_{\mathrm{rx}}(z,t)}{h_{\mathrm{ry}}(z,t)} = \sqrt{\frac{\mu}{\varepsilon}} =: \eta ; \qquad [\eta] = \frac{\mathrm{V/m}}{\mathrm{A/m}} = \Omega. \qquad (3.2\text{-}26)$$

Hier haben wir den ***Feldwellenwiderstand*** η definiert als das Verhältnis von elektrischer zu magnetischer Feldstärke einer in eine Richtung fortschreitenden Welle. Dividieren wir diese beiden Größenarten, ist dieses Verhältnis der Dimension nach ein Widerstand, meßbar in Ω. Per Definition ist er positiv, weshalb für die rücklaufende Welle, bei der sich zwingend wegen des Minuszeichens die elektrische oder die magnetische Feldstärke gegenüber der hinlaufenden umkehren muß, dieses Minuszeichen mitzuführen ist. Welche der Größen sich umkehrt, hängt von den Materialeigenschaften der beiden Medien an der Übergangsstelle ab und wird bei der Besprechung des Reflexionsfaktors betrachtet.

Das bedeutet also, daß der Feldwellenwiderstand nicht einfach dadurch gebildet werden darf, daß man an einer bestimmten Stelle elektrische durch magnetische Feldstärke dividiert, sondern dies ist nur für zueinandergehörige Anteile erlaubt. Durch Überlagerung unabhängiger oder auch hin- und rücklaufender Wellen können sich z.B. magnetische Feldstärkeanteile additiv, elektrische subtraktiv - oder auch umgekehrt -

überlagern, so daß eine Quotientenbildung der überlagerten Felder an ein und derselben Stelle jeden beliebigen Wert liefern kann, der dann den ***Feldwiderstand*** darstellt.

Die Analogie und die Namensgebung wird deutlich, wenn wir den Feldwellenwiderstand mit dem normalen OHMschen Widerstand vergleichen. Jener gibt an einer Stelle im Stromkreis das Verhältnis von Spannung und Strom an, die ja durch Linienintegrale über die Feldgrößen *elektrische* und *magnetische Feldstärke* beschrieben sind. Wichtig ist es, zu verstehen, daß der Feldwellenwiderstand demgegenüber eine Größenart ist, die an einem Punkt definiert ist und auch einen Sinn macht. Die Feldgrößen, deren Verhältnis er bildet, sind ja ebenfalls punktuell definiert. Im Gegensatz dazu ist ein OHMscher Widerstand ein Objekt, das bei endlichem Zahlenwert der Ausdehnung bedarf.

Insbesondere interessiert noch, wie schon bei der Geschwindigkeit der Welle, der Wert des ***Freiraumfeldwellenwiderstands*** η_0:

$$\eta_0 := \sqrt{\frac{\mu_0}{\varepsilon_0}} = c_0\mu_0 = \frac{1}{c_0\varepsilon_0} = 376{,}73\Omega \approx 120\pi\Omega$$

$$\Rightarrow \quad \eta = \sqrt{\frac{\mu_r}{\varepsilon_r}}\sqrt{\frac{\mu_0}{\varepsilon_0}} = \sqrt{\frac{\mu_r}{\varepsilon_r}}\eta_0 = c\mu = \frac{1}{c\varepsilon}. \tag{3.2-27}$$

Hier ist weiterhin der Zusammenhang zwischen dem Feldwellenwiderstand in einem Medium η und dem Freiraumfeldwellenwiderstand η_0, sowie der jeweilige Querbezug zur Geschwindigkeit der Welle c angegeben. Betrachten wir wieder den praktisch wichtigen Fall, daß das Medium unmagnetisch ist, können wir η auch mithilfe der Brechzahl n angeben:

$$\eta = \frac{\eta_0}{n}. \tag{3.2-28}$$

Der Feldwellenwiderstand sinkt also z.B. in Glas gegenüber dem Freiraum, sein Leitwert wird also besser, was durch die Polarisierung erklärbar ist. Damit können wir erwarten, daß Feldenergie zu Zonen hoher Brechzahl hingezogen wird, somit z.B. ein Lichtwellenleiter durch höhere Brechzahl als die der Umgebung realisierbar sein sollte.

Aufgabe 3.2.5: Man berechne das Verhältnis von magnetischer zu elektrischer Feldstärke für das Lösungspaar e_y, h_x.

3.2.6 Polarisation

Das Ergebnis der Aufgabe 3.2.5 sei hier vorweggenommen:

$$-\frac{e_{hy}(z,t)}{h_{hx}(z,t)} = \frac{e_{ry}(z,t)}{h_{rx}(z,t)} = \sqrt{\frac{\mu}{\varepsilon}}. \tag{3.2-29}$$

Wir erkennen also ganz allgemein, daß zwischen allen möglichen Komponenten grundsätzlich die Betragsgleichung gilt:

$$|e| = \eta|h|. \tag{3.2-30}$$

Dies braucht uns nicht zu verwundern, denn der Feldwellenwiderstand ist ja eine Eigenschaft des Mediums und nicht eigentlich der Felder. Sie dienen uns nur als Meßgrößen und müssen sich bei ihrer Ausbreitung im Medium grundsätzlich an dessen physikalischen Materialeigenschaften halten. Dies ist bei einem OHMschen Widerstand, der auf dem Tisch liegt, genauso. Er hat den Wert von soundsoviel kΩ auch dann, wenn keine Spannung an ihn angelegt ist.

Dies erlaubt uns nun die physikalische Interpretation der Existenz praktisch zweier Lösungen für eine (in eine Richtung) laufende Welle e_x, h_y und e_y, h_x. Betrachten wir dazu Abb. 3.2-2.

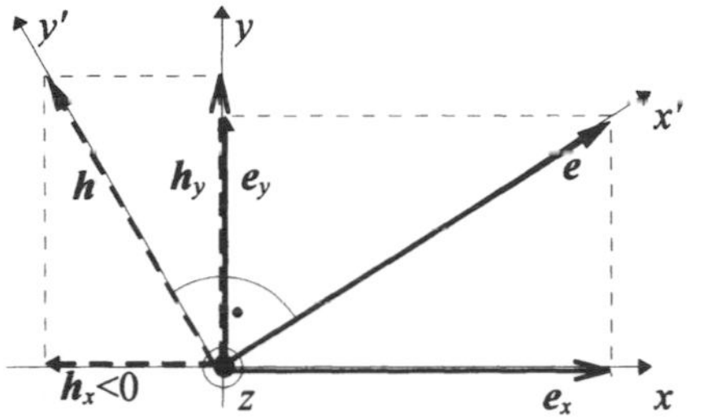

Abb. 3.2-2: Geometrische Überlagerung der beiden orthogonalen Polarisationen zum Gesamtfeldvektor.

Wir erkennen, daß wir die beiden Feldvektoren $\boldsymbol{e}_x$, $\boldsymbol{e}_y$ bzw. $\boldsymbol{h}_x$, $\boldsymbol{h}_y$ zu je einem Gesamtvektor $\boldsymbol{e}$ und $\boldsymbol{h}$ überlagern können, für deren Beträge nach dem Satz des PYTHAGORAS gilt:

$$h = \sqrt{h_x^2 + h_y^2} \qquad \text{und} \qquad e = \sqrt{e_x^2 + e_y^2} = \eta h \,. \tag{3.2-31}$$

Genauso wie $\boldsymbol{e}_x$ senkrecht auf $\boldsymbol{h}_y$ und $\boldsymbol{e}_y$ senkrecht auf $\boldsymbol{h}_x$ steht, steht $\boldsymbol{e}$ senkrecht auf $\boldsymbol{h}$, da ja zwischen jeder elektrischen und der zugehörigen magnetischen Feldstärkekomponente der gleiche Feldwellenwiderstand steht.

Man spricht in diesem Zusammenhang von der *Polarisation* der Welle. Sie kommt in einer x- und einer y-Polarisation vor. Die Namensgebung orientiert sich per Definition an der jeweiligen elektrischen Feldstärkekomponente. Wir erkennen jedoch anhand der Abbildung, daß das Auftreten zweier Polarisationen lediglich ein geometrisch mathematischer, und kein physikalischer Effekt ist. Er tritt aufgrund der Tatsache auf, daß wir zwei Freiheitsgrade bzgl. der Wahl der Orientierung des xy-Koordinatensystems und der davon unabhängigen Schwingungsrichtung(en) unseres Gesamtfelds $\boldsymbol{e}$,$\boldsymbol{h}$ haben. Dies führt bei freien Vorgaben zu der erhaltenen geometrischen Zerlegung.

Wählen wir hingegen grundsätzlich z.B. die x-Achse in Richtung der Polarisierung der elektrischen Feldstärke - also in Richtung der eingezeichneten x'-Achse, muß die magnetische Feldstärke in Richtung der y'-Achse zu liegen kommen. Dann tritt nur noch die x-Polarisation auf.

Damit können wir als allgemeine Schwingungs- und Ausbreitungseigenschaften der Welle festhalten:

- Die Welle breitet sich in positive (hinlaufende) oder negative (rücklaufende) z-Richtung des Koordinatensystems aus, da alle Feldstärkekomponenten bzgl. des Ortes ja nur von der z-Koordinaten abhängen.
- Die elektrische Feldstärke steht senkrecht auf der Ausbreitungsrichtung.
- Die magnetische Feldstärke steht senkrecht auf der elektrischen Feldstärke und auf der Ausbreitungsrichtung. Alle drei stehen also entspr. Abb. 3.2-1 senkrecht aufein-

ander, wobei sie in der Reihenfolge *elektrischen Feldstärke*, *magnetische Feldstärke*, *Ausbreitungsrichtung* ein Rechtssystem (Daumen, Zeigefinger, Mittelfinger der rechten Hand) bilden. Sie bilden eine *ebene Welle* oder *Planwelle*.

- Die Ausbreitungsrichtung ist gleich der Richtung des POYNTINGvektors, da dieser aus dem Kreuzprodukt von elektrischer und magnetischer Feldstärke gebildet wird und folglich senkrecht auf beiden steht.

Grundsätzlich hätten wir entsprechend der allgemeinen Vektordarstellung der Wellengleichung in Abschn. 3.2.1.2 auch noch die Wahl gehabt, die z-Achse des Koordinatensystems nicht mit der Ausbreitungsrichtung der Welle zusammenfallenzulassen. Die Folge wäre eine deutliche mathematische Verkomplizierung der an sich einfachen Sachverhalte gewesen, da wir permanent mit Vektoren und mit den entspr. Vektoroperatoren hätten argumentieren müssen. Dies hätte zum physikalischen Verständnis nichts beigetragen und die Inhalte der Ergebnisse verschleiert.

Wellen, die diese beschriebenen orthogonalen Polarisationseigenschaften aufweisen, werden als *transversale elekromagnetische Wellen - TEM-Wellen* bezeichnet. Die Polarisationsart ist die lineare - besser: *einheitlich lineare - Polarisation*. Alle Polarisationsvektoren zeigen zu jedem Zeitpunkt in die gleiche (oder entgegengesetzte) Richtung, nämlich die, mit der die Welle in das Medium eintrat. Demgegenüber können bei sinusförmiger Anregung, wie in Abschn. 3.3.10 dargestellt, durch Überlagerungen elliptische und darin zirkulare Polarisationen auftreten.

Breitet sich eine Welle in einem solchen Medium z.B. als Kugelwelle aus, sagt dies nichts über die Polarisationsart aus. Das heißt, daß nach wie vor elektrische und magnetische Feldstärke sowie Ausbreitungsrichtung senkrecht aufeinander stehen, nur an unterschiedlichen Stellen entspr. einer gekrümmten Kugeloberfläche gegeneinander verdreht. Dies stellt dann keine Planwelle mehr dar, sondern eben eine TEM-Kugelwelle.

Zur Namensgebung des Polarisationsbegriffs soll hier noch erwähnt werden, daß dieser ähnlich doppeldeutig und mit sehr verwandtem Charakter zwischen beiden Bedeutungen wie der Induktionsbegriff ist. Unter *Polarisation* verstehen wir also zum einen in Materie die konkreten elektrischen und magnetischen Feldgrößen $\boldsymbol{p}_e$ und $\boldsymbol{p}_m$, gemessen in C/m^2 bzw. T (esla), aber auch die mit ihnen verbundene Ausrichtung der Felder in eine bestimmte Richtung. Darüberhinaus sind Wellen auch im Freiraum polarisiert, wozu keine diesen beiden Feldgrößen entsprechenden materiellen Dipole gehören.

Aufgabe 3.2.6-1: Der Vektor der elektrischen Feldstärke einer sich in x-Richtung ausbreitenden Welle in Glas mit der Brechzahl $n = 1{,}51$ sei zu einem Zeitpunkt zu $\boldsymbol{e} = (e_x, e_y, e_z) = (0, 2, -1)$ mV/m bekannt. Man gebe den zugehörigen Vektor der magnetischen Feldstärke $\boldsymbol{h} = (h_x, h_y, h_z)$ an.

Aufgabe 3.2.6-2: Die Ausbreitungsrichtung der Welle mit dem gleichen Vektor der elektrischen Feldstärke $\boldsymbol{e} = (e_x, e_y, e_z) = (0, 2, -1)$ mV/m liege nun in der yz-Ebene. Man gebe alle möglichen Einheitsvektoren dieser Ausbreitungsrichtung an. Wie sieht der dazugehörige Vektor der magnetischen Feldstärke $\boldsymbol{h} = (h_x, h_y, h_z)$ im Medium mit $n = 1{,}51$ aus?

Aufgabe 3.2.6-3: Die Ausbreitungsrichtung der Welle liege nun in der yz-Ebene mit einem Winkel von $\theta = 30°$ zur z-Achse, die ebenfalls in der yz-Ebene liegende elektrische Feldstärke habe den gleichen Betrag wie in Aufgabe 3.2.6-1. Man gebe den zugehörigen Vektor der magnetischen Feldstärke $\boldsymbol{h} = (h_x, h_y, h_z)$ an.

3.2.7 POYNTINGvektor $\wp$

Bewegt sich eine Welle mit der Phasengeschwindigkeit $c = 1/\sqrt{\mu\varepsilon}$ mit $\boldsymbol{c}$ als zugehörigem Geschwindigkeitsvektor in Ausbreitungsrichtung, also in Richtung des POYNTINGvektors $\wp$, so ist deren Flächenleistungsdichte mit der Volumenenergiedichte über die einfache Beziehung

$$\wp = \frac{\mathrm{d}p}{\mathrm{d}A}\frac{\mathrm{d}t}{\mathrm{d}x}\frac{\mathrm{d}x}{\mathrm{d}t} = \frac{\mathrm{d}w}{\mathrm{d}V}\frac{\mathrm{d}x}{\mathrm{d}t} = \varpi c = \left(\varepsilon\frac{e^2}{2} + \mu\frac{h^2}{2}\right)c = \boldsymbol{e}\times\boldsymbol{h} \tag{3.2-32}$$

verknüpft. In Abb. 3.2-1 sind $\boldsymbol{e}$, $\boldsymbol{h}$, $\wp$ und $\boldsymbol{c}$ für die x-Polarisation der Welle in einem verlustlosen Medium eingetragen. Hierfür wurde gezeigt, daß $\boldsymbol{e} \perp \boldsymbol{h}$, womit das Vektorprodukt in das Skalarprodukt der Beträge umgewandelt werden kann. Beziehen wir für diesen Fall noch den Feldwellenwiderstand $\eta = \sqrt{\mu/\varepsilon}$ mit ein, können wir angeben:

$$\wp = eh = \frac{e^2}{\eta} = h^2\eta. \tag{3.2-33}$$

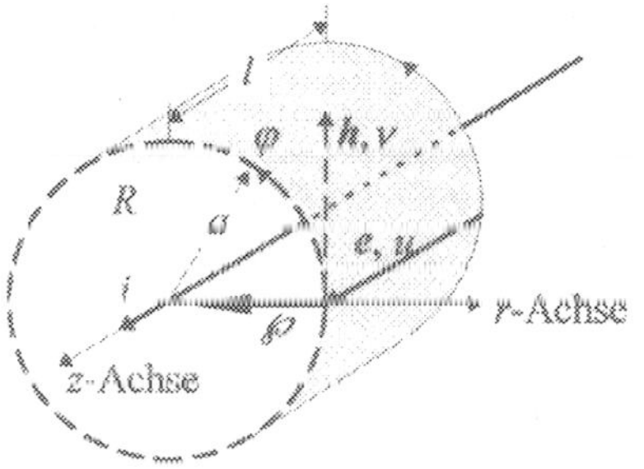

Abb. 3.2-3:
POYNTINGvektor in einem geraden stromdurchflossenen Leiter.

Als praxisnahes Beispiel zur Leistungsberechnung aus dem POYNTINGvektor diene gemäß Abb. 3.2-3 der Leistungsfluß durch die grauschattierte Oberfläche eines stromdurchflossenen zylindrischen Leiters mit dem Widerstand R. Zwar rechnen wir hier in Zylinderkoordinaten, jedoch ist die Berechnung, wie dargelegt, aufgrund der auch hier gültigen Orthogonalität von $\boldsymbol{e}$, $\boldsymbol{h}$ und $\wp$ einfach:

$$p = \iint\limits_{\text{grau}} \wp\,\mathrm{d}A = \iint\limits_{\text{grau}} eh\,\mathrm{d}z\,r\mathrm{d}\varphi = \int_0^l e\,\mathrm{d}z\int_0^{2\pi} h\,r\mathrm{d}\varphi = u\frac{i}{2\pi r}2\pi r = ui = \frac{u^2}{R}. \tag{3.2-34}$$

Wir erhalten denselben Wert für die Leistung, wie aus einer direkten Rechnung mit Spannung und Stromstärke. Die Richtung der elektrischen Feldstärke im Leiterinnern ist gleich der Stromflußrichtung, da die Elektronen dem Feld (entgegengesetzt) folgen. Knicken entspr. Abb. 2.2.3 die Feldstärkekomponenten nach außen weg, überlege man sich, wie hier der POYNTINGvektor gerichtet ist.

Das Magnetfeld rotiert überall um den Leiter, daher insbes. auch auf der Oberfläche, womit sich zwangsläufig ergibt, daß der normal auf beiden stehende POYNTINGvektor zum Leiterinnern zeigt, d.h. es erfolgt ein Energiefluß aus dem Außenraum ins Leiterinnere. Betrachten wir den nicht dargestellten dazugehörigen Rückleiter, so sind sowohl Spannungs- als auch Stromflußrichtung umgekehrt, womit sich auch die Richtung des

Magnetfelds umkehrt. Wegen der Doppelumkehr dreht sich der POYNTINGvektor relativ zu beiden nicht um. Er wird also an jeder Stelle von Hin- und Rückleiter auf der Oberfläche zum Leiterinnern hinzeigen.

Da folglich überall dem Leiter von außen Energie zugeführt wird, kann uns dies nur zu dem Schluß bringen, daß **nicht der Leiter, sondern der Außenraum** Träger der elektrischen Energie ist. Sie gelangt über den Außenraum zum Verbraucher, wobei der Leiter permanent beim Vorbeilauf - sozusagen als Wegegebühr - seinen Tribut fordert, und diese Energie in Wärme umwandelt. Wir beachten dabei, daß dies für Gleich- oder Wechselspannung gilt, da wir keine Bedingungen an den Zeitverlauf gestellt haben.

Dies wird später nochmals von Seiten der Eindringtiefe begründet. Ein Leiter leitet zwar *Elektronen*, er *führt* jedoch den Energiefluß im nichtleitenden Bereich, da sich dort das energietragende Feld befindet. Nur dann, wenn die Leitfähigkeit κ des Leiters gegen ∞ geht, muß zwingend das tangentiale elektrische Feld auf seiner Oberfläche verschwinden, da sonst ein unendlich hoher Stromfluß die Folge wäre, womit dann auch der nach innen gerichtete POYNTINGvektor verschwindet und der Leiter dem Feld erwartungsgemäß keine Energie entzieht.

Aufgabe 3.2.7-1: Ein sehr langes Koaxialkabel mit Innenradius a und Außenradius b aus perfekt leitfähigem Hin- und Rückleiter und idealem Dielektrikum dazwischen werde von einer Spannungsquelle u gespeist, die einen Strom i zur Folge hat. Man zeichne das $\boldsymbol{e}$-, $\boldsymbol{h}$- und $\boldsymbol{\wp}$-Feldlinienbild und berechne die im Dielektrikum transportierte Leistung p mithilfe des POYNTINGvektors $\boldsymbol{\wp}$.

Aufgabe 3.2.7-2: Man berechne für das obige Beispiel des zylinderförmigen Leiters der Länge l mit endlicher Leitfähigkeit κ mithilfe des POYNTINGvektors $\boldsymbol{\wp}$ den in der Tiefe r noch vorhandenen Leistungsanteil $p(r)$. Dabei seien quasistationäre Verhältnisse vorausgesetzt, d.h. daß der Strom homogen über den Querschnitt verteilt ist und überall parallel zur Oberfläche fließt.

3.3 Wellen bei sinusförmiger Anregung

Nachdem wir nun wesentliche Wellencharakteristika - Geschwindigkeit, Ausbreitungsrichtung, Feldwellenwiderstand, Polarisation und Leistungsfluß - unabhängig von einem konkret angeregten Raum/Zeitverlauf auf einfache Weise demonstrieren konnten, und außerdem zeigen konnten, daß wir uns den Quellzeitverlauf frei vorgeben können, ist es nun an der Zeit, uns dem für die (analoge) Hochfrequenztechnik wichtigen Fall des Ausbreitens sinusförmiger Schwingungen in Form sinusförmiger Wellen zuzuwenden.

Wir wollen die am Anfang von Abschn. 3.2 gemachten Voraussetzungen beibehalten, aber zusätzlich $\kappa \neq 0$ zulassen, d.h. endliche elektrische Leitfähigkeit des Mediums mit einbeziehen. Wie wir zuvor beim POYNTINGvektor gesehen haben, kann eine Wellenausbreitung letztendlich nur aus den Wechselwirkungen zwischen nichtleitendem Außenraum und verlustbehafteten Leiter verstanden werden. Übungsaufgabe 3.2.1.1 sollte die Beschäftigung mit diesem Thema bereits anregen.

3.3.1 Räumliche Wellenausbreitung

Bevor die verschiedenen harmonische Wellen charakterisierenden Größen vorgestellt werden, ist es für das praktische Verständnis von Bedeutung, die technisch genutzten Frequenz- und Wellenlängenbereiche zu kennen. Hieraus sind viele der Beschreibungsgrößen bereits verständlich darstellbar. Die Tabelle gibt die Eigenschaften elektromagnetischer Wellen in den einzelnen Frequenzbereichen an.

λ_0	Bezeichnung	Englische Bezeichnung	Charakteristika	Anwendungen	Spezielle λ_0, f	f
>100 km	Nieder-frequenz		Reine Bodenwelle	Energie-technik	z.B. 50 Hz 6000 km	< 3 kHz
100 km -10 km	Myriameter- (Längst-) wellen	Very Low Frequency (VLF)	Bodenwelle über weite Entfernungen: Unterwasserkommunikation; Raumwelle	Akustik, Fernsprechen; U-Boote	20 Hz - 20 kHz, 300 Hz - 3,4 kHz	3 kHz -30 kHz
-1 km	Kilometerwellen (LW)	Low Frequency (LF)	Bodenwelle über 1000km; Raumw. tags gedämpft, nachts stärker als Bodenw	Langwellen-Rundfunk;	150 kHz - 285 kHz	-300 kHz
-100 m	Hektometerwellen (MW)	Medium Frequency (MF)	Bodenwelle über 100 km; Raumwelle nachts durch Ionosphärenreflexion	Mittelwellen-Rundfunk	525 kHz -1605 kHz	-3 MHz
-10 m	Dekameterwellen (KW)	High Frequency (HF)	ab hier keine Bodenwelle; Raumwelle mehrfach um die Erde durch Mehrfachreflexionen in Ionosphäre	Kurzwellen-Rundfunk; Amateurfunk	6 MHz - 19 MHz; verschiedene	-30 MHz
-1 m	Meterwellen (UKW)	Very High Frequency (VHF)	ab hier kein Ionosphäreneinfluß; geringe Reichweiten; Frequenzmultiplex in räumlich getrennten Zonen	UKW-Rundfunk; TV-Bd. I,III Polizei, Amateure	87,5 - 108 41 - 68 174 - 230 86,5 150 MHz	-300 MHz
-10 cm	Dezimeterwellen	Ultra High Frequency (UHF)	ab hier optische Reichweiten; auch darüber z.B. durch Beugung (Scatter), starke Dämpfung	TV-B. IV,V DECT, D/E-Netz, Richtfunk, Radar	470 - 960 1890 ± 10 900, 1800 MHz	-3 GHz
-1 cm	Zentimeter- (Mikro-) wellen	Super High Frequency (SHF)	H_2O-Absorption bei ≈ 23 GHz meiden. Stark expandierend für Satellitenfunk	Mikrowellenherd ASTRA, Kopernikus, Kabel-TV, Richtfunk, Radar	< 6GHz, 11-12GHz	-30 GHz
-1 mm	Millimeterwellen	Extremely High Frq. (EHF)	Reduktion der Ausleuchtzone bei Satelliten. Rauschen der Vorverstärker.	Sat.-HDTV Radar, Hohlleiter	<110 GHz <330 GHz	- 300 GHz
≈ 10 µm	Wärmestrahlen	Keine technische Nutzung in der Übertragungstechnik, da nicht modulierbar				≈ 30 THz ($3\cdot10^{13}$Hz)
≈ 1 µm	Infrarot (IR)	Infrared	Optische Nachrichtentechnik	LED/LD - LWL - PD	850, 1300 1550 nm	≈300 THz
≈600nm	Licht	Ab hier keine technische Nutzung in der Übertragungstechnik				≈500 THz
≈100nm	UV- Strahlen; ab hier sind Quellen nicht hochfrequent modulierbar.				≈3 PHz	($3\cdot10^{15}$Hz)
≈100pm	RÖNTGENstrahlen (Medizinische Nutzung)				≈3 EHz	($3\cdot10^{18}$Hz)
≈ 1 pm	Gamma-Strahlen (Atomstr.; radioaktive Zerfälle, Energietechnik, Medizin)					≈$3\cdot10^{20}$Hz
≈ 1 fm	Kosmische Strahlen					≈$3\cdot10^{23}$Hz

Die charakteristischen Eigenschaften der einzelnen Frequenzbereiche werden durch verschiedene Parameter bestimmt, wie

- **Brechung und Reflexion** (unterschiedliche Permittivitäten; ε)
  finden bei jedwedem Übergang zwischen unterschiedlichen Medien statt, insbes. an verschiedenen Schichten in der Atmosphäre. Bei manchen Frequenzen tageszeit-, jahreszeit-, klimazonen- und von weiteren Parametern abhängig.

- **Beugung** (Geometrie; λ)
  führt bei kleineren Hindernissen als die Wellenlänge zu Richtungsänderung und Aufteilung z.B. in Raum- und Bodenwelle unterschiedlicher Ausbreitungseigenschaften.
- **Streuung** (Fremdkörper, Inhomogenitäten; λ)
  ebenfalls an kleinen Hindernissen führt zur diffusen Ausbreitung einer zuvor gerichteten Welle und damit zur Dämpfung.
- **Absorption** (Materialeigenschaften; κ, ε'')
  Dämpfung; infolge OHMscher oder/und dielektrischer Verluste erwärmt sich das Medium.
- **Interferenz** (Wellenpfade; c, λ)
  bei Mehrfachausbreitung entlang verschiedener Wege kommt es zu zeitversetztem Mehrfachempfang oder/und Auslöschungen.
- **Polarisationsdrehungen**
  bei polarisierten Wellen führen zu Polarisationsübersprechen.

Es sind hier nur die wichtigsten Parameter aufgeführt, weitere werden im Text vorgestellt. Detailliertere Beschreibungen können der einschlägigen nachrichtentechnischen Literatur entnommen werden.

3.3.2 Komplexe Darstellung sinusförmiger Wellen

Wenn wir Wechselstromnetzwerke analysieren, transformieren wir Strom- und Spannungszeitverläufe ins Komplexe, um mithilfe der Winkel zwischen Real- und Imaginärteilen Phasenverschiebungen auszudrücken. Durch die Definition komplexer Widerstände von Spulen und Kondensatoren lassen sich solche Netzwerkanalysen mit den Standardmethoden der Gleichstromtechnik durchführen. Ins Reelle wird nur rücktransformiert, wenn ein realer physikalischer Zeitverlauf benötigt wird.

Genau diese Methode ist auch angebracht bei der Analyse der Ausbreitung sinusförmiger Wellen. Es findet also nun eine Kombination von vektoriellen Feldbeschreibungen und komplexer Wechselstromrechnung statt. Unsere Feldvektoren, d.h. ihre Komponenten, werden komplex, was besagt, daß wir es mit schwingenden Vektoren zu tun haben, bei denen die einzelnen Vektorkomponenten Phasenverschiebungen untereinander aufweisen können. Mithilfe der FOURIERreihen kann diese Methode auf allgemeine periodische Wellenausbreitung (z.B. Rechteckpulsfolge), und mithilfe der FOURIERtransformation auch auf die im vorangegangenen Abschnitt beschriebene Ausbreitung allgemeiner Zeitfunktionen statt einer direkten Analyse im Zeitbereich ausgedehnt werden.

Wir transformieren dazu zunächst wieder die allgemeine Vektorkomponente $a(z,t)$ entspr. Gl. 1.2-4 ins Komplexe:

$$a(z,t) = \hat{A}\cos(\omega t - \beta z + \varphi_0) = \Re\{\underline{a}(z,t)\} = \Re\{\underline{\hat{A}}e^{j(\omega t - \beta z)}\}. \tag{3.3-1}$$

Dabei sind ***Kreisfrequenz*** $\omega = 2\pi f$ und ***Wellenzahl*** bzw. ***Phasenkonstante*** $\beta = 2\pi/\lambda$, bzw. f und λ ***Frequenz*** und ***Wellenlänge***, wie in Kap. 1 definiert.

$$\underline{\hat{A}} = \hat{A}e^{j\varphi_0} \tag{3.3-2}$$

ist die komplexe Amplitude der Welle, φ_0 der ***Nullphasenwinkel***.

In Anbetracht der Tatsache, daß wir endliche Leitfähigkeit κ zulassen, und in Abschnitt 2.2 gelernt haben, daß ein Medium mit diesen Eigenschaften dem elektromagnetischen Wellenfeld Energie entzieht, müssen wir grundsätzlich mit einer Dämpfung, d.h. einer Amplitudenabnahme beim Fortschreiten der Welle im Medium rechnen. Dies kann obige Gleichung nicht berücksichtigen, d.h. wir benötigen eine ***Dämpfungskonstante*** α, die ein exponentielles Abklingen der Amplitude beschreibt. *Daß* die Amplitude *exponentiell* abklingt, wird im Zuge der Wellenberechnung hergeleitet. Damit modifizieren wir obige Gleichung für den reellen Momentanwert:

$$a(z,t) = \hat{A}e^{-\alpha z}\cos(\omega t - \beta z + \varphi_0) = \Re\{\underline{a}(z,t)\} = \Re\{\underline{\hat{A}}e^{-\alpha z + j(\omega t - \beta z)}\} \qquad (3.3\text{-}3)$$

Es ergibt sich für den komplexen Momentanwert:

$$\underline{a}(z,t) = \underline{\hat{A}}e^{-\alpha z + j(\omega t - \beta z)} = \underline{\hat{A}}e^{j\omega t - \underline{\gamma} z} = \underline{\hat{A}}e^{-\underline{\gamma} z}e^{j\omega t} = \underline{A}(z)e^{j\omega t} \qquad (3.3\text{-}4)$$

mit der (komplexen) ***Ausbreitungs-*** oder ***Fortpflanzungskonstante***:

$$\underline{\gamma} = \alpha + j\beta; \qquad [\underline{\gamma}, \alpha, \beta] = \frac{1}{\mathrm{m}}. \qquad (3.3\text{-}5)$$

α ist in der Kunsteinheit N(e)p(er)/m angebbar, was bedeutet, daß die Dämpfung, wie hier, über den natürlichen Logarithmus angegeben wird. Dazu gehört eine Streckendämpfung a über eine Stecke der Länge l von $a = \alpha l$ Np. Eine häufig gebrauchte Alternative ist die Angabe dieser Größen in Dezibel (dB), wobei ein Umrechnung in den Zehner-Logarithmus erfolgt: 1 dB = 20log(e) Np = 8,69 Np. Für β gilt das Gesagte analog mit Winkelwerten im Bogenmaß, wobei dann $[\beta]$ = rad als Kunsteinheit verwendbar ist, sonst in Grad mit $[\beta]$ = ° und dem Umrechnungsfaktor 180/π.

Der folgende Ausdruck stellt die komplexe Amplitude der Welle in der Ebene z = const. dar:

$$\underline{A}(z) = \underline{\hat{A}}e^{-\underline{\gamma} z} = \underline{\hat{A}}e^{-\alpha z - j\beta z} = \hat{A}e^{j\varphi_0}e^{-\alpha z - j\beta z} = \hat{A}e^{-\alpha z - j\beta z + j\varphi_0}. \qquad (3.3\text{-}6)$$

Großbuchstaben werden hier also nicht, wie in der sonstigen Wechselstromtechnik, verwendet, um Effektivwerte darzustellen, da dieser Begriff bei Vektorwellenfeldern von untergeordneter Bedeutung ist. Großbuchstaben geben stattdessen an, daß es sich dabei um Größen mit eliminierter Zeitabhängigkeit $e^{j\omega t}$ handelt, Kleinbuchstaben bedeuten weiterhin, daß der Zeitbezug mit einbezogen wird.

Diese Betrachtungen lassen sich damit unmittelbar auf Vektoren übertragen. Ein allgemeiner komplexer Vektor $\underline{\mathbf{a}}(z,t)$ - hier auch als ***Phasor*** bezeichnet (in der Literatur meist auch für skalare komplexe Wellenfunktionen) - läßt sich nun wie folgt darstellen:

$$\underline{\mathbf{a}}(z,t) = \begin{pmatrix} \underline{a}_x(z,t) \\ \underline{a}_y(z,t) \\ \underline{a}_z(z,t) \end{pmatrix} = \Re\begin{Bmatrix} \underline{a}_x(z,t) \\ \underline{a}_y(z,t) \\ \underline{a}_z(z,t) \end{Bmatrix} + j\Im\begin{Bmatrix} \underline{a}_x(z,t) \\ \underline{a}_y(z,t) \\ \underline{a}_z(z,t) \end{Bmatrix} = \begin{pmatrix} \Re\{\underline{a}_x(z,t)\} + j\Im\{\underline{a}_x(z,t)\} \\ \Re\{\underline{a}_y(z,t)\} + j\Im\{\underline{a}_y(z,t)\} \\ \Re\{\underline{a}_z(z,t)\} + j\Im\{\underline{a}_z(z,t)\} \end{pmatrix}. \qquad (3.3\text{-}7)$$

Im konkreten Fall der Wellenausbreitung in z-Richtung wird in dieser Gleichung für transversale Feldvektoren die ganze letzte Zeile zu Null werden. Wenn wir in der Folge Feldvektoren komponentenweise darstellen, lassen wir daher die dritte Komponente einfach weg, d.h., wir betrachten den Vektor bzw. Phasor als zweidimensional.

Aufgabe 3.3.2-1: Der Nullphasenwinkel einer Welle habe den Wert $\varphi_0 = -\pi/4$. Man stelle den reellen Zeitverlauf der Welle durch eine Überlagerung von Cosinus- und Sinusfunktionen ohne Nullphasenwinkel dar.

Aufgabe 3.3.2-2: Eine Wellenfunktion sei durch $a(z,t) = 4\cos(\omega t - \beta z) + 3\sin(\omega t - \beta z)$ beschrieben. Man bestimme die komplexe Amplitude $\underline{A}$ in Polarkoordinaten (Betrag und Phase) als auch in kartesischen Koordinaten (Real- und Imaginärteil). Weiterhin stelle man dieselbe Wellenfunktion mit nur *einer* Sinusfunktion und zugehörigem Nullphasenwinkel dar.

3.3.3 Komplexe Darstellung der MAXWELLgleichungen und der Wellengleichung

Grundsätzlich könnte man die Wellengleichungen des Abschn. 3.2 direkt ins Komplexe transformieren und sie dann lösen. Zum einen wurden dort jedoch Dämpfungsterme ausgeklammert, zum anderen bringt die direkte Transformation der MAXWELLgleichungen ins Komplexe Vorteile beim Verständnis, so daß wir diesen Weg hier skizzieren wollen.

Auf den rechten Seiten der MAXWELLgleichungen treten Terme der ersten Ableitung nach der Zeit auf, die wie folgt ersetzt werden können:

$$\frac{\partial \underline{a}(z,t)}{\partial t} = \mathrm{j}\omega \underline{a}(z,t). \tag{3.3-8}$$

Man differenziere zum Nachweis die obigen in Orts- und Zeitanteil faktorisierten Gleichungen. Was komponentenweise gilt, gilt nach den Vorüberlegungen auch für den ganzen Vektor, weshalb wir nun die MAXWELLgleichungen wie folgt darstellen können:

$$\Re\{\mathrm{rot}\underline{\boldsymbol{h}}\} = \Re\left\{(\kappa + \varepsilon \frac{\partial}{\partial t})\underline{\boldsymbol{e}}\right\} = \Re\{(\kappa + \mathrm{j}\omega\varepsilon)\underline{\boldsymbol{e}}\}. \tag{3.3-9}$$

Da wir genauso wie in der komplexen Wechselstromrechnung über die Imaginärteile frei verfügen können, lassen wir diese die MAXWELLgleichungen ebenfalls erfüllen und erhalten die ersten beiden nun in der Form:

$$\mathrm{rot}\underline{\boldsymbol{h}} = (\kappa + \mathrm{j}\omega\varepsilon)\underline{\boldsymbol{e}} \qquad \text{und} \qquad \mathrm{rot}\underline{\boldsymbol{e}} = -\mathrm{j}\omega\mu\,\underline{\boldsymbol{h}}. \tag{3.3-10}$$

Allen Termen gemeinsam ist der Faktor $e^{j\omega t}$, der sich folglich wegkürzt und wir somit die zeitfreien MAXWELLgleichungen angeben können:

$$\mathrm{rot}\underline{\boldsymbol{H}} = (\kappa + \mathrm{j}\omega\varepsilon)\underline{\boldsymbol{E}} \qquad \text{und} \qquad \mathrm{rot}\underline{\boldsymbol{E}} = -\mathrm{j}\omega\mu\,\underline{\boldsymbol{H}}. \tag{3.3-11}$$

Wir führen den Rotor wie in Gl. 3.2-2 aus, und erhalten analog zu Gl. 3.2-3 folgenden Gleichungssatz:

$$\frac{\partial \underline{H}_y}{\partial z} = -(\kappa + \mathrm{j}\omega\varepsilon)\underline{E}_x \qquad \frac{\partial \underline{E}_y}{\partial z} = \mathrm{j}\omega\mu\,\underline{H}_x \tag{3.3-12}$$

$$\frac{\partial \underline{H}_x}{\partial z} = (\kappa + \mathrm{j}\omega\varepsilon)\underline{E}_y \qquad \frac{\partial \underline{E}_x}{\partial z} = -\mathrm{j}\omega\mu\,\underline{H}_y \quad \left|\frac{\partial}{\partial z}\right. \tag{3.3-13}$$

$$0 = \underline{E}_z \qquad 0 = \underline{H}_z. \tag{3.3-14}$$

Leiten wir entsprechend der Darstellung die mittlere Gleichung rechts nochmals nach z ab und setzen die Gleichung links oben für $\partial \underline{H}_y/\partial z$ ein, ergibt sich die komplexe Wellengleichung für $\underline{E}_x$:

$$\frac{\partial^2 \underline{E}_x}{\partial z^2} - \mathrm{j}\omega\mu(\kappa + \mathrm{j}\omega\varepsilon)\underline{E}_x = 0. \qquad (3.3\text{-}15)$$

Die anderen drei Komponenten gehorchen analog zur Rechnung für allgemeine Zeitfunktionen der gleichen Differentialgleichung, so daß die Wellengleichung für jede Komponente die Allgemeinstruktur der ***HELMHOLTZgleichung*** aufweist, rechts für den verlustfreien Fall:

$$\frac{\partial^2 \underline{A}}{\partial z^2} - \mathrm{j}\omega\mu(\kappa + \mathrm{j}\omega\varepsilon)\underline{A} = 0; \qquad \frac{\partial^2 \underline{A}}{\partial z^2} + \omega^2 \mu\varepsilon \underline{A} = 0. \qquad (3.3\text{-}16)$$

Aufgabe 3.3.3-1: Man weise aus den MAXWELLgleichungen - so wie hier durchgeführt - nach, daß die anderen drei Feldkomponenten durch die gleiche Differentialgleichung beschrieben werden.

Aufgabe 3.3.3-2: Man weise für die beliebige a-Komponente direkt aus der in Aufgabe 3.2.1.1 aufgestellten allgemeinen Wellengleichung, die die Dämpfung mit einbezieht, nach, daß die gleiche Differentialgleichung für $\underline{A}$ wie oben entsteht.

***Aufgabe 3.3.3-3**: Eine sinusförmige Welle breite sich in einem dämpfenden Medium statt in z-Richtung schräg in positive yz-Richtung eines Koordinatensystems aus, der Vektor der elektrischen Feldstärke zeige in x-Richtung. Man bestimme die Richtung des zugehörigen Vektors der magnetischen Feldstärke und stelle ausgehend von Abschnitt 3.2.1.2 den Differentialgleichungssatz für alle Komponenten auf.

3.3.4 Lösung der Wellengleichung bei sinusförmiger Anregung

Aufgrund der Elimination der Zeit ist dies nun statt der partiellen Differentialgleichung des allgemeinen Falls eine gewöhnliche homogene Differentialgleichung 2. Ordnung, so wie wir sie z.B. von Schwingkreisen kennen, also eine Schwingungsdifferentialgleichung. Der Lösungsansatz mit Exponentialfunktionen muß grundsätzlich möglich sein, da deren Ableitungen sich auf sich selbst abbilden und so die Differentialgleichung auf ein Polynom transformieren, dessen Nullstellen die Lösung charakterisieren. Setzen wir also in die komplexe Wellengleichung die Ansatzfunktion $\underline{A}(z) = \underline{\hat{A}}\mathrm{e}^{-\underline{\gamma} z}$ ein, so wird hierdurch der Wert der Ausbreitungskonstanten $\underline{\gamma}$ aus

$$\underline{\gamma}^2 = \mathrm{j}\omega\mu(\kappa + \mathrm{j}\omega\varepsilon) \qquad \text{zu} \qquad \underline{\gamma} = \sqrt{\mathrm{j}\omega\mu(\kappa + \mathrm{j}\omega\varepsilon)} = \alpha + \mathrm{j}\beta \qquad (3.3\text{-}17)$$

festgelegt. Damit nimmt z.B. die Wellengleichung für $\underline{E}_x$ folgende Kompaktdarstellung an:

$$\frac{\partial^2 \underline{E}_x}{\partial z^2} - \underline{\gamma}^2 \underline{E}_x = 0. \qquad (3.3\text{-}18)$$

Wir ziehen gleich in Betracht, daß auch hier wieder hin- und rücklaufende Wellen existieren können, und setzen an:

$$\underline{E}_x(z) = \underline{E}_{\mathrm{h}x}(z) + \underline{E}_{\mathrm{r}x}(z) = \underline{\hat{E}}_{\mathrm{h}x}\mathrm{e}^{-\underline{\gamma} z} + \underline{\hat{E}}_{\mathrm{r}x}\mathrm{e}^{+\underline{\gamma} z}. \qquad (3.3\text{-}19)$$

Damit ist das bei der Wurzelbildung von $\underline{\gamma}^2$ ja auch prinzipiell zu berücksichtigende Minuszeichen mit einbezogen und die beiden Vorzeichen sind physikalisch sinnvoll interpretiert. Für die zugehörige $\underline{H}_y$-Komponente erhalten wir durch Einsetzen von $\underline{E}_x$ in die zweite Gleichung des Induktionsgesetzes:

$$\underline{H}_y(z) = \underline{H}_{\mathrm{hy}}(z) + \underline{H}_{\mathrm{ry}}(z) = \underline{\hat{H}}_{\mathrm{hy}} \mathrm{e}^{-\underline{\gamma} z} + \underline{\hat{H}}_{\mathrm{ry}} \mathrm{e}^{+\underline{\gamma} z} = \frac{\underline{\gamma}}{\mathrm{j}\omega\mu}(\underline{\hat{E}}_{\mathrm{hx}} \mathrm{e}^{-\underline{\gamma} z} - \underline{\hat{E}}_{\mathrm{rx}} \mathrm{e}^{+\underline{\gamma} z}). \tag{3.3-20}$$

Für das zweite Lösungspaar ergibt sich analog

$$\underline{E}_y(z) = \underline{E}_{\mathrm{hy}}(z) + \underline{E}_{\mathrm{ry}}(z) = \underline{\hat{E}}_{\mathrm{hy}} \mathrm{e}^{-\underline{\gamma} z} + \underline{\hat{E}}_{\mathrm{ry}} \mathrm{e}^{+\underline{\gamma} z} \tag{3.3-21}$$

mit der zugehörigen $\underline{H}_x$-Komponente

$$\underline{H}_x(z) = \underline{H}_{\mathrm{hx}}(z) + \underline{H}_{\mathrm{rx}}(z) = \underline{\hat{H}}_{\mathrm{hx}} \mathrm{e}^{-\underline{\gamma} z} + \underline{\hat{H}}_{\mathrm{rx}} \mathrm{e}^{+\underline{\gamma} z} = -\frac{\underline{\gamma}}{\mathrm{j}\omega\mu}(\underline{\hat{E}}_{\mathrm{hy}} \mathrm{e}^{-\underline{\gamma} z} - \underline{\hat{E}}_{\mathrm{ry}} \mathrm{e}^{+\underline{\gamma} z}). \tag{3.3-22}$$

Zur physikalischen Interpretation der Vektorrichtungen der Lösung sei auf die Erläuterungen zur Polarisation in Abschnitt 3.2.6 hingewiesen. Frei vorgebbar sind demnach z.B. $\underline{\hat{E}}_{\mathrm{hx}}$ und $\underline{\hat{E}}_{\mathrm{hy}}$, wobei man eine der beiden zu Null setzen kann, wenn man das Koordinatensystem so legt, daß der Feldstärkevektor in Richtung einer Transversalkoordinate zeigt.

Die Komponenten $\underline{\hat{E}}_{\mathrm{rx}}$ und $\underline{\hat{E}}_{\mathrm{ry}}$ werden von den gewählten Einkopplungskomponenten sowie dem Reflexionsfaktor am Ende, der angibt, welcher Amplitudenanteil zurückläuft, bestimmt. Die magnetischen Feldstärkekomponenten sind durch die Vorgabe der elektrischen festgelegt. Legen wir also die elektrische Feldstärke z.B. in x-Richtung fest und sind die Materialkonstanten des Austrittsmediums ebenfalls bekannt, haben wir als einzigen Freiheitsgrad $\underline{\hat{E}}_{\mathrm{hx}}$.

Um nicht zu vergessen, wie die Wellenfunktion denn nun physikalisch wirklich aussieht, d.h. oszilloskopierbar ist, transformieren wir die x-Komponente der elektrischen Feldstärke wieder ins Reelle. Mit

$$\underline{e}_x(z,t) = \underline{\hat{E}}_{\mathrm{hx}} \mathrm{e}^{-(\alpha+\mathrm{j}\beta)z+\mathrm{j}\omega t} + \underline{\hat{E}}_{\mathrm{rx}} \mathrm{e}^{+(\alpha+\mathrm{j}\beta)z+\mathrm{j}\omega t} \tag{3.3-23}$$

folgt

$$e_x(z,t) = \hat{E}_{\mathrm{hx}} \mathrm{e}^{-\alpha z} \cos(\omega t - \beta z + \varphi_{\mathrm{h0}}) + \hat{E}_{\mathrm{rx}} \mathrm{e}^{+\alpha z} \cos(\omega t + \beta z + \varphi_{\mathrm{r0}}). \tag{3.3-24}$$

Die hinlaufende Welle ist in Abb. 3.3-1 für zwei unterschiedliche Zeitpunkte, die sich um ein Viertel der Periodendauer und damit auch Wellenlänge unterscheiden, skizziert. Abb. 3.3-2 zeigt demgegenüber das Wellenbild zu einem bestimmten Zeitpunkt t unter Einbezug einer Reflexionsstelle bei vier Wellenlängen λ, an der eine Amplitudenreduzierung und ein Phasensprung auftritt. Die zugehörigen Reflexionsfaktoren werden in Abschnitt 3.3.11 berechnet. Abb. 3.3-3 stellt als dreidimensionale Projektion die orthogonalen elektrischen und magnetischen Feldverläufe über dem Ort dar.

Betrachten wir Abb. 3.3-4, so wird der Begriff der *ebenen Welle* oder *Planwelle* anschaulich. Überlegen wir, welche geometrische Form zu einem festen Zeitpunkt t alle Punkte einheitlicher Phase der elektrischen Feldstärke aufweisen, z.B. wenn wir alle Maxima gleicher Phasenlage verbinden, so stellen diese Flächen Ebenen dar. Die Ebenengleichung ergibt sich zwanglos, wenn wir das Argument eines in einer Richtung laufenden Wellenanteils konstant setzen: $\omega t - \beta z$ = const. $\Rightarrow z$ = const.

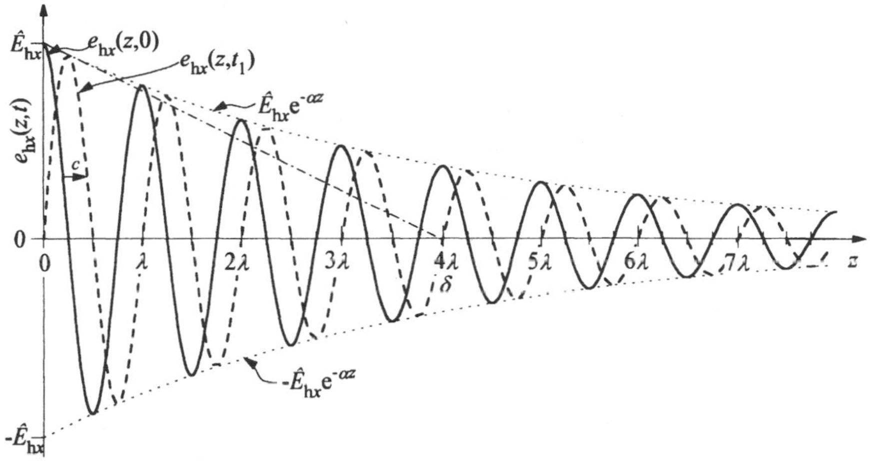

Abb. 3.3-1: Zwei Momentanbilder der elektrischen Feldstärke einer gedämpften hinlaufenden Welle. Die Phasenverschiebung zwischen den beiden Zeitpunkten t_1 und 0 beträgt $\pi/2$.

z = const. ist jedoch die Gleichung einer Ebene parallel zur xy-Ebene. Demgegenüber sind die Wasserwellen aus Kap. 1 keine ebenen Wellen, sondern Kugelwellen (zweidimensional: Ringwellen). Diese Unterscheidung ist jedoch nicht, wie bereits dargelegt, eine Eigenschaft des homogenen Mediums, sondern der Anregungseigenschaften der Quelle. In beiden Fällen zeigt der Normalenvektor der Fläche in Ausbreitungsrichtung. Die Ebene, sprich: die Phasenfront, ist hingegen die Fläche, in der auch die elektrischen und magnetischen Feldgrößen schwingen.

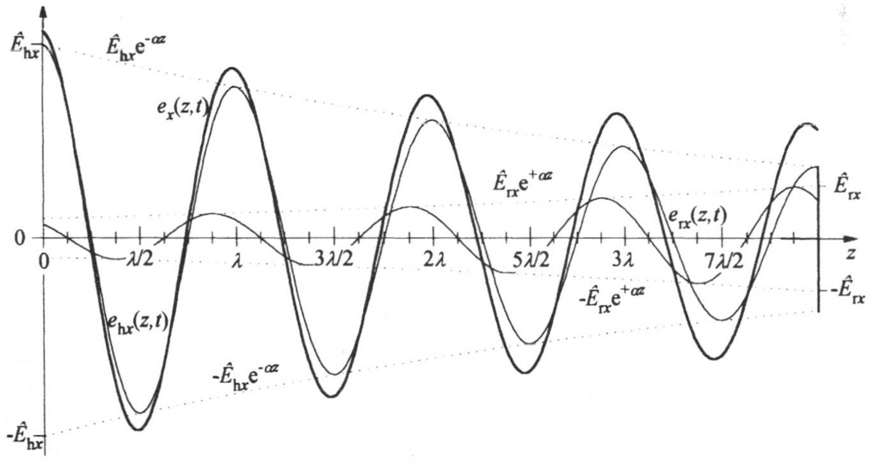

Abb. 3.3-2: Momentanbild der elektrischen Feldstärke einer gedämpften hinlaufenden, der zugehörigen rücklaufenden Welle, und der Überlagerung. Am Ende bei $z = 4\lambda$ tritt eine Amplitudenreduzierung sowie ein Phasensprung von $\pi/4$ auf.

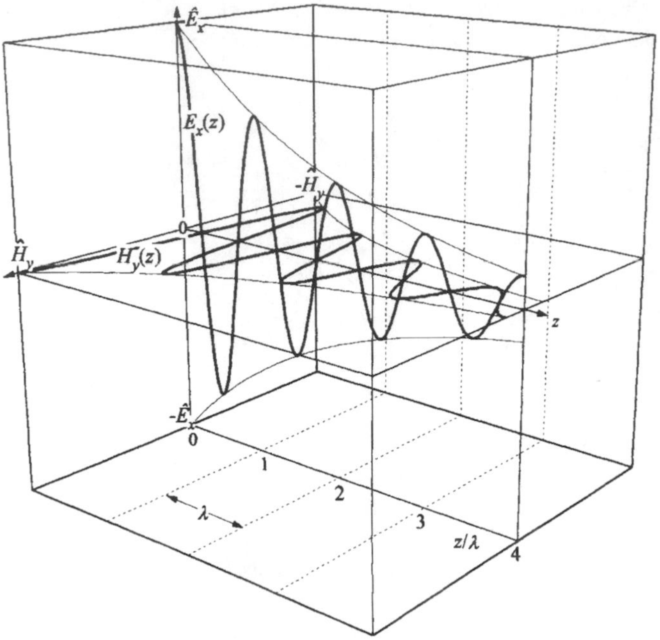

Abb. 3.3-3: Momentanbild der elektrischen und magnetischen Feldstärke einer gedämpften hinlaufenden Welle.

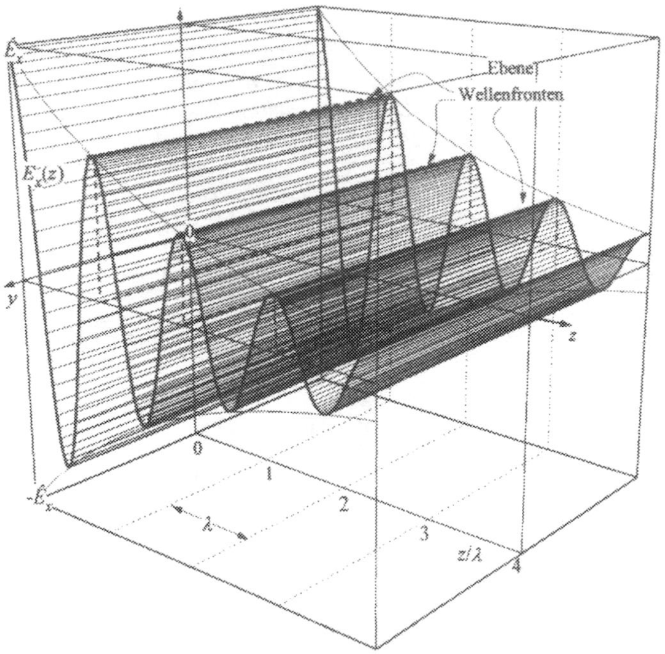

Abb. 3.3-4: Dreidimensionales Momentanbild der elektrischen Feldstärke einer gedämpften hinlaufenden Welle mit ebenen Phasenfronten.

Wir können noch zwischen *einheitlich ebenen* und *nichteinheitlich ebenen Wellen* unterscheiden. Ungedämpfte Wellen gehören zur ersten Klasse, da in jeder Ebene die Amplitude gleich ist, gedämpfte dementspr. zur zweiten Klasse. Beide Klassen gehören für die bisher betrachteten Wellen zu den *homogenen Planwellen*, da bei jeder in einer Ebene die Amplitude konstant ist. *Inhomogene Planwellen* sind solche, bei denen die Phasenfronten ebenfalls Ebenen sind, in einer Ebene hängt die Amplitude jedoch noch von mindestens einer Transversalkoordinaten ab, z.B. $\underline{\hat{E}}_x(x,y)$. Die Ebenheit ist wieder dadurch gekennzeichnet, daß im Abstand einer Wellenlänge das gleiche inhomogene Muster auftritt.

Sowohl bei ebenen, als auch bei Kugel- oder Zylinderwellen in einem homogenen verlustlosen Medium, stehen $\boldsymbol{e}$, $\boldsymbol{h}$ und $\wp$ senkrecht aufeinander, da die zugehörigen Koordinatensysteme ebenfalls orthogonal sind, d.h. es handelt sich in jedem Fall um TEM-Wellen.

***Aufgabe 3.3.4-1**: Für eine allgemeine Komponente $\underline{A}$ von Aufgabe 3.3.3-3 versuche man folgenden Separationsansatz: $\underline{A} = \underline{A}(y,z) = \underline{A}(y)\cdot\underline{A}(z) = \underline{\hat{A}}e^{-py}e^{-qz}$. Welcher Zusammenhang ergibt sich für $\underline{p}$, $\underline{q}$ und $\underline{\gamma}$? Man gebe eine anschauliche physikalische Interpretation von $\underline{p}$ und $\underline{q}$ an.

3.3.5 Ausbreitungskonstante γ und abgeleitete Größen (α, β, δ)

Es wurde noch nicht dargelegt, wie der genaue Zusammenhang zwischen der (komplexen) Ausbreitungskonstanten $\underline{\gamma} = \alpha + \mathrm{j}\beta = \sqrt{\mathrm{j}\omega\mu(\kappa + \mathrm{j}\omega\varepsilon)}$ und der Dämpfungskonstanten α sowie der Phasenkonstanten β ist, d.h., wie der Wurzelausdruck in Real- und Imaginärteil zerlegt werden kann. Eine übliche Art der Umformung ist folgende: wir quadrieren $\underline{\gamma}$ und bilden dann das Betragsquadrat von $\underline{\gamma}$:

$$\underline{\gamma}^2 = \alpha^2 - \beta^2 + \mathrm{j}2\alpha\beta = -\omega^2\mu\varepsilon + \mathrm{j}\omega\mu\kappa \quad\Rightarrow\quad \alpha^2 - \beta^2 = -\omega^2\mu\varepsilon, \tag{3.3-25}$$

$$\gamma^2 = \alpha^2 + \beta^2 = \omega\mu\sqrt{(\omega\varepsilon)^2 + \kappa^2}. \tag{3.3-26}$$

Wir addieren bzw. subtrahieren nun die entstandenen Ausdrücke und lösen das Ergebnis nach α bzw. β auf:

$$2\alpha^2 = \omega\mu\sqrt{(\omega\varepsilon)^2 + \kappa^2} - \omega^2\mu\varepsilon = \omega\mu\left(\sqrt{(\omega\varepsilon)^2 + \kappa^2} - \omega\varepsilon\right) \tag{3.3-27}$$

$$\Rightarrow\quad \alpha = \omega\sqrt{\frac{\mu\varepsilon}{2}\left(\sqrt{1 + \left(\frac{\kappa}{\omega\varepsilon}\right)^2} - 1\right)} = \frac{\omega}{c}\sqrt{\frac{1}{2}\left(\sqrt{1 + \left(\frac{\kappa}{\omega\varepsilon}\right)^2} - 1\right)}. \tag{3.3-28}$$

$$2\beta^2 = \omega\mu\sqrt{(\omega\varepsilon)^2 + \kappa^2} + \omega^2\mu\varepsilon = \omega\mu\left(\sqrt{(\omega\varepsilon)^2 + \kappa^2} + \omega\varepsilon\right) \tag{3.3-29}$$

$$\Rightarrow\quad \beta = \omega\sqrt{\frac{\mu\varepsilon}{2}\left(\sqrt{1 + \left(\frac{\kappa}{\omega\varepsilon}\right)^2} + 1\right)} = \frac{\omega}{c}\sqrt{\frac{1}{2}\left(\sqrt{1 + \left(\frac{\kappa}{\omega\varepsilon}\right)^2} + 1\right)}. \tag{3.3-30}$$

Die Inversion der Dämpfungskonstanten α ist die ***Eindringtiefe*** δ:

$$\delta := \frac{1}{\alpha} = \frac{1}{\omega\sqrt{\frac{\mu\varepsilon}{2}\left(\sqrt{1 + \left(\frac{\kappa}{\omega\varepsilon}\right)^2} - 1\right)}}; \qquad [\delta] = \mathrm{m}. \tag{3.3-31}$$

Bei diesem Wert ist die Hüllkurve der hinlaufenden Welle auf 1/e ≈ 37 % ihres Anfangswertes abgefallen. Er ist vergleichbar der Zeitkonstanten beim Entladen eines Kondensators oder einer Spule über einen OHMschen Widerstand oder auch wie die weiter unten betrachtete Relaxationszeit ein Maß dafür, wie weit das Eindringen der Welle in das Medium von praktischer Bedeutung ist. Gute Richtwerte für das zu beachtende Eindringen der Welle in das Medium liegen bei ca. 4δ ... 5δ. Aus diesem Grund wird auch zuweilen in der Literatur der letztgenannte Wertebereich als *Eindringtiefe* bezeichnet und δ als ***Eindringmaß***. *Eindringkonstante* wäre vielleicht in Analogie zu *Zeitkonstante* oder auch *Diffusionskonstante* der angebrachte Begriff.

Wenn das andere Ende des Mediums jenseits dieser Werte liegt, brauchen i.allg. keine Reflexionen mit einbezogen zu werden. Es ist dann praktisch nur die hinlaufende Welle von Bedeutung. Weiterhin vereinfacht dies sehr die Rechnung in nicht kartesischen Strukturen, wie bei Zylinder- oder Kugelgeometrien, bei denen gegenüberliegende Seiten weiter als dieser Abstand sind. Ein wichtiges Beispiel für die Zylindergeometrie ist wieder der normale rotationssymmetrische Leiter, bei dem, wie bereits dargelegt, die Welle von der Seite permanent Energie in den Leiter einfließen läßt. Hier sind dann die Quer- und nicht die Längsabmessungen von Bedeutung.

Die Eindringtiefe ist beispielhaft in Abb. 3.3-1 eingezeichnet. Speziell für ein Dielektrikum ($\kappa = 0$) erkennen wir, daß erwartungsgemäß

$$\alpha = 0,\ \delta = \infty \qquad \text{und} \qquad \beta = \omega\sqrt{\mu_0\varepsilon} = \frac{\omega}{c}. \tag{3.3-32}$$

Die Welle kann beliebig weit in das Medium eindringen.

Aufgabe 3.3.5: Man überlege eine alternative Zerlegung der Ausbreitungskonstanten in Real- und Imaginärteil, z.B. mithilfe einer trigonometrischen Umrechnung und berechne das Ergebnis am Beispiel für Kupfer bei der Netzfrequenz.

3.3.6 Geschwindigkeit v und Laufzeit τ

3.3.6.1 Wellenlänge λ

Bei der Betrachtung der Wasserwellen in Kap. 1 wurde anschaulich dargelegt, daß Wellenlänge und der Phasenkonstante miteinander über

$$\lambda = \frac{2\pi}{\beta} = \frac{2\pi}{\omega\sqrt{\frac{\mu\varepsilon}{2}\left(\sqrt{1+(\frac{\kappa}{\omega\varepsilon})^2}+1\right)}} = \frac{1}{f\sqrt{\frac{\mu\varepsilon}{2}\left(\sqrt{1+(\frac{\kappa}{2\pi f\varepsilon})^2}+1\right)}} \tag{3.3-33}$$

verknüpft sind, wobei rechts bereits die Abhängigkeit der Wellenlänge von der Frequenz und den Materialgrößen dargestellt ist. Betrachten wir wieder den Spezialfall eines Dielektrikums, vereinfacht sich die Gleichung erwartungsgemäß zu

$$\lambda = \frac{2\pi}{\omega\sqrt{\mu_0\varepsilon}} = \frac{1}{f\sqrt{\mu_0\varepsilon}} = \frac{c}{f}. \tag{3.3-34}$$

Vergleichen wir dies mit der Freiraumwellenlänge λ_0, so ergibt sich der Zusammenhang:

$$\lambda = \frac{2\pi}{\omega\sqrt{\mu_0\varepsilon_0}\sqrt{\varepsilon_r}} = \frac{\lambda_0}{\sqrt{\varepsilon_r}} = \frac{\lambda_0}{n}. \tag{3.3-35}$$

Wir erkennen, daß die Wellenlänge um die reziproke Brechzahl gestaucht wird, da die Frequenz ja fest von der Quelle vorgegeben ist. Die Frequenz ist also eine Eigenschaft der Quelle, die Wellenlänge eine (von dieser abhängenden) Eigenschaft des Mediums.

Aufgabe 3.3.6.1: Man berechne das Verhältnis λ/λ_0 für ein leitfähiges Medium. Wie verhält sich die Wellenlänge bzgl. Stauchung oder Dehnung gegenüber der Freiraumwellenlänge? Man gebe für Kupfer Formeln an, mit denen sich jeweils aus der Frequenz, gemessen in Hz (also f/Hz) λ/λ_0 als auch λ absolut berechnen lassen. Man gebe die Zahlenwerte bei der Netzfrequenz und bei 10 MHz an.

3.3.6.2 Phasengeschwindigkeit v_ϕ und Phasenlaufzeit τ_ϕ

Wie in Kap. 1 gezeigt wurde, ist die (Phasen-)Geschwindigkeit gleich dem Produkt aus Wellenlänge und Frequenz. Bei den Wellen mit beliebiger Zeitabhängigkeit der Quelle wurde bereits dargelegt, daß sich c im allgemeinen verlustlosen Medium ebenfalls um die reziproke Brechzahl reduziert. Dies ist unmittelbar auch aus den letzten beiden Gleichungen ableitbar. Für ein Medium mit endlicher Leitfähigkeit ergibt sich der Wert der Wellen- oder ***Phasengeschwindigkeit*** v_ϕ durch Multiplikation von Gl. 3.3-33 mit der Frequenz:

$$v_\phi = \lambda f = \frac{\omega}{\beta} = \frac{1}{\sqrt{\frac{\mu\varepsilon}{2}\left(\sqrt{1+(\frac{\kappa}{\omega\varepsilon})^2}+1\right)}} = \frac{c}{\sqrt{\frac{1}{2}\left(\sqrt{1+(\frac{\kappa}{\omega\varepsilon})^2}+1\right)}}. \tag{3.3-36}$$

Wir definieren als Inversion der Phasengeschwindigkeit die ***Phasenlaufzeit***:

$$\tau_\phi := \frac{\beta}{\omega} = \frac{1}{v_\phi}. \tag{3.3-37}$$

Bei einem nichtdämpfenden Medium mit $v_\phi = c$ ergibt sich:

$$\tau_\phi = \frac{1}{c} = \frac{n}{c_0} = \sqrt{\mu\varepsilon}; \qquad [\tau_\phi] = \frac{\text{ns}}{\text{m}} = \frac{\mu\text{s}}{\text{km}}. \tag{3.3-38}$$

Die ***Freiraum(phasen)laufzeit*** $\tau_{\phi 0}$ ist als Inversion der Lichtgeschwindigkeit eine Naturkonstante:

$$\tau_{\phi 0} := \frac{1}{c_0} = 3{,}3356\frac{\text{ns}}{\text{m}} = 3{,}3356\frac{\mu\text{s}}{\text{km}}. \tag{3.3-39}$$

Die zugehörige absolute Zeit, die die Welle braucht, um den Weg z zurückzulegen, berechnet sich dann durch Multiplikation mit z:

$$t_\phi := \frac{\beta}{\omega} z = \frac{z}{v_\phi}; \qquad [t_\phi] = \text{s}. \tag{3.3-40}$$

Möchten wir die Wellenausbreitung entspr. Abschnitt 1.2 in Abhängigkeit der Phasengeschwindigkeit beschreiben, setzen wir

$$a(z,t) = \hat{A}e^{-\alpha z}\cos\left(\omega(t - \frac{\beta}{\omega}z) + \varphi_0\right) = \hat{A}e^{-\alpha z}\cos\left(\omega(t - \frac{z}{v_\phi}) + \varphi_0\right). \quad (3.3\text{-}41)$$

Aufgabe 3.3.6.2: Man gebe die Phasengeschwindigkeit v_ϕ einer gedämpften Welle in Abhängigkeit von c, α und ω, sowie von c, α und β an.

3.3.6.3 Gruppengeschwindigkeit v_G und Gruppenlaufzeit τ_G

Bisher hatten wir nur monofrequente Signale betrachtet. In der Praxis werden jedoch Frequenzgemische übertragen - z.B. ein hochfrequentes Trägersignal - amplituden- oder frequenzmoduliert - mit dem niederfrequenten Signal als Hüllkurve. Aber auch allgemeine Signale, wie Rechteckpulse, die auf den ersten Blick nichts mit Frequenzen zu tun zu haben scheinen, lassen sich durch eine FOURIERanalyse in ein Frequenzspektrum zerlegen.

Da die Signalgeschwindigkeit durch Materialkonstanten bestimmt werden, und für den allgemeinen Fall deren Werte frequenzabhängig (typ. $\varepsilon(\omega)$) sein können, muß damit gerechnet werden, daß die einzelnen FOURIERspektralanteile eines allgemeinen Zeitverlaufs unterschiedlich schnell am Ziel ankommen. Dies manifestiert sich darin, daß ein ursprünglich erzeugter Pulsverlauf den Empfänger mit einer anderen Pulsform erreicht.

Die Folge ist eine Pulsverbreiterung durch Vor- und Nachläufer, die bei einer bestimmten Pulsdichte - bei Digitalsignalen: Bitrate - zum Ineinanderlaufen sukzessiver Pulse führt. Diese können dann beim Empfänger nicht mehr getrennt werden, was in einer Grenzfrequenz bzw. Grenzbitrate resultiert, die entfernungsabhängig neben der Dämpfung beachtet werden muß. Um diesen Effekt zu erfassen, betrachten wir zunächst die Überlagerung zweier ungedämpfter monofrequenter Signale in Form homogener Planwellen jeweils mit der gleichen Amplitude $\hat{A}/2$ mit geringem (Kreis-)Frequenzabstand. Die einzelnen Kreisfrequenzen ω_1 und ω_2 dieser beiden Signale haben dann gegenüber der Mittenkreisfrequenz ω den Abstand $\Delta\omega$:

$$\omega_{1,2} = \omega \pm \Delta\omega \quad \Rightarrow \quad \beta_{1,2} = \frac{2\pi}{\lambda_{1,2}} = \frac{\omega_{1,2}}{c_{1,2}} = \omega_{1,2}\sqrt{\mu_{1,2}\varepsilon_{1,2}} = \beta \pm \Delta\beta \quad (3.3\text{-}42)$$

mit $\Delta\omega \ll \omega$, $\Delta\beta \ll \beta$. Eine Überlagerung der komplexen Wellenfunktionen ergibt:

$$\underline{a}(z,t) = \underline{a}_1(z,t) + \underline{a}_2(z,t) = \frac{\hat{A}}{2}\left(e^{j((\omega+\Delta\omega)t-(\beta+\Delta\beta)z)} + e^{j((\omega-\Delta\omega)t-(\beta-\Delta\beta)z)}\right) =$$

$$= \frac{\hat{A}}{2}\left(e^{j(\Delta\omega t-\Delta\beta z)} + e^{-j(\Delta\omega t-\Delta\beta z)}\right)\cdot e^{j(\omega t-\beta z)} = \hat{A}\cos(\Delta\omega t - \Delta\beta z)\cdot e^{j(\omega t-\beta z)}. \quad (3.3\text{-}43)$$

Damit erhalten wir für den reellen oszilloskopierbaren Zeitverlauf, wie beispielhaft in Abb. 3.3-5 dargestellt:

$$a(z,t) = \hat{A}\underbrace{\cos(\Delta\omega t - \Delta\beta z)}_{\text{Hüllkurve}}\cdot\underbrace{\cos(\omega t - \beta z)}_{\text{Trägerwelle}} =$$

$$= \overbrace{\hat{A}\cos\left(\Delta\omega(t - \frac{\Delta\beta}{\Delta\omega}z)\right)}\cdot\overbrace{\cos\left(\omega(t - \frac{\beta}{\omega}z)\right)} \quad (3.3\text{-}44)$$

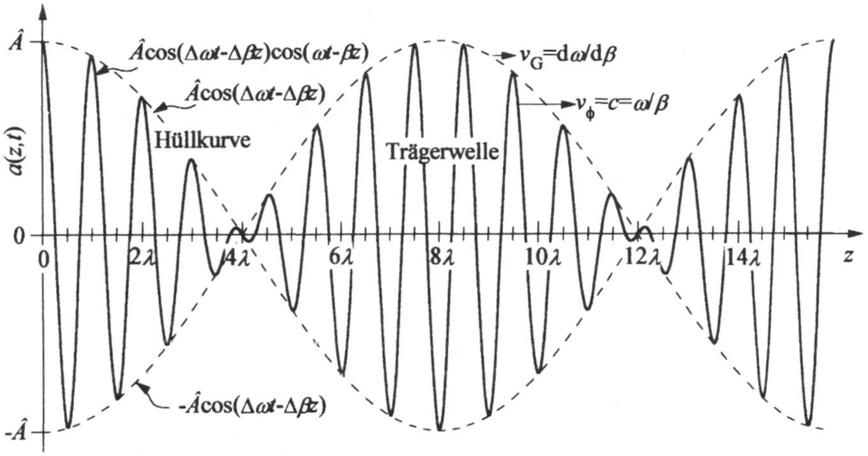

Abb. 3.3-5: Trägerwelle mit Hüllkurve, die durch Überlagerung zweier Wellen mit einem Frequenzabstand von 1/16 ihrer Mittenfrequenz entsteht.

Dabei ist die

Phasenlaufzeit: $\tau_\phi = \dfrac{\beta}{\omega} = \dfrac{1}{c} = \dfrac{n}{c_0} = \sqrt{\mu\varepsilon}$ die Laufzeit der Trägerwelle,

Gruppenlaufzeit: $\tau_G = \dfrac{\Delta\beta}{\Delta\omega}$ die Laufzeit der Hüllkurve

mit den praxisgerechten Einheiten $[\tau_\phi, \tau_G] = \dfrac{\text{ns}}{\text{m}} = \dfrac{\mu\text{s}}{\text{km}}$. (3.3-45)

Betrachten wir statt zweier diskreter benachbarter Frequenzen ein kontinuierliches Frequenzgemisch, wie bei einem FOURIERspektrum, können wir die Gruppenlaufzeit als Grenzwert definieren:

$$\tau_G := \lim_{\Delta\omega\to 0}\frac{\Delta\beta}{\Delta\omega} = \frac{d\beta}{d\omega} = \frac{d(\omega\sqrt{\mu\varepsilon})}{d\omega} = \frac{1}{c}\left(1 - \frac{\omega}{c}\frac{dc}{d\omega}\right) = \tau_\phi\left(1 - \frac{\omega}{c}\frac{dc}{d\omega}\right). \quad (3.3\text{-}46)$$

Die jeweilige zugehörige absolute Zeit, die die Welle braucht, um den Weg z zurückzulegen, berechnet sich dann durch Multiplikation mit z:

$$t_\phi := \frac{\beta}{\omega} z = \frac{z}{c}; \qquad t_G := \frac{d\beta}{d\omega} z; \qquad [t_\phi, t_G] = \text{s}. \quad (3.3\text{-}47)$$

Damit lassen sich die Zeitverläufe über

$$a(z,t) = \hat{A}\cos\big(\Delta\omega(t - t_G(z))\big)\cdot\cos\big(\omega(t - t_\phi(z))\big) \quad (3.3\text{-}48)$$

beschreiben. Die dazugehörigen Phasen- und Gruppengeschwindigkeiten v_ϕ und v_G sind als die Inversen der Phasen- und Gruppenlaufzeiten angebbar:

$$v_\phi = \frac{1}{\tau_\phi} = \frac{\omega}{\beta} = c = \frac{1}{\sqrt{\mu\varepsilon}}; \qquad v_G := \frac{1}{\tau_G} = \frac{1}{d\beta/d\omega}. \quad (3.3\text{-}49)$$

Phasen- und Gruppengrößen unterscheiden sich dann und nur dann, wenn die Materialgrößen von der Frequenz $f = \omega/2\pi$ abhängen. Im Freiraum sind beide also grundsätzlich gleich. Dazu betrachten wir die Gruppenlaufzeit einer Welle in einem Dielektrikum mit $\varepsilon(f)$. Da für die Brechzahl $n(f) = \sqrt{\varepsilon_r(f)}$ gilt, können wir angeben:

$$\tau_G = \tau_\phi\left(1 + \frac{f}{n}\frac{dn}{df}\right) = \frac{1}{c_0}\left(n + f\frac{dn}{df}\right) =: \frac{N}{c_0}; \qquad \text{vgl.: } \tau_\phi = \frac{n}{c_0}. \tag{3.3-50}$$

Das bedeutet also, daß im allgemeinen Fall die Hüllkurve eine andere Geschwindigkeit und Laufzeit als die Trägerwelle hat. Dies ist die bereits vorgestellte *Dispersion* - hier in Form der Materialdispersion. N wird in der optischen Übertragungstechnik als ***Gruppenbrechzahl*** oder als ***Gruppenindex*** bezeichnet, da sie die Brechzahl repräsentiert, die die Hüllkurve als Gruppengröße sieht. Insbesondere kann man damit die folgenden Dispersionsarten unterscheiden:

$\tau_G > \tau_\phi$: Normale Dispersion; die Hüllkurve ist langsamer als die Trägerwelle.
$\tau_G = \tau_\phi$: Dispersionsfreiheit; Hüllkurve und Trägerwelle sind gleich schnell.
$\tau_G < \tau_\phi$: Anomale Dispersion; die Hüllkurve ist schneller als die Trägerwelle.

Vor allem der letzte Fall läßt die Möglichkeit zu, daß sich die Hüllkurve einer elektromagnetischen Welle schneller als die Freiraumlichtgeschwindigkeit bewegt. Im allgemeinen dämpfen die Medien bei diesen Frequenzen jedoch stark (ε'' groß; s. Abschnitt 3.3.9.5), so daß dieser Fall schwierig zu erzeugen ist.

Die Überschreitung der Lichtgeschwindigkeit ist dabei keineswegs eine Verletzung eines Naturgesetzes, da die Energiegeschwindigkeit ja nach wie vor unter der Freiraumlichtgeschwindigkeit liegt. Lediglich die Geschwindigkeit der Modulationshüllkurve ist größer.

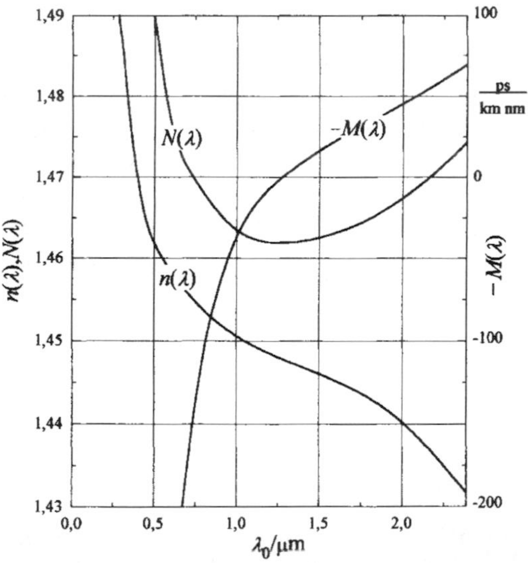

Abb. 3.3-6:
Brechzahl $n(\lambda)$, Gruppenbrechzahl $N(\lambda)$ und Gruppenlaufzeitstreuung $M(\lambda)$ von reinem Quarzglas.

Aufgabe 3.3.6.3-1: Man gebe die Gruppenlaufzeit τ_G in Abhängigkeit von c_0, n und λ an.

Aufgabe 3.3.6.3-2: Man bestimme aus Abb. 3.3-6 die Gruppenlaufzeit τ_G in Quarzglas an der Stelle $\lambda_0 = 1100$ nm.

3.3.6.4 Gruppenlaufzeitstreuung *M*

Daß eine von der Lichtgeschwindigkeit abweichende Gruppenlaufzeit auftritt, ist zunächst nicht unbedingt ein Problem für die Übertragungstechnik. Ob irgendwelche Modulationshüllkurven sich mit 200 000 km/s oder 300 000 km/s bewegen ist eigentlich nur kritisch bei breitbandigen Echtzeitanwendungen über lange Strecken. Kritischer ist demgegenüber die ***Gruppenlaufzeitstreuung*** $M(\lambda)$, die angibt, um wieviel einzelne Spektralanteile relativ zueinander auseinanderlaufen. Dazu bilden wir

$$M(\lambda) := -\frac{\mathrm{d}\tau_{\mathrm{G}}}{\mathrm{d}\lambda} = -\frac{1}{c_0}\frac{\mathrm{d}N}{\mathrm{d}\lambda} = \frac{\lambda}{c_0}\frac{\mathrm{d}^2 n}{\mathrm{d}\lambda^2}; \qquad [M] = \frac{\mathrm{ps}}{\mathrm{km}\cdot\mathrm{nm}}. \tag{3.3-51}$$

Die Einheit der Gruppenlaufzeitstreuung gibt z.B. in der optischen Übertragungstechnik an, um wieviele Pikosekunden ein Puls mit 1 Nanometer spektraler Breite auf einem Kilometer Länge auseinanderläuft. Wir erkennen, daß Wendepunkte der Funktion $n(\lambda)$ von Bedeutung sind, da hier die Gruppenlaufzeitstreuung verschwindet und in dieser Umgebung alle Spektralanteile etwa die gleiche Laufzeit aufweisen. In der optischen Übertragungstechnik liegt dieser Punkt für reines Quarzglas bei ca. 1273 nm, wie aus Abb. 3.3-6 recht gut ersichtlich. Hier hat auch die Dämpfung ein relatives (das zweitbeste) Minimum, was diesen Bereich besonders interessant macht.

Aufgabe 3.3.6.4-1: Eine LED der spektralen Breite $\Delta\lambda = 250$ nm werde bei der Mittenwellenlänge $\lambda_0 = 875$ nm betrieben. Man berechne, um wieviele Pikosekunden die Spektralanteile an den Rändern des Frequenzbands auf einen Kilometer in Quarzglas auseinanderlaufen.

Aufgabe 3.3.6.4-2: Die Übertragungsstrecke aus der vorstehenden Aufgabe sei nun $L = 5$ km lang. Mit welcher Bitrate B darf übertragen werden, damit beim Empfänger die Pulse gerade noch getrennt werden können?

3.3.7 Feldwellenwiderstand $\underline{\eta}$

Der ***Feldwellenwiderstand*** η hatten wir in Abschn. 3.2.5 bereits für eine Welle mit beliebiger Zeitabhängigkeit in einem Dielektrikum definiert und berechnet. Wir können auch hier eine Modifikation infolge der Annahme einer endlichen Leitfähigkeit erwarten. Betrachten wir z.B. Gl. 3.3-20, so ergibt sich für die hinlaufende Welle:

$$\underline{\eta} := \frac{\underline{E}_{\mathrm{hx}}}{\underline{H}_{\mathrm{hy}}} = \frac{\mathrm{j}\omega\mu}{\underline{\gamma}} = \sqrt{\frac{\mathrm{j}\omega\mu}{\kappa + \mathrm{j}\omega\varepsilon}}. \tag{3.3-52}$$

Erwartungsgemäß ist der Feldwellenwiderstand komplex und drückt damit aus, daß im Fall endlicher Leitfähigkeit eine Phasenverschiebung zwischen elektrischer und magnetischer Feldstärke auftritt. Außerdem ist er frequenzabhängig.

Betrachten wir auch hier den Spezialfall des idealen Dielektrikums, können wir die Ergebnisse des allgemeinen Zeitverlaufs wiederum direkt übernehmen. Insbesondere hängt der Feldwellenwiderstand dann nicht von der Frequenz ab, sofern das Dielektrikum frequenzunabhängig ist. Er ist auch wieder reell, d.h. die Feldstärken weisen keine Phasenverschiebung auf.

Aufgabe 3.3.7: Man zerlege den Feldwellenwiderstand in Real- und Imaginärteil sowie in Betrag und Phase.

3.3.8 HERTZscher Dipol und Anwendungen

Wir gehen nun etwas tiefer auf die Wechselwirkung elektromagnetischer Wellen mit Materie ein und betrachten in Abb. 3.3-7 Atome und freie Elektronen, wie sie sich grundsätzlich unter dem Einfluß einer TEM-Welle verändern können. Wenn eine elektromagnetische Welle in ein Medium oszillierend eindringt, werden die materiellen Objekte ebenfalls oszillierend reagieren und damit selbst als Quelle einer Dipolstrahlung auftreten. Die bereits vorgestellten Begriffe des HERTZschen sowie der FITZGERALDsche Dipol als oszillierender magnetischer Elementardipol kommen hier zum Tragen.

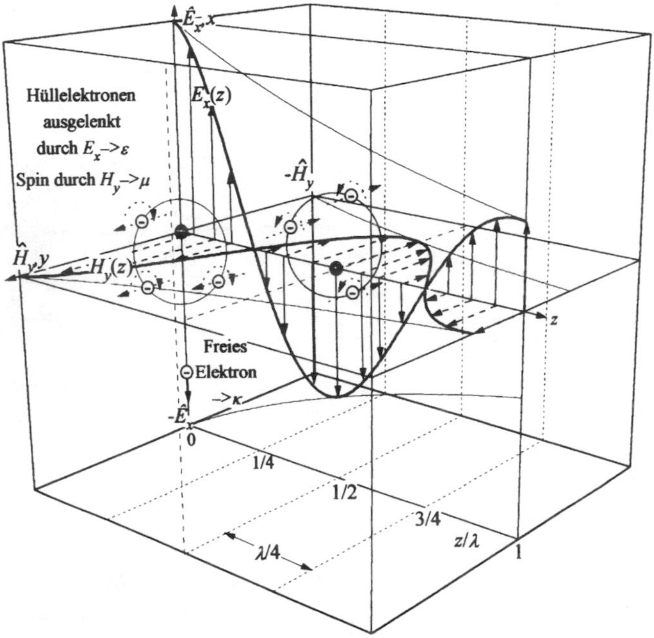

Abb. 3.3-7: Reaktion von Materie auf elektromagnetische Wellen.

Im allgemeinen treten nicht alle Effekte in dem Maße gemeinsam auf, daß sie nach außen meßbar wären. Die Elektronenhüllen deformieren sich schwingend, wie die Welle über sie hinwegläuft. Bei magnetischem Material polen sich die Spins mit der gleichen Frequenz um. Die Stromflußrichtung freier Elektronen ändert sich ebenfalls mit derselben Frequenz. Dem Ganzen überlagert sich die vom Betrage her i.allg. viel größere thermische Bewegung.

Die atomaren COULOMBschen Rückstellkräfte rufen ein eigenes Feld - d.h. Welle - hervor, welches sich dominant senkrecht zu der Schwingungsrichtung des Ladungsträgers ausbildet, denn in Schwingungsrichtung stellt dieser einen mikroskopisch kleinen (Polarisations-)Strom dar. Damit ist eine Stromdichte assoziiert, um die sich ein rotierendes magnetisches Feld ausbildet, das wieder eine elektrische Feldstärke induziert usw. Das Ergebnis ist eine Strahlungsrichtung, d.h. ein POYNTINGvektor, der primär senkrecht zur Schwingungsrichtung ausgebildet ist, aber parallel dazu keine Komponente aufweist. Diesen Effekt können wir, wie unten erläutert, unter bestimmten Bedingungen dazu ausnutzen, um linear polarisierte Wellen zu erzeugen.

Betrachten wir zunächst den Fall, daß das Atom frei schwingen kann. Es sei also von einem äußeren Feld eine Verschiebung zwischen Kern und Hüllelektronenladungsschwerpunkt erzeugt worden, das dann schlagartig abgeschaltet werde. Das Atom schwingt danach mit seiner Eigenkreisfrequenz ω_0 weiter. Wenn wir als Beispiel für deren Bestimmung wieder unser bereits in Abschnitt 2.1.7 betrachtetes einfaches Wasserstoffatommodell nehmen, können wir dort für die Schwingung ansetzen:

$$x(t) = l\cos\omega_0 t \quad \Rightarrow \quad \omega_0 = \frac{e}{\sqrt{4\pi\varepsilon_0 m_e a^3}} \Rightarrow f_0 = \frac{\omega_0}{2\pi} \approx 2{,}5\cdot 10^{15}\,\mathrm{Hz}. \qquad (3.3\text{-}53)$$

Die Ansatzfunktion haben wir in die atomare Schwingungsdifferentialgleichung 2.1-43 eingesetzt, wobei wir jetzt explizit festgelegt haben, daß die Schwingungsrichtung in x-Richtung eines Koordinatensystems verlaufe: $r(t) \to x(t)$, nämlich die Richtung, in der wir standardmäßig unser anregendes elektrisches Feld polarisiert sein lassen; $\Delta r \to l$. l sei die Auslenkung des Hüllelektronenladungsschwerpunkts, also die Schwingamplitude. f_0 liegt schon weit über den technischen Frequenzen.

Regen wir das Atom von außen mit einer Zwangskraft durch eine Welle $e_x(z,t) = \hat{E}\cos(\omega t - \beta z)$ an, können wir diese Schwingungsdifferentialgleichung mit der oben berechneten Eigenkreisfrequenz ω_0 für eine allgemeine Ladung $q = -N^- e$ mit Masse $m_q = N^- m_e$ wie folgt erweitern:

$$m_q \frac{d^2 x}{dt^2} + m_q \omega_0^2 x = q e_x(z,t) = q\hat{E}\cos(\omega t - \beta z)$$

$$\Rightarrow \quad x(z,t) = \frac{q\hat{E}}{m_q(\omega_0^2 - \omega^2)}\cos(\omega t - \beta z) = \frac{-e\hat{E}}{m_e(\omega_0^2 - \omega^2)}\cos(\omega t - \beta z), \quad (3.3\text{-}54)$$

womit auch die Schwingungsamplitude in Abhängigkeit des anregenden Feldstärkeverlaufs gegeben ist. N^- ist die Anzahl der Elektronen in der Hülle; z gibt an, an welcher Stelle in der Bahn des anregenden Felds sich das Atom befindet und legt damit den zeitlichen Schwingungsnullphasenwinkel fest.

Damit ist der Kreis zu den Wasserwellen im ersten Kapitel geschlossen, denn dies ist eine materielle Transversalbewegung wie bei den Wassermolekülen, nur daß die Anregung hier *elektrisch* statt *mechanisch* erfolgt. Dabei ist der Unterschied so wesentlich auch wieder nicht, denn bei einer mechanischen Abstoßung kollidieren nicht wirklich Atome und schubsen einander weg, sondern die abstoßenden COULOMBkräfte der äußeren Hüllelektronen verhindern dies lange vor einer Berührung und führen zur gegenseitigen Verdrängung, womit wieder eine Wechselwirkung elektrischer Felder vorliegt.

Wir können nun den Zeitverlauf des schwingenden Dipols durch sein komplexes elektrisches Dipolmoment beschreiben:

$$\underline{p} = q l e^{j\omega t} \qquad \text{mit} \qquad l = \frac{q\hat{E}}{m_q(\omega_0^2 - \omega^2)}. \qquad (3.3\text{-}55)$$

Daraus die Wellenfunktion der von einem schwingenden atomaren Dipol angeregten Welle effizient herzuleiten, überschreitet das Ziel diese Buches, grundlagentauglich zu sein. Da wir den schwingenden Hüllelektronenladungsschwerpunkt als kleinen sinusförmigen Stromfluß auffassen können, hat dies zur Folge, daß sich das Magnetnahfeld in kürzerem Abstand als die Wellenlänge durch das Gesetz von BIOT-SAVART in der Form für kurze Stromleiter beschreiben läßt. Dieses berücksichtigt jedoch keine induzierten Rückwirkungen, so daß es für das Fernfeld schwingender Elementarladungen nicht brauchbar ist.

Aus Symmetriegründen wird sich das Magnetfeld jedoch in jedem Fall in Form konzentrischer Kreise um die schwingenden Ladungen q, die im einfachsten Fall zu $\pm e$ gesetzt werden können, ausbilden, so daß hier eine Winkelbeschreibung, wie wir sie von Zylinderkoordinatensystemen gewohnt sind, sinnvoll ist:

$$\underline{h}_\varphi(r,t) \approx -\frac{p\omega^2 \sin\vartheta}{4\pi c r} e^{j\omega(t-r/c)}; \qquad \underline{e}_\vartheta(r,t) = \eta \underline{h}_\varphi(r,t). \qquad (3.3\text{-}56)$$

Das Magnetfeld dieser für das Fernfeld ab einem Abstand von mehrfacher Wellenlänge gültigen Näherungsformeln hat erwartungsgemäß sein Maximum auf einem Ring um den Mittelpunkt der Achse des schwingenden Dipols ($\vartheta = \pi/2$) und wird kugelförmig nach oben entlang der anderen Winkelkoordinaten ϑ schwächer, so wie wir es auch vom BIOT-SAVART-Gesetz für kurze Stromelemente kennen.

Nur ist dieser Abfall nicht proportional dem Abstandsquadrat, sondern $\sim r$ - eine Folge der Induktion durch das elektrische Feld. Die zweite Winkelabhängigkeit macht eine Beschreibung und Berechnung in Kugelkoordinaten (r,ϑ,φ) entspr. Abb. 3.3-8 sinnvoll, d.h. die MAXWELLgleichungen sind in Kugelkoordinaten in die Wellengleichung umzuformen und zu lösen. Aus weitem Anstand erscheint der schwingende kleine Dipol wie ein Punkt. Darüberhinaus ist es praktisch, das hier nicht weiter verwendete Vektorpotential zur Hilfe zu nehmen.

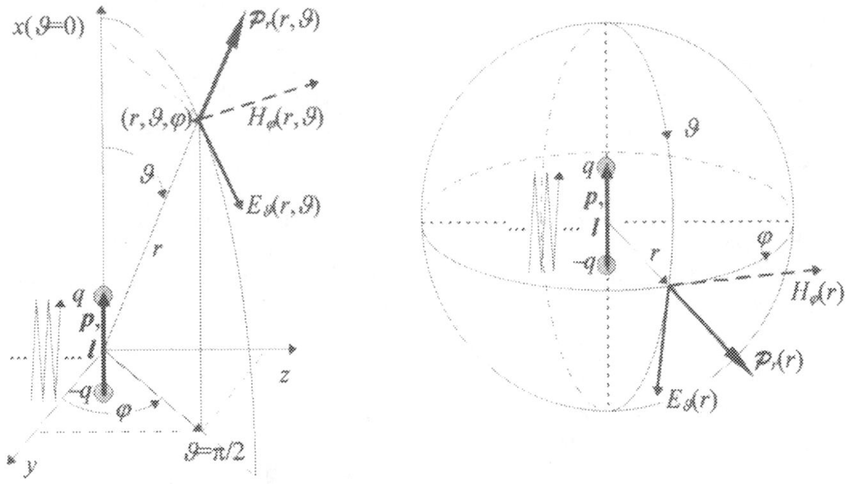

Abb. 3.3-8: Links Kugelkoordinatensystem mit HERTZschem Dipol mit Dipolmoment $p = ql$ im Mittelpunkt, rechts Vektordarstellung des vom Dipol verursachten Fernfelds in der Ebene maximaler Abstrahlung.

r weist als erste Kugelkoordinate demnach auch immer radial vom Mittelpunkt des Dipols weg - in Ausbreitungsrichtung und damit in Richtung des POYNTINGvektors und ersetzt unsere Standard-z-Ausbreitungsrichtung. Um auch den Vergleich mit unserer

Standard-x-Schwingungsrichtung und damit Richtung der anregenden elektrischen Feldstärke unmittelbar durchzuführen, sind in der Abbildung links alle kartesischen Koordinaten gegenüber einem Standardkugelkoordinatensystem einmal zyklisch verschoben ($z \to x$, $x \to y$, $y \to z$).

Ist das Magnetfeld einmal bekannt, läßt sich, da es sich um eine in eine feste Richtung ausbreitende Welle handelt, der elektrische Feldstärkevektor, wie o.a. normal dazu und zur Ausbreitungsrichtung mit den bisher verwendeten Formalismen identifizieren. Auch das elektrische Fernfeld fällt mit r gegenüber dem r^2-COULOMBfeld-Abfall eines Monopols bzw. dem dominant r^3-Abfall des Dipols ab. Weiterhin erkennen wir unschwer, daß sich die Welle mit der erwarteten Lichtgeschwindigkeit c ausbreitet.

Da sowohl elektrische als auch magnetische Feldstärke mit r schwächer werden, können wir erwarten, daß die beiden proportionale Leistung mit r^2 absinkt, was für eine Kugelwelle auf der Oberfläche $4\pi r^2$ einsichtig erscheint. In Schwingungsrichtung ($\vartheta = 0$) strahlt der Dipol keine Leistung ab, da normal dazu auch keine elektrische Feldkomponente vorhanden ist. Normal zur Schwingungsrichtung ist die Leistungsdichte maximal, wie in Abb. 3.3-9 dargestellt. Während die magnetischen Feldlinien, wie bereits dargelegt, konzentrische Kreise bilden müssen, weisen die elektrischen Feldlinien ein kompliziertes Muster auf, wie in der Abbildung rechts dargestellt. Da es sich um ein Schnittbild handelt, müssen wir die elektrischen Feldlinien zu Kugelschalen vervollständigen.

Außerdem erkennen wir aus den Überlegungen und der formelmäßigen Beschreibung, daß es sich hier um eine linear polarisierte Welle handelt, jedoch eben keine Plan-, sondern eine Kugelwelle. Die lineare Polarisierung ist eine Folge der konstanten Schwingungsrichtung des Dipols. Würde er sich beim Schwingen mit konstanter Winkelgeschwindigkeit drehen, entstünde eine zirkular polarisierte Welle, wie in Abschnitt 3.3.10 weiter ausgeführt.

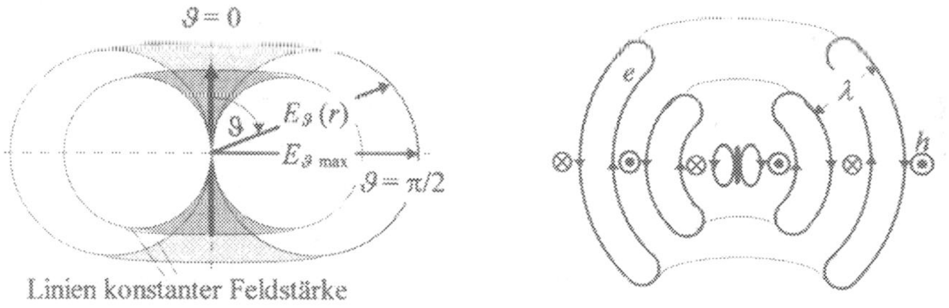

Abb. 3.3-9: Links Verlauf der Amplitude der elektrischen Feldstärke über dem Winkel ϑ, rechts elektrische und magnetische Feldlinien um den Dipol im Schnitt (vereinfacht).

Aufgabe 3.3.8-1: Man verifiziere die Lösung von Gl. 3.3-54.

Aufgabe 3.3.8-2: Man berechne für den *ruhenden* Dipol der linken Abb. 3.3-8 das elektrische Fernfeld ($r \gg l$) im Punkt (r, ϑ, φ), zerlegt in die Komponenten $E_r(r,\vartheta)$, $E_\vartheta(r,\vartheta)$. Hinweis: berechne Potential, drücke die Abstände zu den Ladungen näherungsweise durch r, l und ϑ aus, vernachlässige l^2 und bilde Gradient in Kugelkoordinaten.

3.3.8.1 Antennengrundstruktur

Das Konzept des HERTZschen Dipols stellt die Grundlage des Antennenbaus dar. Ausgehend von einem ungedämpften Schwingkreis gemäß Abb. 3.3-10 öffnen wir den Plattenkondensator vollständig, lassen die Plattenfläche verschwinden, die Induktivität windungslos sein und erhalten damit ein kurzes Stück Draht mit nach wie vor kapazitiven und induktiven Eigenschaften. In dessen Mitte schalten wir eine Spannungsquelle, die mit dem abzustrahlenden Signal moduliert wird. In dem Stück Draht schwingen die freien Elektronen im Rhythmus der Frequenz zu den Enden und setzen sich im Außenraum als Verschiebungsstrom mit dem dargestellten Feldlinienbild fort.

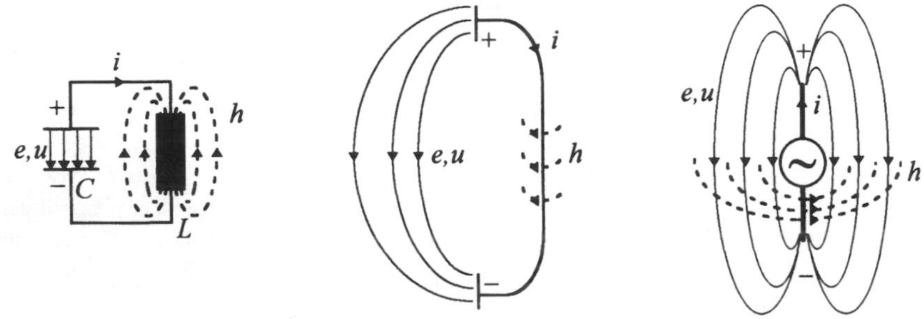

Abb. 3.3-10: Übergang vom ungedämpften geschlossenen Schwingkreis über den offenen Schwingkreis zur Antennenstruktur des HERTZschen Dipols.

3.3.8.2 Anwendungen in der Atomphysik und Kosmologie

Die oben berechnete Eigenfrequenz von $f_0 \approx 2{,}5 \cdot 10^{15}$ Hz des Wasserstoffs liegt im Bereich der LYMAN-Serie, des Übergangs vom ersten angeregten Zustand des Atoms in den Grundzustand. Bei Absorption eines Photons der Energie hf_0 aus dem anregenden Feld, mit h als PLANCKschem Wirkungsquantum, entfernt sich das Elektron vom Kern auf das erste Anregungsniveau. Hier würde nach der Formel die Auslenkung unendlich werden, was aber an dem stark vereinfachten Modell liegt. Dennoch zeigt der Zahlenwert von f_0, daß es recht brauchbar ist.

Zum einen sind jedoch alle möglichen Quantenzustände separat zu berücksichtigen, die zu einer Auffächerung in ein ganzes f_0-Spektrum führen, zum anderen sind Dämpfungen zu beachten, die die Amplitude endlich bleiben lassen und so zu Energieabsorption aus dem anregenden Feld führen. Jedes Atom hat ein charakteristisches solches Spektrum, das sich in den FRAUNHOFERschen Absorptionslinien manifestiert. Diese stellen wiederum den Schlüssel für unser Wissen dar, daß unsere Physik im ganzen bekannten Universum gilt, denn wir beobachten diese Linien in den Sternspektren, wo die Atome, die Energien dieser Frequenzen absorbieren, hier dunkle Linien hinterlassen.

Bei weit entfernten Sternen sind diese Linien im wesentlichen entfernungsproportional durch den DOPPLEReffekt (CHRISTIAN DOPPLER, 1842) rotverschoben. Den DOPPLEReffekt kennen wir von vorbeifahrenden Sirenen, bei denen sich die akustische Wellenlänge beim Herannahen verkürzt und der Ton aufgrund der rascheren Oszillationen erhöht und analog beim Entfernen tiefer wird. Bei elektromagnetischen, speziell

Lichtwellen sind rote Wellen länger als blaue, woraus EDWIN P. HUBBLE 1929 geschlossen hat, daß sich das bis dahin statisch geglaubte Universum ausdehnt, und zwar umso schneller, je weiter die Sterne weg sind. Folglich müßten sie sich irgendwann einmal an einem Punkt befunden haben. Damals muß der heute auf grob 15 Mrd. Jahre datierte Urknall (*Big Bang* nach GEORGE GAMOW) stattgefunden haben.

3.3.9 Diskussion verschiedener Materialeigenschaften

Dielekrische, konduktive und magnetische Wechselwirkungen der Materie mit elektrischen und magnetischen Feldern wurden im vorangegangenen Kapitel vorgestellt. Elektronenhüllenverzerrung, kinetische Energieaufnahme freier Ladungsträger und Eigendrehimpuls (Spin) der Hüllelektronen sind entspr. dem vorangegangenen Abschnitt die dominanten Reaktionen, für die die Materialgrößen ε, κ und μ ein Maß darstellen. Die Feldveränderungen gegenüber dem Freiraum werden durch die elektrischen und magnetischen Polarisationen $\boldsymbol{p}_e$ und $\boldsymbol{p}_m$ beschrieben.

3.3.9.1 OHMsche Grenzfrequenz

Praktisch alle Dielektrika weisen auch Eigenschaften der Leitfähigkeit auf, wie auch alle Leiter einen dielektrischen Anteil aufweisen. Man möchte nun ein gutes Unterscheidungskriterium haben, ob ein Stoff primär einen Nichtleiter oder einen Leiter darstellt. Dazu können wir die rechte Seite der 1. MAXWELLgleichung bewerten, die die Gesamtstromdichte als Summe der Leitungs- und Verschiebungsstromdichte darstellt:

$$\underline{S}_{tot} = \underline{S}_L + \underline{S}_V = \kappa\underline{E} + j\omega\varepsilon\underline{E} \qquad \Rightarrow \qquad \frac{S_V}{S_L} = \frac{\omega\varepsilon}{\kappa}. \tag{3.3-57}$$

Da beide Eigenschaften des Mediums dieselbe Feldstärke sehen, können wir das rechts danebenstehende Betragsverhältnis als Maß für die Dominanz der einen oder anderen Eigenschaft ansehen. Insbesondere fällt auf, daß das Verhältnis frequenzabhängig ist. Bei niederen Frequenzen dominieren eher die OHMschen Eigenschaften, bei hohen Frequenzen die dielektrischen. Ein formale Trennung kann dort festgelegt werden, wo dieses Verhältnis der Wert 1 hat, diesen Wert wollen wir hier als ***OHMsche Grenzfrequenz*** f_Ω bezeichnen, eine Abschätzung für Metalle erfolgt unten.

Allerdings muß häufig die o.a. Frequenzabhängigkeit der Materialgrößen selbst in Betracht gezogen werden, womit eine Linearität dieses Übergangs verzerrt wird. In der Praxis sind wir daran interessiert, daß ein Medium entweder möglichst ein guter Leiter für die Wellenführung oder ein schlechter Leiter - also ein Isolator - ist, um die Wellenführungsleiter elektrisch voneinander zu trennen. Die Zwischenbereiche sind für Bauelemente, wie OHMsche Widerstände, in jedwedem Wertebereich von Bedeutung. Weiterhin sollte für ein bestimmtes Frequenzband die Frequenzabhängigkeit der Materialgrößen nicht zu stark schwanken, damit die Übertragungsqualität in diesem Bereich einigermaßen konstant ist.

Dies betrifft insbesondere die Übertragung von Rundfunk- und Fernsehwellen durch die Atmosphäre, wobei hier auch die Erde mit ihren Beugungseigenschaften für Langwellen grundsätzlich mit in Betracht gezogen werden muß. Daraus resultieren die unterschiedlichen Frequenzbereiche, wie LW, KW, MW, UKW usw., bei denen in jedem Frequenzbereich charakteristische Übertragungseigenschaften vorherrschen und auch innerhalb dieses Bereichs einigermaßen konstant sind (s. auch Tabelle 3.3.1).

Wir diskutieren nach einer Zwischenbemerkung nun in der Folge die oben aus der Wellengleichung abgeleiteten nützlichen physikalischen Größenarten für die verschiedenen Bereiche.

3.3.9.2 Relaxationszeit τ

Das Ergebnis der folgenden Überlegung ist mit den bisher und vor allem den in den nächsten Abschnitten diskutierten Größen eng verknüpft. Wir wollen hier kurz die Voraussetzung der Raumladungsfreiheit des Mediums verletzen und die Beschränkung auf sinusförmige Vorgänge aufheben. Die Frage, um die es hier geht, ist, ob die Voraussetzung der Raumladungsfreiheit überhaupt ohne weiteres eingehalten werden kann. Und wenn nicht, wie beeinflußt diese das Ergebnis? Das heißt, könnte es durch Influenz- und Induktionsvorgänge z.B. bei hohen Frequenzen vorkommen, daß sich gehäufte Ladungen bilden, die sich nicht mit der von der Quelle erzwungenen Frequenz abbauen lassen und so die Wellenbildung beeinflussen?

Betrachten wir dazu ein Gebiet in einem Medium, in dem sich Raumladungen gebildet hätten. Wie lange dauert es, bis sie sich wieder abgebaut haben? Die Gesamtstromdichte beim Abbauvorgang muß aufgrund der Quellenfreiheit verschwinden, was bedeutet, daß sich Leitungs- und Verschiebungsstromdichte zu jedem Zeitpunkt die Waage halten müssen. Wir setzen folglich die rechte Seite des Durchflutungsgesetzes zu Null:

$$s+\frac{\partial d}{\partial t}=0=\kappa e+\varepsilon\frac{\partial e}{\partial t} \qquad \Rightarrow \qquad \frac{\partial e}{\partial t}+\frac{\kappa}{\varepsilon}e=0. \tag{3.3-58}$$

Diese Differentialgleichung 1. Ordnung hat ab dem Beginn des Abbaus folgende Exponentialfunktion zur Lösung:

$$e(t)=E_0\mathrm{e}^{-\frac{\kappa}{\varepsilon}t} \qquad \text{mit} \qquad \tau:=\frac{\varepsilon}{\kappa}; \qquad [\tau]=\mathrm{s}. \tag{3.3-59}$$

Die Zeitkonstante τ wird als ***Relaxationszeit*** bezeichnet und gibt an, nach welcher Zeit die elektrische Anfangsfeldstärke E_0 auf 1/e (ca. 37 %) ihres Anfangswerts abgefallen ist. Dies gilt auch für alle anderen Größen, wie z.B. die Ladungsmenge, da sie feldstärkeproportional sind. Ist diese Zeit klein gegenüber der Periodendauer der Frequenzen, bauen sich Raumladungen rasch ab und brauchen nicht in Form ihrer Trägheit beachtet zu werden. Die Beziehung zu dem Amplitudenverhältnis von Verschiebungs- und Leitungsstromdichte ergibt sich somit zu

$$\frac{S_\mathrm{V}}{S_\mathrm{L}}=\frac{\omega\varepsilon}{\kappa}=\omega\tau\,. \tag{3.3-60}$$

Wir erkennen, daß mit guter Leitfähigkeit die Relaxationszeit klein ist, bei guter Polarisationsfähigkeit ist sie groß.

Nehmen wir als Beispiel Kupfer mit einer spezifischen Leitfähigkeit von $\kappa_\mathrm{Cu}\approx 58\ \mathrm{Sm/mm^2}$ und $\varepsilon=\varepsilon_0=8{,}854\ \mathrm{pF/m}$, so erhalten wir $\tau_\mathrm{Cu}\approx 1{,}5\cdot10^{-19}$ s. Dieser Wert ist noch um viele Zehnerpotenzen kürzer als die freie Laufzeit der Elektronen bei ihrer thermischen Bewegung zwischen zwei Kollisionen. Eine Periodendauer einer Welle in dieser Größenordnung liegt bei Werten, die dem RÖNTGENstrahlenbereich zuzuordnen sind und ist damit physikalisch völlig unrealistisch für technisch nutzbare Frequenzen.

Auch für die gängigen Halbleiter liegt τ noch im Pikosekundenbereich, was unrealistisch hohen Terahertz-Frequenzen entspricht. Für einen Isolator hingegen sind Werte im Stundenbereich und weit darüber charakteristisch. Daraus können wir insgesamt schließen, daß für Stoffe mit auch nur geringer Leitfähigkeit Raumladungen verschwindend rasch abgebaut werden und für Isolatoren eine raumladungsfreie Betrachtung sinnvoll ist.

3.3.9.3 Eigenschaften schwach leitfähiger Dielektrika

Für $\kappa/\omega\varepsilon = 1/\omega\tau \ll 1$ zerlegen wir zunächst den Feldwellenwiderstand $\underline{\eta}$ in Real- und Imaginärteil. Dazu verwenden wir eine Taylorreihenentwicklung, die wir nach dem ersten linearen Glied abbrechen. Mit

$$\left.\frac{1}{\sqrt{1+x}}\right|_{x \ll 1} \approx 1 - \frac{x}{2}$$

ergibt sich

$$\underline{\eta} = \sqrt{\frac{\mathrm{j}\omega\mu}{\kappa + \mathrm{j}\omega\varepsilon}} = \sqrt{\frac{\mu}{\varepsilon}} \frac{1}{\sqrt{1+\kappa/\mathrm{j}\omega\varepsilon}} \approx \sqrt{\frac{\mu}{\varepsilon}}\left(1 + \mathrm{j}\frac{\kappa}{2\omega\varepsilon}\right). \tag{3.3-61}$$

Eine geringe Frequenzabhängigkeit und Phasendrehung wird also durch den kleinen Imaginärteil bewirkt. Häufig kann hier so getan werden, als sei er Null.

Weiterhin zerlegen wir nach der gleichen Methode die Ausbreitungskonstante $\underline{\gamma}$ in einfachere Näherungsausdrücke für die Dämpfungskonstante α, die Eindringtiefe δ und die Phasenkonstante β:

$$\underline{\gamma} = \alpha + \mathrm{j}\beta = \sqrt{\mathrm{j}\omega\mu(\kappa + \mathrm{j}\omega\varepsilon)} = \mathrm{j}\omega\sqrt{\mu\varepsilon}\sqrt{1 - \mathrm{j}\frac{\kappa}{\omega\varepsilon}}. \tag{3.3-62}$$

Mit

$$\left.\sqrt{1-x}\right|_{x \ll 1} \approx 1 - \frac{x}{2} \qquad \Rightarrow \qquad \sqrt{1 - \mathrm{j}\frac{\kappa}{\omega\varepsilon}} \approx 1 - \mathrm{j}\frac{\kappa}{2\omega\varepsilon} \tag{3.3-63}$$

ergibt sich

$$\alpha \approx \frac{\kappa}{2}\sqrt{\frac{\mu}{\varepsilon}} \approx \frac{\kappa}{2}\eta \quad \Rightarrow \quad \delta \approx \frac{2}{\kappa\eta} \qquad \text{und} \qquad \beta \approx \omega\sqrt{\mu\varepsilon}. \tag{3.3-64}$$

Wir sehen also, daß die Dämpfung α zum einen kaum direkt frequenzabhängig und zum anderen direkt proportional zur Leitfähigkeit und zum Feldwellenwiderstand η ist, wenn für diesen die Leitfähigkeit ignoriert wird. Die Phasenkonstante β weicht nicht wesentlich von der des idealen Dielektrikums ab. Folglich werden Wellenlänge λ und Phasengeschwindigkeit v_ϕ auch wenig von der geringen Leitfähigkeit beeinflußt.

Aufgabe 3.3.9.3: Man leite einen genaueren Näherungsausdruck aus der exakten Formel für β ab, der für schwach leitfähige Dielektrika die Leitfähigkeit κ mit einbezieht, und schließe daraus auf die Phasengeschwindigkeit v_ϕ.

3.3.9.4 Eigenschaften gut leitfähiger Medien

Für $\kappa/\omega\varepsilon = 1/\omega\tau \gg 1$, also für Metalle immer, können wir die Ausbreitungskonstante $\underline{\gamma}$ näherungsweise wie folgt umformen:

$$\underline{\gamma} = \alpha + \mathrm{j}\beta = \sqrt{\mathrm{j}\omega\mu\kappa(1+\mathrm{j}\frac{\omega\varepsilon}{\kappa})} \approx \sqrt{\mathrm{j}\omega\mu\kappa} = \sqrt{\omega\mu\kappa}\,\mathrm{e}^{\mathrm{j}\frac{\pi}{4}} = \sqrt{\omega\mu\kappa}\,\frac{1+\mathrm{j}}{\sqrt{2}}, \quad (3.3\text{-}65)$$

woraus sich

$$\alpha \approx \beta \approx \sqrt{\pi f\mu\kappa} \qquad \Rightarrow \qquad \delta \approx \frac{1}{\sqrt{\pi f\mu\kappa}}; \quad (3.3\text{-}66)$$

$$\lambda = \frac{2\pi}{\beta} \approx 2\pi\delta = 2\sqrt{\frac{\pi}{f\mu\kappa}} = \lambda_0\sqrt{\frac{2\omega\varepsilon_0}{\mu_r\kappa}} = \lambda_0\sqrt{\frac{2\omega\tau}{\mu_r}}; \quad \text{(s. Aufg. 3.3.6.1)} \quad (3.3\text{-}67)$$

$$v_\phi = \lambda f \approx 2\sqrt{\frac{\pi f}{\mu\kappa}} = c_0\sqrt{\frac{2\omega\varepsilon_0}{\mu_r\kappa}} = c_0\sqrt{\frac{2\omega\tau}{\mu_r}} \quad (3.3\text{-}68)$$

ergibt. Die Dämpfung wächst also mit der Wurzel aus der Frequenz und der spezifischen Leitfähigkeit. Im selben Maß verkürzen sich Eindringtiefe und Wellenlänge. Gegenüber der zugehörigen Freiraumwellenlänge wächst diese mit der Wurzel aus der Frequenz. In Anbetracht der Tatsache jedoch, daß die Wellenlänge hier unabhängig von irgendwelchen anderen Parametern immer das $2\pi \approx 6{,}28$-fache der Eindringtiefe beträgt, nach einer Wellenlänge die Welle also auf das $\mathrm{e}^{-2\pi} \approx 1{,}9$ ‰-fache des Anfangswertes abgesunken ist, kann hier eigentlich von einer Welle im Sinne einer Oszillation nicht mehr die Rede sein.

Die Phasengeschwindigkeit wächst mit der Wurzel aus der Frequenz, nimmt aber mit der Wurzel aus der Leitfähigkeit ab. Wir erkennen insgesamt, daß eine sorgfältige Kombination von Frequenzbereichen und Leitfähigkeiten wichtig ist. Betrachten wir dazu als praktisches Beispiel die Kommunikation von Unterseebooten und zwischen (kabellosen) Taucherglocken und Mutterschiff. Salzhaltiges Seewasser verhält sich wie ein schlechter Leiter, so daß bei $f \approx 20$ kHz die Eindringtiefe δ gegenüber niederen Frequenzen bereits auf ca. 5 m abgesunken ist. Demnach müssen die zu übertragenden Signale im Langwellenbereich moduliert werden.

Nehmen wir wieder als Beispiel Kupfer, so können wir damit für dieses Standardmaterial der Elektrotechnik folgende Faustformel für die Eindringtiefe einer elektromagnetischen Welle angeben:

$$\delta_{\mathrm{Cu}} \approx \frac{66\ \mathrm{mm}}{\sqrt{f/\mathrm{Hz}}}. \quad (3.3\text{-}69)$$

Eine Ultrakurzwelle von 100 MHz dringt ca. 6,6 μm in das Metall ein (1/e). Hingegen für eine Längstwelle von 10 kHz sind die Abschirmeigenschaften mit einer Eindringtiefe von ca. 0,66 mm eher bescheiden. Wir vergessen nicht, daß beim vier- bis fünffachen der Eindringtiefe durchaus noch Feldstärkeanteile im Promillebereich zu erwarten sind. Nehmen wir die Netzfrequenz von 50 Hz, beträgt die Eindringtiefe ca. 9,3 mm, also etwas weniger als einen Zentimeter.

Damit kommen wir auf die Frage zurück, wie wir Signale auch bereits niederer Frequenzen über metallische Leiter übertragen können, wenn scheinbar das Signal bereits beim Einkoppeln in die Leitung so stark gedämpft wird. Diese Frage gehört zwar prinzipiell zu dem Themengebiet des nächsten Kapitels über geführte Wellen. Dies ist jedoch gerade die Frage, die den Bogen von dem einen Thema zum andern zwanglos schlägt. Sie wurde in Abschnitt 3.1.6 bei der Betrachtung des POYNTINGvektors bei allgemeiner Anregung im Prinzip schon beantwortet.

Dort wurde begründet, daß nicht der Leiter, sondern das umgebende Medium - das Isolationsmaterial oder die Luft - der Träger der Welle und damit der Energie ist. Die Welle dringt nicht von der Einkoppelstelle in den Leiter ein, sondern entlang des Leiters von der Seite, und das ist, wie wir erkennen, auch gut so, denn sonst wären Metalle für den Energietransport (besser: Energieführung) völlig nutzlos. Nicht der Leiter führt die Energie, sondern er dient als Führung der im Außenraum befindlichen Energie zum Ort des Verbrauchers.

Damit bestimmt die Eindringtiefe, bzw. deren doppelter Wert, da die Welle von allen Seiten eindringt, den sinnvollen physikalischen Durchmesser des Leiters, der überhaupt noch dazu dient, Führungsfunktionen für diese wahrzunehmen. Denn dort, wo die Welle nicht mehr hingedrungen ist, kann der Leiter auch nicht mehr als Richtungsgeber dienen.

Im Prinzip haben wir hier im Vorgriff den *Skineffekt* auf einfache Art begründet, der in Abschnitt 3.3.12 nochmals separat berechnet wird. Für die Energietechnik können wir somit feststellen, daß der Skineffekt bei Leiterdurchmessern im cm-Bereich zu beachten ist. Diese Leiter werden in der Hochspannungstechnik eingesetzt, und da es hier um die Übertragung teurer Energien geht, ist die sorgfältige Beachtung umso wichtiger.

Damit ist auch dargelegt, daß elektromagnetische Wellen nicht nur etwas für die Hochfrequenz- und damit Nachrichtentechnik, sondern auch die niederfrequente Energietechnik sind. Insbesondere bedeuten diese Überlegungen, daß die landläufige Meinung, ein metallischer Leiter leite Energie und baue mehr oder weniger Feld um sich herum auf, falsch ist, sondern der Löwenanteil der Energie *muß* sich bei einem guten Übertragungssystem außerhalb des Leiters befinden. Der Leiter entzieht dieser von ihm im Außenraum geführten Welle beim Fortschreiten Energie, wird warm und dies führt zu unökonomischen und unökologischen Verlusten.

Berechnen wir nun noch die Geschwindigkeit der Welle im Kupfer, so erhalten wir

$$v_{\phi\mathrm{Cu}} \approx 41{,}5\sqrt{\frac{f}{\mathrm{Hz}}}\,\frac{\mathrm{cm}}{\mathrm{s}}. \tag{3.3-70}$$

Für 50 Hz sind dies ca. 2,94 m/s, für 10 kHz (Akustiksignale) 41,5 m/s und für UKW-Frequenzen ca. 4,15 km/s. Die Phasengeschwindigkeit elektromagnetischer Wellen in Metallen liegt also viele Zehnerpotenzen unter der Lichtgeschwindigkeit und für mittlere Frequenzen grob in der Größenordnung der Schallgeschwindigkeit, für niedere Frequenzen auch deutlich darunter. Wir wissen aber nach den Vorüberlegungen, daß dieser Wert von geringer physikalischer Bedeutung ist.

Die von dem Leiter geführte Energiewelle pflanzt sich parallel zur Leiteroberfläche mit der Außenraumgeschwindigkeit fort, die in der Größenordnung der Lichtgeschwindigkeit liegt, weshalb wir also nach dem Einschalten des Lichts nicht besonders lange warten müssen, bis es hell wird. Da wir bei der allgemeinen Betrachtung des POYNTINGvektors bereits gesehen hatten, daß dieser fast senkrecht zum Leiterinnern zeigen muß, ist die o.a. niedere Geschwindigkeit folglich diejenige, mit der sich die Wellenfront stark gedämpft zum Leiterinnern *schleicht* und dabei in JOULEsche Wärme umgewandelt wird. Bei Leiterdurchmessern im mm-Bereich und darunter liegen die Eindringzeiten tiefer Frequenzen natürlich nach wie vor im ms- bis µs-Bereich.

Es soll in diesem Zusammenhang darauf hingewiesen werden, daß wir diese Werte deutlich unterscheiden müssen von der zuvor bereits betrachteten in Längsrichtung zeigenden Driftgeschwindigkeit v_D der Ladungsträger, die insbes. auch im Gleichstromfall gilt und für deren Betrag sich in Abhängigkeit der Stromdichte entspr. Gl. 2.2.6 $v_D = s/ne$ ergibt, somit also im mm/s ... cm/s-Bereich liegt.

Während die Driftgeschwindigkeit eine physikalische Bewegungsgeschwindigkeit mit zugehöriger kinetischer Massenenergie von Ladungsträgern darstellt, sind die Phasen- und Gruppengeschwindigkeiten Größenarten, die die Bewegung der zugehörigen Feldenergien beschreiben.

Von Interesse ist noch der Feldwellenwiderstand $\underline{\eta}$ im Falle guter Leitfähigkeit. Wir erhalten aus der exakten Formel unter Vernachlässigung von $\omega\varepsilon$ gegenüber κ:

$$\underline{\eta} \approx \sqrt{\frac{j\omega\mu}{\kappa}} = \sqrt{\frac{\omega\mu}{\kappa}} e^{j\frac{\pi}{4}} = \sqrt{\frac{\pi f\mu}{\kappa}} (1 + j);$$

$$\underline{\eta}_{Cu} \approx 2{,}61 \cdot 10^{-7} \Omega (1 + j) \sqrt{\frac{f}{Hz}}. \tag{3.3-71}$$

Wir erkennen, daß eine Phasendrehung von 45° mit induktiver Richtung eintritt, was durch innere Selbstinduktionseffekte im Leiter zu erklären ist. Um diesen Wert sind praktisch in allen leitfähigen Materialien, bei denen keine Reflexionen zu betrachten sind - also nur Wellen in einer Richtung auftreten - elektrische und magnetische Feldstärke **im Leiter** gegeneinander in der Phase verschoben, im Außenraum, wo die Energie geführt wird, sind sie in Phase.

Der Wert der OHMschen Grenzfrequenz liegt bei

$$f_\Omega = \frac{\kappa}{2\pi\varepsilon_0} = \frac{1}{2\pi\tau} \approx 10^{18}\,Hz, \tag{3.3-72}$$

womit aus der gleichen Argumentation folgt, daß für Wellenausbreitung in Metallen für technische Frequenzen bis in den hohen GHz-Bereich der OHMsche Anteil gegenüber dem dielektrischen immer absolut dominant ist.

Haben wir es mit Supraleitern zu tun, ist $\delta = 0$ und wir brauchen über die anderen Größenarten nicht zu diskutieren, d.h. es bildet sich eine reine Oberflächenwelle aus, deren allgemeine Eigenschaften wir nochmals beim Skineffekt besprechen.

Aufgabe 3.3.9.4: Wenn man als Kriterium festlegt, daß ein Medium für $S_V/S_L < 10\%$ ein guter Leiter ist, bestimme man die Frequenz, bei der die Erde mit $\varepsilon_r = 10$ und $\kappa = 5nS\ m/mm^2$ noch als ein solcher betrachtet werden kann.

3.3.9.5 Dielektrische Verluste

In Abschnitt 2.1 wurde der physikalische Unterschied zwischen Verzerrungs- und Orientierungspolarisation dargelegt. Im feldfreien Zustand fallen bei der Verzerrungspolarisation positive und negative Schwerpunkte der Ladungen zusammen. Anders ausgedrückt: der Ladungsschwerpunkt der Elektronenwolke liegt im Atomkern.

Wird ein eingeprägter Spannungssprung auf ein solches Medium gegeben, folgt das Polarisationsfeld entspr. Abb. 3.3-11 links dem eingeprägten elektrischen Feld praktisch trägheitslos, d.h. die Elektronenhülle verzerrt sich rasch entspr. dem ε-Wert. Ursache und Wirkung treten gleichzeitig auf, das Flußdichtefeld jedoch entsprechend zur Erfüllung der von der Permittivität benötigten Polarisation verstärkt.

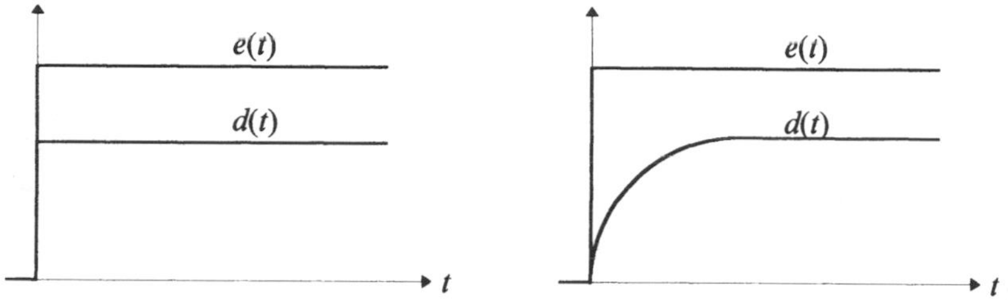

Abb. 3.3-11: Links Reaktion des Mediums auf einen Feldstärkesprung bei vorliegender Verzerrungspolarisation, rechts bei Orientierungspolarisation.

Beispiele für Materialien mit dominanter Verzerrungspolarisation sind Polyäthylen, Styroflex und Teflon. Wird auf ein solches Medium eine Wechselspannung gegeben, folgt die Flußdichte der Feldstärke unmittelbar, d.h. e und d sind in Phase. Wir können, wie wir es gewohnt sind, ε als reelle Größe beschreiben.

Bei der *Orientierungspolarisation* existiert bereits im feldfreien Zustand ein Dipolmoment. Die Elektronenwolke ist schon verzerrt, ohne daß ein äußeres Feld anliegt, was durch den Atom- bzw. Molekülaufbau der Stoffe mit diesen Eigenschaften begründbar ist. Die Dipole richten sich bei Anlegen eines Sprungs entspr. der vorgegebenen Feldrichtung neu aus, was eine bestimmte Zeit dauert und außerdem Feldenergie aufnimmt. Daraus resultiert eine Trägheitseffekt, wie in Abb. 3.3-11 rechts dargestellt.

Der Zusammenhang zwischen e- und d-Feld läßt sich bei Elektreten über eine Hysteresekurve beschreiben, woraus resultiert, daß auch bei sinusförmiger Erregung in der Reaktion Oberschwingungen auftreten. Insbesondere hat die Trägheit bei sinusförmiger Erregung zur Folge, daß die Flußdichte dem elektrischen Feld permanent hinterherhinkt. Physikalisch heißt das, daß die verzerrte Elektronenwolke dauernd dem stärker und wieder schwächer werdenden elektrischen Feld hinterherläuft, ähnlich wie bei einem Asynchronmotor der Anker dem Drehfeld des Ständers hinterherrennt.

Wir haben es also mit einer Phasenverschiebung zu tun, bei der das d-Feld dem eingeprägten e-Feld in der Phase nachhinkt. Zur Beschreibung von Phasenverschiebungen benutzen wir komplexe Zahlen, womit angebracht ist, daß wir auch diesen Effekt durch eine ***komplexe Dielektrizitätszahl*** $\underline{\varepsilon}$ beschreiben:

$$\underline{\varepsilon} = \varepsilon' - \mathrm{j}\varepsilon'' = \underline{\varepsilon}_\mathrm{r}\varepsilon_0 = \varepsilon \mathrm{e}^{-\mathrm{j}\delta_\varepsilon} \qquad \text{mit} \qquad \underline{\varepsilon}_\mathrm{r} = \varepsilon_\mathrm{r}' - \mathrm{j}\varepsilon_\mathrm{r}'' = \varepsilon_\mathrm{r}\mathrm{e}^{-\mathrm{j}\delta_\varepsilon}. \qquad (3.3\text{-}73)$$

Damit ergibt sich die vektorielle Beziehung zwischen elektrischer Feldstärke und elektrischer Flußdichte zu

$$\underline{d} = \varepsilon \underline{e} \qquad \text{und} \qquad \underline{D} = \varepsilon \underline{E}. \tag{3.3-74}$$

δ_ε heißt ***Verlustwinkel*** und gibt an, um wieviel rad bzw. Grad die Flußdichte der Feldstärke hinterherhinkt. Die Größe

$$d_\varepsilon := \tan\delta_\varepsilon := \frac{\varepsilon_r''}{\varepsilon_r'} \tag{3.3-75}$$

heißt ***Verlustfaktor***. Im Zeigerdiagramm sieht dies wie in Abb. 3.3-12 links aus.

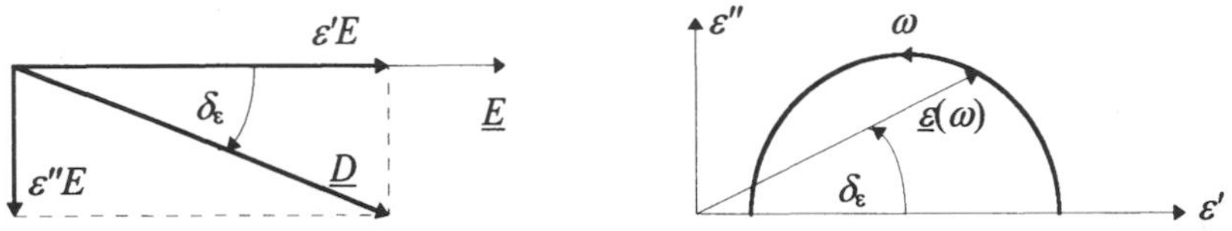

Abb. 3.3-12: Links Zeigerdarstellung der elektrischen Feldstärke und der Flußdichte für einen bestimmten Verlustwinkel. Rechts typische Ortskurve der komplexen Permittivität in Abhängigkeit der Frequenz (z.B. Wasser).

Zusätzlich ist i.allg. zu berücksichtigen, daß Real- und Imaginärteil in unterschiedlicher Weise von der Frequenz abhängen können $\Rightarrow \varepsilon'(\omega)$, $\varepsilon''(\omega)$, d.h. die Elektronenwolke folgt in Abhängigkeit der Oszillationsfrequenz der Quelle dem daraus resultierenden sich dauernd umpolenden Feld unterschiedlich schnell. Dies ist sinnvoll durch eine Ortskurve beschreibbar, wie sie typisch in Abb. 3.3-12 rechts dargestellt ist.

Der Begriff des Verlustwinkels legt nahe, daß mit dieser Phasenverschiebung Verluste verbunden sind, was wir ja schon beim Zusammenschalten von OHMschen und nicht-OHMschen Widerständen kennen. Neu daran ist nun, daß diese Verluste auftreten, ohne daß OHMsche Anteile beteiligt sind. Daher heißen sie *dielektrische Verluste*. Wie groß ist nun die dazugehörige Dämpfungskonstante α_ε?

Dies können wir mit den bisher behandelten Größen bequem beschreiben. Unter der Voraussetzung vernachlässigbarer Leitfähigkeit unseres Materials ergibt sich die komplexe Ausbreitungskonstante zu

$$\underline{\gamma} = \sqrt{j\omega\mu \cdot j\omega\underline{\varepsilon}} = \sqrt{j\omega\mu \cdot j\omega(\varepsilon' - j\varepsilon'')} = \sqrt{j\omega\mu(\omega\varepsilon'' + j\omega\varepsilon')} = \alpha_\varepsilon + j\beta_\varepsilon. \tag{3.3-76}$$

Vergleichen wir diese Formel mit derjenigen, die die OHMsche Leitfähigkeit mit einbezieht, so erkennen wir, daß sie identisch mit ihr ist, wenn wir dort und in allen Folgeformeln $\kappa \Rightarrow \omega\varepsilon''$ ersetzen. Weist der Stoff auch noch eine endliche Leitfähigkeit κ auf, überlagern sich OHMsche und dielektrische Verluste, so wird die komplexe Dielektrizitätszahl wie folgt definiert:

$$j\omega\varepsilon\underline{E} = \underline{S} + j\omega\underline{D} \quad \Rightarrow \quad \underline{\varepsilon} := \frac{\underline{D} - j\underline{S}/\omega}{\underline{E}} = \frac{\underline{D}}{\underline{E}} - j\frac{\kappa}{\omega} = \varepsilon' - j\varepsilon''. \tag{3.3-77}$$

ε' erfüllt dann die klassische ε-Funktion, die Leitfähigkeit κ geht in den Imaginärteil mit ein. In diesem Zusammenhang wird zuweilen auch von *Wirkpermeabilität* ε' und *Blind-*

permeabilität ε'' gesprochen. Hierbei ist jedoch zu beachten, daß durch die Wirkpermeabilität die elektrische Polarisationsleistung (Blindleistung) bestimmt wird und durch die Blindpermeabilität die Verlustleistung (Wirkleistung).

Wir haben bereits die Brechzahl $n = \sqrt{\varepsilon_r}$ als Maß für die Geschwindigkeitsreduzierung einer Welle in diesem Medium gegenüber der Freiraumphasengeschwindigkeit kennengelernt. In Abschnitt 3.3.11.2 wird die anschauliche Deutung über den Zusammenhang mit dem Brechungswinkel der Wellenrichtung beim schrägen Durchgang nochmals vertieft. Die Brechzahl ist bei einem Medium mit komplexem Dielektrikum dominant aus ε_r' zu bilden. Demgegenüber können wir den Imaginärteil aufgrund der Verluste als *Durchsichtigkeit* des Mediums bei der zugeordneten Wellenlänge deuten.

Der Begriff entstammt wieder der Optik. Glas und Wasser sind durchsichtig, weil bei optischen Wellenlängen (350 - 750 nm entspr. 750 - 350 THz) ε_r'' so klein ist, daß bei nicht zu großer Dicke die elektromagnetische Welle - hier in der Form von Licht - diese Stoffe passieren kann. Auch UKW-Wellen (100 MHz) passieren Glas oder Wasser, womit auch hier ε_r'' für nicht zu große Dicken vernachlässigbar ist. UKW-Wellen passieren aber auch Mauern, nicht aber Licht. Folglich haben diese Stoffe für den UKW-Frequenzbereich ebenfalls einen geringen dielektrischen Imaginärteil, für Licht aber einen sehr großen.

Anwendung:

Stoffe, die Eigenschaften der Orientierungspolarisation aufweisen, sind z.B. Polyvinylchlorid, Papier, Zellstoff und Wasser. Vor allem für Wasser ist als wichtige Anwendung der Mikrowellenherd bekannt. Eine Hauptresonanzfrequenz von Wasser liegt bei ca. 23 GHz, d.h. hier ist der Imaginärteil besonders groß. Mikrowellenherdfrequenzen liegen bei ca. 2,4 - 2,5 und 5,725 - 5,875 GHz, man spricht dann von dielektrischem Erhitzen. Eine andere Anwendung ist das Erhitzen von Klebstoffen, z.B. zum Herstellen von Preßspanplatten.

Der Aufbau des Wassermoleküls macht die Orientierungspolarisation anschaulich. Das Sauerstoffatom bildet mit den beiden Wasserstoffatomen einen Winkel von ca. 117° in Form eines gleichschenkligen Dreiecks.

Dies beschreibt einen physikalischen Nutzeffekt. Jeder physikalische Effekt hat jedoch Vor- und Nachteile. Aus der Resonanzfrequenz von Wasser bei ca. 23 GHz folgt damit aber auch, daß in diesem Frequenzbereich eine Richtfunkübertragung problematischer ist, da wegen des Wassers in der Atmosphäre die Übertragungsqualität hier vom Wetter abhängt.

Ein Medium mit Orientierungspolarisation weist somit eine komplexe Kapazität $\underline{C}$ auf, dessen zugehörige Impedanz $\underline{Z}$ und Admittanz $\underline{Y}$ wieder einen Realteil haben. Betrachten wir ein zu erhitzendes Mikrowellengut einfach als das Innere eines Plattenkondensators mit der Fläche A und dem Plattenabstand l, folgt daraus

$$\underline{Y} = \mathrm{j}\omega\underline{C} = \mathrm{j}\omega\underline{\varepsilon}\frac{A}{l} = \mathrm{j}\omega(\varepsilon' - \mathrm{j}\varepsilon'')\frac{A}{l} = \omega\varepsilon''\frac{A}{l} + \mathrm{j}\omega\varepsilon'\frac{A}{l} = G_\varepsilon + \mathrm{j}B_\varepsilon. \quad (3.3\text{-}78)$$

G_ε und B_ε beschreiben hier, wie bei Admittanzen üblich, deren Real- und Imaginärteil (Konduktanz und Suszeptanz). Die Konduktanz G_ε infolge ε'' ist es also, mit deren Hilfe man mit den üblichen Leistungsformeln die im verlustbehafteten Dielektrikum auftretende Wirkleistung berechnen kann, wie in Abschnitt 3.3.13.2 gezeigt.

Es wurde bereits dargelegt, daß bei Magneten derselbe Effekt bzgl. $\underline{\mu}$ auftritt, und zur Erhitzung führt, was zu vermeiden ist (Hystereseverluste). Wir werden in der Folge, sofern nicht anders angegeben, jedoch weiterhin davon ausgehen, daß bei unseren Medien die Orientierungspolarisation vernachlässigbar ist.

Aufgabe 3.3.9.5: Man bestimme für einen Eisenmagneten mit bekanntem $\underline{\mu} = \mu' - j\mu''$ die komplexe Ausbreitungskonstante $\underline{\gamma}$ und zerlege sie in Real- und Imaginärteil. Dämpft Eisen mehr oder weniger als Kupfer? Man zerlege für eine Ringkernspule mit gegebener Geometrie die Impedanz $\underline{Z}$ in Real- und Imaginärteil.

3.3.10 Polarisation

In Abschnitt 3.2.6 wurde der Begriff der linearen Polarisation - hier als vorgegebene Schwingungsrichtung einer Feldstärkegröße - im Zusammenhang mit der Anregung einer beliebigen Zeitfunktion bereits vorgestellt. Regen wir zwei orthogonale sinusförmige Wellen mit beliebiger Amplitude, aber gleicher Phasenlage an, so entspricht dies dem dort dargelegten rein geometrischen Effekt zweier linearer Polarisationen, die sich zu einer ergänzen und diese Polarisationsrichtung auch beibehalten, sofern das Medium keine Polarisationsdrehung durchführt.

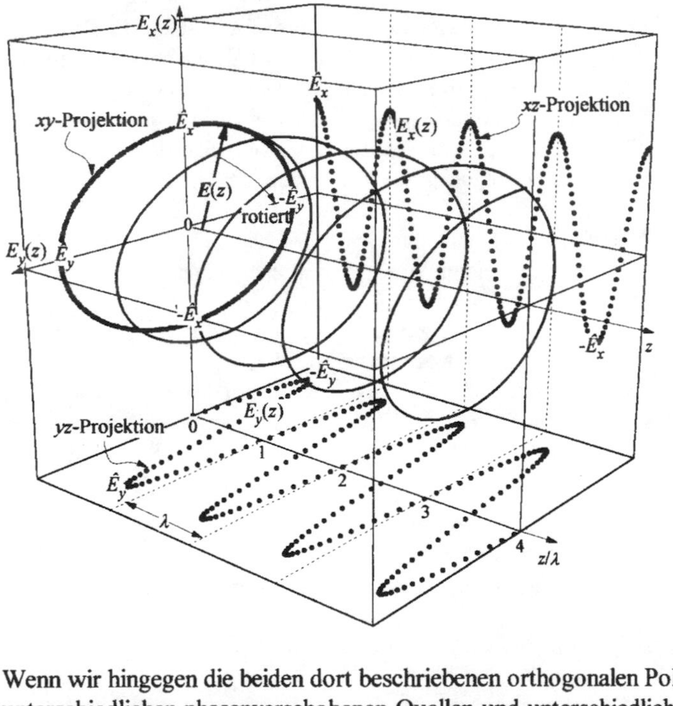

Abb. 3.3-13: Linksdrehende elliptische Polarisation und Projektionen auf die Ebenen.

Wenn wir hingegen die beiden dort beschriebenen orthogonalen Polarisationen von zwei unterschiedlichen phasenverschobenen Quellen und unterschiedlichen Amplituden anregen, entstehen, wie in Abb. 3.3-13 dargestellt, elliptische oder im Spezialfall gleicher Amplituden zirkulare Polarisationsverläufe. Wir überlagern die beiden ungedämpft hinlaufenden Wellen

$$e(z,t) = \begin{pmatrix} \hat{E}_x \cos(\omega t - \beta z + \varphi_x) \\ \hat{E}_y \cos(\omega t - \beta z + \varphi_y) \end{pmatrix} \quad (3.3\text{-}79)$$

und erhalten für den Spezialfall $\varphi_x = 0$, $\varphi_y = -\pi/2$:

$$e(z,t) = \begin{pmatrix} e_x(z,t) \\ e_y(z,t) \end{pmatrix} = \begin{pmatrix} \hat{E}_x \cos(\omega t - \beta z) \\ \hat{E}_y \sin(\omega t - \beta z) \end{pmatrix}. \quad (3.3\text{-}80)$$

Beobachten wir den physikalischen Zeitverlauf in der xy-Ebene ($z = 0$)

$$e(0,t) = e(t) = \begin{pmatrix} e_x(t) \\ e_y(t) \end{pmatrix} = \begin{pmatrix} \hat{E}_x \cos\omega t \\ \hat{E}_y \sin\omega t \end{pmatrix}, \quad (3.3\text{-}81)$$

so gilt für das Quadrat der Betragsfunktion $e^2(t)$:

$$e^2(t) = e_x^2(t) + e_y^2(t) = \hat{E}_x^2 \cos^2\omega t + \hat{E}_y^2 \sin^2\omega t. \quad (3.3\text{-}82)$$

Normieren wir die Gleichung nach dem Satz des PYTHAGORAS, erhalten wir die Beziehung:

$$\left(\frac{e_x(t)}{\hat{E}_x}\right)^2 + \left(\frac{e_y(t)}{\hat{E}_y}\right)^2 = 1, \quad (3.3\text{-}83)$$

die eine Ellipsengleichung mit Halbachsen $\hat{E}_x$ und $\hat{E}_y$ darstellt. Im Spezialfall $\hat{E}_x = \hat{E}_y = \hat{E}$ degeneriert die Gleichung zu einer Kreisgleichung mit Radius $\hat{E}$ und wir haben es mit zirkularer Polarisation zu tun. Durch die Wahl von $\varphi_y = -\pi/2$ entsteht eine (in Ausbreitungsrichtung) rechtsdrehende Polarisation, $\varphi_y = +\pi/2$ bedeutet Linksdrehung.

Anwendungen:

Polarisationseffekte werden in der Chemie zur Kristalluntersuchung eingesetzt. Nichtkubische Kristalle haben die Eigenschaft, polarisiertes Licht zu drehen. Dies resultiert daher, daß die Kristalle entsprechend ihrem Aufbau eine eigene bzw. mehrere bevorzugte Polarisationsrichtung(en) aufweisen - beschrieben durch den ε-Tensor (Doppelbrechung) - die zum Schwingen angeregt werden. Aus der Polarisationsdrehung zwischen Ein- und Auskoppelwinkeln kann auf das Medium geschlossen werden.

Polarisationsmultiplex ist eine Methode, um die Bandbreite einer Übertragungsstrekke zu verdoppeln. Bei der Übertragung von Satellitensignalen kann im gleichen Frequenzbereich auf zwei orthogonalen linearen bzw. zirkularen Polarisationen (horizontale/vertikale bzw. links/rechtsdrehend) übertragen werden. Erstere wird z.B. bei den kommerziellen Astra-Satelliten angewendet.

Der LNC (Low Noise Converter) mit integrierter Polarisationsweiche in Hohlleitertechnik, wie in Kap. 5 beschrieben, trennt die beiden Polarisationen. Da auf dem Zuleitungskabel zum Empfänger die Polarisationsinformation nicht mehr vorhanden ist, muß über ein Steuersignal vom Receiver für Einzel-LNCs jeweils eine Polarisation ausgewählt werden, womit momentan nur etwa die Hälfte der Programme von dort zum Fernseher übertragen wird. Doppel-LNCs bieten für Mehrteilnehmerempfangsanlagen die Möglichkeit, beide Polarisationen über zwei Koaxialkabel oder über *eines* mit zwei UHF-Bereichen zu den Receivern zu übertragen.

Grundsätzlich wäre zur weiteren Bandbreitenerhöhung ein Mehrfachpolarisationsmultiplex möglich. Da dann die Trennschärfe der Demultiplexer jedoch größer sein müßte und da die Atmosphäre (z.B. Regen) die Polarisation zu einem gewissen Grad dreht, was zu Polarisationsübersprechen führt, ist diese Methode technisch schlechter und unwirtschaftlicher.

Aufgabe 3.3.10-1: Man berechne und beschreibe den Polarisationszustand zweier entgegengesetzt zirkular polarisierter Wellen gleicher Amplitude, bei denen für $(z,t) = (0,0)$ beide Vektoren der elektrischen Feldstärke in x-Richtung weisen.

Aufgabe 3.3.10-2: Man berechne und beschreibe den Polarisationszustand zweier entgegengesetzt zirkular polarisierter Wellen gleicher Amplitude, bei denen für $(z,t) = (0,0)$ beide Vektoren der elektrischen Feldstärke in entgegengesetzte y-Richtung weisen.

3.3.11 Reflexion und Transmission an Trennflächen

Bisher wurde noch nicht dargelegt, wie wir die Amplituden $\underline{\hat{E}}_r$ und $\underline{\hat{H}}_r$ einer an einer Grenzfläche zwischen zwei Medien reflektierten Welle berechnen können. Dazu wird ein ***Reflexionsfaktor*** r benötigt, der angibt, wie sich die Amplituden der reflektierten Wellen aus den Amplituden der hinlaufenden Welle berechnen lassen. Dieser Reflexionsfaktor wird im allgemeinen Fall eine Funktion der Materialwerte ε_1, κ_1, μ_1 des Mediums sein, aus dem die Welle kommt und der Materialwerte ε_2, κ_2, μ_2 des Mediums, in das die Welle auch zumindest teilweise eindringt.

Weiterhin wird ein ***Transmissionsfaktor*** t benötigt, der angibt, mit welchen Amplituden der ggfls. im zweiten Medium weiterlaufende Wellenanteil ebenfalls relativ zur Amplitude der einfallenden Welle auftritt. Wir müssen außerdem davon ausgehen, daß reflektierte und transmittierte elektrische und magnetische Feldstärken unterschiedliche Reflexions- und Transmissionsfaktoren aufweisen. Bei verlustbehafteten Medien dürften beim Übergang aufgrund der komplexen Feldwellenwiderstände $\underline{\eta}$ Phasensprünge auftreten, was bedeutet, daß wir auch diese komplex beschreiben: $\underline{r}_e$, $\underline{t}_e$, $\underline{r}_m$, $\underline{t}_m$.

Weiterhin wird zu beachten sein, unter welchem Winkel die Welle relativ zur Grenzfläche einfällt - genauer gesagt: welchen Winkel die Ausbreitungsrichtung zur Richtung des Normalenvektors der Trennebene zwischen den Medien aufweist. Weicht dieser Winkel von der Normalen ab, ist ein Brechungsvorgang zu erwarten, d.h. daß die Welle in dem zweiten Medium unter einem anderen Winkel weiterläuft und evtl. unter einem weiteren Winkel reflektiert wird, oder vielleicht nur noch reflektiert wird.

Bei diesem schrägen Einfall dürfte das Ergebnis auch noch davon abhängen, unter welchem Winkel die elektrische und die magnetische Feldstärke ihrerseits relativ zur Grenzfläche liegen. Sonderfälle können erwartet werden, wenn eine der Komponenten z.B. parallel zur Grenzfläche auftritt. Aus diesen Überlegungen erkennen wir, daß es sich bei dem allgemeinen Übergang einer Welle zwischen zwei Medium unter Berücksichtigung aller Kombinationsmöglichkeiten um ein abendfüllendes Thema handelt, das wir hier auf einige praktisch wichtige Fälle beschränken wollen.

3.3.11.1 Normaleinfall

Die Ausbreitungsrichtung der Welle möge im einfachsten Fall normal zur Trennebene der beiden Medien verlaufen, so wie es bereits zu Anfang des Kap. festgelegt wurde.

Dazu betrachten wir Abb. 3.3-14, wobei unser Koordinatensystem so gelegt sei, daß die Trennebene die xy-Ebene sei und sich die Welle in z-Richtung ausbreite. Dies koinzidiert mit dem zu Anfang eingeführten Koordinatensystem, wobei also das Medium 1 bei negativen z-Werten, das Medium 2 bei positiven liegt.

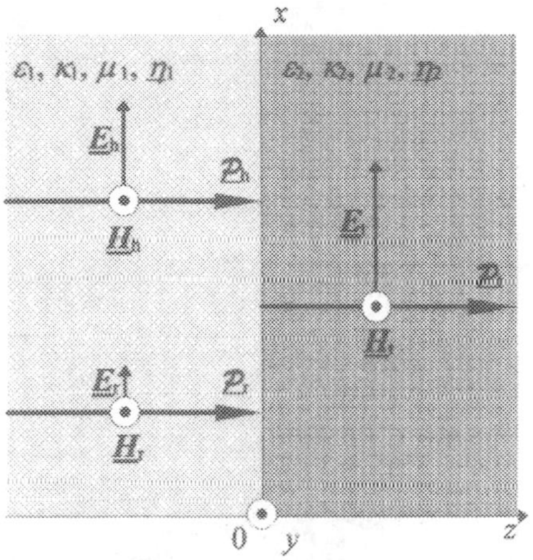

Abb. 3.3-14: Hinlaufende, rücklaufende und transmittierte Welle an der Grenzfläche zwischen zwei Medien.

Die hieraus erhaltenen Ergebnisse können wir direkt auf die zweite Grenzfläche bei positiven z-Werten übertragen, die wir ja bisher als Reflexionsstelle angenommen hatten. Eine Rechnung an dieser Stelle ist unpraktisch, da wir dann dauernd den dazugehörigen z-Wert in den Rechnungen mitführen müßten, der die Sache verkompliziert, für das physikalische Verständnis aber nichts bringt.

In der Abbildung ist die Ausbreitungsrichtung bereits durch den zeitgemittelten POYNTINGvektor $\boldsymbol{\mathcal{P}}$ charakterisiert, den wir in Abschnitt 3.3.13 aus dem POYNTINGvektor ableiten. Wichtig ist es, bei der Abbildung zu beachten, daß es sich bei den eingetragenen Richtungen um Zählpfeile handelt, die nicht zwingend den physikalischen Richtungen entsprechen. So wird der POYNTINGvektor der rücklaufenden Welle natürlich in die entgegengesetzte Richtung weisen. Dies kann er jedoch nur, wenn sich genau einer der rücklaufenden Feldstärkevektoren umdreht, wie wir gleich sehen werden.

Welcher von diesen sich umdreht, hängt jedoch von den Unterschieden in den Materialeigenschaften der beiden Medien ab. Aus diesen Gründen ist es sinnvoll, mit einem einheitlich orientierten Zählpfeilsystem zu arbeiten, an dem später die wirklichen physikalischen Richtungen zu orientieren sind - eine Methode, die uns ja von der Netzwerkanalyse mit z.B. mehreren Quellen geläufig ist. Wir betrachten nacheinander einfallende ($z < 0$), reflektierte ($z < 0$) und transmittierte ($z > 0$) Welle:

$$\underline{\boldsymbol{E}}_{\mathrm{h}}(z) = \underline{\hat{E}}_{\mathrm{h}x}\mathrm{e}^{-\underline{\gamma}_1 z}\vec{e}_x;\quad \underline{\boldsymbol{E}}_{\mathrm{r}}(z) = \underline{\hat{E}}_{\mathrm{r}x}\mathrm{e}^{+\underline{\gamma}_1 z}\vec{e}_x;\quad \underline{\boldsymbol{E}}_{\mathrm{t}}(z) = \underline{\hat{E}}_{\mathrm{t}x}\mathrm{e}^{-\underline{\gamma}_2 z}\vec{e}_x; \qquad (3.3\text{-}84)$$

$$\underline{\boldsymbol{H}}_{\mathrm{h}}(z) = \underline{\hat{H}}_{\mathrm{h}y}\mathrm{e}^{-\underline{\gamma}_1 z}\vec{e}_y;\quad \underline{\boldsymbol{H}}_{\mathrm{r}}(z) = \underline{\hat{H}}_{\mathrm{r}y}\mathrm{e}^{+\underline{\gamma}_1 z}\vec{e}_y;\quad \underline{\boldsymbol{H}}_{\mathrm{t}}(z) = \underline{\hat{H}}_{\mathrm{t}y}\mathrm{e}^{-\underline{\gamma}_2 z}\vec{e}_y. \qquad (3.3\text{-}85)$$

Nun wenden wir die in Kap. 2 hergeleiteten Brechungsgesetze an, wonach alle tangentialen Feldstärkekomponenten - und nur diese kommen hier vor - beim Übergang stetig sein müssen. Das bedeutet:

$$\underline{\hat{E}}_{hx} + \underline{\hat{E}}_{rx} \overset{!}{=} \underline{\hat{E}}_{tx}; \qquad \underline{\hat{H}}_{hy} + \underline{\hat{H}}_{ry} \overset{!}{=} \underline{\hat{H}}_{ty}. \tag{3.3-86}$$

Mit den Definitionen der Feldwellenwiderstände in den einzelnen Medien:

$$\frac{\underline{\hat{E}}_{hx}}{\underline{\hat{H}}_{hy}} = \underline{\eta}_1; \qquad \frac{\underline{\hat{E}}_{rx}}{\underline{\hat{H}}_{ry}} = -\underline{\eta}_1; \qquad \frac{\underline{\hat{E}}_{tx}}{\underline{\hat{H}}_{ty}} = \underline{\eta}_2 \tag{3.3-87}$$

folgt:

$$\frac{\underline{\hat{E}}_{hx}}{\underline{\eta}_1} - \frac{\underline{\hat{E}}_{rx}}{\underline{\eta}_1} = \frac{\underline{\hat{E}}_{tx}}{\underline{\eta}_2} = \frac{\underline{\hat{E}}_{hx} + \underline{\hat{E}}_{rx}}{\underline{\eta}_2} \qquad \Rightarrow \qquad \underline{\hat{E}}_{rx} = \underline{\hat{E}}_{hx} \frac{\underline{\eta}_2 - \underline{\eta}_1}{\underline{\eta}_2 + \underline{\eta}_1}, \tag{3.3-88}$$

womit sich der ***Reflexionsfaktor der elektrischen Feldstärke*** $\underline{r}_e$ für normalen Einfall allgemein zu

$$\underline{r}_e := \frac{\underline{\hat{E}}_r}{\underline{\hat{E}}_h} = \frac{\underline{\eta}_2 - \underline{\eta}_1}{\underline{\eta}_2 + \underline{\eta}_1} = \frac{\underline{\hat{E}}_{tx}/\underline{\hat{H}}_{ty} - \underline{\hat{E}}_{hx}/\underline{\hat{H}}_{hy}}{\underline{\hat{E}}_{tx}/\underline{\hat{H}}_{ty} + \underline{\hat{E}}_{hx}/\underline{\hat{H}}_{hy}} \tag{3.3-89}$$

ergibt. Wir erkennen, daß für $\eta_2 < \eta_1$ $r_e < 0$ wird, was bedeutet, daß dies der Fall ist, bei dem sich die reflektierte elektrische Feldstärke gegenüber der hinlaufenden umdreht. Der rechte Teil der Gleichung ist im nächsten Abschnitt nützlich zur Berechnung des Reflexionsfaktors bei schrägem Einfall. Unsere erste Ansatzgleichung Gl. 3.3-19 zur Lösung der sinusförmigen Wellengleichung ergibt sich folglich zu:

$$\underline{E}_x(z) = \underline{E}_{hx}(z) + \underline{E}_{rx}(z) = \underline{\hat{E}}_{hx} \cdot \left(\mathrm{e}^{-\underline{\gamma}_1 z} + \frac{\underline{\eta}_2 - \underline{\eta}_1}{\underline{\eta}_2 + \underline{\eta}_1} \mathrm{e}^{+\underline{\gamma}_1 z} \right) \Bigg|_{z<0}. \tag{3.3-90}$$

Für den ***Transmissionsfaktor der elektrischen Feldstärke*** $\underline{t}_e$ sowie die elektrische Feldstärke im 2. Medium folgt analog:

$$\underline{t}_e := \frac{\underline{\hat{E}}_t}{\underline{\hat{E}}_h} = \frac{2\underline{\eta}_2}{\underline{\eta}_2 + \underline{\eta}_1} = \frac{2\underline{\hat{E}}_{tx}/\underline{\hat{H}}_{ty}}{\underline{\hat{E}}_{tx}/\underline{\hat{H}}_{ty} + \underline{\hat{E}}_{hx}/\underline{\hat{H}}_{hy}} \tag{3.3-91}$$

$$\underline{E}_x(z) = \underline{E}_{hx}(z) = \underline{\hat{E}}_{hx} \frac{2\underline{\eta}_2}{\underline{\eta}_2 + \underline{\eta}_1} \mathrm{e}^{-\underline{\gamma}_2 z} \Bigg|_{z>0}. \tag{3.3-92}$$

Bei den Ortsverläufen ist also unterstellt, daß keine Reflexionen an einem 3. Medium auftreten.

Diskussion des Ergebnisses:

Der **Anpassungsfall** liegt vor, wenn $\underline{\eta}_1 = \underline{\eta}_2 \Rightarrow \underline{r}_e = 0$, $\underline{t}_e = 1$, was besagt, daß nichts reflektiert und alles transmittiert wird. Dies braucht uns nicht zu wundern, denn schließlich haben wir in Wirklichkeit keine Trennebene eingeführt.

Der Fall **sekundärseitigen Kurzschlusses** liegt vor, wenn das erste Medium ein Dielektrikum mit $\underline{\gamma}_1 = \mathrm{j}\beta_1$, das zweite ein Metall mit $\kappa \to \infty$ ist. Damit folgt $\underline{\eta}_2 \to 0 \Rightarrow \underline{r}_e \to -1$, $\underline{t}_e = 0$. Dies deckt sich mit unseren bisherigen Erkenntnissen und besagt nichts anderes, als daß die Eindringtiefe für Metalle gegen Null geht. Wir erhalten folglich:

$$\underline{E}_x(z) = \hat{\underline{E}}_{hx}(e^{-j\beta_1 z} - e^{+j\beta_1 z}) = -j2\hat{\underline{E}}_{hx}\sin\beta_1 z \Big|_{z<0}. \tag{3.3-93}$$

Wählen wir der Einfachheit halber $\hat{\underline{E}}_{hx} = \hat{E}_{hx}$ reell, ergibt sich für die zugehörige Wellenfunktion:

$$e_x(z,t) = \Re\{-j2\hat{E}_{hx}\sin\beta_1 z \cdot e^{j\omega t}\} = 2\hat{E}_{hx}\sin\beta_1 z \cdot \sin\omega t. \tag{3.3-94}$$

Wie ist dieses Ergebnis nun physikalisch zu interpretieren? Bisher hatten wir für fortschreitende Wellen in der Phase die Differenz oder Summe von Ortsphase und Zeitphase: $\omega t \pm \beta z$. Nun kommen stattdessen zwei Sinusfunktionen mit getrennter Orts- und Zeitphase als Produkt vor. Betrachten wir einen festen Zeitpunkt $t = 0$, so gilt $e_x(z,0) = 0$, die Welle ist also auf der ganzen Länge verschwunden, d.h. hinlaufende und rücklaufende Welle haben sich gegenseitig ausgelöscht.

Wählen wir einen Zeitpunkt $t = T/4$, so daß $\omega t = \pi/2 \Rightarrow e_x(z,T/4) = 2\hat{E}_{hx}\sin\beta_1 z$, also eine Sinusfunktion mit doppelter Anregungsamplitude. Alle anderen Zeitpunkte werden ebenfalls zu einem stehenden sinusförmigen Verlauf führen, was bedeutet, daß wir es nun, statt mit einer *fortschreitenden Welle*, insges. mit einer *stehenden Welle* zu tun haben, die an jeder Stelle mit der Zeit sinusförmig moduliert ist. Diesen Effekt beobachten wir auch bei unseren in Kap. 1 betrachteten Wasserwellen, wenn die angeregte Welle am Ufer reflektiert wird und sich mit dieser (ungedämpft) überlagert.

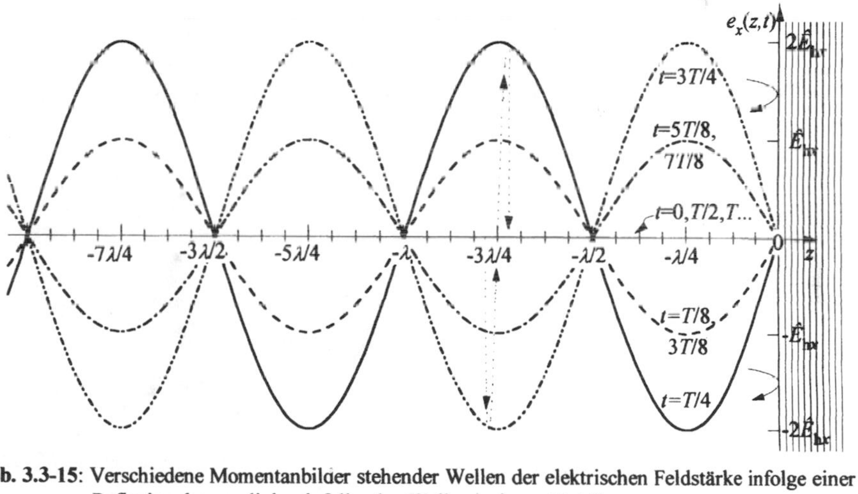

Abb. 3.3-15: Verschiedene Momentanbilder stehender Wellen der elektrischen Feldstärke infolge einer Reflexion der von links einfallenden Welle an einem Metall.

Betrachten wir dazu Abb. 3.3-15, in der die Funktion für verschiedene Zeitpunkte t dargestellt ist. Die zugehörigen Zeitverläufe sehen beispielsweise an den Orten 0, $-\lambda/4$, $-\lambda/2$ und $-3\lambda/4$ zusammen so aus, wie die hier dargestellten Momentanverläufe.

Für den Fall, daß **beide Medien Dielektrika** sind, z.B. bei zwei Glassorten, können wir $\mu = \mu_0$ sowie $\kappa = 0$ setzen und Reflexions- sowie Transmissionsfaktoren direkt in Abhängigkeit der relativen Permittivitäten bzw. der Brechzahlen angeben:

$$r_e = \frac{\eta_2 - \eta_1}{\eta_2 + \eta_1} = \frac{1/\sqrt{\varepsilon_2} - 1/\sqrt{\varepsilon_1}}{1/\sqrt{\varepsilon_2} + 1/\sqrt{\varepsilon_1}} = \frac{\sqrt{\varepsilon_1} - \sqrt{\varepsilon_2}}{\sqrt{\varepsilon_1} + \sqrt{\varepsilon_2}} = \frac{n_1 - n_2}{n_1 + n_2}, \tag{3.3-95}$$

$$t_e = \frac{2\eta_2}{\eta_2 + \eta_1} = \frac{2/\sqrt{\varepsilon_2}}{1/\sqrt{\varepsilon_2} + 1/\sqrt{\varepsilon_1}} = \frac{2\sqrt{\varepsilon_1}}{\sqrt{\varepsilon_1} + \sqrt{\varepsilon_2}} = \frac{2n_1}{n_1 + n_2}. \tag{3.3-96}$$

Aufgabe 3.3.11.1-1: Man gebe den Transmissionsfaktor $\underline{t}$ bei gegebenem Reflexionsfaktor $\underline{r}$ an.

Aufgabe 3.3.11.1-2: Man berechne den Reflexionsfaktor $\underline{r}_m$ und den Transmissionsfaktor $\underline{t}_m$ der magnetischen Feldstärke beim Übergang zwischen zwei Medien. Welcher Zusammenhang besteht zu den jeweiligen elektrischen Größenarten?

Aufgabe 3.3.11.1-3: Man berechne und skizziere die Momentanbilder der zu o.a. $e_x(z,t)$ gehörenden magnetischen Feldstärke. Dabei seien sämtliche Materialkonstanten sowie wieder $\hat{\underline{E}}_{hx}$ gegeben.

Aufgabe 3.3.11.1-4: Man überprüfe, ob bei jeder Phasenlage von $\hat{\underline{E}}_{hx}$ im Fall eines sehr guten sekundärseitigen Leiters die elektrische Feldstärke einen Knoten und die magnetische Feldstärke einen Bauch an der Reflexionsstelle aufweisen.

3.3.11.2 Schräger Einfall

Wir wollen uns hier auf den praktisch wichtigen Fall beschränken, daß es sich bei beiden Medien um zwei verlustlose Dielektrika handelt. Für Abb. 3.3-16 gelte $\varepsilon_2 > \varepsilon_1$, womit, wie gleich berechnet, typisch die dargestellten Richtungs- und Winkelverhältnisse auftreten. Mit den gegebenen Voraussetzungen können nun im Gegensatz zum vorher betrachteten Normaleinfall, aber allgemeinen Materialkonstanten, die Richtungen sofort korrekt angegeben werden, was für diesen geometrisch etwas komplizierteren Fall die Betrachtungsweise vereinfacht.

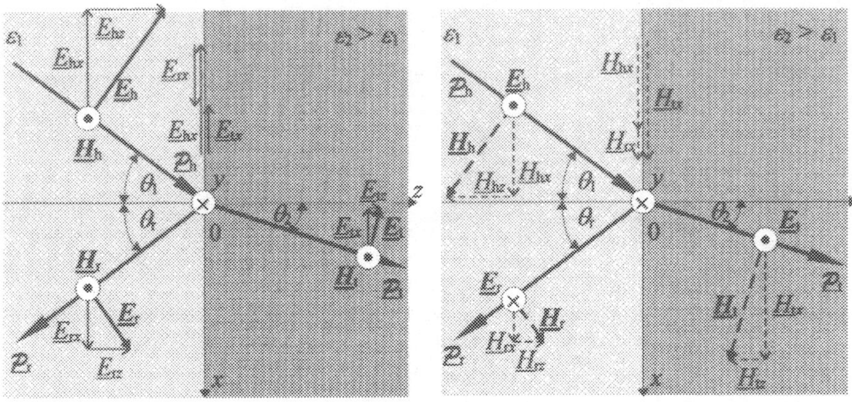

Abb. 3.3-16: Hinlaufende, rücklaufende und transmittierte Wellen an der Grenzfläche zwischen zwei Medien. Links vertikale Polarisation, rechts horizontale Polarisation (nicht maßstäblich).

Mit der Betrachtung schrägen Einfalls haben wir die Voraussetzung verletzt, daß sich die Wellen in z-Richtung ausbreiten mögen. Eine vollständige mathematische Beschreibung schräg zu einem Koordinatensystem einfallender Wellen erfordert, daß die Ausbreitungskonstante γ zu einem ***Ausbreitungsvektor*** $\underline{\gamma}$ wird, der in Ausbreitungsrichtung zeigt, und die Welle sich gemäß $e^{\pm\underline{\gamma}\cdot\boldsymbol{x}}$ ausbreitet. Die Rechnung läßt sich mit der in Abschnitt 3.2.1.2 angegebenen vektoriellen Darstellung der Wellengleichung durchführen. Reflexions- und Transmissionsfaktoren werden nun Funktionen des vorgegebenen Einfallswinkels θ_1. Wichtig ist zunächst zu wissen, wie Reflexionswinkel θ_r und Transmissionswinkel θ_2 mit dem Einfallswinkel θ_1 zusammenhängen.

Statt die Herleitung über die Feldstärkevektoren durchzuführen, ist eine Geschwindigkeitsbetrachtung einfacher, da die Normalkomponente der hinlaufenden Welle beim Übergang ihre Geschwindigkeit ändert, nicht jedoch die Tangentialkomponente. Sei c_x der damit allen Komponenten gemeinsame Geschwindigkeitsanteil tangential zur Trennebene - also in x-Richtung - c_h, c_r bzw. c_t die Geschwindigkeiten der hinlaufenden, reflektierten bzw. transmittierten Welle, können wir angeben:

$$\sin\theta_1 = \frac{c_x}{c_h}; \qquad \sin\theta_r = \frac{c_x}{c_r}; \qquad \sin\theta_2 = \frac{c_x}{c_t}. \qquad (3.3\text{-}97)$$

Indem wir die Gleichungen ins Verhältnis setzen und die früher bereits hergeleiteten Beziehungen $c_h = c_r = c_0/n_1$ und $c_t = c_0/n_2$ verwenden, ergibt sich zwanglos:

$$\theta_r = \theta_1 \qquad \text{und} \qquad \frac{\sin\theta_1}{\sin\theta_2} = \frac{n_2}{n_1} = \sqrt{\frac{\varepsilon_2}{\varepsilon_1}} = \frac{\beta_2}{\beta_1} = \frac{c_1}{c_2} = \frac{\lambda_1}{\lambda_2} = \frac{\eta_1}{\eta_2}. \qquad (3.3\text{-}98)$$

Die linke Gleichung besagt, daß Einfalls- und Ausfallswinkel gleich sind, die rechte ist das SNELLIUSsche Brechungsgesetz (WILLEBROD SNELL, 1591-1626). Sie legt dar, daß im *dichteren* Medium mit größerer Permittivität die Welle zum Einfallslot hingebrochen wird, da das Medium den Normalanteil abbremst. Eine andere Interpretation der Gleichung, ist die, daß der Tangentialanteil des Ausbreitungsvektors gleich bleibt:

$$\mathrm{j}\frac{\omega}{c_0}n_1\sin\theta_1 = \mathrm{j}\frac{\omega}{c_0}n_2\sin\theta_2 = \underline{\gamma}_1\sin\theta_1 = \underline{\gamma}_2\sin\theta_2 = \underline{\gamma}_{1\mathrm{r}} = \underline{\gamma}_{2\mathrm{r}} = \underline{\gamma}_{\mathrm{r}}. \qquad (3.3\text{-}99)$$

Wir hätten also durchaus auch aus dieser Richtung argumentieren können. Insbesondere liegen alle drei Ausbreitungsvektoren in einer Ebene - der Einfallsebene, die per Definition durch den einfallenden Strahl und das Einfallslot aufgespannt wird. Würde die transmittierte Welle in die dritte Dimension gebrochen werden, würden dazu weitere Feldstärkevektorkomponenten gehören, die kein Gegenstück im einfallenden Medium hätten, und folglich die Brechungsgesetze verletzt wären. Diese Gesetze sind universell, d.h. sie hängen nicht von irgendwelchen Polarisierungsrichtungen der Feldstärkevektoren ab und auch nicht von der Ausbreitungsrichtung, d.h. diese ist umkehrbar.

Lassen wir für den Moment $\varepsilon_2 < \varepsilon_1$ gelten, womit der gebrochene Strahl statt zum Einfallslot hin von ihm weggebrochen wird, so kann dieser einen Winkel von $\theta_2 = \pi/2$ erreichen, wobei $\theta_1 < \pi/2$. Hierbei tritt die transmittierte Welle in Form einer Oszillation nur auf, wenn $\theta_2 \leq \pi/2 \Rightarrow \sin\theta_2 \leq 1$. Daraus folgt der ***Grenzwinkel der Totalreflexion*** $\theta_{1\mathrm{tot}}$ zu

$$\theta_{1\mathrm{tot}} = \arcsin\frac{n_2}{n_1} = \arcsin\sqrt{\frac{\varepsilon_2}{\varepsilon_1}} = \arcsin\frac{\beta_2}{\beta_1} = \arcsin\frac{c_1}{c_2} = \arcsin\frac{\lambda_1}{\lambda_2}. \qquad (3.3\text{-}100)$$

Wichtig ist, das Ergebnis so zu interpretieren, daß auch im Fall der Totalreflexion nach wie vor beide Feldstärken in das zweite Medium eindringen, der Ortsverlauf ist dort jedoch frustriert, d.h. ein Oszillationsanteil tritt nicht mehr auf; die Welle ist exponentiell in Form einer Oberflächenwelle gedämpft, was in Übungsaufgabe 7 nachzuweisen ist.

Bezüglich der Polarisation der Feldstärkevektoren können zwei Sonderfälle betrachtet werden:

1. Elektrische Feldstärke parallel zur Trennebene, wie in Abb. 3.3-16 rechts dargestellt. In diesem Fall der sog. *horizontalen Polarisation* liegt die magnetische Feldstärke in der Einfallsebene, die elektrische Feldstärke normal dazu und parallel, also horizontal zur Trennebene.
2. Magnetische Feldstärke parallel zur Trennebene, wie in Abb. 3.3-16 links dargestellt. In diesem Fall der sog. *vertikalen Polarisation* liegt die elektrische Feldstärke in der Einfallsebene, aber nicht zwingend vertikal zur Trennebene. Hierfür berechnen wir den Reflexionsfaktor r_e der elektrischen Feldstärke:

Wir gehen für die vertikale Polarisation den gleichen Weg wie zuvor beim normalen Einfall und beziehen nun die Winkel mit ein. $\underline{\eta}_1$ wird zu:

$$\frac{\hat{\underline{E}}_h}{\hat{\underline{H}}_h} = \underline{\eta}_1 = \frac{\hat{\underline{E}}_{hx}/\cos\theta_1}{\hat{\underline{H}}_{hy}} \quad \Rightarrow \quad \frac{\hat{\underline{E}}_{hx}}{\hat{\underline{H}}_{hy}} = \underline{\eta}_1\cos\theta_1. \tag{3.3-101}$$

Wir erkennen, daß gegenüber dem Normaleinfall $\underline{\eta}_1$ in Bezug auf die tangentialen Feldkomponenten jetzt den Cosinus des Einfallswinkels mit einbeziehen muß. Bei $\underline{\eta}_2$ ist dies genauso bzgl. $\cos\theta_2$. Folglich brauchen wir die Reflexionsfaktorformel für $\underline{r}_e$ nur wie folgt zu modifizieren:

$$\underline{r}_e = \frac{\hat{\underline{E}}_r}{\hat{\underline{E}}_h} = \frac{\hat{\underline{E}}_{rx}}{\hat{\underline{E}}_{hx}} = \frac{\underline{\eta}_2\cos\theta_2 - \underline{\eta}_1\cos\theta_1}{\underline{\eta}_2\cos\theta_2 + \underline{\eta}_1\cos\theta_1} = \frac{\sqrt{1-\sin^2\theta_2} - \underline{\eta}_1/\underline{\eta}_2\cdot\cos\theta_1}{\sqrt{1-\sin^2\theta_2} + \underline{\eta}_1/\underline{\eta}_2\cdot\cos\theta_1}. \tag{3.3-102}$$

Nun wenden wir das SNELLIUSsche Brechungsgesetz an, ersetzen die Feldwellenwiderstände wieder durch die Permittivitäten und erhalten die FRESNELsche Formel (A. J. FRESNEL, 1788-1827):

$$r_e = \frac{\sqrt{1-\varepsilon_1/\varepsilon_2\cdot\sin^2\theta_1} - \sqrt{\varepsilon_2/\varepsilon_1}\cos\theta_1}{\sqrt{1-\varepsilon_1/\varepsilon_2\cdot\sin^2\theta_1} + \sqrt{\varepsilon_2/\varepsilon_1}\cos\theta_1} = \frac{\sqrt{\varepsilon_2/\varepsilon_1 - \sin^2\theta_1} - \varepsilon_2/\varepsilon_1\cdot\cos\theta_1}{\sqrt{\varepsilon_2/\varepsilon_1 - \sin^2\theta_1} + \varepsilon_2/\varepsilon_1\cdot\cos\theta_1}. \tag{3.3-103}$$

Man beachte bei diesem Rechengang, daß sich die Vorzeichen aus Gründen der Einheitlichkeit auf die einheitlich gerichteten Zählpfeile des Normaleinfalls beziehen. Daher erhalten wir für $\theta_1 = \theta_2 = 0°$ die gleichen Ergebnisse wie dort. Soll sich das Ergebnis auf die Zählpfeile in Abb. 3.3-16 beziehen, muß das Vorzeichen von $\underline{r}_e$ hier umgedreht werden.

Interessant ist der Fall, daß der Zähler verschwinden kann, und so bei dem dazugehörigen ***BREWSTERwinkel*** θ_{1B} (SIR DAVID BREWSTER, 1781-1868) entspr. Abb. 3.3-17 rechts *Totaltransmission* auftritt, d.h. die reflektierte Welle ausgeblendet wird. Diesen Winkel erhalten wir, indem wir in den Wurzeln setzen:

$$\sin^2\theta_1 = \frac{\varepsilon_2}{\varepsilon_1}\cos^2\theta_1 \qquad \Rightarrow \qquad \tan\theta_{1\text{B}} = \sqrt{\frac{\varepsilon_2}{\varepsilon_1}} = \frac{n_2}{n_1}. \tag{3.3-104}$$

Anwenden des SNELLIUSschen Brechungsgesetzes ergibt $\sin\theta_2 = \cos\theta_1 = \sin(\pi/2-\theta_1)$. Reflektierte und transmittierte Welle schließen einen Winkel von $\theta_1 + \theta_2 = 90°$ ein. Dies läßt eine einfache physikalische Erklärung des BREWSTEReffekts zu: der gebrochene Strahl regt, wie in Abschnitt 3.3.8 dargelegt, die Elektronenhüllen des zweiten Mediums in Form HERTZscher Dipole zur Strahlung an. Diese stellen die Quelle des reflektierten Strahls dar mit Schwingungsrichtung in der virtuellen Ausbreitungsrichtung des reflektierten Strahls. Transversalwellen schwingen aber nicht in Ausbreitungsrichtung, weshalb die reflektierte Welle ausgeblendet wird.

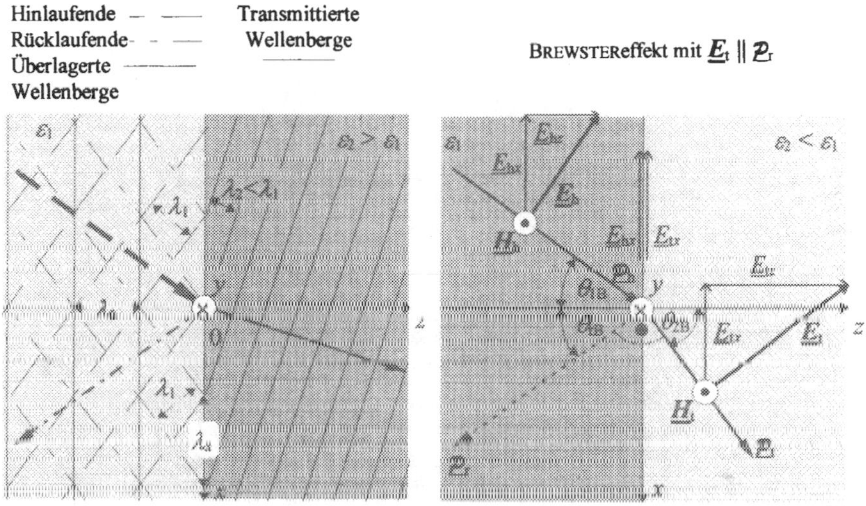

Abb. 3.3-17: Hinlaufende, rücklaufende und transmittierte Wellen an der Grenzfläche zwischen zwei Medien. Links Brechung der Wellenfronten, rechts BREWSTEReffekt.

Anwendung:

Der BREWSTEReffekt wird z.B. in Gas-Lasern (HeNe) angewendet, indem zwei Quarzglas-Spiegel mit $n \approx 1{,}45$ im BREWSTERwinkel ($\approx 55{,}4°$) relativ zur optischen Achse gekippt werden. Unabhängig vom Polarisationszustand des auf einen Spiegel eintreffenden Lichts können nach den vorstehenden Erläuterungen nur die Energieanteile mit elektrischer Feldstärkekomponente in $\pm y$-Richtung, also normal zur Papierebene, reflektiert werden. Das an einem teildurchlässigen Spiegel ausgekoppelte Licht ist praktisch vollständig linear polarisiert.

In Abschnitt 3.3.6.3 haben wir gelernt, daß die Permittivität und damit die Brechzahl frequenzabhängig sein kann. Damit ist auch die Geschwindigkeit der Welle frequenzabhängig und folglich sind es auch die Brechungswinkel. Dies hat für ein Signal oder allgemein eine elektromagnetische Welle, die aus einem Frequenzgemisch besteht, zur Folge, daß, wenn alle Frequenzen parallel schräg auf eine Trennebene zu solch einem

Stoff auftreffen, sie in unterschiedlichen Winkeln gebrochen werden. Damit findet eine spektrale Aufteilung des Frequenzgemisches statt.

Liegt der Frequenzbereich im Sichtbaren, hat dies zur Folge, daß z.B. das polychromatische Licht der Sonne in seine Spektralfarben aufgefächert wird. Bekannte Beispiele hierfür sind das Glasprisma und der Regenbogen. Bei diesem finden Mehrfachbrechungen und Totalreflexionen des Sonnenlichts in den Regentropfen statt, die zur spektralen Auffächerung führen.

Anwendung:

In einem *Monochromator* können Frequenzen im optischen Bereich und der näheren spektralen Umgebung durch mikroskopisch kleine Glasprismenfelder soweit aufgefächert werden, daß Wellenlängen in der Größenordnung von 1 nm selektiert werden können (optischer Bandpaß). Diese einzelnen Frequenzen können z.B. zum spektralen Durchmessen von Lichtwellenleitern verwendet werden, um so den Verlauf der Brechzahl $n(\lambda)$ zu ermitteln.

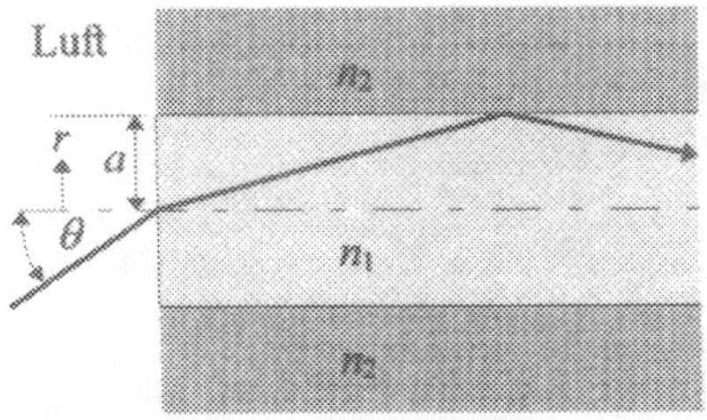

Abb. 3.3-18: Zu Aufgaben 3.3.11.2-3/4.

Aufgabe 3.3.11.2-1: Man berechne die Wellenlänge λ_{s} sowie die Geschwindigkeit c_{s} der stehenden überlagerten Welle im Medium 1.

Aufgabe 3.3.11.2-2: Man berechne die Geschwindigkeit der Welle in Abb. 3.3-17 links als die Bewegung von λ_x entlang der x-Achse im Verhältnis zur Freiraumlichtgeschwindigkeit und erkläre den Effekt physikalisch.

Aufgabe 3.3.11.2-3: Eine Lichtwelle treffe entspr. Abb. 3.3-18 aus Luft unter dem Winkel θ auf ein Medium der Brechzahl n_1 und werde, wie in der Abbildung dargestellt, an einer weiteren Grenze zu einem Medium mit $n_2 < n_1$ reflektiert. Wie groß darf θ maximal sein, damit die Welle das Medium 1 nie verläßt? Man berechne den Zahlenwert von θ für $n_1 = 1{,}47$ und $n_2 = 1{,}46$. Wie hängt das Ergebnis von a ab?

Aufgabe 3.3.11.2-4: Man berechne den zeitlichen Unterschied Δt nach einem Kilometer Länge zwischen der in der vorigen Aufgabe eingekoppelten Welle und einer Welle, die normal auf die Frontfläche trifft. Man schließe daraus auf die maximale Bitrate des Eingangssignals. Man diskutiere die Folgen für die Energieverteilung über dem Einkoppelwinkel einer Lichtquelle im Vergleich zur vorigen Aufgabe. Man skizziere einen inhomogenen Verlauf $n_1(r)$, in dem dieser Laufzeitunterschied geringer und damit die Bitrate höher wird.

***Aufgabe 3.3.11.2-5**: Man bestimme t_e für den Fall vertikaler Polarisation.

***Aufgabe 3.3.11.2-6**: Man bestimme r_e für den Fall horizontaler Polarisation und überprüfe, ob ein BREWSTERwinkel auftreten kann.

***Aufgabe 3.3.11.2-7**: Man weise nach, daß die transmittierte Welle im Fall der Totalreflexion gedämpft ist und gebe das Verhältnis von Wellenlänge zu Eindringtiefe im Medium 2: $\lambda_{2\text{tot}}/\delta_{2\text{tot}}$ an.

3.3.12 Skineffekt

Das Auftreten des *Skineffekts* - auch *Stromverdrängung* - d.h. der Häutung des Stroms - genauer: der Stromdichte, aber auch aller anderen Feldgrößen - wurde prinzipiell bei der Berechnung der Eindringtiefe elektromagnetischer Wellen in Metallen schon begründet, wo dargelegt wurde, daß diese proportional der Wurzel aus der Frequenz sinkt und somit bei hinreichend hohen Frequenzen nur noch Oberflächenströme zu berücksichtigen sind.

Dieser Vorgang soll nun, da wir hier am Übergang zu geführten Wellen sind, aus der Sicht eines Leiters betrachtet werden. Hier ist der Vorgang unmittelbar mithilfe der Selbstinduktion an der gleichen Stelle, an der das elektrische Feld herrscht - und der entspr. der LENZschen Regel resultierenden Gegenstromdichte zu begründen. Diese Gegenstromdichte verursacht wieder ein Magnetfeld, das wiederum ein elektrisches Feld induziert usw. Welcher genaue inhomogene Verlauf der Stromdichte über den Leiterquerschnitt daraus resultiert, kann nur noch erahnt und soll durch eine genauere Rechnung nachgewiesen werden.

Vergleichen wir dazu in Abb. 3.3-19 und Abb. 3.3-20 einen stromdurchflossenen Leiter bei Gleichstrom und bei Wechselstrom einer bestimmten Frequenz.

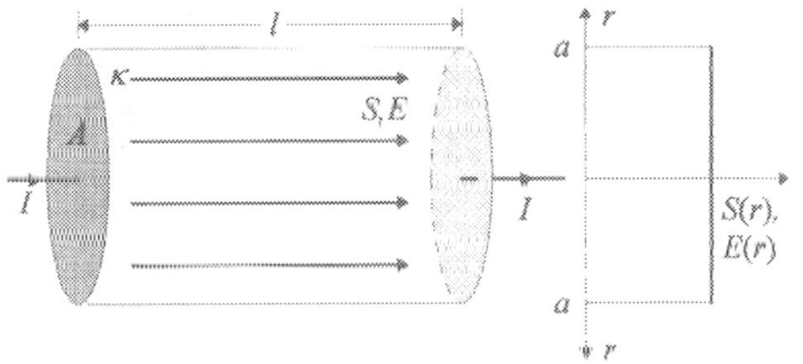

Abb. 3.3-19: Stromdichteverteilung im Leiter bei Gleichstrom.

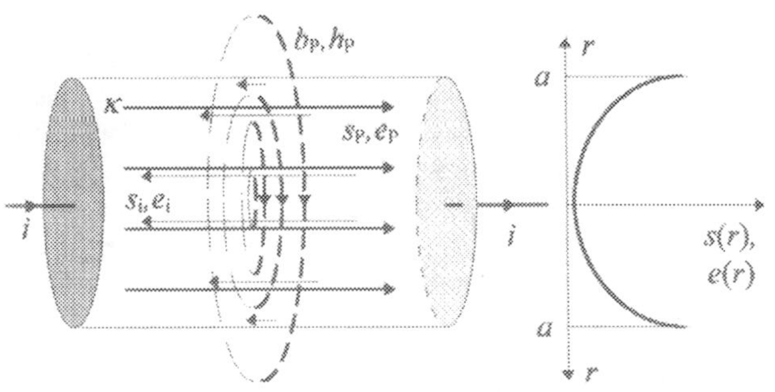

Abb. 3.3-20: Vage Stromdichteverteilung im Leiter bei Wechselstrom.

Da sich die exponentiellen Schwänze der Eindringtiefen bei niederen Frequenzen überlagern, muß für eine solche Geometrie in Zylinderkoordinaten gerechnet werden. Die Lösungen sind BESSELfunktionen quer zur Ausbreitungsrichtung. Diese Rechnung wollen wir hier nicht durchführen, sondern den einfacheren Fall betrachten, daß sich gegenüberliegende Seiten des Leiters nicht beeinflussen.

3.3.12.1 Ebene Trennfläche ohne innere Reflexion

Innere Reflexionen können vernachlässigt werden bei hinreichend kleinen Eindringtiefen, also hinreichend hohen Frequenzen, oder/und hinreichend hoher Leitfähigkeit. Aus dieser Sicht kann die Oberfläche kartesisch betrachtet werden, so wie für viele geographische Aspekte die im Mittel etwa kugelförmige Erdoberfläche als Ebene betrachtet werden kann. Für eine Boden-Langwelle ist dies z.B. der Fall, wenn der Boden hinreichend eben und in der Tiefe homogen ist. Betrachten wir dazu Abb. 3.3-21, wobei die äußere Spannungsquelle so angelegt sein soll, daß die elektrische Feldstärke im Leiterinnern dominant in $\pm z$-Richtung zeigt.

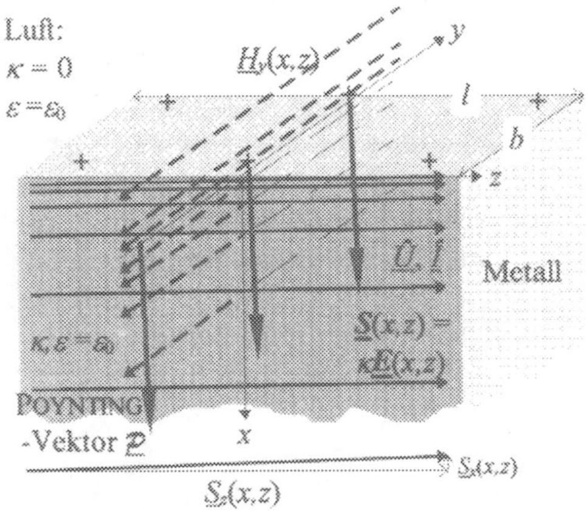

Abb. 3.3-21: Skineffekt an der Oberfläche eines homogenen Metallblocks.

Wir lassen berechtigterweise Verschiebungsströme außer Betracht und beziehen die (skineffektbedingt mögliche) x-Abhängigkeit aller Größen zusätzlich zu der bisher alleine betrachteten z-Abhängigkeit in Ausbreitungsrichtung der äußeren speisenden Welle mit ein. Da in $\pm y$-Richtung das Metall ∞ ausgedehnt sei, kann aus Symmetriegründen für keine der Feldgrößen eine Abhängigkeit von dieser Richtungskoordinaten auftreten.

Wir möchten ohne Einschränkungen in Betracht ziehen, daß im Leiterinnern mit den Feldkomponenten und Koordinatenabhängigkeiten $\underline{S}_z(x,z)$ und $\underline{H}_y(x,z)$ zu rechnen ist. $\underline{S}_z$ ist der uns dominant interessierende Anteil in Ausbreitungsrichtung - vor allem seine x-Abhängigkeit. $\underline{H}_y$ ist das sich darum nach der Rechte-Hand-Regel aufbauende Magnetfeld, welches zwingend als alleinige Komponente des magnetischen Gesamtfelds sowohl im Außen- als auch im Innenraum zu erwarten ist.

Grundsätzlich müssen wir aber noch mit einer Komponenten $\underline{S}_x(x,z)$ rechnen. Dieser normal zur Oberfläche fließende Strom muß sich aufgrund der Kontinuität in einem im Außenraum gleichgroßen Verschiebungsstrom fortsetzen. Dieser benötigt Ladungsüberschüsse, die ihn hervorrufen. Sie müssen sich auf der Metalloberfläche befinden und lassen sich mit Aufgabe 3.1.3 berechnen. Im Abbildungsbeispiel wären diese Überschußladungen gerade positiv, da die auf die Oberfläche hinweisenden Stromdichtepfeile einen Wegtransport von Elektronen bedeuten, d.h., wir finden hier momentan positiv ionisierte Metallatomrümpfe und an Orten, die eine halbe Wellenlänge entfernt sind, Elektronenüberschüsse. Nach einer (zeitlichen) Halbschwingung haben sich sämtliche Feldstärkerichtungen umgedreht und wir finden positiv ionisierte Metallatomrümpfe und Elektronenüberschüsse vertauscht. Dort, wo die Wellen gerade Nulldurchgänge aufweisen, herrscht Neutralität.

Um $\underline{S}_z(x)$ zu berechnen, ist es daher wegen des einzig sicheren alleinigen Vorkommens von $\underline{H}_y$ sinnvoll, hierfür die Wellengleichung zu lösen und daraus erst $\underline{S}_z(x)$ zu bestimmen. Wir schreiben die ersten beiden MAXWELLgleichungen an:

$$\operatorname{rot}\underline{\boldsymbol{H}} = \underline{\boldsymbol{S}} = \kappa \underline{\boldsymbol{E}} \qquad \operatorname{rot}\underline{\boldsymbol{E}} = -\mathrm{j}\omega\mu \underline{\boldsymbol{H}}. \tag{3.3-105}$$

Wir müssen nun wegen der Abhängigkeit von zwei Koordinaten analog zu Abschnitt 3.2.1.2 mit der Vektordarstellung weiterarbeiten, lassen dazu den Rotor nochmals auf die linke Gleichung wirken und eliminieren durch Einsetzen die elektrische Feldstärke:

$$\operatorname{rot}\operatorname{rot}\underline{\boldsymbol{H}} = \kappa \operatorname{rot}\underline{\boldsymbol{E}} = -\mathrm{j}\omega\mu\kappa \underline{\boldsymbol{H}}$$

$$\Rightarrow \quad \frac{\partial^2 \underline{H}_y}{\partial x^2} + \frac{\partial^2 \underline{H}_y}{\partial z^2} = \mathrm{j}\omega\mu\kappa \underline{H}_y = \underline{\gamma}^2 \underline{H}_y. \tag{3.3-106}$$

Die allgemeine Berechnung des Doppelrotors sollte bereits in Übungsaufgabe 3.2.1.2-1 ausgeführt werden. Dabei ist entspr. den Vorgaben der Spezialfall auszuwerten, daß $\underline{H}_x = \underline{H}_z = 0$; $\partial/\partial y = 0$. Die Ausbreitungskonstante $\underline{\gamma} = \sqrt{\mathrm{j}\omega\mu\kappa} = \sqrt{\pi f \mu\kappa}\,(1+\mathrm{j})$ tritt erwartungsgemäß, wie in Abschnitt 3.3.9.4 für Metalle berechnet, auf. Die normale Struktur der Wellengleichung sollte uns nicht verwundern, denn wir haben ja die MAXWELLgleichungen genauso ineinandergeschoben wie zuvor; lediglich die x-Abhängigkeit des Feldverlaufs wurde mit in Betracht gezogen.

Analog zu dem Standardlösungsansatz in Abschnitt 3.3.4 für die Abhängigkeit von nur einer Koordinaten können wir nun ansetzen:

$$\underline{H}_y(x,z) = \hat{\underline{H}}_y \mathrm{e}^{-\underline{\gamma}_x x - \underline{\gamma}_z z} = \hat{\underline{H}}_y \mathrm{e}^{-\underline{\boldsymbol{\gamma}}\cdot\boldsymbol{x}} \quad \text{mit} \quad \underline{\boldsymbol{\gamma}} = (\underline{\gamma}_x, 0, \underline{\gamma}_z). \tag{3.3-107}$$

$\underline{\boldsymbol{\gamma}}$ ist der in Ausbreitungsrichtung und damit in Richtung des POYNTINGvektors zeigenden Ausbreitungsvektor. Mit dem Ansatz gehen wir in die Gleichung davor und erhalten die Beziehung

$$\underline{\gamma}_x^2 + \underline{\gamma}_z^2 = \underline{\gamma}^2. \tag{3.3-108}$$

Jede Koordinatenabhängigkeit hat also ihre eigene Ausbreitungskonstante, womit zu rechnen ist, daß der POYNTINGvektor nicht genau normal nach innen zeigt und folglich auch die $\underline{S}_x(x,z)$-Komponente auftritt. Aus dem Durchflutungsgesetz ergibt sich:

$$\underline{S}_x(x,z) = -\frac{\partial \underline{H}_y(x,z)}{\partial z} = \underline{\gamma}_z \hat{\underline{H}}_y \mathrm{e}^{-\underline{\boldsymbol{\gamma}}\cdot\boldsymbol{x}} \approx 0 \tag{3.3-109}$$

$$\underline{S}_z(x,z) = \frac{\partial \underline{H}_y(x,z)}{\partial x} = -\underline{\gamma}_x \hat{\underline{H}}_y \mathrm{e}^{-\underline{\boldsymbol{\gamma}}\cdot\boldsymbol{x}} = \hat{\underline{S}}_z \mathrm{e}^{-\underline{\boldsymbol{\gamma}}\cdot\boldsymbol{x}} = \underline{S}_z(z)\mathrm{e}^{-\underline{\gamma}_x x}. \tag{3.3-110}$$

Zur Interpretation der Vorzeichen ist zunächst zu bemerken, daß zur Abbildung des Ansatzes für $\underline{H}_y(x,z)$ auf die Richtungspfeile in Abb. 3.3-21 $\hat{H}_y < 0$ zu setzen ist. Dann ist S_x entspr. obiger Formel ebenfalls negativ, weist also in der Abbildung nach oben, S_z ist positiv und weist nach rechts, d.h. alle Vorzeichen decken sich mit den Richtungspfeilen der Abbildung.

Das Verhältnis von $\underline{\gamma}_x$ zu $\underline{\gamma}_z$ wird durch die Brechungsgesetze bestimmt und wir können erwarten, daß $\underline{\gamma}_x$ absolut dominiert, da $\underline{S}_z \sim \underline{\gamma}_x \approx \underline{\gamma}$.

$$\underline{S}_z(x,z) \approx \underline{S}_z(z)\mathrm{e}^{-\underline{\gamma} x} = \underline{S}_z(z)\mathrm{e}^{-\sqrt{\pi f \mu \kappa}(1+\mathrm{j})x} = \underline{S}_z(z)\mathrm{e}^{-\sqrt{\pi f \mu \kappa}\,x}\mathrm{e}^{-\mathrm{j}\sqrt{\pi f \mu \kappa}\,x} . \qquad (3.3\text{-}111)$$

$\underline{S}_z(z)$ ist der konventionelle Verlauf in z-Richtung. Das Ergebnis bzgl. der x-Abhängigkeit, deckt sich völlig mit den Erkenntnissen aus Abschnitt 3.3.9.4 über die Eindringtiefe von Wellen in gut leitfähige Medien. Wir erkennen also, daß durch die Selbstinduktion und die LENZsche Regel eine nach innen exponentiell abfallende Hüllkurve entsteht, der sich eine Oszillation unterlagert, wie in Abb. 3.3-22 dargestellt.

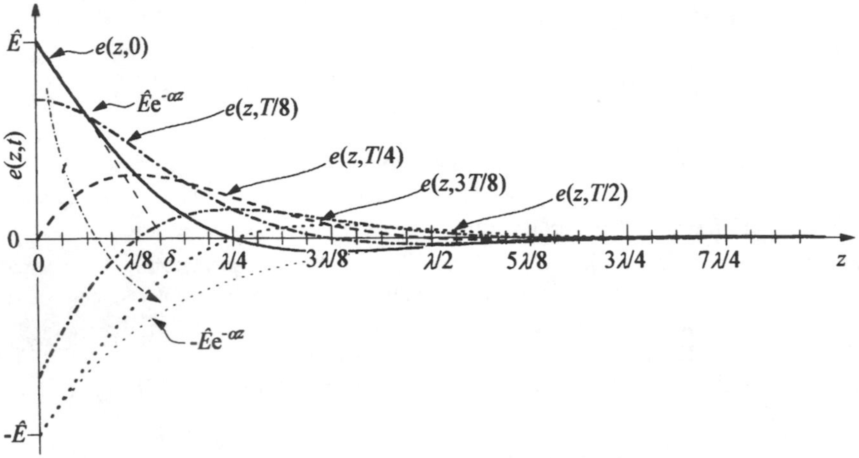

Abb. 3.3-22: Verlauf der elektrischen Feldstärke zu fünf aufeinanderfolgenden Zeitpunkten im zeitlichen Abstand von $T/8$ beim Eindringen in ein Metall.

Die Existenz von Boden-Langwellen mit ihren niederen Frequenzen bei der relativ schlechten Leitfähigkeit der Erde ist somit plausibel über den Skineffekt begründbar. Die Bodenwelle ist umso schwächer ausgeprägt, je höher die Frequenz und umso besser die Leitfähigkeit.

In Abschnitt 3.3.9.4 hatten wir die Eindringtiefe δ der Welle beim Eindringen der Energie normal zur Grenzfläche des Mediums - also hier: von oben - betrachtet. Nachdem wir bei den Betrachtungen zum POYNTINGvektor gelernt haben, daß die Energie nicht im Leiter zum Verbraucher, sondern im Außenraum fließt, handelt es sich hier eigentlich nur um eine andere Betrachtungsweise des gleichen Sachverhalts.

Eine Rechnung unter Einbeziehung der zuvor hergeleiteten Kontinuitätsbedingungen der Brechungsgesetze gemäß Aufgabe 2 erlaubt die genaue Ermittlung der dazugehörigen ZENNECK-$E^{(0,0)}$-Oberflächenwelle (J. ZENNECK, 1907), die dann auch keine reine TEM-Welle mehr ist. Betrachtet man unter Einbeziehung von $S_x(x,z)$ und den Brechungsgesetzen an jeder Stelle - also auch im Außenraum - den POYNTINGvektor, sieht man, daß er im Außenraum parallel zur Hauptstromdichte im Innern zum Verbraucher hingerichtet ist, im Inneren aber fast zur Leitermitte zeigt, wobei sein Energie eben in Wärme umgewandelt wird. Dies soll Abb. 3.3-23 verdeutlichen.

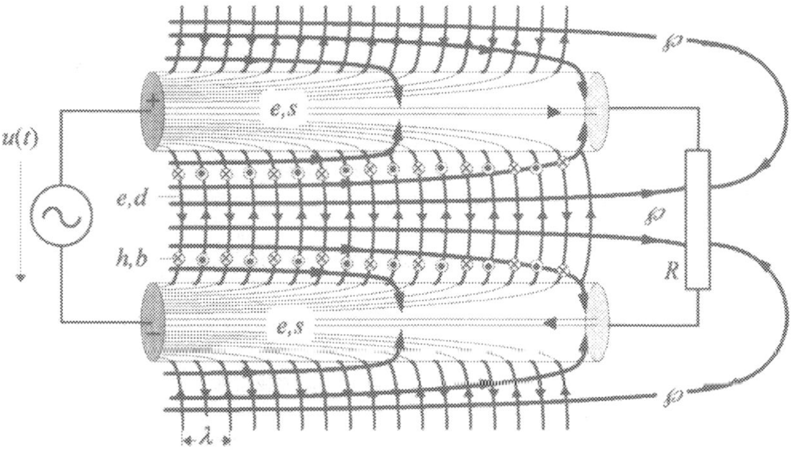

Abb. 3.3-23: Prinzipielle Richtung der elektrischen, magnetischen und Leistungsdichtefeldlinien. Bei höheren Frequenzen sind die Feldlinien im Innern aufgrund des Skineffekts zum Leiterrand verdichtet.

Für zylindrische Leiterstrukturen wurden die Wellenformen von A. SOMMERFELD (1899) angegeben. Zwischen den durchgezogenen Feldlinien bilden sich für jede Struktur an der Grenzfläche im Gebiet einer halben Wellenlänge Wirbel des elektrischen Feldes aus.

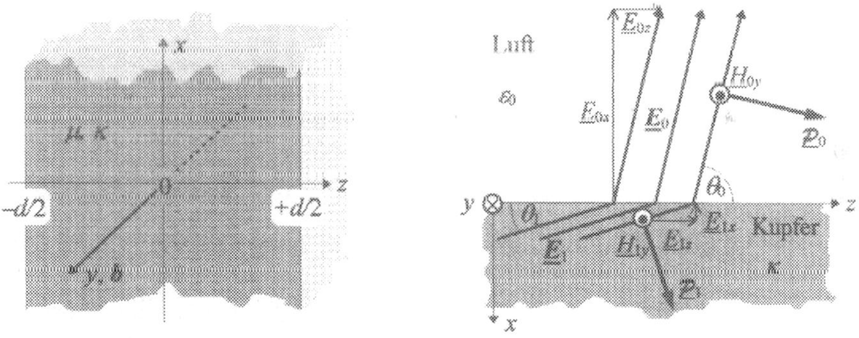

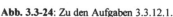

Abb. 3.3-24: Zu den Aufgaben 3.3.12.1.

Aufgabe 3.3.12.1-1: Eine magnetische Platte sei entspr. Abb. 3.3-24 links orientiert. Das b_y-Feld mit gegebenem Funktionswert $B_0 = B_y(z{=}0)$ entstehe nicht durch eine angelegte Spannungsquelle, sondern durch einen externen Strom, dessen Magnetfeldlinien das Eisen so durchsetzen. Man berechne und skizziere die Verteilung der magnetischen und elektrischen Feldstärke, der magnetischen Flußdichte sowie der (Wirbel)stromdichte.

***Aufgabe 3.3.12.1-2**: Man bestimme entspr. Abb. 3.3-24 rechts sämtliche sechs Feldstärkekomponenten in Luft und in Kupfer beim Vorbeistreifen einer Welle. Gegeben sei die reelle Amplitude des Magnetfelds in y-Richtung. Man verwende den Ansatz für die magnetische Feldstärke im Text und bestimme mithilfe der 1. MAXWELLgleichung und der Kontinuitätsbedingungen die Amplituden.

3.3.12.2 Oberflächenwellen

Das Auftreten des Skineffekts muß zwangsläufig zur Modifikation einfacher Bauelementeformeln, wie wir sie für homogene Medien mit einfacher Geometrie aus der Gleichstromtechnik kennen, führen. Der Gleichstromwiderstand des Bauelements in Abb. 3.3-19 ließ sich gemäß Abschnitt 2.2 mit der einfachen Formel $R = l/\kappa A$ angeben. Diese Formel setzt jedoch eine homogene Stromverteilung voraus, die bei höheren Frequenzen nicht mehr gegeben ist.

Durch den Skineffekt ist das Leiterinnere von geringerer Bedeutung als das Randgebiet und trägt damit zum Widerstandswert weniger bei. Wir können erwarten, daß dieser mit zunehmender Frequenz wächst, da die effektiv wirksame Leiterquerschnittsfläche A_{eff} sinkt. Wir wollen nun für den Fall, daß die Frequenzen hinreichend hoch sind und damit die Stromdichte einen dünnen Belag auf der Oberfläche bildet, diesen Widerstandswert und damit zusammenhängende Größen berechnen.

Zunächst ist es in diesem Zusammenhang sinnvoll, als neue Stromdichteart die ***Oberflächenstromdichte*** $\underline{S}_{\square}$ einzuführen, die das Verhältnis von Stromstärke zu den Querabmessungen angibt. Denn reicht die Stromhaut nur noch bis in µm-Tiefe, macht ein Flächenbezug wenig Sinn. Dazu denken wir uns den Block von Abb. 3.3-21 als einen Ausschnitt aus der Leiteroberfläche, der in x-Richtung in beliebige Tiefen reichen möge. Der gesamte in z-Richtung fließende Strom berechnet sich zu

$$\underline{I}(z) = \int_{x=0}^{\infty} \underline{S}_z(x,z) b \mathrm{d}x = b \int_{x=0}^{\infty} \underline{S}_z(z) \mathrm{e}^{-\underline{\gamma} x} \mathrm{d}x = -\frac{b}{\underline{\gamma}} \underline{S}_z(z) \mathrm{e}^{-\underline{\gamma} x}\Big|_0^{\infty} = \frac{b}{\underline{\gamma}} \underline{S}_z(z). \quad (3.3\text{-}112)$$

Die Oberflächenstromdichte $\underline{S}_{\square}(z)$ ergibt sich zu:

$$\underline{S}_{\square}(z) := \frac{\underline{I}(z)}{b} = \frac{\underline{S}_z(z)}{\underline{\gamma}}; \qquad [\underline{S}_{\square}] = \frac{\text{A}}{\text{m}}. \quad (3.3\text{-}113)$$

Die Einheit legt nahe, daß ein einfacher Zusammenhang mit der magnetischen Feldstärke besteht. Mit der dritten Zeile des Durchflutungsgesetzes, aus der wir $\underline{S}_z(x,z)$ berechnet hatten, ergibt sich mit

$$\frac{\partial \underline{H}_y(x,z)}{\partial x} = \underline{S}_z(x,z) \quad \Rightarrow \quad \underline{H}_y(0,z) = \int_0^{\infty} \underline{S}_z(x,z) \partial x = \underline{S}_{\square}(z). \quad (3.3\text{-}114)$$

Wir beachten, daß diese Gleichung für die Vektorbeträge gilt, d.h., das in $-y$-Richtung weisende Magnetfeld ist der in z-Richtung weisenden Oberflächenstromdichte gleich.

Zur Berechnung des Widerstands bilden wir das elektrische Feldstärkeintegral an der Oberfläche ($x = 0$) längs des Wegs l, der viel kürzer als die Wellenlänge λ sein möge, so daß an dem festen Ort z alle Größen längs dieses Wegs konstant sind:

$$\underline{U}(z) = \underline{E}_z(0,z) l = \frac{\underline{S}_z(0,z)}{\kappa} l. \quad (3.3\text{-}115)$$

Wir berechnen die Impedanz des Leiterelements:

$$\underline{Z} = \frac{\underline{U}(z)}{\underline{I}(z)} = \frac{\underline{S}_z(0,z) l/\kappa}{\underline{S}_z(0,z) b/\underline{\gamma}} = \frac{\underline{\gamma}}{\kappa}\frac{l}{b} = \sqrt{\frac{\pi f \mu}{\kappa}}\frac{l}{b}(1+\mathrm{j}). \quad (3.3\text{-}116)$$

Beziehen wir die früher berechnete Eindringtiefe δ mit ein, läßt sich die Gleichung wie folgt darstellen

$$\underline{Z} = R_{\sim} + \mathrm{j}X_{\sim} = R_{\sim} + \mathrm{j}\omega L_{\sim} = \frac{l}{\kappa\delta b}(1+\mathrm{j}). \qquad (3.3\text{-}117)$$

Es tritt also eine OHMsche und eine gleichgroße induktive Komponente auf. Vergleichen wir den OHMschen Anteil mit der Formel für einen Gleichstromwiderstand, erkennen wir, daß die effektiv wirksame Fläche sich zu $A_{\mathrm{eff}} = b\delta$ ergibt. Damit können wir entspr. Abb. 3.3-25 als einfaches Modell den Leiter so behandeln, als ob bzgl. des OHMschen Anteils innerhalb der Eindringtiefe homogen ein Gleichstrom fließt, der darunter bei der Eindringtiefe des Leiters abrupt endet.

Das vereinfachte Leitermodell kann auch zu Berechnungen der Leistungsaufnahme verwendet werden - direkt oder über den POYNTINGvektor. Die Ergebnisse sind gleich und entsprechen den Werten, die man über eine normale Netzwerkanalyse mit diskreten Bauelementen erwartet.

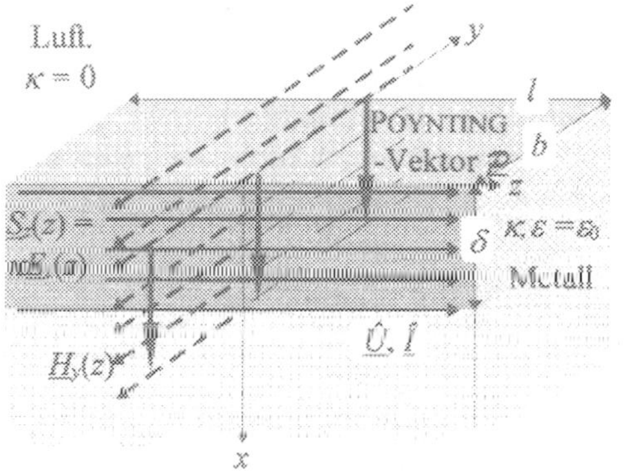

Abb. 3.3-25: Effektiv wirksame Zone beim Skineffekt.

Wir definieren in diesem Zusammenhang die ***spezifische Oberflächenimpedanz*** $\underline{Z}_{\square}$ des Mediums, indem wir aus der Impedanz die Geometriegrößen l und b herausnormieren:

$$\underline{Z}_{\square} = R_{\square} + \mathrm{j}X_{\square} := \frac{\underline{Z}}{l/b} = \frac{1}{\kappa\delta}(1+\mathrm{j}) = \sqrt{\frac{\pi f \mu}{\kappa}}(1+\mathrm{j}) = \underline{\eta}. \qquad (3.3\text{-}118)$$

Diese Größenart ist also identisch mit dem in Abschnitt 3.3.9.4 berechneten Feldwellenwiderstand für gut leitfähige Materialien.

Aufgabe 3.3.12.2-1: Man weise nach, daß der Wert der Oberflächenstromdichte $\underline{S}_{\square}$ auf einem Leiter für eine normal einfallende homogene Planwelle mit gegebener Amplitude $\underline{\hat{E}}_{\mathrm{a}}$ praktisch nicht von der Leitfähigkeit κ des Materials abhängt.

Aufgabe 3.3.12.2-2: Man überprüfe, ob bei verlustbehaftetem Dielektrikum ebenfalls mit einem Skineffekt zu rechnen ist.

3.3.12.3 Skineffekt bei Drähten

Das Ergebnis des vorangegangenen Abschnitts ist also, daß, solange die Eindringtiefe klein gegenüber dem Drahtdurchmesser ist, der Draht so behandelt werden kann, als sei er ein Rohr mit der Wanddicke der Eindringtiefe. Dies führt für die Mikrowellentechnik mit Wellenlängen im cm-Bereich und Frequenzen im GHz-Bereich dazu, daß die Leiter als Hohlleiter ausgeführt werden können, da der Strom ohnehin nicht im Innern fließt.

Als untere Grenze der Rohrwandstärke ist jedoch bei höheren Frequenzen nicht unbedingt die Eindringtiefe maßgebend, da die mechanische Stabilität gewährleistet werden muß. Jedoch kann man, um dieses Ziel zu erreichen, Materialien minderer Qualität verwenden, und diesen die leitfähige Fläche guter Qualität aufdampfen, ohne daß die übertragungstechnische Qualität leidet.

In der akustischen Übertragungstechnik mit einem Frequenzbereich von ca. 20 Hz - 20 kHz führt dies dazu, daß die niederfrequenten Anteile ihre Energie homogen über den Draht verteilen, der Leitwert voll genutzt wird und die Dämpfung gering ist. Die hochfrequenten Anteile sind skineffektgedämpft und der Längsspannungsabfall fehlt am Lautsprecher; die Leitung wirkt wie ein Tiefpaß. Abhilfe schafft bis zu einem gewissen Grad die Verwendung vieler feiner Litzen, wie in der akustischen Übertragungstechnik üblich, da hiermit die effektiv wirksame Oberfläche vergrößert wird. Allerdings darf man die Oberflächen nicht einfach addieren, da aufgrund der geometrischen Nähe der Litzen ein deutliches Übersprechen mit zugehörigem Kreuz-Skineffekt auftritt.

Abb. 3.3-26 zeigt für einen Einzelleiter die Umrechnung für den bisher betrachteten Fall, bei dem sich gegenüberliegende Seiten nicht beeinflussen. Ist dies bei niederen Frequenzen nicht der Fall, muß der Skineffekt exakt für rotationssymmetrische Wellenleiter gelöst werden, was, wie bereits dargelegt wurde, statt zu exponentiell gedämpften Cosinusfunktionen, zu BESSELfunktionen führt.

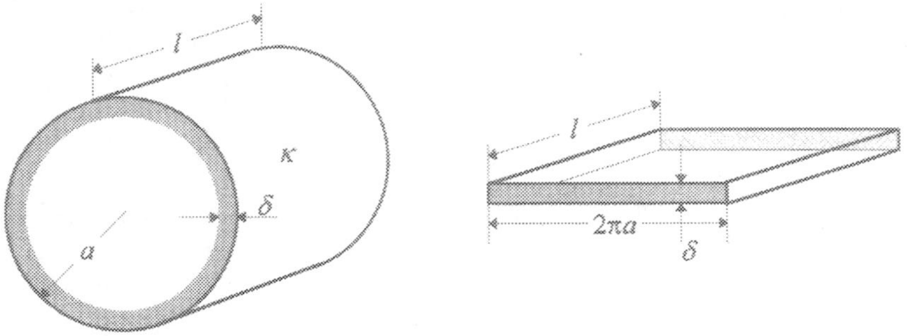

Abb. 3.3-26: Links wirksamer Leiterbereich aufgrund des Skineffekts bei hohen Frequenzen, rechts Ersatzwiderstand.

Führt man diese Rechnung durch, wird auch das Problem gelöst, daß ein rein metallischer Widerstand bei technischen Frequenzen dominant OHMsch ist. Nach den vorangegangenen Betrachtungen der Oberflächenimpedanz von Metallen ergab sich ja ein gleich großer induktiver Anteil. Dieses Verhältnis ändert sich jedoch, wenn innere Reflexionen mit einbezogen werden müssen. Für diesen Fall können mit $R_0 = l/\kappa\pi a^2$ als Gleichstromwiderstand als Ergebnisse dieser Rechnungen folgende Näherungsformeln für den Wechselstromwiderstand angewendet werden:

$$a < \delta: \qquad R_{\sim} \approx R_0 \sim 1/\kappa \qquad \omega L_{\sim} \approx \omega\mu l/8\pi \approx 0$$

$$\delta < a < 2\delta: \qquad R_{\sim} \approx R_0\left(1 + \left(\frac{a}{2{,}63\delta}\right)^4\right) \qquad \omega L_{\sim} \approx \omega\mu l/8\pi$$

$$a > 2\delta: \qquad R_\sim = \frac{l}{\kappa 2\pi a \delta} = R_0 \frac{a}{2\delta} \sim \frac{1}{\sqrt{\kappa}}, \sqrt{f} \;\approx\; \omega L_\sim . \tag{3.3-119}$$

Wir erkennen, daß für niedrige Frequenzen und damit hohe Eindringtiefen für die Induktivität die bekannte Formel für den inneren Selbstinduktionskoeffizienten eines zylindrischen Drahtes angewendet werden kann. Wir wollen abschätzen, wie das Verhältnis für einen Kupferleiter mit einem Gleichstromwiderstand von $R_0 = 100\ \Omega$ und einem Radius von $a = 1$ mm bei verschiedenen technischen Frequenzen aussieht:

Frequenz f	50 Hz	1 kHz	10 kHz	1 MHz
Eindringtiefe δ/mm	9,3	2,1	0,66	0,066
OHMscher Widerstand $R_\sim/\Omega$	100	100	111	757
Induktiver Widerstand $\omega L_\sim/\Omega$	0,09	1,82	18,2	757

3.3.13 Zeitgemittelter POYNTINGvektor $\mathcal{P}$

Analog zu den bekannten Leistungsbegriffen der Wechselstromtechnik (momentane, Wirk-, Blind,- komplexe Leistung etc.) lassen sich mit vergleichbarer Herleitung die dazu passenden Begriffe des in Abschnitt 3.1.6 definierten und in Abschnitt 3.2.7 für allgemeine Anregung besprochenen POYNTINGvektors finden.

3.3.13.1 Komplexe Darstellung

Wir sind an dem ***zeitgemittelten POYNTINGvektor*** $\mathcal{P} = \overline{\wp(x,t)}$ interessiert, dessen Oberflächenintegral ein Maß für die Wirkleistung ist, die im Mittel die Hülle durchströmt. Dazu setzen wir an:

$$\wp = \boldsymbol{e} \times \boldsymbol{h} = \Re\{\underline{E}e^{j\omega t}\} \times \Re\{\underline{H}e^{j\omega t}\} =$$

$$= [\Re\{\underline{E}\}\cos\omega t - \Im\{\underline{E}\}\sin\omega t] \times [\Re\{\underline{H}\}\cos\omega t - \Im\{\underline{H}\}\sin\omega t] =$$

$$= \cos^2\omega t \cdot \Re\{\underline{E}\} \times \Re\{\underline{H}\} + \sin^2\omega t \cdot \Im\{\underline{E}\} \times \Im\{\underline{H}\} - \cos\omega t \cdot \sin\omega t [\ldots]. \tag{3.3-120}$$

Mit den zeitlichen Mittelwerten $\overline{\cos^2\omega t}$, $\overline{\sin^2\omega t} = 1/2$, $\overline{\cos\omega t \cdot \sin\omega t} = 0$ folgt

$$\mathcal{P} = \frac{1}{2}[\Re\{\underline{E}\} \times \Re\{\underline{H}\} + \Im\{\underline{E}\} \times \Im\{\underline{H}\}] = \frac{1}{2}\Re\{\underline{E} \times \underline{H}^*\}. \tag{3.3-121}$$

Bei dieser und den folgenden Rechnungen ist vorausgesetzt, daß $\omega \neq 0$, d.h. daß der Gleichstromfall nicht vorliegt, denn sonst gilt die o.a. Mittelwertbildung nicht; stattdessen entfällt der Faktor 1/2. Würde man auch hier Effektivwerte statt Amplituden einführen, könnte dieser Faktor generell entfallen und der ganze Bereich wäre mit einer Formel abgedeckt.

Wir definieren in Analogie zur komplexen Leistung $\underline{S}$ den komplexen zeitgemittelten POYNTINGvektor, in der Folge einfach als komplexer POYNTINGvektor bezeichnet:

$$\underline{\mathcal{P}} := \frac{1}{2}\underline{e} \times \underline{h}^* = \frac{1}{2}\underline{E} \times \underline{H}^* = \frac{1}{2}\hat{\underline{E}}e^{-(\alpha+j\beta)z} \times (\hat{\underline{H}}e^{-(\alpha+j\beta)z})^* = \frac{1}{2}\hat{\underline{E}} \times \hat{\underline{H}}^* e^{-2\alpha z}. \tag{3.3-122}$$

Die Leistung wird also mit dem Quadrat des Felddämpfungsfaktors gedämpft, sofern das Medium Verluste aufweist. Wird also in der *xy*-Ebene die Leistungsdichte $\mathcal{P}_0$ eingespeist, ist in der Tiefe *z* des Mediums noch $\mathcal{P}_0 e^{-2\alpha z}$ davon vorhanden und verläßt das Volumen der Tiefe *z*. Die Differenz wurde auf der Strecke bis *z* absorbiert.

Speziell im Fall von TEM-Wellen vereinfachen sich diese Formeln mit dem in der Literatur seltener gebrauchten *Feldwellenleitwert* $\underline{\aleph}$:

$$\underline{\mathcal{P}} = \frac{1}{2}\underline{\hat{E}}\underline{\hat{H}}^* = \frac{1}{2}\underline{\hat{E}}\left(\frac{\underline{\hat{E}}}{\underline{\eta}}\right)^* = \frac{1}{2}\hat{E}^2\underline{\aleph}^* = \frac{1}{2}\underline{\hat{H}}\underline{\eta}\underline{\hat{H}}^* = \frac{1}{2}\hat{H}^2\underline{\eta}. \tag{3.3-123}$$

In verlustlosen Medien, wie in einem Dielektrikum, heißt das

$$\mathcal{P} = \Re\{\underline{\mathcal{P}}\} = \frac{1}{2}\hat{E}^2\Re\{\underline{\aleph}\} = \frac{1}{2}\hat{E}^2\sqrt{\frac{\varepsilon}{\mu}} = \frac{1}{2}\hat{H}^2\Re\{\underline{\eta}\} = \frac{1}{2}\hat{H}^2\sqrt{\frac{\mu}{\varepsilon}}. \tag{3.3-124}$$

Handelt es sich um ein Medium mit schwachen Verlusten, muß der Dämpfungsverlauf $e^{-2\alpha z}$ berücksichtigt werden. Da in diesem Fall die Feldvektoren fast senkrecht aufeinander stehen, sind die vorstehenden Formeln nur mit diesem Faktor zu multiplizieren.

Aufgabe 3.3.13.1-1: Man weise Gl. 3.3-121 nach.

Aufgabe 3.3.13.1-2: Man gebe die zu Gl. 3.3-123 adäquaten Formeln der elektrischen Leistung in einem Netzwerk mit Strom, Spannung und Impedanzen an.

***Aufgabe 3.3.13.1-3:** Man weise für eine allgemeine Ausbreitungsrichtung einer Welle nach, daß der Ausbreitungsvektor $\underline{\gamma}$ und der POYNTINGvektor $\underline{\mathcal{P}}$ immer in die gleiche Richtung zeigen.

3.3.13.2 Mittlere Leistung *P*

Rechnen wir das in Abschnitt 3.1.6 allgemeingültig hergeleitete POYNTINGsche Theorem analog wie dort für sinusförmige Erregung durch, erhalten wir als Ergebnis für die einem Medium über seine Oberfläche zugeführte komplexe Leistung $\overset{\circ}{\underline{S}}$:

$$\overset{\circ}{\underline{S}} = \overset{\circ}{P} + j\overset{\circ}{Q} = -\oiint_{\text{Hülle}} \underline{\mathcal{P}} \cdot dA = -\frac{1}{2}\oiint_{\text{Hülle}} (\underline{E} \times \underline{H}^*) \cdot dA = \tag{3.3-125}$$

$$= \frac{1}{2}\iiint \frac{\underline{S} \cdot \underline{S}^*}{\kappa} dV - \frac{1}{2}\iiint \frac{\underline{E}_q \cdot \underline{S}^*}{\kappa} dV + j\omega\frac{1}{2}\iiint (\underline{\mu}\underline{H} \cdot \underline{H}^* - \underline{\varepsilon}^*\underline{E} \cdot \underline{E}^*) dV.$$

Für den Fall reeller Materialkonstanten vollständig in Wirk- und Blindleistungen ausgedrückt heißt das mit den zeitgemittelten gespeicherten magnetischen und elektrischen Energien

$$\overline{\varpi_m(x,t)} = \frac{\mu\underline{H} \cdot \underline{H}^*}{4} \quad \Rightarrow \quad W_m = \overline{w_m} = \iiint \overline{\varpi_m(x,t)} dV = \frac{1}{4}\iiint \mu\underline{H} \cdot \underline{H}^* dV;$$

$$\overline{\varpi_{\mathrm{e}}(\boldsymbol{x},t)} = \frac{\varepsilon \underline{\boldsymbol{E}} \cdot \underline{\boldsymbol{E}}^*}{4} \quad \Rightarrow \quad W_{\mathrm{e}} = \overline{w_{\mathrm{e}}} = \iiint \overline{\varpi_{\mathrm{e}}(\boldsymbol{x},t)} \mathrm{d}V = \frac{1}{4} \iiint \varepsilon \underline{\boldsymbol{E}} \cdot \underline{\boldsymbol{E}}^* \mathrm{d}V:$$

$$\overset{\circ}{\underline{S}} = \overset{\circ}{P} + \mathrm{j}\overset{\circ}{Q} = P - (P_{\mathrm{q}} + \mathrm{j}Q_{\mathrm{q}}) + \mathrm{j}2\omega(W_{\mathrm{m}} - W_{\mathrm{e}}). \tag{3.3-126}$$

Die analoge Struktur aus den dazugehörigen integralen Größenarten lautet wieder:

$$\overset{\circ}{\underline{S}} = \overset{\circ}{P} + \mathrm{j}\overset{\circ}{Q} = \frac{\underline{\hat{I}}_{\mathrm{G}}\underline{\hat{I}}_{\mathrm{G}}^*}{2G} - \frac{1}{2}\underline{\hat{U}}_{\mathrm{q}}\underline{\hat{I}}_{\mathrm{q}}^* + \mathrm{j}\frac{1}{2}(X_{\mathrm{L}}\underline{\hat{I}\hat{I}^*} - B_{\mathrm{C}}\underline{\hat{U}\hat{U}^*}) =$$

$$= \frac{\hat{I}_{\mathrm{G}}^2}{2G} - \frac{1}{2}\underline{\hat{U}}_{\mathrm{q}}\underline{\hat{I}}_{\mathrm{q}}^* + \mathrm{j}\omega\frac{1}{2}(L\hat{I}^2 - C\hat{U}^2). \tag{3.3-127}$$

Man bilde diese Gleichungen auf Gln. 3.1-34f ab, die lediglich nach den OHMschen Verlusten aufgelöst sind. Zerlegen wir die komplexe Leistung in Real- und Imaginärteil, so erhalten wir für ein passives Medium ($\underline{\boldsymbol{E}}_{\mathrm{q}} = 0$) mit reellen Materialkonstanten für die zugeführte Wirkleistung:

$$\overset{\circ}{P} = -\Re\left\{\oint\!\!\!\oint_{\text{Hülle}} \underline{\boldsymbol{\mathcal{P}}} \cdot \mathrm{d}\boldsymbol{A}\right\} = \frac{1}{2}\iiint \frac{\underline{\boldsymbol{S}} \cdot \underline{\boldsymbol{S}}^*}{\kappa} \mathrm{d}V = \frac{1}{2}\iiint \kappa \underline{\boldsymbol{E}} \cdot \underline{\boldsymbol{E}}^* \mathrm{d}V = P = \frac{\hat{I}_{\mathrm{G}}^2}{2G}. \tag{3.3-128}$$

Für die zugeführte Blindleistung, die in einer Halbschwingung in das Volumen eintritt und in der nächsten wieder abgestrahlt wird, gilt:

$$\overset{\circ}{Q} = \Im\left\{\oint\!\!\!\oint_{\text{Hülle}} \underline{\boldsymbol{\mathcal{P}}} \cdot \mathrm{d}\boldsymbol{A}\right\} = \frac{1}{2}\omega \iiint (\mu \underline{\boldsymbol{H}} \cdot \underline{\boldsymbol{H}}^* - \varepsilon \underline{\boldsymbol{E}} \cdot \underline{\boldsymbol{E}}^*) \mathrm{d}V =$$

$$= 2\omega(W_{\mathrm{m}} - W_{\mathrm{e}}) = \omega\frac{1}{2}(L\hat{I}^2 - C\hat{U}^2). \tag{3.3-129}$$

Wir erkennen, daß diese Formeln für ein verlustloses unbegrenztes Dielektrikum mithilfe von $\underline{E} = \eta \underline{H}$: $\overset{\circ}{\underline{S}} = \overset{\circ}{P} + \mathrm{j}\overset{\circ}{Q} = 0$ liefern. Die Wirkleistung verschwindet, da kein Verlustmaterial vorhanden ist ($\kappa = 0$). Aber auch die Blindleistung, die ja die Amplitude der hin- und herpendelnden Leistung darstellt, verschwindet. Im zeitlichen Mittel ist der elektrische Energieanteil W_{e} bzw. magnetische Energieanteil W_{m} im Volumen gespeichert.

Ein reeller POYNTINGvektor $\underline{\boldsymbol{\mathcal{P}}} = \boldsymbol{\mathcal{P}}$ stellt also den zeitlichen Mittelwert der Flächenleistungsdichte dar. Wird Energie durch den Außenraum (ε, μ; $\kappa = 0$) zum Verbraucher transportiert, ist er dort reell, da ein konstanter mittlerer Leistungsfluß zum Verbraucher fließt. Bilden wir das geschlossene (linke) POYNTINGsche Oberflächenintegral über irgendein Gebiet in diesem verlustlosen Außenraum, muß es verschwinden, da der kontinuierliche Leistungsfluß bedeutet, daß genausoviel Energie herein- wie hinausgeht. Erreicht der POYNTINGvektor (mit Lichtgeschwindigkeit) den Verbraucher, ist beim Eindringen auf der Oberfläche diese Leistung noch vollständig vorhanden und wird dann durch das Eindringen absorbiert.

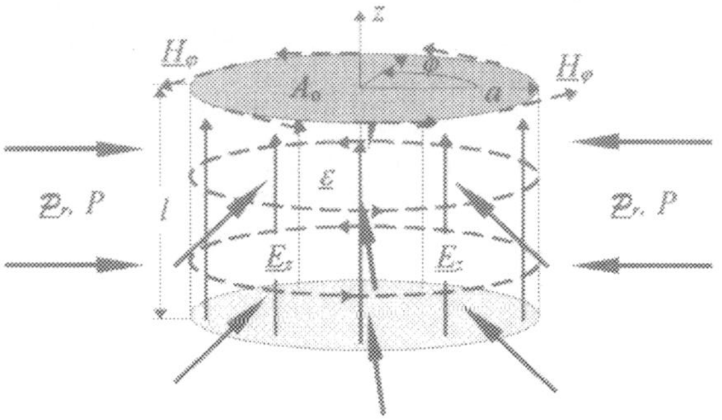

Abb. 3.3-27: Feldstärke und Leistungsflußrichtungen in einem Zylinderkondensator.

Wir hatten in Abschn. 3.1.6 die Leistungsaufnahme eines verlustbehafteten Leiters aus der an ihm vorbeistreifenden Welle berechnet. Wir wollen nun zur Illustration der Anwendung mithilfe des komplexen POYNTINGvektors die Leistungsaufnahme verlustbehafteter Dielektrika aus der Feldenergie berechnen und das Ergebnis mit einer direkten Rechnung aus den konventionellen komplexen Leistungsformeln vergleichen. Wir betrachten dazu in Abb. 3.3-27 einen Plattenkondensator mit verlustbehaftetem homogenem Dielektrikum mit dem Volumen $V = \pi a^2 l$, das dielektrisch erhitzt werden soll.

Das Problem ist aus der Sicht des POYNTINGvektors mit Hilfe der Beschreibung der Feldvektoren in Zylinderkoordinaten zu lösen. Nach dem Durchflutungsgesetz baut sich das magnetische Feld überall rotationssymmetrisch um das elektrische Feld, also orthogonal dazu, auf. Der POYNTINGvektor steht dazu wieder senkrecht und zeigt entspr. der Rechte-Hand-Regel überall nach innen.

Damit ist ein von der Seite über die Seitenfläche A_S nach innen gerichteter Wirkleistungsfluß P verbunden, der sich nach der POYNTINGschen Formel wie folgt ergibt:

$$P = \frac{1}{2}\Re\left\{\oiint_{A_S} \underline{\hat{E}}_z \underline{\hat{H}}_\varphi^* \mathrm{d}A_S\right\} = \frac{1}{2}\Re\left\{\oint \underline{\hat{E}}_z \underline{\hat{H}}_\varphi^* la\mathrm{d}\varphi\right\} = \frac{1}{2}\Re\left\{\underline{\hat{E}}_z l \oint \underline{\hat{H}}_\varphi^* a\mathrm{d}\varphi\right\}. \quad (3.3\text{-}130)$$

Das Ringintegral formen wir mithilfe des Durchflutungsgesetzes um:

$$\oint \underline{\hat{H}}_\varphi a\mathrm{d}\varphi = \iint_{A_0} \mathrm{j}\omega\underline{\varepsilon}\,\underline{\hat{E}}\mathrm{d}A_0 = \mathrm{j}\omega\underline{\varepsilon}\,\underline{\hat{E}}\pi a^2. \quad (3.3\text{-}131)$$

Dies setzen wir in die vorstehende Gleichung ein und erhalten:

$$P = \frac{1}{2}\omega\varepsilon''\hat{E}^2 V. \quad (3.3\text{-}132)$$

Vergleichen wir das Ergebnis mit einer direkten Rechnung über die Leistung im Wechselstromkreis, können wir mithilfe der Konduktanz eines komplexen Kondensators ansetzen:

$$P = U^2\Re\left\{\underline{Y}_C^*\right\} = \frac{1}{2}\hat{E}^2 l^2 \Re\left\{-\mathrm{j}\omega\underline{C}^*\right\} = \frac{1}{2}\hat{E}^2 l^2 \omega\varepsilon''\frac{A}{l} = \frac{1}{2}\omega\varepsilon''\hat{E}^2 V. \quad (3.3\text{-}133)$$

Wir erhalten erwartungsgemäß das gleiche Ergebnis. Das Bauelement, das diese Frequenzen in einem Mikrowellenherd, bei dem das verlustbehaftete Dielektrikum Wasser ist, erzeugt, ist das *Magnetron* - hier in Form des *Dauerstrich-Magnetrons* mit Leistungen bis zu einigen kW. Es stellt eine Form des Hohlraumresonators dar, dessen prinzipielle Funktionsweise bei den Hohlleitern in Kap. 5 erörtert wird. Wir erkennen also, daß dielektrische Verluste *frequenzproportional* sind - im Gegensatz zu OHMschen Verlusten, die aufgrund des Skineffekts proportional zur *Wurzel* aus der Frequenz sind.

Bei dieser Rechnung haben wir vorausgesetzt, daß das elektrische Feld über der Querschnittsfläche konstant ist. Wir können grundsätzlich natürlich auch hier einen dielektrischen Skineffekt erwarten. Wenn wir daher die radiale Feldstärkeverteilung als homogen ansehen, heißt das, daß die Eindringtiefe größer als der Durchmesser sein muß und damit die Welle im Prinzip eine Vielfachreflexion an den Seitenwänden realisiert.

Wenn wir uns daher fragen, warum eine Rechnung, bei der das Magnetfeld über den Feldwellenwiderstand aus dem elektrischen Feld berechnet wird, zu einem anderen, nämlich falschen, Ergebnis führt, so ist diese Frage damit beantwortet. Wie in Abschnitt 3.2.5 dargelegt, ist der Feldwellenwiderstand nur eine sinnvolle Größe für Wellen mit eindeutiger Richtung. Ist daher die Eindringtiefe infolge des Skineffekts soweit abgefallen, daß Reflexionen von den gegenüberliegenden Enden vernachlässigbar sind, kann der Feldwellenwiderstand hingegen zur Berechnung verwendet werden.

Aufgabe 3.3.13.2-1: Man ergänze die POYNTINGsche Verlustleistungsformel 3.3-125 um die fehlenden Zwischenschritte. Hinweis: man führe die Rechnung aus Abschnitt 3.1.6 rückwärts durch.

Aufgabe 3.3.13.2-2: Man berechne für das im Text angegebene Beispiel des verlustbehafteten Plattenkondensators die Blindleistung Q sowohl über eine direkte Leistungsbetrachtung als auch über den POYNTINGvektor.

Aufgabe 3.3.13.2-3: Man berechne entspr. Abschnitt 3.3.11.1 für zwei verlustfreie Medien den Wirkleistungsreflexionsfaktor r_W und den Wirkleistungstransmissionsfaktor t_W beim Normaleinfall einer Welle von einem Medium mit Feldwellenwiderstand η_1 in ein Medium mit Feldwellenwiderstand η_2. Wie korrespondiert das Ergebnis mit den dort berechneten Feldstärkefaktoren?

Aufgabe 3.3.13.2-4: Man berechne für hohe Frequenzen die Wirk- und Blindleistung bei gegebener Amplitude der elektrischen Feldstärke $\underline{\hat{E}}$ in einem zylindrischen Widerstand nach Abb. 3.3-26 auf drei Arten: mit der normalen Leistungsformel, über den POYNTINGvektor und über die Volumenleistungsintegrale.

3.4 Ergänzende Aufgaben zum Gesamtthema

Aufgabe 3.4-1: Zwei verlustfreie unmagnetische Medien grenzen gemäß Abb. 3.3-14 aneinander. Vom Medium 1 fällt eine elektromagnetische Welle mit den komplexen Amplitude $\underline{\hat{E}}_h = 300$ V/m und $\underline{\hat{H}}_h = 1{,}5$ A/m in Medium 2 ein, und resultiert dort in eine elektromagnetische Welle mit den komplexen Amplituden $\underline{\hat{E}}_t = 400$ V/m und $\underline{\hat{H}}_t = 1$A/m. Man bestimme die:

a) Feldwellenwiderstände $\underline{\eta}_1$ und $\underline{\eta}_2$
b) elektrischen und magnetischen Reflexions- und Transmissionsfaktoren $\underline{r}_e$, $\underline{r}_m$, $\underline{t}_e$, $\underline{t}_m$
c) reflektierten Feldstärken $\underline{\hat{E}}_r$ und $\underline{\hat{H}}_r$
d) Beträge der POYNTINGvektoren $\underline{S}_h$, $\underline{S}_t$ und $\underline{S}_r$

folgenden Verhältnisse:

e) $\varepsilon_2/\varepsilon_1$ (Dielektrizitätszahlen)
f) v_2/v_1 (Wellengeschwindigkeiten)
g) γ_2/γ_1 (Ausbreitungskonstanten)
h) λ_2/λ_1 (Wellenlängen).

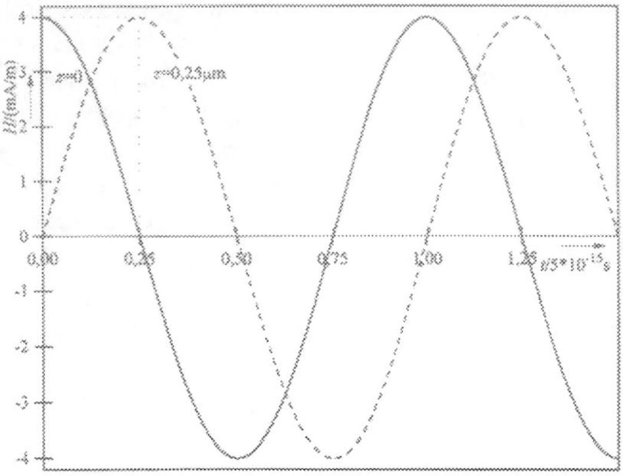

Aufgabe 3.4-2: Dargestellt sind die Zeitverläufe der magnetischen Feldstärke einer elektromagnetischen Lichtwelle an zwei unterschiedlichen Stellen in homogenem Glas. Man bestimme:

a) die Wellenlänge λ
b) die Geschwindigkeit c
c) die relative Permittivität ε_r
d) die Frequenz f
e) den Feldwellenwiderstand $\underline{\eta}$
f) die Amplitude der elektrischen Flußdichte $\hat{D}$.

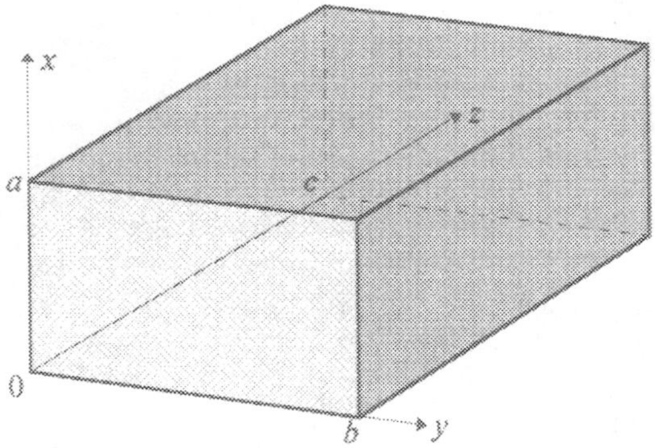

Aufgabe 3.4-3: In einem luftgefüllten metallischen quaderförmigen Hohlraumresonator mit $b = 10$ cm wird eine sog. 011-Resonanz bei einer Frequenz von $f = 2$ GHz angeregt. Die Ziffernfolge bezieht sich auf die Anzahl der stehenden Halbwellen in xyz-Richtung. Im Resonator sind folgende Amplituden bekannt: $\underline{E}_x(y,z) = \hat{\underline{E}}\cdot\sin(\pi y/b)\cdot\sin(\pi z/c)$; $\underline{E}_y = \underline{E}_z = \underline{H}_x = 0$.

a) Man berechne die Feldkomponenten $\underline{H}_y$ und $\underline{H}_z$ allgemein als Funktion von $\hat{\underline{E}}$, b, c, y, z, ω, μ_0.
b) Wie groß muß c sein, damit diese Resonanz auftreten kann?

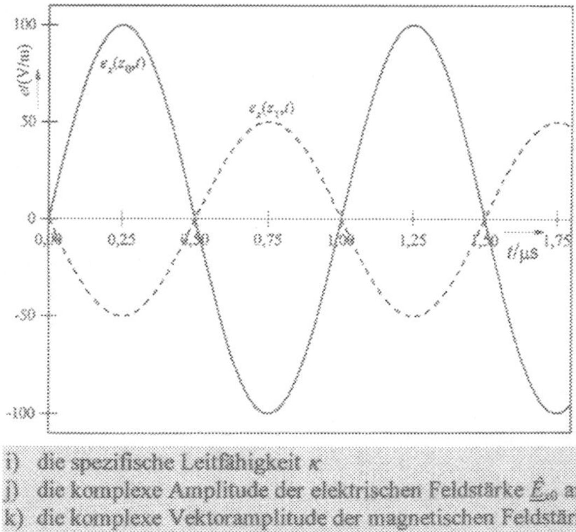

Aufgabe 3.4-4: An den Orten $z_0 = 0$ und $z_1 = 100$ m $< \lambda$ werden die dargestellten Zeitverläufe der elektrischen Feldstärke einer sich in einem unmagnetischen Medium in z-Richtung ausbreitenden elektromagnetischen Welle gemessen. Man berechne:

a) die Frequenz f
b) die Wellenlänge λ
c) die Ausbreitungskonstante β
d) die Phasengeschwindigkeit v_φ
e) die Dämpfungskonstante α
f) die Eindringtiefe δ
g) den Feldwellenwiderstand $\underline{\eta}$
h) die relative Dielektrizitätszahl ε_r
i) die spezifische Leitfähigkeit κ
j) die komplexe Amplitude der elektrischen Feldstärke $\hat{\underline{E}}_{x0}$ am Ort $z = 0$.
k) die komplexe Vektoramplitude der magnetischen Feldstärke ($\hat{\underline{H}}_{x0}$, $\hat{\underline{H}}_{y0}$, $\hat{\underline{H}}_{z0}$) am Ort $z = 0$.
l) den komplexen POYNTINGvektor ($\underline{\mathcal{P}}_{x0}$, $\underline{\mathcal{P}}_{y0}$, $\underline{\mathcal{P}}_{z0}$) am Ort $z = 0$.
m) den prozentualen Leistungsanteil, der am Ort $z = 0$ eingespeist und im Bereich bis z_1 in Wärme umgewandelt wird.

n) den Transmissionsfaktor t_e der elektrischen Feldstärke, wenn für $z < 0$, also dort, wo die Welle herkommt, das Medium Luft ist.
o) die komplexe Amplitude der hinlaufenden elektrischen Feldstärke $\hat{E}_{hx0-}$ am Ort $z = 0^-$, also in Luft.

Aufgabe 3.4-5: Eine ebene Welle der Frequenz $f = 1$ MHz trifft aus dem Freiraum senkrecht auf die ebene Oberfläche eines ausgedehnten Leiters. Die Tangentialamplitude der magnetischen Feldstärke an dessen Oberfläche betrage $H_0 = 1$A/cm, in der Tiefe $z_1 = 0{,}15$ mm sei sie auf $H_1 = 0{,}222$ A/cm abgesunken.

a) Man bestimme die Eindringtiefe δ.
b) Man bestimme die Oberflächenstromdichte $S_\square$.
c) Um welchen Faktor würde sich δ verringern, wenn das Leitermaterial die vierfache Leitfähigkeit hätte?

Im folgenden gelten die Daten von a)

d) Man berechne den spezifischen Leitwert κ des Leitermaterials.
e) Wie groß ist das Amplitudenverhältnis der Leitungsstromdichte s zur Verschiebungsstromdichte $\partial d/\partial t$? Welche der Größen kann vernachlässigt werden?
f) Man berechne den spezifischen Oberflächenwiderstand $\underline{Z}_\square = R_\square + jX_\square$.
g) Man berechne Betrag und Richtung das elektrischen Feldstärkevektors $\underline{E}(z_1)$. Wie groß ist die Phasenverschiebung φ zwischen E- und H-Vektor.
h) Man berechne den zeitgemittelten komplexen POYNTINGvektor $\underline{\mathbf{P}}(z_1)$.

4 Elektromagnetische Wellen auf Leitungen

Im vorangegangenen Kapitel wurden Wellen durch Vektorfeldgrößen - primär elektrische und magnetische Feldstärken - beschrieben. Sie können sich ohne weitere Führung im Raum, oder, wie am Schluß beschrieben, entlang metallischer oder auch innerhalb dielektrischer Leiter, wie Lichtwellenleiter mit geeignetem Brechzahlprofil, fortpflanzen. Hier soll es nun um die Beschreibung dieser Wellenfelder aus der Sicht der metallischen Leiter gehen, *entlang denen* sich die Wellen ausbreiten, und nicht aus der Sicht des Raums, *in dem* sich die Wellen ausbreiten.

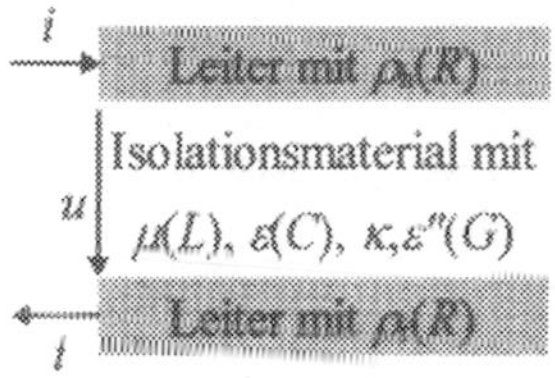

Leiter haben ihre eigene Terminologie aus der Sicht (konzentrierter) Netzwerke. Größen, die hier dominant von Bedeutung sind, sind Bauelemente Widerstand R, Leitwert G, Kapazität C und Induktivität L statt Materialgrößen ρ, κ, $\varepsilon(\varepsilon',\varepsilon'')$ und μ (i.allg.: μ_0) - sowie Spannungen u und Ströme i statt Feldstärken e und h. ρ sei dabei der spezifische Widerstand des *Leiter*materials, κ demgegenüber der spezifische Leitwert des *Isolations*materials. ε'' läßt sich nur bei fester Frequenz in G mit einbeziehen, bei beliebigen Zeitverläufen mithilfe der FOURIERtransformation, und wird daher zunächst nicht explizit verwendet.

Der Begriff der *Konzentriertheit* besagt, daß innerhalb eines solchen Netzwerks die Wellenlänge bei sinusförmiger Erregung sehr groß gegenüber den geometrischen Abmessungen ist und jene so klein sind, daß sofort jeder Amplituden- und Phasenzustand der Quelle(n) innerhalb des Netzwerks bekannt ist. Die Endlichkeit der Lichtgeschwindigkeit spielt also keine Rolle, eine solche Leitung wird dann als *elektrisch kurz* bezeichnet.

Die feldbeschreibenden Größen müssen sich auf Leitergrößen umrechnen lassen, da das eine wie das andere lediglich verschiedene Sichtweisen desselben Sachverhalts darstellt. Aus Materialgrößen erhalten wir Bauelemente unter Einbezug von Geometriegrößen, aus Feldstärken ergeben sich Ströme und Spannungen durch Integrale (⇒ integrale Größen). Das bedeutet aber auch, daß viele Formeln des vorigen Kapitels ein Pendant in der Leitungstheorie haben müssen. Dies offeriert die Möglich- und damit auch die Nützlichkeit, daß wir uns bezüglich der Gemeinsamkeiten entlang der Betrachtungen jenes Kapitels hangeln und so Abbildungen durchführen. Um den Querbezug zu verfestigen, ist zu diesen Ergebnisformeln dieses Kapitels nochmals die jeweils zugehörige des vorangegangenen in der Form <*Formel*> angeführt.

Daher sei nahegelegt, das vorige Kapitel gut durchdrungen zu haben, um dieses Kapitel mühelos zu verstehen. Ein gutes Verständnis dieses Kapitels wird natürlich auch das vorangegangene vertiefen und sie ergänzen sich gegenseitig, so wie zeitveränderliche elektrische Felder magnetische hervorrufen, jene wieder elektrische und immer so weiter.

4.1 Leitungsarten

Leitungen (Transmission Lines) sind eine der drei möglichen physikalischen Übertragungssysteme, die meist wie folgt klassifiziert werden:

- *Freiraumübertragungssysteme* sind Gegenstand des Kap. 3. Wellenführungen erfolgen - wenn überhaupt - nicht durch explizite Leitungen, sondern durch geographische Objekte, wie die Erde bei niederen Frequenzen oder ionisierte Luftschichten bei höheren Frequenzen - teilweise ungewollt oder auch unerwünscht, teilweise auch technisch nutzbar.
- *Leitungen* führen Wellen vom TEM-Typ. Sie haben üblicherweise eindeutig identifizierbare Hin- und Rückleiter. Ihre effiziente Nutzung endet etwa bei 200 - 300 MHz·km, also bei Radio- und Fernsehfrequenzen.
- *Wellenleiter* führen transversal-elektrische (TE-)Wellen und transversal-magnetische (TM-)Wellen und werden in Kap. 5 behandelt. Bei ihnen hat das Feld jeweils noch eine Longitudinalkomponente der magnetischen bzw. elektrischen Feldstärke. Aufgrund von Interferenzbedingungen durch Transversalresonanzen, die aus elektrischen Feldknoten auf den Metallwänden resultieren, kommen die Wellen in Form diskreter Moden (Plural *von* Modus: die Wellenform) vor. Ein Beispiel ist in Kap.3/Aufgabe 3.4-3 bereits zu analysieren. Vertreter sind durch Sonden angeregte Hohlleiter, bei denen Hin- und Rückleiter ein Einheit bilden. Lichtwellenleiter hingegen sind rein dielektrische Wellenleiter.

In der Übertragungstechnik sind verschiedene Leitungsarten von Bedeutung, deren Eigenschaften durch die physikalischen Randbedingungen der Übertragungsstrecke, Bandbreite, Anforderungen an Störsicherheit, Dämpfung, Verzerrung, Kosten, Integrierbarkeit, Flexibilität - um nur die wichtigsten zu nennen - bestimmt werden. Wenn wir den im vorangegangenen Kapitel dominant behandelten kartesischen TEM-Wellentyp betrachten und uns fragen, welcher Leitungstyp dazu gehört, können wir uns leicht überlegen, daß dieser durch zwei weit ausgedehnte, parallele, und unendlich gut leitende Platten realisiert wird, die von einem Strom durchflossen werden. Da es sich hier im Prinzip schon um eine Hohlleitervariante handelt, muß der Plattenabstand kleiner als die halbe Wellenlänge λ sein, damit dieser Wellentyp alleine ausbreitungsfähig ist.

Rollen wir beide Platten zu Drähten zusammen, erhalten wir den Typ der Paralleldrahtleitung, der insbes. in verdrillter Form bereits vielen nicht zu breitbandigen Anforderungen genügt, wie z.B. als Telefonkabel. Hüllen wir hingegen den einen Draht mit der anderen Platte ein, entsteht das breitbandige Koaxialkabel, das sich in der Hochfrequenztechnik zum Standard entwickelt hat. Noch höhere Frequenzen setzen Hohlleiter voraus, darüberliegende Frequenzen lassen ich aufgrund des Skineffekts nicht mehr mit metallischen, sondern nur noch mit dielektrischen, speziell Lichtwellenleitern, realisieren.

Allen diesen und weiteren metallischen Leitungsarten kann entspr. den Vorbemerkungen eine einheitliche Theorie - die *Leitungstheorie* - zugrundegelegt werden, die wiederum als Eingangsparameter die o.a. Bauelementebeschreibung eines jeden Leitungstyps benötigt. Die Leitungstheorie tritt wie die zugehörige Feldtheorie in verschiedenen Schwierigkeitsgraden auf, wovon die einfachste homogenes Medium (Leiter + Isolator) $\Rightarrow$ *homogene Leitung* und Verlustfreiheit voraussetzt. Etwas aufwendiger ist wieder der Einbezug von Verlusten - wobei hier sowohl solche des Leiters selbst (z.B. durch Skineffekt) als auch diejenigen des Isolators (dielektrische) zu zählen sind.

Sehr aufwendig kann es bei inhomogenen Leitungen werden, die unterwegs irgendwelche Parameter ändern. Weiterhin muß die Beschreibung das Zusammenwirken von Leitungen (als nichtkonzentriertes Bauelement) mit konzentrierten Bauelementen berücksichtigen, z.B. ein Koaxialkabel mit diskretem Abschlußwiderstand. Im einfachsten Fall lassen sich solche Leitungen nach Parametrisierung mithilfe der Vierpoltheorie beschreiben. Sind jedoch Kopplungsaspekte mit einzubeziehen - gewollte oder ungewollte - durch Gegeninduktivitäten, Querkapazitäten usw., müssen Mehrtortheorien her. Die letztgenannten Themen sollen jedoch nicht Gegenstand dieses Buchs über elektromagnetische Wellen sein, sondern seien der weiterführenden Literatur vorbehalten.

Entsprechend den Ausführungen bei der Leitungstheorie in Abschnitt 4.2 werden daher zur Charakterisierung der Leitungen durch ihren Leitungswellenwiderstand primär ihre Bauelementeeigenschaften Induktivität L mit zugehöriger Permeabilität μ (meist μ_0) und Kapazität C benötigt. Leitungsverluste können durch den endlichen Leitungs(längs)widerstand R und Isolations(quer)leitwert G entstehen. Wir werden diese Parameter für die praktisch wichtigen Leitungsarten daher gleich mitberechnen. Die Induktivität ist bei Leitern mit endlichem Volumen des Leitermaterials grundsätzlich in eine inneren und einen äußeren Anteil zu zerlegen. Da wir vor allem an dem Verhalten der Leitungen bei höheren Frequenzen interessiert sind, ist der Stromfluß wegen des Skineffekts dominant auf den Außenbereich des Leiters konzentriert, weshalb wir in erster Näherung die innere Induktivität vernachlässigen können.

4.1.1 Parallelplattenleitung

Legen wir entspr. dem Ausschnitt in Abb. 4.1-1 an zwei sehr dünne, parallele, ebene und weit ausgedehnte Metallfolien im Abstand $a < \lambda/2$ eine Wechselspannungsquelle $u_q(t) = \hat{U} \cos \omega t$ an, so ergibt sich zwischen diesen das Feld einer ebenen TEM-Welle. Die Platten müssen quasi Äquipotentialflächen realisieren, die Feldvektoren der elektrischen (Quer-)Feldstärke $e_x(z,t)$ im Zwischenraum stehen folglich normal auf der Oberfläche und sind z.B. zu ganzzahligen Vielfachen der Periodendauer T wie in der Abbildung gerichtet. Dazu gehört ein Querspannungsverlauf $u(z,t) = e_x(z,t) \cdot a$, der an jeder Stelle also den gleichen Verlauf wie die elektrische Feldstärke hat. Die magnetischen Feldlinien $h_y(z,t)$ verlaufen wiederum senkrecht dazu, liegen also in den Äquipotentialebenen und der POYNTINGvektor $\wp_z(z,t)$ im Zwischenraum zeigt immer und an jeder Stelle von der Quelle zum Verbraucher.

Der Stromdichtevektor $s_z(z,t)$ in den Platten weist in Richtung des Stromes $i(z,t)$, ist also immer parallel zum POYNTINGvektor orientiert - einer gleich-, der Partner der anderen Platte entgegengesetzt gerichtet. Die zugehörigen Ladungsüberschüsse in Form von Ladungsbedeckungen σ fließen als Oberflächenströme auf den Innenseiten der Platten und stellen dort die Quellen und Senken der elektrischen Querfeldstärke $e_x(z,t)$ dar. Die Zuordnung der Feldvektoren der magnetischen Feldstärke zur Stromdichte erfolgt wieder nach der Rechte-Hand-Regel.

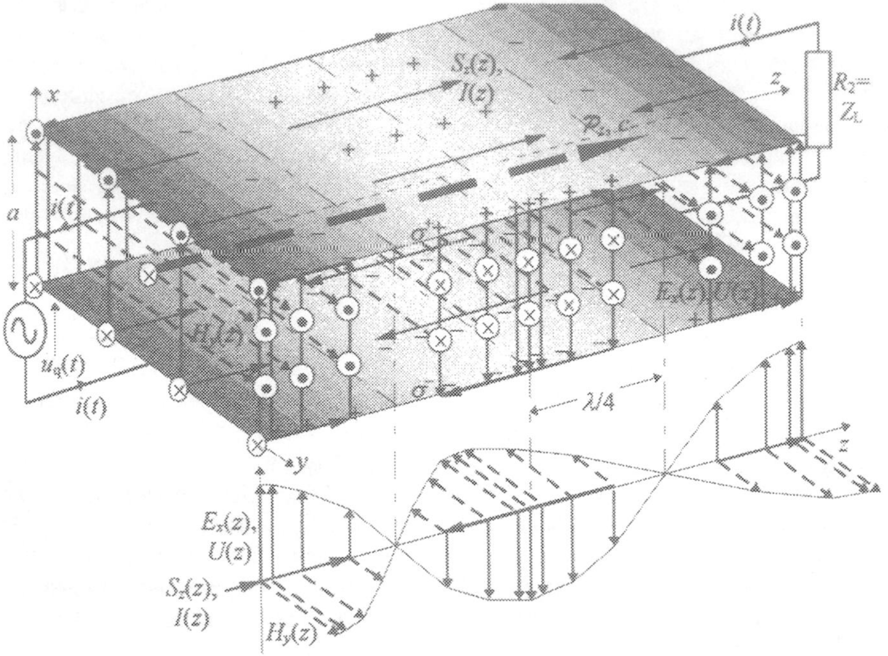

Abb. 4.1-1: Parallelplattenleitung mit Vektorrichtungen der Feldstärken, Stromdichte und POYNTINGvektor über einer Wellenlänge.

Der Abschlußwiderstand R muß, damit keine Reflexion auftritt - wie später noch dargelegt wird und bereits aus dem vorangegangenen Kapitel zu erwarten ist - gleich dem Leitungswellenwiderstand Z_L sein. In dem hier betrachteten Fall der sog. LECHERwelle (ERNST LECHER, 1856 - 1926; auch *Leitungs-* oder *L*-Welle) kommen also keine Feldstärkelängskomponenten vor (E_z, H_z).

4.1.2 Bandleitung

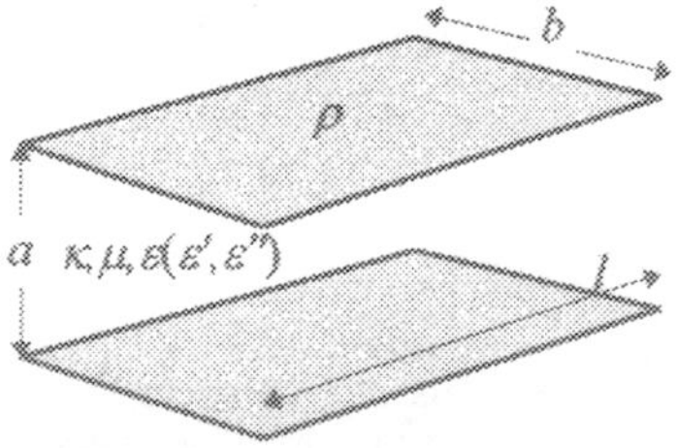

Sind die Platten in y-Richtung auf die Breite b und in z-Richtung auf die Länge $l \gg b$ begrenzt, handelt es sich um eine *Bandleitung*. Dies ist praktisch ein Plattenkondensator, dessen Platten als Hin- und Rückleitung von der Quelle zum Verbraucher verwendet werden. Bei dieser sind die Feldlinien in den Randgebieten gebogen, aber nach wie vor TEM-Wellen, nur inhomogen.

Streifenleitungen, insbes. *Mikrostreifenleitungen* finden in der analogen und digitalen Hoch- und Höchstfrequenztechnik Anwendungen. In unsymmetrischer Struktur mit großflächiger Unterseite und dem eigentlichen Streifen auf der Oberseite werden sie in der Schichtschaltungstechnik bei der Herstellung von Leiterplatten eingesetzt. Das Dielektrikum, vielfach Keramik, sorgt für eine weitgehende Führung der Welle und damit für geringe Abstrahlungen. Wegen unterschiedlicher Laufzeiten in Luft und Dielektrikum ergeben sich vor allem bei höheren Frequenzen komplizierte Feldverzerrungen. Zusätzlich ist dieser Leitungstyp infolge von Dämpfungen nicht für die Weitverkehrstechnik geeignet.

Die Leitungsparameter der (symmetrischen) Bandleitung berechnen sich näherungsweise mithilfe der Gleichung des Plattenkondensators für C, Quaderleitwert $G(\kappa, \varepsilon'')$, den Leitungswiderstand R erhalten wir über die in Gl. 3.3-119 angegebene Skineffektformel, sofern die Plattendicke größer als die Eindringtiefe δ ist; in der Länge sind Hin- und Rückleiter zu beachten. Die Induktivität L ergibt sich unter Annahme homogenen Magnetfelds zwischen den Leitern und außen vernachlässigbar:

$$C = \varepsilon \frac{bl}{a}; \qquad L = \mu \frac{al}{b}; \qquad G = \kappa \frac{bl}{a}; \qquad R = \rho \frac{2l}{b\delta}. \qquad (4.1\text{-}1)$$

Zur Berechnung des Leitungswellenwiderstands der verlustlosen Bandleitung über die Kapazität verwenden wir die weiter unten in Abschnitt 4.2.2 hergeleitete Beziehung $Z_L = l/cC$, womit sich der Leitungswellenwiderstand für $a \ll b$ zu

$$Z_L \approx \frac{\eta_0}{\sqrt{\varepsilon_r}} \frac{a}{b}; \qquad \text{bzw.} \qquad Z_L \approx \frac{\eta_0}{\sqrt{\varepsilon_r}} \frac{a}{a+b} \qquad (4.1\text{-}2)$$

ergibt. Die genauere rechte Formel ist auch für den praktisch relevanten Fall anwendbar, daß die Leitung schmal ist, d.h. die Leiterbreite b in der Größenordnung des Leiterabstands a liegt. Hierfür ist mit nennenswerten Feldanteilen außerhalb der Plattenzwischenzone zu rechnen, was bei der Kapazitätsberechnung berücksichtigt werden muß.

4.1.3 Paralleldrahtleitung

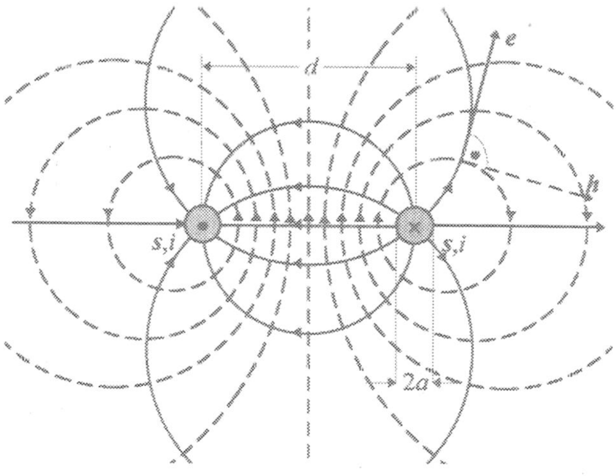

Abb. 4.1-2: Paralleldrahtleitung mit Verläufen der elektrischen und magnetischen Feldstärke.

Dieser auch LECHERleitung genannte Leitungstyp entspr. Abb. 4.1-2 führt eine TEM-Welle, die jedoch inhomogen ist. Da sich die Phasenlagen benachbarter Leitungen kompensieren, ist die Abstrahlung für viele Anwendung bereits ausreichend gering, wie z.B.

auch in der Energietechnik. Sie läßt sich gut zum Studium elementarer Leitungseigenschaften verwenden.

Zur Berechnung der Induktivität L verwenden wir die letzte Formel in Kap. 2:

$$L = \mu \iiint (\frac{h}{i})^2 \mathrm{d}V = 2\mu \int_0^l \int_0^{2\pi} \int_a^d (\frac{i}{i2\pi r})^2 r\mathrm{d}r\mathrm{d}\varphi\mathrm{d}z = \frac{\mu l}{\pi} \ln\frac{d}{a}. \qquad (4.1\text{-}3)$$

Der Vorfaktor 2 vor dem zweiten Integral resultiert aus der Tatsache, daß sowohl Hin- als auch Rückleiter zum Feld beitragen. In Abschnitt 4.2.2 wird die Beziehung $LC = \mu\varepsilon \cdot l^2$ hergeleitet, woraus sich C ergibt. Mit der nach Abschnitt 4.2.1 universell gültigen Formel $G = \kappa C/\varepsilon$ folgt G, schließlich R wieder aus der Skineffektformel 3.3-119:

$$C = \frac{\pi\varepsilon l}{\ln d/a}; \qquad L = \frac{\mu l}{\pi}\ln\frac{d}{a}; \qquad G = \frac{\pi\kappa l}{\ln d/a}; \qquad R = \rho\frac{l}{\pi a\delta}. \qquad (4.1\text{-}4)$$

Damit ergibt sich der Leitungswellenwiderstand für $d \gg a$ im verlustfreien Fall zu

$$Z_{\mathrm{L}} \approx \frac{\eta_0}{\pi\sqrt{\varepsilon_{\mathrm{r}}}}\ln\frac{d}{a} = \frac{120\Omega}{\sqrt{\varepsilon_{\mathrm{r}}}}\ln\frac{d}{a}. \qquad (4.1\text{-}5)$$

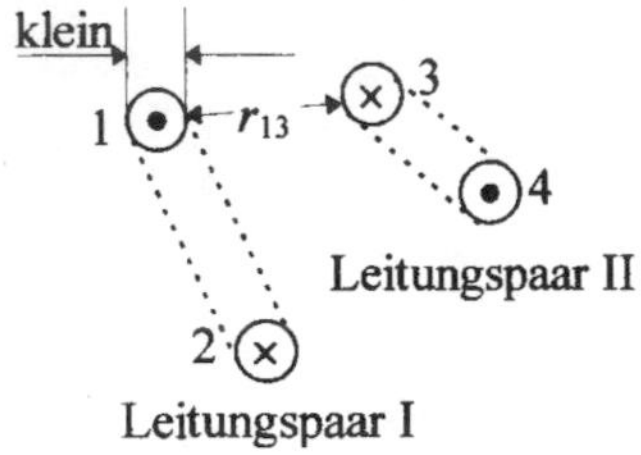

Abb. 4.1-3: Zu Aufgabe 4.1.3.

Aufgabe 4.1.3: Man bestimme für zwei Zweidraht-Leitungspaare entspr. Abb. 4.1-3 die Bedingungen für die Abstände r_{ii}, unter denen die Gegeninduktivität M verschwindet. Wie sind solche Anordnungen realisierbar?

4.1.4 Koaxialleitung

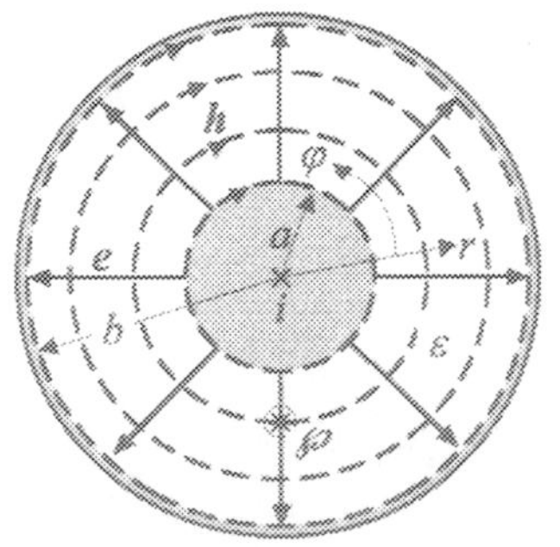

Abb. 4.1-4:
Koaxialleitung mit Verläufen der elektrischen und magnetischen Feldstärke.

Charakteristisch für diesen in der Hochfrequenztechnik weit verbreiteten Leitungstyp ist die Eigenschaft, im Idealfall das Feld vollständig von der Außenwelt abgeschirmt im

Innern zu führen. Auch hier handelt es sich bei verlustlosem idealem Leiter um ein inhomogenes TEM-Feld. Bei hohen Frequenzen im GHz-Bereich treten allerdings wie bei den im nächsten Kap. besprochenen Hohlleitern unerwünschte höhere Moden auf, die der Leitungswelle Energie entziehen. Die Koaxialleitung unterscheidet sich von den zuvor beschriebenen durch ihre Unsymmetrie. Während bei Parallelplatten- und -drahtleitung Hin- und Rückleiter gleichen Aufbau haben, ist dies hier nicht der Fall.

Zur Berechnung der äußeren Induktivität (des Zwischenraums) verwenden wir auch hier die letzte Formel in Kap. 2:

$$L = \mu \iiint \left(\frac{h}{i}\right)^2 \mathrm{d}V = \mu \int_0^l \int_0^{2\pi} \int_a^b \left(\frac{i}{i2\pi r}\right)^2 r\mathrm{d}r\mathrm{d}\varphi\mathrm{d}z = \frac{\mu l}{2\pi} \ln\frac{b}{a}. \qquad (4.1\text{-}6)$$

In Analogie zur Vorgehensweise bei der Paralleldrahtleitung folgen die Leitungsparameter zu:

$$C = \frac{2\pi\varepsilon l}{\ln b/a}; \qquad L = \frac{\mu l}{2\pi}\ln\frac{b}{a}; \qquad G = \frac{2\pi\kappa l}{\ln b/a}; \qquad R = \frac{\rho l}{2\pi\delta}\left(\frac{1}{a}+\frac{1}{b}\right), \qquad (4.1\text{-}7)$$

und der Leitungswellenwiderstand wird im verlustfreien Fall zu

$$Z_\mathrm{L} \approx \frac{\eta_0}{2\pi\sqrt{\varepsilon_\mathrm{r}}}\ln\frac{b}{a} = \frac{60\Omega}{\sqrt{\varepsilon_\mathrm{r}}}\ln\frac{b}{a}. \qquad (4.1\text{-}8)$$

Da die (ideale) Koaxialleitung kein Streufeld aufweist, ist diese Beziehung auch für hohe Frequenzen gut.

Aufgabe 4.1.4: Man berechne die innere Induktivität L_i des Innenleiters einer bei $l = 1$ km kurzgeschlossenen Koaxialleitung bei niedrigen Frequenzen, bei denen eine homogene Stromverteilung im Innenleiter angenommen werden kann. Bis zu welcher Frequenz f_g ist der berechnete Wert für einen Standard-75 Ω-Koaxialleiter mit $2a = 2{,}64$ mm hinreichend genau? Welchen Wert hat dann der Blindwiderstand des Innenleiters?

4.2 Leitungstheorie für Wellen bei beliebiger Anregung

Abb. 4.2-1 stellt ein universelles Leitungsmodell für alle Leitungen dar, das es erlaubt, die Erkenntnisse der MAXWELLgleichungen bzw. der Wellengleichungen auf Leitungen mit ihren charakteristischen Bauelementeparametern, wie zuvor an praktisch wichtigen Beispielen berechnet, zu übertragen. Links wird die Welle von der Spannungsquelle $u_\mathrm{q}(t)$ generiert und über den Innenwiderstand der Quelle R_i in die lange Leitung (Fernleitung) der Länge l eingespeist. R_i nehmen wir der Einfachheit halber OHMsch an, was aber nicht grundsätzlich der Fall sein muß.

Der dazugehörige Strom $i_1(t) = i(0,t)$ dringt nun in die symmetrische oder auch unsymmetrische Leitung ein, die wir als homogen, aber verlustbehaftet, annehmen wollen. Wir wollen aus der Sicht dieses Modells die Leitungsparameter nochmals zusammenfassen:

Mehrere Verlustmechanismen können wir identifizieren. Zunächst müssen wir mit einem endlichen *OHMschen Längswiderstand R* des metallischen Leitungsmaterials rechnen, der für rasche zeitliche Änderungen aufgrund des Skineffekts größer als bei geringen Änderungen ist. Wir können ihn nach den Ausführungen des Abschnitts 3.3.12

grundsätzlich berechnen. Dieser Strom verursacht einen Längsspannungsabfall und folglich eine Längsdämpfung entlang der Leitung, die dazu führt, daß die Querspannung zum Ende hin immer geringer wird. Ist die Leitung unsymmetrisch, wie beim Koaxialkabel, haben Hin- und Rückleiter i.allg. unterschiedlichen Widerstand und damit unterschiedlichen Spannungsabfall, was durch den Faktor k in der Darstellung berücksichtigt ist; $k = \frac{1}{2}$ für symmetrische Leitungen.

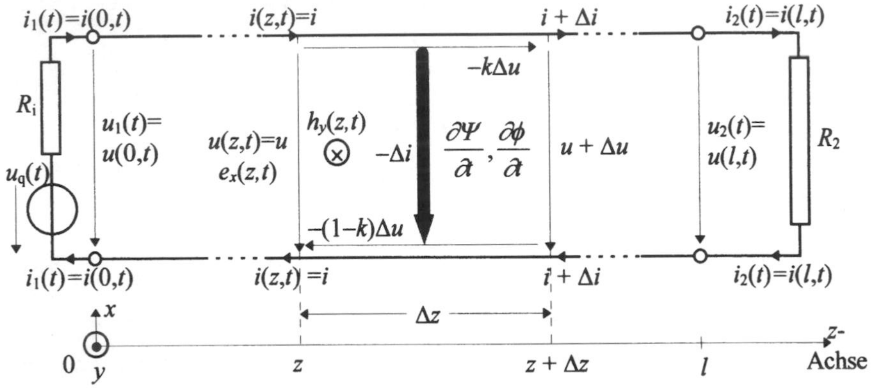

Abb. 4.2-1: Universelles Leitungsmodell zur Bestimmung der Leitungsparameter und -gleichungen.

Weiterhin kann das Isolationsmaterial zwischen Hin- und Rückleiter verlustbehaftet sein, entweder durch ebenfalls *OHMsche*, eher aber durch *dielektrische Verluste*. In beiden Fällen ist dieser Verlustanteil durch einen endlichen *Leitwert G* berücksichtigbar (der nicht das Inverse des o.a. Längswiderstands R darstellt!). Dies hat zur Folge, daß der Leitungsstrom nicht nur längs im Leiter, sondern auch über die Verlustanteile des Isolationsmaterials zurück fließt. Damit finden wir rechts zum Ende des Leiters zusätzlich zur Längsdämpfung immer weniger Strom, was zu einer Querdämpfung führt.

Bei der Parallelplattenleitung wurde dargelegt, daß zwischen Hin- und Rückleiter Verschiebungsströme fließen, hervorgerufen durch auf der Innenseite wandernden Ladungsbedeckungen. Sie gehören zu den Querspannungen und haben Speicherung kapazitiver Energie durch die Leitung zur Folge. Dazu gehört eine *Kapazität C* der Leitung; anders gesagt: die Leitung stellt einen Kondensator dar. Das Durchflutungsgesetz mit allen Summanden ist zu berücksichtigen.

Zu guter Letzt bildet die Leitung eine Stromschleife und mit dem magnetfeldassoziierten Fluß eine *Induktivität L*. Damit wird auch magnetische Energie in der Leitung gespeichert, was die volle Anwendung des Induktionsgesetzes verlangt: der Spannungsumlauf in einem Gebiet des Leiters ist nicht Null oder gleich der Quellspannung, sondern noch zusätzlich gleich dem durch die Flußänderung induzierten Anteil.

4.2.1 Differentielles Leitungselement

Wie sind diese vier Bauelemente nun zu verschalten, um die Leitung zu repräsentieren: in Reihe, parallel, gemischt oder sonstwie? Aufgrund der Tatsache, daß wir nun im Gegensatz zum konzentrierten Netzwerk überall mit unterschiedlichen Strom- und Spannungswerten rechnen müssen, dürfen wir eine solche Modellierung bei einer Fernleitung nicht vornehmen. Denn sie setzt immer voraus, daß am ganzen Bauelement die gleiche Spannung abfällt und es vom gleichen Strom durchflossen wird.

Folglich müssen wir die Leitung aus einem ganzen Netzwerk solcher vier zusammengeschalteter Bauelemente realisieren, die so klein in ihren geometrischen Abmessungen sind, daß näherungsweise an einem solchen Bauelement die Konzentriertheitsbedingungen gut erfüllt sind. Besonders gut ist dies der Fall, wenn die betrachteten Abmessungen gegen Null gehen. Zu diesem Zweck wurde in Abb. 4.2-1 ein differentiell kleines Stück der Länge Δz herausgeschnitten, das in Abb. 4.2-2 mit den o.a. Bauelementen modelliert ist, und worauf nun die bekannten MAXWELLschen bzw. KIRCHHOFFschen Gesetze angewendet werden sollen. R und L teilen sich auf Hin- und Rückleiter auf, bei der symmetrischen Leitung hälftig, können aber im Ersatzschaltbild einem Leiter vollständig zugeordnet werden.

Wen es wundert, daß mit $i + \Delta i$ am Leitungsstückende scheinbar mehr Strom fern von der Quelle fließt als am Anfang, der sei zum einen daran erinnert, daß es sich hier nur um Zählpfeile handelt, daß also $\Delta i < 0$ gelten kann, und daß wir zum anderen Wellenausbreitung beschreiben, womit beim aufsteigenden Teil eines Sinuswellenzuges (1. Viertel) der Strom am Ende sehr wohl größer als am Anfang ist. Dort nimmt die Ladungsmenge gerade zu und er setzt sich als Verschiebungsstrom im Isolationsmaterial fort. Die Wahl dieses wie auch des Spannungsvorzeichens $u + \Delta u$, wird bevorzugt, da damit die gleichen Vorzeichenverhältnisse wie in den zugehörigen MAXWELLgleichungen der x-Polarisierung auftreten, aus denen die u.a. Telegrafengleichung entstammt.

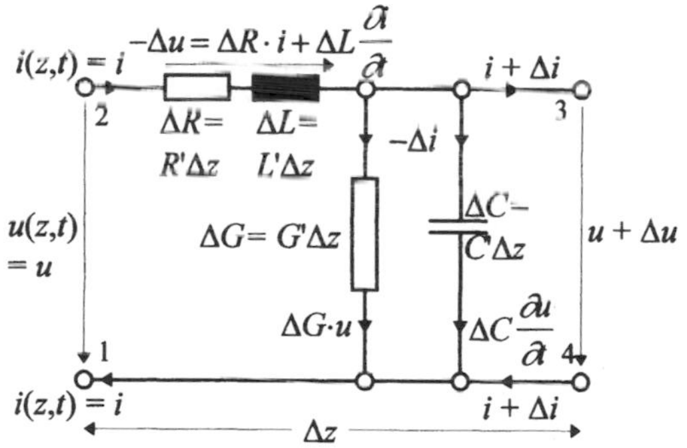

Abb. 4.2-2
Differentiell kleines Leitungsstück zum Aufstellen der Leitungsgleichungen.

In der Folge lesen wir die Beziehungen aus dem Δz langen Leitungsstück ab und lassen die berechneten Größen differentiell klein $\Delta z \to dz$ bzw. ∂z werden. Wir beginnen gemäß Abschnitt 3.1.2 mit dem Induktionsgesetz in integraler Form und erhalten:

$$\oint_{12341} \boldsymbol{e} \cdot \mathrm{d}\boldsymbol{l} = -\mu \iint \frac{\partial \boldsymbol{h}}{\partial t} \cdot \mathrm{d}\boldsymbol{A} \quad = \quad -\cancel{u} + \Delta R \cdot i + \cancel{u} + \Delta u = -\Delta L \frac{\partial i}{\partial t}. \qquad (4.2\text{-}1)$$

Dies können wir natürlich auch direkt an der Reihenschaltung von ΔR und ΔL ablesen. Definieren wir den

Widerstandsbelag: $$R' := \frac{\mathrm{d}R}{\mathrm{d}z} \quad \Rightarrow \quad \mathrm{d}R = R'\,\mathrm{d}z; \qquad [R'] = \frac{\Omega}{\mathrm{m}}, \qquad (4.2\text{-}2)$$

$$\textbf{\textit{Induktivitätsbelag}}: \quad L' := \frac{\mathrm{d}L}{\mathrm{d}z} \quad \Rightarrow \quad \mathrm{d}L = L'\,\mathrm{d}z; \qquad [L'] = \frac{\mathrm{H}}{\mathrm{m}}, \tag{4.2-3}$$

so ergibt diese Formel nach Division durch Δz und differentiellem Grenzübergang die *Maschendifferentialgleichung*:

$$-\frac{\partial u}{\partial z} = R'i + L'\frac{\partial i}{\partial t}. \qquad \left\langle \nabla \times \boldsymbol{e} = -\mu \frac{\partial \boldsymbol{h}}{\partial t} \Rightarrow -\frac{\partial e_x}{\partial z} = \mu \frac{\partial h_y}{\partial t} \right\rangle \tag{4.2-4}$$

Die Analogie zwischen der linken Maschendifferentialgleichung und der rechten Vektorfeldgleichung scheint nicht exakt zu sein, da bei jener das Pendant zum Widerstandsbelag R' fehlt. Die Begründung liegt darin, daß in den Vektorfeldgleichungen das führende Medium ja nicht berücksichtigt wurde, sondern nur das feldtragende. Letzteres verfügt nur über die Eigenschaften der anderen drei Bauelemente G', L' und C', weshalb in der Folge in den Vektorfeld-Vergleichsformeln der durch ein R' beschriebene Anteil immer fehlen muß. Anders ausgedrückt stellt der Übergang zwischen dem Isolationsmaterial (G', L', C') und R' eine Reflexionsstelle zwischen zwei Medien dar.

Wir wenden gemäß den Abschnitten 3.1.1 und 3.1.5 die KIRCHHOFFsche Knotengleichung an und erhalten:

$$\overset{\circ}{i}_{\text{tot}} = \oiint\limits_{\text{Knoten}} \left(\kappa \boldsymbol{e} + \varepsilon \frac{\partial \boldsymbol{e}}{\partial t} \right) \cdot \mathrm{d}\boldsymbol{A} = 0 \quad = \quad \Delta i + \Delta G \cdot u + \Delta C \frac{\partial u}{\partial t}. \tag{4.2-5}$$

Auch dies läßt sich natürlich unmittelbar aus dem Netzelement ablesen. Definieren wir den

$$\textbf{\textit{Ableitungsbelag}}: \quad G' := \frac{\mathrm{d}G}{\mathrm{d}z} \quad \Rightarrow \quad \mathrm{d}G = G'\,\mathrm{d}z; \qquad [G'] = \frac{\mathrm{S}}{\mathrm{m}}, \tag{4.2-6}$$

$$\textbf{\textit{Kapazitätsbelag}}: \quad C' := \frac{\mathrm{d}C}{\mathrm{d}z} \quad \Rightarrow \quad \mathrm{d}C = C'\,\mathrm{d}z; \qquad [C'] = \frac{\mathrm{F}}{\mathrm{m}}, \tag{4.2-7}$$

so ergibt sich die *Knotendifferentialgleichung* zu

$$-\frac{\partial i}{\partial z} = G'u + C'\frac{\partial u}{\partial t}. \qquad \left\langle \nabla \times \boldsymbol{h} = \kappa \boldsymbol{e} + \varepsilon \frac{\partial \boldsymbol{e}}{\partial t} \Rightarrow -\frac{\partial h_y}{\partial z} = \kappa e_x + \varepsilon \frac{\partial e_x}{\partial t} \right\rangle \tag{4.2-8}$$

Die Beziehung zwischen Kapazität und Leitwert bzw. Kapazitätsbelag und Ableitungsbelag läßt sich bei einer homogenen Leitung universell angeben. Da ε und κ von denselben Feldlinien durchdrungen werden, muß aus den allgemeinen Definitionen $C = \frac{\varepsilon}{u} \iint \boldsymbol{e} \mathrm{d}\boldsymbol{A}$ und $G = \frac{\kappa}{u} \iint \boldsymbol{e} \mathrm{d}\boldsymbol{A}$ die Beziehung folgen:

$$G = \frac{\kappa}{\varepsilon} C \qquad \text{bzw.} \qquad G' = \frac{\kappa}{\varepsilon} C'. \tag{4.2-9}$$

Dabei tritt als Umrechnungsfaktor die in Abschnitt 3.3.9.2 bereits angegebene Relaxationszeitkonstante $\tau = \varepsilon/\kappa = C'/G' = s_V/s_L$ auf. Die Darstellung als Belagsverhältnis sagt also aus, daß die Beläge sich (erwartungsgemäß) wie die Stromdichtearten verhalten.

Hier ist nun auch die Abbildung auf die Bauelemente perfekt. Dafür mag die Herleitung aus der Knotengleichung nicht ganz sauber aussehen, da nach der Abbildung eigentlich u durch $u + \Delta u \to u + \frac{\partial u}{\partial z}\mathrm{d}z$ zu ersetzen wäre. Während die in der Ergebnisgleichung stehenden Summanden und Faktoren alle endlich sind, wird der differentielle Zusatzausdruck $\frac{\partial u}{\partial z}\mathrm{d}z$ gegenüber diesen immer unendlich klein sein und kann daher ignoriert werden. Das Ergebnis ist somit keine Näherung, sondern im klassischen Sinne exakt.

Zur Begründung dieses Effekts sei dargelegt, daß die Modellierung in der Abbildung in Form von Reihen- und Parallelschaltungen geschehen muß. Die Forderung wäre, daß sowohl ΔR und ΔL von i durchflossen werden, als auch u an ΔG und ΔC abfällt. Man kann die Bauelemente schieben, wie man will, keine der beiden Bedingungen ist gleichzeitig erfüllbar und es wird immer ein differentieller Strom- oder Spannungsrest bleiben. Die vermeintliche Ungenauigkeit entsteht also lediglich aus der Unmöglichkeit einer exakten Modellierung durch Reihen- und Parallelschaltungen.

Aufgabe 4.2.1-1: Man berechne den Widerstandsbelag R' eines Standard-Kupferkoaxialkabels mit $2a = 2{,}64$ mm, $2b = 9{,}52$ mm bei der Frequenz $f = 1$ MHz. Welchen Wert muß der Durchmesser D eines Leiters einer Zweidrahtleitung haben, damit sich der gleiche Wert ergibt.

Aufgabe 4.2.1-2: Man berechne den Ableitungsbelag G' einer Freiraum-Zweidrahtleitung mit $a = 1{,}5$ mm und $d = 20$ cm bei der Frequenz $f = 1$ kHz aufgrund dielektrischer Verluste infolge Regens, die zu einem Verlustwinkel von $\delta_\varepsilon = 1{,}28°$ führen.

4.2.2 Telegrafengleichung, Lösungen und Wellenparameter

In Analogie zur Vorgehensweise bei den freien Wellen in Abschnitt 3.2.1.1 (vgl. auch dortige Übungsaufgaben) differenzieren wir nun die Maschendifferentialgleichung nach dem Ort z sowie die Knotendifferentialgleichung nach der Zeitkoordinaten t, um Differentialgleichungen zweiter Ordnung für jeweils *nur* Spannung oder *nur* Strom zu erhalten:

$$-\frac{\partial^2 u}{\partial z^2} = R'\frac{\partial i}{\partial z} + L'\frac{\partial^2 i}{\partial t \partial z}; \qquad -\frac{\partial^2 i}{\partial z \partial t} = G'\frac{\partial u}{\partial t} + C'\frac{\partial^2 u}{\partial t^2}. \tag{4.2-10}$$

Setzen wir in die linke Gleichung sowohl die Maschendifferentialgleichung als auch die rechte ein, ergibt sich:

$$\frac{\partial^2 u}{\partial z^2} = R'(G'u + C'\frac{\partial u}{\partial t}) + L'(G'\frac{\partial u}{\partial t} + C'\frac{\partial^2 u}{\partial t^2}). \tag{4.2-11}$$

Wir sortieren das Ergebnis für $u(z,t)$ und erhalten die *Telegrafengleichung* (O. HEAVISIDE, 1887) als Pendant zur Wellengleichung:

$$\frac{\partial^2 u}{\partial z^2} = L'C'\frac{\partial^2 u}{\partial t^2} + (C'R' + L'G')\frac{\partial u}{\partial t} + R'G'u. \qquad \left\langle \frac{\partial^2 e_x}{\partial z^2} = \mu\varepsilon\frac{\partial^2 e_x}{\partial t^2} + \mu\kappa\frac{\partial e_x}{\partial t} \right\rangle \tag{4.2-12}$$

Durch Vertauschen der weiteren Ableitungen erhalten wir erwartungsgemäß exakt die gleiche Telegrafengleichung für den Strom $i(z,t)$, der zu $h_y(z,t)$ gehört.

Sei a wieder unser universeller Stellvertreter - jetzt für Strom- und Spannung, vorher für die Feldstärken - so erhalten wir in vollständiger Analogie zu den Vektorfeldbeschreibungen die Telegrafengleichung für den praktisch oft vorliegenden Fall, daß wir sowohl Längs- als auch Querverluste vernachlässigen können ($R' = G' = 0$):

$$\frac{\partial^2 a}{\partial z^2} = L'C'\frac{\partial^2 a}{\partial t^2}. \qquad \left\langle \frac{\partial^2 a}{\partial z^2} = \mu\varepsilon \frac{\partial^2 a}{\partial t^2} \right\rangle \tag{4.2-13}$$

Damit können wir den universellen Lösungsansatz hin- und rücklaufender Wellen in den Abschnitten 3.2.2 und 3.2.4 unmittelbar verwenden:

$$a(z,t) = a_{\mathrm{h}}(z,t) + a_{\mathrm{r}}(z,t) = a_{\mathrm{h}}(t - \frac{z}{v}) + a_{\mathrm{r}}(t + \frac{z}{v}). \tag{4.2-14}$$

d'ALEMBERT (1717-1783) stellte eine Gleichung dieser Struktur zum Beschreiben der Schwingungen von Saiten auf und gab auch ihre Lösung an, mit der er durch Saitenmasse und -spannung Tonhöhe und -geschwindigkeit angeben konnte. Folglich ist auch die Wellengeschwindigkeit mit Abschnitt 3.2.3 aus Induktivitäts- und Kapazitätsbelag angebbar:

$$v = \frac{1}{\sqrt{L'C'}} = \frac{1}{\sqrt{\mu\varepsilon}} = \frac{1}{\sqrt{\mu_0\varepsilon_0}}\frac{1}{\sqrt{\mu_{\mathrm{r}}\varepsilon_{\mathrm{r}}}} = \frac{c_0}{\sqrt{\mu_{\mathrm{r}}\varepsilon_{\mathrm{r}}}} = c. \tag{4.2-15}$$

Da die aus Materialgrößen und Bauelementegrößen berechneten Geschwindigkeiten immer gleich sein müssen, muß folgende universelle Beziehung gelten:

$$L'C' = \mu\varepsilon \quad \Rightarrow \quad LC = \mu\varepsilon \cdot l^2. \tag{4.2-16}$$

Der rechte Teil bezieht sich auf *homogene* Leitungen der Länge l. Die Beziehung hat Bedeutung in der Berechnung inhomogener Bauelemente. Ist nämlich eines der Bauelemente L oder C bekannt, kann hiermit einfach auf das andere umgerechnet werden, wie in Abschnitt 4.1 bereits angewendet.

Auch der ***Leitungswellenwiderstand*** Z_{L} verlustfreier Medien läßt sich nun einfach gemäß Abschnitt 3.2.5 angegeben

$$Z_{\mathrm{L}} := \sqrt{\frac{L'}{C'}} = \sqrt{\frac{L}{C}} = cL' = \frac{1}{cC'}, \qquad \left\langle \eta = \sqrt{\frac{\mu_{\mathrm{r}}}{\varepsilon_{\mathrm{r}}}}\sqrt{\frac{\mu_0}{\varepsilon_0}} = \sqrt{\frac{\mu_{\mathrm{r}}}{\varepsilon_{\mathrm{r}}}}\eta_0 = c\mu = \frac{1}{c\varepsilon} \right\rangle \tag{4.2-17}$$

wie zuvor bei den Leitungswellenwiderstandsberechnungen verschiedener praktisch wichtiger Leiter schon angewendet.

Eine Polarisationsbetrachtung gemäß Abschnitt 3.2.6 macht für integrale Größen wenig Sinn, da Polarisation eine reine Vektoreigenschaft ist.

Aufgabe 4.2.2-1: Man berechne die Induktivität L einer mit ε_{r} dielektrisch gefüllten Bandleitung mit Breite $b \gg$ Leiterabstand a und schließe daraus auf den Leitungswellenwiderstand Z_{L}.

Aufgabe 4.2.2-2: Man berechne die Kapazität C der Paralleldrahtleitung in Abb. 4.1-2 und schließe daraus auf den Leitungswellenwiderstand Z_{L}.

Aufgabe 4.2.2-3: Man berechne die Kapazität C der Koaxialleitung in Abb. 4.1-4 und schließe daraus auf den Leitungswellenwiderstand Z_{L}.

4.3 Leitungstheorie für Wellen sinusförmiger Anregung

4.3.1 Telegrafengleichung

Als nächstes steht in Analogie zur Vorgehensweise des vorigen Kapitels auf dem Programm, die Leitungsdifferentialgleichungen sowie die Telegrafengleichung für sinusförmige Erregungen darzustellen. Dazu verwenden wir wieder den Standard-Ansatz der Abschnitte 3.3.2 und 3.3.3 und für die Maschen- und Knotendifferentialgleichungen ergeben sich ihre zeitfreien harmonische Formen:

$$-\frac{\partial \underline{U}}{\partial z} = (R'+\mathrm{j}\omega L')\underline{I} \qquad \left\langle -\frac{\partial \underline{E}_x}{\partial z} = \mathrm{j}\omega\mu\,\underline{H}_y \right\rangle \quad (4.3\text{-}1)$$

$$-\frac{\partial \underline{I}}{\partial z} = (G'+\mathrm{j}\omega C')\underline{U}. \qquad \left\langle -\frac{\partial \underline{H}_y}{\partial z} = (\kappa+\mathrm{j}\omega\varepsilon)\underline{E}_x \right\rangle \quad (4.3\text{-}2)$$

Unschwer ergibt sich folglich für Strom und Spannung die einheitliche Form der *sinusförmigen Telegrafengleichung* als Pendant zur HELMHOLTZgleichung:

$$\frac{\partial^2 \underline{A}}{\partial z^2} - (R'+\mathrm{j}\omega L')(G'+\mathrm{j}\omega C')\underline{A} = 0, \qquad \left\langle \frac{\partial^2 \underline{A}}{\partial z^2} - \mathrm{j}\omega\mu(\kappa+\mathrm{j}\omega\varepsilon)\underline{A} = 0 \right\rangle \quad (4.3\text{-}3)$$

speziell im verlustfreien Fall:

$$\frac{\partial^2 \underline{A}}{\partial z^2} + \omega^2 L'C'\underline{A} = 0. \qquad \left\langle \frac{\partial^2 \underline{A}}{\partial z^2} + \omega^2\mu\varepsilon\underline{A} = 0 \right\rangle \quad (4.3\text{-}4)$$

4.3.2 Lösung der Telegrafengleichung, Leitungswellenwiderstand $\underline{Z}_L$, Übertragungsmaß $\underline{g}$

Gemäß Abschnitt 3.3.4 können wir die komplexe Ausbreitungskonstante in $\underline{A}(z) = \underline{\hat{A}}\mathrm{e}^{-\underline{\gamma} z}$ über

$$\underline{\gamma}^2 = (R'+\mathrm{j}\omega L')(G'+\mathrm{j}\omega C') \text{ zu } \underline{\gamma} = \sqrt{(R'+\mathrm{j}\omega L')(G'+\mathrm{j}\omega C')} = \alpha + \mathrm{j}\beta \quad (4.3\text{-}5)$$

$$\left\langle \underline{\gamma}^2 = \mathrm{j}\omega\mu(\kappa+\mathrm{j}\omega\varepsilon); \quad \underline{\gamma} = \sqrt{\mathrm{j}\omega\mu(\kappa+\mathrm{j}\omega\varepsilon)} = \alpha + \mathrm{j}\beta \right\rangle$$

angeben. Sie stellt für $R' = 0$ denselben numerischen Wert wie dort dar, was bereits aus der Anschauung resultiert, daß alle Größen - d.h. Feldstärken und integrale Größen - sich auf gleiche Weise, also mit einheitlicher Dämpfung, Wellenlänge etc., fortpflanzen. Damit nimmt die Telegrafengleichung folgende Kompaktdarstellung an:

$$\frac{\partial^2 \underline{A}}{\partial z^2} - \underline{\gamma}^2\underline{A} = 0. \quad (4.3\text{-}6)$$

Zur Erinnerung ist $\underline{A}$ der Ortsverlauf von Strom und Spannung oder irgendeiner Vektorkomponente; $\underline{\gamma}$ hat im ersten Fall die Bauelementeform der darüberstehenden Gleichung, andernfalls die darunterstehende Materialgrößenform. Der Lösungsansatz liest sich nun:

$$\underline{U}(z) = \underline{U}_{\mathrm{h}}(z) + \underline{U}_{\mathrm{r}}(z) = \underline{\hat{U}}_{\mathrm{h}} \mathrm{e}^{-\underline{\gamma} z} + \underline{\hat{U}}_{\mathrm{r}} \mathrm{e}^{+\underline{\gamma} z}, \tag{4.3-7}$$

$$\left\langle \underline{E}_x(z) = \underline{E}_{\mathrm{hx}}(z) + \underline{E}_{\mathrm{rx}}(z) = \underline{\hat{E}}_{\mathrm{hx}} \mathrm{e}^{-\underline{\gamma} z} + \underline{\hat{E}}_{\mathrm{rx}} \mathrm{e}^{+\underline{\gamma} z} \right\rangle$$

und Gl. 4.3-1 nach $\underline{I}$ aufgelöst, ergibt:

$$\underline{I}(z) = \underline{I}_{\mathrm{h}}(z) + \underline{I}_{\mathrm{r}}(z) = \underline{\hat{I}}_{\mathrm{h}} \mathrm{e}^{-\underline{\gamma} z} + \underline{\hat{I}}_{\mathrm{r}} \mathrm{e}^{+\underline{\gamma} z} = \frac{\underline{\gamma}}{R' + \mathrm{j}\omega L'} (\underline{\hat{U}}_{\mathrm{h}} \mathrm{e}^{-\underline{\gamma} z} - \underline{\hat{U}}_{\mathrm{r}} \mathrm{e}^{+\underline{\gamma} z}). \tag{4.3-8}$$

$$\left\langle \underline{H}_y(z) = \underline{H}_{\mathrm{hy}}(z) + \underline{H}_{\mathrm{ry}}(z) = \underline{\hat{H}}_{\mathrm{hy}} \mathrm{e}^{-\underline{\gamma} z} + \underline{\hat{H}}_{\mathrm{ry}} \mathrm{e}^{+\underline{\gamma} z} = \frac{\underline{\gamma}}{\mathrm{j}\omega\mu} (\underline{\hat{E}}_{\mathrm{hx}} \mathrm{e}^{-\underline{\gamma} z} - \underline{\hat{E}}_{\mathrm{rx}} \mathrm{e}^{+\underline{\gamma} z}) \right\rangle.$$

Gemäß dem Rechengang in Abschnitt 3.3.7 wollen wir noch den ***Leitungswellenwiderstand*** $\underline{Z}_{\mathrm{L}}$ angeben, um uns dann etwas von den dortigen Betrachtungen zu lösen und Parameter zu bestimmen, die für den praktisch wichtigen Einsatzfall von Leitungen mit konzentrierten Abschlußwiderständen von größerer Bedeutung sind:

$$\underline{Z}_{\mathrm{L}} := \frac{\underline{U}_{\mathrm{h}}}{\underline{I}_{\mathrm{h}}} = -\frac{\underline{U}_{\mathrm{r}}}{\underline{I}_{\mathrm{r}}} = \frac{R' + \mathrm{j}\omega L'}{\underline{\gamma}} = \sqrt{\frac{R' + \mathrm{j}\omega L'}{G' + \mathrm{j}\omega C'}}. \quad \left\langle \underline{\eta} = \frac{\underline{E}_{\mathrm{hx}}}{\underline{H}_{\mathrm{hy}}} = \frac{\mathrm{j}\omega\mu}{\underline{\gamma}} = \sqrt{\frac{\mathrm{j}\omega\mu}{\kappa + \mathrm{j}\omega\varepsilon}} \right\rangle \tag{4.3-9}$$

Um hier nochmals anschaulich darzustellen, warum der Leitungswellenwiderstand im Gegensatz zum konzentrierten Bauelement oder dem unten betrachteten Feldwiderstand eine Größenart ist, die von der Leitungslänge unabhängig ist, beachte man die allgemeine Definition des Widerstands, als das Verhältnis der an einem Ort miteinander verketteten Spannungen und Ströme, bzw. aus dem vorangegangenen Kapitel elektrischer und magnetischer Feldstärke. Alle oszillieren mit der gleichen Frequenz, haben die gleiche Wellenlänge und werden ggfls. mit dem gleichen Faktor bedämpft und haben allenfalls eine starre Phasenverschiebung zueinander. Damit ist der Quotient eine Größe, die für eine Welle mit eindeutiger Richtung und fester Frequenz von Ort und Zeit unabhängig ist.

Geschwindigkeitsbetrachtungen, wie wir sie im vorigen Kapitel durchgeführt haben, führen mit den entsprechend umgerechneten Parametern zu gleichen Formalismen, weshalb wir diesen Aspekt hier nicht nochmals separat betrachten wollen.

Für eine Leitung der Länge l werden wir später noch häufig den Wert des komplexen Phasenwinkels $\underline{\gamma} l$ am Ort $z = l$ benötigen, und definieren ihn als das ***Übertragungsmaß*** $\underline{g}$:

$$\underline{g} := \underline{\gamma} l = \alpha l + \mathrm{j}\beta l =: a + \mathrm{j}b; \qquad [a] = \mathrm{Np};\ [b] = \mathrm{rad}. \tag{4.3-10}$$

a heißt ***Dämpfungsmaß*** und gibt in Np (Neper) die absolute Dämpfung der Leitung auf der Länge l für eine in eine Richtung laufende Welle an. b heißt ***Phasenmaß*** oder ***Übertragungswinkel*** der Leitung und gibt durch 2π dividiert die Anzahl der Phasendrehungen einer solchen unidirektionalen Welle auf der Länge l an, also l/λ.

Aufgabe 4.3.2-1: Man gebe die Bedingung für die Beziehung zwischen R', G', L', C' an, unter der eine dämpfende Leitung verzerrungsfrei, d.h. formgetreu ist. Eine solche Leitung kann mit Pulsen beliebiger Form angeregt werden, die entlang der Leitung beibehalten wird. Welche Beziehung gilt für

Amplitude und Laufzeit von Signalen auf dieser Leitung? Worin bestehen die Schwierigkeiten der technischen Realisierung?

Aufgabe 4.3.2-2: Man weise im Zeitbereich nach, daß die Realisierung einer Leitung nach den Kriterien der vorigen Aufgabe zu einer allgemeinen Lösung der Telegrafengleichung 4.2-12 führt, indem man den Ansatz $u(z,t) = \hat{U}\cdot e^{\pm\alpha z}\cdot a(t \pm z/v)$ verifiziert.

Aufgabe 4.3.2-3: Man zerlege $\underline{g}$ in Real- und Imaginärteil $a + jb$ und bestimme die Eindringtiefe δ sowie die Geschwindigkeit v der Welle.

4.3.3 Verlustlose Leitung

Von der verlustlosen Leitung reden wir im Fall $R' = G' = 0$. Für viele Anwendungen läßt sich diese als Approximation verwenden. Damit folgt:

$$\alpha = a = 0 \quad \Rightarrow \quad \underline{\gamma} = j\beta = j\frac{2\pi}{\lambda} = j\frac{\omega}{c} = j\omega\sqrt{L'C'} \quad \Rightarrow \quad \underline{g} = jb. \tag{4.3-11}$$

Der Leitungswellenwiderstand resultiert zu

$$\underline{Z}_{\mathrm{L}} = \sqrt{\frac{j\omega L'}{j\omega C'}} = \sqrt{\frac{L'}{C'}}. \tag{4.3-12}$$

Er ist also wie der Feldwellenwiderstand frequenzunabhängig und reell, was die bekannte Tatsache manifestiert, daß Wellen formgetreu und phasenrein übertragen werden. Abb. 4.3-1 stellt das Modell der verlustlosen Leitung als Aneinanderreihung differentieller Grundelemente nach Abb. 4.2-2 dar.

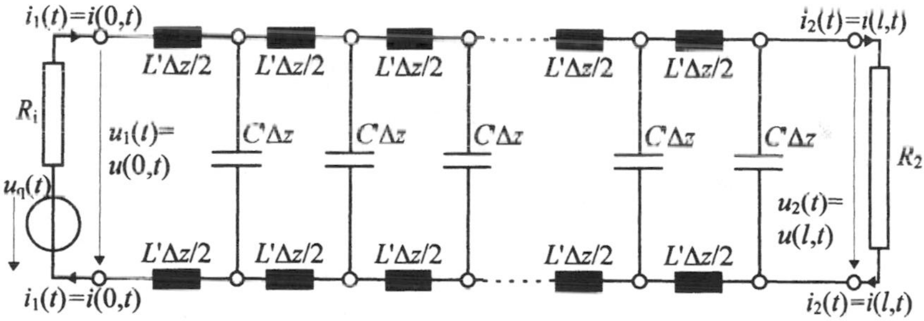

Abb. 4.3-1: Modell der verlustlosen Leitung.

$\underline{U}$ und $\underline{I}$ einer Richtung schwingen in Phase entlang der Leitung. Die Approximation der verlustlosen Leitung gilt umso besser, je höher die Frequenz, da $\omega L'$ und $\omega C'$ frequenzproportional wachsen, R' und G' jedoch nichtlinear. Für R' ist der Skineffekt proportional der Wurzel aus der Frequenz zu berücksichtigen, für G' ist κ konstant, frequenzproportionale dielektrische Verluste können jedoch von Bedeutung sein. Für diese Fälle kann häufig die verlustarme Leitung als einfaches Modell herangezogen werden:

Aufgabe 4.3.3-1: Man prüfe nach, ob sich bei der verlustlosen Leitung die dem Verbraucher zugeführte Wirkleistung an jeder Stelle aus der Formel $P(z) = ½\Re\{\underline{U}(z)\underline{I}^*(z)\}$ als Differenz von hinlaufender und rücklaufender Wirkleistung ergibt.

***Aufgabe 4.3.3-2**: Man weise nach, daß die Welle auf einer verlustbehafteten Leitung nie schneller als auf einer verlustlosen mit gleichen Werten für L' und C' ist.

4.3.4 Verlustarme Leitung

Für die verlustarme Leitung zerlegen wir die Dämpfung in die Summe von ***Längsdämpfung*** (auch: ***Strom*** - oder ***Widerstandsdämpfung***) α_R infolge $R' \ll \omega L'$ sowie die ***Querdämpfung*** (auch: ***Spannungs***- oder ***Ableitungsdämpfung***) α_G infolge $G' \ll \omega C'$, aber jeweils von Null verschieden:

$$\underline{\gamma} = \sqrt{\mathrm{j}\omega L'(1+\frac{R'}{\mathrm{j}\omega L'})\mathrm{j}\omega C'(1+\frac{G'}{\mathrm{j}\omega C'})} = \mathrm{j}\omega\sqrt{L'C'}\sqrt{1+\frac{R'}{\mathrm{j}\omega L'}+\frac{G'}{\mathrm{j}\omega C'}-\frac{R'G'}{\omega^2 L'C'}}. \tag{4.3-13}$$

Mithilfe der bereits im vorigen Abschnitt angewendeten Taylorreihenentwicklung $\sqrt{1+x} \approx 1+x/2$ und unter Vernachlässigung des letzten Summanden unter der Wurzel als Glied zweiter Ordnung ergibt sich:

$$\underline{\gamma} \approx \mathrm{j}\omega\sqrt{L'C'}\left(1+\frac{R'}{\mathrm{j}2\omega L'}+\frac{G'}{\mathrm{j}2\omega C'}\right) = \underbrace{\mathrm{j}\omega\sqrt{L'C'}}_{\beta} + \underbrace{\frac{R'}{2}\sqrt{\frac{C'}{L'}}}_{\alpha_R} + \underbrace{\frac{G'}{2}\sqrt{\frac{L'}{C'}}}_{\alpha_G}. \tag{4.3-14}$$

Wir erkennen, daß in diesen Näherungsformeln die Frequenzabhängigkeit in die Dämpfung nicht unmittelbar mit eingeht, weshalb schwach gedämpfte Wellen formgetreuer als stärker gedämpfte sind. Legen wir in erster Näherung für den Leitungswellenwiderstand denselben Wert des verlustfreien Falls zugrunde, können wir Längs- und Querdämpfung wie folgt approximieren:

$$\alpha_R \approx \frac{R'}{2Z_L} \propto \sqrt{f}\,; \qquad \alpha_G \approx \frac{G'Z_L}{2}. \qquad \left\langle \alpha \approx \frac{\kappa\eta}{2} \right\rangle \tag{4.3-15}$$

Die Querbezugformel zu den Vektorfeldern bezieht sich auf OHMsche Querverluste; legen wir schwache dielektrische Verluste zugrunde, können wir den Verlustwinkel δ_ε mit einbeziehen:

$$\tan\delta_\varepsilon = \frac{G_\varepsilon'}{\omega C'} \qquad \Rightarrow \alpha_G \approx \frac{Z_L}{2}\omega C'\tan\delta_\varepsilon = \pi f\sqrt{L'C'}\tan\delta_\varepsilon = \frac{\omega}{2c}\tan\delta_\varepsilon \propto f. \tag{4.3-16}$$

Hierüber entsteht also wieder eine Frequenzabhängigkeit. Im verzerrungsfreien Fall, nämlich wenn $G'/C' = R'/L'$, sind Strom- und Spannungsdämpfung gleich. Die Namensgebung sollte nicht verwirren: Strom und Spannung werden natürlich beide gleich entspr. den Lösungen der Telegrafengleichung mit $\alpha = \alpha_R + \alpha_G$ gedämpft, die Begriffe beziehen sich auf die Gebiete, in denen sich beide dominant aufhalten: (Leitungs-) Strom im Leiter, wo R' herrscht, Spannung zwischen den Leitern, wo G' herrscht.

Aufgabe 4.3.4-1: Das sog. RC-Kabel genügt bei niederen Frequenzen der Bedingung $\omega L' \ll R'$ und $G' \ll \omega C'$. Man gebe hierfür $\underline{Z}_L$ zerlegt nach Real- und Imaginärteil, Betrag und Phase, $\underline{\gamma} = \alpha + \mathrm{j}\beta$, sowie die Wellengeschwindigkeit v_ϕ an.

Aufgabe 4.3.4-2: Man gebe mithilfe der Taylorreihenentwicklung eine Näherungsformel für den Leitungswellenwiderstand $\underline{Z}_L$ bei schwachen Verlusten an.

Aufgabe 4.3.4-3: Man bestimme die Dämpfungskonstante α für ein verlustarmes symmetrisches Kabel mit den Leitungsbelägen $R' = 10\ \Omega$/km, $C' = 60$ nF/km, $L' = 200\ \mu$H/km, $G' = 1\ \mu$S/km. Für welchen Wert von L'_{min} würde α minimal werden und wie groß ist α_{min} dann? Wie groß ist $\underline{Z}_L$ in diesen Fällen?

*Aufgabe 4.3.4-4: Man bestimme für ein verlustarmes Koaxialkabel das Radienverhältnis b/a, für das die Dämpfungskonstante α minimal wird. Man beachte für R' den Skineffekt und berücksichtige dielektrische Verluste mittels $G' = \omega C'\tan\delta_\varepsilon$. Man vergleiche das Ergebnis mit dem Radienverhältnis eines Standard-75 Ω-Koaxialkabels.

4.3.5 Reflexionsfaktor $\underline{r}$

Wie bei den freien Wellen in Abschnitt 3.3.11 interessiert der Reflexionsfaktor am Leitungsende $\underline{r}_2$. Er ist maßgeblich verantwortlich für die Verhältnisse, die sich auf den Leitungen insgesamt einstellen. So wie bei den freien Wellen vom Reflexionsfaktor der elektrischen und magnetischen Feldstärke die Rede war, interessieren hier Spannungsreflexionsfaktor $\underline{r}_{U2}$ und Stromreflexionsfaktor $\underline{r}_{I2}$; sprechen wir vom Reflexionsfaktor schlechthin, soll dies in Analogie zu den Vektorfeldern per Definition der Spannungsreflexionsfaktor $\underline{r}_U = \underline{r}$ sein:

$$\underline{r}_2 = \frac{\underline{\hat{U}}_{r2}}{\underline{\hat{U}}_{h2}} = \frac{\underline{\hat{E}}_{rx2}}{\underline{\hat{E}}_{hx2}} = -\frac{\underline{\hat{I}}_{r2}}{\underline{\hat{I}}_{h2}} = -\frac{\underline{\hat{H}}_{ry2}}{\underline{\hat{H}}_{hy2}} = -\underline{r}_{I2}. \tag{4.3-17}$$

Suchen wir den *lokalen Reflexionsfaktor* $\underline{r}(z)$ an einer beliebigen Stelle der Leitung, erhalten wir ihn in Analogie dazu:

$$\underline{r}(z) = \frac{\underline{U}_r(z)}{\underline{U}_h(z)} = \frac{\underline{E}_{rx}(z)}{\underline{E}_{hx}(z)} = -\frac{\underline{I}_r(z)}{\underline{I}_h(z)} = -\frac{\underline{H}_{ry}(z)}{\underline{H}_{hy}(z)} = -\underline{r}_I(z). \tag{4.3-18}$$

Er gibt uns an, welchen Wert an der Stelle z gerade das komplexe Spannungsamplitudenverhältnis von rück- und hinlaufender Welle hat. Wir möchten wieder wissen, wie der Reflexionsfaktor sich aus Leitungswellen- und Abschlußwiderstand zusammensetzt und berechnen dazu zunächst die Abhängigkeit

$$\underline{Z}(z) = \frac{\underline{U}(z)}{\underline{I}(z)} = \underline{Z}_L\frac{\underline{U}_h(z)+\underline{U}_r(z)}{\underline{U}_h(z)-\underline{U}_r(z)} = \underline{Z}_L\frac{1+\underline{U}_r(z)/\underline{U}_h(z)}{1-\underline{U}_r(z)/\underline{U}_h(z)} = \underline{Z}_L\frac{1+\underline{r}(z)}{1-\underline{r}(z)} \tag{4.3-19}$$

Lösen wir diese Gleichung nach dem lokalen Reflexionsfaktor $\underline{r}(z)$ auf, ergibt sich die bekannte Formel der Vektorfelder:

$$\underline{r}(z) = \frac{\underline{Z}(z)-\underline{Z}_L}{\underline{Z}(z)+\underline{Z}_L}; \qquad \underline{r}_2 = \frac{\underline{Z}_2-\underline{Z}_L}{\underline{Z}_2+\underline{Z}_L}. \tag{4.3-20}$$

Speziell am Leitungsende, wo $\underline{Z}(l) = \underline{Z}_2$, folgt erwartungsgemäß die rechte Gleichung. Wir können folgende Spezialfälle betrachten:

- **Anpassungsfall** mit $\underline{Z}_2 = \underline{Z}_L$: $\underline{r}_{2A} = 0.$ (4.3-21)
  Die über die Leitung zum Abschlußwiderstand transportierte Energie wird dort vollständig umgesetzt. Dieser Fall ist letztendlich nicht von dem der unendlich langen Leitung zu unterscheiden. Damit hat insbes. der verlustfreie Leitungswellenwiderstand Z_L eine vergleichsweise physikalische Bedeutung wie ein OHMscher Widerstand vom Wert $R_2 = Z_L$. Z_L nimmt wie R_2 Leistung vom Generator auf, ohne wieder welche zurückzugeben. Dies drückt sich darin aus, daß er reell ist. Für den Generator sieht es in beiden Fällen so aus, als ob die Leitung (ggfls. gemeinsam mit dem gleich-

großen Abschlußwiderstand R_2) ihm Leistung entzieht, wobei er nicht auseinanderdividieren kann, wer nun genau diese Leistung wirklich aufnimmt.

Dies ist eine sinnfällige Interpretation des reellen Leitungswellenwiderstands, der auf den Materialgrößen μ und ε fußt und der Quelle elektromagnetische Energie entzieht, ohne sie zurückzugeben, und einem OHMschen Widerstand, der auf κ fußt und ihr elektromagnetische Energie entzieht und sie in Wärmeenergie umwandelt. Diese Argumentationsweise läßt sich analog auf die Feldbeschreibungen des vorigen Kapitels übertragen.

- **Kurzschluß am Leitungsende** mit $\underline{Z}_2 = 0$

$$\Rightarrow \underline{\hat{U}}_{r2} = -\underline{\hat{U}}_{h2}, \qquad \underline{\hat{U}}_2 = 0, \qquad \underline{\hat{I}}_{r2} = \underline{\hat{I}}_{h2} = \underline{\hat{I}}_2/2: \qquad \underline{r}_{2K} = -1. \qquad (4.3\text{-}22)$$

Die Spannung am Leitungsende dreht sich um, der Strom nicht, sondern die hinlaufende Stromwelle überlagert sich konstruktiv mit der rücklaufenden. Die Wellenenergie wird vollständig reflektiert.

- **Leerlauf am Leitungsende** mit $\underline{Z}_2 = \infty$

$$\Rightarrow \underline{\hat{I}}_{r2} = -\underline{\hat{I}}_{h2}, \qquad \underline{\hat{I}}_2 = 0, \qquad \underline{\hat{U}}_{r2} = \underline{\hat{U}}_{h2} = \underline{\hat{U}}_2/2: \qquad \underline{r}_{2L} = 1. \qquad (4.3\text{-}23)$$

Der Strom am Leitungsende dreht sich um, die Spannung nicht, sondern die hinlaufende Spannungswelle überlagert sich konstruktiv mit der rücklaufenden. Die Wellenenergie wird auch hier vollständig reflektiert.

Wir können nun beobachten, wie sich der Reflexionsfaktor zum Leitungsanfang hin transformiert, d.h. wir suchen $\underline{r}(0)$:

$$\underline{r}(0) = \frac{\underline{\hat{U}}_{r1}}{\underline{\hat{U}}_{h1}} = \frac{\underline{\hat{E}}_{rx1}}{\underline{\hat{E}}_{hx1}} = -\frac{\underline{\hat{I}}_{r1}}{\underline{\hat{I}}_{h1}} = -\frac{\underline{\hat{H}}_{ry1}}{\underline{\hat{H}}_{hy1}} = -\underline{r}_1(0) = \frac{\underline{\hat{U}}_{r2}e^{-\underline{g}}}{\underline{\hat{U}}_{h2}e^{+\underline{g}}} = \underline{r}_2 e^{-2\underline{g}} = \underline{r}_2 e^{-2a} e^{-j2b}. \qquad (4.3\text{-}24)$$

Betrachten wir die verlustlose Leitung mit $a = 0$, vereinfacht sich die Beziehung zu:

$$\underline{r}(0) = \underline{r}_2 e^{-j2b} = \underline{r}_2 e^{-j\frac{4\pi l}{\lambda}}. \qquad (4.3\text{-}25)$$

Wir erkennen, daß in diesem Fall der Betrag des Reflexionsfaktors entlang der Leitung konstant bleibt, die Phase sich hingegen dreht. Für Leitungslängen ganzzahliger Vielfacher der halben Wellenlänge gilt $\underline{r}(0) = \underline{r}_2$, d.h. die Leitung eliminiert sich selbst. Analog zu den Vektorfeldern können wir auch den jeweiligen Transmissionsfaktor angeben.

Aufgabe 4.3.5-1: Man berechne den Reflexionsfaktor $\underline{r}_2$ am Ende einer mit einer Parallelschaltung aus einem Widerstand von $R = Z_L$ und einer Kapazität C abgeschlossenen verlustlosen Leitung, wobei $\omega RC = 1$. Welcher Phasenunterschied $\Delta\varphi$ liegt zwischen Spannung und Stromstärke am Abschluß vor? Wie sind die Verhältnisse der einfallenden Amplitudenbeträge $\hat{U}_h/\hat{U}_r$ bzw. $\hat{I}_h/\hat{I}_r$ und Phasen φ_U bzw. φ_I von Spannung bzw. Stromstärke zu den jeweils reflektierten?

Aufgabe 4.3.5-2: In eine $l = 300$ m lange kurzgeschlossenen Zweidrahtleitung wird eine Spannung der Frequenz $f = 1$ MHz eingespeist. Man zeige, daß auf der Leitung eine stehende Welle existiert, indem man hin- und rücklaufende Welle zu den Zeitpunkten $t_1 = 1{,}000$ µs, $t_2 = 1{,}125$ µs, $t_3 = 1{,}250$ µs, $t_4 = 1{,}375$ µs und $t_5 = 1{,}500$ µs überlagert.

Aufgabe 4.3.5-3: Für eine verlustlose $Z_L = 300\ \Omega$-Leitung, die bei $f = 8$ MHz und $\lambda = 25$ m betrieben wird, bestimme man L' und C'. Für einen Abschluß mit einem RLC-Parallelschwingkreis der Güte $Q = 40$ bestimme man die Bauelemente für Reflexionsfreiheit.

Aufgabe 4.3.5-4: Eine Leitung mit den Leitungsbelägen $R' = 13\ \Omega$/km, $G' = 0$, $L' = 2{,}5$ mH/km, $C' = 6{,}12$ nF/km soll bei einer Frequenz von $f = 800$ Hz reflexionsfrei abgeschlossen werden. Man bestimme die Werte der dazu benötigten Bauelemente.

Aufgabe 4.3.5-5: Man bestimme für eine mit C rein kapazitiv abgeschlossene verlustfreie Leitung (L', C') den Reflexionsfaktor $\underline{r}_2$ nach Betrag und Phase und skizziere die Frequenzortskurve in der komplexen Ebene.

4.3.6 Leitungsgleichungen

Wir wollen das Gesamtverhalten der Wellen auf der Leitung nun in einem Sinne etwas weiter vertiefen, wie wir es bei den freien Wellen nicht getan haben. In Anbetracht der Fixierung der Leitung auf eine endliche Länge mit konzentriertem endlichen Abschlußwiderstand muß eine realistische Betrachtung die dortigen Reflexionen mit einbeziehen und es ist zu jedem Zeitpunkt und an jedem Ort das Gesamtfeld von Strom und Spannung von Interesse. Weiterhin sollte nun zur Verallgemeinerung eine Abschluß*impedanz* $\underline{Z}_2$ (d.h. ein komplexer Abschlußwiderstand) einbezogen werden. $\underline{Z}_1$ sei die Eingangsimpedanz entspr. Abb. 4.3-2.

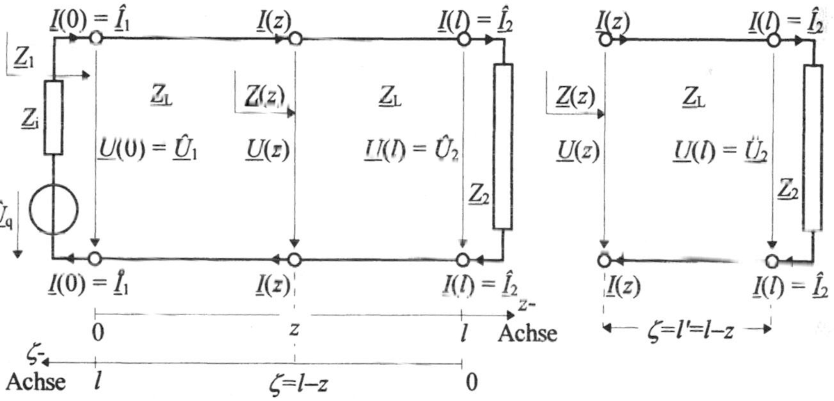

Abb. 4.3-2: Links: Leitungsmodell für Wechselspannungserregung, rechts Ersatzschaltbild für die Leitung der Länge l' ab z.

Benutzen wir die Gleichungen 4.3-7/8, können wir am Leitungsanfang ($z = 0$) die gesamte Welle in der Form

$$\underline{\hat{U}}_1 = \underline{\hat{U}}_{h1} + \underline{\hat{U}}_{r1}; \qquad \underline{\hat{I}}_1 = \underline{\hat{I}}_{h1} + \underline{\hat{I}}_{r1} = \frac{\underline{\hat{U}}_{h1}}{\underline{Z}_L} - \frac{\underline{\hat{U}}_{r1}}{\underline{Z}_L} \tag{4.3-26}$$

darstellen; am Leitungsende ($z = l$; $\underline{\gamma} l = \underline{g}$) gilt:

$$\underline{\hat{U}}_2 = \underline{\hat{U}}_{h2} + \underline{\hat{U}}_{r2} = \underline{\hat{U}}_{h1}\mathrm{e}^{-\underline{g}} + \underline{\hat{U}}_{r1}\mathrm{e}^{+\underline{g}}$$

$$\underline{\hat{I}}_2 = \underline{\hat{I}}_{h2} + \underline{\hat{I}}_{r2} = \frac{\underline{\hat{U}}_{h2}}{\underline{Z}_L} - \frac{\underline{\hat{U}}_{r2}}{\underline{Z}_L} = \frac{\underline{\hat{U}}_{h1}}{\underline{Z}_L}\mathrm{e}^{-\underline{g}} - \frac{\underline{\hat{U}}_{r1}}{\underline{Z}_L}\mathrm{e}^{+\underline{g}}. \tag{4.3-27}$$

Lösen wir diese Gleichungen nach $\underline{\hat{U}}_{h1}$ und $\underline{\hat{U}}_{r1}$ auf und setzen sie in die darüberstehenden ein, erhalten wir die *Leitungsgleichungen* in der Kettenform:

$$\underline{\hat{U}}_1 = \underline{\hat{U}}_2 \cosh \underline{g} + \underline{\hat{I}}_2 \underline{Z}_L \sinh \underline{g}; \qquad \underline{\hat{I}}_1 = \underline{\hat{I}}_2 \cosh \underline{g} + \frac{\underline{\hat{U}}_2}{\underline{Z}_L} \sinh \underline{g}. \tag{4.3-28}$$

Sie geben Auskunft darüber, welche Spannungen und Ströme wir am Anfang der Leitung messen, wenn diejenigen am Ende gegeben sind. Es handelt sich hier also um überlagerte Größen. Diese Darstellung erlaubt uns nun auf einfache Weise, den gesamten, d.h. überlagerten, Strom/Spannungsverlauf an jeder Stelle z der Leitung zu bestimmen. Nach der Zweipoltheorie können wir alles was links des Orts z ist, als Ersatzspannungsquelle mit Eingangsspannung $\underline{U}(z)$ statt $\underline{\hat{U}}_1$ bei $z = 0$ auffassen. Ab hier hat jedoch die Leitung nicht mehr die Länge l, sondern $\zeta = l - z$, womit wir $\underline{g} = \underline{\gamma} l$ durch $\underline{\gamma}(l-z) = \underline{\gamma}\zeta$ ersetzen müssen. Die ζ-Koordinate läuft entspr. der Skizze entgegen der z-Koordinate:

$$\underline{U}(z) = \underline{\hat{U}}_2 \cosh \underline{\gamma}\zeta + \underline{\hat{I}}_2 \underline{Z}_L \sinh \underline{\gamma}\zeta; \qquad \underline{I}(z) = \underline{\hat{I}}_2 \cosh \underline{\gamma}\zeta + \frac{\underline{\hat{U}}_2}{\underline{Z}_L} \sinh \underline{\gamma}\zeta. \tag{4.3-29}$$

Wenn also hier und in der Folge eine Abhängigkeit von ζ betrachtet wird, heißt das, ein Ergebnis ist gleichzeitig gültig für eine Leitung der Länge $l' = \zeta$. Diese beiden Gleichungspaare lassen sich elegant über Vierpol-Matrixgleichungen darstellen:

$$\begin{pmatrix} \underline{\hat{U}}_1 \\ \underline{\hat{I}}_1 \end{pmatrix} = \begin{pmatrix} \cosh \underline{g} & \underline{Z}_L \sinh \underline{g} \\ \dfrac{\sinh \underline{g}}{\underline{Z}_L} & \cosh \underline{g} \end{pmatrix} \cdot \begin{pmatrix} \underline{\hat{U}}_2 \\ \underline{\hat{I}}_2 \end{pmatrix}; \qquad \begin{pmatrix} \underline{U}(z) \\ \underline{I}(z) \end{pmatrix} = \begin{pmatrix} \cosh \underline{\gamma}\zeta & \underline{Z}_L \sinh \underline{\gamma}\zeta \\ \dfrac{\sinh \underline{\gamma}\zeta}{\underline{Z}_L} & \cosh \underline{\gamma}\zeta \end{pmatrix} \cdot \begin{pmatrix} \underline{\hat{U}}_2 \\ \underline{\hat{I}}_2 \end{pmatrix}. \tag{4.3-30}$$

$$\underline{A}(\underline{g}) = \begin{pmatrix} \cosh \underline{g} & \underline{Z}_L \sinh \underline{g} \\ \dfrac{\sinh \underline{g}}{\underline{Z}_L} & \cosh \underline{g} \end{pmatrix} \quad \text{bzw.} \quad \underline{A}(\underline{\gamma}\zeta) = \begin{pmatrix} \cosh \underline{\gamma}\zeta & \underline{Z}_L \sinh \underline{\gamma}\zeta \\ \dfrac{\sinh \underline{\gamma}\zeta}{\underline{Z}_L} & \cosh \underline{\gamma}\zeta \end{pmatrix} \tag{4.3-31}$$

sind die zugehörigen ***Kettenmatrizen*** $\underline{A}$ mit zugehörigen A_{ij}-Parametern als Koeffizienten des hier symmetrischen und umkehrbaren Vierpols, mit denen sich bestimmte Leitungskonfigurationen, z.B. Kopplungen, einfach beschreiben lassen. Diese Beschreibungsmethode gilt auch für die Folgegleichungen, was wir aber nicht immer explizit anschreiben wollen. Mithilfe der Abschlußimpedanz $\underline{Z}_2 = \underline{\hat{U}}_2/\underline{\hat{I}}_2$ läßt sich einer der Parameter durch diese ausdrücken:

$$\underline{\hat{U}}_1 = \underline{\hat{U}}_2(\cosh \underline{g} + \frac{\underline{Z}_L}{\underline{Z}_2} \sinh \underline{g}); \qquad \underline{\hat{I}}_1 = \underline{\hat{I}}_2(\cosh \underline{g} + \frac{\underline{Z}_2}{\underline{Z}_L} \sinh \underline{g}) \tag{4.3-32}$$

bzw. an beliebiger Stelle $\zeta = l - z$:

$$\underline{U}(z) = \underline{\hat{U}}_2(\cosh \underline{\gamma}\zeta + \frac{\underline{Z}_L}{\underline{Z}_2} \sinh \underline{\gamma}\zeta); \qquad \underline{I}(z) = \underline{\hat{I}}_2(\cosh \underline{\gamma}\zeta + \frac{\underline{Z}_2}{\underline{Z}_L} \sinh \underline{\gamma}\zeta). \tag{4.3-33}$$

Betrachten wir wieder den Spezialfall der **verlustlosen Leitung**, so wird mit $\gamma = \mathrm{j}\beta$; $\underline{g} = \mathrm{j}b = \mathrm{j}2\pi l/\lambda$, $\cosh \mathrm{j}b = \cos b$, $\sinh \mathrm{j}b = \mathrm{j}\sin b$, $\underline{Z}_\mathrm{L} = Z_\mathrm{L}$:

$$\underline{\hat{U}}_1 = \underline{\hat{U}}_2 \cos b + \mathrm{j}\underline{\hat{I}}_2 Z_\mathrm{L} \sin b; \qquad \underline{\hat{I}}_1 = \underline{\hat{I}}_2 \cos b + \mathrm{j}\frac{\underline{\hat{U}}_2}{Z_\mathrm{L}} \sin b, \tag{4.3-34}$$

bzw. mithilfe der Abschlußimpedanz $\underline{Z}_2$:

$$\underline{\hat{U}}_1 = \underline{\hat{U}}_2(\cos b + \mathrm{j}\frac{Z_\mathrm{L}}{\underline{Z}_2} \sin b); \qquad \underline{\hat{I}}_1 = \underline{\hat{I}}_2(\cos b + \mathrm{j}\frac{\underline{Z}_2}{Z_\mathrm{L}} \sin b). \tag{4.3-35}$$

An beliebiger Stelle $\zeta = l - z$ gilt nun:

$$\underline{U}(z) = \underline{\hat{U}}_2 \cos \beta\zeta + \mathrm{j}\underline{\hat{I}}_2 Z_\mathrm{L} \sin \beta\zeta; \qquad \underline{I}(z) = \underline{\hat{I}}_2 \cos \beta\zeta + \mathrm{j}\frac{\underline{\hat{U}}_2}{Z_\mathrm{L}} \sin \beta\zeta \tag{4.3-36}$$

bzw. wieder mithilfe der Abschlußimpedanz $\underline{Z}_2$:

$$\underline{U}(z) = \underline{\hat{U}}_2(\cos \beta\zeta + \mathrm{j}\frac{Z_\mathrm{L}}{\underline{Z}_2} \sin \beta\zeta); \ \underline{I}(z) = \underline{\hat{I}}_2(\cos \beta\zeta + \mathrm{j}\frac{\underline{Z}_2}{Z_\mathrm{L}} \sin \beta\zeta). \tag{4.3-37}$$

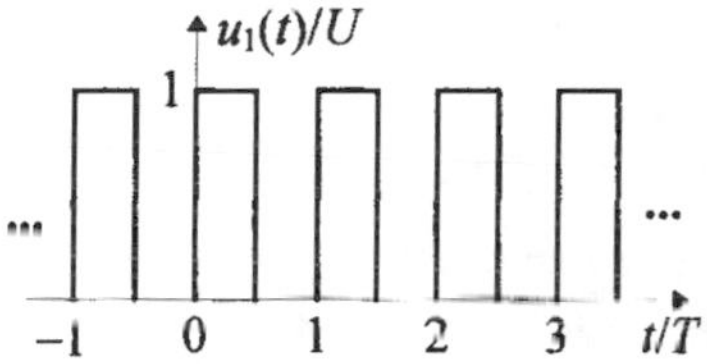

Abb. 4.3-3: Zu Aufgabe 4.3.6-5.

Aufgabe 4.3.6-1: Man leite die Leitungsgleichungen 4.3-28 her.

Aufgabe 4.3.6-2: Man stelle $\underline{U}_2$ und $\underline{I}_2$ in Abhängigkeit von $\underline{U}_1$, $\underline{I}_1$, $\underline{Z}_\mathrm{L}$ und $\underline{g}$ dar.

Aufgabe 4.3.6-3: Zwei Leitungen mit unterschiedlichen Längen und Wellenwiderständen werden gekoppelt und mit $\underline{Z}_2$ abgeschlossen. Man stelle die Leitungsgleichungen für das Gesamtsystem auf. Man gebe hierfür die A-Parameter an und bestimme den Zusammenhang zwischen den Matrizen der Einzelleitungen und der Gesamtleitung.

Aufgabe 4.3.6-4: Am Eingang einer verlustlosen Leitung mit $L' = 20$ mH/km, $C' = 125$ nF/km und $l = 1$ km liege die Spannung $u_1(t) = 1\mathrm{V} \cdot \sin(2\pi 10\mathrm{kHz} \cdot t)$. Man berechne Z_L, β und $u_2(t)$, wenn die Leitung mit $R_2 = 200\ \Omega$ abgeschlossen ist.

Aufgabe 4.3.6-5: Auf eine mit $R_2 = 1\ \mathrm{k}\Omega$ abgeschlossene Leitung der Länge $l = 10$ km und den Leitungsbelägen $L' = 10$ mH/km und $C' = 40$ nF/km wird die in Abb. 4.3-3 dargestellte Pulsfolge mit $T = 400\ \mu\mathrm{s}$ und der Amplitude $U = 1$ V gegeben. Die Pulsfolge läßt sich durch eine FOURIERreihe der Form $u_1(t) = u_{10} + u_{11}(t) + u_{13}(t) + u_{15}(t) + \ldots = U \cdot (0{,}5 + 2/\pi \cdot \sin(2\pi f_0 t) + 2/3\pi \cdot \sin(6\pi f_0 t) + 2/5\pi \cdot \sin(10\pi f_0 t) + \ldots$ darstellen. Man bestimme die Frequenz f_0 der Grundschwingung, den Leitungswellenwiderstand Z_L, Wellenzahlen β_i und Wellenlängen λ_i der $i$ten Schwingungen ($i = 1,3,5,\ldots$), die Geschwindigkeit c der Welle auf der Leitung, sowie den Zeitverlauf der Ausgangsspannung $u_2(t)$ in seiner einfachsten Form mit Skizze.

4.3.7 Eingangswiderstand $\underline{Z}_1$ und Leitungswiderstand $\underline{Z}(z)$

Möchten wir den ***Eingangswiderstand*** $\underline{Z}_1$ der Leitung, der sich aus der Überlagerung von hin- und rücklaufenden Wellen ergibt, wissen, können wir diesen einfach über den Quotienten

$$\underline{Z}_1 = \frac{\hat{\underline{U}}_1}{\hat{\underline{I}}_1} = \frac{\underline{Z}_2 \cosh \underline{g} + \underline{Z}_L \sinh \underline{g}}{\cosh \underline{g} + \underline{Z}_2 / \underline{Z}_L \cdot \sinh \underline{g}} = \underline{Z}_2 \frac{1 + \underline{Z}_L / \underline{Z}_2 \cdot \tanh \underline{g}}{1 + \underline{Z}_2 / \underline{Z}_L \cdot \tanh \underline{g}} \tag{4.3-38}$$

angeben. Er entspricht dem Feldwiderstand bei den freien Wellen, bei denen elektrische und magnetische Feldstärken zueinander ins Verhältnis gesetzt werden, die physikalisch an diesem Ort ursächlich nicht zusammengehören, sich aber zu einem Gesamtbild überlagern. Entsprechend den Beispielen in Abb. 4.3-4 kann er jeden Wert annehmen. Speziell für die verlustlose Leitung gilt wieder mit $\underline{g} = jb = j2\pi l/\lambda$; $\tanh \underline{g} = j\tan b$:

$$\underline{Z}_1 = \underline{Z}_2 \frac{1 + jZ_L / \underline{Z}_2 \cdot \tan b}{1 + j\underline{Z}_2 / Z_L \cdot \tan b} = Z_L \frac{\underline{Z}_2 + jZ_L \tan b}{Z_L + j\underline{Z}_2 \tan b}. \tag{4.3-39}$$

Interessant ist auch hier wieder das Verhalten der Leitung für einige Spezialfälle:

- **Anpassungsfall** mit $\underline{Z}_2 = \underline{Z}_L$: $r_{2A} = 0$: $\underline{Z}_{1A} = \underline{Z}_2 = \underline{Z}_L$ (4.3-40)

  Der Leitungswellenwiderstand wird sozusagen eliminiert, d.h. die Eingangsimpedanz ist gleich dem Abschlußwiderstand, wie wir bereits aus der vorangegangenen Betrachtung des Reflexionsfaktors vermuten konnten.

- **Kurzschluß am Leitungsende** mit $\underline{Z}_2 = 0$ $r_{2K} = -1$:

  $\underline{Z}_{1K} = \underline{Z}_L \tanh \underline{g}$; verlustlos: $\underline{Z}_{1K} = jZ_L \tan b = jX_{1K}$. (4.3-41)

  Entspr. Abb. 4.3-4 verhält sich die Leitung für den verlustlosen Fall und $\lambda n/2 < l < \lambda(n/2 + 1/4)$; $n \in N_0$, also insbesondere für $l < \lambda/4$, rein induktiv und bildet eine Stromschleife, praktisch eine Induktivitätswindung. Für $\lambda(n/2 - 1/4) < l < \lambda n/2$; $n \in N$, also insbesondere für $\lambda/4 < l < \lambda/2$, verhält sie sich kapazitiv. Die dazugehörigen Induktivitäten und Kapazitäten ergeben sich zu:

$$L = \frac{X_{1K}}{\omega} = \frac{Z_L \tan b}{\omega} = \frac{Z_L \tan \frac{2\pi l}{\lambda}}{\omega}; \quad C = \frac{-1}{\omega X_{1K}} = -\frac{\cot b}{\omega Z_L} = -\frac{\cot \frac{2\pi l}{\lambda}}{\omega Z_L}. \tag{4.3-42}$$

  Beide sinken im Mittel mit wachsender Frequenz. Diese Eigenschaften lassen sich dazu nutzen, Bauelemente einfach durch angepaßte Leitungsstücke technisch zu realisieren. Dies ist insbes. im Frequenzbereich von ca. 150 MHz bis 3 GHz von Interesse, in dem die Realisierung dieser Bauelemente durch diskreten Aufbau kompliziert wird.

- **Leerlauf am Leitungsende** mit $\underline{Z}_2 = \infty$; $r_{2L} = 1$:

  $\underline{Z}_{1L} = \underline{Z}_L \coth \underline{g}$; verlustlos: $\underline{Z}_{1L} = j\cdot(-Z_L \cot b) = jX_{1L}$. (4.3-43)

  Die Eigenschaften dieser Leitung sind zu denen der kurzgeschlossenen komplementär, sie ist also ebenfalls zur Realisierung von Induktivitäten und Kapazitäten verwendbar. Praktische Einsatzfälle kurzgeschlossener oder leerlaufender Leitungsstükke (engl.: *Stublines*) kurz vor Ende fehlangepaßter Leitungen werden z.B. in der Kurzwellentechnik zur reflexionsfreien Anpassung verwendet. Parameter, die die richtige *Stubline* bestimmen, sind deren Länge, Abstand des Stubline-Ankopplungsorts zum Abschlußwiderstand, Abschlußart, Wellenlänge, usw.

- **Verlustlose $\lambda/4$-Leitung mit** $l = \lambda/4 + n\lambda/2$; $n \in N_0$; und damit $b = \pi/2 + \pi n$ und $\tan\pi(1/2 + n) = \pm\infty$:

$$\underline{Z}_1 = \frac{Z_L^2}{\underline{Z}_2}, \quad Z_L = \sqrt{\underline{Z}_1 \underline{Z}_2} \quad \text{bzw.} \quad \frac{\underline{Z}_1}{Z_L} = \frac{Z_L}{\underline{Z}_2}. \tag{4.3-44}$$

Die Leitung invertiert, der Leitungswellenwiderstand ist gleich dem geometrischen Mittel aus Eingangs- und Abschlußwiderstand. Sie hat praktische Bedeutung in der Kopplung von Fernleitungen mit unterschiedlichen Leitungswellenwiderständen oder einfach bei der Leitungswellenwiderstandsanpassung einer Last an die Leitung, da hiermit dennoch eine Reflexion an der Kopplungsstelle vermieden wird.

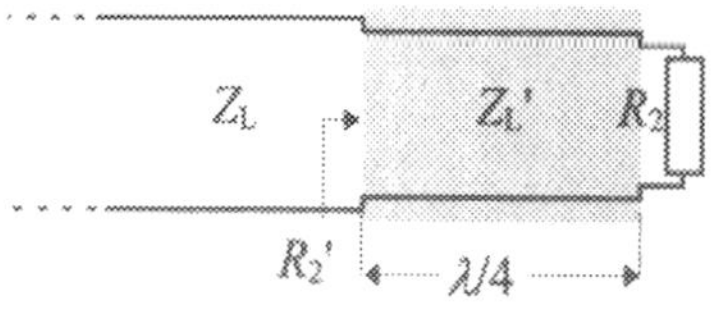

Sei dazu eine Leitung mit einem Leitungswellenwiderstand von Z_L gegeben, die Last habe einen Abschlußwiderstand von $R_2 \neq Z_L$. Schalten wir zwischen Leitungsende und Lastwiderstand ein Leitungsstück von $Z_L' = \sqrt{Z_L R_2}$, ergibt sich der gemeinsame Widerstand R_2' von $\lambda/4$-Leitung und Abschlußwiderstand zu

$$R_2' = \frac{Z_L'^2}{R_2} = \frac{Z_L R_2}{R_2} = Z_L \tag{4.3-45}$$

und die ursprüngliche Leitung ist mit ihrem Leitungswellenwiderstand abgeschlossen. Dabei ist jedoch zu beachten, daß dies nur genau für diese Wellenlänge λ gilt. Modulierte nachrichtentechnische Signale decken jedoch immer ein Frequenzband mit zugehörigem Wellenlängenbereich ab, so daß für weiter entfernte Spektralanteile die Anpassung immer schlechter wird und der Reflexionsfaktor wächst. Dies führt zur Bandbreitenbegrenzung und, wie unten dargelegt, zur Welligkeit des Signals, die sich in einer zusätzlichen unerwünschten Modulation äußert.

- **Verlustlose $\lambda/2$-Leitung mit** $l = n\lambda/2$, $n \in N$; und damit $\tan n\pi = 0$:

$$\underline{Z}_1 = \underline{Z}_2. \tag{4.3-46}$$

Die Leitung führt eine Anpassung unabhängig vom Wert des Leitungswellenwiderstands aus, wie wir es bereits nach der Transformationsformel des Reflexionsfaktors zum Leitungsanfang hin $\underline{r}(0) = \underline{r}_2$ vom Ende des Abschnitts 4.3.5 erwarten können.

Möchten wir den Leitungswellenwiderstand messen, geht dies nicht ohne weiteres durch eine einzelne Strom/Spannungsmessung, da wir bereits nach Millisekunden an jeder Stelle die Überlagerung hinlaufender und rücklaufender Wellen sehen, die den Einfluß der Abschlußimpedanz mit einbezieht. Aus den separaten Messungen der Kurzschluß- sowie der Leerlaufeingangsimpedanz ist die Bestimmung jedoch ohne Probleme über das geometrische Mittel von Kurzschlußeingangs- und Leerlaufeingangsimpedanz durchführbar:

$$\underline{Z}_L = \sqrt{\underline{Z}_{1K} \underline{Z}_{1L}}. \tag{4.3-47}$$

Interessieren wir uns hingegen für den *lokalen* ***Leitungswiderstand*** $\underline{Z}(z)$ einer Leitung, erhalten wir diesen wieder mit $\zeta = l - z$ über:

$$\underline{Z}(z)=\frac{\underline{U}(z)}{\underline{I}(z)}=\underline{Z}_2\,\frac{1+\underline{Z}_{\mathrm{L}}/\underline{Z}_2\cdot\tanh\underline{\gamma}\,\zeta}{1+\underline{Z}_2/\underline{Z}_{\mathrm{L}}\cdot\tanh\underline{\gamma}\,\zeta}\,. \tag{4.3-48}$$

Speziell für die verlustlose und auch näherungsweise für die verlustarme Leitung gilt wieder mit $\underline{\gamma}=\mathrm{j}\beta=\mathrm{j}2\pi/\lambda$; $\tanh\underline{\gamma}\zeta=\mathrm{j}\tan\beta\zeta$:

$$\underline{Z}(z)=\underline{Z}_2\,\frac{1+\mathrm{j}Z_{\mathrm{L}}/\underline{Z}_2\cdot\tan\beta\zeta}{1+\mathrm{j}\underline{Z}_2/Z_{\mathrm{L}}\cdot\tan\beta\zeta}=Z_{\mathrm{L}}\,\frac{\underline{Z}_2+\mathrm{j}Z_{\mathrm{L}}\tan\beta\zeta}{Z_{\mathrm{L}}+\mathrm{j}\underline{Z}_2\tan\beta\zeta}\,. \tag{4.3-49}$$

Diese letzen beiden Gleichungen geben also die Eingangsimpedanz an jeder Stelle z der Leitung an, wie sie sich als Überlagerung hin- und rücklaufender Wellen an dieser Stelle für den Rest der Leitung ergibt. Für den Kurzschluß- und Leerlauffall ist dies in Abb. 4.3-4 dargestellt.

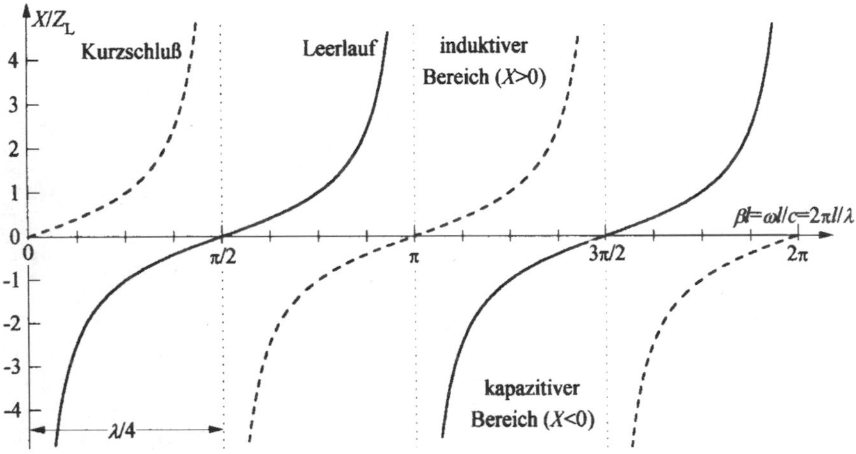

Abb. 4.3-4: Widerstandsverteilung über der Leitungslänge im Kurzschluß- und Leerlauffall.

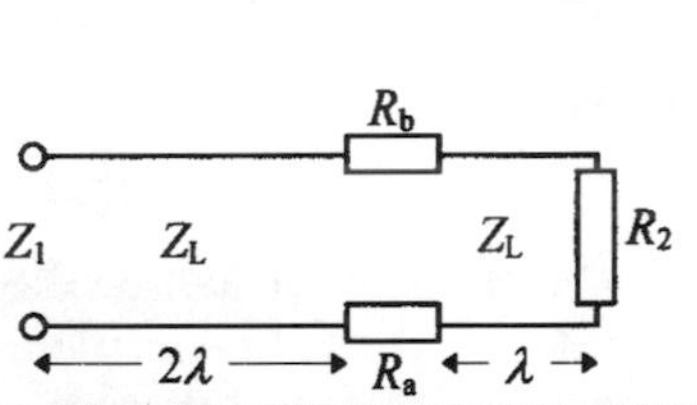

Abb. 4.3-5: Zu Aufgabe 4.3.7-2.

Aufgabe 4.3.7-1: Man gebe eine Methode an, wie man durch Messungen der Eingangsimpedanz einer Leitung das Dämpfungsmaß g bestimmen kann.

Aufgabe 4.3.7-2: Man berechne den Eingangswiderstand Z_1 der verlustlosen Leitung in Abb. 4.3-5.

Aufgabe 4.3.7-3: Man gebe eine einfache Näherungsformel für den Eingangswiderstand Z_{1K} einer verlustarmen kurzgeschlossenen $\lambda/4$-Leitung mit $R'\neq 0$, $G'=0$ in Abhängigkeit von Z_L, R' und l an. Man verwende dazu bereits zuvor im Text gemachte Näherungen, sowie für kleine Argumente x: $\cosh x \approx 1$, $\sinh x\approx x$.

Aufgabe 4.3.7-4: Bei einer homogenen, verlustarmen, $l=6$ km langen Leitung werden bei $f=10$ kHz gemessen: $a=22{,}0$ dB; Anzahl der Phasendrehungen $n=0{,}209$; $\underline{Z}_{1K}=\mathrm{j}1874\ \Omega$, $\underline{Z}_{1L}=-\mathrm{j}200\ \Omega$. Man bestimme die Leitungsbeläge R', L', G', C'.

Aufgabe 4.3.7-5: Man realisiere mittels einer leerlaufenden Standard-75 Ω-Koaxialleitung bei einer Frequenz von $f=200$ MHz eine Kapazität von $C=10$ pF bei kürzest möglicher Leitungslänge. Wie lang wäre ein kurzgeschlossenes Leitungsstück mindestens zu wählen?

4.3.8 Wellenfunktionen bei Anpassung, Leerlauf und Kurzschluß

Aus den vorangegangenen Betrachtungen wollen wir einige konkrete Wellenfunktionen berechnen, damit wir nicht vergessen, was wir bei Formeln mit komplexen Größen physikalisch real auf dem Oszilloskop beobachten. Die Basis dazu bilden wieder mit $\zeta = l - z$ die Leitungsgleichungen 4.3-30, sofern wir uns auf den verlustlosen Fall beschränken, Gln. 4.3-36:

$$u(z,t) = \Re\{\underline{U}(z)\mathrm{e}^{\mathrm{j}\omega t}\} = \Re\left\{\hat{\underline{U}}_2(\cos\beta\zeta + \mathrm{j}\frac{Z_\mathrm{L}}{\underline{Z}_2}\sin\beta\zeta)\mathrm{e}^{\mathrm{j}\omega t}\right\}; \tag{4.3-50}$$

$$i(z,t) = \Re\{\underline{I}(z)\mathrm{e}^{\mathrm{j}\omega t}\} = \Re\left\{\hat{\underline{I}}_2(\cos\beta\zeta + \mathrm{j}\frac{\underline{Z}_2}{Z_\mathrm{L}}\sin\beta\zeta)\mathrm{e}^{\mathrm{j}\omega t}\right\}. \tag{4.3-51}$$

Da die Wahl des jeweiligen Nullphasenwinkels keinen Einfluß auf das grundsätzliche physikalische Verhalten hat, setzen wir der Einfachheit halber für OHMsche Abschlüsse R_2: $\hat{\underline{U}}_2 = \hat{U}_2$ und $\hat{\underline{I}}_2 = \hat{I}_2$ reell.

Beginnen wir zunächst wieder mit dem

- **Anpassungsfall** mit $Z_2 = R_2 = \underline{Z}_\mathrm{L}$, $\underline{r}_{2\mathrm{A}} = 0$, $\underline{Z}_{1\mathrm{A}} = Z_2$:

$$u(z,t) = \hat{U}_2\Re\{(\cos\beta\zeta + \mathrm{j}\cdot\sin\beta\zeta)\mathrm{e}^{\mathrm{j}\omega t}\} = \hat{U}_2\Re\{\mathrm{e}^{\mathrm{j}(\omega t + \beta\zeta)}\} =$$

$$= \hat{U}_2\cos(\omega t + \beta\zeta) = \hat{U}_2\cos(\omega t - \beta z + b); \tag{4.3-52}$$

$$i(z,t) = \hat{I}_2\Re\{(\cos\beta\zeta + \mathrm{j}\cdot\sin\beta\zeta)\mathrm{e}^{\mathrm{j}\omega t}\} = \frac{u(z,t)}{R_2}. \tag{4.3-53}$$

Erwartungsgemäß haben wir es mit einer in positiver z-Richtung fortschreitenden Welle zu tun; keine rücklaufende Komponente überlagert sich dieser.

- **Kurzschlußfall** mit $\underline{Z}_2 = 0$, $\underline{r}_{2\mathrm{K}} = -1$:

Für diesen Fall muß wegen $\hat{\underline{U}}_2 = 0$ in der Spannungsgleichung zuerst $\hat{U}_2 = \hat{I}_2 R_2$ gesetzt werden:

$$u(z,t) = \hat{I}_2 Z_\mathrm{L}\Re\{\mathrm{j}\cdot\sin\beta\zeta\cdot\mathrm{e}^{\mathrm{j}\omega t}\} = -\hat{I}_2 Z_\mathrm{L}\sin\beta\zeta\cdot\sin\omega t; \tag{4.3-54}$$

$$i(z,t) = \hat{I}_2\Re\{\cos\beta\zeta\cdot\mathrm{e}^{\mathrm{j}\omega t}\} = \hat{I}_2\cos\beta\zeta\cdot\cos\omega t. \tag{4.3-55}$$

Die Produktbildung von Raum- und Zeitfunktion verrät uns wieder gemäß den Ausführungen in Abschnitt 3.3.11 die stehende Welle mit Spannungsknoten und Strombauch am Leitungsende. Aus dem Auftreten von Sinus- und Cosinusfunktionen erkennen wir, daß die Spannung *überall* und *zu jeder Zeit* gegenüber dem Strom um 90° phasenverschoben ist. Um dies zu verdeutlichen, seien in Abb. 4.3-6 für eine Leitung der Länge $l = 3\lambda$ Strom- und Spannungsverläufe zu vier Zeitpunkten im Abstand einer Achtel Periodendauer dargestellt.

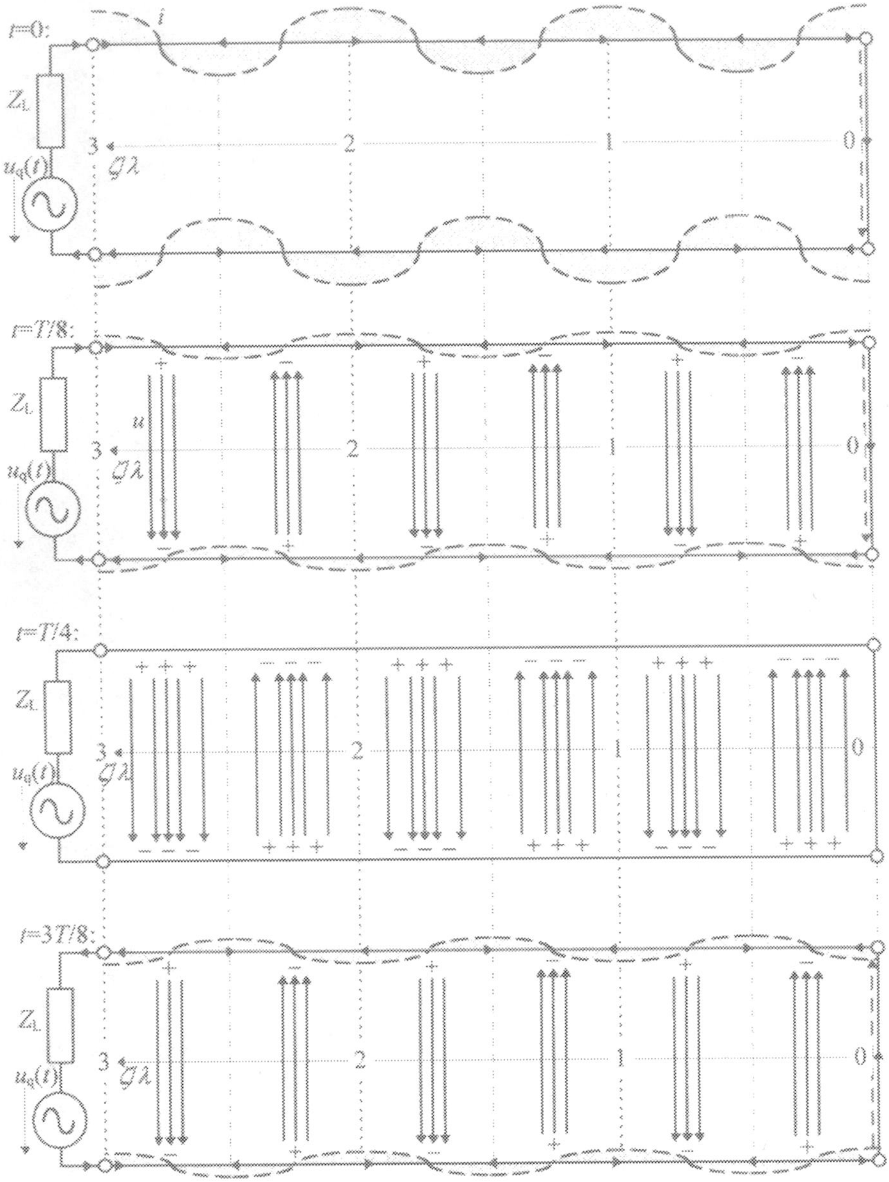

Abb. 4.3-6: Strom/Spannungsverläufe entlang einer kurzgeschlossenen Leitung der Länge $l = 3\lambda$ zu den Zeitpunkten $t = 0$, $T/8$, $T/4$, $3T/8$.

- **Leerlauffall** mit $\quad Z_2 = \infty, \qquad\qquad \underline{r}_{2L} = 1$:

  Für diesen Fall muß wegen $\hat{I}_2 = 0$ in der Stromgleichung zuerst $\hat{I}_2 = \hat{U}_2/R_2$ gesetzt werden:

$$u(z,t) = \hat{U}_2 \Re\{\cos\beta\zeta \cdot e^{j\omega t}\} \quad = \quad \hat{U}_2 \cos\beta\zeta \cdot \cos\omega t\,; \tag{4.3-56}$$

$$i(z,t) \;= \frac{\hat{U}_2}{Z_L} \Re\{j \cdot \sin\beta\zeta \cdot e^{j\omega t}\} = -\frac{\hat{U}_2}{Z_L} \sin\beta\zeta \cdot \sin\omega t\,. \tag{4.3-57}$$

Wir finden die Rollen von Strom und Spannung vertauscht, so wie wir es von kapazitivem gegenüber induktivem Verhalten bzw. umgekehrt erwarten.

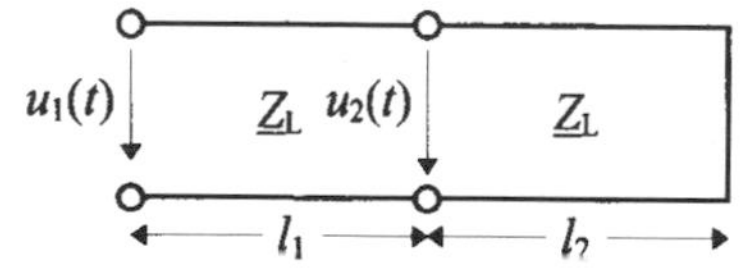

Abb. 4.3-7: Zu Aufgabe 4.3.8-2.

Aufgabe 4.3.8-1: Eine mit dem Leitungswellenwiderstand $Z_L = R_2 = 50\ \Omega$ abgeschlossene verlustlose Leitung wird mit einem Strom $i_1(t) = 1\text{mA}\cdot\sin\omega t$ gespeist. Bei der Betriebsfrequenz beträgt die Leitungswellenlänge $\lambda = 4l$. Man berechne Z_1, $u_1(t)$, $i_2(t)$ und $u_2(t)$.

Aufgabe 4.3.8-2: An einer entspr. Abb. 4.3-7 kurzgeschlossenen Leitung mit den Teillängen $l_1 = l_2 = 1$ km werden $u_1(t) = 20\text{V}\cdot\cos(\omega t - 30°)$ und $u_2(t) = 10\text{V}\cdot\cos\omega t$ gemessen. Man bestimme $\cosh\gamma l_1$, zerlegt nach Real- und Imaginärteil.

Aufgabe 4.3.8-3: In ein dämpfungsarmes, reflexionsfrei abgeschlossenes Standard-75 Ω-Koaxialkabel der Länge $l = 1{,}5$ km mit vernachlässigbarer Querdämpfung, aber einer Längsdämpfung von $\alpha = 4$dB/km bei $f = 2{,}5$ MHz werde eine Eingangsspannung von $\hat{\underline{U}}_1 = 1$V eingespeist. Man bestimme den Eingangswiderstand Z_1, das Übertragungsmaß $g = a + jb$, $i_1(t)$, $i_2(t)$ und $u_2(t)$ sowie das Dämpfungsmaß a_{10} bei $f = 10$ MHz.

Aufgabe 4.3.8-4: Eine leerlaufende verlustlose Leitung der Länge $l = \lambda/4$ und $Z_L = 200\ \Omega$ wird von eine Quellspannung $\hat{\underline{U}}_a = 12$V mit Innenwiderstand $R_i = 80\ \Omega$ gespeist. Man bestimme $u_1(t)$, $u_2(t)$, $i_1(t)$, $i_2(t)$, $u(z,t)$ und $i(z,t)$.

Aufgabe 4.3.8-5: Für eine gegebene Frequenz f bestimme man für eine beidseitig kurzgeschlossene, eine beidseitig leerlaufende sowie eine einseitig kurzgeschlossene und auf der anderen Seite leerlaufende Leitung alle möglichen Leitungslängen l, bei denen stehende Wellen auftreten.

4.3.9 Welligkeit *s* und Anpassungsfaktor *m* bei Fehlanpassung

Im vorangegangenen Abschnitt wurden Sonderfälle des Leitungsabschlusses betrachtet, die entweder zu ausschließlich fortschreitenden Wellen im Anpassungsfall oder ausschließlich stehenden Wellen im Kurzschluß- und Leerlauffall führten. Bei einer beliebigen Fehlanpassung können wir eine Überlagerung fortschreitender und stehender Wellen erwarten.

Im Fall stehender Wellen treten die Amplituden jeweils einer Größenart im Abstand $\lambda/2$ relativ zueinander auf, die am weitesten rechts liegende entweder bei $\zeta = 0$ (Strom bei Kurzschluß, Spannung bei Leerlauf) oder bei $\zeta = \lambda/4$ (Spannung bei Kurzschluß, Strom bei Leerlauf). Im Fall fortschreitender Wellen bei Anpassung finden sich die Strom- und Spannungsamplituden zu einem bestimmten Zeitpunkt t an irgendeiner Stelle ζ bzw. jede Stelle ζ wird im zeitlichen Abstand T von einer Amplitude überlaufen.

Im Fall beliebigen Abschlusses variiert die Amplitude mit der Zeit. Die Leitungsgleichungen ergeben für eine verlustlose Leitung mit OHMschem Abschluß R_2:

$$u(z,t) = \hat{U}_2 \Re\left\{(\cos\beta\zeta + \mathrm{j}\frac{Z_\mathrm{L}}{R_2}\sin\beta\zeta)\mathrm{e}^{\mathrm{j}\omega t}\right\} =$$

$$= \hat{U}_2(\cos\beta\zeta\cdot\cos\omega t - \frac{Z_\mathrm{L}}{R_2}\sin\beta\zeta\cdot\sin\omega t); \qquad (4.3\text{-}58)$$

$$i(z,t) = \hat{I}_2 \Re\left\{(\cos\beta\zeta + \mathrm{j}\frac{R_2}{Z_\mathrm{L}}\sin\beta\zeta)\mathrm{e}^{\mathrm{j}\omega t}\right\} =$$

$$= \hat{I}_2(\cos\beta\zeta\cdot\cos\omega t - \frac{R_2}{Z_\mathrm{L}}\sin\beta\zeta\cdot\sin\omega t). \qquad (4.3\text{-}59)$$

Diese Wellenfunktionen von Spannung und Stromstärke sind im Vergleich für $\underline{Z}_2 = R_2 = Z_\mathrm{L}/2$ in Abb. 4.3-8 und Abb. 4.3-9 zu vier Zeitpunkten im Abstand einer Achtel Periodendauer dargestellt. Wir erkennen die stehenden Hüllkurven $U(z)$ und $I(z)$, die an jeder Stelle z angeben, welchen Wert die überlagerte Oszillation hier maximal annehmen kann. Darunter läuft die jeweils wirklich überlagerte Zeitfunktion hin- und rücklaufender Wellen nach rechts. Es handelt sich also um eine Modulation mit laufender Trägerwelle und stehender Hüllkurve.

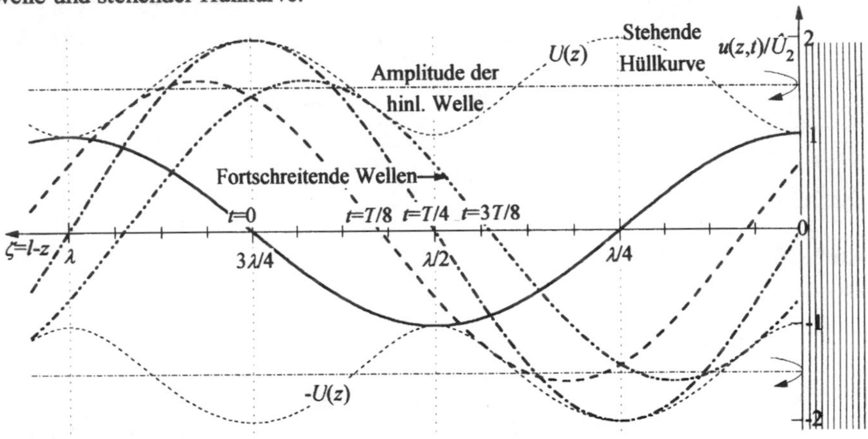

Abb. 4.3-8: Wellenfunktion zu vier Zeitpunkten im Abstand von einer Achtel Periodendauer der auf $\hat{U}_2$ normierten Spannung für $R_2/Z_\mathrm{L} = 1/2$, korrespondierend zu Abb. 4.3-9.

Wir erkennen weiterhin den jeweiligen Amplitudenpegel der hinlaufenden Welle, normiert auf die Amplitude am Abschlußwiderstand. Anhand der Abstände der Nulldurchgänge läßt sich erkennen, daß die Geschwindigkeit der zum Verbraucher fließenden Welle nicht konstant ist, für Spannung und Strom oszilliert sie unterschiedlich, über ein Periode gemittelt jedoch wieder gleich.

Ersetzen wir ein gegebenes Verhältnis R_2/Z_L durch Z_L/R_2, also im Beispiel $\underline{Z}_2 = R_2 = 2Z_\mathrm{L}$, erkennen wir aus der Struktur der Gleichungen, daß sich die normierten Wellenfunktionen von Spannung und Stromstärke vertauschen. Auch diese Welle fließt erwartungsgemäß von der Quelle zum Verbraucher. Für die Ortsverläufe ergibt sich als Amplitudenbetrag:

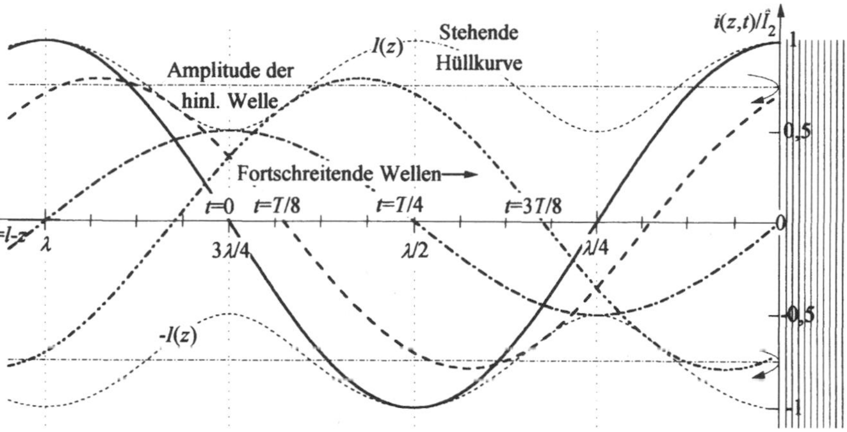

Abb. 4.3-9: Wellenfunktion zu vier Zeitpunkten im Abstand von einer Achtel Periodendauer des auf $\hat{I}_2$ normierten Stroms für $R_2/Z_L = 1/2$, korrespondierend zu Abb. 4.3-8.

$$U(z) = \hat{U}_2\sqrt{\cos^2\beta\zeta + \left(\frac{Z_L}{R_2}\right)^2\sin^2\beta\zeta}\ ; \quad I(z) = \hat{I}_2\sqrt{\cos^2\beta\zeta + \left(\frac{R_2}{Z_L}\right)^2\sin^2\beta\zeta}\ . \tag{4.3-60}$$

Wir betrachten dazu in Abb. 4.3-10 und Abb. 4.3-11 einige konkrete Beispiele einer verlustlosen Freileitung mit verschiedenen R_2/Z_L-Verhältnissen. Aufgetragen ist in Abb. 4.3-10 das Verhältnis von Spannung und Strom in Bezug auf den jeweiligen Maximalwert. Da im Beispiel immer $R_2 < Z_L$, tritt die maximale Spannung bei $\sin\beta\zeta = 1$, also erstmals vom Ende gesehen bei $\beta\zeta = \pi/2$ bzw. $\zeta = \lambda/4$ auf und dann wegen der Betragsbildung alle $\lambda/2$. Der Strom hat sein Maximum bei $\cos\beta\zeta = 1$, also erstmals bei $\zeta = 0$ und dann ebenfalls alle $\lambda/2$. Beide Maxima sind immer um $\lambda/4$ phasenverschoben.

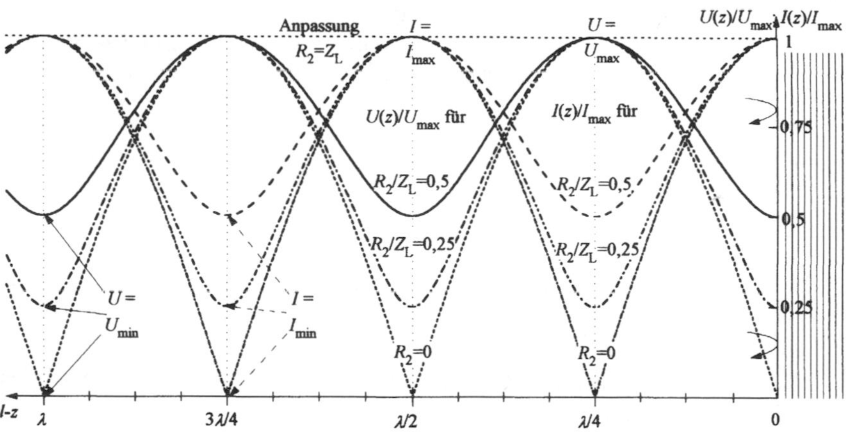

Abb. 4.3-10: Auf den jeweiligen Maximalwert normierte Spannungs- und Stromverläufe entlang einer Leitung für verschiedene Verhältnisse Abschlußwiderstand/Leitungswellenwiderstand.

In Abb. 4.3-11 hingegen sind dieselben Kurven für $R_2/Z_L = 0{,}25$ bzw. 0,5 normiert auf die jeweiligen Werte $\hat{U}_2$ und $\hat{I}_2$ dargestellt, so daß sich am Leitungsende immer der Wert 1 ergibt. Wir finden durch Reflexionen am niederohmigen Lastwiderstand Stromüberhöhungen und Spannungsabdämpfungen.

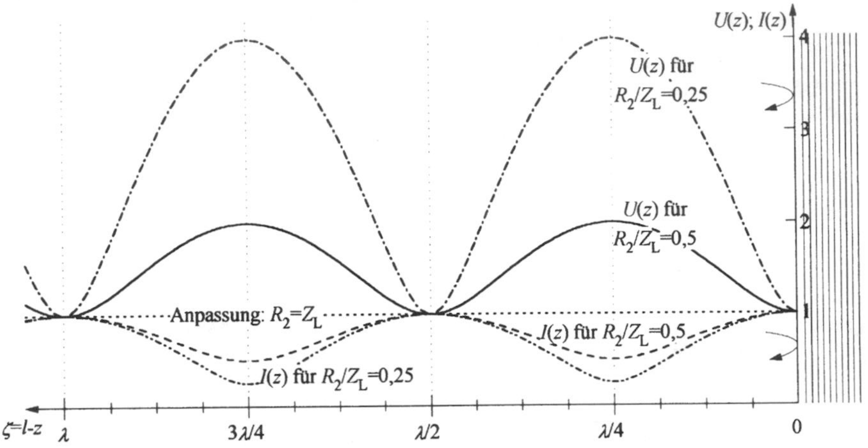

Abb. 4.3-11: Auf den jeweiligen Funktionswert am Lastwiderstand normierte Spannungs- und Stromverläufe entlang einer Leitung für verschiedene Verhältnisse Abschlußwiderstand/Leitungswellenwiderstand.

Wir erkennen, daß die Kurven umso welliger sind, je weiter R_2 und Z_L auseinanderliegen. Damit ist die ***Welligkeit*** s durch folgendes Verhältnis definiert:

$$s := \frac{U_{\text{max}}}{U_{\text{min}}} = \frac{I_{\text{max}}}{I_{\text{min}}} = \frac{E_{\text{max}}}{E_{\text{min}}} = \frac{H_{\text{max}}}{H_{\text{min}}} = \frac{\hat{U}_{\text{h}} + \hat{U}_{\text{r}}}{\hat{U}_{\text{h}} - \hat{U}_{\text{r}}} =: \frac{1}{m}. \tag{4.3-61}$$

Der Kehrwert der Welligkeit ist der ***Anpassungsfaktor*** m. Das absolute Amplitudenmaximum U_{max} tritt auf, wenn sich die Amplituden der hin- und rücklaufenden Welle addieren (konstruktive Interferenz), das Amplitudenminimum U_{min}, wenn sie sich subtrahieren (destruktive Interferenz). Diese Verhältnisse sind für Spannungen, Ströme und Feldstärken gleich, nur entspr. den obigen Angaben gegeneinander phasenverschoben.

Betrachten wir den Fall der

- **Anpassung**: da die rücklaufende Welle nicht auftritt, ist die Welligkeit 1; aus den Leitungsgleichungen lesen wir ab:

$$\underline{U}(z) = \hat{U}_2 e^{j\beta\zeta} \quad \Rightarrow \quad U(z) = \hat{U}_2 \quad \Rightarrow \quad s_{\text{A}} = 1, \quad m_{\text{A}} = 1. \tag{4.3-62}$$

  $U(z) = \hat{U}_2$ heißt also, daß die Amplitude unabhängig von z ist, also an jeder Stelle auftreten kann. In der Darstellung ist dies die durchgezogene Linie. Wir haben also zu m = 100% fortschreitende Wellenanteile.

- **Kurzschluß oder Leerlauf**: da in diesen Fällen die Leitungsgleichungen rein sinus- oder cosinusförmig sind, wird $U_{\text{min}} = 0$ und $s_{\text{K}} = s_{\text{L}} = \infty$, $m_{\text{K}} = m_{\text{L}} = 0$. Da es sich um rein stehende Wellen handelt, ist also m, wie auch im Anpassungsfall, das Maß für das Fortschreiten der Wellen.

- **Fehlanpassung**: für die zuvor betrachteten Fälle $R_2 < Z_L$ gilt offenbar $s = U_{max}/U_{min} = Z_L/R_2 = 2$, 4 bzw. ∞. Ist hingegen $R_2 > Z_L$, gilt folglich umgekehrt $s = U_{max}/U_{min} = R_2/Z_L$.

Welligkeit und Anpassungsfaktor sind auch eng mit dem Reflexionsfaktor r verknüpft:

$$s = \frac{\hat{U}_h + \hat{U}_r}{\hat{U}_h - \hat{U}_r} = \frac{\hat{U}_h + r\hat{U}_h}{\hat{U}_h - r\hat{U}_h} = \frac{1+r}{1-r} = \frac{1}{m} \qquad \text{bzw.} \qquad r = \frac{s-1}{s+1} = \frac{1-m}{1+m}. \qquad (4.3\text{-}63)$$

Diese Formeln sind auch bei komplexen Abschlüssen verwendbar. Wie beim Reflexionsfaktor bereits dargelegt, resultiert Welligkeit in einer unerwünschten Modulation.

Der Begriff *Welligkeit* ist also etwas irreführend, denn man würde vom Sprachlichen erwarten, daß für den Anpassungsfall, da keine Welle reflektiert wird und die hinlaufende Amplitude überall konstant ist, deren Welligkeit verschwindet. Sie hat jedoch hier per Definition den Wert 1. Der den wahren Sachverhalt korrekter beschreibende englische Begriff heißt ***Voltage Standing Wave Ratio*** (***VSWR***), also *Verhältnis der stehenden Spannungswelle*.

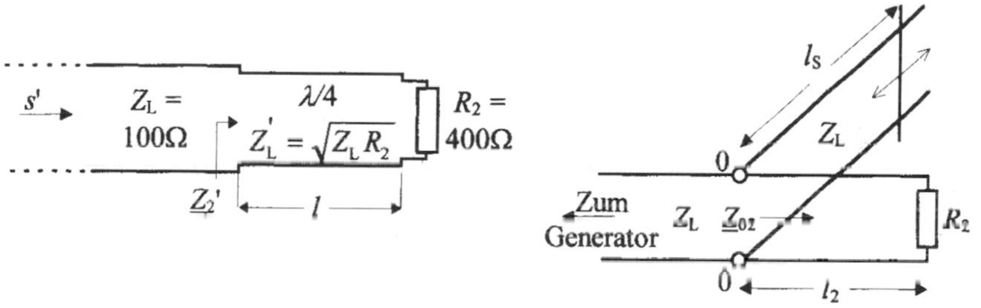

Abb. 4.3-12: Zu Aufgaben 4.3.9-2 und 4.3.9-5.

Aufgabe 4.3.9-1: Eine Freileitung der Länge l werde mit einer Induktivität L abgeschlossen. Man berechne für $\underline{\hat{U}}_2 = \hat{U}_2$ reell $u(z,t)$ und $i(z,t)$ und vergleiche das Ergebnis mit einer am Ende offenen Leitung. Wie kann man deren Länge l' verändern, so daß sich beide Leitungen gleich verhalten.

Aufgabe 4.3.9-2: Eine Leitung mit $Z_L = 100\ \Omega$ Leitungswellenwiderstand werde entspr. Abb. 4.3-12 links zur Reduzierung von Reflexionen an einen $R_2 = 400\ \Omega$-Lastwiderstand mit einer $l \approx \lambda/4$-Leitung gekoppelt. In welchem Bereich muß das Toleranzverhältnis $l/(\lambda/4)$ liegen, wenn für die Welligkeit $s' < 1{,}1$ gelten soll.

Aufgabe 4.3.9-3: Man weise die eingezeichneten Amplitudenpegel der hinlaufenden Welle in Abb. 4.3-8 und Abb. 4.3-9 nach. Man gebe außerdem die jeweiligen Amplitudenpegel der rücklaufenden Welle an und wie sie sich in der jeweiligen Abbildung wiederfinden.

Aufgabe 4.3.9-4: Eine verlustlose 50 Ω-Leitung sei mit $\underline{Z}_2 = (25 + j50)\ \Omega$ abgeschlossen. Man bestimme $\underline{r}_2$, s, $\underline{Z}(0{,}8\lambda)$, sowie das kürzeste Verhältnis l/λ, für das der Leitungswiderstand rein resistiv ist und den dazugehörigen Wert von R_1'.

***Aufgabe 4.3.9-5**: Zum Anpassen einer verlustlosen Leitung mit Leitungswellenwiderstand Z_L an den Abschlußwiderstand R_2 wird entspr. Abb. 4.3-12 rechts eine kurzgeschlossene Stichleitung mit Z_L und der Länge l_S im Abstand l_2 vom Abschlußwiderstand angeschlossen. Man bestimme l_S und l_2 für gegebene Wellenlänge λ sowie die Welligkeit in jedem Teilstück.

4.4 Pulse und Transienten

In der Folge wollen wir die auf monofrequente Übertragung begrenzte Technik des Abschnitts 4.3 auf grundsätzlich beliebige Zeitverläufe erweitern. Die Grundlagen dazu wurden im Abschnitt 4.2 gelegt. Mithilfe der FOURIERreihen lassen sich auf der Basis sinusförmiger Wellen beliebig periodische Vorgänge analysieren, mithilfe der FOURIER-transformation ebenfalls unter Einbeziehung des Abschnitts 4.3 nichtperiodische Zeitverläufe.

FOURIERentwicklungen sollen jedoch nicht Gegenstand dieses Buches sein, da diese Analysemethoden nicht unbedingt spezifisch für elektromagnetische Wellen sind und sie seien daher der einschlägigen Literatur der Nachrichtentechnik, tlw. auch der Grundlagen der Elektrotechnik vorbehalten. Wir interessieren uns für direkte Zeitbereichsanalysen und möchten uns aus den beliebigen Zeitverläufen die Gruppe der Pulse herausgreifen. Speziell sind wir im Zeitalter der Digitaltechnik an Rechteckpulsen interessiert, d.h. wir wollen wissen, wie sich eine elektromagnetische Welle verhält, die ein Bit auf der Leitung, bei *vielen Pulsen* auch eine *Bitfolge* repräsentiert.

Die Anwendungsgebiete dieser Betrachtungen können heute garnicht weit genug gefaßt werden, sie gehen für die Fernübertragungstechnik von

- herkömmlichen asynchronen Telexsignalen mit 50 Bd über die Gruppe der
- höherratigen asynchronen Signale mit mehreren hundert Bit pro Sekunde (bps)
- schmalbandige Synchronsignale der Datex-Netze mit einigen (Dutzend) Kilobit pro Sekunde (kbps)
- schmalbandige Synchronsignale des ISDN mit 64 kbps/Kanal, brutto 192 kbps
- weitbandige Signale der unteren Stufen der Plesiochronen Digitalen Hierarchie, (PDH; 2, 8 Mbps); ab hier wandelt sich das Übertragungsmedium von verdrillten Kupferleitungen (TP = Twisted Pair) zu Koaxialkabeln
- weitbandige Signale Lokaler Netze (LANs = Local Area Networks; Ethernet, Token Ring) mit 4, 10 oder 16 Mbps (TP oder Koax)
- breitbandige Signale Lokaler Breitbandnetze (z.B. FDDI = Fiber Distributed Data Interface), Metropolitan Area Networks (MAN; DQDB = Distributed Queue Dual Bus) oder Wide Area Networks (WAN) mit Bitraten von z.B. 34 Mbps oder 100 Mbps. Bei den höheren Bitraten wird das Koaxialkabel tlw. durch den Lichtwellenleiter ersetzt.
- breitbandige Signale von Weitverkehrsnetzen, stark im Vormarsch seit Anfang der neunziger Jahre die ATM-Technik (Asynchronous Transfer Mode) entweder in Form eines reinen Zellenstroms von einigen hundert Mbps oder strukturiert in Rahmen der Synchronen Digitalen Hierarchie (SDH) mit ca. 155, 622 oder 2 488 Mbps. Der Begriff *Asynchronous* soll dabei nicht einen Rückfall in die Steinzeit der digitalen Übertragungstechnik suggerieren, sondern deutet an, daß Datenpakete (Zellen) zwar synchron getaktet übertragen werden, aber pro Kanal innerhalb eines Zeitintervalls in unterschiedlicher Häufigkeit (asynchron) auftreten können.

Gleichwohl sind die folgenden Betrachtungen bei der Verdrahtung digitaler Schaltungen auf Leiterbahnebene von Bedeutung, wo darauf geachtet werden muß, daß auch kurze Leitungsstücke im dm-Bereich zwischen den Gattern reflexionsarm entworfen werden. Hat ein digitaler Puls Nachläufer oder/und Überschwinger, kann dies zu einem unerwünschten nichtentprellten Schaltvorgang von Gattern führen (Hazards, Glitches), was logische Fehlfunktionen zur Folge hat. Dies ist umsomehr von Bedeutung, als die Bitraten in den hohen Mbps-Bereich und nun auch in den Gbps-Bereich vordringen: eine Leitung wird in dem Maß elektrisch länger, in dem die Bitrate ansteigt und damit die Pulsflanken steiler werden - Reflexionen sind zu berücksichtigen. Darüberhinaus bedeuten Nachläufer eine zeitliche und räumliche Verzahnung sukzessiver Pulse, d.h. die Bandbreite wird begrenzt. Weiterhin können Stromüberhöhungen zur Bauteilezerstörung führen.

Der Stör(spannungs)abstand eines jeweiligen Gatters ist dabei die wesentliche Größe, die die erlaubte Fehlanpassung an die Leitung bestimmt. Dieser ist für die unterschiedlichen Logikfamilien sehr verschieden. Für klassische Höchstgeschwindigkeits-ECL-Gatter liegt er im Bereich von nur wenigen hundert Millivolt, für CMOS-Schaltungen hingegen im Volt-Bereich.

Um das Ausbreiten dieser Signale auf Leitungen der im Abschnitt 4.1 vorgestellten Arten zu beschreiben, ist es notwendig, für das allgemeine Leitungsmodell die Pulsausbreitung zu modellieren. Ein Rechteckpuls besteht aus zwei Flanken - der Ein- und Ausschaltflanke - sowie einem dazwischenliegenden Gleichsignal, z.B. eine Gleichspannung. Damit impliziert eine Studie von (Gleichspannungs-)Pulsen auch Schaltvorgänge, wie sie auch bei den sinusförmigen Wechselspannungen des Abschnitts 4.3 vorkommen - diese müssen ja ebenfalls einmal ein- und ausgeschaltet werden.

Weiterhin ist ein Aspekt der Wellenausbreitung von Interesse, den wir bei der sinusförmigen Ausbreitung nicht explizit betrachtet haben, nämlich die Möglichkeit, daß der Innenwiderstand der Spannungsquelle keineswegs identisch mit dem Leitungswellenwiderstand sein muß. In diesem Fall können wir eine reflektierte reflektierte Welle an dieser Stelle erwarten und dies geht immer so weiter. Für hinreichend lange andauernde Gleichspannungspulse wird sich zumindest im verlustlosen Fall ein stationärer Zustand einstellen, wie wir ihn von der normalen Netzwerkanalyse des ersten Semesters kennen.

Führen wir solche Rechnungen bei sinusförmiger Erregung durch, ziehen also beliebig komplexe $\underline{Z}_i$, $\underline{Z}_L$ und $\underline{Z}_2$ in Betracht, artet dies in eine ziemliche Rechnerei aus, was nicht Gegenstand dieses Buchs sein soll, sondern hier können anhand praktisch sinnvoller Beispiele lediglich Fallstudien durchgeführt werden. Die o.a. Leitungsgleichungen beziehen natürlich diesen Fall implizit mit ein, nur daß diese Größen nicht explizit auftauchen. Für Pulse sind solche Rechnungen jedoch mit vertretbarem Aufwand durchführbar und das Ergebnis, vor allem graphisch, leicht zu veranschaulichen.

Da ein Rechteckimpuls für die praktische Digitalübertragungstechnik von großem Interesse ist, werden wir diesen Fall daher dominant behandeln. Ein Rechteckpuls ist jedoch symmetrisch, womit sich bestimmte Reflexionseigenschaften nicht besonders gut darstellen lassen. Aus diesem Grund werden wir auch kurz unsymmetrische Pulse betrachten, um diese zu veranschaulichen.

4.4.1 Einschalten einer Gleichspannung

Wir betrachten gemäß den Vorbemerkungen entspr. Abb. 4.4-1 eine Leitung mit OHMschem Innenwiderstand R_i der Quelle, verlustlosem Leitungswellenwiderstand Z_L, sowie OHMschem Abschlußwiderstand R_2, die im allgemeinen Fall verschieden sein können.

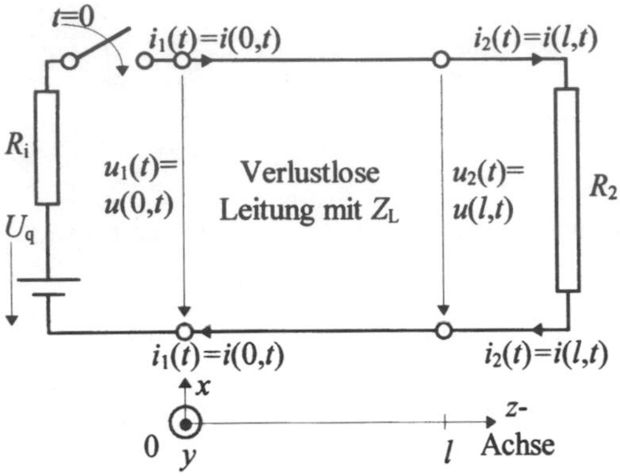

Abb. 4.4-1: Universelles Leitungsmodell zur Bestimmung der Leitungsparameter und -gleichungen.

Schließen wir den Schalter bei $t = 0$, existiert zunächst nur die hinlaufende Welle. Sei

$$t_\mathrm{L} = \frac{l}{v} = \frac{l}{c} = \sqrt{L'C'}\,l \tag{4.4-1}$$

die Zeit, die die durch den Schaltvorgang hervorgerufene Wellenfront braucht, um zum Abschlußwiderstand zu gelangen, so ist innerhalb des Zeitintervalls $0 < t < 2t_\mathrm{L}$ das Schaltbild in Abb. 4.4-2 links ein gültiges Ersatzschaltbild.

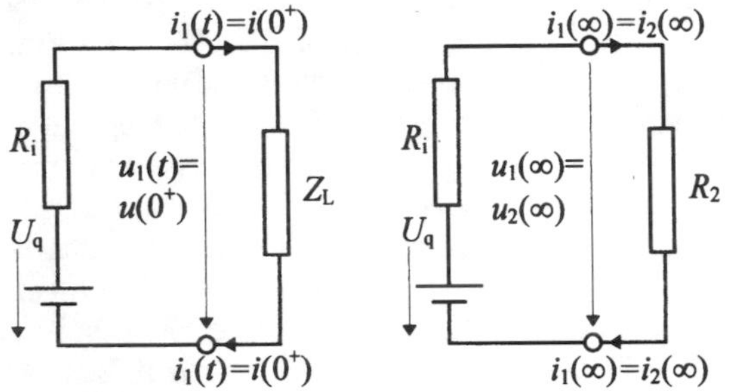

Abb. 4.4-2: Links: Ersatzschaltbild der Leitung unmittelbar nach dem Schaltvorgang, rechts: Ersatzschaltbild für $t \to \infty$.

$2t_\mathrm{L}$ braucht die Wellenfront, bis am Leitungsanfang erstmals registriert wird, daß die Leitung endliche Länge hat und nicht reflexionsfrei abgeschlossen ist. Andernfalls erreicht diese Information niemals den Leitungsanfang. Das gleiche gilt für den allerdings nur akademisch interessanten Fall einer (beliebig abgeschlossenen) unendlich langen Leitung. In diesem Fall erreicht die hinlaufende Wellenfront zu endlichen Zeiten das Leitungsende niemals und folglich kann ebenfalls keine Reflexion auftreten. In den letztgenannten Fällen ist also Abb. 4.4-2 links gültig.

Wir können damit im Zeitintervall $0 < t < 2t_\mathrm{L}$ Strom und Spannung nach den Gesetzen der Gleichstromtechnik für konzentrierte Netzwerke berechnen. Seien dazu t^- und t^+ Zeitpunkte unmittelbar vor bzw. nach dem Zeitpunkt t, so gilt entspr. Abb. 4.4-3:

$$0 < t < 2t_\mathrm{L}: \quad u_1(t) = u_1(0^+) = u_{\mathrm{h}1}(0^+) = \frac{U_\mathrm{q} Z_\mathrm{L}}{R_\mathrm{i} + Z_\mathrm{L}} := U_0;$$

$$i_1(t) = i_1(0^+) = i_{\mathrm{h}1}(0^+) = \frac{u_1(t)}{Z_\mathrm{L}} = \frac{U_\mathrm{q}}{R_\mathrm{i} + Z_\mathrm{L}} := I_0; \tag{4.4-2}$$

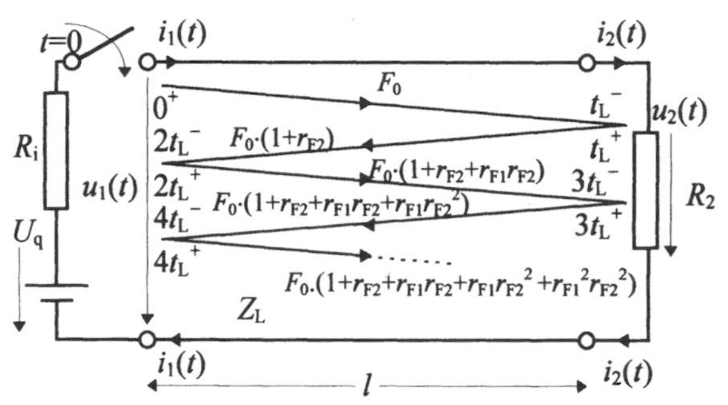

Abb. 4.4-3: Symbolische Darstellung des Zeitverlaufs einer zum Zeitpunkt $t = 0$ eingeschalteten Gleichspannung. Formeln stellen jeweils die Gesamtzeitfunktion dar. F steht für U oder I.

Im Zeitintervall $0 < t < t_L$ ist die Wellenfront am Leitungsende noch nicht angekommen:

$$0 < t < t_L: \quad u_2(t) = u_2(0^+) = u_{h2}(0^+) = 0; \quad i_2(t) = i_2(0^+) = i_{h2}(0^+) = 0. \quad (4.4\text{-}3)$$

Nachdem die Wellenfront über den Abschlußwiderstand hinweggelaufen ist, wird ein Teil der einfallenden Leistung absorbiert, sowie ein Teil $u_{r2}(t_L^+)$ reflektiert, der sich mithilfe des Reflexionsfaktors $r_{U2} = r_2 = -r_{I2}$ berechnen läßt. Da die Quellspannung ja nach wie vor angeschaltet bleibt, überlagern sich nun hinlaufende und rücklaufende Gleichspannung am Leitungsende, wobei die berechnete Formel nun für das Zeitintervall $t_L < t < 3t_L$ gilt; danach erscheint die zweite Reflexion am Leitungsende:

$$t_L < t < 3t_L: \quad u_{r2}(t_L^+) = r_2 U_0 \qquad \text{mit} \qquad r_2 = \frac{R_2 - Z_L}{R_2 + Z_L} = -r_{I2}.$$

$$u_2(t) = u_2(t_L^+) = U_0 + u_{r2}(t_L^+) = U_0\cdot(1 + r_2) = U_0 t_2;$$

$$i_2(t) = i_2(t_L^+) = I_0 + i_{r2}(t_L^+) = I_0\cdot(1 - r_2) = \frac{u_2(t)}{R_2}. \quad (4.4\text{-}4)$$

Der Transmissionsfaktor t_2 gibt die zum Abschlußwiderstand R_2 transmittierte Spannung an. Gehen wir wieder zum Leitungsanfang zurück, so gilt im Intervall

$$2t_L < t < 4t_L: \qquad u_{r1}(2t_L^+) = r_1 u_{r2}(t_L^+) \qquad \text{mit} \qquad r_1 = \frac{R_i - Z_L}{R_i + Z_L} = -r_{I1}.$$

$$u_1(t) = u_1(2t_L^+) = U_0 + u_{r2}(t_L^+) + u_{r1}(2t_L^+) = U_0\cdot(1 + r_2 + r_1 r_2);$$

$$i_1(t) = i_1(2t_L^+) = I_0 + i_{r2}(t_L^+) + i_{r1}(2t_L^+) = I_0\cdot(1 - r_2 + r_1 r_2) = \frac{U_q - u_1(t)}{R_i}. \quad (4.4\text{-}5)$$

In diesen Zeiten, nachdem die Reflexionen begonnen haben, läßt sich kein einfaches Ersatzschaltbild mit konzentrierten Bauelementen für das Netzwerk mit Leitung angeben. Verfolgen wir die Reflexionen bis zum Ende aller Zeiten, ergibt sich sowohl für die Spannung am Leitungsanfang als auch am Ende der gleiche Wert:

$$u_{1,2}(\infty) = U_0\cdot(1 + r_2 + r_1 r_2 + r_1 r_2^2 + r_1^2 r_2^2 + r_1^2 r_2^3 + \ldots) =$$

$$= U_0\cdot(1 + r_2)\cdot(1 + r_1 r_2 + r_1^2 r_2^2 + \ldots) = U_0\cdot(1 + r_2)\cdot\sum_{i=0}^{\infty}(r_1 r_2)^i = U_0\frac{1 + r_2}{1 - r_1 r_2} =$$

$$= \frac{U_q Z_L}{R_i + Z_L} \frac{1/r_2 + 1}{1/r_2 - r_1} = \frac{U_q Z_L}{R_i + Z_L} \frac{\frac{R_2 + Z_L}{R_2 - Z_L} + 1}{\frac{R_2 + Z_L}{R_2 - Z_L} - \frac{R_i - Z_L}{R_i + Z_L}} = \frac{U_q R_2}{R_i + R_2} = u_{1,2}(\infty). \quad (4.4\text{-}6)$$

Die Herleitung zeigt unter Ausnutzung der Reihenentwicklung für die geometrische Reihe doch ein sehr einfaches und von Seiten der normalen Netzwerkanalyse letztendlich nicht anders erwartetes Ergebnis: der Leitungswellenwiderstand wird im verlustfreien Fall unabhängig von seinem Wert eliminiert. Das Netzwerk verhält sich entspr. dem Ersatzschaltbild in Abb. 4.4-2 rechts wie ein konzentriertes Netzwerk aus U_q, R_i und R_2, als ob die Leitung nicht vorhanden wäre. Andersherum liegt bei einem konzentrierten Netzwerk dieser Fall ja letztendlich auch vor, denn jedes Bauelement hat einen endlichen Zuleitungsweg zum nächsten, auf dem sich dieser Vorgang ebenfalls abspielt, nur eben in sehr viel kürzerer Zeit, als bei der Fernleitung.

Die zugehörige Stromstärke können wir auf zweierlei Arten bestimmen: entweder wir führen den Rechengang, wie bereits angefangen, analog zu dem für die Spannung zu Ende, oder wir nutzen gleich das Ersatzschaltbild aus:

$$i_{1,2}(\infty) = \frac{u_{1,2}(\infty)}{R_2} = \frac{U_q}{R_i + R_2}. \quad (4.4\text{-}7)$$

Abb. 4.4-4 und Abb. 4.4-5 zeigen die Spannungs- und Stromzeitverläufe der berechneten Größen für eine Fehlanpassung mit U_q = 1V, R_i = 20 Ω, Z_L = 100 Ω und R_2 = 200 Ω, woraus $r_1 = -2/3$ und $r_2 = 1/3$ folgt. Bei der Quellspannung und dem Leitungswellenwiderstand handelt es sich um realistische Größen aus der Fernsprech-Übertragungstechnik, z.B. beträgt der Leitungswellenwiderstand der ISDN-Teilnehmeranschlußleitung 100 Ω, die Impulsspannung liegt bei 750 mV. Die Abbildungen zeigen anschaulich, daß in Abhängigkeit der Fehlanpassung die Zeitdauer bis zum Erreichen des Endwerts wächst.

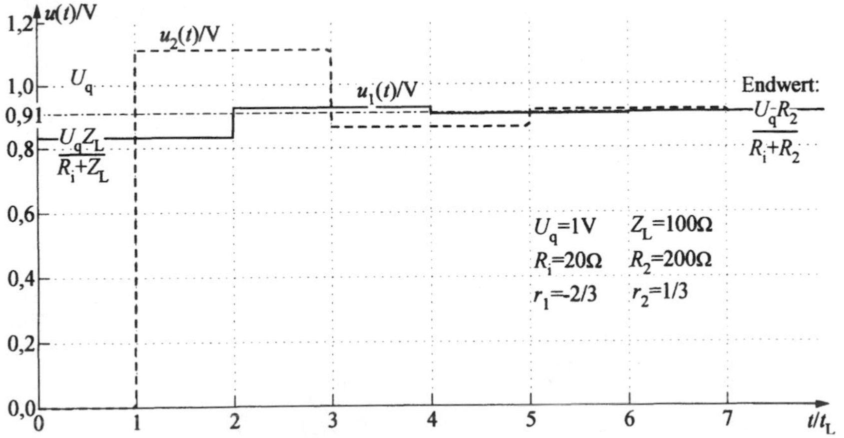

Abb. 4.4-4: Zeitverlauf der Eingangs- und Ausgangsspannungen einer mit den angegebenen Daten fehlangepaßten Leitung als Antworten auf einen Quellspannungssprung auf U_q = 1V. Stromverlauf s. Abb. 4.4-5.

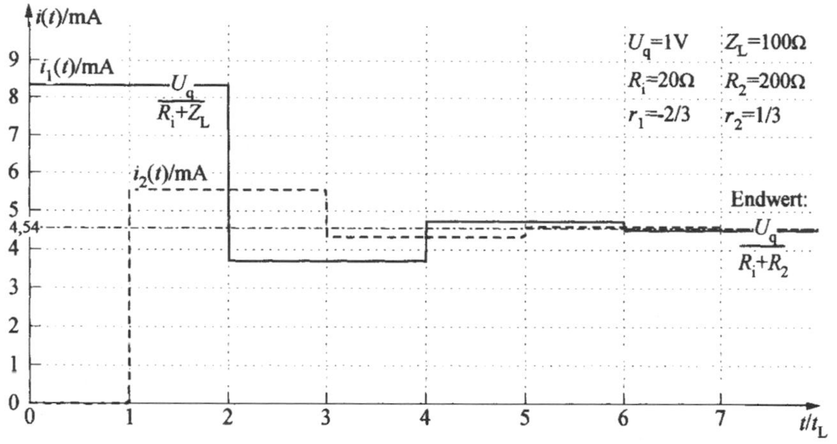

Abb. 4.4-5: Zeitverlauf der Eingangs- und Ausgangsströme einer mit den angegebenen Daten fehlangepaßten Leitung als Antworten auf einen Quellspannungssprung auf U_q = 1V. Spannungsverlauf s. Abb. 4.4-4.

Aufgabe 4.4.1-1: Man weise die Stromformel $i_{1,2}(\infty)$ durch direkte Herleitung nach.

Aufgabe 4.4.1-2: An eine Freiraum-Zweidrahtleitung wird zum Zeitpunkt $t = 0$ über $R_i = Z_L$ reflexionsfrei eine Gleichspannung U_0 angelegt. Man skizziere für Leerlauf und Kurzschluß Spannungs- und Stromzeitverläufe am Eingang der Leitung.

Aufgabe 4.4.1-3: An eine leerlaufende Freiraum-Zweidrahtleitung der Länge l wird zum Zeitpunkt $t = 0$ von einer idealen Spannungsquelle eine Gleichspannung U_0 angelegt. Man skizziere für $z = l/2$ Spannungs- und Stromverlauf über der Zeit t.

Aufgabe 4.4.1-4: Eine Leitung mit Leitungswellenwiderstand Z_L verzweige auf n Leitungen mit Leitungswiderständen Z_{Li}. Man gebe den Gesamtreflexions- und -transmissionsfaktor an.

Aufgabe 4.4.1-5: Ein Gatter-Ausgang ist bei $U_H = 3{,}6$ V mit $I_{max} = 20$ mA belastbar. Er soll über einen Serienwiderstand R_s an eine $Z_L = 130\ \Omega$-Leitung angekoppelt werden. Man bestimme R_s sowie die Spannung U an der Leitung. Welcher Strom I ergibt sich bei eingangsseitiger Anpassung?

4.4.2 Pulse bei Kurzschluß, Leerlauf und Anpassung

Wir wollen für Pulse nun die Reaktionen auf die o.a. einfachen Abschlüsse einer verlustfreien, symmetrischen Leitung beschreiben. Wir betrachten entspr. Abb. 4.4-6 als Beispiel eine Leitung der Länge l = 3 km, Pulsgeschwindigkeit $v = c_0$, Pulsdauer T = 1 µs mit zugehöriger Pulslänge von $L = c_0T$ = 300 m, Z_L sei wieder 100 Ω. Die aufsteigende Pulsflanke bewirkt entspr. Abb. 4.4-7 eine Elektronenwanderung infolge der an der Leitung vorbeistreifenden und dabei eindringenden elektrischen Feldlinien.

Ist, wie im Beispiel, zur eingangsseitigen Reflexionsfreiheit, $R_i = Z_L$ gewählt, fällt während der Pulsdauer die Hälfte der Quellspannung U_q = 2V an R_i ab, so daß der Leitung noch 1V zur Verfügung stehen, die sich hälftig auf die Potentiale der oberen und unteren Leitung aufteilen. Anpassung bedeutet hier eine deutliche Verschlechterung des Störabstands auf der Leitung gegenüber einem niederohmigen Quellinnenwiderstand.

Dort, wo sich auf der Leitung gerade eine Flanke befindet, entspricht dies einem sehr hochfrequenten Anstieg mit entspr. Skineffekt. Da die Elektronen von der Quelle während des geschlossenen Schalters von der oberen Leitung zur unteren transportiert werden, entsteht in der Pulszone auf der unteren Leitung ein Elektronenüberschuß. Dazu gehört auf der oberen Leitung ein gleich großer Elektronenmangel, der sich ähnlich verhält wie die Löcherleitung in Halbleitern. Dies entspricht dort praktisch einer Welle positiver Elektronen nach rechts.

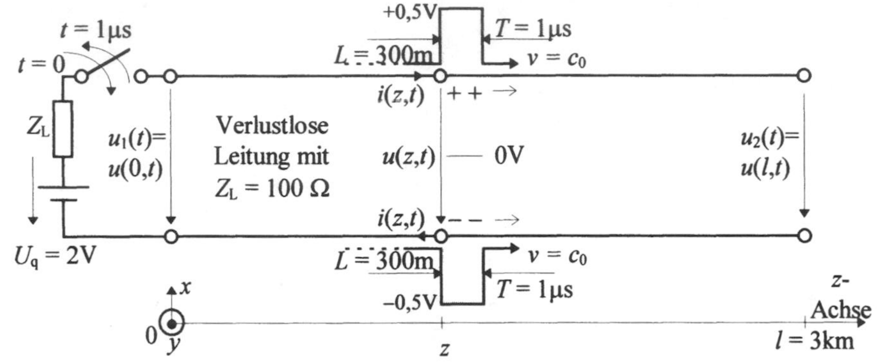

Abb. 4.4-6: Ausbreitung eines Pulses auf einer symmetrischen Leitung.

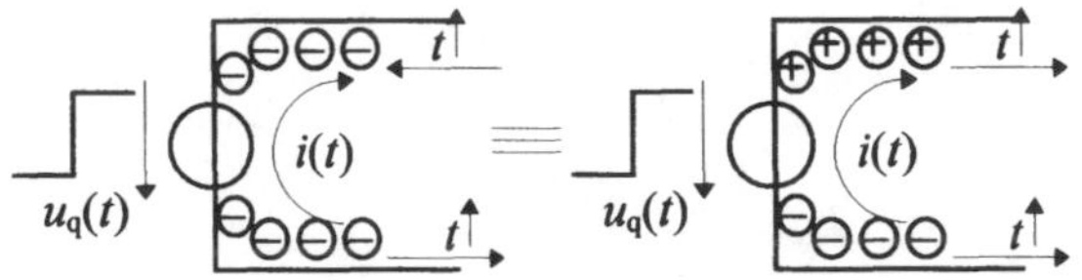

Abb. 4.4-7: Entstehung des Pulses aus einer Kombination von Elektronenmangel und -überschuß.

Wir haben es also mit zwei Anteilen nach rechts laufender Wellen zu tun, zu denen ein insges. rechtsdrehender Strom gehört. Da sich Ladungsüberschüsse einer Polarität grundsätzlich abstoßen, halten sich die Ladungsträger auf der Oberfläche auf, da sie sich jedoch über das Dielektrikum zwischen den Leitungen wieder anziehen, finden wir sie hauptsächlich auf der Innenseite der Leitungen (Proximity-Effekt).

Ein adäquates Modell aus dem täglichen Leben für eine Polarität wäre eine Ampel, vor der sich ein längerer Stau gebildet hat. Schaltet diese für die Dauer T auf grün (Schalter geschlossen), fährt eine bestimmte Menge Autos durch, wobei sich im Stau eine Zone vorfahrender Autos geringerer Dichte bildet. Diese Zone schreitet nach rückwärts von der Ampel fort. Nachdem die Ampel wieder rot ist, bildet sich vor ihr wieder ein Stau gleicher Dichte wie weit hinten im Stau, wo noch garnicht registriert wurde, daß die Ampel eine Durchlaßphase hatte. Durch den Stau pflanzt sich die Welle vorfahrender Autos entgegen deren Richtung fort.

Das Verhalten des Pulses irgendwo mitten auf der Leitung können wir entspr. Abb. 4.4-8 modellieren. Der dargestellte Stromwirbel muß alle KIRCHHOFFschen Bedingungen erfüllen. Die rechte Flanke des Einschaltvorgangs entsteht durch das Schließen des Schalters. Hier werden rechts oben Elektronen von der Leitung weggenommen, was das am weitesten rechts liegende + zur Folge hat. Gleichzeitig wird unten rechts die Elektronenfront vorgeschoben, was dem rechten – entspricht. Durch die linke Flanke des Abschaltvorgangs, d.h. dem Wiederöffnen des Schalters, werden links oben Elektronen an die Leitung zurückgegeben, was dem linken teilgeladenen Kondensator entspricht. Damit wird auch unten links die Elektronenfront vorgeschoben.

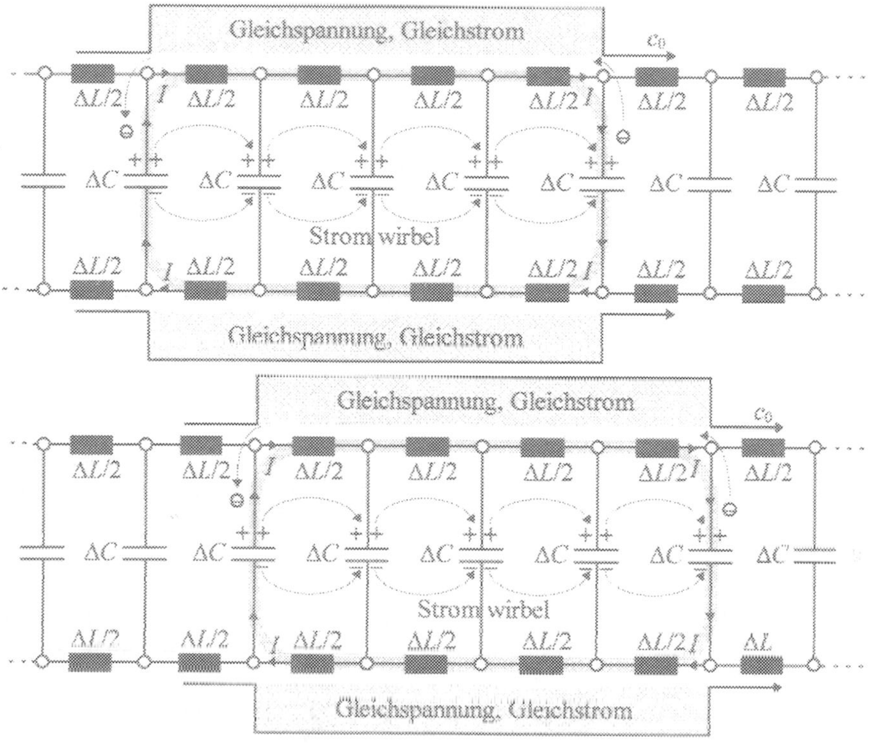

Abb. 4.4-8: Fortschreiten eines Pulses im Leitungsmodell.

Die dazwischenliegenden Kondensatoren verhalten sich quasi statisch: für jeden Ladungsträger, den sie weiterreichen, erhalten sie einen neuen, so daß sie die Pulsbewegung erst wahrnehmen, wenn eine Flanke über sie hinwegläuft. Sie führen die Ladung $q = \Delta C \cdot U_q/2$. Der Faktor ½ resultiert aus dem linken Ersatzschaltbild von Abb. 4.4-2, da die Hälfte der Quellspannung am Innenwiderstand hängen bleibt, der ja aus Gründen der Reflexionsfreiheit zu Z_L gewählt wurde. Der Strom selbst besteht in dem statischen Teil des Pulses aus einem Leitungsstrom im Leitermaterial und auf dessen Oberfläche, an den Flanken aus einem Verschiebungsstrom gleicher Größe durch Kurzschlüsse der dort liegenden Kondensatoren.

Wir wollen nun beobachten, wie sich diese Welle verhält, wenn sie das Leitungsende erreicht. Dazu müssen wir die unterschiedlichen Abschlüsse unterscheiden. In den folgenden Bildern ist durch jeweils zwei Ladungsträgerpaare dargestellt, wie die Strom/Spannungsverhältnisse mit zugehörigen Feldstärken sowie die Leistungsflußrichtung (POYNTINGvektor) gerichtet sind, unmittelbar bevor der Puls das Leitungsende erreicht (links: hinlaufend), sowie unmittelbar nachdem er darübergelaufen ist (rechts: rücklaufend). Wir betrachten zunächst die

- **kurzgeschlossene Leitung** mit $r_{2(U)} = -1$, $r_{2I} = 1$:
  Abb. 4.4-9 veranschaulicht den Ladungsträgerfluß am Leitungsende. Hier überlagern sich hin- und rücklaufende Wellen, die bzgl. Spannung und elektrischem Feld dort zu einer Aufhebung, bzgl. Strom und Magnetfeld zu einer Verdopplung führen.

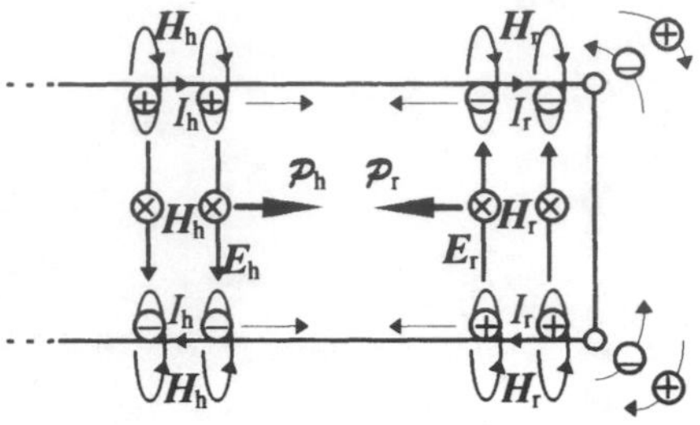

Abb. 4.4-9:
Ladungsträgerfluß am Ende einer kurzgeschlossenen Leitung.

Interessieren wir uns dafür, wie Spannungs- und Strompulse sich am Ende der Leitung z.B. im Abstand von $T/5$ = 0,2 µs überlagern, können wir dies in Abb. 4.4-11 feststellen.

Die sichtbaren Pulsflanken können also durch die Überlagerung mehrfach hin- und herlaufen. Zu dem nicht dargestellten Zeitpunkt 10,5 µs löschen sich hin- und rücklaufender Spannungspuls gerade aus. Zu Zeiten, da die Pulsflanken gegenläufig sind, laufen sie mit doppelter Lichtgeschwindigkeit aufeinander zu bzw. entfernen sich voneinander. Dies ist natürlich ein reiner Modulationseffekt.

Von vergleichbarem Interesse, wie die Momentanbilder, sind die Zeitverläufe, die an den unterschiedlichen Stellen angeben, wie der Puls über sie mit der Zeit hinwegläuft. Die zu Abb. 4.4-11 korrespondierenden Zeitverläufe sind in Abb. 4.4-12 dargestellt. Die beiden Markierungslinien durch alle Bilder einer Größenart stellen die beiden Zeitpunkte t = 10µs und t = 11µs dar, zu denen der Puls das Leitungsende erreicht bzw. wieder verläßt. Die Bilder sind bzgl. des Mittelwerts von t = 10,5 µs (schief)symmetrisch.

- **leerlaufende Leitung** mit $r_{2(U)} = 1$, $r_{2I} = -1$:

Abb. 4.4-10 veranschaulicht den Ladungsträgerfluß am Ende der Leitung. Hier überlagern sich hin- und rücklaufende Wellen, die bzgl. Spannung und elektrischem Feld dort zu einer Verdopplung, bzgl. Strom und Magnetfeld zu einer Aufhebung führen.

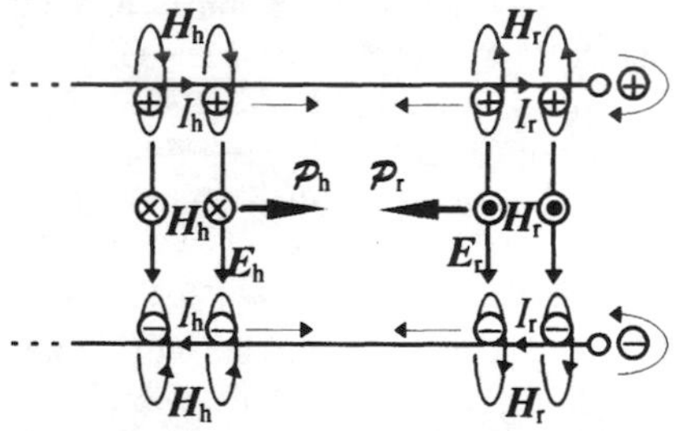

Abb. 4.4-10:
Ladungsträgerfluß am Ende einer leerlaufenden Leitung.

Da Spannungs- und Stromreflexionsfaktoren von Kurzschluß- und Leerlauffall dual zueinander sind, können wir hier auf detailliertere Darstellungen von Momentanbildern und Zeitverläufen eines Pulses, wie er in Abb. 4.4-11 und Abb. 4.4-12 über das Ende der Leitung hinwegläuft, verzichten; im Prinzip müssen lediglich die Spannungs- und Stromverläufe des Kurzschlußfalls miteinander vertauscht werden.

- **angepaßte Leitung** mit $r_2 = 0$:

Abb. 4.4-13 veranschaulicht den Ladungsträgerfluß am Ende der Leitung. Wir erkennen, daß allgemein jeder Abschlußwiderstand ein bestimmtes Verhältnis transmittierter und reflektierter Ladungsträger realisiert. Im Anpassungsfall ist dieses Verhältnis genau so austariert, daß auf *einen* reflektierten Ladungsträger *ein* transmittierter kommt. Dies führt im Prinzip zu je drei Wellen an Hin- und Rückleitung: die der hinlaufenden Ladungsträger, die der reflektierten und die von der anderen Seite transmittierten, wovon sich die letzten beiden auslöschen.

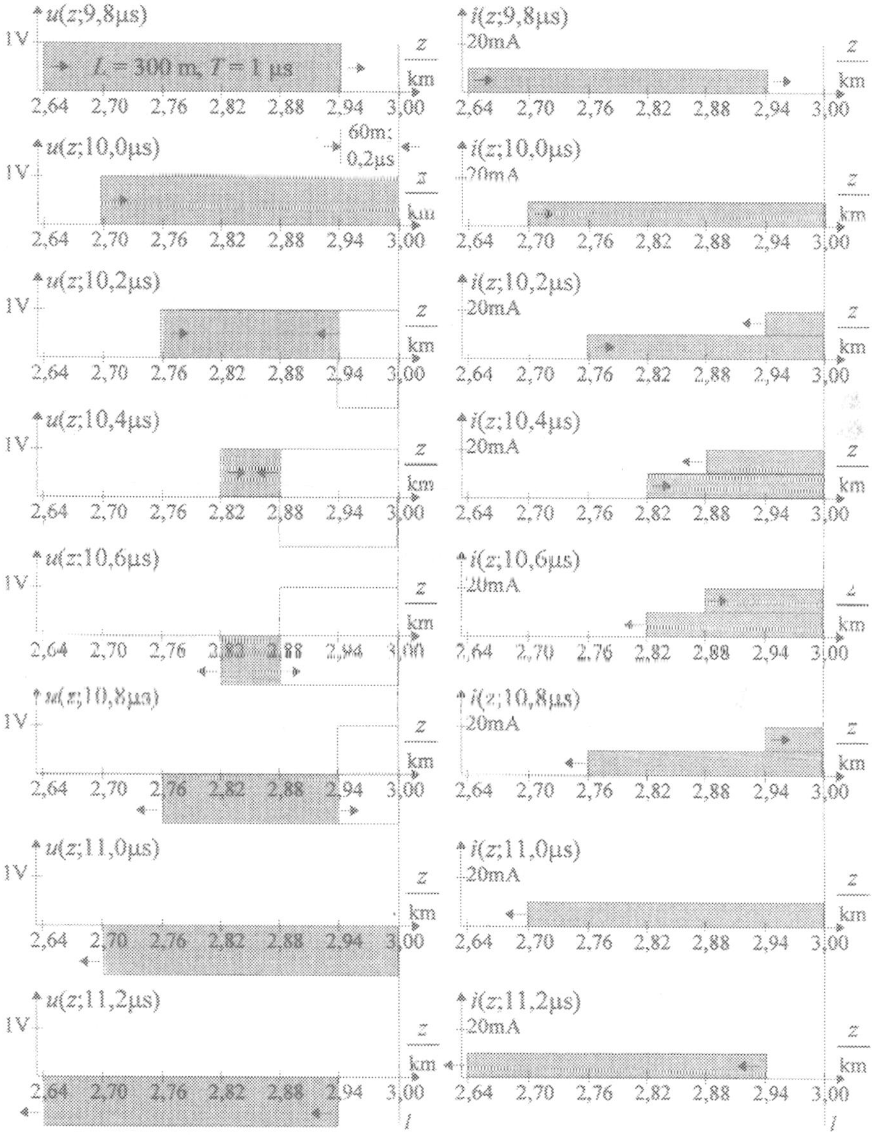

Abb. 4.4-11: Momentanbilder von Spannung und Stromstärke am Ende einer kurzgeschlossenen Leitung mit einem Leitungswellenwiderstand von Z_L = 100 Ω, korrespondierend zu Abb. 4.4-12.

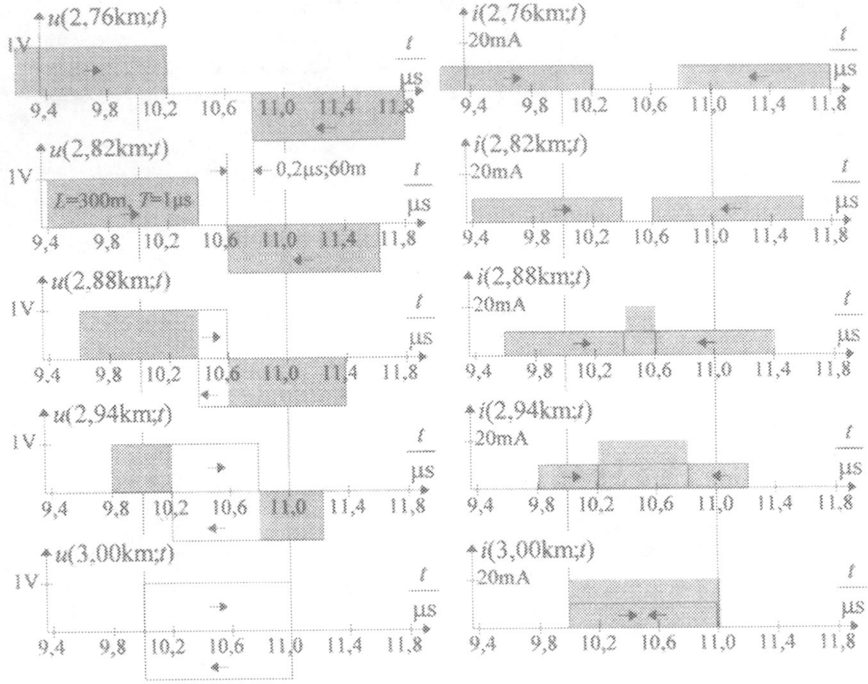

Abb. 4.4-12: Zeitverläufe von Spannung und Stromstärke am Ende einer kurzgeschlossenen Leitung mit einem Leitungswellenwiderstand von Z_L = 100 Ω, korrespondierend zu Abb. 4.4-11.

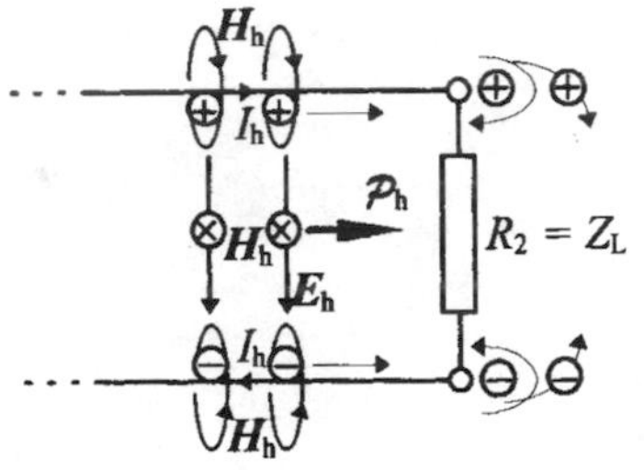

Abb. 4.4-13:
Ladungsträgerfluß am Ende einer angepaßten Leitung.

Eine Darstellung der Momentanbilder und Zeitverläufe ist daher ebenfalls wenig interessant: der Puls verschwindet praktisch im Widerstand $R_2 = Z_L$. Demgegenüber ist es jedoch nützlich, die Auswirkungen der Fehlanpassung auf den Puls, wenn also unterschiedlich viele Ladungsträger reflektiert und transmittiert werden, zu betrachten, was wir als nächstes tun wollen.

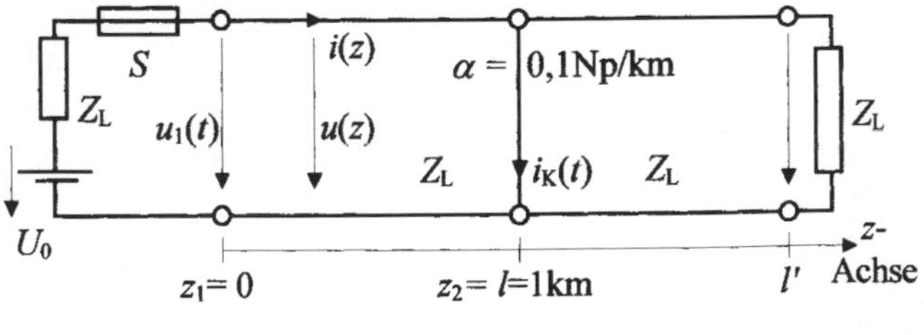

Abb. 4.4-14:
Zu Aufgabe 4.4.2-2.

Aufgabe 4.4.2-1: An eine Freiraum-Zweidrahtleitung wird zum Zeitpunkt $t = 0$ von einer idealen Spannungsquelle eine Gleichspannung U_0 angelegt. Man skizziere für Leerlauf und Kurzschluß Spannungs- und Stromverlauf über dem Ort z zu den Zeiten, zu denen die Flanke über die Leitungsmitte hinwegläuft.

Aufgabe 4.4.2-2: An einer verzerrungsfreien Freiraum-Zweidrahtleitung gemäß Abb. 4.4-14 trete zum Zeitpunkt $t = 0$ bei der Länge l ein Kurzschluß auf und die rücklaufende Welle löse eine an der Spannungsquelle lokalisierte Sicherung S aus. Man berechne $u(z)$ und $i(z)$ zu den Reflexionszeitpunkten und skizziere $i_K(t)$ und $u_1(t)$.

4.4.3 Pulse bei Fehlanpassung

Handelt es sich um gepulste Signale, bei denen also vor Erreichen des Endwerts der Schalter wieder geöffnet wird, wird durch die Fehlanpassung aus dem Rechteck eine in der Höhe unregelmäßige Folge von Rechtecken, die zum einen durch Überschwingen zu Übersteuerungen und damit nichtlinearen Verzerrungen führen kann, zum anderen kann die Dauer des Pulses durch die Echos deutlich über der des ursprünglichen Pulses liegen.

Abb. 4.4-15 zeigt beispielhaft die Reaktion des bereits in Abschnitt 4.4.1 betrachteten Übertragungssystems auf einen Puls der Dauer $T = 8t_L/3 > 2t_L$, die also etwas über der vollständigen Hin- und Rücklaufzeit der Pulsflanke liegt. Die abfallende Flanke ist noch nicht von der Quelle emittiert, da kommt schon die ansteigende zurück und wird wieder reflektiert. Es ergibt sich an jeder Stelle eine komplizierte Überlagerung hin- und rücklaufender Anteile des Pulses. Ebenfalls dargestellt ist das Intervall $t_L < t < t_L+T$, in dem man am Ausgang laufzeitbedingt den Endwertpuls erwarten könnte, wenn es keine Reflexionen gäbe. Die Nachläufer überlagern sich bei Pulsfolgen mit zu geringen Pulsabständen mit dem Kopf des nächsten Pulses. Nehmen wir z.B. eine Leitungslänge von $l = 3$ m an und breitet sich der Puls mit Freiraumlichtgeschwindigkeit c_0 aus, gilt $T = 8l/3c_0 \approx 26{,}7$ ns $\Rightarrow$ 37,5 Mbps bei einem Tastverhältnis von 1.

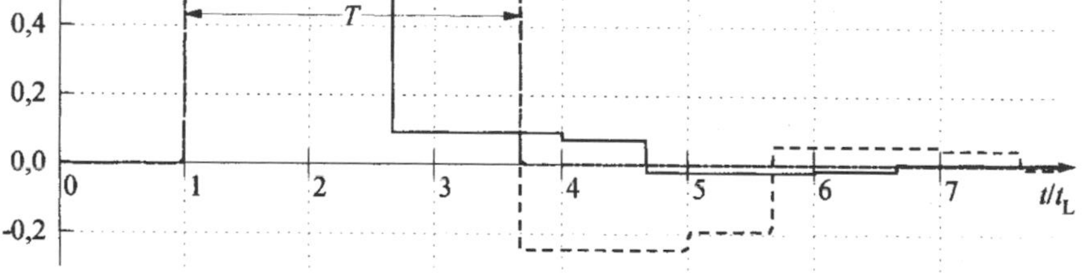

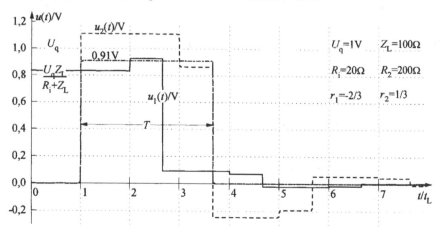

Abb. 4.4-15: Zeitverlauf der Eingangs- und Ausgangsspannungen einer mit den angegebenen Daten fehlangepaßten Leitung als Antworten auf einen Quellspannungssprung auf U_q = 1V der Dauer $T = 8t_L/3 > 2t_L$.

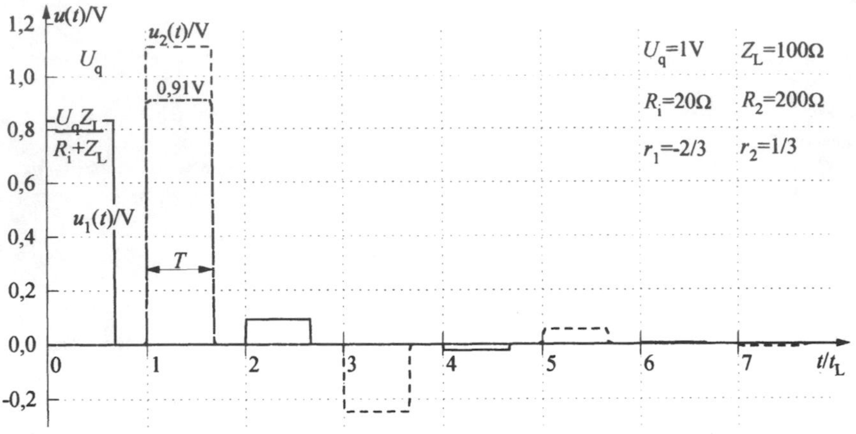

Abb. 4.4-16: Zeitverlauf der Eingangs- und Ausgangsspannungen einer mit den angegebenen Daten fehlangepaßten Leitung als Antworten auf einen Quellspannungssprung auf U_q = 1V der Dauer $T = 2t_L/3 < t_L$.

In der darauffolgenden Abb. 4.4-16 sind die Verhältnisse für den Fall dargestellt, daß die Pulsdauer $T = 2t_L/3 < t_L$ (im Beispiel 6,7 ns entspr. 150 Mbps) kürzer als die Leitungslänge ist. Damit kommen natürlich Zeiten vor, in denen keine Pulsanteile vorhanden sind, dafür zerfällt der Einzelpuls in eine Sequenz von Pulsen unterschiedlicher Höhe. Bei einem Tastverhältnis von 1 ist hier der Einfluß der reflektierten Nachläufer größer, da sie im Mittel zu Zeiten näher am Hauptpuls betragsmäßig größer sind und dort bereits die nächsten Pulse folgen.

Je höher die Bitrate, umso sorgfältiger muß also darauf geachtet werden, daß Nachläufer eines Pulses nach Abschalten sich nicht mit den Anfängen eines neuen Pulses überlappen. Dies erhöht logischerweise die Bitfehlerrate und hat entweder zur Folge, daß die Strecke nur schmalbandig betrieben werden kann, oder daß durch komplizierte Echolöschschaltungen Nachläufer ausgeblendet werden.

Zur Erläuterung der Komplexität des Problems sei noch ausgeführt, daß in den beschriebenen Beispielen Innen- und Lastwiderstand als OHMsch, der Leitungswellenwiderstand als verlustfrei angenommen wurde. In der Praxis haben die konzentrierten Widerstände auch kapazitive und induktive Anteile, die Leitung Verluste. Hier muß die Telegrafengleichung in ihrer allgemeinen Form gelöst werden und der Einbezug der Abschlußwiderstände kann entweder im Zeitbereich oder im Frequenzbereich erfolgen, was im Prinzip für allgemeine Konfigurationen nur ökonomisch mit Rechnern simuliert werden kann.

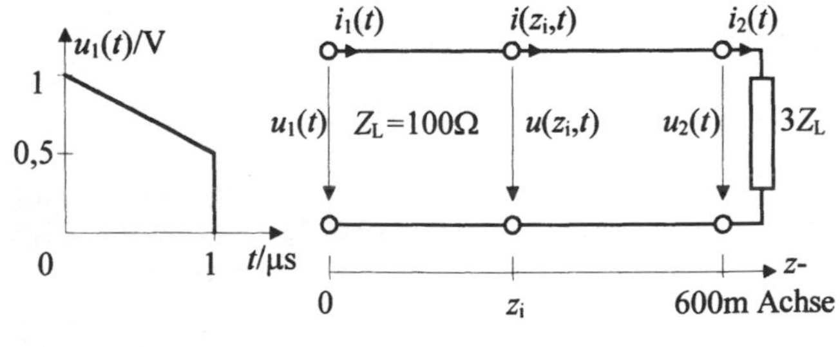

Abb. 4.4-17: Zu Aufgabe 4.4.3-2.

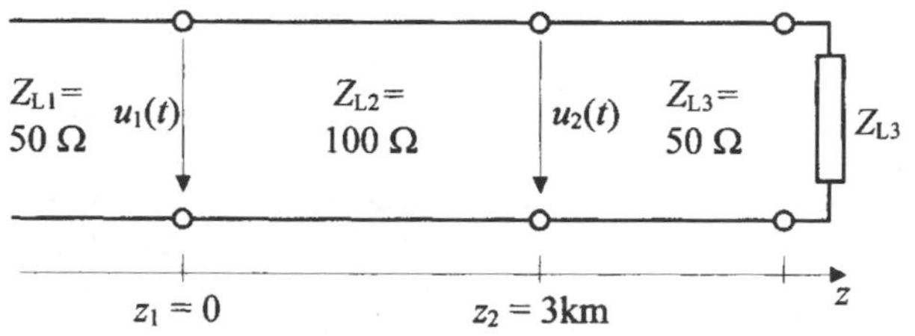

Abb. 4.4-18:
Zu Aufgabe 4.4.3-3.

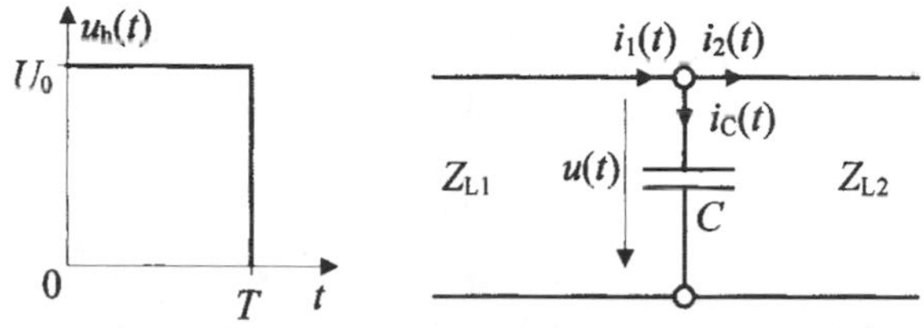

Abb. 4.4-19:
Zu Aufgabe 4.4.3-4.

Aufgabe 4.4.3-1: In eine l = 600 m lange Zweidrahtleitung mit Z_L = 50 Ω und einem Leitungsabschluß von $Z_2 = Z_L/3$ wird zum Zeitpunkt $t = 0$ reflexionsfrei ein Rechteckimpuls von U_0 = 1V der Dauer T = 1µs eingespeist. Man bestimme den Reflexionsfaktor r_2, zeichne Strom- und Spannungsverteilung zu den Zeitpunkten t_1 = 7/3 µs und t_2 = 8/3 µs, sowie deren Zeitverläufe an der Stelle l_0 = 500 m.

Aufgabe 4.4.3-2: Eine Pulsspannungsquelle erzeugt den in Abb. 4.4-17 links dargestellten Zeitverlauf, der in die rechts dargestellte Schaltung reflexionsfrei eingespeist wird. Man zeichne Strom- und Spannungsverteilung zu den Zeitpunkten t_1 = 5/3 µs, t_2 = 7/3 µs sowie deren Zeitverläufe an den Stellen z_1 = 300 m, z_2 = 450 m und z_3 = 600 m.

Aufgabe 4.4.3-3: Drei Freileitungsstücke werden entspr. Abb. 4.4-18 gekoppelt und reflexionsfrei mit einem Puls der Dauer T = 10 µs gespeist. Man stelle die normierten Momentanwerte der Spannung für Zeiten dar, da der Puls zu jeweils 1/3 über eine Koppelstelle hinweggelaufen ist.

***Aufgabe 4.4.3-4:** Zwei sehr lange Fernleitungen mit unterschiedlichen Leitungswellenwiderständen Z_{L1} und Z_{L2} werden entspr. Abb. 4.4-19 über einen Kondensator C gekoppelt, um die Reflexion zu verringern. Man bestimme $u(t)$.

4.5 Leitungsberechnungen mit PSpice

Praxisrelevante komplexe Leitungssysteme lassen sich nicht mehr effizient manuell berechnen, sondern erfordern im Zeitalter der PCs den Einsatz professioneller Netzwerkanalyseprogramme. Als Standard hat sich hier vor allem in den letzten Jahren das bereits 1972 von der Universität Berkeley als SPICE entwickelte Programm PSPICE (Personal Computer Simulation Program for Integrated Circuit Emphasis) entwickelt.

Mit dem Aufkommen graphischer Benutzeroberflächen wird das Berechnungprogramm PSPICE interaktiv zum einen bei der Eingabe durch den graphischen Schaltplan-Editor SCHEMATICS sowie bei der Ausgabe durch das Software-Oszilloskop PROBE sowie weitere Hilfsprogramme ergänzt. Dieses DESIGN CENTER genannte Programmpaket (aktuelle Version: 7.1) wird von der Fa. MicroSim weiterentwickelt und in Deutschland u.a. von der Fa. Hoschar in Karlsruhe vertrieben. Eine kostenlose, voll funktionsfähige, nur in der Bauteilanzahl beschränkte, Demoversion steht zur Verfügung.

DESIGN CENTER geht weit über die Analysemöglichkeiten von Leitungen hinaus und ist sowohl für analogelektronische als auch digitalelektronische Simulationen geeignet. Umfangreiche Bauteilbibliotheken mit Standardbauelementen, wie *R*, *L*, *C*, Dioden und Transistoren, aber auch allen wichtigen 74er-ICs, stehen zur Verfügung.

Um Leitungsanalysen einzubeziehen, müssen Leitungsmodelle eingebunden werden können. Damit der Benutzer diese nicht mühsam in Form der hier vorgestellten Leitungsbelagsmodelle nachbilden muß, stellt das DESIGN CENTER in der Datei Analog.slb zwei Leitungsmodelle zur Verfügung:

- Verlustlose Leitung T (Transmission Line), beschrieben durch die Attribute Z0 = Wellenwiderstand in Ω, TD (Delay Time) = Laufzeit in s, F = Frequenz in Hz, NL = normierte Leitungslänge l/λ. Im Beispiel der Abb. 4.5-1 zur Simulation von Abb. 4.4-15 mit T1 wurden die letzten beiden nicht benötigt. Unter Analysis Setup - Transient wurde Print Step 0.1ns, Final Time 80ns und Step Ceiling 0.1ns eingegeben.

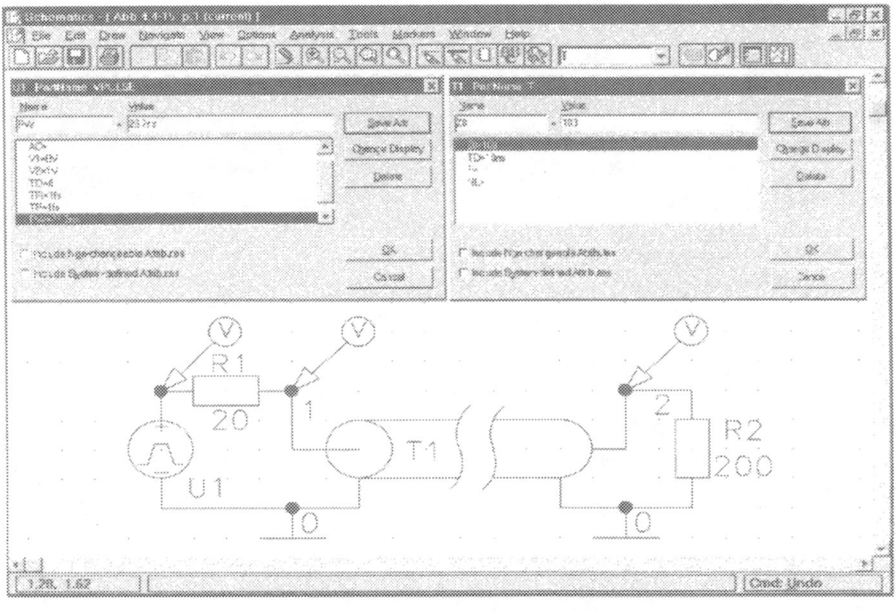

Abb. 4.5-1: SCHEMATICS-Maske zur PSPICE-Simulation von Abb. 4.4-15.

- T_LOSSY erlaubt die Simulation auch verlustbehafteter Leitungen. Dazu stehen die Bauteilattribute LEN = Länge in Meter; R, L, G, C als direkte Eingabeparameter der Leitungsbeläge zur Verfügung. Die Einheiten sind die jeweiligen des SI. Setzt man R = G = 0, können gleichwohl verlustlose Leitungen wie mit T analysiert werden.

In beiden Fällen wird das Ergebnis durch PROBE dargestellt, und sieht praktisch wie in der hier von dem Programmpaket ORIGIN direkt erstellten Abb. 4.4-15 aus. Die Eingabe des o.a. Schaltplans dauert nur wenige Minuten, die Analyse ist in Sekunden abgeschlossen. Leichte Flankenverzerrungen treten auf, da das Analyseprogramm keine unendlich steilen Flanken verarbeiten kann und dafür in der Quelle für die Anstiegs- und Abfallzeiten TR (Rise Time) und TF (Fall Time) 1fs = 10^{-15}s angegeben wurde.

5 Wellenleiter

In diesem Kapitel behandeln wir bis auf den letzten Abschnitt Hohlleiter. Hohlleiter für die Mikrowellentechnik sind meist entweder rechteckig oder zylindrisch im Querschnitt, da kompliziertere Geometrien gegenüber diesen zum einen kaum technische Vorteile bringen, zum anderen ihre Herstellung an sich schwieriger und teuerer ist und wegen der schlechteren Berechenbarkeit zusätzliche Unwägbarkeiten resultieren. Die Berechnung der Wellen in Hohlleitern ist sinnvoll nur in Form von Feldwellen zu führen, nicht integralen Spannungs- und Stromwellen wie im vorigen Kapitel behandelt, womit der Bogen wieder zum dritten Kapitel geschlossen wird. Wegen der *Führung* der Wellen ist jedoch eine thematische Behandlung *nach* den Leitungswellen sinnvoll.

Während die Einsatzgebiete freier und leitungsgebundener Wellen hinreichend aus der praktischen Erfahrung bekannt sind, finden die weniger augenfälligen aber nichtsdestotrotz schon seit langem in der Höchstfrequenzübertragungstechnik wichtigen Hohlleiter ihr Einsatzgebiet jenseits des Spektrums von Koaxialleitungen. Die Frequenzen reichen von rund 1 - 330 GHz. Primär sind es allein aufgrund der mechanischen Eigenschaften kurze Strecken im dm-Bereich z.B. zum Ankoppeln von höchstfrequenten Freiraumwellen an niederfrequentere leitungsgebundene Übertragungssysteme.

Historisch dürften erste theoretische Überlegungen über die Anwendung von einzelnen Hohlleitern - also nicht Leitern mit Hin- und Rückleiter des vorigen Kapitels - auf den bereits in Kap. 2 erwähnten vielseitigen Entdecker des Elektrons J. J. THOMSON (1893) zurückgehen. Andere Namen, die mit Pionierentdeckungen auf diesem Gebiet verbunden sind, sind LORD RAYLEIGH (1897) und A. BECKER, der 1902 erstmals Hohlleiterwellen meßtechnisch nachwies. Eine weitgehend geschlossene mathematische Theorie wurde von J. R. CARSON, S. P. MEAD und S. A. SCHELKUNOFF (1936) sowie G. C. SOUTHWORTH (1936) vorgestellt.

Setzen wir ideal leitende Wände voraus, so ist zunächst der Skineffekt der dominierende Grund für den Aufbau von Hohlleitern, da sich der Strom im GHz-Bereich ohnehin nicht in einem potentiell massiven Innern aufhalten würde. Damit geben die Stetigkeitsbedingungen diskrete Wellenformen im Hohlleiter vor: aufgrund der Tatsache, daß Tangentialkomponenten der elektrischen Feldstärke (sonst unendlich hohe Stromdichte) sowie die Normalkomponente der magnetischen Feldstärke (h wirbelt um Längsstromdichte) verschwinden müssen, können bei harmonischer Erregung nur solche Wellenformen existieren, bei denen die zugehörigen Sinuswellen auf der Oberfläche *Knoten* aufweisen.

Dies ist alle halbe (Quer-)Wellenlänge der Fall, so daß wir hier von diskreten ausbreitungsfähigen Wellenformen, sog. *Moden* oder *Eigenwellen* reden können. Ist die anregende Wellenlänge größer als ein doppelter Durchmesser, so ist keine Welle mehr ausbreitungsfähig; die Energie wird gedämpft. Wegen der fehlenden elektrischen Tangentialkomponenten in Querrichtung ist folglich eine Ausbreitung in Form von TEM-Wellen nicht mehr möglich, was bei der Wahl des Ansatzes berücksichtigt werden muß.

Diese tangentialen Feldkomponenten stehen normal - also transversal - auf der z-Ausbreitungsrichtung.

Wirbelströme infolge des Skineffekts verursachen Dämpfungen und können dadurch vermindert werden, daß der Hohlleiter zwar aus Kupfer mit einer Wanddicke zu ausreichender mechanischer Stabilität hergestellt wird, innen jedoch eine besser leitfähige Silberschicht mit geringerer Eindringtiefe aufgedampft wird. Diese muß so eben wie möglich sein - am besten hochglanzpoliert - um eine ungehinderte Wellenausbreitung zu ermöglichen, damit die auftretenden Reflexionen möglichst verlustfrei ablaufen.

5.1 Spezifikation des Rechteckhohlleiters

Rechteckhohlleiter entspr. Abb. 5.1-1 können wir uns als zwei Parallelplatten- bzw. Bandleitungspaare vorstellen, die senkrecht zueinander angeordnet sind. Auf diese wollen wir uns im weiteren beschränken, da sie ein hinreichendes physikalisches Verständnis gewährleisten. Getreu unserem erklärten Prinzip kommen wir mit kartesischen Beschreibungsmethoden aus, die sich bei Bedarf auf Zylinderstrukturen übertragen lassen, die weiter unten kurz diskutiert werden.

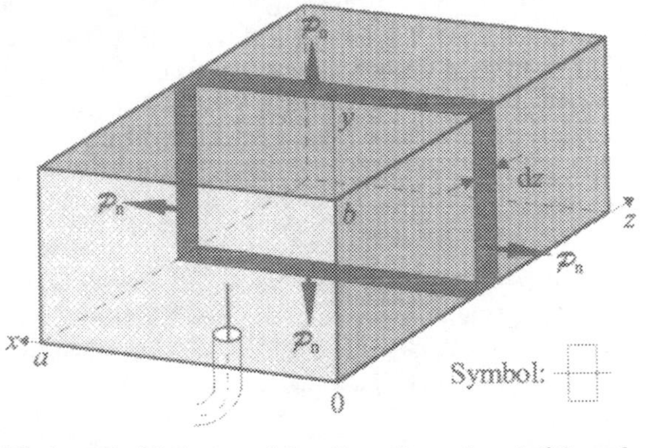

Abb. 5.1-1: Koordinatensystem des Rechteckhohlleiters mit Anregung. Der abgedunkelte Streifen dient zur Illustrierung von Wandstromverlusten.

Wir berücksichtigen auf der Grundlage der einführenden Annahmen des Abschnitts 3.2 beim Aufstellen der MAXWELLgleichungen zusammengefaßt folgende Modifikationen:

- Die Metallwände seien, soweit nicht anders vorgegeben, ideal leitend und eben, der Wellenleiter ist also verlustlos mit verschwindender Eindringtiefe.
- Das Innere sei ein ideales homogenes Dielektrikum, beschrieben durch ε und μ, typisch μ_0, $\kappa = 0$ - häufig Luft, z.B. trockene Luft mit Überdruck - um dämpfungserhöhende und feldformverändernde Korrosion durch Feuchtigkeit zu vermeiden. Ist in den Aufgaben nichts anderes angegeben, sollen Freiraumgrößen verwendet werden.
- Die Welle ist wegen dieser Annahmen grundsätzlich ungedämpft in z-Richtung ausbreitungsfähig mit einem Faktor $e^{-j\beta_z z}$.
- Wegen der o.a. Randbedingungen ist nun auch $\frac{\partial}{\partial x}, \frac{\partial}{\partial y} \neq 0$ anzunehmen und keine der Feldkomponenten darf von vorneherein als verschwindend betrachtet werden.

- Es gilt als vereinbart, daß bei nichtquadratischem Querschnitt der Innendurchmesser a auf der x-Achse liegt und größer ist als der Innendurchmesser b auf der y-Achse.

Wir behandeln die in Abschnitt 4.1.1 bereits diskutierte Parallelplattenleitung, die man damit als Vorstufe des Hohlleiters betrachten kann, nicht separat, da wir ihre Eigenschaften dadurch beschreiben können, daß wir a (oder b) $\to \infty$ gehen lassen.

Anregungen bestimmter Wellenformen erfolgen z.B. durch Einführen einer oder mehrerer Koaxialleiter mit in das Hohlleiterinnere ragenden Innenleitern als Antenne an wohldefinierten Stellen, die erst bekannt sind, nachdem eine Feldanalyse durchgeführt wurde. Sie müssen so plaziert sein, daß sie eine Feldform aufbauen, die der Lösung für die anzuregende Eigenwelle entspricht. Beispielhaft ist dies in der Abbildung für eine elektrische Erregung mit Stift dargestellt. Magnetische Erregungen mit Schleifen, die Felder entspr. den gewünschten Feldtypen aufbauen, sind ebenfalls möglich.

5.2 MAXWELLgleichungen für den Rechteckhohlleiter

Wir schreiben gemäß Abschnitt 3.3 die MAXWELLgleichungen in der zeitreduzierten Form für ein dielektrisches Medium an:

$$\operatorname{rot}\underline{\boldsymbol{H}} = \mathrm{j}\omega\varepsilon\,\underline{\boldsymbol{E}} \qquad \text{und} \qquad \operatorname{rot}\underline{\boldsymbol{E}} = -\mathrm{j}\omega\mu\,\underline{\boldsymbol{H}}. \tag{5.2-1}$$

Wir führen den Rotor aus und erhalten mit $\dfrac{\partial \mathrm{e}^{-\mathrm{j}\beta_z z}}{\partial z} = -\mathrm{j}\beta_z \mathrm{e}^{-\mathrm{j}\beta_z z}$ die Gleichungen

$$\frac{\partial \underline{H}_z}{\partial y} + \mathrm{j}\beta_z \underline{H}_y = \mathrm{j}\omega\varepsilon\,\underline{E}_x; \qquad \frac{\partial \underline{E}_z}{\partial y} + \mathrm{j}\beta_z \underline{E}_y = -\mathrm{j}\omega\mu\,\underline{H}_x; \tag{5.2-2}$$

$$-\mathrm{j}\beta_z \underline{H}_x - \frac{\partial \underline{H}_z}{\partial x} = \mathrm{j}\omega\varepsilon\,\underline{E}_y; \qquad -\mathrm{j}\beta_z \underline{E}_x - \frac{\partial \underline{E}_z}{\partial x} = -\mathrm{j}\omega\mu\,\underline{H}_y; \tag{5.2-3}$$

$$\frac{\partial \underline{H}_y}{\partial x} - \frac{\partial \underline{H}_x}{\partial y} = \mathrm{j}\omega\varepsilon\,\underline{E}_z; \qquad \frac{\partial \underline{E}_y}{\partial x} - \frac{\partial \underline{E}_x}{\partial y} = -\mathrm{j}\omega\mu\,\underline{H}_z. \tag{5.2-4}$$

Um herauszufinden ob im Gegensatz zu TEM-Wellen zwingend Komponenten $\underline{E}_z$ und/oder $\underline{H}_z$ vorhanden sind, stellen wir die Transversalkomponenten durch diese dar. Wir setzen Gl. 5.2-3 rechts in Gl. 5.2-2 links ein:

$$\frac{\partial \underline{H}_z}{\partial y} + \frac{\beta_z}{\omega\mu}\left(\mathrm{j}\beta_z \underline{E}_x + \frac{\partial \underline{E}_z}{\partial x}\right) = \mathrm{j}\omega\varepsilon\,\underline{E}_x$$

$$\Rightarrow \quad \underline{E}_x = \frac{-\mathrm{j}}{\omega^2\mu\varepsilon - \beta_z^2}\left(\beta_z \frac{\partial \underline{E}_z}{\partial x} + \omega\mu \frac{\partial \underline{H}_z}{\partial y}\right). \tag{5.2-5}$$

Mit der Phasenkonstante $\beta = \omega\sqrt{\mu\varepsilon}$ können wir diese und die übrigen Transversalkomponenten durch analogen Rechengang erhalten. Dazu führen wir die ***Grenzwellenzahl***

β_c ein, deren physikalische Bedeutung weiter unten erläutert wird; sie ist identisch mit der *transversalen Phasenkonstante*:

$$\beta_c := \sqrt{\omega^2 \mu\varepsilon - \beta_z^2} = \sqrt{\beta^2 - \beta_z^2}, \tag{5.2-6}$$

und es ergibt sich

$$\underline{E}_x = \frac{-j}{\beta_c^2}(\beta_z \frac{\partial \underline{E}_z}{\partial x} + \omega\mu \frac{\partial \underline{H}_z}{\partial y}); \quad \underline{E}_y = \frac{j}{\beta_c^2}(-\beta_z \frac{\partial \underline{E}_z}{\partial y} + \omega\mu \frac{\partial \underline{H}_z}{\partial x}); \tag{5.2-7}$$

$$\underline{H}_x = \frac{j}{\beta_c^2}(\omega\varepsilon \frac{\partial \underline{E}_z}{\partial y} - \beta_z \frac{\partial \underline{H}_z}{\partial x}); \quad \underline{H}_y = \frac{-j}{\beta_c^2}(\omega\varepsilon \frac{\partial \underline{E}_z}{\partial x} + \beta_z \frac{\partial \underline{H}_z}{\partial y}). \tag{5.2-8}$$

Im Zuge der weiteren Rechnungen wird klar werden, daß β die Phasenkonstante einer sich schräg zur z-Achse ausbreitenden virtuellen TEM-Welle darstellt. β können wir als Betrag eines bereits in Kap. 3 eingeführten (hier ungedämpften) Ausbreitungsvektors $\underline{\gamma} = j\beta$ interpretieren. β können wir gemäß Abb. 5.3-6 in Längsanteil β_z und Queranteil β_c zerlegen, die über den Satz des PYTHAGORAS verknüpft sind.

5.3 $E^{(m,n)}$- oder $TM^{(m,n)}$-Wellen

Setzen wir $\underline{E}_z = \underline{H}_z = 0$, könnten nichtverschwindende Lösungen nur theoretisch existieren, wenn $\beta_z = \beta$, was gleichbedeutend ist mit $\beta_c = 0$, also kein Ausbreitungsrichtungsanteil quer zur z-Achse. Dies war bei unseren freien TEM-Wellen des Kap. 3 der Fall und verletzt für a und b endlich die o.a. Randbedingungen. Es ist jedoch möglich, daß nur *eine* Längskomponente verschwindet, und die andere noch vorhanden ist. Wir überprüfen dies zunächst für $\underline{E}_z \neq 0$, $\underline{H}_z = 0$, und erhalten durch Einsetzen:

$$\frac{\partial^2 \underline{E}_z}{\partial x^2} + \frac{\partial^2 \underline{E}_z}{\partial y^2} + \beta_c^2 \underline{E}_z = 0. \tag{5.3-1}$$

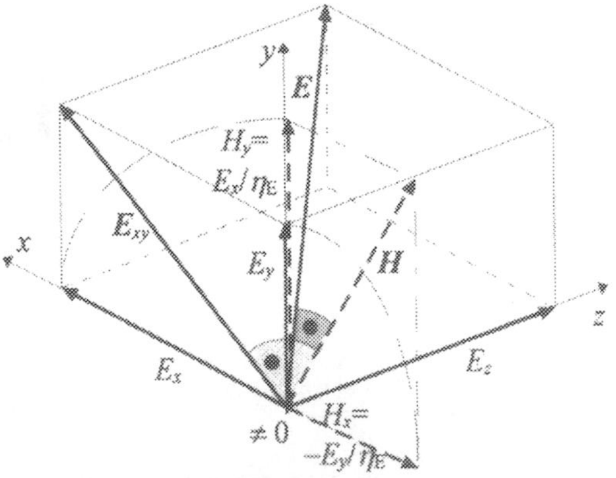

Abb. 5.3-1: Grundsätzliche Lage der Vektoren der elektrischen und magnetischen Feldstärke bei E-Wellen.

Diese Wellengleichung für $\underline{E}_z \neq 0$ beschreibt sog. E- oder TM-Wellen, wie in Abb. 5.3-1 für einen Punkt im Hohlleiterinnern dargestellt. Die Verhältnisse sind hier bereits so angegeben, wie sie weiter unten konkret berechnet werden. E steht dafür, daß die elektrische Feldstärke eine Längskomponente hat, die magnetische nicht, *TM* steht für *Transversal Magnetische Welle*, d.h. das Magnetfeld steht im Gegensatz zum elektrischen Feld senkrecht auf der *z*-Ausbreitungsrichtung. Eine solche Differentialgleichung läßt sich durch den Separationsansatz

$$\underline{E}_z(x,y,z) = \underline{\hat{E}} \cdot X(x) \cdot Y(y) \cdot \mathrm{e}^{-\mathrm{j}\beta_z z} \tag{5.3-2}$$

lösen, wobei wir hier nur hinlaufende Wellen betrachten, d.h. wir setzen immer den praktisch realistischen Fall voraus, daß der Hohlleiter reflexionsfrei abgeschlossen ist. Einen ähnlichen Ansatz hatten wir schon einmal bei der Betrachtung des Skineffekts in Abschnitt 3.3.12.1 gemacht und er ist begründbar aus der Überlegung, daß aufgrund der orthogonalen kartesischen Struktur jede Wellenform in Richtung einer der drei Koordinatenachsen unabhängig von der anderen ist, die jeweils zugehörige Wellenlängen jedoch Querbezüge zueinander haben. Dies setzen wir in die davorstehende Differentialgleichung ein und erhalten nach Wegkürzen gemeinsamer Parameter:

$$\frac{\partial^2 X}{\partial x^2} Y + X \frac{\partial^2 Y}{\partial y^2} + \beta_c^2 XY = 0 \quad \Rightarrow \quad \frac{1}{X}\frac{\partial^2 X}{\partial x^2} + \frac{1}{Y}\frac{\partial^2 Y}{\partial y^2} = -\beta_c^2 = \text{const.} \tag{5.3-3}$$

Da also *X* und *Y* unabhängig voneinander sein müssen, muß diese Gleichung für jedes feste *Y*(*y*) dieselbe *X*(*x*)-Funktion liefern und umgekehrt. Damit zerfällt diese Gleichung mit den neuen Konstanten A^2 und B^2 in die beiden

$$\frac{1}{X}\frac{\partial^2 X}{\partial x^2} = -A^2 = \text{const.} \qquad \text{oder} \qquad \frac{\partial^2 X}{\partial x^2} + A^2 X = 0. \tag{5.3-4}$$

$$\frac{1}{Y}\frac{\partial^2 Y}{\partial y^2} = -B^2 = \text{const.} \qquad \text{oder} \qquad \frac{\partial^2 Y}{\partial y^2} + B^2 Y = 0. \tag{5.3-5}$$

Diese haben die Struktur klassischer Schwingungsdifferentialgleichungen, deren Lösungen unter den Randbedingungen der Stetigkeit der elektrischen Tangentialkomponenten

$$\underline{E}_x = \underline{E}_z = 0 \qquad \text{bei} \qquad y = 0 \quad \text{und} \quad y = b,$$

$$\underline{E}_y = \underline{E}_z = 0 \qquad \text{bei} \qquad x = 0 \quad \text{und} \quad x = a \tag{5.3-6}$$

gesucht sind. Dies können nur reine Sinusfunktionen sein mit Knoten an den Wänden, unterschieden um jeweils eine halbe Transversalwellenlänge, vergleichbar den Schwingungen einer Instrumentensaite, die an den Enden fest eingebunden ist. Sei *m* der Zählindex, der die Wellungen in *x*-Richtung zählt und *n* ($m,n \in N$) derjenige in *y*-Richtung, sieht das Gesamtergebnis für $\underline{E}_z^{(m,n)}$ so aus:

$$\underline{E}_z^{(m,n)}(\boldsymbol{x}) = \underline{\hat{E}}_z^{(m,n)} \cdot \sin\frac{m\pi x}{a} \cdot \sin\frac{n\pi y}{b} \cdot \mathrm{e}^{-\mathrm{j}\beta_z z}. \tag{5.3-7}$$

$\underline{\hat{E}}_z^{(m,n)}$ ist der frei vorgebbare Wert am Ort eines Gesamtwellenbauchs. Mit dem Ansatz gehen wir in die Differentialgleichung und erhalten für die ***Hohlleiterwellenzahl*** β_z:

$$\beta_z^2 = \left(\frac{2\pi}{\lambda_z}\right)^2 = \beta^2 - \left(\frac{m\pi}{a}\right)^2 - \left(\frac{n\pi}{b}\right)^2 \quad \Rightarrow \quad \beta_z^{(m,n)} = \sqrt{\beta^2 - \left(\frac{m\pi}{a}\right)^2 - \left(\frac{n\pi}{b}\right)^2}. \tag{5.3-8}$$

Wenn wir nun nochmals nach der Bedingung $\beta_z = \beta$ für das Verschwinden der Längskomponente - hier $\underline{E}_z$ - fragen, so kann dies nur für $m = n = 0$ geschehen, womit aber auch die Welle verschwunden wäre. Folglich *muß* für $\underline{H}_z = 0$ und a und b endlich eine $\underline{E}_z$-Komponente vorhanden sein.

Aufgabe 5.3-1: Man weise Gl. 5.3-1 nach.

Aufgabe 5.3-2: Wie ist das Verhältnis a/b zu wählen, damit in einem Hohlleiter mit derselben Frequenz f die Moden (5,5) und (13,3) angeregt werden können?

Aufgabe 5.3-3: Man bestimme die Wellenfunktion $e_z(x,y,z,t)$, wenn zum Zeitpunkt $t = T/4$ in der Ebene $z = \lambda_z/3$ $\underline{e}_z = e_z$ reell ist.

Aufgabe 5.3-4: Man skizziere den Verlauf von $\underline{E}_z^{(3,4)}(x,y,0)$ für $\hat{\underline{E}}_z = \hat{E}_z$ reell.

5.3.1 Grenzfrequenz f_c und Grenzwellenlänge λ_c

Jede Kombination (m,n) beschreibt einen $E^{(m,n)}$- oder $TM^{(m,n)}$-*Modus*. Für jeden gibt es eine ***Grenzfrequenz*** $f_c^{(m,n)}$ - auch ***kritische Frequenz*** - mit zugehöriger ***Grenzwellenlänge*** $\lambda_c^{(m,n)}$ (***kritischer Wellenlänge***) ober- bzw. unterhalb derer die Welle erst ausbreitungsfähig ist. Damit die $E^{(m,n)}$-Welle eine Oszillation realisiert, muß $\beta_z^2 > 0$ sein - sie repräsentiert einen *Wellentyp*.

Andernfalls ist β_z imaginär, was zu einer Dämpfung führt und einen *Dämpfungstyp* darstellt. Beide finden praktische Anwendung und werden gemeinsam als *Feldtypen* bezeichnet: Frequenzen für Wellentypen wählt man, wenn Wellen transmittiert werden sollen, solche für Dämpfungstypen, wenn der Hohlleiter als Bandfilter für diese Frequenz dienen soll. Betrachten wir die *Grenzwellenzahl* des Modus $E^{(m,n)}$ $\beta_c^{(m,n)}$, so lautet die Forderung für den Wellentyp

$$\beta^{(m,n)} \overset{!}{>} \beta_c^{(m,n)} = \sqrt{(\frac{m\pi}{a})^2 + (\frac{n\pi}{b})^2} = \pi\sqrt{(\frac{m}{a})^2 + (\frac{n}{b})^2}\,. \tag{5.3-9}$$

Für Wellenlänge und Frequenz heißt das:

$$\lambda^{(m,n)} \overset{!}{<} \lambda_c^{(m,n)} = \frac{2\pi}{\beta_c^{(m,n)}} = \frac{2}{\sqrt{(\frac{m}{a})^2 + (\frac{n}{b})^2}}; \tag{5.3-10}$$

Dabei ist zu beachten, daß dies die Wellenlänge *im* Medium ist. Zuweilen wird die zugehörige Freiraumwellenlänge $\lambda_{0c} = \lambda_c\sqrt{\varepsilon_r}$ auch als Grenzwellenlänge bezeichnet.

$$f^{(m,n)} \overset{!}{>} f_c^{(m,n)} = \frac{c}{\lambda_c^{(m,n)}} = \frac{c}{2}\sqrt{(\frac{m}{a})^2 + (\frac{n}{b})^2}\,. \tag{5.3-11}$$

Die Modenkennzahlen geben hier an, daß für den jeweiligen Modus Quell- und Materialeigenschaften sowie die Hohlleitergeometrie so kombiniert sein müssen, damit die Bedingungen erfüllt sind. Der Index c steht für ***Cutoff***, den englischen Begriff für solche Grenzgrößen. Die niedrigste ausbreitungsfähige E-Welle ist somit die $E^{(1,1)}$-Welle mit

$$\lambda^{(1,1)} < \frac{2}{\sqrt{\frac{1}{a^2}+\frac{1}{b^2}}} \qquad \text{bzw.} \qquad f^{(1,1)} > \frac{c}{2}\sqrt{\frac{1}{a^2}+\frac{1}{b^2}}. \tag{5.3-12}$$

Legen wir z.B. $a = 10$ cm und $b = 5$ cm zugrunde, so gilt $f > 3{,}352$ GHz. Gedämpft wird die Welle mit der Modenzahl (m,n) also, wenn diese Bedingungen nicht eingehalten werden. Dazu gehört die Dämpfungskonstante

$$\alpha_z^{(m,n)} = \mathrm{j}\beta_z^{(m,n)} = \sqrt{(\beta_c^{(m,n)})^2 - (\beta^{(m,n)})^2}. \tag{5.3-13}$$

Dies ist also, wie bei den freien Wellen in Aufgabe 3.3.11.2-7 bereits betrachtet, eine aperiodische Dämpfung aufgrund von Totalreflexion und damit destruktiver Interferenz statt aufgrund dämpfender Materialeigenschaften. Der Begriff der (jetzt imaginären) Wellenlänge hat hier nur noch mathematische Bedeutung, wegen der rein exponentiellen Dämpfung ist der Begriff der Eindringtiefe $\delta_z = 1/\alpha_z$ wieder angebracht. Man sagt, der Modus (m,n) ist für $f > f_c^{(m,n)}$ oberhalb seines Cutoff, also ausbreitungsfähig, für $f < f_c^{(m,n)}$ unterhalb, also gedämpft.

Je höher somit die Ordnungszahl eines Modus ist, umso höher ist seine Grenzfrequenz, oberhalb derer er erst existieren kann. Dies ist das typische Hochpaßverhalten des Hohlleiters. Wir werden bei den einzelnen Größen in der Folge diese Ordnungszahlen nicht mehr explizit mit angeben, nur wenn wir sie ausdrücklich benötigen.

Der Fall der im vorigen Kap. betrachteten Parallelplattenleitung läßt sich somit auch mit diesen Rechnungen erfassen, denn er entspricht a (oder b) $\rightarrow \infty$. Große Querschnittsabmessungen bedeuten also ebenfalls, daß viele halbe Wellenlängen hineinpassen, sprechen also für viele Moden mit hohen Ordnungszahlen. Definieren wir folgenden noch öfter benötigten dimensionslosen Faktor, der sich später als der Cosinus des Winkels zwischen der Ausbreitungsrichtung der TEM-Teilwellen, aus denen die sich in z-Richtung ausbreitende Hohlleiterwelle besteht, und der z-Achse, herausstellen wird:

$$\Lambda := \sqrt{1-(\frac{\beta_c}{\beta})^2} = \sqrt{1-(\frac{f_c}{f})^2} = \sqrt{1-(\frac{\lambda}{\lambda_c})^2}. \tag{5.3-14}$$

Dieser wird für einen Modus (m,n) oberhalb seines Cutoff reell und vom Betrage immer < 1, unterhalb imaginär. So können wir nun mit

$$\beta_z = \sqrt{\beta^2 - \beta_c^2} = \beta\sqrt{1-(\frac{\beta_c}{\beta})^2} = \beta\Lambda \tag{5.3-15}$$

auch folgern, daß:

$$\lambda_z = \frac{\lambda}{\sqrt{1-(\lambda/\lambda_c)^2}} = \frac{\lambda}{\Lambda}, \tag{5.3-16}$$

woraus ebenfalls anschaulich ersichtlich ist, daß für $\lambda > \lambda_c$ λ_z imaginär wird. Für $f \rightarrow \infty$ mit $\lambda \rightarrow 0$ darf λ_c ebenfalls immer kleiner werden, was bedeutet, daß die Ordnungszahlen immer größer werden dürfen und immer mehr Moden höherer Ordnung ausbreitungsfähig sind. Für den Dämpfungsbereich ergibt sich

$$\alpha_z = \sqrt{\beta_c^2 - \beta^2} = \beta\sqrt{(\frac{\beta_c}{\beta})^2 - 1} = \beta|\Lambda|. \tag{5.3-17}$$

Das Verhalten des Faktors Λ sowie der Inversen $1/\Lambda$ über Wellenlänge oder Frequenz ist von Interesse, da er für viele Größen von Bedeutung ist und rasch das spektrale Verhalten erkennen läßt. Nach der DIN 47 302, Teil 1 stellt das Verhältnis $b/a = 0{,}5$ das Normprofil dar, sodaß wir hierfür Λ in Abhängigkeit der Modenkennzahlen (m,n) angeben können:

$$\Lambda = \sqrt{1-\left(\frac{\lambda}{2}\right)^2\left(\left(\frac{m}{a}\right)^2+\left(\frac{n}{b}\right)^2\right)} = \sqrt{1-\left(\frac{\lambda}{a}\right)^2\left(\frac{m^2}{4}+n^2\right)}. \qquad (5.3\text{-}18)$$

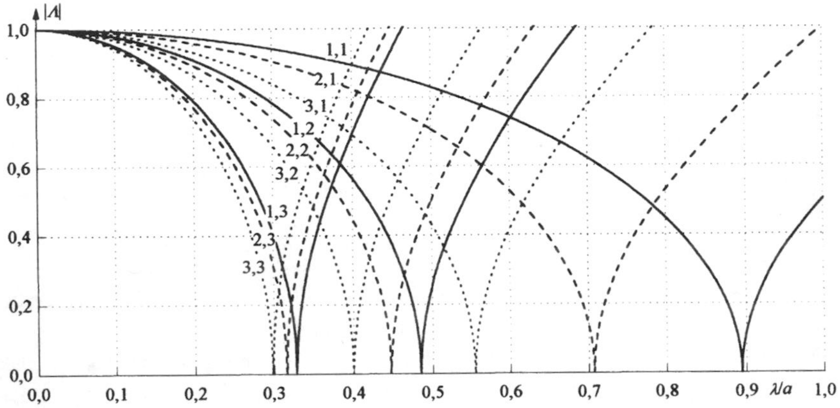

Abb. 5.3-2: $|\Lambda^{(m,n)}|$ über λ/a für die niedrigsten E-Moden in einem Rechteckhohlleiter mit $b/a = 0{,}5$

Die dazugehörige jeweils linke Seite der Kurven in Abb. 5.3-2 stellt das Verhalten für Wellentypen mit reeller Phasenkonstante dar, die jeweils rechte Seite bestimmt die mit ihr multiplizierten Parameter im Dämpfungsbereich. $1/\Lambda$ finden wir in Abb. 5.3-3 der Übersichtlichkeit halber nur für den oszillatorischen Bereich angegeben. Die beiden rechten Kurven kommen nur bei den weiter unten beschriebenen H-Wellen vor. Abb. 5.3-4 zeigt demgegenüber das allgemeine Verhalten von $|\Lambda|$ und $1/|\Lambda|$ über dem Verhältnis λ/λ_c bzw. in Gegenrichtung gelesen über f_c/f.

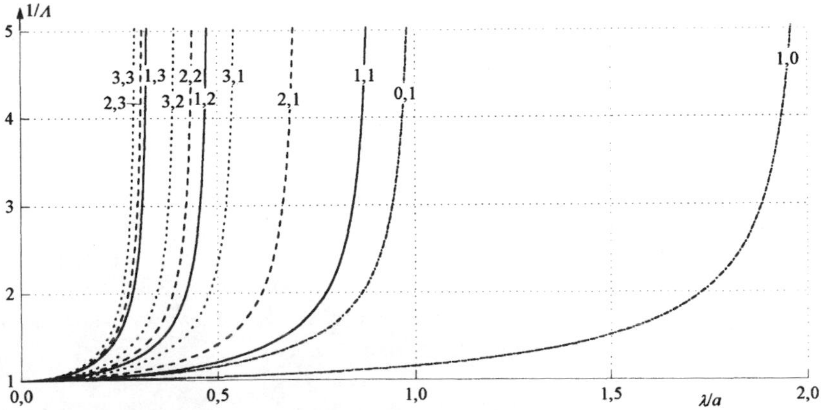

Abb. 5.3-3: $1/\Lambda^{(m,n)}$ über λ/a für die niedrigsten Moden in einem Rechteckhohlleiter mit $b/a = 0{,}5$.

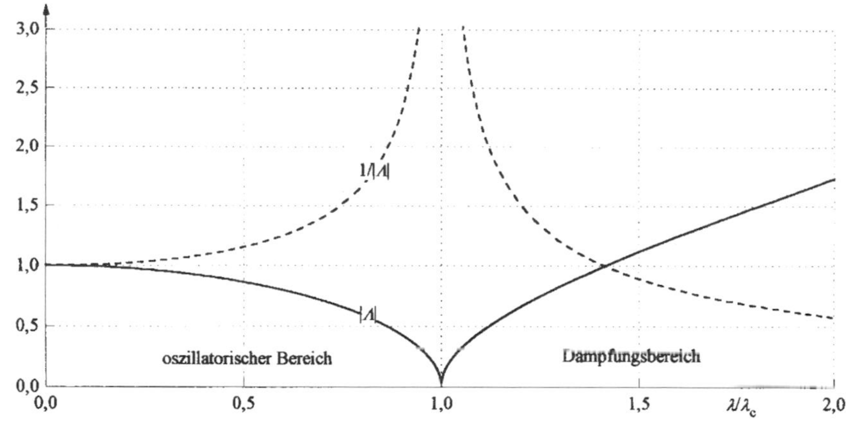

Abb. 5.3-4: $|\Lambda|^{(m,n)}$ und $1/|\Lambda|^{(m,n)}$ über λ/λ_c.

Für den Fall eines quadratischen Hohlleiters haben (m,n)- und (n,m)-Moden gleiche Eigenschaften, man bezeichnet diese als *entartet*. Für bestimmte Verhältnisse a/b können ebenfalls Entartungen von Moden unterschiedlicher Ordnungszahlen mit gleichen Ausbreitungseigenschaften vorkommen.

Aufgabe 5.3.1-1: Welche Moden werden für Wellenlängen oberhalb von 8 cm von einem quadratischen Hohlleiter der Kantenlänge 10 cm transmittiert?

Aufgabe 5.3.1-2: Wie weit dürfte man die Frequenz eines Wellentyp-Modus absenken, von dem im Hohlleiter bei $f = 3$ GHz $\lambda_z = 4$ cm gemessen werden?

Aufgabe 5.3.1-3: In einen Hohlleiter mit $a/b = 10$ cm/5 cm wird für einen Modus $f_c = 4{,}24$ GHz gemessen. Um welchen Modus (m,n) handelt es sich?

Aufgabe 5.3.1-4: In einem Hohlleiter wird für einen Dämpfungstyp-Modus bei $f = 3$ GHz nach 5 cm noch 1% der eingespeisten Wirkleistung detektiert. Um wieviel liegt f unterhalb des Cutoff?

Aufgabe 5.3.1-5: Für ein Koordinatensystem, in dem auf der Ordinate m und auf der Abszisse n aufgetragen ist, gebe man die Gleichung an, aus der sich für gegebene Hohlleitergeometrie und Grenzfrequenz die anregbaren Moden bestimmen lassen. Welche geometrische Form beschreibt die Grenzkurve zwischen Wellen- und Dämpfungsbereich? Man bestimme für $f_c = 6{,}5$ GHz und $a/b = 10$ cm/5 cm graphisch die anregbaren Moden.

5.3.2 Bestimmung aller Feldkomponenten, Feldwellenwiderstand

Setzen wir $\underline{E}_z$ in die Gleichungen für die übrigen Vektorkomponenten ein, so gilt mit der Voraussetzung $\underline{\hat{H}}_z = 0$ nun für sämtliche Komponenten von E-Moden:

$$\underline{E}_x(\boldsymbol{x}) = -\mathrm{j}\underline{\hat{E}}_z \cdot \frac{\beta_z}{\beta_c^2} \cdot \frac{m\pi}{a} \cdot \cos\frac{m\pi x}{a} \cdot \sin\frac{n\pi y}{b} \cdot \mathrm{e}^{-\mathrm{j}\beta_z z} \tag{5.3-19}$$

$$\underline{E}_y(\boldsymbol{x}) = -\mathrm{j}\underline{\hat{E}}_z \cdot \frac{\beta_z}{\beta_c^2} \cdot \frac{n\pi}{b} \cdot \sin\frac{m\pi x}{a} \cdot \cos\frac{n\pi y}{b} \cdot \mathrm{e}^{-\mathrm{j}\beta_z z} \tag{5.3-20}$$

$$\underline{E}_z(\boldsymbol{x}) = \underline{\hat{E}}_z \cdot \sin\frac{m\pi x}{a} \cdot \sin\frac{n\pi y}{b} \cdot \mathrm{e}^{-\mathrm{j}\beta_z z} \tag{5.3-7}$$

$$\underline{H}_x(\boldsymbol{x}) = \mathrm{j}\underline{\hat{E}}_z \cdot \frac{\omega\varepsilon}{\beta_c^2} \cdot \frac{n\pi}{b} \cdot \sin\frac{m\pi x}{a} \cdot \cos\frac{n\pi y}{b} \cdot \mathrm{e}^{-\mathrm{j}\beta_z z} = -\frac{\underline{E}_y(\boldsymbol{x})}{\eta_\mathrm{E}} \tag{5.3-21}$$

$$\underline{H}_y(\boldsymbol{x}) = -\mathrm{j}\underline{\hat{E}}_z \cdot \frac{\omega\varepsilon}{\beta_c^2} \cdot \frac{m\pi}{a} \cdot \cos\frac{m\pi x}{a} \cdot \sin\frac{n\pi y}{b} \cdot \mathrm{e}^{-\mathrm{j}\beta_z z} = \frac{\underline{E}_x(\boldsymbol{x})}{\eta_\mathrm{E}} \tag{5.3-22}$$

$$\underline{H}_z(\boldsymbol{x}) = 0. \tag{5.3-23}$$

Hierbei haben wir den Feldwellenwiderstand η_E für E-Wellen eingeführt:

$$\eta_\mathrm{E} := \frac{\beta_z}{\omega\varepsilon} = \frac{\underline{E}_x}{\underline{H}_y} = -\frac{\underline{E}_y}{\underline{H}_x}. \tag{5.3-24}$$

Er stellt in vollständiger Analogie zum Feldwellenwiderstand $\eta = \beta/\omega\varepsilon = \sqrt{\mu/\varepsilon}$ einer freien Welle das Verhältnis zueinandergehöriger Feldstärkequerkomponenten dar. Wir können ihn damit nach den Betrachtungen des vorigen Abschnitts auch in Abhängigkeit der Grenzwellenlänge und -frequenz darstellen:

$$\eta_\mathrm{E} = \frac{\beta_z}{\omega\varepsilon}\sqrt{\frac{\varepsilon}{\mu}}\eta = \eta\frac{\beta_z}{\beta} = \eta\Lambda. \tag{5.3-25}$$

Wir finden abermals Λ und das spektrale Verhalten von η_E durch obige Kurven beschrieben. Überschreitet die Wellenlänge die Grenzwellenlänge, so wird auch $\underline{\eta}_\mathrm{E}$ rein induktiv imaginär, stellt somit eine Reaktanz dar, die nicht in der Lage ist, Wirkleistung zu übertragen.

Interessieren wir uns für die konkreten physikalischen Zeitverläufe, erhalten wir wieder durch Bildung von $\boldsymbol{a}(\boldsymbol{x},t) = \Re\{\underline{\boldsymbol{A}}(\boldsymbol{x})\mathrm{e}^{\mathrm{j}\omega t}\}$ die komplette Vektordarstellung:

$$\boldsymbol{e}(\boldsymbol{x},t) = \hat{E}_z \cdot \begin{pmatrix} \frac{\beta_z}{\beta_c^2} \cdot \frac{m\pi}{a} \cdot \cos\frac{m\pi x}{a} \cdot \sin\frac{n\pi y}{b} \cdot \sin(\omega t - \beta_z z) \\ \frac{\beta_z}{\beta_c^2} \cdot \frac{n\pi}{b} \cdot \sin\frac{m\pi x}{a} \cdot \cos\frac{n\pi y}{b} \cdot \sin(\omega t - \beta_z z) \\ \sin\frac{m\pi x}{a} \cdot \sin\frac{n\pi y}{b} \cdot \cos(\omega t - \beta_z z) \end{pmatrix} \tag{5.3-26}$$

$$\boldsymbol{h}(\boldsymbol{x},t) = \frac{1}{\eta_\mathrm{E}} \cdot \begin{pmatrix} -e_y(\boldsymbol{x},t) \\ e_x(\boldsymbol{x},t) \\ 0 \end{pmatrix}. \tag{5.3-27}$$

Hier haben wir der Einfachheit halber $\underline{\hat{E}}_z = \hat{E}_z$ reell gesetzt. Wir erkennen, daß es sich um Wellen handelt, die in x- und y-Richtung aufgrund der Blechwände stehende Wellen darstellen, in z-Richtung, wo keine Begrenzung vorliegt, hingegen fortschreiten. Sämtliche Transversalkomponenten schwingen in Phase, die Längskomponente des elektrischen Felds eilt ihren Transversalkomponenten um 90° vor.

Das bedeutet an einem festen Ort, daß, wenn die Transversalkomponenten gerade ein (Betrags-)Maximum aufweisen, die elektrische Längskomponente dann verschwindet, d.h. es liegt momentan eine TEM-Welle vor. Haben alle Transversalkomponenten gerade gemeinsam einen Nulldurchgang, ist die elektrische Längskomponente maximal und als einzige vorhanden. Zu einem festen Zeitpunkt laufen diese beiden Extremfälle relativ vertauscht um $\lambda_z/4$ verschoben ab.

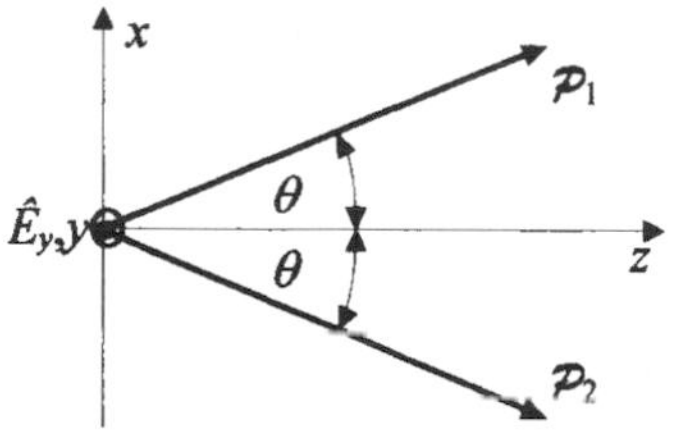

Abb. 5.3-5: Zu Aufgabe 5.3.2-2.

Aufgabe 5.3.2-1: Man überprüfe, ob bei *E*-Wellen elektrisches und magnetisches Feld senkrecht aufeinander stehen.

Aufgabe 5.3.2-2: Zwei Wellen der Frequenz f mit in y-Richtung polarisierter elektrischer Feldstärke durchdringen einander entspr. Abb. 5.3-5. Man stelle die resultierende Welle $e_y(x,z,t)$ als Produkt einer stehenden und einer fortschreitenden Welle dar und bestimme die zugehörigen Wellenlängen.

Aufgabe 5.3.2-3: Man bestimme $\eta_E^{(m,n)}$ bei gegebener Anregungsfrequenz f und Geometrie des Hohlleiters.

Aufgabe 5.3.2-4: Man bestimme für gegebene Anregungsfrequenz f und Geometrie des Hohlleiters alle komplexen Feldamplituden einer $E^{(m,n)}$-Welle am Ort $z = 0$, wenn $\underline{\hat{E}}_z = \hat{E}_z$ reell gegeben ist.

Aufgabe 5.3.2-5: Man gebe die Betragsfunktion $e^{(m,n)}(x,t)$ an.

5.3.3 Wellen- und Feldlinienbilder

Nach diesen theoretischen Überlegungen zur Wellenausbreitung im Hohlleiter soll die anschauliche Interpretation der Ergebnisse dargestellt werden. Wir können von der rein physikalischen Anschauung nicht erwarten, als daß sich im Innern eines solchen Rechteckhohlleiters etwas anderes ausbreitet als ebene Wellen, aber inhomogene. Betrachten wir der Einfachheit halber den Hohlleiter als luftgefüllt, so ist dies entfernt von den Wänden eine reine Freiraumausbreitung, bei der die Teilwellen der Formel $\lambda_0 = c_0/f$ gehorchen müssen, wobei f durch die Quelle vorgegeben ist.

Andererseits besteht die Forderung, daß auf den Wänden bestimmte Feldstärkelängskomponenten Knoten aufweisen müssen. Dies führt für Wellen dazu, daß sie entspr. Abb. 5.3-7 soweit verdreht sein müssen, bis ein ganzzahliges Vielfaches der halben Querwellenlänge derart quer zwischen die Wände paßt, daß die Knoten auf den Wänden zu liegen kommen. Damit können wir den Ausbreitungsvektor $\boldsymbol{\beta}$ weiter anschaulich interpretieren, indem wir ihn nun in seine sämtlichen kartesischen Koordinaten zerlegen, wie in Abb. 5.3-6 illustriert:

$$\boldsymbol{\beta} = \begin{pmatrix} \beta_x \\ \beta_y \\ \beta_z \end{pmatrix} = \begin{pmatrix} \beta_c \\ \beta_z \end{pmatrix} = \begin{pmatrix} m\pi/a \\ n\pi/b \\ \sqrt{\beta^2 - (m\pi/a)^2 - (n\pi/b)^2} \end{pmatrix}. \tag{5.3-28}$$

Dazu gehören Wellenlängen:

$$\lambda = \frac{2\pi}{\beta}; \qquad \lambda_x = \frac{2\pi}{\beta_x} = \frac{2a}{m} > \lambda; \qquad \lambda_y = \frac{2\pi}{\beta_y} = \frac{2b}{n} > \lambda;$$

$$\lambda_c = \frac{2\pi}{\beta_c} = \frac{2\pi}{\sqrt{\beta_x^2 + \beta_y^2}} = \frac{2}{\sqrt{(\frac{m}{a})^2 + (\frac{n}{b})^2}} > \lambda;$$

$$\lambda_z = \frac{2\pi}{\sqrt{\beta^2 - (\frac{m\pi}{a})^2 - (\frac{n\pi}{b})^2}} > \lambda. \qquad (5.3\text{-}29)$$

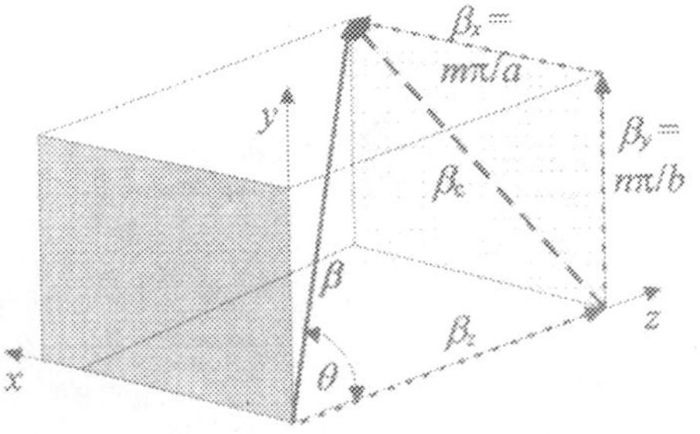

Abb. 5.3-6:
Lage des Phasenvektors β einer Welle und Zerlegung in die Komponenten.

Die Teilwelle läuft also im allgemeinen Fall schräg durch den Hohlleiter, so daß in Richtung der Querkoordinaten immer die Bedingung erfüllt ist, daß die dazugehörigen halben Querwellenlängen jeweils ganzzahlig auf die Querabmessungen a und b passen. Für den Cutoff mit $\beta_z = 0$ und $\beta = \beta_c$ ist ersichtlich, daß der Ausbreitungsvektor keine Komponente in Längsrichtung des Hohlleiters hat, folglich nicht mehr fortschreiten kann und wir damit keinen Energietransport in diese Richtung erwarten können - die gesamte Welle steht.

Abb. 5.3-7 zeigt, daß an der Mittelachse gespiegelte Ausbreitungsvektoren möglich sind, womit in den Transversalrichtungen in jedem Fall stehende Wellen vorliegen. In der Abbildung sind zwei gleichfrequente Wellen dargestellt, die sich im Winkel von ±45° relativ zur Gesamtausbreitungsrichtung durchqueren. Dabei koinzidieren die POYNTINGvektorrichtungen der einen Welle mit den Flächen konstanter Phase - also den Ebenen, z.B. Wellenberge oder -täler - der anderen. Das jeweils grau schattierte Gebiet stellt das Metall dar, in das die Welle nicht eindringen kann, d.h. die Darstellung skizziert hier, wie die Welle weiterliefe, wenn sie sich im Freiraum ausbreiten würde.

Wellenberge der einen Welle und Wellentäler der anderen müssen auf der Oberfläche des Metalls zusammenfallen und sich so gegenseitig aufheben, daß hier die tangentialen elektrischen und normalen magnetischen Feldstärkekomponenten verschwinden können. Wandern wir entlang der Oberfläche, so nimmt der Funktionswert der einen Welle zu und der anderen im gleichen Maße ab, so daß sich hier überall verschwindende Feldstärkewerte ergeben. Hier findet also eine Totalreflexion mit destruktiver Interferenz entlang der Metalloberfläche statt.

Demgegenüber finden wir die Maximalauslenkungen der Feldüberlagerung auf der strichpunktierten Mittelachse mit doppelter Amplitude des Einzelfelds, also konstruktiver Interferenz. Im rechten Teil ist die Wellenform für vier Wellenlängen λ_z in z-Richtung als 3D-Plot dargestellt. Jede zur xy-Ebene parallele Querlinie repräsentiert eine ebene Wellenfront im Abstand von 30°, jede Längslinie parallel zur yz-Ebene zeigt im Mittel in z-Ausbreitungsrichtung der resultierenden Welle.

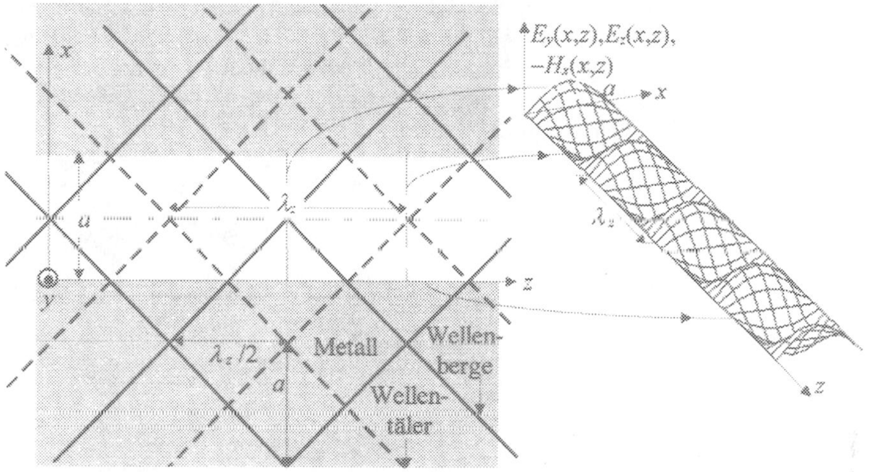

Abb. 5.3-7: Hohlleiterwellen als überlagerte schräglaufende Wellen.

Aufgrund der Tatsache, daß genau eine halbe Querwellenlänge zwischen den Oberflächen liegt, muß es sich um eine $(1,n)$-Welle handeln. Würde dasselbe Bild auch in y-Richtung auftauchen, hätten wir es mit der $E^{(1,1)}$-Grundwelle zu tun. Für diese Darstellung würden wir allerdings vier Dimensionen benötigen, so daß nur mehrere Schnitte dieses Verhalten effizient illustrieren.

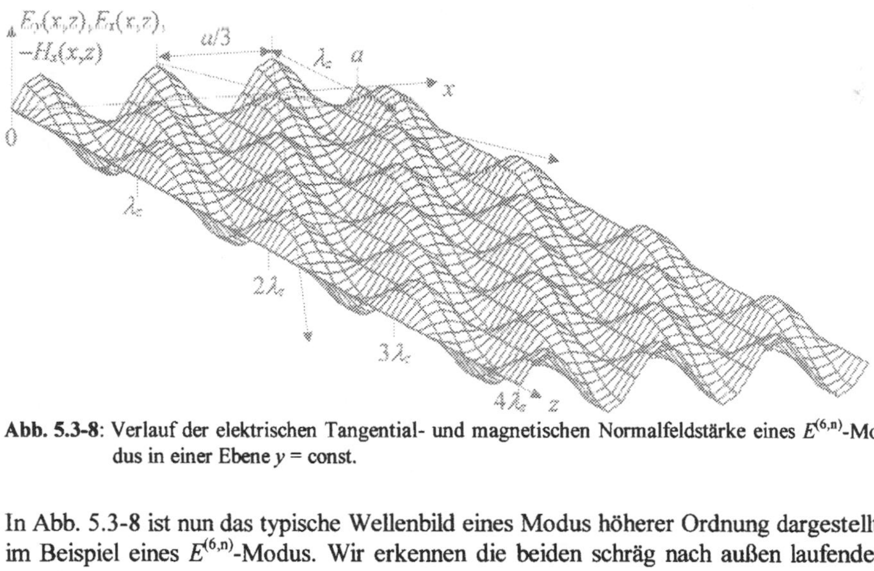

Abb. 5.3-8: Verlauf der elektrischen Tangential- und magnetischen Normalfeldstärke eines $E^{(6,n)}$-Modus in einer Ebene y = const.

In Abb. 5.3-8 ist nun das typische Wellenbild eines Modus höherer Ordnung dargestellt, im Beispiel eines $E^{(6,n)}$-Modus. Wir erkennen die beiden schräg nach außen laufenden Anteile, die sich zu einer insgesamt in z-Richtung fortschreitenden Welle überlagern.

Für diese Darstellung gilt y = const. Wandern wir entlang der y-Achse, so bleibt dieses Wellenmuster prinzipiell erhalten, es oszilliert bei dieser Wanderung mit der Querwellenlänge λ_y, die die Modenzahl n bestimmt.

Die linke und rechte Kante bleiben dabei immer Geraden entspr. den verschwindenden Feldstärkeanteilen (Knotenlinien) auf den Seitenflächen bei $x = 0$ und $x = a$. Kommen wir beim Durchlauf der y-Achse auf den Flächen $y = 0$ oder $y = b$ an, so ist dort die Oszillation von $\underline{E}_z$ aus den gleichen Gründen gerade verschwunden. Um dies zu veranschaulichen seien in Abb. 5.3-9 für die niedrigsten Moden sowie für einen $E^{(6,4)}$-Modus, für den obiges Wellenbild ein Vertreter sein kann, die Kanten der Knotenflächen - das sind alle durchgezogenen Linien - im Schnitt in der xy-Transversalebene dargestellt.

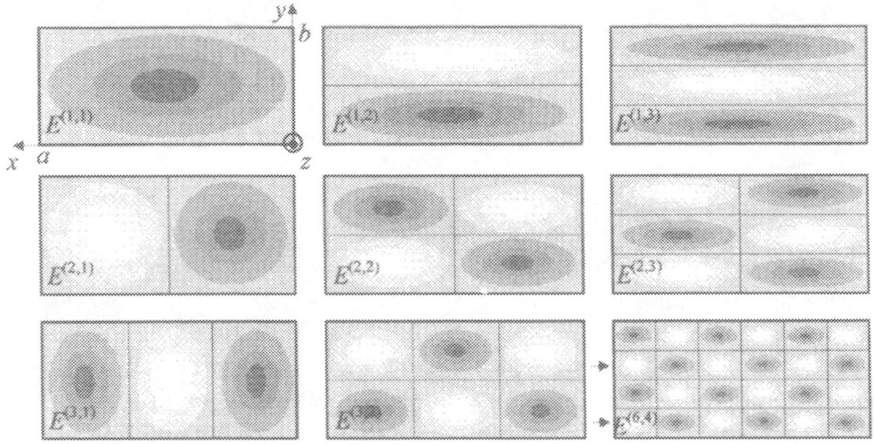

Abb. 5.3-9: Einige niedrige E-Moden mit näherungsweisem Profil von $\underline{E}_z(x,y)$.

Die in verschiedenen Grautönen schattierten Flächen sollen andeuten, wie sich der jeweilige Funktionswert der Feldstärke ändert. Interpretieren wir eine dunkle Färbung als große Feldstärke in der Umgebung des Maximums, so fällt sie in jede Richtung davon weggehend ab, die mittlere Grautönung hat dann Funktionswerte um Null, d.h. hier werden auch die Knotenlinien überschritten und es geht zu helleren Tönungen weiter, die als negative Funktionswerte interpretiert werden können.

Dieses Bild verändert sich jedoch mit wachsender Zeit, indem nach einer halben Periodendauer alles vertauscht ist. Interpretieren wir Abb. 5.3-8 als Funktionswerte zum Zeitpunkt maximaler Auslenkung, so würden wir dieses Muster beim $E^{(6,4)}$-Bild unten rechts parallel zu den Knotenlinien an den mit Pfeilen gekennzeichneten Höhen finden.

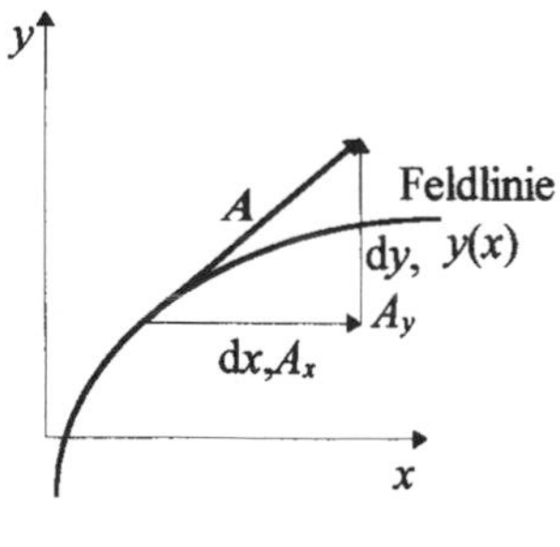

Feldlinienbilder erhalten wir aus folgender Überlegung: mit dem allgemeinen Vektorfeld $\boldsymbol{A} = (A_x, A_y, A_z)$ muß entspr. der linken Darstellung der Feldstärkevektor an einer bestimmten Stelle der zugehörigen Feldlinie deren Steigung repräsentieren, d.h. er bildet hier die Tangente. Damit muß z.B. in der xy-Ebene gelten:

$$\frac{\mathrm{d}y}{\mathrm{d}x} = \frac{A_y}{A_x}. \tag{5.3-30}$$

Die Differentialgleichung kann durch Integration aufgelöst werden. Eine Integrationskonstante C kann im Rahmen der physikalischen Randbedingungen frei gewählt werden und dient dazu, die gewünschten Feldlinien zu selektieren. Die Differentialgleichung läßt sich auch wie folgt umformen:

$$A_x \mathrm{d}y - A_y \mathrm{d}x = 0 \qquad \Rightarrow \qquad \boldsymbol{A} \times \mathrm{d}\boldsymbol{x} = 0. \tag{5.3-31}$$

Die rechte Seite bezieht nun die anderen beiden Ebenen (xz, yz) ebenfalls mit ein und erlaubt so die Darstellung in jeder Ebene, als Projektion auf eine beliebige Fläche oder auch im Raum. Anschaulich läßt sich das Endergebnis auch so formulieren: ein Kreuzprodukt beschreibt einen Vektor, der senkrecht auf den beiden das Kreuzprodukt bildenden Vektoren steht, seine Länge ist gleich der eingeschlossene Parallelogrammfläche. Da das Ergebnis verschwindet, müssen $\boldsymbol{A}$ und $\mathrm{d}\boldsymbol{x}$ immer in die gleiche Richtung zeigen, was ja eigentlich nichts anderes ist, als die reine mathematische Beschreibung der Eingabe. Wir wollen dies nun für die elektrischen Feldlinien in der xy-Ebene durchführen:

$$\frac{\mathrm{d}y}{\mathrm{d}x} = \frac{E_y}{E_x} = \frac{\frac{n\pi}{b} \cdot \sin\frac{m\pi x}{a} \cdot \cos\frac{n\pi y}{b}}{\frac{m\pi}{a} \cdot \cos\frac{m\pi x}{a} \cdot \sin\frac{n\pi y}{b}} = \frac{na}{mb} \tan\frac{m\pi x}{a} \cdot \cot\frac{n\pi y}{b}$$

$$\Rightarrow \quad \tan\frac{n\pi y}{b} \cdot \mathrm{d}y = \frac{na}{mb} \tan\frac{m\pi x}{a} \cdot \mathrm{d}x. \tag{5.3-32}$$

Zur Lösung der Differentialgleichung integrieren wir diese:

$$\int \tan\frac{n\pi y}{b} \cdot \mathrm{d}y = \frac{na}{mb} \int \tan\frac{m\pi x}{a} \cdot \mathrm{d}x + C. \tag{5.3-33}$$

Die Integrale lassen sich mithilfe einschlägiger Integraltabellen lösen:

$$\frac{b}{n\pi} \ln\cos\frac{n\pi y}{b} = \frac{na}{mb} \cdot \frac{a}{m\pi} \ln\cos\frac{m\pi x}{a} + C. \tag{5.3-34}$$

Um eine einzelne Feldlinie zu erhalten, benötigen wir $y(x)$, weshalb wir diese Gleichung so umstellen müssen:

$$\ln\cos\frac{n\pi y}{b} = (\frac{na}{mb})^2 \ln\cos\frac{m\pi x}{a} + C' = \ln\left(C'' \cdot \cos\frac{m\pi x}{a}\right)^{(\frac{na}{mb})^2}$$

$$\Rightarrow \quad \frac{n\pi y}{b} = \arccos\left(C'' \cdot \cos\frac{m\pi x}{a}\right)^{(\frac{na}{mb})^2}$$

$$\Rightarrow \quad y_{\mathrm{E}}^{(m,n)}(x) = \frac{b}{n\pi} \arccos\left(C'' \cdot \cos\frac{m\pi x}{a}\right)^{(\frac{na}{mb})^2}. \tag{5.3-35}$$

Hier wurde die Konstante C so in die Umformung mit einbezogen, daß der Ergebnisausdruck möglichst einfach erscheint. Führen wir dies noch für die H-Feldlinien durch, so erhalten wir als Ergebnis:

$$y_{\mathrm{H}}^{(m,n)}(x) = \frac{b}{n\pi} \arcsin \frac{C''}{\sin \frac{m\pi x}{a}} . \qquad (5.3\text{-}36)$$

Dies ist in Abb. 5.3-10 für einen $E^{(1,1)}$-Modus dargestellt:

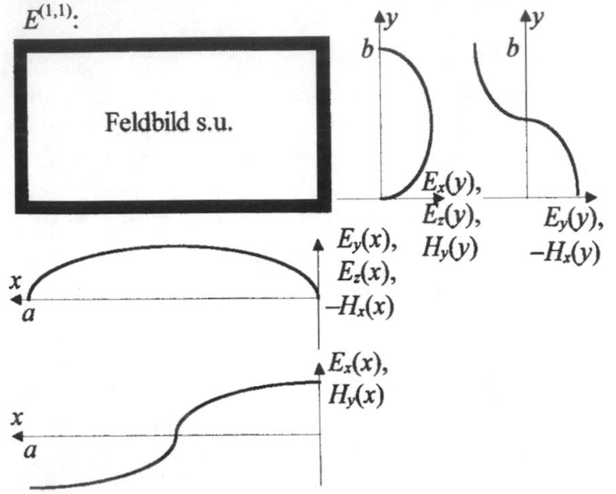

Abb. 5.3-10:
Links und unten: Feldverläufe des $E^{(1,1)}$-Modus in der xy-Ebene.

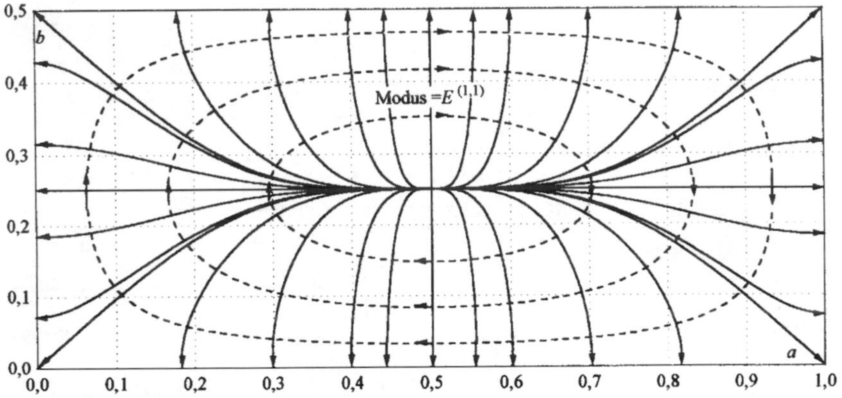

Für die höheren Moden wiederholt sich das jeweilige Muster in jedem Segment der vorigen Abbildung mit jeweils umgedrehten Vorzeichen in benachbarten Segmenten.

Aufgabe 5.3.3-1: Man weise Gl. 5.3-31 nach.

Aufgabe 5.3.3-2: In einem Hohlleiter mit quadratischem Querschnitt wird die $E^{(2,1)}$-Welle und mit doppelter Amplitude die $E^{(1,2)}$-Welle angeregt. Man berechne und skizziere den Verlauf der Knotenlinien von $e_z(x,t)$.

5.3.4 Phasengeschwindigkeit v_ϕ und Gruppengeschwindigkeit v_G

In Aufgabe 3.3.11.2-2 hatten wir für einen dielektrischen Wellenleiter bereits untersucht, wie z.B. Lichtstrahlen durch ihre Zickzacklinien mit unterschiedlicher Neigung unterschiedliche Laufzeit entlang ihres Wegs aufweisen und so zur Dispersion führen:

ein ursprünglich zeitlich sehr kurzer Puls teilt sich auf verschiedene Einkoppelwinkel auf, hat damit in z-Ausbreitungsrichtung zugehörige unterschiedliche diskrete Laufzeiten und kommt folglich am Ende als zeitlich verschmierte Pulsfolge heraus.

Den gleichen Effekt können wir nach den vorigen Darlegungen prinzipiell bei Hohlleitern erwarten, bei denen mehrere Moden angeregt sind. Entsprechend der allgemeinen Definition der Phasengeschwindigkeit v_ϕ als Verhältnis von Kreisfrequenz und Phasenkonstante können wir diese nun für die z-Ausbreitungsrichtung angeben:

$$v_\phi = \frac{\omega}{\beta_z} = \frac{\omega}{\sqrt{\beta^2 - (\frac{m\pi}{a})^2 - (\frac{n\pi}{b})^2}} = \lambda_z f = \frac{c}{\Lambda} > c. \tag{5.3-37}$$

Wichtig zur Interpretation der Formel ist der rechte Anteil, der nämlich die Phasengeschwindigkeit v_ϕ der aus Reflexionen überlagerten Welle in Beziehung zur Lichtgeschwindigkeit c der TEM-Anteile, aus denen sie zusammengesetzt ist, setzt. Weitab vom Cutoff mit $\lambda \ll \lambda_c$, also $\Lambda \to 1$, nähert sich die Geschwindigkeit der Lichtgeschwindigkeit, in der Nähe des Cutoff steigt sie auf beliebig große Werte an. Dieser rein geometrische Effekt der Projektion der schräg zur z-Achse laufenden Teilwellenfronten auf die z-Achse wurde bereits in Aufgabe 3.3.11.2-4 diskutiert.

Drücken wir dies durch den in Abb. 5.3-6 eingeführten Winkel θ zwischen z-Achse und TEM-Richtung aus, so gilt:

$$\beta_z = \beta \cos\theta \quad \Rightarrow \quad v_\phi = \frac{c}{\cos\theta} \quad \Rightarrow \quad \Lambda = \cos\theta. \tag{5.3-38}$$

Möchten wir die Gruppengeschwindigkeit v_G eines Modus kennen, die also die Geschwindigkeit des überlagerten Energieflusses - sprich: der Hüllkurve - angibt, erhalten wir unter der Voraussetzung dispersionsfreien Dielektrikums:

$$v_G = \frac{1}{d\beta_z / d\omega} = c\sqrt{1 - (\frac{f_c}{f})^2} = c\Lambda = c\cos\theta < c. \tag{5.3-39}$$

Wir erkennen, daß das Produkt aus Phasen- und Gruppengeschwindigkeit gleich dem Lichtgeschwindigkeitsquadrat ist:

$$v_\phi v_G = c^2. \tag{5.3-40}$$

Vergleiche für die Geschwindigkeiten auch wieder Abb. 5.3-2 bis Abb. 5.3-4. Wie in Kap. 3 sind die Inversen zu diesen Geschwindigkeiten wieder als Phasen- und Gruppenlaufzeiten definiert.

Nähern wir uns dem Cutoff, geht $v_G \to 0$, da mit $\beta \to \beta_c$ $\theta \to 90°$, d.h. in z-Richtung findet keine Ausbreitung mehr statt. Solange nur der Grundmodus angeregt wird, ist die Gruppengeschwindigkeit von geringer Bedeutung. Bei der Anregung mehrerer Moden wird die Bandbreite durch die Modendispersion reduziert. Dies muß bei der Wahl der Längen/Breitenverhältnisses beachtet werden, da ungünstigstenfalls durch eine solche Kombination mehrere Moden bei einer Frequenz angeregt werden können.

Aufgabe 5.3.4-1: Man gebe für einen bei $\lambda = 8$ cm angeregten Hohlleiter mit $a = b = 10$ cm sämtliche möglichen Winkel θ an.

Aufgabe 5.3.4-2: Man bestimme den Winkel θ eines Modus mit der Gruppenlaufzeit $\tau_G = 5$ ns/m.

Aufgabe 5.3.4-3: Man bestimme den Winkel θ eines Modus bei $f = 2f_c$.

Aufgabe 5.3.4-4: In einem Hohlleiter breite sich eine Welle mit $v_\phi = 2 \cdot 10^8$ m/s und $v_G = 10^8$ m/s aus. Welche Aussagen kann man über das Hohlleiterinnere machen? Welcher Winkel θ gehört dazu?

Aufgabe 5.3.4-5: Man stelle die Beziehung zwischen c, v_ϕ und v_G unter Einbeziehung des Winkels θ geometrisch in Form rechtwinkliger Dreiecke dar.

5.4 $H^{(m,n)}$- oder $TE^{(m,n)}$-Wellen

Wir betrachten nun den Fall, daß $\underline{E}_z = 0$, $\underline{H}_z \neq 0$, und erhalten durch Einsetzen die gleiche Differentialgleichung für $\underline{H}_z$ wie für $\underline{E}_z$ im Fall der $E^{(m,n)}$-Wellen:

$$\frac{\partial^2 \underline{H}_z}{\partial x^2} + \frac{\partial^2 \underline{H}_z}{\partial y^2} + \beta_c^2 \underline{H}_z = 0. \qquad (5.4\text{-}1)$$

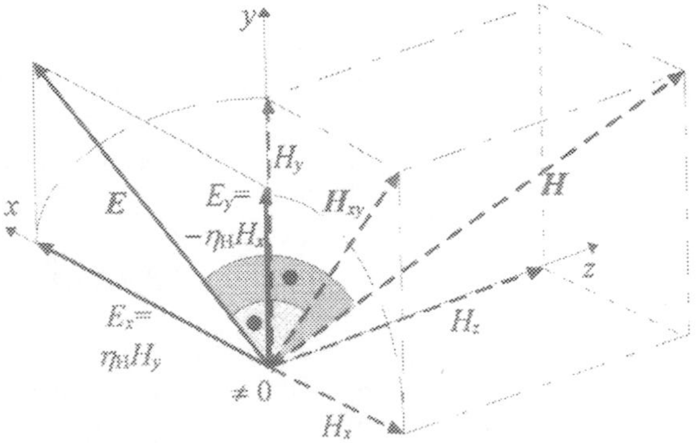

Abb. 5.4-1: Vektoren der elektrischen und magnetischen Feldstärke bei *H*-Wellen.

Diese Wellengleichung für $\underline{H}_z \neq 0$ beschreibt nun *H*- oder *TE*-Wellen. *H* steht dafür, daß die magnetische Feldstärke eine Längskomponente hat, die elektrische nicht, *TE* steht für *Transversal Elektrische Welle*. Wir verwenden den gleichen Separationsansatz wie bei den *E*-Wellen. Betrachten wir die Randbedingungen verschwindender Tangentialkomponenten der elektrischen Feldstärke an den Rändern:

$$\underline{E}_x = 0 \quad \text{bei} \quad y = 0 \quad \text{und} \quad y = b,$$

$$\underline{E}_y = 0 \quad \text{bei} \quad x = 0 \quad \text{und} \quad x = a. \qquad (5.4\text{-}2)$$

Ein direkter Lösungsansatz mit $\underline{H}_z$ bringt uns nicht unmittelbar weiter, da $\underline{H}_z$ ja eine Tangentialkomponente ist, die nicht zu verschwinden braucht. Verschwinden hingegen müssen wie zuvor bei den *E*-Wellen auch die Tangentialkomponenten der elektrischen Feldstärke, wobei hier $\underline{E}_z = 0$ nicht explizit aufgeführt ist, da dies ja per Definition schon die Voraussetzung für *H*-Wellen ist. Damit folgen aus den Ansatzgleichungen 5.2-7 und 5.2-8 die Bedingungen

$$\frac{\partial \underline{H}_z}{\partial y} = 0 \quad \text{bei} \quad y = 0 \quad \text{und} \quad y = b,$$

$$\frac{\partial \underline{H}_z}{\partial x} = 0 \quad \text{bei} \quad x = 0 \quad \text{und} \quad x = a. \qquad (5.4\text{-}3)$$

Damit können also die Ableitungen der $\underline{H}_z$-Komponente bzgl. einer Transversalkoordinaten nur reine Sinusfunktionen sein. Folglich muß $\underline{H}_z$ Integralen darüber folgen, also Cosinusfunktionen, die wir wie gehabt mit m und n durchnumerieren:

$$\underline{H}_z(\boldsymbol{x}) = \quad \underline{\hat{H}}_z \cdot \cos\frac{m\pi x}{a} \cdot \cos\frac{n\pi y}{b} \cdot \mathrm{e}^{-\mathrm{j}\beta_z z}. \tag{5.4-4}$$

β_z und Grenzgrößen (Cutoff), sowie Phasen- und Gruppengeschwindigkeiten ergeben sich nach den gleichen Formeln wie bei den E-Wellen. Setzen wir $\underline{H}_z$ in die Gleichungen für die übrigen Vektorkomponenten ein, so gilt mit der Voraussetzung $\underline{\hat{E}}_z = 0$:

$$\underline{H}_x(\boldsymbol{x}) = \quad \mathrm{j}\underline{\hat{H}}_z \cdot \frac{\beta_z}{\beta_c^2} \cdot \frac{m\pi}{a} \cdot \sin\frac{m\pi x}{a} \cdot \cos\frac{n\pi y}{b} \cdot \mathrm{e}^{-\mathrm{j}\beta_z z} \tag{5.4-5}$$

$$\underline{H}_y(\boldsymbol{x}) = \quad \mathrm{j}\underline{\hat{H}}_z \cdot \frac{\beta_z}{\beta_c^2} \cdot \frac{n\pi}{b} \cdot \cos\frac{m\pi x}{a} \cdot \sin\frac{n\pi y}{b} \cdot \mathrm{e}^{-\mathrm{j}\beta_z z} \tag{5.4-6}$$

$$\underline{E}_x(\boldsymbol{x}) = \quad \mathrm{j}\underline{\hat{H}}_z \cdot \frac{\omega\mu}{\beta_c^2} \cdot \frac{n\pi}{b} \cdot \cos\frac{m\pi x}{a} \cdot \sin\frac{n\pi y}{b} \cdot \mathrm{e}^{-\mathrm{j}\beta_z z} = \quad \eta_{\mathrm{H}}\underline{H}_y(\boldsymbol{x}) \tag{5.4-7}$$

$$\underline{E}_y(\boldsymbol{x}) = -\mathrm{j}\underline{\hat{H}}_z \cdot \frac{\omega\mu}{\beta_c^2} \cdot \frac{m\pi}{a} \cdot \sin\frac{m\pi x}{a} \cdot \cos\frac{n\pi y}{b} \cdot \mathrm{e}^{-\mathrm{j}\beta_z z} = -\eta_{\mathrm{H}}\underline{H}_x(\boldsymbol{x}) \tag{5.4-8}$$

$$\underline{E}_z(\boldsymbol{x}) = \quad 0. \tag{5.4-9}$$

Hierbei haben wir wiederum den Feldwellenwiderstand η_{H} für H-Wellen eingeführt.

$$\eta_{\mathrm{H}} := \frac{\omega\mu}{\beta_z} = \frac{\omega\mu}{\beta_z} \eta\sqrt{\frac{\varepsilon}{\mu}} = \eta\frac{\beta}{\beta_z} = \frac{\eta}{\Lambda} = \frac{\underline{E}_x}{\underline{H}_y} = -\frac{\underline{E}_y}{\underline{H}_x} \tag{5.4-10}$$

Somit gilt für das Produkt der Feldwellenwiderstände eines $E^{(m,n)}$- und $H^{(m,n)}$-Modus:

$$\eta_{\mathrm{E}}^{(m,n)}\eta_{\mathrm{H}}^{(m,n)} = \eta^2. \tag{5.4-11}$$

Zum spektralen Verhalten vergleiche wieder Abb. 5.3-2 bis Abb. 5.3-4. Überschreitet, die Wellenlänge die Grenzwellenlänge, so wird $\underline{\eta}_{\mathrm{H}}$ rein kapazitiv imaginär und stellt auch hier eine Reaktanz dar, die nicht in der Lage ist, Wirkleistung zu übertragen.

Aufgabe 5.4-1: Man berechne den komplexen zeitgemittelten POYNTINGvektor $\underline{P}$ eines $H^{(m,n)}$-Modus und interpretiere das Ergebnis physikalisch.

Aufgabe 5.4-2: Von einer Hohlleiterwelle im mit einem Dielektrikum gefüllten Hohlleiter ist v_ϕ bekannt. Man bestimme η_{H} und η_{E}.

Aufgabe 5.4-3: Von einer Hohlleiterwelle im mit einem Dielektrikum gefüllten Hohlleiter ist v_{G} bekannt. Man bestimme η_{H} und η_{E}.

Aufgabe 5.4-4: Von einem Modus (m_1,n_1) im Hohlleiter mit $a/b = 2$ ist die Grenzfrequenz f_{c1} bekannt. Wie errechnet sich hieraus die Grenzfrequenz f_{c2} eines Modus (m_2,n_2)?

***Aufgabe 5.4-5**: Wie verändern sich bei einem Hohlleiter durch Einfügen eines Dielektrikums mit ε_r für einen gegebenen Modus (m,n) die Kenngrößen β_c, λ_c, f_c, λ_{0c}, Λ, θ, β_z, v_ϕ, v_{G}, η_{E}, η_{H}? Man gebe an, ob sie sich vergrößern oder verkleinern. Welche Nachteile sind von einer dielektrischen Füllung zu erwarten?

5.4.1 $H^{(1,0)}$- oder $TE^{(1,0)}$-Welle

Im Gegensatz zur niedrigsten $E^{(1,1)}$-Welle stellt wegen der Cosinusfunktionen $H^{(1,0)}$ die hier zugehörige Grundwellenform dar - auch als ***Haupt***- oder ***Grundtyp*** bezeichnet. Sie ist die absolut niedrigste aller Wellenformen. Dabei ist vorausgesetzt, daß entspr. der Abbildung $a > b$. Die ebenfalls mögliche $H^{(0,1)}$-Welle hat im Fall eines nichtquadratischen Hohlleiters eine höhere Grenzfrequenz. Für die niedrigste $H^{(1,0)}$-Welle lauten somit die Wellenfunktionen mit reellem $\underline{\hat{H}}_z = \hat{H}_z$:

$$\boldsymbol{h}(\boldsymbol{x},t) = \hat{H}_z \cdot \begin{pmatrix} -\frac{\beta_z a}{\pi} \cdot \sin\frac{\pi x}{a} \cdot \sin(\omega t - \beta_z z) \\ 0 \\ \cos\frac{\pi x}{a} \cdot \cos(\omega t - \beta_z z) \end{pmatrix} \tag{5.4-12}$$

$$\boldsymbol{e}(\boldsymbol{x},t) = -\eta_{\mathrm{H}} \cdot h_x(\boldsymbol{x},t) \cdot \vec{e}_y . \tag{5.4-13}$$

Dabei gilt:

$$\beta_{\mathrm{c}}^{(1,0)} = \frac{\pi}{a}; \qquad \lambda_{\mathrm{c}}^{(1,0)} = 2a; \qquad f_{\mathrm{c}}^{(1,0)} = \frac{c}{2a};$$

$$\beta_z^{(1,0)} = \sqrt{\beta^2 - (\frac{\pi}{a})^2} = \sqrt{\omega^2 \mu\varepsilon - (\frac{\pi}{a})^2} . \tag{5.4-14}$$

Hieraus ist einfach begründbar, daß der Einsatz von Hohlleitern für niedere Frequenzen wenig Sinn macht. Ein Hohlleiter bei 1 MHz benötigt eine Querabmessung von $a > c/2\mathrm{MHz} = 150$ m!

Wir erkennen weiterhin, daß Boden- und Deckelplatte auf $H^{(m,0)}$-Moden keinen Einfluß haben, da b nicht in die zugehörigen Feldverläufe und Parameter mit eingeht. Aufgrund der Tatsache, daß die $H^{(1,0)}$-Welle bei wachsenden Frequenzen als erste auftritt, hat sie mit Abstand die größte technische Bedeutung. Die meisten Anregungsfälle versuchen, sie als einzige anzuregen, da andernfalls sich die Energie auf mehrere Moden mit unterschiedlicher Laufzeit aufteilt, was zur Dispersion führt.

Wegen der überragenden technischen Bedeutung dieser Welle sind Profile mit zugehörigen Frequenzbereichen zur ausschließlichen Anregung des $H^{(1,0)}$-Modus genormt (R32, R48, R70 etc.). Ein heute verbreitetes Rechteckprofil für Hohlleiterankopplungen von Satellitenempfangsanlagen ist R120 bzw. C120 für die u.a. Rundhohlleiter, das z.B. für die Astra-Frequenzen von 10,95 - 11,7 GHz den $H^{(1,0)}$-Modus optimal transmittiert und als Polarisationsweiche zur Entkopplung der beiden zwecks Bandbreitenverdopplung horizontal und vertikal polarisierten Satellitensignale eingesetzt wird.

Dazu wird das von der typ. 60-cm-Schüssel reflektierte SHF-Satellitensignal über ein im Brennpunkt sitzendes Hohlleiter-Feedhorn mittels eines Hohlleiter-Bandpaßfilters zur Erhöhung der Störfestigkeit über C120 in die Hohlleiter-Polarisationsweiche eingekoppelt. An den beiden R120-Ausgängen sitzen elektronische rauscharme SHF-Umsetzer (LNC = Low Noise Converter typ. in GaAs-HEMT- = High Electron Mobility Transistor-Technik), die das Satellitensignal in den UHF-Zwischenfrequenzbereich um 1 GHz (typ.: 950 - 2150 MHz) umsetzen. Dieser Eingangs-Frequenzbereich des Satelliten-Receivers kann bequem über Standard-Koaxialkabel über mehrere 10 m - also im Bereich von Hausverkabelungen, übertragen werden.

$f_c^{(1,0)} = c/2a$ stellt also die untere Anregungsfrequenz dar, die obere Grenze wird durch den Cutoff des nächsthöheren Modus bestimmt. Dies ist für $b/a < 0{,}5$ der $H^{(2,0)}$-Modus mit $f_c^{(2,0)} = c/a = 2f_c^{(1,0)}$, für $0{,}5 < b/a < 1$ der $H^{(0,1)}$-Modus mit $f_c^{(0,1)} = c/2b$. Wählen wir $b/a = 0{,}5$, so gilt auch $f_c^{(0,1)} = f_c^{(2,0)} = c/a = 2f_c^{(1,0)}$. Für den praktischen Betrieb wird man nach allen Seiten einen Sicherheitsabstand einhalten, typisch $1{,}25 < f/f_c^{(1,0)} < 1{,}9$ bei $b/a = 0{,}5$.

Dabei ist zu beachten, daß die betrachtete Frequenz in der analogen Übertragungstechnik typisch die Trägerfrequenz einer modulierten Schwingung darstellt, die selbst ein Spektrum einer bestimmten Bandbreite aufweist. Deren niedrigsten bzw. höchsten Spektralanteile dürfen weder unterhalb des $f_c^{(1,0)}$-Cutoff gedämpft werden, was in einer Bandbreitenreduzierung resultiert, noch dürfen die höchsten Spektralanteile den nächsten Obermodus anregen, was zu Mehrfachempfang führt. In dem angegebenen Bereich ist der $H^{(1,0)}$-Modus so stabil, daß der Hohlleiter in seiner Querschnittsebene unter Beibehaltung der Querschnittsabmessungen verdreht oder verbogen werden kann

In Abb. 5.4-2 ist b/a über λ_c/a als Parameter aufgeführt. Für die senkrechten Linien ($H^{(m,0)}$-Moden) muß λ_c/a rechts der Kennlinie liegen, für die anderen Kennlinien muß b/a kleiner als der Kennlinienwert sein, damit der Modus nicht angeregt wird. In Hohlleitern mit quadratischem Querschnitt werden zur Übertragung beider Polarisationsrichtungen die entarteten $H^{(1,0)}$- und $H^{(0,1)}$-Moden verwendet.

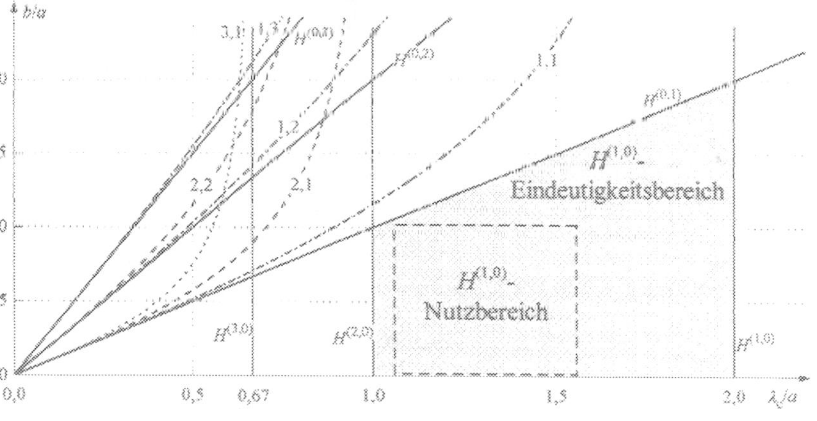

Abb. 5.4-2: b/a als Funktion von λ_c/a für die niedrigsten im Rechteckhohlleiter anregbaren Moden.

Aufgabe 5.4.1-1: Man leite die Gleichungen her, die in Abb. 5.4-2 a/b als Funktion von λ_c/a für einen gegebenen Modus (m,n) beschreiben. Welche Spezialfälle treten auf?

Aufgabe 5.4.1-2: Für einen Rechteckhohlleiter mit a/b = 10 cm/5 cm bestimme man $\lambda_c^{(1,0)}$ sowie für eine Frequenz von $1{,}4f_c$ Phasen- und Gruppengeschwindigkeit dieses Modus.

Aufgabe 5.4.1-3: Man bestimme den Frequenzbereich, für den in einem Hohlleiter mit den Maßen a/b = 22,86 mm/10,16 mm ausschließlich der Grundmodus angeregt wird.

Aufgabe 5.4.1-4: Eine bei der Trägerfrequenz f_0 = 1,875 GHz angeregte Grundwelle in einem a/b = 10 cm/5 cm-Rechteckhohlleiter weist durch Modulation ein Bandbreite B symmetrisch um f auf. Wie groß darf B sein, damit kein Spektralanteil unterhalb des Cutoff um mehr als 3 dB/dm gedämpft wird.

***Aufgabe 5.4.1-5**: Man stelle alle Feldamplituden des Grundmodus am Ort z = 0 bei gegebener Anregungsfrequenz f und Geometrie des Hohlleiters in Abhängigkeit der Wirkleistung P dar.

5.4.2 Wellen- und Feldlinienbilder

Die Querschnittsfeldverläufe der $H^{(1,0)}$- und $H^{(2,0)}$-Moden finden wir in Abb. 5.4-3. $H^{(m,0)}$-Wellen sind eine Weiterunterteilung in x-Richtung. Alle Segmente mit gerader Nummer sehen genau gleich aus wie alle mit ungerader - jeweils gegenüber den geraden im Vorzeichen invertiert. Bei $H^{(0,n)}$-Wellen finden wir diese Verhältnisse für $H_x \Rightarrow H_y$, H_z, $E_y \Rightarrow E_x$ um 90° gedreht.

Feldverläufe allgemeiner $H^{(m,n)}$-Wellen lassen sich auf $H^{(1,1)}$-Feldverläufe zurückführen, indem wir entspr. der prinzipiellen Darstellung in Abb. 5.3-9 mit der Unterteilung in $m \times n$ Segmente in jedem das gleiche Feldbild wie in Abb. 5.4-4 wiederfinden, nur wieder mit jeweils invertierten Funktionswerten in benachbarten Segmenten.

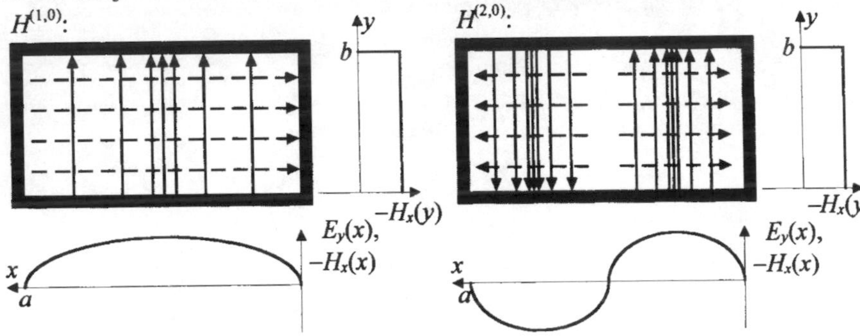

Abb. 5.4-3: Verlauf der Feldstärken-Transversalkomponenten von $H^{(1,0)}$- und $H^{(2,0)}$-Modus.

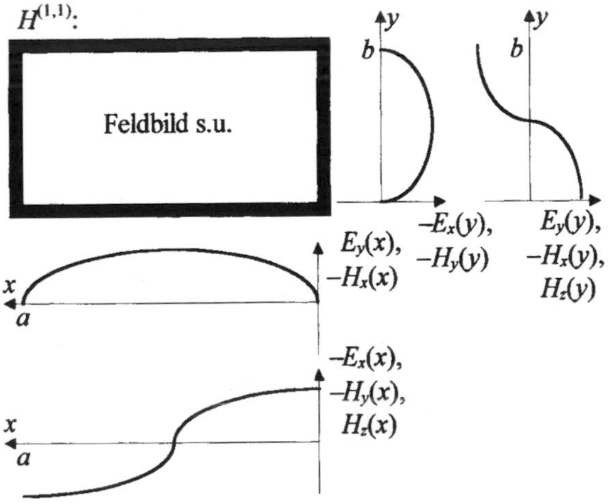

Abb. 5.4-4:
Links und unten: Feldverläufe des $H^{(1,1)}$-Modus in der xy-Ebene.

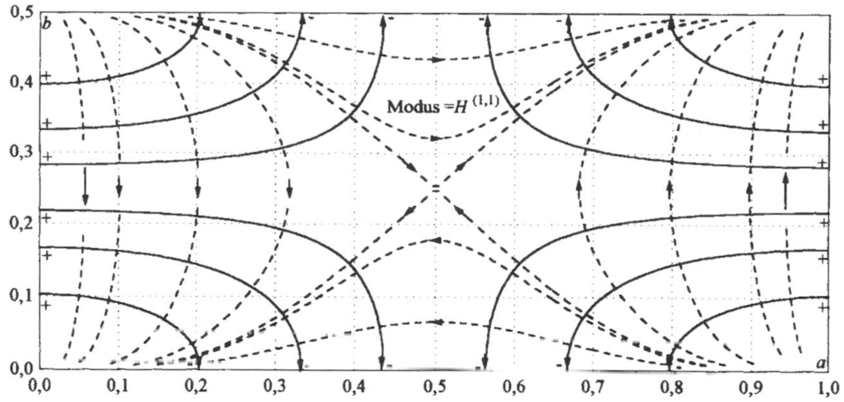

Aufgabe 5.4.2-1: Man gebe die Gleichungen für die graphische Darstellung der magnetischen Feldlinien $y(x)$ eines $H^{(m,n)}$-Modus an.

Aufgabe 5.4.2-2: Man gebe entspr. voriger Aufgabe die Gleichungen für die graphische Darstellung der elektrischen Feldlinien $y(x)$ eines $H^{(m,n)}$-Modus an.

Aufgabe 5.4.2-3: Man gebe für $a = 2b$ die Feldgleichungen für alle Komponenten des $H^{(2,1)}$-Modus in Abhängigkeit der Parameter $\underline{\hat{H}}_z$, a, λ und ggfls. η an und zeichne die Feldverläufe.

5.4.3 Dämpfung durch Wandstromverluste

Wir haben gelernt, daß Moden als aperiodische Dämpfungstypen unterhalb des Cutoff nicht mehr ausbreitungsfähig sind. Oberhalb des Cutoff erfolgt im Idealfall keine Dämpfung, real ist wieder der Skineffekt zu berücksichtigen. Wir wollen nun berechnen, wie dieser eine Dämpfungskonstante α_{Skin} hervorruft. Die grundsätzlichen Formalismen dazu wurden bereits in Abschnitt 3.3.12 erarbeitet.

Die der elektrischen und magnetischen Feldstärke proportionale Leistung wird quadratisch mit der Dämpfungskonstante abnehmen, so daß wir für die transmittierte Wirkleistung näherungsweise ansetzen können:

$$P(z) = P(0)\mathrm{e}^{-2\alpha z}. \tag{5.4-15}$$

Leiten wir dies nach z ab und lösen die Gleichung nach α auf, so ergibt sich:

$$\frac{\mathrm{d}P}{\mathrm{d}z} = -2\alpha P(0)\mathrm{e}^{-\alpha z} = -2\alpha P \quad \Rightarrow \quad \alpha = \frac{-\frac{1}{2}\,\mathrm{d}P/\mathrm{d}z}{P}. \tag{5.4-16}$$

In Worten ausgedrückt bedeutet das: die Dämpfungskonstante ist gleich dem Quotienten aus halber Wirkleistungsabnahme pro Längeneinheit zur an dieser Stelle noch vorhandenen Leistung. Diese Wirkleistungsabnahme können wir wieder mithilfe des in Abschnitt 3.3.13 besprochenen zeitgemittelten POYNTINGvektors berechnen. Es handelt sich entspr. Abb. 5.1-1 um den Anteil, der normal zur Ausbreitungsrichtung z in die Wände eindringt. Dazu verwenden wir den Index xy. l ist die zugehörige Umlaufkoordinate in der xy-Ebene:

$$-\frac{\mathrm{d}P}{\mathrm{d}z} = \frac{\mathrm{d}}{\mathrm{d}z}\iint \mathcal{P}\cdot \mathrm{d}\mathcal{A}_{\text{Wand}} = \frac{\mathrm{d}}{\mathrm{d}z}\int \oint_{\substack{\text{Umlauf }\square\\ \text{in } xy\text{-Ebene}}} \mathcal{P}_{xy}\mathrm{d}l\cdot \mathrm{d}z = \oint_{\square} \mathcal{P}_{xy}\mathrm{d}l =$$

$$= \frac{1}{2}\Re\left\{\oint_{\square}(\underline{\boldsymbol{E}}\times\underline{\boldsymbol{H}}^*)_{xy}\mathrm{d}l\right\} = \frac{1}{2}\Re\{\underline{\eta}_{\text{Wand}}\}\cdot\oint_{\square} H_{\text{tW}}^2\mathrm{d}l = \frac{1}{2}\sqrt{\frac{\pi f\mu}{\kappa}}\oint_{\square} H_{\text{tW}}^2\mathrm{d}l\,. \quad (5.4\text{-}17)$$

Der Index tW steht hier für *tangential zur Wand*. Wir benötigen noch P, das wir ebenfalls über den zeitgemittelten POYNTINGvektor berechnen:

$$P = \iint \mathcal{P}\cdot \mathrm{d}\mathcal{A}_{\square} = \int_0^b\int_0^a \mathcal{P}_z\mathrm{d}x\mathrm{d}y = \frac{1}{2}\Re\left\{\int_0^b\int_0^a(\underline{\boldsymbol{E}}\times\underline{\boldsymbol{H}}^*)_z\mathrm{d}x\mathrm{d}y\right\} = \frac{1}{2}\eta_{\text{E,H}}\int_0^b\int_0^a H_{xy}^2\mathrm{d}x\mathrm{d}y\,, \quad (5.4\text{-}18)$$

so daß wir als Endergebnis für die Dämpfung eines Modus (m,n) erhalten:

$$\alpha_{\text{Skin}}^{(\text{m,n})} = \frac{\sqrt{\frac{\pi f\mu}{\kappa}}\oint_{\square}(H_{\text{tW}}^{(\text{m,n})})^2\mathrm{d}l}{2\eta_{\text{E,H}}^{(\text{m,n})}\int_0^b\int_0^a\left((H_x^{(\text{m,n})})^2+(H_y^{(\text{m,n})})^2\right)\mathrm{d}x\mathrm{d}y}\,. \quad (5.4\text{-}19)$$

$\eta_{\text{E,H}} = \eta_{\text{E}}$ oder η_{H}, je nachdem, welcher Typ vorliegt. Diese Formel ist für eine allgemeine Auswertung bereits nicht ganz unkompliziert. Dennoch stellt sie nur eine Näherung dar für hinreichend gute Leitfähigkeit und glatte Oberfläche. Die Feldverzerrungen durch den Einfluß der endlichen Leitfähigkeit wurden nicht in Betracht gezogen. Die Approximation ist ebenfalls schlecht in der Umgebung der Grenzfrequenz.

Eine genauere und aufwendige Analyse zeigt nun zudem, daß sich Feldverteilungen mit und ohne Wandstromverluste für den rechteckigen Hohlleiter mit beliebigen a/b-Verhältnis nur bei $H^{(\text{m},0)}$- und $H^{(0,\text{n})}$-Wellen und für alle Moden im quadratischen Hohlleiter ähneln. Also kann auch die Dämpfungsformel nur hier mit hinreichend geringem Fehler angewendet werden. Da dies den Grundmodus mit einschließt, ist die Formel hierfür nützlich.

Abb. 5.4-5 zeigt die skineffektbedingten Dämpfungskonstanten niedriger $H^{(\text{m,n})}$-Moden. Scheinbar tritt bei der jeweils links liegenden Cutoffrequenz ein Pol auf. Es wurde jedoch dargelegt, daß hier die Formel nicht anwendbar ist. Praktisch gehen die Verläufe kontinuierlich in die aperiodische Dämpfung unterhalb des Cutoff über.

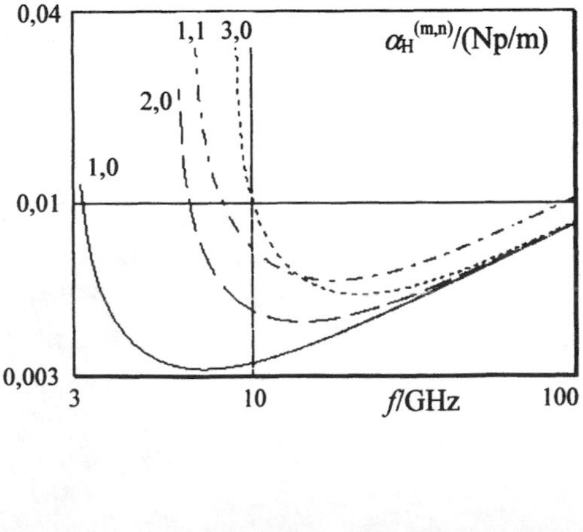

Abb. 5.4-5: Dämpfungskonstanten niedriger $H^{(\text{m,n})}$-Moden.

Aufgabe 5.4.3-1: Man berechne die Dämpfungskonstante α_{Skin} einer 150 MHz-TEM-Welle in einer unendlich ausgedehnten Parallelplattenkupferleitung mit Plattenabstand $a = 5$ cm.

Aufgabe 5.4.3-2: Man berechne näherungsweise die Dämpfungskonstante $\alpha_{z\varepsilon}$ eines *H*-Modus hinreichend oberhalb des Cutoff in einem Hohlleiter mit schwachen dielektrischen Verlusten in Abhängigkeit von $\tan\delta_\varepsilon$, β und Λ.

Aufgabe 5.4.3-3: Die Hohlleitergüte Q ist definiert als $\omega \times$ im Hohlleiter gespeicherter Energie zur Verlustenergie pro Zeiteinheit. Man drücke Q durch die entsprechenden Leistungen aus und stelle das Ergebnis in Abhängigkeit von λ, α und Λ dar.

***Aufgabe 5.4.3-4**: Man berechne die Dämpfungskonstante $\alpha^{(1,0)}$ des $H^{(1,0)}$-Grundmodus.

5.5 Hohlleiter mit kreisrundem Querschnitt

Mittels quadratischer oder elliptischer - speziell runder - Hohlleiter gelingt ebenfalls die Übertragung von Wellen mit orthogonaler Polarisation. Dies kann zum Polarisationsmultiplex verwendet werden, wie bereits in den Abschnitten 3.3.10 und 5.4.1 beschrieben: über eine Frequenz kann die doppelte Informationsmenge übertragen werden. Bringt man zwei zueinander senkrechte Sonden am entspr. geformten Speisehorn einer Empfangsantenne an, können die beiden unterschiedlich polarisierten Signale ausgekoppelt werden.

Zur Beschreibung der Feldverläufe im Rundhohlleiter verwenden wir sinnvollerweise ein Zylinderkoordinatensystem. Das Ergebnis der Rechnung liefert ebenfalls *E*- und *H*-Moden. Diese sind nun durch eine azimutale Modenkennzahl m und eine radiale Modenkennzahl n gekennzeichnet. Erstere verlaufen gemäß $\cos m\varphi$ oder $\sin m\varphi$. Der radiale Feldverlauf wird für jedes m entspr. Abb. 5.5-1 durch BESSELfunktionen $J_m(j^{(m,n)}\frac{r}{a})$ beschrieben. Dabei ist a der Rohrradius, $j^{(m,n)}$ die n-te Nullstelle der BESSELfunktion J_m, d.h.: $J_m(j^{(m,n)}) = 0$; hierbei werden Nullstellen bei $r = 0$ nicht mitgezählt.

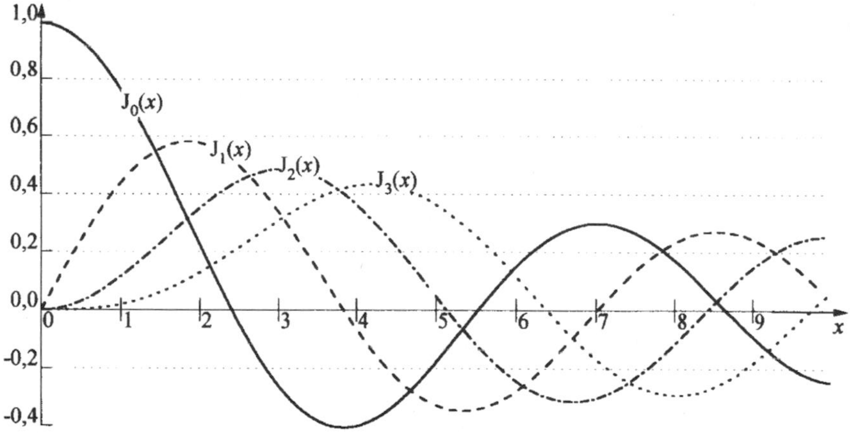

Abb. 5.5-1: Die BESSELfunktionen niedrigster Ordnung.

BESSELfunktionen ähneln in ihrem Verlauf Cosinusfunktionen mit einhüllender Hyperbel. Für große Argumente lassen sie sich auch durch solche approximieren, für kleine

Argumente, wie hier dargestellt, ist diese Approximation schlecht. Insbesondere sind die Nulldurchgänge im Gegensatz zu trigonometrischen Funktionen nicht äquidistant. Durch die Wahl des Arguments ist sichergestellt, daß analog zum Rechteckhohlleiter die Randbedingungen verschwindender tangentialer elektrischer Feldstärken (E_φ, E_z) und normaler magnetischer Feldstärken (H_r) eingehalten wird: am Ort $r = a$ ist deren Funktionswert Null.

Der niedrigste ausbreitungsfähige Modus ist der $H^{(1,1)}$-Modus mit ähnlicher Feld- und Wandstromverteilung wie beim Rechteckhohlleiter der $H^{(1,0)}$-Modus. Seine Grenzwellenlänge beträgt $3{,}41a$. $E^{(m,0)}$- und $H^{(m,0)}$-Moden sind nicht ausbreitungsfähig. Die Formeln für α, λ_z und v_ϕ in Abhängigkeit der Grenzwellenlängen sind die gleichen wie beim Rechteckhohlleiter. Der $H^{(0,1)}$-Modus hat für reale Hohlleiter mit verlustbehafteten Wandungen die niedrigste Dämpfungskonstante und damit die größte technische Bedeutung. α nimmt mit wachsender Frequenz auch noch ab.

Die elektrische Grundwelle ist die $E^{(0,1)}$-Welle, deren Energieverteilung ähnlich der des Koaxialleiters ist. Wegen der Rotationssymmetrie des Feldverlaufs findet diese Wellenanregung Einsatzgebiete bei drehbaren Bauteilankopplungen, z.B. bei Radarantennen. Ihre Grenzwellenlänge beträgt $2{,}61a$. Da es sich hier jedoch nicht um den Grundmodus handelt, muß darauf geachtet werden, daß die Zylindersymmetrie sorgfältig ausgeführt und die Strecke nicht zu lang ist.

5.6 Lichtwellenleiter

Der Lichtwellenleiter (Glasfaser oder einfach: Faser) hat mit den vorangegangenen Wellenleitertypen wenig gemeinsam. Er ist im Gegensatz zu diesen *metallischen* Wellenleitern ein rein *dielektrischer* Wellenleiter, typisch aus Quarzglas (SiO_2) bestehend, für geringere Anforderungen aus Kunststoffen. Statt Leitungsströmen in Wandungen mit Verschiebungsströmen dazwischen finden wir im Lichtwellenleiter ausschließlich Licht in Form von Verschiebungsströmen. Diese werden in den Sendedioden von Leitungsströmen erzeugt. Quarzglas-Lichtwellenleiter werden mit konventionellen Halbleitern dotiert, um ein bestimmtes Brechzahlprofil $n(r) = \sqrt{\varepsilon_r(r)}$ zu erhalten, das infolge einer höheren Brechzahl auf der Leiterachse das Licht hier wegen des niedrigeren Feldwellenwiderstands führt.

In Abschnitt 3.3.1 wurde das Gesamtspektrum der Frequenzen elektromagnetischer Wellen dargestellt. Der Bereich der Visibilität, also der Empfindlichkeit des menschlichen Auges erstreckt sich mit den PAL-Grundfarben von 436 (blau), 546 (grün) bis 700 nm (rot) Freiraumwellenlänge, insges. von ca. 400 - 750 nm. Der Bereich der optischen Nachrichtentechnik schließt sich etwa nahtlos in den Infrarotbereich an mit für die Praxis interessanten Wellenlängen von 850, 1300 und 1550 nm, die weiter unten durch Dämpfung und Dispersion begründet werden.

Rechnen wir diese Wellenlängen auf Frequenzen um, finden wir sie in der Größenordnung von ca. $3 \cdot 10^{14}$ Hz, also ca. 3 Dekaden über den höchsten Hohlleiterfrequenzen. Hier führt der Skineffekt mit einer rechnerischen Eindringtiefe von ca. 38 nm zu Widerstandswerten, die keine durch Metalle geleitete Ausbreitung mehr ermöglichen. Wollte man das Licht über längere Strecken durch Metallrohre übertragen, müßte die Oberflächenrauhigkeit deutlich darunter liegen, womit dieser Wert keine den bisher berechneten Eindringtiefen vergleichbare Aussagekraft hat.

Weiterhin ist eine direkte Modulation und Demodulation bei diesen hohen Frequenzen schwierig, so daß die Signalübertragung digital meist in Form einer Intensitätsmodulation erfolgt, d.h., der Sender wird praktisch einfach im Rhythmus des Bitmusters an- und ausgeschaltet. Übertragen wir Signale z.B. mit einer Bitrate von 1 Gbps, beträgt die Signaldauer eines Pulses von 1 ns Dauer immer noch ca. 300 000 Schwingungen. Die erreichbaren Modulationsfrequenzen decken voll den Hohlleiterbereich ab, jedoch über für Hohlleiter nicht erreichbare Integrierbarkeit und Längen bis in Größenordnungen von 100 km.

5.6.1 Fasertypen und Dispersionseigenschaften

Vom geometrischen Aufbau ist die Faser mit Koaxialleiter und Rundhohlleiter vergleichbar: eine Zone höherer Brechzahl (*Kern*) ist von einer Zone niedriger Brechzahl (*Mantel*) rotationssymmetrisch umgeben. Der Mantel ist praktisch immer homogen, der Kern im einfachsten Fall ebenfalls. Dann handelt es sich entspr. Abb. 5.6-1 um eine *Stufenprofilfaser*, bei der im Kern das Licht in der Größenordnung von 1 µm Wellenlänge (Infrarot) aufgrund von Totalreflexionen am Kern/Mantelübergang geführt wird. Eine Alternativbegründung liegt in dem niedrigeren Feldwellenwiderstand des Kerns. In diesem und in den anderen Bildern bedeutet eine hellere Farbe eine höhere Brechzahl, womit dort mehr Licht geführt wird.

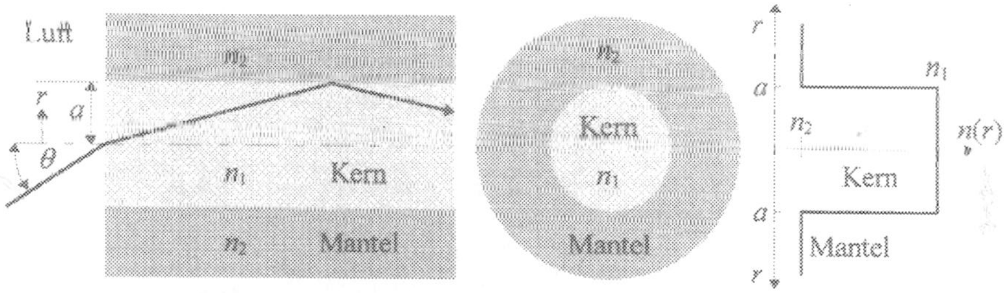

Abb. 5.6-1: Stufenprofilfaser: Längsschnitt mit Verlauf des POYNTINGvektors einer schräg eingekoppelten Welle, Querschnitt sowie Profilverlauf $n(r)$.

In Aufgabe 3.3.11.2-2 war nachzuweisen, daß für diesen Fasertyp das Bandbreite-Längenprodukt nur bei einigen 10 MHz·km liegt, was daraus zu begründen ist, daß die geometrische Weglänge schräg eingekoppelter Wellen größer als die eines achsenparallelen POYNTINGvektors ist. Dem kann man dadurch begegnen, daß man die Kernbrechzahl bei *Gradientenfasern* entspr. Abb. 5.6-2 zum Mantel hin mit einem Gradienten gemäß einer Parabelfunktion abfallen läßt: die schiefen Wellen werden dadurch im Außenbereich beschleunigt, womit das Bandbreite-Längenprodukt heute auf über 1 GHz·km hochgesetzt werden kann. Nachteile dieses Fasertyps sind die kompliziertere Fertigungstechnik und die um etwa die Hälfte geringere einkoppelbare Leistung, da der Kegel der Numerischen Apertur mit dieser Profilgebung ebenfalls nach außen abnimmt.

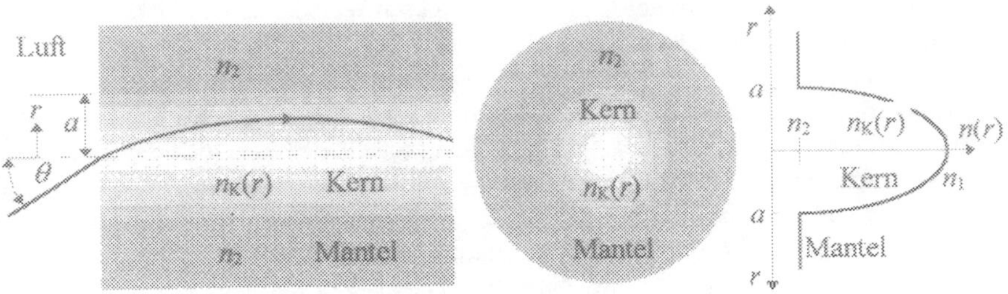

Abb. 5.6-2: Gradienten(profil)faser: Längsschnitt mit Verlauf des POYNTINGvektors einer schräg eingekoppelten Welle, Querschnitt sowie Profilverlauf $n(r)$.

Standard in Europa sind für beide Fasertypen die Kern/Manteldurchmesser 50/125, jeweils in µm. Da der Kerndurchmesser nicht beliebig groß gegenüber der Wellenlänge ist, verteilt sich die Energie wie bei den metallischen Wellenleitern in Form diskreter Wellenformen in der Faser, die allerdings in der Größenordnung von mehreren Hundert auftreten. Sie alle entsprechen einem diskreten Einkoppelwinkel mit charakteristischer Weglänge und folglich Laufzeit. Man spricht dann von *Intermoden*dispersion.

Um diese weiter zu begrenzen, d.h. zu noch höheren Bandbreiten vorzustoßen, muß man den Kerndurchmesser entspr. Abb. 5.6-3 verkleinern. In Abhängigkeit vom Faserprofil ist unterhalb eines gewissen Durchmessers, der in der Größenordnung von knapp 10 µm liegt, nur noch ein einziger solcher Modus - der *Grundmodus* ausbreitungsfähig, was verhindert, daß die Intermodendispersion überhaupt noch auftritt. Der Nachteil dieser *Einmoden-* oder *Monomodefaser* ist die noch kompliziertere Herstellungstechnologie, die wegen der Kleinheit des Kerns noch geringere Leistungseinkoppelbarkeit sowie die Justagetechnik der Sender- und Empfänger.

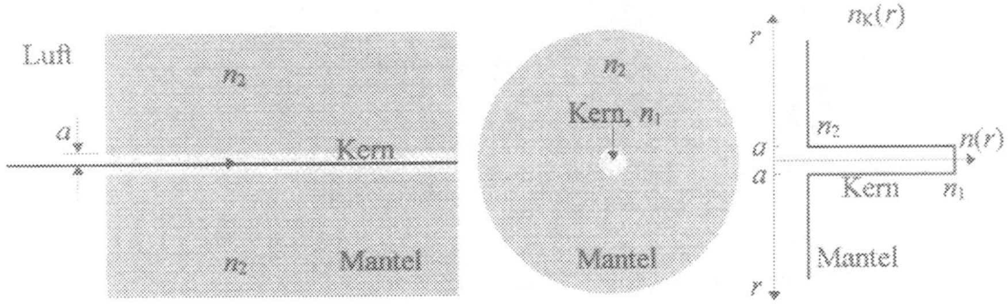

Abb. 5.6-3: Monomodefaser: Längsschnitt mit Verlauf des POYNTINGvektors, Querschnitt sowie Profilverlauf $n(r)$.

*Intramoden*dispersionseffekte verhindern jedoch, daß die Bandbreite auch dieser Faser beliebig groß wird. Zum einen ist hier die in Abschnitt 3.3.6 bereits diskutierte *Material*dispersion zu nennen, die aufgrund der endlichen cw-Bandbreite der Quelle zur Gruppenlaufzeitstreuung führt. Hiergegen hilft zum einen die Wahl einer Wellenlänge, bei der diese gering ist oder gar verschwindet (1273 nm für reines Quarzglas; s. Abb. 3.3.6), zum anderen die Wahl möglichst schmalbandiger Quellen, um die in Abschnitt 3.3.6.4 diskutierte Gruppenlaufzeitstreuung zu minimieren. Das sind Laser-Dioden (LD) statt Lichtemittierender Dioden (LED), die auch eine schlankere Strahlungskeule aufweisen, womit die Energieeinkopplung in den dünnen Kern erst ermöglicht wird.

Dies verteuert natürlich eine solche breitbandige Strecke weiter, deren Bandbreite ca. eine Größenordnung und mehr über der von Gradientenfasern liegt. Angenehmerweise hat bei dieser Wellenlänge die Faser noch ein Dämpfungsminimum. Bei schmalbandigen Gradientenfasern ist die Materialdispersion häufig ebenfalls nicht vernachlässigbar.

Die *Wellenleiter*dispersion als zweiter wichtiger Intramodendispersionseffekt der Bandbreitenbegrenzung rührt daher, daß sich bei unterschiedlichen Frequenzen die Modenenergie unterschiedlich auf Kern und Mantel verteilt. Bei diesen Monomodefasern wird also die Energie zu einem nennenswerten Teil im Mantel geführt. Jeder Energieanteil sieht praktisch die individuelle Brechzahl der Gegend, in der er geführt wird und läuft mit entsprechender Geschwindigkeit. Diese uneinheitliche Energieverteilung führt zusätzlich zum Auseinanderlaufen von Pulsen. Dem kann man durch kompliziertere Profilgebung mittels W-Profilen und Wahl schmalbandiger Quellen begegnen, dies stellt aber noch höhere Anforderungen an Herstellungstechnologie und Justagetechnik.

5.6.2 Feldverläufe

Die radiale Feldverteilung in der Stufenprofilfaser läßt sich wie beim Rundhohlleiter durch BESSELfunktionen darstellen, für Einmodenfasern ausschließlich durch J_0. Die Azimutalverläufe sind bei allen rotationssymmetrischen Lichtwellenleitern wie beim Rundhohlleiter Cosinus- und Sinusfunktionen. Im Unterschied zum Rundhohlleiter müssen Feldstärken am Übergang zwischen Kern und Mantel jedoch nicht verschwinden, sondern stetig differenzierbar in das nichtverschwindende Mantelfeld übergehen, da hier kein Skineffekt den Feldaufbau verhindert. Bei Einmodenfasern kann ein wesentlicher Anteil der Feldenergie im Mantel statt im Kern geführt werden. Hier sind die Lösungen dann auch *Modifizierte* BESSELfunktionen - HANKELfunktionen - die im Gegensatz zu den Kernverläufen nicht oszillieren, sondern etwa exponentiell abklingen.

Bei Gradientenfasern besteht die Schwierigkeit der Feldberechnung im Gegensatz zu Hohlleitern im radial *inhomogenen* Brechzahlverlauf des Kerns. Hohe Bandbreiten weisen Fasern mit dem Parabelverlauf der Brechzahl

$$n^2(r) = n^2(0)\cdot\left(1-2\Delta(\frac{r}{a})^\alpha\right) \tag{5.6-1}$$

mit dem *Profilexponenten* $\alpha = 2$, noch besser $\alpha_{opt} = 2-2\Delta$, auf. Dabei ist die relative Brechzahldifferenz zwischen Kernachse und Mantel

$$\Delta := \frac{1}{2}\left(1-\frac{n^2(a)}{n^2(0)}\right) \tag{5.6-2}$$

ein Wert, der in der Größenordnung von 1% liegt. Man spricht dann von *schwacher Führung* des Lichtwellenleiters. Für $\Delta = 1\%$ wird $\alpha_{opt} = 1{,}98$, ein Wert der sehr nahe bei 2 liegt. Dennoch vervierfacht sich die Bandbreite beim Übergang von $\alpha = 2$ auf $\alpha = 1{,}98$ in etwa. Hieraus ist ersichtlich, welche Anforderungen die Einhaltung solcher Toleranzen an die Herstellungstechnik stellt.

Für schwach führende Lichtwellenleiter können die MAXWELLgleichungen näherungsweise in homogene Wellengleichungen transformiert werden. Die Berechnung der Feldverläufe ist aber auch dann noch schwierig genug. Als einziges Profil mit technischer Bedeutung außer dem Stufenprofil läßt das Parabelprofil mit $\alpha = 2$ eine geschlossene Lösung der radialen Feldverläufe zu. Statt der BESSELfunktionen ergeben sich Potenz-GAUß-LAGUERRE-Funktionen der Struktur

$$\frac{2}{a}\sqrt{\frac{V}{(1+\delta_{0m})\pi}\frac{n!}{(m!+n!)}}\,\xi^{\frac{m}{2}}\mathrm{e}^{-\frac{\xi}{2}}\,\mathcal{L}_n^m(\xi); \qquad \xi := V\left(\frac{r}{a}\right)^2 \qquad (5.6\text{-}3)$$

mit der ***normierten Frequenz*** V und den LAGUERRE-Polynomen:

$$V := \beta_0 n(0) a\sqrt{2\Delta}; \qquad \mathcal{L}_n^m(\xi) := \sum_{i=0}^{n}\binom{n+m}{n-i}\frac{(-\xi)^i}{i!}. \qquad (5.6\text{-}4)$$

δ_{0m} ist das KRONECKERsymbol: es liefert den Wert 1, wenn die Indizes gleich sind, sonst Null. Glücklicherweise ist das hierzugehörige Profil, wie o.a., von großer technischer Bedeutung, weshalb sich die Ausbreitungseigenschaften gut und weitgehend analytisch studieren lassen. Da hierbei jedoch vorausgesetzt ist, daß das Parabelprofil nicht in einen Mantel mit konstanter Brechzahl übergeht, sondern (unphysikalisch zu negativen Werten) weiterläuft, sind Moden mit nennenswertem Energieanteil im Mantel hiermit nicht unmittelbar analysierbar. Das sind Moden nahe am Cutoff.

Eine Monomode-Parabelfaser läßt sich folglich durch diese Feldverteilung nicht korrekt beschreiben. Dies ist aber andererseits nicht so wichtig, da sie im Gegensatz zur Multimode-Parabelfaser gegenüber der Monomode-Stufenprofilfaser keinen Vorteil mehr bietet. Will man die Felder anderer Profile berechnen, kann man diese mittels einer FOURIERanalyse durch Überlagerung der Felder des Parabelprofils darstellen. Die dazugehörigen Koeffizienten und Eigenwerte müssen mithilfe leistungsfähiger numerischer Eigenwertprogramme gefunden werden.

Die normierte Frequenz V - oft einfach auch *der V-Parameter* genannt - ist auch ein Maß für die Anzahl der ausbreitungsfähigen Moden, die proportional deren Quadrat ist, bei der Gradientenfaser jedoch typisch nur halb so viel wie bei der Stufenprofilfaser, da hier der Akzeptanzkegel zum Rand hin abnimmt. Damit ist auf das Leistungsbudget bei langen Strecken zu achten. Eine Monomode-Stufenprofilfaser wird bei $V < 2{,}405$, der ersten Nullstelle $j^{(0,1)}$ der Besselfunktion nullter Ordnung, einmodig, die ummantelte Parabelfaser bei $V = 3{,}53$.

Als Alternative bietet sich bei Multimodefasern mit einigen hundert Moden statt einer wellenoptischen die strahlenoptische Analysemethode an. Man kann die Wellengleichung durch Wahl einer entspr. Ansatzfunktion mit dem Grenzübergang $f \to \infty$ in Differentialgleichungen transformieren, die Strahlenausbreitung beschreiben, woraus wieder wichtige Effekte, wie Dispersion etc. mit vertretbarem Aufwand und Genauigkeit berechenbar sind. Für $\alpha = 2$ geht das großteils sogar analytisch, für andere Profile müssen numerische Integrationsmethoden Strahlverläufe bestimmen.

5.6.3 Dämpfung

Bei allen Übertragungssystemen haben wir gelernt, daß Bandbreite und Dämpfung die bestimmenden Parameter sind und einander entgegenwirken. Skineffekte können nicht auftreten, da keine Metalle vorhanden sind, dafür sind dielektrische Verluste zu berücksichtigen. Abb. 5.6-4 zeigt den Dämpfungsverlauf einer mittelmäßigen Faser.

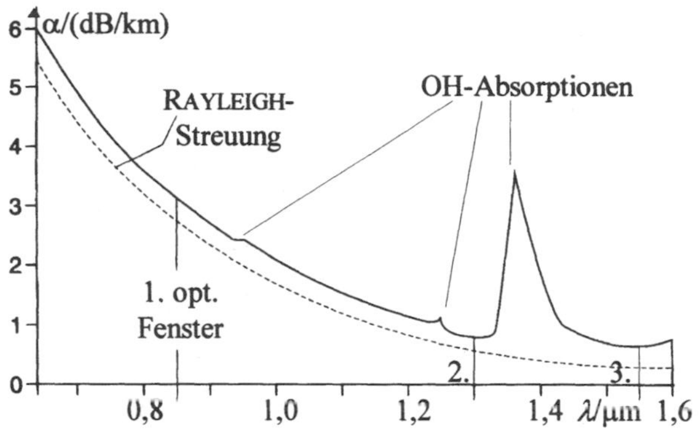

Abb. 5.6-4: Typischer Dämpfungsverlauf einer Quarzglasfaser.

Von links kommt mit der vierten Potenz der Wellenlänge abnehmend die RAYLEIGH-Streuung zum tragen; sie verursacht durch mikroskopisch kleine Inhomogenitäten, daß die Wellen gestreut und so von ihrer Richtung abgelenkt werden und ein Teil der Energie in der Mantel abwandert. Da mit wachsender Wellenlänge deren Einfluß jedoch abnimmt - die Welle sozusagen darüber hinwegintegriert - nimmt die Dämpfung bis ca. 1550 nm ab.

Ab hier beginnt die Infrarotabsorption zu dominieren, die daher rührt, daß Atomkerne und bei höheren Frequenzen Elektronen in Schwingungen versetzt werden und so die Energie aufnehmen. Der Anstieg ist so steil, daß bereits bei 2µm spätestens keine effektive Übertragung mehr möglich ist.

Weiterhin sind OH-Resonanzen zu beachten, die durch eingeschlossene Wasseratome bei der Herstellung resultieren. Hier reagiert das System äußerst empfindlich: bei nur 1 ppm OH-Verunreinigung entsteht bei der kritischsten Wellenlänge von 1,39µm ein Zusatzdämpfung von ca. 48 dB/km. Daher muß zum einen bei der Faserherstellung auf sorgfältige Dehydrierung geachtet werden, zum anderen sind diese Resonanzwellenlängen zu meiden.

Aus diesen Überlegungen werden die technisch genutzten Übertragungsbereiche in drei Fenster unterteilt:

- das **1. Optische Fenster** bei 850 nm Wellenlänge mit Dämpfungen von einigen dB/km hat schon seit etlichen Jahren seinen Zenit überschritten. Hier sind Sender- und Empfängerbauelemente preiswert herstellbar. Dämpfung und Dispersion reichen für heutige Hochgeschwindigkeitsanforderungen nicht aus, leisten aber für mittlere Anforderungen immer noch gute Dienste. Sender sind LED, Lichtwellenleiter Multimodefasern (Stufenprofil oder Gradienten), Empfänger PIN-Dioden aus Silizium.
- das **2. Optische Fenster** bei 1300 nm Wellenlänge mit Dämpfungen von unter einem dB/km ist bereits seit den achtziger Jahren gut erschlossen und ist heute für Breitbandanwendungen der Standard. Die Materialdispersion hat hier ihr absolutes Minimum, die Dämpfung das zweitbeste relative. Sender- und Empfängerbauelemente sind teuerer, aber heute zu akzeptablen Preisen erhältlich. Sender sind LD, Lichtwellenleiter Gradientenfasern oder Monomodefasern, Empfänger PIN-Dioden aus (In)GaAs oder aus dem teuren Germanium, die Empfindlichkeit des preiswerten Si reicht hier meist nicht mehr aus.

- das 3. **Optische Fenster** bei 1550 nm Wellenlänge mit Dämpfungen von unter 0,2 dB/km (absolutes Minimum theoretisch: 0,17 dB/km) wird ebenfalls seit den achtziger Jahren massiv erforscht und ist heute ebenfalls für Breitbandanwendungen recht gut erschlossen. Die Materialdispersion ist nicht mehr minimal, durch sog. dispersionsverschobene W-Profilgebung des Lichtwellenleiters läßt sich gemeinsam mit der Wellenleiterdispersion auch das Dispersionsminimum hierhin schieben. Sender- und Empfängerbauelemente sind noch teuerer; für Höchstgeschwindigkeitsanwendungen ist dies der dominierende Bereich. Sender sind hochwertige LD, Lichtwellenleiter Monomodefasern - evtl. mit o.a. W-Profil, daher noch teurer in der Herstellung - Empfänger PIN-Dioden oder teure Lawinenphotodioden aus (In)GaAs oder aus dem teuren Germanium. Weiterhin kommen vor allem hier besondere Multiplextechniken zum Einsatz.

Aufgabe 5.6.3: Man berechne den Maximaldurchmesser d einer einmodigen Stufenprofilfaser mit Kern/Mantelbrechzahl von 1,45/1,44 im 2. optischen Fenster.

Lösungen zu den Übungsaufgaben

Aufgabe 1.2: Eine hinlaufende und eine rücklaufende Welle mit gleicher Amplitude und unterschiedlichen Nullphasen φ_{h0} und φ_{r0} entspr. Gl. 1.2-4 überlagern sich. Man stelle das Ergebnis als Produkt zweier trigonometrischer Funktionen $\hat{A}'\cos(\omega t+\varphi_{t0})\cdot\cos(\beta z+\varphi_{z0})$ dar und interpretiere es physikalisch.

Wir wenden folgende trigonometrische Umformung an:

$$2\cos(\omega t + \varphi_{t0})\cdot\cos(\beta z + \varphi_{z0}) = \cos(\omega t-\beta z + \varphi_{t0}-\varphi_{z0}) + \cos(\omega t+\beta z + \varphi_{t0}+\varphi_{z0}).$$

Daraus muß durch Vergleich mit der Ansatzfunktion

$$a(z,t) = \hat{A}\cos(\omega t - \beta z + \varphi_{h0}) + \hat{A}\cos(\omega t + \beta z + \varphi_{r0})$$

durch Summen- bzw. Differenzbildung folgen:

$$2\varphi_{t0} = \varphi_{r0} + \varphi_{h0} \qquad \text{und} \qquad 2\varphi_{z0} = \varphi_{r0} - \varphi_{h0},$$

woraus

$$\varphi_{t0} = \frac{\varphi_{r0} + \varphi_{h0}}{2}; \quad \varphi_{z0} = \frac{\varphi_{r0} - \varphi_{h0}}{2}; \quad \text{und} \quad \hat{A}' = 2\hat{A}.$$

Es handelt sich um eine stehende Welle. Die Amplitude schwingt mit $\cos(\omega t + \varphi_{t0})$ über der Zeit und verläuft mit feststehenden Knoten (Nulldurchgängen) gemäß $\cos(\beta z + \varphi_{z0})$.

Aufgabe 1.3: Man weise nach, daß Gln. 1.2-8 und 1.3-2 Lösungen der Differentialgleichung $\partial^2 a/\partial z^2 - k^2\cdot\partial^2 a/\partial t^2 = 0$ sind. Wie hängt der allgemeine Faktor k mit den Parametern der Lösungsfunktionen zusammen?

Die Lösung finden wir in Abschnitt 3.2.2, Gln. 3.2-16 - 18; $k = 1/v$.

Aufgabe 3.1.1: Man berechne den Betrag der magnetische Feldstärke $\boldsymbol{H}$ eines von einem Gleichstrom I durchflossenen homogenen rotationssymmetrischen Leiters mit Radius a innen und außen über die integrale Form des Durchflutungsgesetzes. Aus dem Ergebnis berechne man rot$\boldsymbol{H} = \boldsymbol{S}$, indem man den Rotor in Zylinderkoordinaten auswerte.

Im Innenbereich ergibt die Auswertung:

$$\oint \boldsymbol{H}\cdot \mathrm{d}\boldsymbol{l} = H_\varphi 2\pi r = \iint\limits_{\substack{\text{Fläche des}\\ \text{Umlaufs}}} \boldsymbol{S}\cdot \mathrm{d}\boldsymbol{A} = S\pi r^2 \quad \Rightarrow \quad H_\varphi(r) = \frac{Sr}{2} = \frac{Ir}{2\pi a^2}.$$

Im Außenbereich ergibt die Auswertung:

$$\oint \boldsymbol{H}\cdot \mathrm{d}\boldsymbol{l} = H_\varphi 2\pi r = \iint\limits_{\substack{\text{Fläche des}\\ \text{Leiters}}} \boldsymbol{S}\cdot \mathrm{d}\boldsymbol{A} = I(= S\pi a^2) \quad \Rightarrow \quad H_\varphi(r) = \frac{I}{2\pi r}.$$

Der Rotor läßt sich in Zylinderkoordinaten wie folgt beschreiben:

$$\mathrm{rot}\boldsymbol{H}=\frac{1}{r}\begin{vmatrix}\frac{\partial}{\partial r} & H_r & \vec{e}_r\\ \frac{\partial}{\partial\varphi} & rH_\varphi & r\vec{e}_\varphi\\ \frac{\partial}{\partial z} & H_z & \vec{e}_z\end{vmatrix}=\frac{1}{r}\begin{vmatrix}\frac{\partial}{\partial r} & 0 & \vec{e}_r\\ \frac{\partial}{\partial\varphi} & rH_\varphi & r\vec{e}_\varphi\\ \frac{\partial}{\partial z} & 0 & \vec{e}_z\end{vmatrix}=\frac{1}{r}\begin{pmatrix}-\frac{\partial rH_\varphi}{\partial z}\\ 0\\ \frac{\partial rH_\varphi}{\partial r}\end{pmatrix}=\frac{1}{r}\frac{\partial rH_\varphi(r)}{\partial r}\vec{e}_z.$$

Im Innenbereich ergibt die Auswertung:

$$\mathrm{rot}\boldsymbol{H}_\mathrm{i}=\frac{1}{r}\frac{\partial Ir^2/2\pi a^2}{\partial r}\vec{e}_z=\frac{I}{2\pi a^2}\frac{2r}{r}\vec{e}_z=\frac{I}{\pi a^2}\vec{e}_z=S\vec{e}_z.$$

Im Außenbereich ergibt die Auswertung:

$$\mathrm{rot}\boldsymbol{H}_\mathrm{a}=\frac{1}{r}\frac{\partial(Ir/2\pi r)}{\partial r}\vec{e}_z=0.$$

Im Innern ist die Wirbelstärke also, wie erwartet, gleich der dort vorhandenen Stromdichte, im Außenraum verschwindet sie.

Aufgabe 3.1.2: Ein rotationssymmetrisches Magnetfeld habe innerhalb eines Radius a folgenden axialen Feldstärkeverlauf über der Radialkoordinaten r: $h_z(r,t)=H_0\cdot(r/a)^2\cdot\sin\omega t$, außerhalb a sei es Null; $\mu=\mu_0$. Man berechne an jeder Stelle des Raums die induzierte elektrische Feldstärke $e_\varphi(r,t)$ über beide Formen des Induktionsgesetzes.

Wir setzen zunächst:

$$h_z(r,t)=H(r)\cdot\sin\omega t,\quad \text{d.h.}\quad H(r)=H_0\cdot\left(\frac{r}{a}\right)^2 \text{ innen, 0 sonst.}$$

Berechnung über die integrale Form des Induktionsgesetzes:

Aus Symmetriegründen muß jeder Feldstärkeverlauf auf jedem konzentrischen Umlauf konstant sein, so daß die linke Seite als Produkt darstellbar ist. Die Ableitung der Sinusfunktion ist unabhängig von der Flächenintegration.

$$\oint \boldsymbol{e}\cdot\mathrm{d}\boldsymbol{l}=e_\varphi\cdot 2\pi r=-\iint\frac{\partial b(r',t)}{\partial t}\mathrm{d}\varphi r'\mathrm{d}r'=-\mu_0\omega\cos\omega t\cdot\iint H(r')\mathrm{d}\varphi r'\mathrm{d}r'=$$

$$=-\mu_0\omega\cos\omega t\cdot 2\pi\int H(r')r'\mathrm{d}r' \quad\Rightarrow\quad e_\varphi(r,t)=-\mu_0\frac{\omega\cos\omega t}{r}\int H(r')r'\mathrm{d}r'.$$

Im Innenbereich ergibt die Auswertung:

$$\int_0^r H(r')r'\mathrm{d}r'=\frac{H_0}{a^2}\int_0^r r'^3\mathrm{d}r'=\frac{H_0r^4}{4a^2}\quad\Rightarrow\quad e_{\mathrm{i}\varphi}(r,t)=-\mu_0H_0\frac{r^3\omega\cos\omega t}{4a^2}.$$

Im Außenbereich ergibt die Auswertung:

$$\int_0^a H(r')r'\mathrm{d}r'=\frac{H_0}{a^2}\int_0^a r'^3\mathrm{d}r'=\frac{H_0a^2}{4}\quad\Rightarrow\quad e_{\mathrm{a}\varphi}(r,t)=-\mu_0H_0\frac{a^2\omega\cos\omega t}{4r}.$$

Zur Auswertung der **differentiellen Form des Induktionsgesetzes** nehmen wir das Zwischenergebnis der Aufgabe davor zu Hilfe:

$$\mathrm{rot}\boldsymbol{e} = \frac{1}{r}\frac{\partial r e_\varphi(r,t)}{\partial r}\vec{e}_z = -\mu_0 \frac{\partial h_z(r,t)}{\partial t}\vec{e}_z$$

$$\Rightarrow \quad e_\varphi(r,t) = -\mu_0 \frac{1}{r}\int \frac{\partial h_z(r',t)}{\partial t} r' \partial r' = -\mu_0 \frac{\omega \cos \omega t}{r} \int H(r') r' \partial r',$$

also das gleiche Integral wie bei der integralen Form des Induktionsgesetzes.

Aufgabe 3.1.3: Man weise nach, daß im allgemeinen Fall auf der Grenzfläche zwischen zwei gleichstromdurchflossenen Leitern zwingend eine Ladungsbedeckung σ auftritt. Gibt es spezielle Bedingungen, unter denen σ verschwindet?

Die Grenzflächenbedingung für die Normalkomponenten der Flußdichte lautet:

$$D_{\mathrm{n2}} - D_{\mathrm{n1}} = \sigma = \varepsilon_2 E_{\mathrm{n2}} - \varepsilon_1 E_{\mathrm{n1}} = \frac{\varepsilon_2}{\kappa_2} S_{\mathrm{n2}} - \frac{\varepsilon_1}{\kappa_1} S_{\mathrm{n1}} = \left(\frac{\varepsilon_2}{\kappa_2} - \frac{\varepsilon_1}{\kappa_1}\right) S_{\mathrm{n}}.$$

Ladungsbedeckungen zwischen den Leitern bilden sich nicht aus, wenn $\dfrac{\varepsilon_2}{\kappa_2} = \dfrac{\varepsilon_1}{\kappa_1}$.

Aufgabe 3.1.4-1: Ein magnetisches Flußdichtefeld ist mit seinen kartesischen Komponenten zu $\boldsymbol{b} = (4xyz\cdot\sin\omega t\cdot \mathrm{T/m^3}, -3z^3\cdot\cos\omega t\cdot\mathrm{T/m^3}, b_z)$ gegeben. Man bestimme b_z.

Aufgrund der Quellenfreiheit der Induktion gilt mit B_{0z} als beliebigem Gleichanteil:

$$b_z(y,z,t) = B_{0z} - \int\left(\frac{\partial b_x}{\partial x} + \frac{\partial b_y}{\partial y}\right)\partial z = B_{0z} - \int (4yz\sin\omega t + 0)\frac{\mathrm{T}}{\mathrm{m}^3}\partial z =$$

$$= B_{0z} - 2yz^2 \sin\omega t \cdot \frac{\mathrm{T}}{\mathrm{m}^3}.$$

Aufgabe 3.1.4-2: Man gebe die Differentialformen der MAXWELLgleichungen für folgende Spezialfälle an: Elektrostatik, Magnetostatik, Stationäre Felder (Gleichfelder), quasistationäre Felder (Niederfrequenzfelder), Hochfrequenzfelder.

Elcktrostatik - keine Ströme, keine Magnetfelder:

$$\mathrm{rot}\boldsymbol{E} = 0 \qquad \mathrm{div}\boldsymbol{D} = \rho$$

Magnetostatik - keine elektrischen Felder, keine Ströme, zeitkonstante Magnetfelder:

$$\mathrm{rot}\boldsymbol{H} = 0 \qquad \mathrm{div}\boldsymbol{B} = 0$$

Stationäre Felder - zeitkonstante elektrische und magnetische Felder:

$$\mathrm{rot}\boldsymbol{H} = \boldsymbol{S} \qquad \mathrm{rot}\boldsymbol{E} = 0 \qquad \mathrm{div}\boldsymbol{D} = \rho \qquad \mathrm{div}\boldsymbol{B} = 0$$

Quasistationäre Felder - langsam zeitveränderliche elektrische und magnetische Felder:

$$\mathrm{rot}\boldsymbol{h} \approx \boldsymbol{s} \qquad \mathrm{rot}\boldsymbol{e} = -\frac{\partial \boldsymbol{b}}{\partial t} \qquad \mathrm{div}\boldsymbol{d} = \rho \qquad \mathrm{div}\boldsymbol{b} = 0$$

Hochfrequenzfelder - rasch zeitveränderliche elektrische und magnetische Felder:

$$\mathrm{rot}\boldsymbol{h} = \boldsymbol{s} + \frac{\partial \boldsymbol{d}}{\partial t} \qquad \mathrm{rot}\boldsymbol{e} = -\frac{\partial \boldsymbol{b}}{\partial t} \qquad \mathrm{div}\boldsymbol{d} = \rho \qquad \mathrm{div}\boldsymbol{b} = 0.$$

Aufgabe 3.1.5: Man weise in kartesischen Koordinaten komponentenweise nach, daß div rot$\boldsymbol{a}$ = 0 für jedes beliebige Vektorfeld $\boldsymbol{a}$ gilt.

$$\mathrm{rot}\boldsymbol{a} = \begin{vmatrix} \frac{\partial}{\partial x} & a_x & \vec{e}_x \\ \frac{\partial}{\partial y} & a_y & \vec{e}_y \\ \frac{\partial}{\partial z} & a_z & \vec{e}_z \end{vmatrix} = \begin{pmatrix} \frac{\partial a_z}{\partial y} - \frac{\partial a_y}{\partial z} \\ \frac{\partial a_x}{\partial z} - \frac{\partial a_z}{\partial x} \\ \frac{\partial a_y}{\partial x} - \frac{\partial a_x}{\partial y} \end{pmatrix};$$

$$\mathrm{div\,rot}\boldsymbol{a} = \frac{\partial}{\partial x}\left(\frac{\partial a_z}{\partial y} - \frac{\partial a_y}{\partial z}\right) + \frac{\partial}{\partial y}\left(\frac{\partial a_x}{\partial z} - \frac{\partial a_z}{\partial x}\right) + \frac{\partial}{\partial z}\left(\frac{\partial a_y}{\partial x} - \frac{\partial a_x}{\partial y}\right).$$

Werten wir diese Gleichung aus, heben sich sämtliche Größen weg. q.e.d.

Aufgabe 3.1.6-1: Man stelle den POYNTINGvektor $\wp = (\wp_x, \wp_y, \wp_z)$ für ein elektromagnetisches Feld $\boldsymbol{e} = (e_x, e_y, e_z)$ und $\boldsymbol{h} = (h_x, h_y, h_z)$ komponentenweise dar.

$$\wp = \begin{pmatrix} \wp_x \\ \wp_y \\ \wp_z \end{pmatrix} = \begin{vmatrix} e_x & h_x & \vec{e}_x \\ e_y & h_y & \vec{e}_y \\ e_z & h_z & \vec{e}_z \end{vmatrix} = \begin{pmatrix} e_y h_z - e_z h_y \\ e_z h_x - e_x h_z \\ e_x h_y - e_y h_x \end{pmatrix}.$$

Aufgabe 3.1.6-1: Man weise die Identität $\boldsymbol{e}\cdot\mathrm{rot}\boldsymbol{h} - \boldsymbol{h}\cdot\mathrm{rot}\boldsymbol{e} = -\mathrm{div}(\boldsymbol{e}\times\boldsymbol{h})$ nach, indem man die Rechnung komponentenweise durchführt.

$$\boldsymbol{e}\cdot\mathrm{rot}\boldsymbol{h} - \boldsymbol{h}\cdot\mathrm{rot}\boldsymbol{e} = \begin{pmatrix} e_x \\ e_y \\ e_z \end{pmatrix} \cdot \begin{pmatrix} \frac{\partial h_z}{\partial y} - \frac{\partial h_y}{\partial z} \\ \frac{\partial h_x}{\partial z} - \frac{\partial h_z}{\partial x} \\ \frac{\partial h_y}{\partial x} - \frac{\partial h_x}{\partial y} \end{pmatrix} - \begin{pmatrix} h_x \\ h_y \\ h_z \end{pmatrix} \cdot \begin{pmatrix} \frac{\partial e_z}{\partial y} - \frac{\partial e_y}{\partial z} \\ \frac{\partial e_x}{\partial z} - \frac{\partial e_z}{\partial x} \\ \frac{\partial e_y}{\partial x} - \frac{\partial e_x}{\partial y} \end{pmatrix} =$$

$$= e_x \cdot \left(\frac{\partial h_z}{\partial y} - \frac{\partial h_y}{\partial z}\right) + e_y \cdot \left(\frac{\partial h_x}{\partial z} - \frac{\partial h_z}{\partial x}\right) + e_z \cdot \left(\frac{\partial h_y}{\partial x} - \frac{\partial h_x}{\partial y}\right) -$$

$$- h_x \cdot \left(\frac{\partial e_z}{\partial y} - \frac{\partial e_y}{\partial z}\right) - h_y \cdot \left(\frac{\partial e_x}{\partial z} - \frac{\partial e_z}{\partial x}\right) - h_z \cdot \left(\frac{\partial e_y}{\partial x} - \frac{\partial e_x}{\partial y}\right).$$

$$-\mathrm{div}(\boldsymbol{e}\times\boldsymbol{h}) = -\mathrm{div}\begin{vmatrix} e_x & h_x & \vec{e}_x \\ e_y & h_y & \vec{e}_y \\ e_z & h_z & \vec{e}_z \end{vmatrix} = -\mathrm{div}\begin{pmatrix} e_y h_z - e_z h_y \\ e_z h_x - e_x h_z \\ e_x h_y - e_y h_x \end{pmatrix} =$$

$$= -\frac{\partial e_y}{\partial x} h_z - e_y \frac{\partial h_z}{\partial x} + \frac{\partial e_z}{\partial x} h_y + e_z \frac{\partial h_y}{\partial x} - \frac{\partial e_z}{\partial y} h_x - e_z \frac{\partial h_x}{\partial y} +$$

$$+ \frac{\partial e_x}{\partial y} h_z + e_x \frac{\partial h_z}{\partial y} - \frac{\partial e_x}{\partial z} h_y - e_x \frac{\partial h_y}{\partial z} + \frac{\partial e_y}{\partial z} h_x + e_y \frac{\partial h_x}{\partial z}.$$

Sortieren wir diesen Ausdruck nach den unabgeleiteten Größen, ergibt sich die Formel zwei Zeilen darüber. q.e.d.

Aufgabe 3.2.1.1: Man stelle die Wellengleichungen für ein Medium mit endlicher Leitfähigkeit κ und Dielektrizitätszahl ε auf und stelle die Ergebnisse dann für eine allgemeine a-Komponente dar.

Das Durchflutungsgesetz in Gln. 3.2-3 modifiziert sich gemäß

$$\mathrm{rot}\boldsymbol{h} = \kappa\boldsymbol{e} + \varepsilon\frac{\partial\boldsymbol{e}}{\partial t} = \begin{pmatrix} -\dfrac{\partial h_y}{\partial z} \\ \dfrac{\partial h_x}{\partial z} \\ 0 \end{pmatrix} = \begin{pmatrix} \kappa e_x + \varepsilon\dfrac{\partial e_x}{\partial t} \\ \kappa e_y + \varepsilon\dfrac{\partial e_y}{\partial t} \\ \kappa e_z + \varepsilon\dfrac{\partial e_z}{\partial t} \end{pmatrix}.$$

Auch hier können wir setzen: $e_z = h_z = 0$. Mit den verbliebenen vier Komponenten werden danach die rechts neben den Gleichungen dargestellten Operationen vorgenommen:

$$-\frac{\partial h_y}{\partial z} = \kappa e_x + \varepsilon\frac{\partial e_x}{\partial t} \quad \left|\frac{\partial}{\partial t}\right. \qquad \frac{\partial e_y}{\partial z} = \mu\frac{\partial h_x}{\partial t} \quad \left|\frac{\partial}{\partial z}\right.$$

$$\frac{\partial h_x}{\partial z} = \kappa e_y + \varepsilon\frac{\partial e_y}{\partial t} \quad \left|\frac{\partial}{\partial t}\right. \qquad -\frac{\partial e_x}{\partial z} = \mu\frac{\partial h_y}{\partial t} \quad \left|\frac{\partial}{\partial z}\right..$$

Wir erhalten:

$$-\frac{\partial^2 h_y}{\partial t\partial z} = \kappa\frac{\partial e_x}{\partial t} + \varepsilon\frac{\partial^2 e_x}{\partial t^2} \qquad \frac{\partial^2 e_y}{\partial z^2} = \mu\frac{\partial^2 h_x}{\partial t\partial z}$$

$$\frac{\partial^2 h_x}{\partial t\partial z} = \kappa\frac{\partial e_y}{\partial t} + \varepsilon\frac{\partial^2 e_y}{\partial t^2} \qquad -\frac{\partial^2 e_x}{\partial z^2} = \mu\frac{\partial^2 h_y}{\partial t\partial z}.$$

Einsetzen von $\partial^2 h_y/\partial t\partial z$ links oben nach rechts unten sowie $\partial^2 h_x/\partial t\partial z$ links unten nach rechts oben ergibt:

$$\frac{\partial^2 e_x}{\partial z^2} = \mu\kappa\frac{\partial e_x}{\partial t} + \mu\varepsilon\frac{\partial^2 e_x}{\partial t^2} \qquad \frac{\partial^2 e_y}{\partial z^2} = \mu\kappa\frac{\partial e_y}{\partial t} + \mu\varepsilon\frac{\partial^2 e_y}{\partial t^2}.$$

Ersetzen wir in denselben Gleichungen die zweiten Ableitungen $\partial^2/\partial z^2$ durch $\partial^2/\partial t^2$ und umgekehrt, erhalten wir auf gleiche Art die Differentialgleichungen für die jeweils zugehörigen Komponenten der magnetischen Feldstärke:

$$\frac{\partial^2 h_y}{\partial z^2} = \mu\kappa\frac{\partial h_y}{\partial t} + \mu\varepsilon\frac{\partial^2 h_y}{\partial t^2} \qquad \frac{\partial^2 h_x}{\partial z^2} = \mu\kappa\frac{\partial h_x}{\partial t} + \mu\varepsilon\frac{\partial^2 h_x}{\partial t^2}.$$

Dabei gehören die jeweils untereinander stehenden Gleichungen zueinander, da sie aus den jeweils gleichen Gleichungspaaren entstehen. Wir erhalten also wieder zwei voneinander unabhängige Lösungspaare: e_x, h_y und e_y, h_x. Damit gehorcht wie beim dämpfungsfreien Fall jede Komponente derselben Differentialgleichung:

$$\frac{\partial^2 a}{\partial z^2} = \mu\kappa\frac{\partial a}{\partial t} + \mu\varepsilon\frac{\partial^2 a}{\partial t^2}.$$

Aufgabe 3.2.1.2-1: Man weise die Gültigkeit der Umformung ∇×∇× = −Δ für ein quellenfreies Medium komponentenweise nach.

$$\nabla\times\nabla\times=\nabla\times\begin{vmatrix}\frac{\partial}{\partial x} & \bullet & \vec{e}_x\\ \frac{\partial}{\partial y} & \bullet & \vec{e}_y\\ \frac{\partial}{\partial z} & \bullet & \vec{e}_z\end{vmatrix}=\nabla\times\begin{pmatrix}\frac{\partial}{\partial y}-\frac{\partial}{\partial z}\\ \frac{\partial}{\partial z}-\frac{\partial}{\partial x}\\ \frac{\partial}{\partial x}-\frac{\partial}{\partial y}\end{pmatrix}=\begin{vmatrix}\frac{\partial}{\partial x} & \frac{\partial}{\partial y}-\frac{\partial}{\partial z} & \vec{e}_x\\ \frac{\partial}{\partial y} & \frac{\partial}{\partial z}-\frac{\partial}{\partial x} & \vec{e}_y\\ \frac{\partial}{\partial z} & \frac{\partial}{\partial x}-\frac{\partial}{\partial y} & \vec{e}_z\end{vmatrix}=$$

$$=\begin{pmatrix}\frac{\partial}{\partial y}\left(\frac{\partial}{\partial x}-\frac{\partial}{\partial y}\right)-\frac{\partial}{\partial z}\left(\frac{\partial}{\partial z}-\frac{\partial}{\partial x}\right)\\ \frac{\partial}{\partial z}\left(\frac{\partial}{\partial y}-\frac{\partial}{\partial z}\right)-\frac{\partial}{\partial x}\left(\frac{\partial}{\partial x}-\frac{\partial}{\partial y}\right)\\ \frac{\partial}{\partial x}\left(\frac{\partial}{\partial z}-\frac{\partial}{\partial x}\right)-\frac{\partial}{\partial y}\left(\frac{\partial}{\partial y}-\frac{\partial}{\partial z}\right)\end{pmatrix}=\begin{pmatrix}-\frac{\partial^2}{\partial y^2}-\frac{\partial^2}{\partial z^2}+\frac{\partial}{\partial x}\left(\frac{\partial}{\partial y}+\frac{\partial}{\partial z}\right)\\ -\frac{\partial^2}{\partial z^2}-\frac{\partial^2}{\partial x^2}+\frac{\partial}{\partial y}\left(\frac{\partial}{\partial z}+\frac{\partial}{\partial x}\right)\\ -\frac{\partial^2}{\partial x^2}-\frac{\partial^2}{\partial y^2}+\frac{\partial}{\partial z}\left(\frac{\partial}{\partial x}+\frac{\partial}{\partial y}\right)\end{pmatrix}.$$

Wegen der Quellenfreiheit folgt:

$$\mathrm{div}=0=\frac{\partial}{\partial x}+\frac{\partial}{\partial y}+\frac{\partial}{\partial z}\Rightarrow\frac{\partial}{\partial y}+\frac{\partial}{\partial z}=-\frac{\partial}{\partial x};\quad\frac{\partial}{\partial z}+\frac{\partial}{\partial x}=-\frac{\partial}{\partial y};\quad\frac{\partial}{\partial x}+\frac{\partial}{\partial y}=-\frac{\partial}{\partial z}$$

Einsetzen der drei rechten Umformungen in den darüberstehenden Vektor liefert die Identität.

Aufgabe 3.2.1.2-2: Man leite die vektorielle Wellengleichung für das magnetische Feld in einem Medium mit endlicher Leitfähigkeit κ und Dielektrizitätszahl ε her.

$$\nabla\times\nabla\times\boldsymbol{h}=\nabla\times\left(\kappa\boldsymbol{e}+\varepsilon\frac{\partial\boldsymbol{e}}{\partial t}\right)=\kappa\nabla\times\boldsymbol{e}+\varepsilon\frac{\partial}{\partial t}(\nabla\times\boldsymbol{e})=$$

$$=-\kappa\mu\frac{\partial\boldsymbol{h}}{\partial t}-\varepsilon\frac{\partial}{\partial t}\left(\mu\frac{\partial\boldsymbol{h}}{\partial t}\right)=-\kappa\mu\frac{\partial\boldsymbol{h}}{\partial t}-\mu\varepsilon\frac{\partial^2\boldsymbol{h}}{\partial t^2}.$$

Das Ergebnis lautet folglich:

$$\Delta\boldsymbol{h}=\kappa\mu\frac{\partial\boldsymbol{h}}{\partial t}+\mu\varepsilon\frac{\partial^2\boldsymbol{h}}{\partial t^2}.$$

Die gleiche Differentialgleichung ergibt sich für das elektrische Feld.

Aufgabe 3.2.2: Man überprüfe, ob der Ansatz auch eine allgemeine Lösung der Wellengleichung unter Einbezug endlicher Leitfähigkeit κ ist.

Die Wellengleichung transformiert sich entspr. dem Ansatz gemäß:

$$\frac{\partial^2 a}{\partial z^2}=\mu\kappa\frac{\partial a}{\partial t}+\mu\varepsilon\frac{\partial^2 a}{\partial t^2}\qquad\Rightarrow\qquad\frac{1}{v^2}\frac{\partial^2 a}{\partial\tau^2}=\mu\kappa\frac{\partial a}{\partial\tau}+\mu\varepsilon\frac{\partial^2 a}{\partial\tau^2}.$$

Die bei einer allgemeinen ungedämpften Welle als Wellengeschwindigkeit interpretierbare Größe v ist hier nicht ausschließlich durch die Materialgrößen ausdrückbar, weshalb dieser Ansatz für leitfähige Medien nicht universell verwendbar ist.

Die Begründung wird später aus der Berechnung der Dämpfung harmonischer Wellen ersichtlich, bei denen diese frequenzabhängig ist. Da ein beliebiges Signal durch eine FOURIERtransformation als Überlagerung vieler Frequenzen darstellbar ist, hat jeder Spektralanteil seine eigene Dämpfung, was sich zu einer komplizierten Form der Gesamtdämpfung überlagert. *Formgetreu* oder *verzerrungsfrei* nennt man Übertragungssysteme, bei denen die Dämpfung nicht frequenzabhängig ist, was jedoch nur unter speziellen Bedingungen gegeben ist.

Aufgabe 3.2.5: Man berechne das Verhältnis von magnetischer zu elektrischer Feldstärke für das Lösungspaar e_y, h_x.

Wir machen folgenden Ansatz:

$$e_y(z,t) = e_{hy}(z,t) + e_{ry}(z,t) = e_{hy}(t - \frac{z}{v}) + e_{ry}(t + \frac{z}{v})$$

$$h_x(z,t) = h_{hx}(z,t) + h_{ry}(z,t) = h_{hx}(t - \frac{z}{v}) + h_{rx}(t + \frac{z}{v}).$$

Wir lösen dazu die linke Gleichung 3.2-6 nach h_x auf:

$$h_x = \varepsilon \int \frac{\partial e_y}{\partial t} \partial z = \varepsilon \int \frac{\partial e_y}{\partial \tau} \frac{\partial \tau}{\partial t} \frac{\partial z}{\partial \tau} \partial \tau = \varepsilon \int \frac{\partial e_y}{\partial \tau} \cdot 1 \cdot (\mp v) \partial \tau =$$

$$= \mp \varepsilon v \int \frac{\partial e_y}{\partial \tau} \partial \tau = \mp \frac{\varepsilon}{\sqrt{\mu\varepsilon}} \int \partial e_y = \mp \sqrt{\frac{\varepsilon}{\mu}} e_y .$$

Daraus folgt unmittelbar, daß

$$h_x(z,t) = h_{hx}(z,t) + h_{rx}(z,t) = \sqrt{\frac{\varepsilon}{\mu}} \left(-e_{hy}(z,t) + e_{ry}(z,t) \right),$$

was bedeutet, daß:

$$-\frac{e_{hy}(z,t)}{h_{hx}(z,t)} = \frac{e_{ry}(z,t)}{h_{rx}(z,t)} = \sqrt{\frac{\mu}{\varepsilon}} = \eta .$$

Aufgabe 3.2.6-1: Der Vektor der elektrischen Feldstärke einer sich in x-Richtung ausbreitenden Welle in Glas mit der Brechzahl $n = 1{,}51$ sei zu einem Zeitpunkt zu $\boldsymbol{e} = (e_x, e_y, e_z) = (0, 2, -1)$ mV/m bekannt. Man gebe den zugehörigen Vektor der magnetischen Feldstärke $\boldsymbol{h} = (h_x, h_y, h_z)$ an.

Wir besorgen uns zunächst der Feldwellenwiderstand: $\eta \approx \frac{377}{1{,}51} \Omega \approx 250\ \Omega.$

$\boldsymbol{h}$ muß senkrecht auf der von $\boldsymbol{e}$ und $\vec{e}_x$ aufgespannten Ebene stehen, wobei $\vec{e}_x$ (Richtung des POYNTINGvektors), $\boldsymbol{e}$ und $\boldsymbol{h}$ in dieser Reihenfolge ein Rechtssystem bilden:

$$\boldsymbol{h} = \vec{e}_x \times \frac{\boldsymbol{e}}{\eta} = \begin{vmatrix} 1 & 0 & \vec{e}_x \\ 0 & 2 & \vec{e}_y \\ 0 & -1 & \vec{e}_z \end{vmatrix} \cdot 4 \frac{\mu\text{A}}{\text{m}} = \begin{pmatrix} 0 \\ 1 \\ 2 \end{pmatrix} \cdot 4 \frac{\mu\text{A}}{\text{m}} = \begin{pmatrix} 0 \\ 4 \\ 8 \end{pmatrix} \frac{\mu\text{A}}{\text{m}}.$$

Aufgabe 3.2.6-2: Die Ausbreitungsrichtung der Welle mit dem gleichen Vektor der elektrischen Feldstärke $\boldsymbol{e} = (e_x, e_y, e_z) = (0, 2, -1)$ mV/m liege nun in der yz-Ebene. Man gebe alle möglichen Einheitsvektoren dieser Ausbreitungsrichtung an. Wie sieht der dazugehörige Vektor der magnetischen Feldstärke $\boldsymbol{h} = (h_x, h_y, h_z)$ im Medium mit $n = 1{,}51$ aus?

Der gesuchte Einheitsvektor muß in der Form $\vec{e} = \begin{pmatrix} 0 \\ b \\ c \end{pmatrix} = \begin{pmatrix} 0 \\ b \\ \pm\sqrt{1-b^2} \end{pmatrix}$ darstellbar sein. Er muß senkrecht auf der elektrischen Feldstärke stehen, d.h., daß das Skalarprodukt der beiden verschwinden muß:

$$e\vec{e} = \begin{pmatrix} 0 \\ 2 \\ -1 \end{pmatrix} \cdot \begin{pmatrix} 0 \\ b \\ \pm\sqrt{1-b^2} \end{pmatrix} = 0 = 2b \mp \sqrt{1-b^2} \quad \Rightarrow \quad b = \pm\frac{1}{\sqrt{5}} \quad \Rightarrow \quad \vec{e} = \pm\frac{1}{\sqrt{5}}\begin{pmatrix} 0 \\ 1 \\ 2 \end{pmatrix}.$$

Der Magnetfeldvektor ergibt sich zu:

$$\boldsymbol{h} = \vec{e} \times \frac{\boldsymbol{e}}{\eta} = \pm\frac{4}{\sqrt{5}}\begin{vmatrix} 0 & 0 & \vec{e}_x \\ 1 & 2 & \vec{e}_y \\ 2 & -1 & \vec{e}_z \end{vmatrix} \frac{\mu\text{A}}{\text{m}} = \pm\frac{4}{\sqrt{5}}\begin{pmatrix} -5 \\ 0 \\ 0 \end{pmatrix}\frac{\mu\text{A}}{\text{m}} = \mp\sqrt{80}\vec{e}_x\,\frac{\mu\text{A}}{\text{m}}.$$

Aufgabe 3.2.6-3: Die Ausbreitungsrichtung der Welle liege nun in der yz-Ebene mit einem Winkel von $\theta = 30°$ zur z-Achse, die ebenfalls in der yz-Ebene liegende elektrische Feldstärke habe den gleichen Betrag wie in Aufgabe 3.2.6-1. Man gebe den zugehörigen Vektor der magnetischen Feldstärke $\boldsymbol{h} = (h_x, h_y, h_z)$ an.

Die magnetische Feldstärke muß unabhängig von dem Winkel in $\pm x$-Richtung zeigen. Da sich der Betrag des Vektors der elektrischen Feldstärke nicht geändert hat, erhalten wir das gleiche Ergebnis, wie bei Aufgabe 3.2.6-2.

Aufgabe 3.2.7-1: Ein sehr langes Koaxialkabel mit Innenradius a und Außenradius b aus perfekt leitfähigem Hin- und Rückleiter und idealem Dielektrikum dazwischen werde von einer Spannungsquelle u gespeist, die einen Strom i zur Folge hat. Man zeichne das $\boldsymbol{e}$-, $\boldsymbol{h}$- und $\boldsymbol{\wp}$-Feldlinienbild und berechne die im Dielektrikum transportierte Leistung p mithilfe des POYNTINGvektors $\boldsymbol{\wp}$.

Das elektrische Feld ergibt sich gemäß Abschnitt 2.1.5 im Dielektrikum zu:

Feldlinienbild:

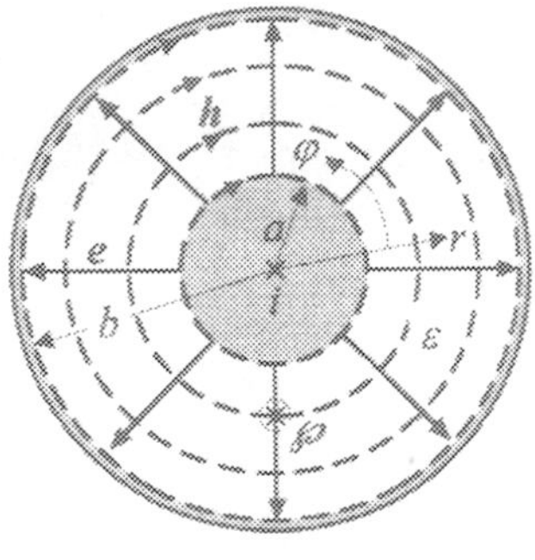

$$e_r(r) = \frac{q}{2\pi\varepsilon r l}.$$

Die Spannung u zwischen Hin- und Rückleiter ergibt:

$$u = \int_a^b e_r(r)\mathrm{d}r = \int_a^b \frac{q}{2\pi\varepsilon r l}\mathrm{d}r = \frac{q}{2\pi\varepsilon l}\ln\frac{b}{a}.$$

Dies können wir nach der unbekannten Ladung auf der Oberfläche auflösen und in die Feldstärkeformel einsetzen; rechts daneben ergibt sich das Magnetfeld im Dielektrikum gemäß Abschnitt 2.3.7 zu:

$$e_r(r) = \frac{u}{r\ln b/a}; \qquad h_\varphi(r) = \frac{i}{2\pi r}.$$

Die Leistung p, die durch die Querschnittsfläche des Leiters transportiert wird, befindet sich vollständig im Dielektrikum, da wegen der vorausgesetzten unendlichen Leitfähigkeit des Leitermaterials hier keine Spannung abfallen kann, damit kein elektrisches Feld existiert und folglich dort auch kein Leistungsfluß stattfindet. Damit ergibt sich:

$$p=\int_a^b\int_0^{2\pi} e_r(r)h_\varphi(r)\mathrm{d}\varphi\mathrm{d}r = 2\pi\int_a^b \frac{u}{r\ln b/a}\frac{i}{2\pi r}r\mathrm{d}r = \frac{ui}{\ln b/a}\int_a^b\frac{\mathrm{d}r}{r} = ui\,.$$

Aufgabe 3.2.7-2: Man berechne für das obige Beispiel des zylinderförmigen Leiters der Länge l mit endlicher Leitfähigkeit κ mithilfe des POYNTINGvektors $\wp$ den in der Tiefe r noch vorhandenen Leistungsanteil $p(r)$. Dabei seien quasistationäre Verhältnisse vorausgesetzt, d.h. daß der Strom homogen über den Querschnitt verteilt ist und überall parallel zur Oberfläche fließt.

Das magnetische Feld im Leiterinnern ergibt sich aus dem Durchflutungsgesetz zu

$$h_\varphi(r)2\pi r = s_z\pi r^2 = \frac{i}{\pi a^2}\pi r^2 = i\frac{r^2}{a^2} \qquad \Rightarrow \quad h_\varphi(r) = i\frac{r}{2\pi a^2}\,.$$

Gehen wir den Rechengang analog zum Text durch, ergibt sich:

$$p(r) = \int_0^l e\mathrm{d}z\int_0^{2\pi} h\,r\mathrm{d}\varphi = ui\frac{r}{2\pi a^2}2\pi r = ui\frac{r^2}{a^2} = ui\frac{A(r)}{A} = ui\frac{\pi r^2 l}{\pi a^2 l} = ui\frac{V(r)}{V}\,.$$

Erwartungsgemäß steht der Leistungsanteil $p(r)$ in der Tiefe r zur Gesamtleistung p im Verhältnis wie die von r eingeschlossene Querschnittsfläche $A(r) = \pi r^2$ zur Gesamtquerschnittsfläche $A = \pi a^2$ bzw. das von r eingeschlossene Volumen $V(r) = \pi r^2 l$ zum Gesamtvolumen $V = \pi a^2 l$.

Aufgabe 3.3.2-1: Der Nullphasenwinkel einer Welle habe den Wert $\varphi_0 = -\pi/4$. Man stelle den reellen Zeitverlauf der Welle durch eine Überlagerung von Cosinus- und Sinusfunktionen ohne Nullphasenwinkel dar.

$$a(z,t) = \Re\{\underline{a}(z,t)\} = \Re\left\{\hat{A}\mathrm{e}^{-\alpha z + \mathrm{j}(\omega t - \beta z - \pi/4)}\right\} = \hat{A}\mathrm{e}^{-\alpha z}\Re\left\{\mathrm{e}^{+\mathrm{j}(\omega t-\beta z)}\mathrm{e}^{-\mathrm{j}\pi/4}\right\} =$$

$$= \hat{A}\mathrm{e}^{-\alpha z}\left(\cos(\omega t - \beta z)\cdot\cos\frac{\pi}{4} + \sin(\omega t - \beta z)\cdot\sin\frac{\pi}{4}\right) =$$

$$= \frac{\hat{A}}{\sqrt{2}}\mathrm{e}^{-\alpha z}\left(\cos(\omega t - \beta z) + \sin(\omega t - \beta z)\right).$$

Aufgabe 3.3.2-2: Eine Wellenfunktion sei durch $a(z,t) = 4\cos(\omega t - \beta z) + 3\sin(\omega t - \beta z)$ beschrieben. Man bestimme die komplexe Amplitude $\underline{\hat{A}}$ in Polarkoordinaten (Betrag und Phase) als auch in kartesischen Koordinaten (Real- und Imaginärteil). Weiterhin stelle man dieselbe Wellenfunktion mit nur *einer* Sinusfunktion und zugehörigem Nullphasenwinkel dar.

$$a(z,t) = \Re\{\underline{a}(z,t)\} = \Re\left\{\underline{\hat{A}}\mathrm{e}^{\mathrm{j}(\omega t - \beta z)}\right\} = \hat{A}\Re\left\{\mathrm{e}^{\mathrm{j}\varphi_0}\mathrm{e}^{\mathrm{j}(\omega t - \beta z)}\right\} =$$

$$= \hat{A}\left(\cos\varphi_0\cdot\cos(\omega t - \beta z) - \sin\varphi_0\cdot\sin(\omega t - \beta z)\right)$$

$$\Rightarrow \quad \hat{A}\cos\varphi_0 = 4; \quad \hat{A}\sin\varphi_0 = -3$$

$$\Rightarrow \quad \hat{A} = \sqrt{4^2 + (-3)^2} = 5; \quad \varphi_0 = \arctan\frac{-3}{4} = -0{,}6435\mathrm{rad}$$

$$\Rightarrow \quad \underline{\hat{A}} = \hat{A}\mathrm{e}^{\mathrm{j}\varphi_0} = 5\mathrm{e}^{-\mathrm{j}0{,}6435}$$

$$\Rightarrow \quad \underline{\hat{A}} = \Re\{\underline{\hat{A}}\} + \mathrm{j}\Im\{\underline{\hat{A}}\} = 5\cos(-0{,}6435) + \mathrm{j}5\sin(-0{,}6435) = 4 - \mathrm{j}3 .$$

Darstellung als *eine* Sinusfunktion:

$$a(z,t) = 5\cos(\omega t - \beta z - 0{,}6435) = 5\sin(\omega t - \beta z - 0{,}6435 + \pi/2)$$

$$a(z,t) = 5\sin(\omega t - \beta z + 0{,}9273).$$

Aufgabe 3.3.3-1: Man weise aus den MAXWELLgleichungen - so wie hier durchgeführt - nach, daß die anderen drei Feldkomponenten durch die gleiche Differentialgleichung beschrieben werden.

$$\frac{\partial \underline{H}_y}{\partial z} = -(\kappa + \mathrm{j}\omega\varepsilon)\underline{E}_x \qquad \frac{\partial \underline{E}_y}{\partial z} = \mathrm{j}\omega\mu \underline{H}_x \quad \Big| \frac{\partial}{\partial z}$$

$$\frac{\partial \underline{H}_x}{\partial z} = (\kappa + \mathrm{j}\omega\varepsilon)\underline{E}_y \qquad \frac{\partial \underline{E}_x}{\partial z} = -\mathrm{j}\omega\mu \underline{H}_y .$$

Angeschrieben steht nochmals der sich aus den vektoriellen MAXWELLgleichungen ergebende skalare Gleichungssatz für die Transversalkomponenten. Wir leiten die Gleichung rechts oben nochmals nach z ab und setzen dann die Gleichung links unten ein:

$$\frac{\partial^2 \underline{E}_y}{\partial z^2} - \mathrm{j}\omega\mu(\kappa + \mathrm{j}\omega\varepsilon)\underline{E}_y = 0 .$$

Wir lassen $\partial/\partial z$ auf die linke untere Gleichung wirken und erhalten durch Einsetzen der Gleichung rechts oben die linke der folgenden beiden Gleichungen. Wir lassen $\partial/\partial z$ auf die linke obere Gleichung wirken und erhalten durch Einsetzen der Gleichung rechts unten die rechte der folgenden beiden Gleichungen:

$$\frac{\partial^2 \underline{H}_x}{\partial z^2} - \mathrm{j}\omega\mu(\kappa + \mathrm{j}\omega\varepsilon)\underline{H}_x = 0; \qquad \frac{\partial^2 \underline{H}_y}{\partial z^2} - \mathrm{j}\omega\mu(\kappa + \mathrm{j}\omega\varepsilon)\underline{H}_y = 0.$$

Aufgabe 3.3.3-2: Man weise für die beliebige a-Komponente direkt aus der in Aufgabe 3.2.1.1 aufgestellten allgemeinen Wellengleichung, die die Dämpfung mit einbezieht, nach, daß die gleiche Differentialgleichung für $\underline{A}$ wie oben entsteht.

Die Ansatzgleichung mit der zugehörigen Ansatzfunktion lauten nun im Komplexen:

$$\frac{\partial^2 \underline{a}}{\partial z^2} = \mu\kappa \frac{\partial \underline{a}}{\partial t} + \mu\varepsilon \frac{\partial^2 \underline{a}}{\partial t^2} \qquad \text{mit} \qquad \frac{\partial^n \underline{a}(z,t)}{\partial t^n} = (\mathrm{j}\omega)^n \underline{a}(z,t) = (\mathrm{j}\omega)^n \underline{A}(z)\mathrm{e}^{\mathrm{j}\omega t} .$$

Daraus folgt durch Einsetzen:

$$\frac{\partial^2 \underline{a}}{\partial z^2} = \mu\kappa \mathrm{j}\omega \underline{a} + \mu\varepsilon(\mathrm{j}\omega)^2 \underline{a} \quad \Rightarrow \quad \frac{\partial^2 \underline{A}}{\partial z^2}\mathrm{e}^{\mathrm{j}\omega t} = \mathrm{j}\omega\mu(\kappa \underline{A}\mathrm{e}^{\mathrm{j}\omega t} + \mathrm{j}\omega\varepsilon \underline{A}\mathrm{e}^{\mathrm{j}\omega t}) .$$

Wir kürzen die Zeitfunktion, klammern rechts $\underline{A}$ aus und erhalten das gewünschte Ergebnis:

$$\frac{\partial^2 \underline{A}}{\partial z^2} - \mathrm{j}\omega\mu(\kappa + \mathrm{j}\omega\varepsilon)\underline{A} = 0.$$

***Aufgabe 3.3.3-3**: Eine sinusförmige Welle breite sich in einem dämpfenden Medium statt in z-Richtung schräg in positive yz-Richtung eines Koordinatensystems aus, der Vektor der elektrischen Feldstärke zeige in x-Richtung. Man bestimme die Richtung des zugehörigen Vektors der magnetischen

Feldstärke und stelle ausgehend von Abschnitt 3.2.1.2 den Differentialgleichungssatz für alle Komponenten auf.

Zeichnet man ein Koordinatensystem und trägt die gegebenen Vektorrichtungen ein, muß der Vektor der magnetischen Feldstärke, da er auf beiden senkrecht steht, in *y*/–*z*-Richtung zeigen. Wir können folglich ansetzen:

$$\underline{\boldsymbol{E}}(\boldsymbol{x}) = \begin{pmatrix} \underline{E}_x(y,z) \\ 0 \\ 0 \end{pmatrix}; \qquad \underline{\boldsymbol{H}}(\boldsymbol{x}) = \begin{pmatrix} 0 \\ \underline{H}_y(y,z) \\ \underline{H}_z(y,z) \end{pmatrix}.$$

Damit gehen wir in die vektoriellen Wellengleichungen, die wir gleich entspr. der sinusförmigen Zeitabhängigkeit und Dämpfung modifizieren. Für eine allgemeine *i*te Komponente lautet die vektorielle HELMHOLTZgleichung mit dem LAPLACEoperator:

$$\Delta \underline{A}_i = \frac{\partial^2 \underline{A}_i}{\partial x^2} + \frac{\partial^2 \underline{A}_i}{\partial y^2} + \frac{\partial^2 \underline{A}_i}{\partial z^2} = \mathrm{j}\omega\mu(\kappa + \mathrm{j}\omega\varepsilon)\underline{A}_i.$$

In unserem Fall bedeutet das:

$$\Delta \underline{E}_x = \frac{\partial^2 \underline{E}_x}{\partial y^2} + \frac{\partial^2 \underline{E}_x}{\partial z^2} = \mathrm{j}\omega\mu(\kappa + \mathrm{j}\omega\varepsilon)\underline{E}_x$$

$$\Delta \underline{H}_y = \frac{\partial^2 \underline{H}_y}{\partial y^2} + \frac{\partial^2 \underline{H}_y}{\partial z^2} = \mathrm{j}\omega\mu(\kappa + \mathrm{j}\omega\varepsilon)\underline{H}_y$$

$$\Delta \underline{H}_z = \frac{\partial^2 \underline{H}_z}{\partial y^2} + \frac{\partial^2 \underline{H}_z}{\partial z^2} = \mathrm{j}\omega\mu(\kappa + \mathrm{j}\omega\varepsilon)\underline{H}_z.$$

Damit läßt sich auch hier eine allen gemeinsame skalare Wellengleichung angeben:

$$\Delta \underline{A} = \frac{\partial^2 \underline{A}}{\partial y^2} + \frac{\partial^2 \underline{A}}{\partial z^2} = \mathrm{j}\omega\mu(\kappa + \mathrm{j}\omega\varepsilon)\underline{A}.$$

***Aufgabe 3.3.4-1**: Für eine allgemeine Komponente $\underline{A}$ von Aufgabe 3.3.3-3 versuche man folgenden Separationsansatz: $\underline{A} = \underline{A}(y,z) = \underline{A}(y)\cdot\underline{A}(z) = \hat{\underline{A}}\mathrm{e}^{-\underline{p}y}\mathrm{e}^{-\underline{q}z}$. Welcher Zusammenhang ergibt sich für $\underline{p}$, $\underline{q}$ und $\underline{\gamma}$? Man gebe eine anschauliche physikalische Interpretation von $\underline{p}$ und $\underline{q}$ an.

Einsetzen in obenstehende Gleichung ergibt die linke Gleichung; durch Wegkürzen von $\underline{A}$ erhalten wir die rechte:

$$\underline{p}^2\underline{A} + \underline{q}^2\underline{A} - \mathrm{j}\omega\mu(\kappa + \mathrm{j}\omega\varepsilon)\underline{A} = 0; \qquad \underline{p}^2 + \underline{q}^2 = \mathrm{j}\omega\mu(\kappa + \mathrm{j}\omega\varepsilon) = \underline{\gamma}^2.$$

Interpretation des Ergebnisses: Die in *yz*-Richtung laufende Welle kann in zwei Teilwellen zerlegt werden, von der eine Komponente mit $\underline{p}$ in *y*-Richtung, die andere mit $\underline{q}$ in *z*-Richtung fortschreitet. Damit ist eine Umbenennung sinnvoll: $\underline{p} = \underline{\gamma}_y$ und $\underline{q} = \underline{\gamma}_z$:

$$\underline{\gamma}_y^2 + \underline{\gamma}_z^2 = \underline{\gamma}^2; \qquad \underline{\boldsymbol{\gamma}} = \begin{pmatrix} 0 \\ \underline{\gamma}_y \\ \underline{\gamma}_z \end{pmatrix}; \qquad \underline{A} = \hat{\underline{A}}\mathrm{e}^{-\mathrm{j}\underline{\boldsymbol{\gamma}}\cdot\boldsymbol{x}} = \hat{\underline{A}}\exp\left\{-\mathrm{j}\begin{pmatrix} 0 \\ \underline{\gamma}_y \\ \underline{\gamma}_z \end{pmatrix}\cdot\begin{pmatrix} x \\ y \\ z \end{pmatrix}\right\}.$$

Dies erinnert an den Satz des PYTHAGORAS für den Zusammenhang zwischen den Komponenten eines Vektors und seiner Länge. Definieren wir den Ausbreitungsvektor $\boldsymbol{\gamma}$, so erfüllt die linke Gleichung die mittlere. Die rechte ist dann nichts anderes als die konsequente Weiterentwicklung des Ansatzes in Vektorschreibweise. Im allgemeinen Fall kann eine Komponente γ_x erwartet werden, nämlich genau dann, wenn die Welle sich auch noch in x-Richtung ausbreitet.

Ist diese Interpretation richtig, müßten der Ausbreitungsvektor $\boldsymbol{\gamma}$, der POYNTING-vektor $\boldsymbol{\wp}$ und folglich auch der (Phasen-)Geschwindigkeitsvektor $\boldsymbol{c}$ bzw. im allgemeinen Fall $\boldsymbol{v}$ immer in die gleiche Richtung zeigen, was wir nach den dazu benötigten weiteren Formeln überprüfen wollen. Zumindest für unsere bisher betrachteten Wellen mit reiner z-Ausbreitungsrichtung ergibt sich mit $\boldsymbol{\gamma} = (0, 0, \gamma)$ die gewünschte Übereinstimmung.

Aufgabe 3.3.5: Man überlege eine alternative Zerlegung der Ausbreitungskonstanten in Real- und Imaginärteil, z.B. mithilfe einer trigonometrischen Umrechnung und berechne das Ergebnis am Beispiel für Kupfer bei der Netzfrequenz.

$$\underline{\gamma} = \sqrt{\mathrm{j}\omega\mu(\kappa + \mathrm{j}\omega\varepsilon)} = \omega\sqrt{-\mu\varepsilon\left(1 - \mathrm{j}\frac{\kappa}{\omega\varepsilon}\right)} = \mathrm{j}\omega\sqrt{\mu\varepsilon}\sqrt{\sqrt{1 + (\frac{\kappa}{\omega\varepsilon})^2}\,\mathrm{e}^{-\mathrm{j}\arctan\frac{\kappa}{\omega\varepsilon}}} =$$

$$= \mathrm{j}\omega\sqrt{\mu\varepsilon}\left(1 + (\frac{\kappa}{\omega\varepsilon})^2\right)^{\frac{1}{4}}\left(\cos(\frac{1}{2}\arctan\frac{\kappa}{\omega\varepsilon}) - \mathrm{j}\sin(\frac{1}{2}\arctan\frac{\kappa}{\omega\varepsilon})\right) =$$

$$= \omega\sqrt{\mu\varepsilon}\left(1 + (\frac{\kappa}{\omega\varepsilon})^2\right)^{\frac{1}{4}}\left(\sin(\frac{1}{2}\arctan\frac{\kappa}{\omega\varepsilon}) + \mathrm{j}\cos(\frac{1}{2}\arctan\frac{\kappa}{\omega\varepsilon})\right) = \alpha + \mathrm{j}\beta\,.$$

Am Beispiel für Kupfer bei Netzfrequenz gilt:

$$\frac{\kappa}{\omega\varepsilon} = \frac{58\cdot 10^6}{100\pi\cdot 8{,}854\cdot 10^{-12}} = 2{,}085\cdot 10^{16} \qquad \Rightarrow \quad \arctan\frac{\kappa}{\omega\varepsilon} \approx \frac{\pi}{2}$$

$$\Rightarrow \quad \alpha + \mathrm{j}\beta \approx \frac{100\pi\sqrt{2{,}085\cdot 10^{16}}(1+\mathrm{j})}{3\cdot 10^8\sqrt{2}}\frac{1}{\mathrm{m}} = 107\cdot(1+\mathrm{j})\frac{1}{\mathrm{m}}.$$

Aufgabe 3.3.6.1: Man berechne das Verhältnis λ/λ_0 für ein leitfähiges Medium. Wie verhält sich die Wellenlänge bzgl. Stauchung oder Dehnung gegenüber der Freiraumwellenlänge? Man gebe für Kupfer Formeln an, mit denen sich jeweils aus der Frequenz, gemessen in Hz (also f/Hz) λ/λ_0 als auch λ absolut berechnen lassen. Man gebe die Zahlenwerte bei der Netzfrequenz und bei 10 MHz an.

Wegen $\lambda_0 = \dfrac{1}{f\sqrt{\mu_0\varepsilon_0}}$ folgt aus Gl. 3.3-33:

$$\lambda = \frac{1}{f\sqrt{\frac{\mu\varepsilon}{2}\left(\sqrt{1 + (\frac{\kappa}{2\pi f\varepsilon})^2} + 1\right)}} = \frac{\lambda_0}{\sqrt{\frac{\mu_r\varepsilon_r}{2}\left(\sqrt{1 + (\frac{\kappa}{\omega\varepsilon})^2} + 1\right)}}.$$

Da für leitfähige Medien, wie oben gezeigt, immer $\kappa/\omega\varepsilon \gg 1 \Rightarrow$

$$\frac{\lambda}{\lambda_0} \approx \frac{1}{\sqrt{\frac{\mu_r \varepsilon_r}{2} \frac{\kappa}{\omega \varepsilon}}} = \sqrt{\frac{2\omega\varepsilon_0}{\mu_r \kappa}}\Bigg|_{\mu_r = 1} = \sqrt{\frac{2\omega\varepsilon_0}{\kappa}} << 1.$$

Hier gilt, daß die Wellenlänge extrem gestaucht wird. Wir können für Kupfer als allgemeine Formeln, aus denen sich das Wellenlängenverhältnis bzw. die Wellenlänge aus der Frequenz berechnen lassen, angeben:

$$\frac{\lambda}{\lambda_0} \approx \sqrt{\frac{4\pi f \varepsilon_0}{\kappa}} = 1{,}385 \cdot 10^{-9} \sqrt{\frac{f}{\text{Hz}}} \qquad \Rightarrow \quad \lambda \approx 2\sqrt{\frac{\pi}{f \mu_0 \kappa}} = \frac{41{,}5\,\text{cm}}{\sqrt{f/\text{Hz}}}.$$

Nehmen wir als Beispiel wieder die Netzfrequenz, so gehört dazu eine Freiraumwellenlänge von $\lambda_0 \approx 6\,000$ km und der Faktor beträgt für Kupfer

$$\frac{\lambda}{\lambda_0} \approx 9{,}793 \cdot 10^{-9} \qquad \Rightarrow \quad \lambda \approx 5{,}87\,\text{cm}.$$

Bei $f = 10$ MHz gilt mit $\lambda_0 \approx 30$ m:

$$\frac{\lambda}{\lambda_0} \approx 4{,}38 \cdot 10^{-6} \qquad \Rightarrow \quad \lambda \approx 131\,\mu\text{m}.$$

Selbst bei den höchsten technischen Frequenzen im GHz-Bereich tritt noch eine extreme Stauchung ein. Hier hat der Wellenlängenbegriff jedoch nicht mehr die Bedeutung wie im NF-Bereich, da wegen des Skineffekts eine gleichextreme Dämpfung auftritt, d.h. die Welle ihre Oszillationen ohnehin nicht mehr ausführen kann.

Aufgabe 3.3.6.2: Man gebe die Phasengeschwindigkeit v_ϕ einer gedämpften Welle in Abhängigkeit von c, α und ω, sowie von c, α und β an.

Wir lösen die allgemeinen Formeln für die Dämpfung α und die Phasenkonstante β nach dem inneren Wurzelausdruck auf:

$$\alpha, \beta = \omega \sqrt{\frac{\mu\varepsilon}{2}\left(\sqrt{1 + \left(\frac{\kappa}{\omega\varepsilon}\right)^2} \mp 1\right)} \quad \Rightarrow \quad \sqrt{1 + \left(\frac{\kappa}{\omega\varepsilon}\right)^2} = 1 + 2\left(\frac{\alpha c}{\omega}\right)^2 = -1 + 2\left(\frac{\beta c}{\omega}\right)^2.$$

$$\Rightarrow \quad v_\phi = c\sqrt{\frac{2}{\sqrt{1 + \left(\frac{\kappa}{\omega\varepsilon}\right)^2} + 1}} = \frac{c}{\sqrt{1 + \left(\frac{\alpha c}{\omega}\right)^2}}.$$

Die Beziehung rechts oben lösen wir nach $(c/\omega)^2$ auf:

$$\left(\frac{c}{\omega}\right)^2 = \frac{1}{\beta^2 - \alpha^2} \qquad \Rightarrow \quad v_\phi = c\sqrt{1 - \left(\frac{\alpha}{\beta}\right)^2}.$$

Mit der letzten Beziehung kann die Geschwindigkeit von Wellen in Metallen aus Näherungsausdrücken für α und β nicht berechnet werden, da bei diesen α und β gleichgesetzt werden, aber nicht exakt gleich sind. Daraus ist erkennbar, daß Wellen in Leitern extrem viel langsamer als in Dielektrika sein müssen. Mithilfe der Wellenlängenformel der vorangegangenen Aufgabe läßt sich dies natürlich auch sofort zeigen.

Aufgabe 3.3.6.3-1: Man gebe die Gruppenlaufzeit τ_G in Abhängigkeit von c_0, n und λ an.

Mit $c = \lambda f$; $\lambda = c/f$; $f = c/\lambda$ folgt für feste Phasengeschwindigkeit c:

$$\frac{dn}{df} = \frac{dn}{d\lambda}\frac{d\lambda}{df} = -\frac{dn}{d\lambda}\frac{c}{f^2} = -\frac{dn}{d\lambda}\frac{\lambda}{f} \quad \Rightarrow \quad \tau_G = \frac{1}{c_0}\left(n + f\frac{dn}{df}\right) = \frac{1}{c_0}\left(n - \lambda\frac{dn}{d\lambda}\right).$$

Aufgabe 3.3.6.3-2: Man bestimme aus Abb. 3.3-6 die Gruppenlaufzeit τ_G in Quarzglas an der Stelle $\lambda_0 = 1100$ nm.

Wir lesen eine Gruppenbrechzahl von $N = 1{,}4625$ ab. Damit ergibt sich τ_G zu:

$$\tau_G = \frac{N}{c_0} = 4{,}878\,\frac{\text{ns}}{\text{m}}.$$

Aufgabe 3.3.6.4-1: Eine LED der spektralen Breite $\Delta\lambda = 250$ nm werde bei der Mittenwellenlänge $\lambda_0 = 875$ nm betrieben. Man berechne, um wieviele Pikosekunden die Spektralanteile an den Rändern des Frequenzbands auf einen Kilometer in Quarzglas auseinanderlaufen.

Die Randwellenlängen sind $\lambda_1 = 750$ nm und $\lambda_2 = 1000$ nm. Die dazugehörigen Brechzahlen lesen wir ab zu $n_1 \approx 1{,}455$ und $n_2 \approx 1{,}4505$. Der Betrag der Laufzeitdifferenz ergibt sich zu

$$\Delta\tau = \frac{n_1 - n_2}{c_0} \approx \frac{0{,}0045}{3\cdot 10^5}\,\frac{\text{s}}{\text{km}} = 15\,\frac{\text{ns}}{\text{km}}.$$

Aufgabe 3.3.6.4-2: Die Übertragungsstrecke aus der vorstehenden Aufgabe sei nun $L = 5$ km lang. Mit welcher Bitrate B darf übertragen werden, damit beim Empfänger die Pulse gerade noch getrennt werden können?

Auf $L = 5$ km läuft der Puls um $\Delta t = \Delta\tau{\cdot}L = 75$ ns auseinander. Die Pulsdauer ist gleich dem erlaubten Pulsabstand, die Inversion des Pulsabstands gleich der Bitrate:

$$B = \frac{1}{\Delta\tau\cdot L} = 13{,}33\ \text{Mbps}.$$

In der Praxis kann die Bitrate dennoch deutlich darüberliegen, da an den Rändern die spektrale Leistungsdichte i.allg. deutlich geringer als bei der Mittenwellenlänge ist.

Aufgabe 3.3.7: Man zerlege den Feldwellenwiderstand in Real- und Imaginärteil sowie in Betrag und Phase.

Zur Zerlegung in Real- und Imaginärteil führen wir zunächst eine konjugiert komplexe Erweiterung der Nennerwurzel durch:

$$\underline{\eta} = R_F + jX_F = \sqrt{\frac{j\omega\mu(\kappa - j\omega\varepsilon)}{\kappa^2 + (\omega\varepsilon)^2}} = \frac{\underline{\gamma}'}{\sqrt{\kappa^2 + (\omega\varepsilon)^2}} = \frac{\alpha' + j\beta'}{\omega\varepsilon\sqrt{1 + (\kappa/\omega\varepsilon)^2}}.$$

Die Hilfsgröße $\underline{\gamma}'$ ergibt sich aus der Ausbreitungskonstanten $\underline{\gamma}$ durch Umdrehen des Vorzeichens von ε. Ersetzen wir dies in dem bereits im Text in Real- und Imaginärteil zerlegten $\underline{\gamma}$ in den Zwischenausdrücken $2\alpha^2$ und $2\beta^2$, erkennen wir, daß $\alpha' = \beta$ und $\beta' = \alpha$. Folglich ergibt sich:

$$R_F = \sqrt{\frac{\mu}{2\varepsilon}\,\frac{\sqrt{1 + (\kappa/\omega\varepsilon)^2} + 1}{1 + (\kappa/\omega\varepsilon)^2}}, \qquad X_F = \sqrt{\frac{\mu}{2\varepsilon}\,\frac{\sqrt{1 + (\kappa/\omega\varepsilon)^2} - 1}{1 + (\kappa/\omega\varepsilon)^2}}.$$

Setzen wir $\kappa = 0$, erhalten wir erwartungsgemäß als Realteil unmittelbar den bekannten Feldwellenwiderstand $\sqrt{\mu/\varepsilon}$ des dämpfungsfreien Mediums, der Imaginärteil verschwindet. Zur Zerlegung in Betrag und Phase beginnen wir wieder bei der Grundformel:

$$\underline{\eta} = \eta e^{j\varphi} = \sqrt{\frac{j\omega\mu}{\kappa + j\omega\varepsilon}} = \sqrt{\frac{\omega\mu}{\sqrt{\kappa^2 + (\omega\varepsilon)^2}}\frac{e^{j\pi/4}}{e^{j0,5\arctan\omega\varepsilon/\kappa}}}$$

$$\Rightarrow \quad \eta = \sqrt{\frac{\omega\mu}{\sqrt{\kappa^2 + (\omega\varepsilon)^2}}} = \sqrt{\frac{\mu}{\varepsilon}}\left(1 + (\frac{\kappa}{\omega\varepsilon})^2\right)^{-\frac{1}{4}}; \qquad \varphi = \frac{\pi}{4} - \frac{1}{2}\arctan\frac{\omega\varepsilon}{\kappa}.$$

Auch hier ergibt $\kappa = 0$, daß der Betrag zu $\sqrt{\mu/\varepsilon}$ wird, die Phase, die die Winkeldifferenz zwischen elektrischer und magnetischer Feldstärke angibt, verschwindet.

Aufgabe 3.3.8-1: Man verifiziere die Lösung von Gl. 3.3-54.

Setzen wir an:

$$x(z,t) = \hat{x}\cos(\omega t - \beta z) \qquad \Rightarrow \qquad \ddot{x}(z,t) = -\hat{x}\omega^2\cos(\omega t - \beta z).$$

Damit in die Differentialgleichung:

$$-m_q\hat{x}\omega^2 + m_q\omega_0^2\hat{x} = q\dot{E} \qquad \Rightarrow \qquad \hat{x} = \frac{q\hat{E}}{m_q(\omega_0^2 - \omega^2)}. \qquad \text{q.e.d.}$$

Aufgabe 3.3.8-2: Man berechne für den *ruhenden* Dipol der linken Abb. 3.3-8 das elektrische Fernfeld ($r \gg l$) im Punkt (r,ϑ,φ), zerlegt in die Komponenten $E_r(r,\vartheta)$, $E_\vartheta(r,\vartheta)$. Hinweis: berechne Potential, drücke die Abstände zu den Ladungen näherungsweise durch r, l und ϑ aus, vernachlässige l^2 und bilde Gradient in Kugelkoordinaten.

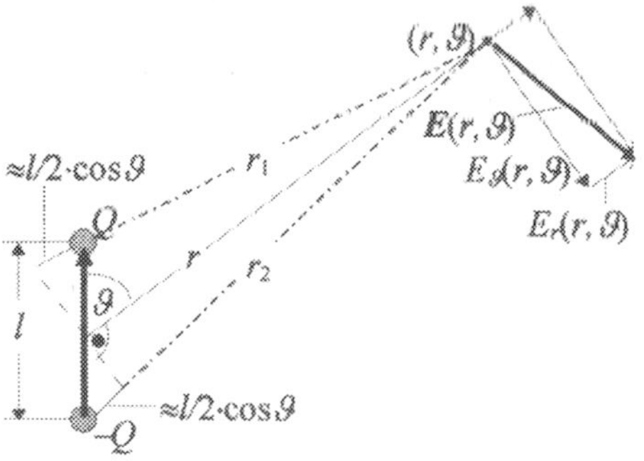

Aus der Abbildung folgt für große r:

$$r_{1,2} \approx r \mp \frac{l}{2}\cos\vartheta\,.$$

Für das Potential φ ergibt sich gemäß Abschnitt 2.1.2 durch lineare Überlagerung:

$$\varphi(r,\vartheta) = \frac{Q}{4\pi\varepsilon}\left(\frac{1}{r_1} - \frac{1}{r_2}\right) \approx$$

$$\approx \frac{Q}{4\pi\varepsilon}\left(\frac{1}{r - \frac{l}{2}\cos\vartheta} - \frac{1}{r + \frac{l}{2}\cos\vartheta}\right) = \frac{Q}{4\pi\varepsilon}\frac{l\cos\vartheta}{r^2 - (\frac{l}{2}\cos\vartheta)^2} \approx \frac{Ql\cos\vartheta}{4\pi\varepsilon r^2}.$$

Die elektrische Feldstärke erhalten wir durch Gradientenbildung:

$$\boldsymbol{E}(r,\vartheta) = \begin{pmatrix} E_r(r,\vartheta) \\ E_\vartheta(r,\vartheta) \end{pmatrix} = -\mathrm{grad}\,\varphi(r,\vartheta) = -\begin{pmatrix} \partial\varphi/\partial r \\ \partial\varphi/r\partial\vartheta \end{pmatrix} \approx \frac{Ql}{4\pi\varepsilon r^3}\begin{pmatrix} 2\cos\vartheta \\ \sin\vartheta \end{pmatrix}.$$

Aufgabe 3.3.9.3: Man leite einen genaueren Näherungsausdruck aus der exakten Formel für β ab, der für schwach leitfähige Dielektrika die Leitfähigkeit κ mit einbezieht, und schließe daraus auf die Phasengeschwindigkeit v_ϕ.

Mit $\sqrt{1+x}\Big|_{x<<1} \approx 1+\frac{x}{2}$ und $\frac{1}{\sqrt{1+x}}\Big|_{x<<1} \approx 1-\frac{x}{2}$ folgt

$$\beta = \omega\sqrt{\frac{\mu\varepsilon}{2}\left(\sqrt{1+(\frac{\kappa}{\omega\varepsilon})^2}+1\right)} \approx \omega\sqrt{\frac{\mu\varepsilon}{2}\left(1+\frac{1}{2}(\frac{\kappa}{\omega\varepsilon})^2+1\right)} =$$

$$= \omega\sqrt{\mu\varepsilon}\sqrt{1+\frac{1}{4}(\frac{\kappa}{\omega\varepsilon})^2} \approx \omega\sqrt{\mu\varepsilon}\left(1+\frac{1}{8}(\frac{\kappa}{\omega\varepsilon})^2\right)$$

$$\Rightarrow \quad v_\phi = \frac{\omega}{\beta} \approx \frac{c}{\sqrt{1+\frac{1}{4}(\frac{\kappa}{\omega\varepsilon})^2}} \approx c\left(1-\frac{1}{8}(\frac{\kappa}{\omega\varepsilon})^2\right).$$

Aufgabe 3.3.9.4: Wenn man als Kriterium festlegt, daß ein Medium für $S_V/S_L < 10\%$ ein guter Leiter ist, bestimme man die Frequenz, bei der die Erde mit $\varepsilon_r = 10$ und $\kappa = 5\text{nS m/mm}^2$ noch als ein solcher betrachtet werden kann.

$$\frac{S_V}{S_L} = \frac{2\pi f\varepsilon}{\kappa} \qquad \Rightarrow \quad f = \frac{S_V}{S_L}\frac{\kappa}{2\pi\varepsilon} = 0{,}1\frac{5\cdot 10^{-3}}{2\pi\cdot 10\cdot 8{,}854\cdot 10^{-12}}\,\text{Hz} \approx 900\text{ kHz}.$$

Für darunterliegende Frequenzen sind i.allg. Bodenwellen zu berücksichtigen.

Aufgabe 3.3.9.5: Man bestimme für einen Eisenmagneten mit bekanntem $\underline{\mu} = \mu' - j\mu''$ die komplexe Ausbreitungskonstante γ und zerlege sie in Real- und Imaginärteil. Dämpft Eisen mehr oder weniger als Kupfer? Man zerlege für eine Ringkernspule mit gegebener Geometrie die Impedanz $\underline{Z}$ in Real- und Imaginärteil.

$$\underline{\gamma} = \sqrt{j\omega\underline{\mu}\kappa} = \sqrt{j\omega\kappa(\mu'-j\mu'')} = \alpha_\mu + j\beta_\mu .$$

Wir führen die Standardumformung durch, d.h. wir quadrieren γ und bilden dann das Betragsquadrat von γ:

$$\underline{\gamma}^2 = \alpha_\mu^2 - \beta_\mu^2 + j2\alpha_\mu\beta_\mu = \omega\mu''\kappa + j\omega\mu'\kappa \quad \Rightarrow \quad \alpha_\mu^2 - \beta_\mu^2 = \omega\mu''\kappa$$

$$\gamma^2 = \alpha_\mu^2 + \beta_\mu^2 = \omega\kappa\sqrt{\mu'^2+\mu''^2}.$$

Wir addieren bzw. subtrahieren wieder die entstandenen Ausdrücke und lösen das Ergebnis nach α_μ bzw. β_μ auf:

$$2\alpha_\mu^2 = \omega\kappa\sqrt{\mu'^2+\mu''^2} + \omega\mu''\kappa = \omega\kappa(\sqrt{\mu'^2+\mu''^2} + \mu'')$$

$$\Rightarrow \quad \alpha_\mu = \sqrt{\frac{\omega\kappa}{2}(\sqrt{\mu'^2+\mu''^2}+\mu'')} = \sqrt{\pi f\kappa(\sqrt{\mu'^2+\mu''^2}+\mu'')}.$$

$$2\beta_\mu^2 = \omega\kappa\sqrt{\mu'^2+\mu''^2} - \omega\mu''\kappa = \omega\kappa(\sqrt{\mu'^2+\mu''^2} - \mu'')$$

$$\Rightarrow \quad \beta_\mu = \sqrt{\frac{\omega\kappa}{2}(\sqrt{\mu'^2 + \mu''^2} - \mu'')} = \sqrt{\pi f \kappa(\sqrt{\mu'^2 + \mu''^2} - \mu'')}.$$

Eisen dämpft stärker als Kupfer, auch wenn $\mu'' = 0$, da es zwar ein schlechterer Leiter, aber praktisch immer stark magnetisierbar ist. Zerlegung der Impedanz:

$$\underline{Z} = \mathrm{j}\omega\underline{L} = \mathrm{j}\omega\underline{\mu}N^2\frac{A}{l} = \mathrm{j}\omega(\mu' - \mathrm{j}\mu'')N^2\frac{A}{l} =$$

$$= \omega\mu'' N^2\frac{A}{l} + \mathrm{j}\omega\mu' N^2\frac{A}{l} = R_\mu + \mathrm{j}X_\mu.$$

Aufgabe 3.3.10-1: Man berechne und beschreibe den Polarisationszustand zweier entgegengesetzt zirkular polarisierter Wellen gleicher Amplitude, bei denen für $(z,t) = (0,0)$ beide Vektoren der elektrischen Feldstärke in x-Richtung weisen.

$$e(z,t) = \begin{pmatrix} e_x(z,t) \\ e_y(z,t) \end{pmatrix} = \begin{pmatrix} \hat{E}\cos(\omega t - \beta z) \\ \hat{E}\sin(\omega t - \beta z) \end{pmatrix} + \begin{pmatrix} \hat{E}\cos(\omega t - \beta z) \\ -\hat{E}\sin(\omega t - \beta z) \end{pmatrix} = \begin{pmatrix} 2\hat{E}\cos(\omega t - \beta z) \\ 0 \end{pmatrix}.$$

Die Welle ist erwartungsgemäß in x-Richtung linear polarisiert.

Aufgabe 3.3.10-2: Man berechne und beschreibe den Polarisationszustand zweier entgegengesetzt zirkular polarisierter Wellen gleicher Amplitude, bei denen für $(z,t) = (0,0)$ beide Vektoren der elektrischen Feldstärke in entgegengesetzte y-Richtung weisen.

$$e(z,t) = \begin{pmatrix} e_x(z,t) \\ e_y(z,t) \end{pmatrix} - \begin{pmatrix} \hat{E}\sin(\omega t - \beta z) \\ \hat{E}\cos(\omega t - \beta z) \end{pmatrix} + \begin{pmatrix} \hat{E}\sin(\omega t - \beta z) \\ -\hat{E}\cos(\omega t - \beta z) \end{pmatrix} = \begin{pmatrix} 2\hat{E}\sin(\omega t - \beta z) \\ 0 \end{pmatrix}$$

ist ebenfalls in x-Richtung linear polarisiert, schwingt aber mit einer Sinusfunktion.

Aufgabe 3.3.11.1-1: Man gebe den Transmissionsfaktor $\underline{t}$ bei gegebenem Reflexionsfaktor $\underline{r}$ an.

Sei, wie gehabt, $\hat{\underline{A}} = \hat{E}_x$ oder $\hat{H}_y$, so gilt allgemein:

$$\hat{\underline{A}}_\mathrm{h} + \hat{\underline{A}}_\mathrm{r} = \hat{\underline{A}}_\mathrm{t} \qquad \Rightarrow \qquad \frac{\hat{\underline{A}}_\mathrm{h}}{\hat{\underline{A}}_\mathrm{h}} + \frac{\hat{\underline{A}}_\mathrm{r}}{\hat{\underline{A}}_\mathrm{h}} = \frac{\hat{\underline{A}}_\mathrm{t}}{\hat{\underline{A}}_\mathrm{h}} \quad = \quad 1 + \underline{r} = \underline{t}.$$

Aufgabe 3.3.11.1-2: Man berechne den Reflexionsfaktor $\underline{r}_\mathrm{m}$ und den Transmissionsfaktor $\underline{t}_\mathrm{m}$ der magnetischen Feldstärke beim Übergang zwischen zwei Medien. Welcher Zusammenhang besteht zu den jeweiligen elektrischen Größenarten?

Wir legen die Grundgleichungen bei der Berechnung der Faktoren der elektrischen Feldstärke zugrunde und erhalten:

$$\hat{\underline{H}}_\mathrm{hy}\underline{\eta}_1 - \hat{\underline{H}}_\mathrm{ry}\underline{\eta}_1 = \hat{\underline{H}}_\mathrm{ty}\underline{\eta}_2 = (\hat{\underline{H}}_\mathrm{hy} + \hat{\underline{H}}_\mathrm{ry})\underline{\eta}_2 \quad \Rightarrow \quad \hat{\underline{H}}_\mathrm{ry} = \hat{\underline{H}}_\mathrm{hy}\frac{\underline{\eta}_1 - \underline{\eta}_2}{\underline{\eta}_1 + \underline{\eta}_2},$$

womit sich der ***Reflexionsfaktor der magnetischen Feldstärke*** $\underline{r}_\mathrm{m}$ für normalen Einfall allgemein, d.h. koordinatenfrei, wie links dargestellt ergibt. Für den ***Transmissionsfaktor der magnetischen Feldstärke*** $\underline{t}_\mathrm{m}$ folgt rechts analog:

$$\underline{r}_\mathrm{m} := \frac{\hat{\underline{H}}_\mathrm{r}}{\hat{\underline{H}}_\mathrm{h}} = \frac{\underline{\eta}_1 - \underline{\eta}_2}{\underline{\eta}_1 + \underline{\eta}_2} = -\underline{r}_\mathrm{e}; \qquad\qquad \underline{t}_\mathrm{m} := \frac{\hat{\underline{H}}_\mathrm{t}}{\hat{\underline{H}}_\mathrm{h}} = \frac{2\underline{\eta}_1}{\underline{\eta}_1 + \underline{\eta}_2} = \frac{\underline{\eta}_1}{\underline{\eta}_2}\underline{t}_\mathrm{e}.$$

Aufgabe 3.3.11.1-3: Man berechne und skizziere die Momentanbilder der zu o.a. $e_x(z,t)$ gehörenden magnetischen Feldstärke. Dabei seien sämtliche Materialkonstanten sowie wieder $\hat{E}_{hx}$, gegeben.

Wir setzen in der Ansatzgleichung 3.3-20 den Feldwellenwiderstand η_1 des Mediums 1 ein, setzen $\underline{\hat{E}}_{hx} = \hat{E}_{hx}$ reell, $\underline{\hat{E}}_{rx} = \underline{r}_e \hat{E}_{hx} = -\hat{E}_{hx}$, $\gamma_1 = j\beta_1$ und erhalten :

$$\underline{H}_y(z) = \underline{H}_{hy}(z) + \underline{H}_{ry}(z) = \frac{\hat{E}_{hx}}{\eta_1}(e^{-j\beta_1 z} + e^{+j\beta_1 z}) = 2\frac{\hat{E}_{hx}}{\eta_1}\cos\beta_1 z \Big|_{z<0}$$

$$\Rightarrow \quad h_y(z,t) = \Re\left\{2\hat{E}_{hx}\sqrt{\frac{\varepsilon_1}{\mu_1}}\cos\beta_1 z \cdot e^{j\omega t}\right\} = 2\hat{E}_{hx}\sqrt{\frac{\varepsilon_1}{\mu_1}}\cos\beta_1 z \cdot \cos\omega t .$$

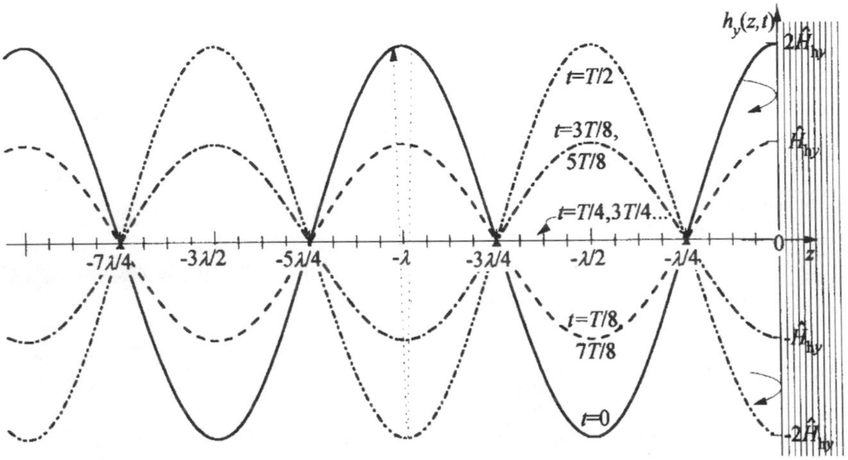

Aufgabe 3.3.11.1-4: Man überprüfe, ob bei jeder Phasenlage von $\hat{E}_{hx}$ im Fall eines sehr guten sekundärseitigen Leiters die elektrische Feldstärke einen Knoten und die magnetische Feldstärke einen Bauch an der Reflexionsstelle aufweisen.

Aufgrund der Tatsache, daß $\underline{r}_e = -1$, dreht sich die reflektierte Feldstärke gegenüber der einfallenden um (Phasensprung um 180°), weshalb sie sich mit der einfallenden ($\sim\sin\beta_1 z$) unabhängig von der Phasenlage aufheben muß. Als physikalische Erklärung darf in einem idealen Leiter keine Spannung existieren, da dies einen unendlich hohen Stromfluß zur Folge hätte.

Wegen $\underline{r}_m = -\underline{r}_e = 1$ muß ebenfalls unabhängig von der Phasenlage die magnetische Feldstärke hier einen Bauch haben ($\sim\cos\beta_1 z$).

Aufgabe 3.3.11.2-1: Man berechne die Wellenlänge λ_0 sowie die Geschwindigkeit c_0 der stehenden überlagerten Welle im Medium 1.

Aus der Abbildung lesen wir ab: $\cos\theta_1 = \dfrac{\lambda_1}{\lambda_0} \quad \Rightarrow \quad \lambda_0 = \dfrac{\lambda_1}{\cos\theta_1}$.

Die Frage nach der Geschwindigkeit ist natürlich eine Scherzfrage, denn sie muß Null sein, da die Welle ja steht. Es soll lediglich klargemacht werden, daß bei einer stehenden Welle die Geschwindigkeit nicht aus dem Produkt von Wellenlänge und Frequenz berechnet werden darf. Man begründe dies aus einem Vergleich der Wellenfunktionen fortschreitender und stehender Wellen.

Aufgabe 3.3.11.2-2: Man berechne die Geschwindigkeit der Welle in Abb. 3.3-17 links als die Bewegung von λ_x entlang der x-Achse im Verhältnis zur Freiraumlichtgeschwindigkeit und erkläre den Effekt physikalisch.

Da es sich um eine fortschreitende Welle handelt, muß sich die dazugehörige Geschwindigkeit zu

$$c_x = \lambda_x f = \frac{\lambda_1 f}{\sin\theta_1} \quad (= \frac{\lambda_2 f}{\sin\theta_2})$$

berechnen lassen. Dieser Wert kann ohne weiteres größer als die Freiraumlichtgeschwindigkeit (beliebig groß für $\theta_1 \to 0$, d.h. Normaleinfall) werden. c_x stellt jedoch keine Energiegeschwindigkeit dar, sondern ist ein reiner Projektionseffekt, da die miteinander verglichenen Punkte verschiedene Photonen repräsentieren. Prinzipiell kann man den gleichen Effekt erreichen, indem man ein Lineal schräg über die Tischkante hinwegschiebt. Der Schnittpunkt der Kanten erreicht Überlichtgeschwindigkeit, wenn man den Winkel nur hinreichend klein (extrem, daher praktisch nicht nachweisbar) macht.

Aufgabe 3.3.11.2-3: Eine Lichtwelle treffe entspr. Abb. 3.3-18 aus Luft unter dem Winkel θ auf ein Medium der Brechzahl n_1 und werde, wie in der Abbildung dargestellt, an einer weiteren Grenze zu einem Medium mit $n_2 < n_1$ reflektiert. Wie groß darf θ maximal sein, damit die Welle das Medium 1 nie verläßt? Man berechne den Zahlenwert von θ für $n_1 = 1{,}47$ und $n_2 = 1{,}46$. Wie hängt das Ergebnis von a ab?

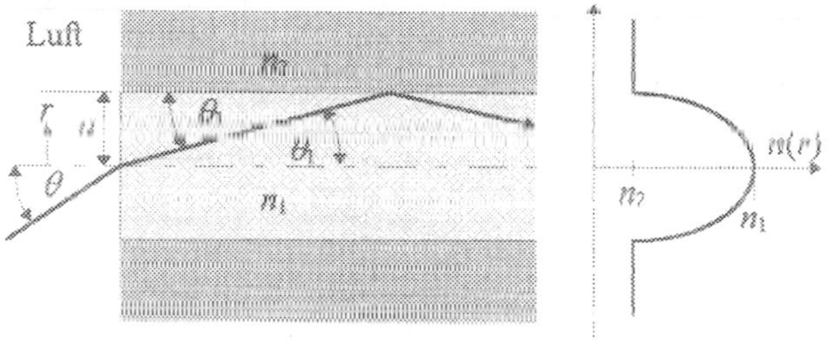

Zu Aufgaben 3.3.11.2-3/4

Wir tragen zur Berechnung in die Abbildung den Hilfswinkel θ_1 ein und schreiben das Brechungsgesetz für den Einfallswinkel sowie für den Ausfallswinkel im Fall der Totalreflexion an:

$$\sin\theta = n_1 \sin\theta_1 = n_1\sqrt{1-\cos^2\theta_1}; \quad \cos\theta_1 = \frac{n_2}{n_1} \quad \Rightarrow \quad \sin\theta = \sqrt{n_1^2 - n_2^2}\,.$$

Für das angegebene Zahlenbeispiel ergibt sich ein Winkel von $\theta = 9{,}86°$ (Numerische Apertur = N.A.). Das Ergebnis hängt nicht vom Ort der Einkopplung ab. Ist die Brechzahl n_1 in Form eines zylindrischen Stabs ausgeführt, so handelt es sich um einen Stufenprofil-Lichtwellenleiter.

Aufgabe 3.3.11.2-4: Man berechne den zeitlichen Unterschied Δt nach einem Kilometer Länge zwischen der in der vorigen Aufgabe eingekoppelten Welle und einer Welle, die normal auf die Frontfläche trifft. Man schließe daraus auf die maximale Bitrate des Eingangssignals. Man diskutiere die Folgen für die Energieverteilung über dem Einkoppelwinkel einer Lichtquelle im Vergleich zur vorigen Aufgabe. Man skizziere einen inhomogenen Verlauf $n_1(r)$, in dem dieser Laufzeitunterschied geringer und damit die Bitrate höher wird.

Sei t_1 die Zeit der schräg eingekoppelten dargestellten Welle und t_0 die Zeit der normal eingekoppelten Welle, so gilt:

$$\cos\theta_1 = \frac{ct_0}{ct_1} = \frac{t_0}{t_1} = \frac{n_2}{n_1} \qquad \Rightarrow \qquad \Delta t = t_1 - t_0 = t_0(\frac{n_1}{n_2} - 1) = \frac{l}{c_0/n_1}(\frac{n_1}{n_2} - 1).$$

Für die gewählten Zahlen ergibt sich $\Delta t = 33{,}6$ ns. Die Bitrate ist der inverse Wert und ergibt sich zu 29,8 Mbps, also nicht besonders hoch für einen Lichtwellenleiter.

Diskussion:

Verkleinert man den Unterschied zwischen den beiden Brechzahlen, der ja bereits geringer als 1% ist (Fertigungstechnik!), werden auch die Laufzeitunterschiede geringer und damit die Bitrate höher. Von einer gegebenen Quelle, die Lichtwellen über einen bestimmten Winkelbereich auskoppelt, wird jedoch die aufgrund der sich damit ebenfalls verkleinernden N.A. maximal einkoppelbare Leistung geringer, so daß zwischen beiden Kriterien ein Kompromiß zu suchen ist. Insbesondere sind dann Quellen günstig, bei denen der POYNTINGvektor in einem flachen Winkelbereich groß ist, bei Winkeln oberhalb der N.A. aber gering. Diese Bedingung wird gut von Laser-Dioden (LD) erfüllt, schlechter hingegen von lichtemittierenden Dioden (LED).

Damit ein Laufzeitangleich stattfindet, muß die Brechzahl kontinuierlich mit einem Gradienten nach außen abnehmen, so wie in der Abbildung rechts dargestellt. Sobald die schräg eingekoppelte Welle nach außen gerät, wird sie beschleunigt, da n sinkt ($c = c_0/n$). Aufgrund der daraus resultierenden permanenten Brechung wird der POYNTINGvektor allerdings gebogen, so daß die Bahn keinen Zick-Zackverlauf nimmt, sondern etwa sinusförmig im mm-Bereich oszilliert (nicht mit der Wellenlänge zu verwechseln). Der Lichtwellenleitertyp heißt dementsprechend *Gradientenfaser*.

***Aufgabe 3.3.11.2-5**: Man bestimme $\underline{t}_e$ für den Fall vertikaler Polarisation.

Wir müssen zunächst die Vektorbeträge $\underline{E}_t$ und $\underline{E}_h$ auf die x-Komponenten umrechnen. Aus den Abbildungen ist ersichtlich, daß:

$$\underline{t}_e = \frac{\hat{\underline{E}}_t}{\hat{\underline{E}}_h} = \frac{\hat{\underline{E}}_{tx}/\cos\theta_2}{\hat{\underline{E}}_{hx}/\cos\theta_1}.$$

Für die effektiv wirksamen Wellenwiderstände gelten die gleichen Regeln wie bei der Berechnung des Reflexionsfaktors $\underline{r}_e$ im Text, so daß wir die Formel für Normaleinfall wie dort erweitern können:

$$\underline{t}_e = \frac{\cos\theta_1}{\cos\theta_2}\frac{2\underline{\eta}_2\cos\theta_2}{\underline{\eta}_2\cos\theta_2 + \underline{\eta}_1\cos\theta_1} = \frac{2\cos\theta_1}{\sqrt{1-\sin^2\theta_2} + \underline{\eta}_1/\underline{\eta}_2\cdot\cos\theta_1} =$$

$$= \frac{2\cos\theta_1}{\sqrt{1-\varepsilon_1/\varepsilon_2\cdot\sin^2\theta_1} + \sqrt{\varepsilon_2/\varepsilon_1}\cos\theta_1} = \frac{2}{\sqrt{1-\varepsilon_1/\varepsilon_2\cdot\sin^2\theta_1}/\cos\theta_1 + \sqrt{\varepsilon_2/\varepsilon_1}}.$$

Hier haben wir wieder die Wellenwiderstände durch die Permittivitäten ersetzt und das SNELLIUSsche Brechungsgesetz angewendet.

***Aufgabe 3.3.11.2-6**: Man bestimme $\underline{r}_e$ für den Fall horizontaler Polarisation und überprüfe, ob ein BREWSTERwinkel auftreten kann.

Wir gehen zur Berechnung von r_e für horizontale Polarisation den gleichen Weg wie zuvor bei vertikaler Polarisation. $\underline{\eta}_1$ wird nun zu:

$$\frac{\underline{\hat{E}}_\mathrm{h}}{\underline{\hat{H}}_\mathrm{h}}=\underline{\eta}_1=\frac{\underline{\hat{E}}_\mathrm{hy}}{\underline{\hat{H}}_\mathrm{hx}/\cos\theta_1}\qquad\Rightarrow\qquad\frac{\underline{\hat{E}}_\mathrm{hy}}{\underline{\hat{H}}_\mathrm{hx}}=\frac{\underline{\eta}_1}{\cos\theta_1}.$$

Wir erkennen, daß nun $\underline{\eta}_1$ bzw. $\underline{\eta}_2$ durch den Cosinus des jeweiligen Winkels dividiert statt mit ihm multipliziert werden müssen. Folglich brauchen wir die im Text berechnete Reflexionsfaktorformel für $\underline{r}_e$ bei Normaleinfall nur wie folgt zu modifizieren:

$$\underline{r}_\mathrm{e}=\frac{\underline{\hat{E}}_\mathrm{r}}{\underline{\hat{E}}_\mathrm{h}}=\frac{\underline{\eta}_2/\cos\theta_2-\underline{\eta}_1/\cos\theta_1}{\underline{\eta}_2/\cos\theta_2+\underline{\eta}_1/\cos\theta_1}=\frac{\cos\theta_1-\underline{\eta}_1/\underline{\eta}_2\cdot\cos\theta_2}{\cos\theta_1+\underline{\eta}_1/\underline{\eta}_2\cdot\cos\theta_2}=$$

$$=\frac{\cos\theta_1-\sqrt{\varepsilon_2/\varepsilon_1}\sqrt{1-\varepsilon_1/\varepsilon_2\cdot\sin^2\theta_1}}{\cos\theta_1+\sqrt{\varepsilon_2/\varepsilon_1}\sqrt{1-\varepsilon_1/\varepsilon_2\cdot\sin^2\theta_1}}=\frac{\cos\theta_1-\sqrt{\varepsilon_2/\varepsilon_1-\sin^2\theta_1}}{\cos\theta_1+\sqrt{\varepsilon_2/\varepsilon_1-\sin^2\theta_1}}.$$

Auch hier haben wir das SNELLIUSsche Brechungsgesetz angewendet und die Wellenwiderstände wieder durch die Permittivitäten ersetzt. Hier passen die Vorzeichen wieder zu Abb. 3.3-14 und müssen für Abb. 3.3-16 umgedreht werden. Der BREWSTERwinkel kann hier trivialerweise nur für $\varepsilon_1=\varepsilon_2$ auftreten. Es soll jedoch bemerkt werden, daß ein nichttrivialer BREWSTERwinkel hier für unterschiedliche *Permeabilitäten* auftreten kann.

***Aufgabe 3.3.11.2-7:** Man weise nach, daß die transmittierte Welle im Fall der Totalreflexion gedämpft ist und gebe das Verhältnis von Wellenlänge zu Eindringtiefe im Medium 2: $\lambda_{2\mathrm{tot}}/\delta_{2\mathrm{tot}}$ an.

Die transmittierte Welle läuft in x/z-Richtung mit dem Phasenfaktor:

$$\underline{\gamma}_2\cdot\boldsymbol{x}=\mathrm{j}(\beta_{2x}x+\beta_{2z}z)=\mathrm{j}(\beta_2\sin\theta_2\cdot x+\beta_2\cos\theta_2\cdot z)=$$

$$=\mathrm{j}(\beta_1\sin\theta_1\cdot x\pm\beta_2\sqrt{1-\sin^2\theta_2}\cdot z)=$$

$$=\mathrm{j}\left(\frac{\omega}{c_1}\sin\theta_1\cdot x\pm\frac{\omega}{c_0}\sqrt{\varepsilon_{r2}}\sqrt{1-\frac{\varepsilon_{r1}}{\varepsilon_{r2}}\sin^2\theta_1}\cdot z\right).$$

Der Radikand wird < 0, die Wurzel imaginär, weshalb wir ihn umdrehen und ein j vor die Wurzel ziehen. Von den beiden mathematisch möglichen Vorzeichen ist nur das negative sinnvoll, da es eine Dämpfung beschreibt. Das positive bedeutet ein unphysikalisches Aufwiegeln der Welle mit dazugehöriger unendlicher Energie:

$$\underline{\gamma}_2\cdot\boldsymbol{x}=\mathrm{j}\frac{\omega}{c_0}\left(\sqrt{\varepsilon_{r1}}\sin\theta_1\cdot x-\mathrm{j}\sqrt{\varepsilon_{r1}\sin^2\theta_1-\varepsilon_{r2}}\cdot z\right)=$$

$$=\frac{\omega}{c_0}\sqrt{\varepsilon_{r1}\sin^2\theta_1-\varepsilon_{r2}}\cdot z+\mathrm{j}\frac{\omega}{c_0}\sqrt{\varepsilon_{r1}}\sin\theta_1\cdot x=\alpha_{2\mathrm{tot}}z+\mathrm{j}\beta_{2\mathrm{tot}}x.$$

Wir erkennen, daß es sich hier um eine inhomogene Planwelle handelt: die Welle schreitet nur noch in x-Richtung entlang der Grenzfläche fort, die Amplitude fällt normal dazu in z-Richtung ab. Das Verhältnis $\lambda_{2\mathrm{tot}}/\delta_{2\mathrm{tot}}=2\pi\alpha_{2\mathrm{tot}}/\beta_{2\mathrm{tot}}$ ergibt sich zu:

$$\frac{\lambda_{2\mathrm{tot}}}{\delta_{2\mathrm{tot}}} = 2\pi\frac{\omega/c_0\cdot\sqrt{\varepsilon_{\mathrm{r}1}\sin^2\theta_1-\varepsilon_{\mathrm{r}2}}}{\omega/c_0\cdot\sqrt{\varepsilon_{\mathrm{r}1}\sin^2\theta_1}} = 2\pi\sqrt{1-\frac{\varepsilon_{\mathrm{r}2}}{\varepsilon_{\mathrm{r}1}\sin^2\theta_1}}\,.$$

Beim Grenzwinkel der Totalreflexion wird dieses Verhältnis gerade Null, was bedeutet, daß die Eindringtiefe gegen unendlich geht, d.h. die Welle gerade nicht gedämpft wird. Man erkennt aber auch, daß für geringfügiges Überschreiten dieses Winkels eine solche Welle noch weit in das zweite Medium eindringen kann.

Aufgabe 3.3.12.1-1: Eine magnetische Platte sei entspr. Abb. 3.3-24 links orientiert. Das b_y-Feld mit gegebenem Funktionswert $B_0 = B_y(z = 0)$ entstehe nicht durch eine angelegte Spannungsquelle, sondern durch einen externen Strom, dessen Magnetfeldlinien das Eisen so durchsetzen. Man berechne und skizziere die Verteilung der magnetischen und elektrischen Feldstärke, der magnetischen Flußdichte sowie der (Wirbel)stromdichte.

An den Wänden müssen bei $\pm d/2$ Reflexionen berücksichtigt werden. Da das Koordinatensystem anders als im Textbeispiel orientiert ist, müssen die dortigen Argumentationen über Symmetrieeigenschaften und Rechnungen übertragen werden: $\underline{B} = \underline{B}_y$, $\underline{S} = \underline{S}_x$, $\partial/\partial x = 0$. Damit wird folgender Ansatz gemacht:

$$\underline{B}_y(z) = \frac{1}{2}B_0(\mathrm{e}^{-\underline{\gamma} z}+\mathrm{e}^{+\underline{\gamma} z}) = B_0\cosh\underline{\gamma} z = B_0\cosh\beta z(1+\mathrm{j})$$

$$= B_0\left(\cosh\beta z\cdot\cos\beta z+\mathrm{j}\sinh\beta z\cdot\sin\beta z\right); \qquad \beta = \sqrt{\pi f\mu\kappa}\,.$$

Wir bilden den Betrag und wenden trigonometrische Umformungen an:

$$B_y(z) = B_0\sqrt{\cosh^2\beta z\cdot\cos^2\beta z+\sinh^2\beta z\cdot\sin^2\beta z} = B_0\sqrt{\frac{\cosh 2\beta z+\cos 2\beta z}{2}}\,;$$

$$\underline{H}_y(z) = \frac{\underline{B}_y(z)}{\mu}; \qquad \underline{S}_x(z) = -\frac{\partial \underline{H}_y(z)}{\partial z} = -\beta(1+\mathrm{j})\frac{B_0}{\mu}\sinh\beta z(1+\mathrm{j})$$

$$\Rightarrow\quad S_x(z) = B_0\frac{\beta}{\mu}\sqrt{\cosh 2\beta z-\cos 2\beta z}\cdot\mathrm{sgn}(z) \quad\Rightarrow\quad E_x(z) = \frac{S_x(z)}{\kappa}.$$

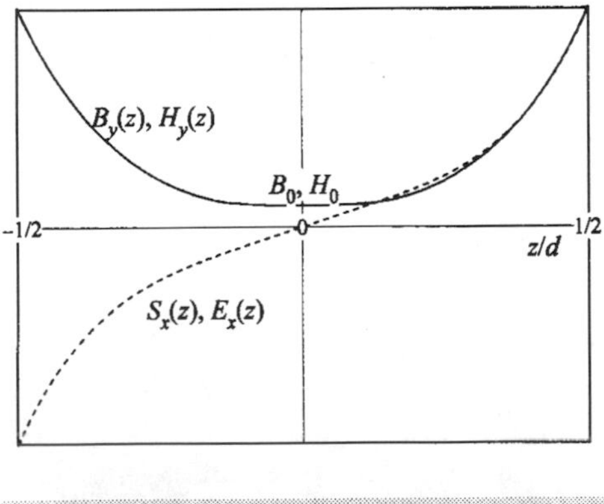

B_0 ist hier der Flußdichtewert im Mittelpunkt des Koordinatensystems und stellt aufgrund des Skineffekts das Minimum dar. Das Maximum liegt am Rand und der induzierte Strom ist ein Wirbelstrom, der sich an den weit entfernten Berandungen in $\pm x$-Richtung schließt. Diese Wirbelströme in Eisen führen bei rotierenden Maschinen und Transformatoren zu Erhitzung und können durch dünne Blechung mit Isolierung dazwischen verringert werden.

***Aufgabe 3.3.12.1-2:** Man bestimme entspr. Abb. 3.3-24 rechts sämtliche sechs Feldstärkekomponenten in Luft und in Kupfer beim Vorbeistreifen einer Welle. Gegeben sei die reelle Amplitude des Magnetfelds in y-Richtung. Man verwende den Ansatz für die magnetische Feldstärke im Text und bestimme mithilfe der 1. MAXWELLgleichung und der Kontinuitätsbedingungen die Amplituden.

Wir machen für $\underline{E}_x$ und $\underline{E}_z$ den gleichen Ansatz wie für $\underline{H}_y$ im Text und setzen dies in die 1. MAXWELLgleichung ein. Dabei beachten wir, daß die Tangentialkomponenten $\underline{H}_{0y}(0,z) = \underline{H}_{1y}(0,z)$ für alle z gleich sein müssen, woraus folgt, daß $\underline{\gamma}_{0z} = \underline{\gamma}_{1z} =: \underline{\gamma}_z$:

$$-\frac{\partial \underline{H}_{0y}}{\partial z} = \underline{\gamma}_z \underline{H}_{0y} = \mathrm{j}\omega\varepsilon \underline{E}_{0x} \qquad -\frac{\partial \underline{H}_{1y}}{\partial z} = \underline{\gamma}_z \underline{H}_{1y} = \kappa \underline{E}_{1x}$$

$$\frac{\partial \underline{H}_{0y}}{\partial x} = -\underline{\gamma}_{0x} \underline{H}_{0y} = \mathrm{j}\omega\varepsilon \underline{E}_{0z} \qquad \frac{\partial \underline{H}_{1y}}{\partial x} = -\underline{\gamma}_{1x} \underline{H}_{1y} = \kappa \underline{E}_{1z}.$$

Wir lassen ε und μ als offene Variablen stehen, da wir dann einen polarisierbaren Isolator und magnetisierbares Metall gleich mit einbezogen haben. Wir lösen die Gleichungen nach den elektrischen Feldstärken auf und setzen dann im unteren Gleichungspaar die $\underline{E}_z$-Tangentialkomponenten an der Trennfläche $x = 0$ gleich:

$$\underline{E}_{0x} = \frac{\underline{\gamma}_z}{\mathrm{j}\omega\varepsilon}\underline{H}_{0y}; \quad \underline{E}_{0z} = -\frac{\underline{\gamma}_{0x}}{\mathrm{j}\omega\varepsilon}\underline{H}_{0y} \qquad \underline{E}_{1x} = \frac{\underline{\gamma}_z}{\kappa}\underline{H}_{1y}; \quad \underline{E}_{1z} = -\frac{\underline{\gamma}_{1x}}{\kappa}\underline{H}_{1y}$$

$$\underline{\gamma}_{0x} = \frac{\mathrm{j}\omega\varepsilon}{\kappa}\underline{\gamma}_{1x} \quad \Rightarrow \quad \underline{\gamma}_{0x}^2 = \left(\frac{\mathrm{j}\omega\varepsilon}{\kappa}\right)^2 \underline{\gamma}_{1x}^2.$$

Aus der Wellengleichung für $\underline{H}_y$ (s. Text) ergibt sich:

$$\underline{\gamma}_{0x}^2 + \underline{\gamma}_z^2 = \underline{\gamma}_0^2 = -\omega^2\mu\varepsilon \qquad \underline{\gamma}_{1x}^2 + \underline{\gamma}_z^2 = \underline{\gamma}_1^2 = \mathrm{j}\omega\mu\kappa.$$

Diese Gleichungen lösen wir nach den x-Komponenten auf und setzen sie in die darüberstehende rechts ein, um $\underline{\gamma}_z$ zu erhalten:

$$-\underline{\gamma}_z^2 - \omega^2\mu\varepsilon = \left(\frac{\mathrm{j}\omega\varepsilon}{\kappa}\right)^2(-\underline{\gamma}_z^2 + \mathrm{j}\omega\mu\kappa) \quad \Rightarrow \quad \underline{\gamma}_z^2 = -\omega^2\mu\varepsilon\frac{1 - \mathrm{j}\omega\varepsilon/\kappa}{1 - (\mathrm{j}\omega\varepsilon/\kappa)^2}.$$

Wir vernachlässigen den quadratischen Term im Nenner und erhalten mit einer TAYLORreihenentwicklung 2. Ordnung als Ergebnis:

$$\underline{\gamma}_z \approx \mathrm{j}\frac{\omega}{c}\sqrt{1 - \frac{\mathrm{j}\omega\varepsilon}{\kappa}} \approx \frac{\omega^2\varepsilon}{2c\kappa} + \mathrm{j}\frac{\omega}{c}\left(1 + \frac{\omega^2\varepsilon^2}{8\kappa^2}\right).$$

Der Realteil von $\underline{\gamma}_z$ steht für eine Dämpfung entlang des Leiters, hervorgerufen durch den Energieentzug im Leiter. Wir setzen die Formel für $\underline{\gamma}_z^2$ in die Formel für $\underline{\gamma}_{1x}^2$ ein und erhalten:

$$\underline{\gamma}_{1x}^2 = \mathrm{j}\omega\mu\kappa - \underline{\gamma}_z^2 \approx \mathrm{j}\omega\mu\kappa + \frac{\omega^2}{c^2}\left(1 - \frac{\mathrm{j}\omega\varepsilon}{\kappa}\right) \approx \mathrm{j}\omega\mu\kappa \quad \Rightarrow \quad \underline{\gamma}_{1x} \approx \sqrt{\frac{\omega\mu\kappa}{2}}(1+\mathrm{j})$$

$$\Rightarrow \quad \underline{\gamma}_{0x} = \frac{\mathrm{j}\omega\varepsilon}{\kappa}\underline{\gamma}_{1x} \approx \frac{\mathrm{j}\omega\varepsilon}{\kappa}\sqrt{\frac{\omega\mu\kappa}{2}}(1+\mathrm{j}) = \frac{\omega}{c}\sqrt{\frac{\omega\varepsilon}{2\kappa}}(-1+\mathrm{j}).$$

Das negative Vorzeichen vor dem Realteil bedeutet, daß die Welle in Luft in negative x-Richtung, also nach oben weg vom Metall, abklingt. Damit sind alle Ausbreitungskonstanten sehr genau bekannt, und wir können mit weiteren Näherungen den vollständigen Feldgleichungssatz anschreiben:

$$\underline{H}_{0y}(x,z) = \underline{\hat{H}}_y \mathrm{e}^{-\underline{\gamma}_{0x}x - \underline{\gamma}_z z} \qquad \underline{H}_{1y}(x,z) = \underline{\hat{H}}_y \mathrm{e}^{-\underline{\gamma}_{1x}x - \underline{\gamma}_z z}$$

$$\underline{E}_{0x}(x,z) \approx \eta_0 \underline{H}_{0y}(x,z) \qquad \underline{E}_{1x}(x,z) \approx \frac{\mathrm{j}\omega\varepsilon}{\kappa}\eta_0 \underline{H}_{1y}(x,z)$$

$$\underline{E}_{0z}(x,z) \approx -\sqrt{\frac{\mathrm{j}\omega\varepsilon}{\kappa}}\eta_0 \underline{H}_{0y}(x,z) \qquad \underline{E}_{1z}(x,z) \approx -\sqrt{\frac{\mathrm{j}\omega\varepsilon}{\kappa}}\eta_0 \underline{H}_{1y}(x,z).$$

Es wurde jeweils der Freiraumfeldwellenwiderstand η_0 eingearbeitet, da $\omega\varepsilon/\kappa$ sehr klein ist und damit sofort abgeschätzt werden kann, wie bedeutend der jeweilige Anteil ist. Wir erkennen, daß erwartungsgemäß in Luft der normale $\underline{E}_{0x}$-Anteil dominiert. Zusammen mit $\underline{H}_{0y}$ gehört dazu der in z-Richtung weisende POYNTINGvektoranteil, der beschreibt, daß die Welle am Metall *vorbeischleift*. Im Metall dominiert der $\underline{E}_{1z}$-Anteil, wozu der nach innen weisende POYNTINGvektor gehört. Das Feld ist elliptisch polarisiert. Aus diesen Gleichungen können nun auch die Winkel θ_0 und θ_1 bestimmt werden, die sehr nahe bei 90° bzw. 0° liegen.

Aufgabe 3.3.12.2-1: Man weise nach, daß der Wert der Oberflächenstromdichte $\underline{S}_{\square}$ auf einem Leiter für eine normal einfallende homogene Planwelle mit gegebener Amplitude $\underline{\hat{E}}_h$ praktisch nicht von der Leitfähigkeit κ des Materials abhängt.

Die Feldstärke an der Innenseite der Oberfläche des Leiters $\underline{E}_z(z)$ wird aus dem Außenraum transmittiert und berechnet sich über den Transmissionsfaktor aus der hinlaufenden elektrischen Feldstärke im Außenraum $\underline{E}_h(z)$ zu:

$$\underline{E}_z(z) = \frac{2\underline{\eta}}{\underline{\eta}+\eta_0}\underline{E}_h(z).$$

Die Abhängigkeit der Oberflächenstromdichte von der elektrischen Feldstärke an der Oberfläche ist dann:

$$\underline{S}_{\square}(z) = \frac{\underline{S}_z(z)}{\underline{\gamma}} = \frac{\kappa\underline{E}_z(z)}{\underline{\gamma}} = \frac{\underline{E}_z(z)}{\underline{\eta}} = \frac{2\underline{E}_h(z)}{\underline{\eta}+\eta_0} = \frac{2\underline{E}_h(z)}{\eta_0}\frac{1}{1+\underline{\eta}/\eta_0} \approx \frac{2\underline{E}_h(z)}{\eta_0}.$$

Zur Begründung des letzten Schritts ergibt das Verhältnis, wie schon früher im Text nachgewiesen:

$$\frac{\underline{\eta}}{\eta_0} \approx \left|\sqrt{\frac{\mathrm{j}\omega\mu}{\kappa}}\sqrt{\frac{\varepsilon_0}{\mu_0}}\right| = \left|\sqrt{\frac{\mathrm{j}\omega\varepsilon_0\mu_\mathrm{r}}{\kappa}}\right| << 1.$$

Aufgabe 3.3.12.2-2: Man überprüfe, ob bei verlustbehaftetem Dielektrikum ebenfalls mit einem Skineffekt zu rechnen ist.

Ja, beim verlustbehafteten Dielektrikum übernimmt $\omega\varepsilon''$ die Rolle von κ.

Aufgabe 3.3.13.1-1: Man weise Gl. 3.3-121 nach.

$$\mathcal{P} = \frac{1}{2}\Re\left\{\underline{\boldsymbol{E}} \times \underline{\boldsymbol{H}}^*\right\} = \frac{1}{2}\Re\left\{\left[\Re\{\underline{\boldsymbol{E}}\} + \mathrm{j}\Im\{\underline{\boldsymbol{E}}\}\right] \times \left[\Re\{\underline{\boldsymbol{H}}\} - \mathrm{j}\Im\{\underline{\boldsymbol{H}}\}\right]\right\} =$$

$$= \frac{1}{2}\left[\Re\{\underline{\boldsymbol{E}}\} \times \Re\{\underline{\boldsymbol{H}}\} + \Im\{\underline{\boldsymbol{E}}\} \times \Im\{\underline{\boldsymbol{H}}\}\right]. \qquad \text{q.e.d.}$$

Aufgabe 3.3.13.1-2: Man gebe die zu Gl. 3.3-123 adäquaten Formeln der elektrischen Leistung in einem Netzwerk mit Strom, Spannung und Impedanzen an.

$$\underline{S} = \frac{1}{2}\underline{\hat{U}}\,\underline{\hat{I}}^* = \frac{1}{2}\underline{\hat{U}}\left(\frac{\underline{\hat{U}}}{\underline{Z}}\right)^* = \frac{1}{2}\hat{U}^2\underline{Y}^* = \frac{1}{2}\underline{\hat{I}}\,\underline{Z}\,\underline{\hat{I}}^* = \frac{1}{2}\hat{I}^2\underline{Z}.$$

***Aufgabe 3.3.13.1-3**: Man weise für eine allgemeine Ausbreitungsrichtung einer Welle nach, daß der Ausbreitungsvektor $\underline{\gamma}$ und der POYNTINGvektor $\mathcal{P}$ immer in die gleiche Richtung zeigen.

Für eine allgemeine Welle $\underline{\boldsymbol{A}} = \underline{\hat{\boldsymbol{A}}}\mathrm{e}^{-\underline{\gamma}\cdot x}$ führen wir folgende Umformung durch:

$$\nabla \times \underline{\boldsymbol{A}} = \nabla \times \underline{\hat{\boldsymbol{A}}}\mathrm{e}^{-\underline{\gamma}\cdot x} = \nabla\mathrm{e}^{-\underline{\gamma}\cdot x} \times \underline{\hat{\boldsymbol{A}}} = -\underline{\gamma}\,\mathrm{e}^{-\underline{\gamma}\cdot x} \times \underline{\hat{\boldsymbol{A}}} = -\underline{\gamma} \times \underline{\hat{\boldsymbol{A}}}\mathrm{e}^{-\underline{\gamma}\cdot x} = -\underline{\gamma} \times \underline{\boldsymbol{A}}.$$

Auf die MAXWELLgleichungen angewendet heißt das:

$$\nabla \times \underline{\boldsymbol{H}} = -\underline{\gamma} \times \underline{\boldsymbol{H}} = (\kappa + \mathrm{j}\omega\varepsilon)\underline{\boldsymbol{E}} \quad \Rightarrow \quad \underline{\boldsymbol{E}} = -\frac{\underline{\gamma}}{\kappa + \mathrm{j}\omega\varepsilon} \times \underline{\boldsymbol{H}} = -\underline{\eta} \times \underline{\boldsymbol{H}} = \underline{\boldsymbol{H}} \times \underline{\eta}$$

$$\nabla \times \underline{\boldsymbol{E}} = -\underline{\gamma} \times \underline{\boldsymbol{E}} = -\mathrm{j}\omega\mu\underline{\boldsymbol{H}} \quad \Rightarrow \quad \underline{\boldsymbol{H}} = \frac{\underline{\gamma}}{\mathrm{j}\omega\mu} \times \underline{\boldsymbol{E}} = \underline{\mathcal{N}} \times \underline{\boldsymbol{E}}.$$

Die elektrische Feldstärke steht senkrecht auf Ausbreitungsvektor und magnetischer Feldstärke sowie die magnetische Feldstarke senkrecht auf Ausbreitungsvektor und elektrischer Feldstärke, folglich stehen alle senkrecht aufeinander, was bei elektrischer und magnetischer Feldstärke sowie dem POYNTINGvektor ebenfalls der Fall ist. q.e.d.

Hier sind die in der Literatur unüblichen Begriffe des Feldwellenwiderstandsvektors $\underline{\eta}$ und Feldwellenleitwertvektors $\underline{\mathcal{N}}$ eingeführt, deren Vektorbeträge den üblichen skalaren Begriffen entsprechen und deren Richtung in Ausbreitungsrichtung zeigt.

Aufgabe 3.3.13.2-1: Man ergänze die POYNTINGsche Verlustleistungsformel 3.3-125 um die fehlenden Zwischenschritte. Hinweis: man führe die Rechnung aus Abschnitt 3.1.6 rückwärts durch.

$$-\mathrm{div}\,\underline{\boldsymbol{E}} \times \underline{\boldsymbol{H}}^* = \underline{\boldsymbol{E}} \cdot \mathrm{rot}\,\underline{\boldsymbol{H}}^* - \underline{\boldsymbol{H}}^* \cdot \mathrm{rot}\,\underline{\boldsymbol{E}} = \underline{\boldsymbol{E}} \cdot (\underline{\boldsymbol{S}}^* - \mathrm{j}\omega\underline{\varepsilon}^*\underline{\boldsymbol{E}}^*) - \underline{\boldsymbol{H}}^* \cdot (-\mathrm{j}\omega\underline{\mu}\underline{\boldsymbol{H}}).$$

Mit $\underline{\boldsymbol{S}} = \kappa(\underline{\boldsymbol{E}} + \underline{\boldsymbol{E}}_\mathrm{q})$ und folglich $\underline{\boldsymbol{E}} = \dfrac{\underline{\boldsymbol{S}}}{\kappa} - \underline{\boldsymbol{E}}_\mathrm{q}$ ergibt sich

$$-\mathrm{div}\,\underline{\boldsymbol{E}} \times \underline{\boldsymbol{H}}^* = \frac{\underline{\boldsymbol{S}} \cdot \underline{\boldsymbol{S}}^*}{\kappa} - \frac{\underline{\boldsymbol{E}}_\mathrm{q} \cdot \underline{\boldsymbol{S}}^*}{\kappa} + \mathrm{j}\omega(\underline{\mu}\underline{\boldsymbol{H}} \cdot \underline{\boldsymbol{H}}^* - \underline{\varepsilon}^*\underline{\boldsymbol{E}} \cdot \underline{\boldsymbol{E}}^*).$$

Bilden wir über diesen Ausdruck das Volumenintegral, dividieren durch 2 und wenden links den GAUßschen Satz an, so ergibt sich die gesuchte Formel.

Aufgabe 3.3.13.2-2: Man berechne für das im Text angegebene Beispiel des verlustbehafteten Plattenkondensators die Blindleistung Q sowohl über eine direkte Leistungsbetrachtung als auch über den POYNTINGvektor.

Direkte Leistungsberechnung:

$$Q = U^2 \Im\left\{\underline{Y}_\mathrm{C}^*\right\} = \frac{1}{2}\hat{E}^2 l^2 \Im\left\{-\mathrm{j}\omega\underline{C}^*\right\} = -\frac{1}{2}\hat{E}^2 l^2 \omega\varepsilon' \frac{A_0}{l} = -\frac{1}{2}\omega\varepsilon\hat{E}^2 V.$$

Berechnung über den POYNTINGvektor:

$$Q = \frac{1}{2}\Im\left\{\oiint_{A_\mathrm{S}} \underline{\hat{E}}_z \underline{\hat{H}}_\varphi^* \mathrm{d}A_\mathrm{S}\right\} = \frac{1}{2}\Im\left\{\underline{\hat{E}} l (\mathrm{j}\omega\underline{\varepsilon}\,\underline{\hat{E}}\pi a^2)^*\right\} = \frac{1}{2}\omega\hat{E}^2 \Im\left\{(-\mathrm{j}(\varepsilon' + \mathrm{j}\varepsilon''))\right\} V.$$

Es ergibt sich die gleiche Formel wie oben.

Aufgabe 3.3.13.2-3: Man berechne entspr. Abschnitt 3.3.11.1 für zwei verlustfreie Medien den Wirkleistungsreflexionsfaktor r_p und den Wirkleistungstransmissionsfaktor t_p beim Normaleinfall einer Welle von einem Medium mit Feldwellenwiderstand η_1 in ein Medium mit Feldwellenwiderstand η_2. Wie korrespondiert das Ergebnis mit den dort berechneten Feldstärkefaktoren?

Wir schreiben die Flächenleistungsdichtebilanz der POYNTINGvektoren an:

$$\mathcal{P}_\mathrm{h} = -\mathcal{P}_\mathrm{r} + \mathcal{P}_\mathrm{t} = \tfrac{1}{2}E_{\mathrm{h}x}H_{\mathrm{h}y} = -\tfrac{1}{2}E_{\mathrm{r}x}H_{\mathrm{r}y} + \tfrac{1}{2}E_{\mathrm{t}x}H_{\mathrm{t}y} = -\tfrac{1}{2}r_\mathrm{e}E_{\mathrm{h}x}r_\mathrm{m}H_{\mathrm{h}y} + \tfrac{1}{2}t_\mathrm{e}E_{\mathrm{h}x}t_\mathrm{m}H_{\mathrm{h}y}$$

$$\Rightarrow\quad r_\mathrm{p} = \frac{\mathcal{P}_\mathrm{r}}{\mathcal{P}_\mathrm{h}} = r_\mathrm{e}r_\mathrm{m} = -r_\mathrm{e}^2 = -\left(\frac{\eta_2 - \eta_1}{\eta_2 + \eta_1}\right)^2; \qquad \Rightarrow\quad t_\mathrm{p} = \frac{\mathcal{P}_\mathrm{t}}{\mathcal{P}_\mathrm{h}} = t_\mathrm{e}t_\mathrm{m} = \frac{4\eta_2\eta_1}{(\eta_1 + \eta_1)^2}.$$

Das Minuszeichen bei r_p bezieht sich auf die eingetragenen Zählpfeile und stellt dar, daß der Leistungsfluß der reflektierten Welle in jedem Fall in Gegenrichtung weist.

Aufgabe 3.3.13.2-4: Man berechne für hohe Frequenzen die Wirk- und Blindleistung bei gegebener Amplitude der elektrischen Feldstärke $\underline{\hat{E}}$ in einem zylindrischen Widerstand nach Abb. 3.3-26 auf drei Arten: mit der normalen Leistungsformel, über den POYNTINGvektor und über die Volumenleistungsintegrale.

Berechnung über die normale Leistungsformel:

$$\underline{S} = \frac{\underline{U}\underline{U}^*}{\underline{Z}^*} = \frac{1}{2}\hat{E}^2 l^2 \frac{\kappa\delta 2\pi a}{l(1-\mathrm{j})} = \frac{1}{4}\kappa\hat{E}^2 2\pi a l\delta(1+\mathrm{j}) = \frac{1}{4}\kappa\hat{E}^2 V_\delta(1+\mathrm{j}) = P + \mathrm{j}Q.$$

Wirk- und Blindleistung sind erwartungsgemäß gleich.

Berechnung über den POYNTINGvektor:

$$\mathring{\underline{S}} = \mathring{P} + \mathrm{j}\mathring{Q} = -\frac{1}{2}\oiint_{A_\mathrm{S}} \underline{\boldsymbol{E}} \times \underline{\boldsymbol{H}}^* \cdot \mathrm{d}\boldsymbol{A} = \frac{1}{2}\oint \underline{E}_z \underline{H}_\varphi^* l a \mathrm{d}\varphi = \frac{1}{2}\underline{\hat{E}} l \oint \underline{H}_\varphi^* a \mathrm{d}\varphi.$$

Da hier im Gegensatz zu dem Beispiel im Text keine Reflexionen zu berücksichtigen sind, kann der dort angegebene Feldwellenwiderstand $\underline{\eta} = \underline{Z}_\square$ eingebracht werden:

$$\oint \underline{H}_\varphi^* a \mathrm{d}\varphi = \frac{\kappa\delta\underline{\hat{E}}^*}{1-\mathrm{j}} 2\pi a = \frac{1}{2}\kappa\underline{\hat{E}}^* 2\pi a\delta(1+\mathrm{j}).$$

Dies setzen wir in die vorstehende Gleichung ein und erhalten das gleiche Ergebnis.

Berechnung über die Volumenleistungsintegrale:

$$\underline{S} = P + \mathrm{j}Q = \frac{1}{2}\iiint \kappa \underline{\boldsymbol{E}} \cdot \underline{\boldsymbol{E}}^* \mathrm{d}V + \mathrm{j}\omega \frac{1}{2}\iiint \mu \underline{\boldsymbol{H}} \cdot \underline{\boldsymbol{H}}^* \mathrm{d}V .$$

Auch hier setzen wir den Feldwellenwiderstand ein:

$$\underline{H}_\varphi = -\frac{\kappa\delta\,\underline{E}_z}{1+\mathrm{j}} \quad\Rightarrow\quad \mathrm{j}\omega\frac{1}{2}\mu\underline{\boldsymbol{H}}\cdot\underline{\boldsymbol{H}}^* = \mathrm{j}\frac{1}{2}\omega\mu\frac{\kappa^2\delta^2}{2}\underline{\boldsymbol{E}}\cdot\underline{\boldsymbol{E}}^* = \mathrm{j}\frac{1}{2}\kappa\underline{\boldsymbol{E}}\cdot\underline{\boldsymbol{E}}^* .$$

Real- und Imaginärteil sind gleich. Das Integral über das Feldstärkequadrat ergibt:

$$\frac{1}{2}\iiint \kappa\underline{\boldsymbol{E}}\cdot\underline{\boldsymbol{E}}^*\mathrm{d}V = \frac{1}{2}\int_0^\infty \kappa\hat{E}^2 \mathrm{e}^{-2r/\delta}\, 2\pi a l \mathrm{d}r = \frac{1}{4}\kappa\hat{E}^2 2\pi a l\delta ,$$

womit wir wieder das gleiche Ergebnis haben. Man vergleiche die Aufwände der verschiedenen Rechengänge.

Aufgabe 3.4-1: Zwei verlustfreie unmagnetische Medien grenzen gemäß Abb. 3.3-14 aneinander. Vom Medium 1 fällt eine elektromagnetische Welle mit den komplexen Amplitude $\underline{\hat{E}}_\mathrm{h}$ = 300 V/m und $\underline{\hat{H}}_\mathrm{h}$ =1,5 A/m in Medium 2 ein, und resultiert dort in eine elektromagnetische Welle mit den komplexen Amplituden $\underline{\hat{E}}_\mathrm{t}$ = 400 V/m und $\underline{\hat{H}}_\mathrm{t}$ = 1A/m. Man bestimme die:

a) Feldwellenwiderstände $\underline{\eta}_1$ und $\underline{\eta}_2$.
b) elektrischen und magnetischen Reflexions- und Transmissionsfaktoren $\underline{r}_\mathrm{e}$, $\underline{r}_\mathrm{m}$, $\underline{t}_\mathrm{e}$, $\underline{t}_\mathrm{m}$.
c) reflektierte Feldstärken $\underline{\hat{E}}_\mathrm{r}$ und $\underline{\hat{H}}_\mathrm{r}$.
d) Beträge der POYNTINGvektoren $\mathcal{P}_\mathrm{h}$, $\mathcal{P}_\mathrm{t}$ und $\mathcal{P}_\mathrm{r}$.
folgenden Verhältnisse:

e) $\varepsilon_2/\varepsilon_1$ (Dielektrizitätszahlen)
f) v_2/v_1 (Wellengeschwindigkeiten)
g) $\underline{\gamma}_2/\underline{\gamma}_1$ (Ausbreitungskonstanten)
h) λ_2/λ_1 (Wellenlängen).

a) $\underline{\eta}_1 = \eta_1 = \dfrac{\hat{E}_\mathrm{h}}{\underline{\hat{H}}_\mathrm{h}} = 200\Omega$ $\qquad$ $\underline{\eta}_2 = \eta_2 = \dfrac{\hat{E}_\mathrm{t}}{\underline{\hat{H}}_\mathrm{t}} = 400\Omega$

b) $\underline{r}_\mathrm{e} = \dfrac{\eta_2 - \eta_1}{\eta_2 + \eta_1} = \dfrac{1}{3} = -\underline{r}_\mathrm{m}$ $\qquad$ $\underline{t}_\mathrm{e} = \dfrac{2\eta_2}{\eta_1 + \eta_2} = \dfrac{4}{3} \Rightarrow \underline{t}_\mathrm{m} = \dfrac{\eta_1}{\eta_2}\underline{t}_\mathrm{e} = \dfrac{2}{3}$

c) $\underline{\hat{E}}_\mathrm{r} = r_\mathrm{e}\underline{\hat{E}}_\mathrm{h} = \underline{\hat{E}}_\mathrm{t} - \underline{\hat{E}}_\mathrm{h} = 100\dfrac{\mathrm{V}}{\mathrm{m}}$ $\qquad$ $\underline{\hat{H}}_\mathrm{r} = r_\mathrm{m}\underline{\hat{H}}_\mathrm{h} = \underline{\hat{H}}_\mathrm{t} - \underline{\hat{H}}_\mathrm{h} = -0{,}5\dfrac{\mathrm{A}}{\mathrm{m}}$

d) $\mathcal{P}_\mathrm{h} = \dfrac{1}{2}\underline{\hat{E}}_\mathrm{h}\underline{\hat{H}}_\mathrm{h}^* = 225\dfrac{\mathrm{W}}{\mathrm{m}^2}$ $\qquad$ $\mathcal{P}_\mathrm{t} = \dfrac{1}{2}\underline{\hat{E}}_\mathrm{t}\underline{\hat{H}}_\mathrm{t}^* = 200\dfrac{\mathrm{W}}{\mathrm{m}^2}$ $\qquad$ $\mathcal{P}_\mathrm{r} = \dfrac{1}{2}\underline{\hat{E}}_\mathrm{r}\underline{\hat{H}}_\mathrm{r}^* = -25\dfrac{\mathrm{W}}{\mathrm{m}^2}$

e) $\dfrac{\eta_1}{\eta_2} = \sqrt{\dfrac{\varepsilon_2}{\varepsilon_1}} \Rightarrow \dfrac{\varepsilon_2}{\varepsilon_1} = \left(\dfrac{\eta_1}{\eta_2}\right)^2 = \dfrac{1}{4}$ $\qquad$ f) $\dfrac{v_2}{v_1} = \sqrt{\dfrac{\varepsilon_1}{\varepsilon_2}} = \dfrac{\eta_2}{\eta_1} = 2$

g) $\dfrac{\underline{\gamma}_2}{\underline{\gamma}_1} = \sqrt{\dfrac{\varepsilon_2}{\varepsilon_1}} = \dfrac{\eta_1}{\eta_2} = \dfrac{1}{2}$ $\qquad$ h) $\dfrac{\lambda_2}{\lambda_1} = \dfrac{c_2}{f}\dfrac{f}{c_1} = \dfrac{v_2}{v_1} = 2$

Aufgabe 3.4-2: Dargestellt sind die Zeitverläufe der magnetischen Feldstärke einer elektromagnetischen Lichtwelle an zwei unterschiedlichen Stellen in homogenem Glas. Man bestimme:

a) die Wellenlänge λ
b) die Geschwindigkeit c
c) die relative Permittivität ε_r
d) die Frequenz f
e) den Feldwellenwiderstand $\underline{\eta}$
f) die Amplitude der elektrischen Flußdichte $\hat{D}$.

a) $\lambda = 1\,\mu\text{m}$

b) $c = \dfrac{\Delta z}{\Delta t} = \dfrac{0{,}25\cdot 10^{-6}\,\text{m}}{1{,}25\cdot 10^{-15}\,\text{s}} = 2\cdot 10^{8}\,\dfrac{\text{m}}{\text{s}}$

c) $\varepsilon_\text{r} = \dfrac{c_0^2}{c^2} = 2{,}25$

d) $f = \dfrac{c}{\lambda} = \dfrac{2\cdot 10^{8}}{10^{-6}}\,\text{Hz} = 2\cdot 10^{14}\,\text{Hz}$

e) $\underline{\eta} = \dfrac{\eta_0}{\sqrt{\varepsilon_\text{r}}} = \dfrac{377}{1{,}5}\,\Omega = 251{,}3\,\Omega$

f) $\hat{D} = \varepsilon\eta\hat{H} = \dfrac{\hat{H}}{c} = 1{,}33\cdot 10^{-11}\,\dfrac{\text{As}}{\text{m}^2}.$

Aufgabe 3.4-3: In einem luftgefüllten metallischen quaderförmigen Hohlraumresonator mit $b = 10$ cm wird eine sog. 011-Resonanz bei einer Frequenz von $f = 2$ GHz angeregt. Die Ziffernfolge bezieht sich auf die Anzahl der stehenden Halbwellen in xyz-Richtung. Im Resonator sind folgende Amplituden bekannt: $\underline{E}_x(y,z) = \hat{\underline{E}}\cdot\sin(\pi y/b)\cdot\sin(\pi z/c)$; $\underline{E}_y = \underline{E}_z = \underline{H}_x = 0$.

a) Man berechne die Feldkomponenten $\underline{H}_y$ und $\underline{H}_z$ allgemein als Funktion von $\hat{\underline{E}}$, b, c, y, z, ω, μ_0.
b) Wie groß muß c sein, damit diese Resonanz auftreten kann?

Diese Aufgabe gehört thematisch in das Umfeld der in Kap. 5 behandelten Hohlleiter, von denen der Hohlraumresonator eine allseits geschlossene Form darstellt. Als Überleitung zu diesem Thema ist die Frage mit dem bisher behandelten Stoffumfang lösbar.

a) Aus der 2. MAXWELLgleichung bleiben übrig:

$$\frac{\partial \underline{E}_x}{\partial z} = -\text{j}\omega\mu_0\underline{H}_y \quad\Rightarrow\quad \underline{H}_y = \frac{\text{j}}{\omega\mu_0}\frac{\partial \underline{E}_x}{\partial z} = \frac{\text{j}\hat{\underline{E}}}{\omega\mu_0}\frac{\pi}{c}\sin\frac{\pi y}{b}\cdot\cos\frac{\pi z}{c};$$

$$-\frac{\partial \underline{E}_x}{\partial y} = -\text{j}\omega\mu_0\underline{H}_z \quad\Rightarrow\quad \underline{H}_z = \frac{-\text{j}}{\omega\mu_0}\frac{\partial \underline{E}_x}{\partial y} = \frac{-\text{j}\hat{\underline{E}}}{\omega\mu_0}\frac{\pi}{b}\cos\frac{\pi y}{b}\cdot\sin\frac{\pi z}{c}.$$

b) Aus der 1. MAXWELLgleichung bleibt übrig:

$$\frac{\partial \underline{H}_z}{\partial y} - \frac{\partial \underline{H}_y}{\partial z} = \text{j}\omega\varepsilon_0\underline{E}_x =$$

$$= \frac{\text{j}\hat{\underline{E}}}{\omega\mu_0}\left(\frac{\pi}{b}\right)^2\sin\frac{\pi y}{b}\cdot\sin\frac{\pi z}{c} + \frac{\text{j}\hat{\underline{E}}}{\omega\mu_0}\left(\frac{\pi}{c}\right)^2\sin\frac{\pi y}{b}\cdot\sin\frac{\pi z}{c} = \text{j}\omega\varepsilon_0\hat{\underline{E}}\sin\frac{\pi y}{b}\cdot\sin\frac{\pi z}{c}.$$

Nach Kürzen ergibt sich folgender Ausdruck:

$$\left(\frac{\pi}{b}\right)^2 + \left(\frac{\pi}{c}\right)^2 = (2\pi f)^2\varepsilon_0\mu_0 \quad\Rightarrow\quad c = \frac{1}{\sqrt{(2f/c_0)^2 - 1/b^2}} = 11{,}3\text{ cm}.$$

Aufgabe 3.4-4: An den Orten $z_0 = 0$ und $z_1 = 100$ m $< \lambda$ werden die dargestellten Zeitverläufe der elektrischen Feldstärke einer sich in einem unmagnetischen Medium in z-Richtung ausbreitenden elektromagnetischen Welle gemessen. Man berechne:

a) die Frequenz f
b) die Wellenlänge λ.
c) die Ausbreitungskonstante β
d) die Phasengeschwindigkeit v_ϕ
e) die Dämpfungskonstante α
f) die Eindringtiefe δ
g) den Feldwellenwiderstand $\underline{\eta}$
h) die relative Dielektrizitätszahl ε_r
i) die spezifische Leitfähigkeit κ
j) die komplexe Amplitude der elektrischen Feldstärke $\hat{\underline{E}}_{x0}$ am Ort $z = 0$.
k) die komplexe Vektoramplitude der magnetischen Feldstärke $(\hat{\underline{H}}_{x0}, \hat{\underline{H}}_{y0}, \hat{\underline{H}}_{z0})$ am Ort $z = 0$.

l) den komplexen POYNTINGvektor ($\underline{P}_{x0}$, $\underline{P}_{y0}$, $\underline{P}_{z0}$) am Ort $z = 0$.
m) den prozentualen Leistungsanteil, der am Ort $z = 0$ eingespeist und im Bereich bis z_1 in Wärme umgewandelt wird.
n) den Transmissionsfaktor $\underline{t}_e$ der elektrischen Feldstärke, wenn für $z < 0$, also dort, wo die Welle herkommt, das Medium Luft ist.
o) die komplexe Amplitude der hinlaufenden elektrischen Feldstärke $\hat{\underline{E}}_{hx0-}$ am Ort $z = 0^-$, also in Luft.

a) $f = \frac{1}{T} = 1\ \text{MHz}$

b) $\frac{\lambda}{2} = 100\text{m} \quad \Rightarrow \quad \lambda = 200\text{m}$

c) $\beta = \frac{2\pi}{\lambda} = \frac{2\pi}{200\text{m}} = \frac{10\pi}{\text{km}}$

d) $c = \lambda f = 2 \cdot 10^8 \frac{\text{m}}{\text{s}}$

e) $\text{e}^{-\alpha \cdot 100\text{m}} = 0{,}5 \Rightarrow \alpha = -\frac{\ln 0{,}5}{100} \frac{\text{Np}}{\text{m}} = 6{,}93 \frac{\text{Np}}{\text{km}}$

f) $\delta = \frac{1}{\alpha} = 144{,}3\text{m}$

g) $$\underline{\eta} = \frac{\text{j}\omega\mu_0}{\underline{\gamma}} = \frac{\text{j}\omega\mu_0}{\alpha + \text{j}\beta} = \frac{\omega\mu_0\beta}{\alpha^2 + \beta^2} + \text{j}\frac{\omega\mu_0\alpha}{\alpha^2 + \beta^2} = (239{,}66 + \text{j}52{,}88)\Omega$$

h) $$\underline{\gamma}^2 = \text{j}\omega\mu_0(\kappa + \text{j}\omega\varepsilon) = \alpha^2 - \beta^2 + \text{j}2\alpha\beta$$

$$\Rightarrow \quad \varepsilon_r = \frac{\beta^2 - \alpha^2}{\omega^2 \mu_0 \varepsilon_0} = \left(\frac{c_0}{\omega}\right)^2(\beta^2 - \alpha^2) = \frac{9}{4}\left(1 - \left(\frac{\ln 0{,}5}{\pi}\right)^2\right) = 2{,}138.$$

Näherung bei schwacher Dämpfung: $\varepsilon_r \approx \left(\frac{c_0}{c}\right)^2 = 2{,}25$.

i) $\Rightarrow \quad \kappa = \frac{2\alpha\beta}{\omega\mu_0} = 5{,}516 \cdot 10^{-11} \frac{\text{Sm}}{\text{mm}^2}$

j) $\hat{\underline{E}}_{x0} = \text{j}100 \frac{\text{V}}{\text{m}}$

k) $\hat{\underline{H}}_{x0} = 0$; $\quad \hat{\underline{H}}_{y0} = \frac{\hat{\underline{E}}_{x0}}{\underline{\eta}} = \hat{\underline{E}}_{x0} \frac{\alpha + \text{j}\beta}{\text{j}\omega\mu_0} = -(0{,}088 + \text{j}0{,}398)\frac{\text{A}}{\text{m}}$; $\quad \hat{\underline{H}}_{z0} = 0$.

l) $\underline{P}_{x0} = 0$; $\quad \underline{P}_{y0} = 0$; $\quad \underline{P}_{z0} = \frac{1}{2}\hat{\underline{E}}_{x0}\hat{\underline{H}}^*_{y0} = (19{,}894 + \text{j}4{,}389)\frac{\text{W}}{\text{m}^2}$.

m) Da die elektrische Feldstärke bei z_1 auf die Hälfte abgefallen ist und diese quadratisch in den POYNTINGvektor und damit in die Leistung mit eingeht, wird 75 % der Leistung in diesem Bereich in Wärme umgewandelt.

n) $\underline{t}_e = \frac{2\underline{\eta}}{\underline{\eta} + \eta_0} = 0{,}787 + \text{j}0{,}104$

o) $\hat{\underline{E}}_{x0-} = \frac{\hat{\underline{E}}_{x0}}{\underline{t}_e} = -(16{,}54 + \text{j}124{,}95)\frac{\text{V}}{\text{m}}$.

Aufgabe 3.4-5: Eine ebene Welle der Frequenz $f = 1$ MHz trifft aus dem Freiraum senkrecht auf die ebene Oberfläche eines ausgedehnten Leiters. Die Tangentialamplitude der magnetischen Feldstärke an dessen Oberfläche betrage $H_0 = 1$A/cm, in der Tiefe $z_1 = 0{,}15$ mm sei sie auf $H_1 = 0{,}222$ A/cm abgesunken. Man bestimme
a) die Eindringtiefe δ.
b) die Oberflächenstromdichte S_{F}.
c) den Faktor, um den sich δ verringern würde, wenn das Leitermaterial die vierfache Leitfähigkeit hätte?
Im folgenden gelten die Daten von a)
d) den spezifischen Leitwert κ des Leitermaterials.

e) das Amplitudenverhältnis der Leitungsstromdichte s zur Verschiebungsstromdichte $\partial d/\partial t$? Welche der Größen kann vernachlässigt werden?
f) den spezifischen Oberflächenwiderstand $\underline{Z}_\square = R_\square + \mathrm{j}X_\square$.
g) Betrag und Richtung das elektrischen Feldstärkevektors $\underline{E}(z_1)$. Wie groß ist die Phasenverschiebung φ zwischen E- und H-Vektor.
h) den zeitgemittelten komplexen POYNTINGvektor $\underline{\mathcal{P}}(z_1)$.

a) $H(z) = H_0 \mathrm{e}^{-\frac{z}{\delta}} \quad \Rightarrow \quad H_1 = H_0 \mathrm{e}^{-\frac{z_1}{\delta}} \quad \Rightarrow \quad \delta = \dfrac{z_1}{\ln H_0/H_1} = 0{,}1\ \mathrm{mm}$

b) $S_\square = \hat{H} = 1\dfrac{\mathrm{A}}{\mathrm{cm}}$ c) $\delta = \dfrac{1}{\sqrt{\pi f \mu \kappa}} \quad \Rightarrow \quad \dfrac{\delta_\mathrm{c}}{\delta_\mathrm{a}} = \sqrt{\dfrac{\kappa_\mathrm{a}}{4\kappa_\mathrm{a}}} = \dfrac{1}{2}$

d) $\kappa = \dfrac{1}{\pi f \mu_0 \delta^2} = 25{,}5\dfrac{\mathrm{Sm}}{\mathrm{mm}^2}$ e) $\dfrac{s}{\partial d/\partial t} = \dfrac{\kappa}{\omega\varepsilon} = 4{,}58\cdot 10^{11} \quad \Rightarrow \quad s >> \dfrac{\partial d}{\partial t}$

f) $\underline{Z}_\square = R_\square + \mathrm{j}X_\square = \underline{\eta} = \dfrac{(1+\mathrm{j})}{\kappa\delta} = \pi f \mu_0 \delta (1+\mathrm{j}) = 0{,}393(1+\mathrm{j})\mathrm{m}\Omega$

g) $\underline{E}_x(z_1) = \underline{\eta}\underline{H}_y(z_1) = \underline{\eta} H_1 \mathrm{e}^{-\mathrm{j}\frac{z_1}{\delta}} = (9{,}29 - \mathrm{j}8{,}14)\dfrac{\mathrm{mV}}{\mathrm{m}} \quad \Rightarrow E_x(z_1) = 12{,}35\dfrac{\mathrm{mV}}{\mathrm{m}}, \varphi = \dfrac{\pi}{4}$

h) $\underline{\mathcal{P}} = \dfrac{1}{2}\underline{\eta} H_y^2(z_1)\vec{e}_z = 96{,}9(1+\mathrm{j})\vec{e}_z \dfrac{\mathrm{mW}}{\mathrm{m}^2}$.

Aufgabe 4.1.3: Man bestimme für zwei Zweidraht-Leitungspaare entspr. Abb. 4.1-3 die Bedingungen für die Abstände r_{ij}, unter denen die Gegeninduktivität M verschwindet. Wie sind solche Anordnungen realisierbar?

Wir bestimmen die Gegeninduktivität über die allgemeine Definition in Abschnitt 2.4.6 als das Verhältnis von verkettetem Fluß zu Strom:

$$\phi_{\mathrm{II},1} = \int b_1 \mathrm{d}A_\mathrm{II} = \frac{\mu i}{2\pi} l \int_{r_{13}}^{r_{14}} \frac{\mathrm{d}r}{r} = \frac{\mu i}{2\pi} l \ln\frac{r_{14}}{r_{13}} \qquad \Rightarrow \qquad \phi_{\mathrm{II},2} = -\frac{\mu i}{2\pi} l \ln\frac{r_{24}}{r_{23}}.$$

$$M_{\mathrm{II,I}} = \frac{\phi_{\mathrm{II},1} + \phi_{\mathrm{II},2}}{i} = \frac{\mu i}{2\pi} l (\ln\frac{r_{14}}{r_{13}} - \ln\frac{r_{24}}{r_{23}}) = \frac{\mu i}{2\pi} l \ln\frac{r_{14}}{r_{13}}\frac{r_{23}}{r_{24}} = M_{\mathrm{I,II}} = M.$$

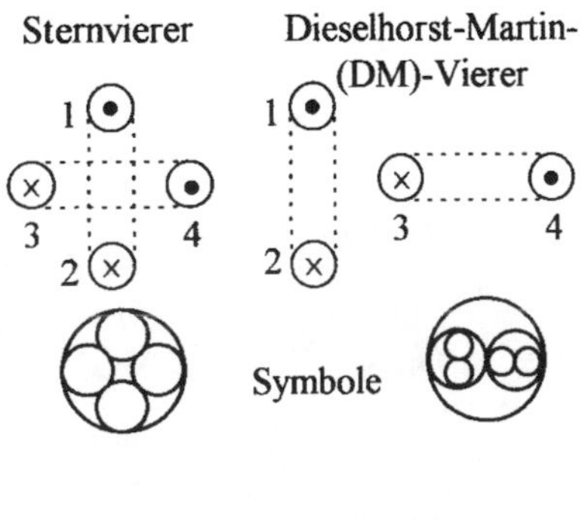

Diese Bedingung ist erfüllt, wenn $r_{14}r_{23} = r_{13}r_{24}$, speziell für $r_{13} = r_{23} = r_{14} = r_{24}$. Gebräuchliche technische Realisierungen sind der ganz links dargestellte Sternvierer, sowie daneben der DIESELHORST-MARTIN-(DM)-Vierer. Man erkennt bei diesen Anordnungen auch ohne Rechnung durch Anwendung der Rechte-Hand-Regel auf die Strom/Flußzuordnungen, daß der verkettete Netto-Fluß im dem jeweils gegenüberliegenden Leiterpaar verschwindet. Zusätzliche Verminderung der Gegeninduktivität bringt bei allen Zweidrahtleitungen eine Verdrillung der Adernpaare in sich sowie umeinander.

Aufgabe 4.1.4: Man berechne die innere Induktivität L_i des Innenleiters einer bei l = 1 km kurzgeschlossenen Koaxialleitung bei niedrigen Frequenzen, bei denen eine homogene Stromverteilung im Innenleiter angenommen werden kann. Bis zu welcher Frequenz f_g ist der berechnete Wert für einen Standard-75 Ω-Koaxialleiter mit $2a$ = 2,64 mm hinreichend genau? Welchen Wert hat dann der Blindwiderstand des Innenleiters?

Bei homogener Stromverteilung wurde bereits für die azimutale Magnetfeldverteilung im Innenbereich des inneren Koaxialleiters über das Durchflutungsgesetz in Aufgabe 3.2.7-2 ein linearer radialer Feldstärkeanstieg berechnet:

$$h_\varphi(r) = i\frac{r}{2\pi a^2} \qquad \Rightarrow \qquad L_i = \mu_0 \int_0^l \int_0^{2\pi} \int_0^a \left(\frac{ir}{i2\pi a^2}\right)^2 r\mathrm{d}r\mathrm{d}\varphi\mathrm{d}z = \frac{\mu_0 l}{8\pi} = 50\ \mu\mathrm{H}.$$

Das Ergebnis ist unabhängig vom Innenradius a! Infolge des Skineffekts ist entspr. den Ausführungen in Abschnitt 3.3.12.3 diese Näherung zumindest bis zu Radien der Eindringtiefe gut erfüllt: $a = \delta$, also

$$a = \frac{1}{\sqrt{\pi f \mu_0 \kappa}} \qquad \Rightarrow \qquad f_g = \frac{1}{\pi \mu_0 \kappa a^2} \approx 2{,}5\ \mathrm{kHz} \qquad \Rightarrow \qquad \omega_g L_i \approx 0{,}8\ \Omega.$$

Aber auch für $a = 2\delta$ ist die Induktivitätsformel noch akzeptabel, was bei konstantem Radius einer Vervierfachung der Frequenz auf ca. 10 kHz und einem Blindwiderstand von ca. 3,6 Ω entspricht.

Aufgabe 4.2.1-1: Man berechne den Widerstandsbelag R' eines Standard-Kupferkoaxialkabels mit $2a$ = 2,64 mm und $2b$ = 9,52 mm bei der Frequenz f = 1 MHz. Welchen Wert muß der Durchmesser D eines Leiters einer Zweidrahtleitung haben, damit sich der gleiche Wert ergibt?

Wir berechnen zunächst die skineffektbedingte Eindringtiefe bei f = 1 MHz:

$$\delta_{\mathrm{Cu}} = \frac{66\mathrm{mm}}{\sqrt{f/\mathrm{Hz}}} = 66\mu\mathrm{m} \ll a.$$

Damit kann für den Koaxialleiter die HF-Widerstandsformel angewendet werden:

$$R' = \frac{R}{l} = \frac{1}{2\pi\delta_{\mathrm{Cu}}\kappa}\left(\frac{1}{a} + \frac{1}{b}\right) = \frac{1}{2}\sqrt{\frac{f\mu_0}{\pi\kappa}}\left(\frac{1}{a} + \frac{1}{b}\right) = 40{,}2\frac{\Omega}{\mathrm{km}}.$$

Für die Zweidrahtleitung folgt:

$$R' = \frac{R}{l} = \frac{2}{\pi D \delta_{\mathrm{Cu}}\kappa} = \frac{2}{D}\sqrt{\frac{f\mu_0}{\pi\kappa}} \qquad \Rightarrow \qquad D = \frac{4}{1/a + 1/b} = 4{,}13\mathrm{mm}.$$

Aufgabe 4.2.1-2: Man berechne den Ableitungsbelag G' einer Freiraum-Zweidrahtleitung mit a = 1,5 mm, d = 20 cm, bei der Frequenz f = 1 kHz aufgrund dielektrischer Verluste infolge Regens, die zu einem Verlustwinkel von δ_ε = 1,28° führen.

Das radiale elektrische Feld eines Verluststroms, der normal von einem linienförmigen Leiter über ein Medium der spezifischen Leitfähigkeit κ wegfließt, läßt sich in Analogie zum Feld einer Linienladung nach Gl. 2.1-21 wie folgt angeben:

$$e_r = \frac{i}{2\pi\kappa r l} \qquad \Rightarrow \qquad G = \frac{i}{u} = \frac{i}{2\int\limits_a^{d-a} e_r \mathrm{d}r} = \frac{i}{\frac{2i}{2\pi\kappa l}\int\limits_a^{d-a}\frac{\mathrm{d}r}{r}} = \frac{\pi\kappa l}{\ln\left(\frac{d}{a}-1\right)} \approx \frac{\pi\kappa l}{\ln\frac{d}{a}}.$$

Der Faktor 2 im Nenner vor dem Integral resultiert aus der Tatsache, daß das elektrische Feld wegen des Rückleiters zweimal vorhanden ist. Aufgrund der Tatsache, daß die Verluste dielektrisch, statt OHMsch sind, ersetzen wir κ durch $\omega\varepsilon'' = \omega\varepsilon_0 \cdot \tan\delta_\varepsilon$:

$$G' = \frac{G}{l} = \frac{\pi\omega\varepsilon_0 \tan\delta_\varepsilon}{\ln d/a} = 0{,}8\,\frac{\mu\mathrm{S}}{\mathrm{km}}.$$

Aufgabe 4.2.2-1: Man berechne die Induktivität L einer mit ε_r dielektrisch gefüllten Bandleitung mit Breite $b \gg$ Leiterabstand a und schließe daraus auf den Leitungswellenwiderstand Z_L.

Im Innern der breiten Bandleitung kann das Magnetfeld als homogen angenommen werden, weshalb sich die Induktivitätsformel für homogene Flußführung anwenden läßt:

$$L \approx \mu\frac{al}{b} \qquad \Rightarrow \qquad Z_\mathrm{L} = \frac{cL}{l} = \frac{\eta_0}{\sqrt{\varepsilon_r}}\frac{a}{b}.$$

Aufgabe 4.2.2-2: Man berechne die Kapazität C der Paralleldrahtleitung in Abb. 4.1-2 und schließe daraus auf den Leitungswellenwiderstand Z_L.

Wir berechnen das elektrische Feld der Linienladung eines Leiters nach Gl. 2.1-21 und wenden dann die allgemeine Definitionsformel der Kapazität an:

$$e_r = \frac{q}{2\pi\varepsilon r l} \qquad \Rightarrow \qquad C = \frac{q}{u} = \frac{q}{2\int\limits_a^{d-a} e_r \mathrm{d}r} = \frac{q}{\frac{2q}{2\pi\varepsilon l}\int\limits_a^{d-a}\frac{\mathrm{d}r}{r}} = \frac{\pi\varepsilon l}{\ln\left(\frac{d}{a}-1\right)} \approx \frac{\pi\varepsilon l}{\ln\frac{d}{a}}.$$

Der Faktor 2 im Nenner vor dem Integral resultiert aus der Tatsache, daß das elektrische Feld wegen der Ladungen sowohl auf Hin- als auch Rückleiter zweimal vorhanden ist. Die Integrationsgrenzen sind zu den einander zugewandten Innenseiten der Leiter festgelegt (Proximity-Effekt). Die rechte Näherung gilt wie bei der Induktivität für die Bedingung, daß $a \ll d$. Damit ergibt sich für den Feldwellenwiderstand für Leitungen in großem Abstand der gleiche Wert wie im Text über die Berechnung der Induktivität:

$$Z_\mathrm{L} = \frac{l}{cC} = \frac{\eta_0}{\pi\sqrt{\varepsilon_r}}\ln\frac{d}{a}.$$

Aufgabe 4.2.2-3: Man berechne die Kapazität C der Koaxialleitung in Abb. 4.1-4 und schließe daraus auf den Leitungswellenwiderstand Z_L.

Wir können für das elektrische Feld des Innenleiters die gleiche Formel wie bei der vorigen Aufgabe verwenden. Die Ladungen des Außenleiters tragen jedoch im Innern des Koaxialkabels zum Feld nichts bei (FARADAYscher Käfig), sondern nur im Außenraum, wo ihr Feld von dem gleich großen Feld des Innenleiters kompensiert wird. Damit folgt mit der obigen Rechnung:

$$C = \frac{2\pi\varepsilon l}{\ln b/a} \qquad \Rightarrow \qquad Z_\mathrm{L} = \frac{l}{cC} = \frac{\eta_0}{2\pi\sqrt{\varepsilon_r}}\ln\frac{b}{a}.$$

Aufgabe 4.3.2-1: Man gebe die Bedingung für die Beziehung zwischen R', G', L', C' an, unter der eine dämpfende Leitung verzerrungsfrei, d.h. formgetreu ist. Eine solche Leitung kann mit Pulsen beliebiger Form angeregt werden, die entlang der Leitung beibehalten wird. Welche Beziehung gilt für Amplitude und Laufzeit von Signalen auf dieser Leitung? Worin bestehen die Schwierigkeiten der technischen Realisierung?

Verzerrungsfreiheit liegt vor, wenn bei einer Zerlegung eines allgemeinen Signals in seine Spektralanteile jeder die gleiche Laufzeit hat und endliche Dämpfung zwar vorhanden sein darf, aber nicht frequenzabhängig ist. Dann behält das Signal seine Form und folglich seinen Informationsinhalt bei. Die Lösung dieser Aufgabe stammt von OLIVER HEAVISIDE (1893) und läßt sich z.B. dadurch verifizieren, daß man den Feldwellenwiderstand trotz Dämpfung reell machen kann:

$$\underline{Z}_L = \sqrt{\frac{R'+j\omega L'}{G'+j\omega C'}} = \sqrt{\frac{L'}{C'}}\sqrt{\frac{R'+j\omega L'}{G'L'/C'+j\omega L'}} \overset{!}{=} \sqrt{\frac{L'}{C'}} \rightarrow \quad \frac{G'L'}{C'} \overset{!}{=} R' \quad \text{oder} \quad \frac{G'}{C'} \overset{!}{=} \frac{R'}{L'} .$$

Der Feldwellenwiderstand wird unabhängig von den Verlustbelägen R' und G' und von der Frequenz zu dem Wert bei der verlustlosen Leitung. Für die komplexe Ausbreitungskonstante ergibt sich

$$\underline{\gamma} = \frac{R'+j\omega L'}{\underline{Z}_L} = \sqrt{\frac{C'}{L'}}(R'+j\omega L') =$$

$$= R'\sqrt{\frac{C'}{L'}} + j\omega\sqrt{L'C'} = G'\sqrt{\frac{L'}{C'}} + j\omega\sqrt{L'C'} = \alpha + j\beta .$$

Die Dämpfung der Amplitude hängt also mit $\exp\{-R'\sqrt{\frac{C'}{L'}}z\} = \exp\{-G'\sqrt{\frac{L'}{C'}}z\}$ nicht mehr unmittelbar von der Frequenz ab, dadurch daß jedoch infolge des Skineffekts R' und L' selbst wieder frequenzabhängig sind, läßt sich der Abgleich nie exakt realisieren. Die Laufzeit der Welle ist mit $\tau_\phi = \sqrt{L'C'} = \sqrt{\mu\varepsilon}$ unabhängig von den Verlustbelägen, über L' ebenfalls wieder durch den Skineffekt in zweiter Ordnung frequenzabhängig. In einer anderen Aufgabe kann noch nachgewiesen werden, daß für diese Bedingung die Dämpfung selbst nicht nur von geringer Frequenzabhängigkeit, sondern auch minimal wird.

Die Schwierigkeiten in der technischen Realisierung bestehen in der Eigenschaft der Leitungen, daß i.allg. $R'/L' > G'/C'$. Folglich wäre theoretisch denkbar, die Isolierung zu verschlechtern, z.B. die dielektrischen Verluste zu erhöhen. Dies führt jedoch zu größerer Gesamtdämpfung und ist daher unakzeptabel. Vergleichbar nachteilig ist das Vermindern der Kapazität. Technisch sinnvoll wäre eine Verminderung von R', dies muß aber auch wirtschaftlich sein. Als effektivste Art kann die Erhöhung des Induktivitätsbelags L' angesehen werden. Eine mögliche und praktikable Methode ist die ferromagnetische Leiterummantelung (CARL EMIL KRARUP, 1902), ebenfalls in großem Umfang praktiziert das Einfädeln von Ringkernen in bestimmten Abständen in die Leitung, *PUPINisierung* genannt nach dem Ingenieur, der dafür erstmals Bemessungskriterien erarbeitet hat (MICHAEL PUPIN, 1900).

Aufgabe 4.3.2-2: Man weise im Zeitbereich nach, daß die Realisierung einer Leitung nach den Kriterien der vorigen Aufgabe zu einer allgemeinen Lösung der Telegrafengleichung 4.2-12 führt, indem man den Ansatz $u(z,t) = \hat{U}\cdot e^{\mp\alpha z}\cdot a(t \pm z/v)$ verifiziert.

Wir stellen die Telegrafengleichung zunächst unter Elimination von $G' = R'C'/L'$ und mittels $\alpha = R'\sqrt{\frac{C'}{L'}}$, sowie $v = \frac{1}{\sqrt{L'C'}}$ dar:

$$\frac{\partial^2 u}{\partial z^2} = L'C'\frac{\partial^2 u}{\partial t^2} + (C'R' + L'G')\frac{\partial u}{\partial t} + R'G'u =$$

$$= L'C'\frac{\partial^2 u}{\partial t^2} + 2C'R'\frac{\partial u}{\partial t} + \frac{R'^2 C'}{L'}u = \frac{1}{v^2}\frac{\partial^2 u}{\partial t^2} + 2\frac{\alpha}{v}\frac{\partial u}{\partial t} + \alpha^2 u.$$

Wie bereits bei vergleichbaren Rechnungen in Kap. 3 erhalten wir mit der Definition von $\tau := t \pm v/z$ für die Ortsableitung:

$$\frac{\partial u}{\partial z} = \pm\hat{U}\alpha e^{\pm\alpha z} a(\tau) + \hat{U}e^{\pm\alpha z}\frac{\partial a}{\partial z} = \pm\alpha u + \hat{U}e^{\pm\alpha z}\frac{\partial a}{\partial z}$$

$$\frac{\partial^2 u}{\partial z^2} = \pm\alpha(\pm\alpha u + \hat{U}e^{\pm\alpha z}\frac{\partial a}{\partial z}) \pm \alpha\hat{U}e^{\pm\alpha z}\frac{\partial a}{\partial z} + \hat{U}e^{\pm\alpha z}\frac{\partial^2 a}{\partial z^2} =$$

$$= \alpha^2 u + 2\frac{\alpha}{v}\hat{U}e^{\pm\alpha z}\frac{\partial a}{\partial \tau} + \frac{1}{v^2}\hat{U}e^{\pm\alpha z}\frac{\partial^2 a}{\partial \tau^2} = \frac{1}{v^2}\frac{\partial^2 u}{\partial t^2} + 2\frac{\alpha}{v}\frac{\partial u}{\partial t} + \alpha^2 u. \quad \text{q.e.d.}$$

Aufgabe 4.3.2-3 Man zerlege $\underline{g}$ in Real- und Imaginärteil $a + jb$ und bestimme die Eindringtiefe δ sowie die Geschwindigkeit v der Welle.

Wir gehen analog zu Abschnitt 3.3.5 vor und führen dazu folgende Umformungen durch:

$$\underline{\gamma}^2 = \alpha^2 - \beta^2 + j2\alpha\beta = R'G' - \omega^2 L'C' + j\omega(R'C' + L'G')$$

$$\Rightarrow \quad \alpha^2 - \beta^2 = R'G' - \omega^2 L'C';$$

$$\gamma^2 = \alpha^2 + \beta^2 = \sqrt{\left(R'^2 + (\omega L')^2\right)\left(G'^2 + (\omega C')^2\right)}.$$

Wir addieren bzw. subtrahieren auch hier die entstandenen Ausdrücke und lösen das Ergebnis nach α bzw. β auf:

$$2\alpha^2 = R'G' - \omega^2 L'C' + \sqrt{\left(R'^2 + (\omega L')^2\right)\left(G'^2 + (\omega C')^2\right)}$$

$$\Rightarrow \quad a = \alpha l = l\sqrt{\frac{1}{2}\left(R'G' - \omega^2 L'C' + \sqrt{\left(R'^2 + (\omega L')^2\right)\left(G'^2 + (\omega C')^2\right)}\right)};$$

$$2\beta^2 = -R'G' + \omega^2 L'C' + \sqrt{\left(R'^2 + (\omega L')^2\right)\left(G'^2 + (\omega C')^2\right)}$$

$$\Rightarrow \quad b = \beta l = l\sqrt{\frac{1}{2}\left(-R'G' + \omega^2 L'C' + \sqrt{\left(R'^2 + (\omega L')^2\right)\left(G'^2 + (\omega C')^2\right)}\right)}.$$

Die Inversion der Dämpfungskonstanten α ist wieder die Eindringtiefe δ:

$$\delta = \frac{1}{\alpha} = \frac{1}{\sqrt{\frac{1}{2}\left(R'G'-\omega^2 L'C'+\sqrt{\left(R'^2+(\omega L')^2\right)\left(G'^2+(\omega C')^2\right)}\right)}},$$

die Geschwindigkeit folgt zu

$$v = \frac{\omega}{\beta} = \frac{\omega}{\sqrt{\frac{1}{2}\left(-R'G'+\omega^2 L'C'+\sqrt{\left(R'^2+(\omega L')^2\right)\left(G'^2+(\omega C')^2\right)}\right)}}.$$

Aufgabe 4.3.3-1: Man prüfe nach, ob sich bei der verlustlosen Leitung die dem Verbraucher zugeführte Wirkleistung an jeder Stelle aus der Formel $P(z) = \frac{1}{2}\Re\{\underline{U}(z)\underline{I}^*(z)\}$ als Differenz von hinlaufender und rücklaufender Wirkleistung ergibt.

Wir zerlegen $\underline{U}(z) =: \underline{U}$ und $\underline{I}(z) =: \underline{I}$ in hin- und rücklaufende Anteile:

$$P(z) = \frac{1}{2}\Re\left\{(\underline{U}_h + \underline{U}_r)\frac{(\underline{U}_h - \underline{U}_r)^*}{Z_L}\right\} =$$

$$= \frac{1}{2Z_L}\Re\left\{\underline{U}_h\underline{U}_h^* - \underline{U}_r\underline{U}_r^* - \underline{U}_h\underline{U}_r^* + \underline{U}_r\underline{U}_h^*\right\}.$$

Wegen

$$-\underline{U}_h\underline{U}_r^* + \underline{U}_r\underline{U}_h^* = -(\underline{U}_h^*\underline{U}_r)^* + \underline{U}_r\underline{U}_h^*$$

ist dies die Differenz zweier konjugiert komplexer Größen, die immer imaginär ist. Folglich bleibt als Wirkleistung an jeder Stelle genau die gerade zum Verbraucher geführte Differenz von hin- und rücklaufender Wirkleistung übrig.

***Aufgabe 4.3.3-2**: Man weise nach, daß die Welle auf einer verlustbehafteten Leitung nie schneller als auf einer verlustlosen mit gleichen Werten für L' und C' ist.

Wir bilden aus dem letzten Ergebnis von Aufgabe 4.3.2-3 den Ausdruck:

$$\frac{1}{v^2} = \frac{1}{2\omega^2}\left(-R'G'+\omega^2 L'C'+\sqrt{\left(R'^2+(\omega L')^2\right)\left(G'^2+(\omega C')^2\right)}\right) \overset{!}{\geq} L'C'.$$

Dies sortieren wir neu:

$$\sqrt{\left(R'^2+(\omega L')^2\right)\left(G'^2+(\omega C')^2\right)} \overset{!}{\geq} 2\omega^2 L'C'+R'G'-\omega^2 L'C' = R'G'+\omega^2 L'C',$$

quadrieren den Ausdruck:

$$\left(R'^2+(\omega L')^2\right)\left(G'^2+(\omega C')^2\right) \overset{!}{\geq} \left(R'G'+\omega^2 L'C'\right)^2,$$

und multiplizieren beide Seiten aus:

$$(R'G')^2 + (\omega^2 L'C')^2 + \omega^2\left((L'G')^2 + (R'C')^2\right) \overset{!}{\geq} (R'G')^2 + (\omega^2 L'C')^2 + 2\omega^2 L'C'R'G',$$

also auch

$$(L'G')^2 + (R'C')^2 \overset{!}{\geq} 2L'C'R'G' \quad \Rightarrow \quad \frac{L'G'}{R'C'} + \frac{R'C'}{L'G'} \geq 2,$$

was immer erfüllt ist, da die Summanden invers zueinander sind und nur bei Gleichheit, nämlich genau dem zuvor betrachteten Fall der verzerrungsfreien Dämpfung zur Identität führen. Hierfür hatten wir auch genau $v = \frac{1}{\sqrt{L'C'}}$ herausgefunden.

Aufgabe 4.3.4-1: Das sog. RC-Kabel genügt bei niederen Frequenzen der Bedingung $\omega L' \ll R'$ und $G' \ll \omega C'$. Man gebe hierfür $\underline{Z}_L$ zerlegt nach Real- und Imaginärteil, Betrag und Phase, $\underline{\gamma} = \alpha + j\beta$, sowie die Wellengeschwindigkeit v_ϕ an.

Wir modifizieren die Formel für den Leitungswellenwiderstand entsprechend den Gegebenheiten zu:

$$\underline{Z}_L = \sqrt{\frac{R'}{j\omega C'}} = \sqrt{\frac{R'}{\omega C'}} e^{-j\frac{\pi}{4}} = \sqrt{\frac{R'}{\omega C'}} \frac{1-j}{\sqrt{2}} = \sqrt{\frac{R'}{\pi f C'}} \frac{1-j}{2}$$

$$\underline{\gamma} = \sqrt{j\omega R'C'} = \sqrt{\omega R'C'} e^{j\frac{\pi}{4}} = \sqrt{\omega R'C'} \frac{1+j}{\sqrt{2}} = \sqrt{\pi f R'C'}(1+j) = \alpha + j\beta$$

$$v_\phi = \frac{\omega}{\beta} = \frac{\omega}{\sqrt{\pi f R'C'}} = \sqrt{\frac{2\omega}{R'C'}}.$$

Ein solches Kabel hat aufgrund seiner Dämpfungseigenschaften nur geringe technische Bedeutung.

Aufgabe 4.3.4-2: Man gebe mithilfe der Taylorreihenentwicklung eine Näherungsformel für den Leitungswellenwiderstand $\underline{Z}_L$ bei schwachen Verlusten an.

$$\underline{Z}_L = \sqrt{\frac{R'+j\omega L'}{G'+j\omega C'}} = \sqrt{\frac{L'}{C'}}\sqrt{\frac{1-jR'/\omega L'}{1-jG'/\omega C'}} \approx \sqrt{\frac{L'}{C'}}(1-j\frac{R'}{2\omega L'})(1+j\frac{G'}{2\omega C'}) =$$

$$= \sqrt{\frac{L'}{C'}}\left(1+\frac{R'G'}{4\omega^2 L'C'} - \frac{j}{2\omega}(\frac{R'}{L'}-\frac{G'}{C'})\right) \approx \sqrt{\frac{L'}{C'}}\left(1-\frac{j}{2\omega}(\frac{R'}{L'}-\frac{G'}{C'})\right).$$

Der Realteil ist praktisch frequenzunabhängig gleich dem Wert bei Dämpfungsfreiheit, der Imaginärteil hingegen nicht, wegen der Frequenzabhängigkeit von R' und G' auch noch nichtlinear. Der Imaginärteil verschwindet bei Verzerrungsfreiheit, wenn $R'/L' = G'/C'$.

Aufgabe 4.3.4-3: Man bestimme die Dämpfungskonstante α für ein verlustarmes symmetrisches Kabel mit den Leitungsbelägen $R' = 10\ \Omega/\text{km}$, $C' = 60$ nF/km, $L' = 200\ \mu$H/km, $G' = 1\ \mu$S/km. Für welchen Wert von L'_{min} würde α minimal werden und wie groß ist α_{min} dann? Wie groß ist $\underline{Z}_L$ in diesen Fällen?

Längs- und Querdämpfung gemeinsam ergeben mit der im Text angegebenen Gleichung den Zahlenwert $\alpha = 86{,}6$ mNp/km. Zum Auffinden des Minimums muß α nach L' differenziert und nullgesetzt werden:

$$\frac{d\alpha}{dL'} = -\frac{R'}{4}\sqrt{\frac{C'}{L'^3}} + \frac{G'}{4}\frac{1}{\sqrt{L'C'}} \stackrel{!}{=} 0 \qquad \Rightarrow \qquad \frac{R'}{L'} = \frac{G'}{C'}$$

$$\Rightarrow \quad L' = \frac{R'C'}{G'} = 0{,}6\frac{\text{H}}{\text{km}} \qquad \Rightarrow \quad \alpha_{min} = 3{,}16\frac{\text{mNp}}{\text{km}}.$$

Wieder taucht die exakte Bedingung der Verzerrungsfreiheit als bestimmender Faktor auf. Legen wir in beiden Fällen die Formel für verlustfreies Z_L zugrunde, ergibt sich einmal der Wert von 57,7 Ω, zum anderen von 3162 Ω.

***Aufgabe 4.3.4-4**: Man bestimme für ein verlustarmes Koaxialkabel das Radienverhältnis b/a, für das die Dämpfungskonstante α minimal wird. Man beachte für R' den Skineffekt und berücksichtige dielektrische Verluste mittels $G' = \omega C'\tan\delta_\varepsilon$. Man vergleiche das Ergebnis mit dem Radienverhältnis eines Standard-75 Ω-Koaxialkabels.

Wir verarbeiten zur Berechnung dieses Verhältnisses folgende bereits zuvor herleiteten und tlw. schon mehrfach verwendeten Beziehungen:

$$R' = \frac{1}{2}\sqrt{\frac{f\mu_0}{\pi\kappa_{\text{Cu}}}}\left(\frac{1}{a}+\frac{1}{b}\right); \qquad Z_L \approx \frac{\eta_0}{2\pi\sqrt{\varepsilon_r}}\ln\frac{b}{a};$$

$$\alpha \approx \frac{1}{2}\left(\frac{R'}{Z_L}+G'Z_L\right) = \frac{1}{2}\left(\frac{R'}{Z_L}+\omega C'\tan\delta_\varepsilon\cdot\sqrt{\frac{L'}{C'}}\right) = \frac{R'}{2Z_L}+\underbrace{\pi f\tan\delta_\varepsilon\cdot\sqrt{\mu\varepsilon}}_{K}.$$

Wir erkennen, daß der zweite Summand der Dämpfung K nicht vom Radienverhältnis b/a abhängt, weshalb er bei der Minimierung ignoriert werden kann. Damit folgt für α:

$$\alpha = \frac{1}{4}\sqrt{\frac{f\mu_0}{\pi\kappa_{\text{Cu}}}}\left(\frac{1}{a}+\frac{1}{b}\right)\frac{2\pi\sqrt{\varepsilon_r}}{\eta_0\ln b/a}+K = \frac{1}{2}\sqrt{\frac{\pi f\varepsilon}{\kappa_{\text{Cu}}}}\frac{1+b/a}{b\ln b/a}+K.$$

Wir differenzieren die Dämpfung mithilfe der Quotientenregel für konstantes b nach dem gesuchten Radienverhältnis $x := b/a$ und setzen die Beziehung zum Auffinden des Minimums zu Null:

$$\frac{d\alpha}{dx} = \frac{1}{2b}\sqrt{\frac{\pi f\varepsilon}{\kappa_{\text{Cu}}}}\frac{\ln x-(1+x)/x}{\ln^2 x}\overset{!}{=}0 \qquad \Rightarrow \qquad \ln x \overset{!}{=} 1+\frac{1}{x}.$$

Diese transzendente Gleichung läßt sich nicht analytisch lösen, sondern nur grafisch (ungenau) oder numerisch (besser). Das Ergebnis lautet $b/a = 3{,}6$. Alle sinnvollen Realisierungen von Koaxialleitern müssen dieses Verhältnis einhalten, so auch das Standard-Koaxialkabel mit dem Durchmesser- und Radienverhältnis 9,52 mm/2,64 mm.

Aufgabe 4.3.5-1: Man berechne den Reflexionsfaktor $\underline{r}_2$ am Ende einer mit einer Parallelschaltung aus einem Widerstand von $R = Z_L$ und einer Kapazität C abgeschlossenen verlustlosen Leitung, wobei $\omega RC = 1$. Welcher Phasenunterschied $\Delta\varphi$ liegt zwischen Spannung und Stromstärke am Abschluß vor? Wie sind die Verhältnisse der einfallenden Amplitudenbeträge $\hat{U}_i/\hat{U}_r$ bzw. $\hat{I}_i/\hat{I}_r$ und Phasen φ_U bzw. φ_I von Spannung bzw. Stromstärke zu den jeweils reflektierten?

$$\underline{r}_2 = \frac{\underline{Z}_2-Z_L}{\underline{Z}_2+Z_L} = \frac{\dfrac{R}{1+j\omega RC}-Z_L}{\dfrac{R}{1+j\omega RC}+Z_L} = \frac{-j}{2+j} = -0{,}2-j0{,}4 = \frac{e^{-j(\frac{\pi}{2}+\arctan 0{,}5)}}{\sqrt{5}} = \frac{e^{-j2{,}0344}}{\sqrt{5}}.$$

Der Phasenunterschied zwischen Spannung und Stromstärke am Leitungsende wird nicht durch die Leitung selbst beeinflußt, sondern nur durch den Abschluß und beträgt wegen $\omega RC = 1$: $\Delta\varphi = -\pi/4$. Für die übrigen Größen gilt:

$$\frac{\hat{U}_h}{\hat{U}_r} = \frac{\hat{I}_h}{\hat{I}_r} = \frac{1}{r_2} = \sqrt{5}; \qquad \varphi_U = -\varphi_I = -2{,}0344 \text{ rad} = -116{,}56°.$$

Aufgabe 4.3.5-2: In eine $l = 300$ m lange kurzgeschlossenen Zweidrahtleitung wird eine Spannung der Frequenz $f = 1$ MHz eingespeist. Man zeige, daß auf der Leitung eine stehende Welle existiert, indem man hin- und rücklaufende Welle zu den Zeitpunkten $t_1 = 1{,}000$ µs, $t_2 = 1{,}125$ µs, $t_3 = 1{,}250$ µs, $t_4 = 1{,}375$ µs und $t_5 = 1{,}500$ µs überlagert.

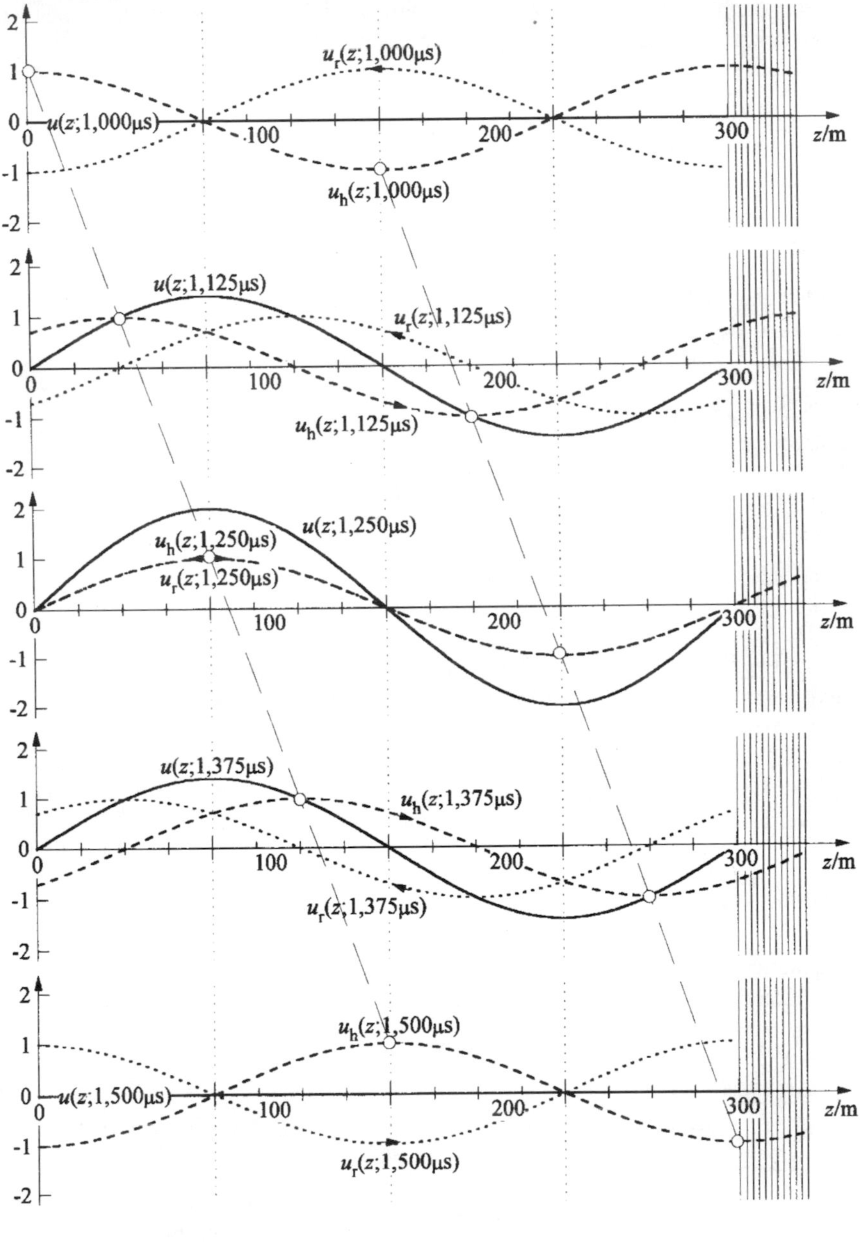

Zur Erläuterung der Darstellung: die Wellenlänge ergibt sich zur Leitungslänge von $\lambda = l = 300$ m. Legt man die Cosinusfunktion zugrunde, liegt die hinlaufende langgestrichelte Welle zum Zeitpunkt $t = 1\mu s$ mit $\cos[2\pi(1\text{MHz}\cdot 1\mu s - z/l)] = \cos(2\pi z/l)$ voll auf der Leitung. Jenseits des Kurzschlusses bei 300 m ist immer dargestellt, wie die Welle weiterlaufen würde, wenn die Leitung dort nicht zu Ende wäre.

Dieser fiktive Verlauf ist mit dem Reflexionsfaktor von $r = -1$ zu gewichten, d.h. um die z-Achse zu klappen und dann zum Anfang zurücklaufen zu lassen, d.h. nochmals an der vertikalen Achse bei $\lambda = l = 300$ m zu spiegeln. Der so entstandene Verlauf ist die kurzgestrichelte reflektierte Welle. Weiterhin sind alle hinlaufenden Wellenberge sowie -täler durch eine Gerade verbunden, die angibt, wie diese Punkte in Zeit und Raum fortschreiten. Die durchgezogene Funktion ergibt die bereits früher berechnete Überlagerung $\cos(2\pi\cdot 1\text{MHz}\cdot t)\cdot\cos(2\pi\cdot z/300\text{m})$, hier also dargestellt für eine halbe Periode.

Aufgabe 4.3.5-3: Für eine verlustlose $Z_L = 300\ \Omega$-Leitung, die bei $f = 8$ MHz und $\lambda = 25$ m betrieben wird, bestimme man L' und C'. Für einen Abschluß mit einem RLC-Parallelschwingkreis der Güte $Q = 40$ bestimme man die Bauelemente für Reflexionsfreiheit.

Aus $c = \lambda f = 2\cdot 10^8$ m/s folgt mit $Z_L = \dfrac{1}{cC'} = cL'$:

$$C' = \frac{1}{cZ_L} = 16{,}\bar{6}\,\frac{\text{nF}}{\text{km}}; \qquad L' = \frac{Z_L}{c} = 1{,}5\,\frac{\text{mH}}{\text{km}}.$$

Der Schwingkreis muß sich in Resonanz befinden, so daß $R = 300\ \Omega$. Die Resonanzkreisfrequenz und die Güte werden durch folgende Formeln beschrieben:

$$\omega_R = \frac{1}{\sqrt{LC}} \stackrel{!}{=} 2\pi\cdot 8\text{MHz}; \qquad Q = R\sqrt{\frac{C}{L}}.$$

Dies stellen wir nach L und C um:

$$L = \frac{R}{\omega_R Q} = 0{,}149\mu\text{H}; \qquad C = \frac{Q}{\omega_R R} = 2{,}65\text{nF}.$$

Aufgabe 4.3.5-4: Eine Leitung mit den Leitungsbelägen $R' = 13\ \Omega$/km, $G' = 0$, $L' = 2{,}5$ mH/km, $C' = 6{,}12$ nF/km soll bei einer Frequenz von $f = 800$ Hz reflexionsfrei abgeschlossen werden. Man bestimme die Werte der dazu benötigten Bauelemente.

Für einen Abschluß aus Serienschaltung von Widerstand R_S und Kondensator C_S lautet die Bedingung:

$$\underline{Z}_L = \sqrt{\frac{R' + j\omega L'}{G' + j\omega C'}} = \sqrt{\frac{L'}{C'} - j\frac{R'}{\omega C'}} \stackrel{!}{=} R_S + \frac{1}{j\omega C_S}.$$

Wir quadrieren den Ausdruck, bilden das Betragsquadrat, addieren beide bzw. ziehen sie voneinander ab:

$$\underline{Z}_L^2 = \frac{L'}{C'} - j\frac{R'}{\omega C'} = R_S^2 - \left(\frac{1}{\omega C_S}\right)^2 + \frac{2R_S}{j\omega C_S};$$

$$Z_L^2 = \sqrt{\left(\frac{L'}{C'}\right)^2 + \left(\frac{R'}{\omega C'}\right)^2} = R_S^2 + \left(\frac{1}{\omega C_S}\right)^2;$$

$$\begin{matrix} R_S \\ 1/\omega C_S \end{matrix} = \sqrt{\frac{1}{2}\left(\pm\frac{L'}{C'}+\sqrt{(\frac{L'}{C'})^2+(\frac{R'}{\omega C'})^2}\right)} = \sqrt{\frac{L'}{2C'}\left(\sqrt{1+(\frac{R'}{\omega L'})^2}\pm 1\right)} = \begin{matrix} 705{,}78\Omega \\ 299{,}38\Omega \end{matrix}.$$

Damit ist der Widerstand bekannt, die Kapazität berechnet sich zu C_S = 665 nF. Eine Alternative ist die Realisierung parallel geschalteter R_P und C_P. Diese lassen sich ebenfalls auf direktem Weg berechnen. Eine andere Möglichkeit ist die Umwandlung von R_S und C_S in die zugehörigen R_P und C_P, womit dieses Problem nicht eigentlich spezifisch für Leitungen ist:

$$\frac{1}{R_P}+j\omega C_P = \frac{1}{R_S - j/\omega C_S} = \frac{1}{R_S}\frac{1}{1-j/\omega R_S C_S} = \frac{1}{R_S}\frac{1+j/\omega R_S C_S}{1+1/(\omega R_S C_S)^2}.$$

Mit $1/\omega R_S C_S = 0{,}424 \Rightarrow R_P = 832{,}77\ \Omega$, C_P = 101 nF. Beide Realisierungen ergeben vernünftige Werte.

Aufgabe 4.3.5-5: Man bestimme für eine mit C rein kapazitiv abgeschlossene verlustfreie Leitung (L', C') den Reflexionsfaktor $\underline{r}_2$ nach Betrag und Phase und skizziere die Frequenzortskurve in der komplexen Ebene.

$$\underline{r}_2 = \frac{\underline{Z}_2-\underline{Z}_L}{\underline{Z}_2+\underline{Z}_L} = \frac{\frac{1}{j\omega C}-\sqrt{\frac{L'}{C'}}}{\frac{1}{j\omega C}+\sqrt{\frac{L'}{C'}}} = \frac{1-j\omega C\sqrt{\frac{L'}{C'}}}{1+j\omega C\sqrt{\frac{L'}{C'}}} = e^{-j2\arctan\omega C\sqrt{\frac{L'}{C'}}}.$$

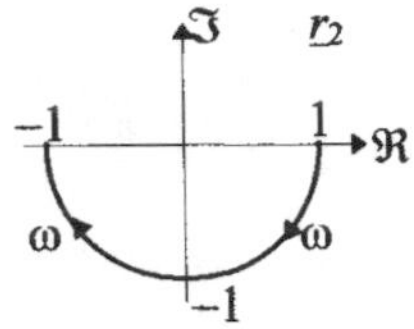

Wegen $r_2 = 1$ wird die Welle vollständig reflektiert, d.h. hin- und rücklaufende Welle haben gleiche Amplitude, wie wir es bei einem Blindelement erwarten. Es findet lediglich eine Phasendrehung statt. Die Ortskurve stellt die negative Hälfte des Einheitskreises dar, beginnend auf der reellen Achse für $\omega = 0$ und endend auf der reellen Achse für $\omega = \infty$ bei $(-)\pi$.

Ganz allgemein müssen sämtliche Frequenzortskurven auf der reellen Achse beginnen und enden. Für Gleichgrößen ist wegen des fehlenden Nulldurchgangs eine Phasendrehung nicht sinnvoll definierbar, für unendlich hochfrequente Wechselgrößen genausowenig, da die Nulldurchgänge unendlich dicht beieinander liegen.

Aufgabe 4.3.6-1: Man leite die Leitungsgleichungen 4.3-28 her.

Spg.: $\underline{\hat{U}}_2 = \underline{\hat{U}}_{h1}e^{-g} + \underline{\hat{U}}_{r1}e^{+g} \quad\Rightarrow\quad \underline{\hat{U}}_{h1} = \underline{\hat{U}}_2 e^{+g} - \underline{\hat{U}}_{r1}e^{+2g}$

$$\Rightarrow\quad \underline{\hat{U}}_1 = \underline{\hat{U}}_{h1} + \underline{\hat{U}}_{r1} = \underline{\hat{U}}_2 e^{+g} + \underline{\hat{U}}_{r1}\cdot(1-e^{+2g}).$$

$$\underline{\hat{I}}_2 = \frac{\underline{\hat{U}}_{h1}}{\underline{Z}_L}e^{-g} - \frac{\underline{\hat{U}}_{r1}}{\underline{Z}_L}e^{+g} = \frac{\underline{\hat{U}}_2 e^{+g} - \underline{\hat{U}}_{r1}e^{+2g}}{\underline{Z}_L}e^{-g} - \frac{\underline{\hat{U}}_{r1}}{\underline{Z}_L}e^{+g} = \frac{\underline{\hat{U}}_2}{\underline{Z}_L} - \frac{2\underline{\hat{U}}_{r1}}{\underline{Z}_L}e^{+g}$$

$$\Rightarrow\quad \underline{\hat{U}}_{r1} = \frac{1}{2}e^{-g}(\underline{\hat{U}}_2 - \underline{Z}_L\underline{\hat{I}}_2) \quad\Rightarrow \underline{\hat{U}}_1 = \underline{\hat{U}}_2 e^{+g} + \frac{1}{2}e^{-g}(\underline{\hat{U}}_2 - \underline{Z}_L\underline{\hat{I}}_2)(1-e^{+2g}) =$$

$$= \underline{\hat{U}}_2\cdot(e^{+g} + \frac{1}{2}e^{-g} - \frac{1}{2}e^{+g}) - \frac{1}{2}\underline{Z}_L\underline{\hat{I}}_2\cdot(e^{-g} - e^{+g}) = \underline{\hat{U}}_2\cosh g + \underline{\hat{I}}_2\underline{Z}_L\sinh g = \underline{\hat{U}}_1.$$

Strom: $\hat{\underline{I}}_1 = \frac{\hat{\underline{U}}_{h1}}{\underline{Z}_L} - \frac{\hat{\underline{U}}_{r1}}{\underline{Z}_L} = \frac{\hat{\underline{U}}_2 e^{g} - \hat{\underline{U}}_{r1}\cdot(e^{2g}+1)}{\underline{Z}_L} = \frac{\hat{\underline{U}}_2 e^{g} - \frac{1}{2}e^{-g}(\hat{\underline{U}}_2 - \underline{Z}_L\hat{\underline{I}}_2)(e^{2g}+1)}{\underline{Z}_L} =$

$$= \frac{\hat{\underline{U}}_2}{\underline{Z}_L}\frac{1}{2}(e^{+g} - e^{-g}) + \hat{\underline{I}}_2\frac{1}{2}(e^{+g} + e^{-g}) = \hat{\underline{I}}_2 \cosh \underline{g} + \frac{\hat{\underline{U}}_2}{\underline{Z}_L}\sinh \underline{g} = \hat{\underline{I}}_1.$$

Aufgabe 4.3.6-2: Man stelle $\underline{U}_2$ und $\underline{I}_2$ in Abhängigkeit von $\underline{U}_1$, $\underline{I}_1$, $\underline{Z}_L$ und $\underline{g}$ dar.

Durch Matrixinversion erhalten wir die Abhängigkeit der Ausgangs- von den Eingangsgrößen, wobei allgemein gilt:

$$\boldsymbol{A}^{-1} = \begin{pmatrix} A_{11} & A_{12} \\ A_{21} & A_{22} \end{pmatrix}^{-1} = \frac{1}{\det \boldsymbol{A}}\begin{pmatrix} A_{22} & -A_{12} \\ -A_{21} & A_{11} \end{pmatrix} = \frac{1}{A_{11}A_{22} - A_{12}A_{21}}\begin{pmatrix} A_{22} & -A_{12} \\ -A_{21} & A_{11} \end{pmatrix}.$$

Da für jedes Argument $\cosh^2 - \sinh^2 = 1$, ergibt sich die Inversion durch einfache Vorzeichenumkehr der Nebendiagonalelemente:

$$\begin{pmatrix} \hat{\underline{U}}_2 \\ \hat{\underline{I}}_2 \end{pmatrix} = \begin{pmatrix} \cosh \underline{g} & -\underline{Z}_L \sinh \underline{g} \\ -\frac{\sinh \underline{g}}{\underline{Z}_L} & \cosh \underline{g} \end{pmatrix} \cdot \begin{pmatrix} \hat{\underline{U}}_1 \\ \hat{\underline{I}}_1 \end{pmatrix}.$$

Aufgabe 4.3.6-3: Zwei Leitungen mit unterschiedlichen Längen und Wellenwiderständen werden gekoppelt und mit $\underline{Z}_2$ abgeschlossen. Man stelle die Leitungsgleichungen für das Gesamtsystem auf. Man gebe hierfür die A-Parameter an und bestimme den Zusammenhang zwischen den Matrizen der Einzelleitungen und der Gesamtleitung.

Die erste Leitung sieht die zweite Leitung als Last $\underline{Z}_2'$. Nennen wir die komplexen Amplituden der Spannungen und Ströme an der Koppelstelle $\hat{\underline{U}}'$ und $\hat{\underline{I}}'$, so sind diese für die erste Leitung Größen am Leitungsende, für die zweite am Leitungsanfang, womit folgende Darstellungen gelten:

$$\begin{pmatrix} \hat{\underline{U}}_1 \\ \hat{\underline{I}}_1 \end{pmatrix} = \begin{pmatrix} \cosh \underline{g}_1 & \underline{Z}_{L1} \sinh \underline{g}_1 \\ \frac{\sinh \underline{g}_1}{\underline{Z}_{L1}} & \cosh \underline{g}_1 \end{pmatrix} \cdot \begin{pmatrix} \hat{\underline{U}}' \\ \hat{\underline{I}}' \end{pmatrix} \quad \text{und} \quad \begin{pmatrix} \hat{\underline{U}}' \\ \hat{\underline{I}}' \end{pmatrix} = \begin{pmatrix} \cosh \underline{g}_2 & \underline{Z}_{L2} \sinh \underline{g}_2 \\ \frac{\sinh \underline{g}_2}{\underline{Z}_{L2}} & \cosh \underline{g}_2 \end{pmatrix} \cdot \begin{pmatrix} \hat{\underline{U}}_2 \\ \hat{\underline{I}}_2 \end{pmatrix}.$$

Wir brauchen nur die rechte in die linke Gleichung einzusetzen und können die Leitungsgleichungen für das Gesamtsystem angeben, wobei sich die Gesamtkettenmatrix durch Multiplikation der einzelnen Kettenmatrizen ergibt $\underline{A} = \underline{A}^{(1)} \cdot \underline{A}^{(2)}$:

$$\begin{pmatrix} \hat{\underline{U}}_1 \\ \hat{\underline{I}}_1 \end{pmatrix} = \begin{pmatrix} \cosh \underline{g}_1 & \underline{Z}_{L1} \sinh \underline{g}_1 \\ \frac{\sinh \underline{g}_1}{\underline{Z}_{L1}} & \cosh \underline{g}_1 \end{pmatrix} \cdot \begin{pmatrix} \cosh \underline{g}_2 & \underline{Z}_{L2} \sinh \underline{g}_2 \\ \frac{\sinh \underline{g}_2}{\underline{Z}_{L2}} & \cosh \underline{g}_2 \end{pmatrix} \cdot \begin{pmatrix} \hat{\underline{U}}_2 \\ \hat{\underline{I}}_2 \end{pmatrix} =$$

$$= \begin{pmatrix} \cosh \underline{g}_1 \cdot \cosh \underline{g}_2 + \frac{\underline{Z}_{L1}}{\underline{Z}_{L2}} \sinh \underline{g}_1 \cdot \sinh \underline{g}_2 & \underline{Z}_{L2} \cosh \underline{g}_1 \cdot \sinh \underline{g}_2 + \underline{Z}_{L1} \sinh \underline{g}_1 \cdot \cosh \underline{g}_2 \\ \frac{\sinh \underline{g}_1}{\underline{Z}_{L1}} \cdot \cosh \underline{g}_2 + \cosh \underline{g}_1 \cdot \frac{\sinh \underline{g}_2}{\underline{Z}_{L2}} & \frac{\underline{Z}_{L2}}{\underline{Z}_{L1}} \sinh \underline{g}_1 \cdot \sinh \underline{g}_2 + \cosh \underline{g}_1 \cdot \cosh \underline{g}_2 \end{pmatrix} \cdot \begin{pmatrix} \hat{\underline{U}}_2 \\ \hat{\underline{I}}_2 \end{pmatrix}.$$

Aufgabe 4.3.6-4: Am Eingang einer verlustlosen Leitung mit $L' = 20$ mH/km, $C' = 125$ nF/km und $l = 1$ km liege die Spannung $u_1(t) = 1\text{V}\cdot\sin(2\pi 10\text{kHz}\cdot t)$. Man berechne Z_L, β und $u_2(t)$, wenn die Leitung mit $R_2 = 200\ \Omega$ abgeschlossen ist.

$$Z_\text{L} = \sqrt{\frac{L'}{C'}} = 400\Omega; \qquad \beta = \omega\sqrt{L'C'} = \pi\frac{\text{rad}}{\text{km}};$$

$$\hat{\underline{U}}_1 = \hat{\underline{U}}_2(\cos b + \text{j}\frac{Z_\text{L}}{R_2}\sin b) \ = \ -\text{jV} = \hat{\underline{U}}_2(\cos\pi + \text{j}2\sin\pi) = -\hat{\underline{U}}_2;$$

$$\Rightarrow \quad \hat{\underline{U}}_2 = \text{jV} \qquad \Rightarrow \quad u_2(t) = -1\text{V}\cdot\sin(2\pi 10\text{kHz}\cdot t).$$

Aufgabe 4.3.6-5: Auf eine mit $R_2 = 1\ \text{k}\Omega$ abgeschlossene Leitung der Länge $l = 10$ km und den Leitungsbelägen $L' = 10$ mH/km und $C' = 40$ nF/km wird die in Abb. 4.3.3 dargestellte Pulsfolge mit $T = 400\ \mu$s und der Amplitude $U = 1$ V gegeben. Die Pulsfolge läßt sich durch eine FOURIERreihe der Form $u_1(t) = u_{10} + u_{11}(t) + u_{13}(t) + u_{15}(t) + \ldots = U\cdot(0{,}5 + 2/\pi\cdot\sin(2\pi f_0 t) + 2/3\pi\cdot\sin(6\pi f_0 t) + 2/5\pi\cdot\sin(10\pi f_0 t) + \ldots$ darstellen. Man bestimme die Frequenz f_0 der Grundschwingung, den Leitungswellenwiderstand Z_L, Wellenzahlen β_i und Wellenlängen λ_i der $i$ten Schwingungen ($i = 1,3,5,\ldots$), die Geschwindigkeit c der Welle auf der Leitung, sowie den Zeitverlauf der Ausgangsspannung $u_2(t)$ in seiner einfachsten Form mit Skizze.

$$f_0 = \frac{1}{T} = 2{,}5\text{kHz}; \qquad Z_\text{L} = \sqrt{\frac{L'}{C'}} = 500\Omega; \qquad \beta_\text{i} = i\omega\sqrt{L'C'} = \frac{i\pi}{10}\frac{\text{rad}}{\text{km}};$$

$$\lambda_\text{i} = \frac{2\pi}{\beta_\text{i}} = \frac{20}{i}\text{km}; \qquad c = \frac{1}{\sqrt{L'C'}} = 50\,000\frac{\text{km}}{\text{s}}; \qquad b_\text{i} = i\pi\ \text{rad}.$$

$$\hat{\underline{U}}_{1\text{i}} = \hat{\underline{U}}_{2\text{i}}(\cos b_\text{i} + \text{j}\frac{Z_\text{L}}{R_2}\sin b_\text{i}) = \hat{\underline{U}}_{2\text{i}}(\cos i\pi + \text{j}\frac{1}{2}\sin i\pi) = \hat{\underline{U}}_{2\text{i}}\cos i\pi.$$

Folglich gilt: $\underline{U}_{10} = \underline{U}_{20}$; $\underline{U}_{1\text{i}} = -\underline{U}_{2\text{i}}$ für $i = 1, 3, 5 \ldots$

$$\Rightarrow \quad u_2(t) = U\cdot(0{,}5 - \frac{2}{\pi}\sin 2\pi f_0 t - \frac{2}{3\pi}\sin 6\pi f_0 t - \frac{2}{5\pi}\sin 10\pi f_0 t - \ldots).$$

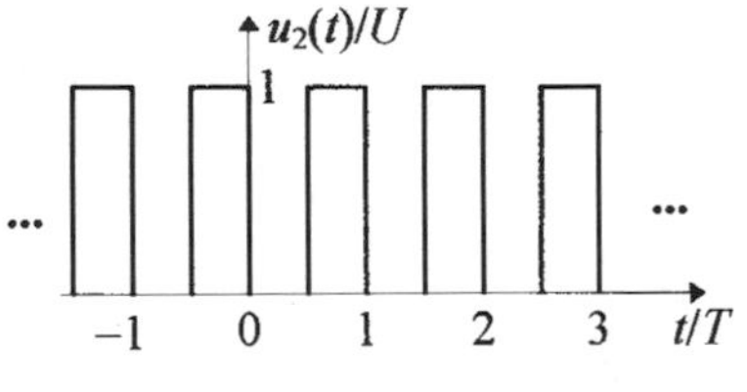

Die oszillierenden Anteile drehen ihr Vorzeichen gegenüber der Eingangsspannung um, der Gleichanteil bleibt gleich. Dazu können wir den gegebenen Zeitverlauf um 0,5 absenken, um die Zeitachse spiegeln und wieder um 0,5 anheben, wie links dargestellt. Erwartungsgemäß entspricht dies einer Phasenverschiebung des gesamten Pulsverlaufs um π.

Aufgabe 4.3.7-1: Man gebe eine Methode an, wie man durch Messungen der Eingangsimpedanz einer Leitung das Dämpfungsmaß g bestimmen kann.

Aus den im Text hergeleiteten Beziehungen $\underline{Z}_{1\text{K}} = \underline{Z}_\text{L}\tanh\underline{g}$ und $\underline{Z}_{1\text{L}} = \underline{Z}_\text{L}\coth\underline{g}$ bilden wir den Quotienten

$$\tanh^2\underline{g} = \frac{\underline{Z}_{1\text{K}}}{\underline{Z}_{1\text{L}}} \qquad \Rightarrow \quad \underline{g} = \text{artanh}\sqrt{\frac{\underline{Z}_{1\text{K}}}{\underline{Z}_{1\text{L}}}} = \frac{1}{2}\ln\frac{1+\sqrt{\underline{Z}_{1\text{K}}/\underline{Z}_{1\text{L}}}}{1-\sqrt{\underline{Z}_{1\text{K}}/\underline{Z}_{1\text{L}}}}.$$

Aufgabe 4.3.7-2: Man berechne den Eingangswiderstand $\underline{Z}_1$ der verlustlosen Leitung in Abb. 4.3-5.

Die Länge des hintere Leitungsstücks ist ein ganzzahliges Vielfaches der halben Wellenlänge, womit der Eingangswiderstand des Stücks rechts von R_a und R_b gleich dem Abschlußwiderstand R_2 ist. Damit sind R_a, R_b und R_2 in Serie. Für das Leitungsstück davor gilt das gleiche, weshalb der Gesamteingangswiderstand gleich der Summe der Einzelwiderstände ist: $Z_1 = R_a + R_b + R_2$.

Aufgabe 4.3.7-3: Man gebe eine einfache Näherungsformel für den Eingangswiderstand Z_{1K} einer verlustarmen kurzgeschlossenen $\lambda/4$-Leitung mit $R' \neq 0$, $G' = 0$ in Abhängigkeit von Z_L, R' und l an. Man verwende dazu bereits zuvor im Text gemachte Näherungen, sowie für kleine Argumente x: $\cosh x \approx 1$, $\sinh x \approx x$.

Wir zerlegen den tanh in sinh/cosh, diese wiederum in Real- und Imaginärteil für komplexe Argumente, setzen $b \approx \pi/2$, machen die in der Aufgabenstellung vorgegebenen Näherungen und setzen die im Text hergeleitete Näherungsformel für die Längsdämpfung ein:

$$Z_{1K} = Z_L \tanh g = Z_L \frac{\sinh(a+\mathrm{j}b)}{\cosh(a+\mathrm{j}b)} = Z_L \left.\frac{\sinh a \cdot \cos b + \mathrm{j}\cosh a \cdot \sin b}{\cosh a \cdot \cos b + \mathrm{j}\sinh a \cdot \sin b}\right|_{b \approx \pi/2} \approx$$

$$\approx Z_L \frac{\cosh a}{\sinh a} \approx \frac{Z_L}{a} = \frac{Z_L}{\alpha l} \approx \frac{Z_L}{R' l / 2Z_L} = \frac{2Z_L^2}{R' l}.$$

Aufgabe 4.3.7-4: Bei einer homogenen, verlustarmen, $l = 6$ km langen Leitung werden bei $f = 10$ kHz gemessen: $a = 22{,}0$ dB; Anzahl der Phasendrehungen $n = 0{,}209$; $\underline{Z}_{1K} = \mathrm{j}1874\ \Omega$, $\underline{Z}_{1L} = -\mathrm{j}200\ \Omega$. Man bestimme die Leitungsbeläge R', L', G', C'.

Der Leitungswellenwiderstand $\underline{Z}_L$ ergibt sich zu:

$$\underline{Z}_L = \sqrt{\underline{Z}_{1K}\underline{Z}_{1L}} = \sqrt{1874 \cdot 200}\,\Omega = 612{,}21\,\Omega.$$

Die Phasenkonstante β resultiert aus der Anzahl der Phasendrehungen n zu:

$$b = 2\pi n = \beta l \qquad \Rightarrow \qquad \beta = \frac{2\pi n}{l} = \frac{0{,}2189}{\mathrm{km}}.$$

Die Dämpfungskonstante α errechnen wir aus der Gesamtdämpfung a zu:

$$\alpha = \frac{10^{-\frac{a/\mathrm{dB}}{20}}}{l} = \frac{13{,}239\,\mathrm{mNp}}{\mathrm{km}}.$$

Damit erhalten wir:

$$\underline{Z}_L\underline{\gamma} = \underline{Z}_L(\alpha + \mathrm{j}\beta) = R' + \mathrm{j}\omega L' \Rightarrow R' = \underline{Z}_L\alpha = 8{,}10\frac{\Omega}{\mathrm{km}};\quad L' = \frac{\beta Z_L}{2\pi f} = 2{,}13\frac{\mathrm{mH}}{\mathrm{km}}.$$

$$\frac{\underline{\gamma}}{\underline{Z}_L} = \frac{\alpha + \mathrm{j}\beta}{\underline{Z}_L} = G' + \mathrm{j}\omega C' \Rightarrow G' = \frac{\alpha}{\underline{Z}_L} = 21{,}62\frac{\mu\mathrm{S}}{\mathrm{km}};\ C' = \frac{\beta}{2\pi f Z_L} = 5{,}69\frac{\mathrm{nF}}{\mathrm{km}}.$$

Aufgabe 4.3.7-5: Man realisiere mittels einer leerlaufenden Standard-75 Ω-Koaxialleitung bei einer Frequenz von $f = 200$ MHz eine Kapazität von $C = 10$ pF bei kürzest möglicher Leitungslänge. Wie lang wäre ein kurzgeschlossenes Leitungsstück mindestens zu wählen?

Bei 200 MHz beträgt die Wellenlänge λ = 1,5 m, damit verhält sich die leerlaufende Leitung im Bereich bis $\lambda/4$ = 37,5 cm kapazitiv, die kurzgeschlossene im Bereich $\lambda/4 < l < \lambda/2$, also 37,5 cm < l < 75 cm. Für die leerlaufende Leitung setzen wir an:

$$C = \frac{-1}{\omega X_{1L}} = \frac{\tan b}{\omega Z_L} = \frac{\tan 2\pi l/\lambda}{\omega Z_L}$$

$$\Rightarrow \quad l = \frac{\lambda}{2\pi}\arctan \omega C Z_L = \frac{c_0}{\omega}\arctan \omega C Z_L = 18{,}03\text{cm}.$$

Für die kurzgeschlossene Leitung gilt:

$$C = \frac{-1}{\omega X_{1K}} = -\frac{\cot b}{\omega Z_L} = -\frac{\cot 2\pi l'/\lambda}{\omega Z_L}$$

$$\Rightarrow \quad l' = \frac{\lambda}{2\pi}\operatorname{arcctg}(-\omega C Z_L) = -\frac{c_0}{\omega}\arctan\frac{1}{\omega C Z_L} = -19{,}46\text{cm}$$

$$\Rightarrow \quad l = l' + \frac{\lambda}{2} = \frac{c_0}{\omega}\arctan \omega C Z_L + \frac{\lambda}{4} = 55{,}5\text{cm}.$$

Die letzte Formel stellt dar, daß aufgrund der Tatsache, daß oben bereits die Länge für den Leerlauf bestimmt wurde, man wegen $\cot(-x) = \tan(x+\pi/2)$ das Ergebnis von vorher nur um eine viertel Wellenlänge verschieben muß, was die Kurven in Abb. 4.3-4 bereits zum Ausdruck bringen. Die Ergebnisse lassen sich (näherungsweise) auch aus Abb. 4.3-4 graphisch ablesen.

Aufgabe 4.3.8-1: Eine mit dem Leitungswellenwiderstand $Z_L = R_2 = 50\ \Omega$ abgeschlossene verlustlose Leitung wird mit einem Strom $i_1(t) = 1\text{mA}\cdot\sin\omega t$ gespeist. Bei der Betriebsfrequenz beträgt die Leitungswellenlänge $\lambda = 4l$. Man berechne Z_1, $u_1(t)$, $i_2(t)$ und $u_2(t)$.

$$Z_1 = Z_L = R_2 = 50\ \Omega.$$

$$\underline{\hat{U}}_1 = \underline{\hat{I}}_1 Z_L = -\text{jmA}\cdot 50\ \Omega = -\text{j}50\text{mV} \qquad \Rightarrow \qquad u_1(t) = 50\text{mV}\cdot\sin\omega t.$$

$$\underline{\hat{I}}_2 = \underline{\hat{I}}_1 \text{e}^{-\text{j}\beta l} = -\text{j}\cdot\text{e}^{-\text{j}\frac{\pi}{2}}\text{mA} = -1\text{mA} \qquad \Rightarrow \qquad i_2(t) = -1\text{mA}\cdot\cos\omega t.$$

$$\underline{\hat{U}}_2 = \underline{\hat{I}}_2 R_2 = -50\text{mV} \qquad \Rightarrow \qquad u_2(t) = -50\text{mV}\cdot\cos\omega t.$$

Aufgabe 4.3.8-2: An einer entspr. Abb. 4.3-7 kurzgeschlossenen Leitung mit den Teillängen $l_1 = l_2$ = 1 km werden $u_1(t) = 20\text{V}\cdot\cos(\omega t - 30°)$ und $u_2(t) = 10\text{V}\cdot\cos\omega t$ gemessen. Man bestimme $\cosh\gamma l_1$, zerlegt nach Real- und Imaginärteil.

Wir berechnen zunächst den Kurzschlußeingangswiderstand des zweiten Teilstücks:

$$\underline{Z}_{2K} = \underline{Z}_L \tanh\gamma l_2 =: \underline{Z}_L \tanh g_2 = \underline{Z}_L \tanh g_1,$$

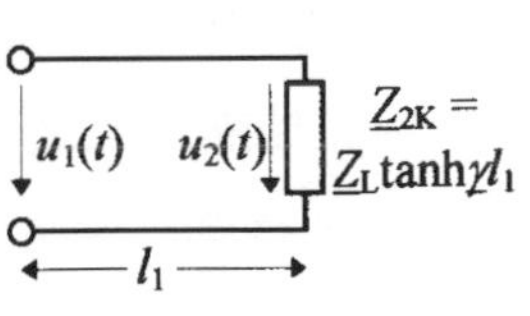

womit das Ersatzschaltbild der Leitung wie rechts dargestellt werden kann. Wir gehen in die Spannungsleitungsgleichung für das erste Teilstück:

$$\hat{\underline{U}}_1 = \hat{\underline{U}}_2(\cosh \underline{g}_1 + \frac{\underline{Z}_L}{\underline{Z}_2}\sinh \underline{g}_1) = \hat{\underline{U}}_2(\cosh \underline{g}_1 + \frac{\underline{Z}_L}{\underline{Z}_L \tanh \underline{g}_1}\sinh \underline{g}_1) =$$

$$= \hat{\underline{U}}_2 2\cosh \underline{g}_1 \qquad \Rightarrow \qquad \cosh \underline{g}_1 = \frac{\hat{\underline{U}}_1}{2\hat{\underline{U}}_2} = \frac{20\mathrm{e}^{-\mathrm{j}30°}}{20} = 0{,}866 - \mathrm{j}0{,}5.$$

Aufgabe 4.3.8-3: In ein dämpfungsarmes, reflexionsfrei abgeschlossenes Standard-75 Ω-Koaxialkabel der Länge l = 1,5 km mit vernachlässigbarer Querdämpfung, aber einer Längsdämpfung von α = 4dB/km bei f = 2,5 MHz werde eine Eingangsspannung von $\underline{U}_1$ = 1V eingespeist. Man bestimme den Eingangswiderstand Z_1, das Übertragungsmaß $\underline{g} = a + jb$, $u_2(t)$, $i_1(t)$, $i_2(t)$ und $u(z,t)$, sowie das Dämpfungsmaß a_{10} bei f = 10 MHz.

$\underline{Z}_1 \approx 75\Omega$, $\underline{g} = \alpha l + \mathrm{j}\beta l$. Der dB-Wert von a muß erst in Neper umgerechnet werden:

$$a_{\mathrm{dB}} = 4 \cdot 1{,}5\mathrm{dB} = 6{,}0\mathrm{dB} = 20\lg\frac{\hat{U}_1}{\hat{U}_2}.$$

$$a_{\mathrm{Np}} = \ln\frac{\hat{U}_1}{\hat{U}_2} = \ln 10^{\frac{a_{\mathrm{dB}}}{20}} = \frac{a_{\mathrm{dB}}}{20}\ln 10 = 0{,}1151 a_{\mathrm{dB}} = 0{,}691\mathrm{Np} \quad \Rightarrow \quad \alpha = \frac{0{,}461\mathrm{Np}}{\mathrm{km}}.$$

$$b = \frac{2\pi}{\lambda}l = \frac{2\pi f l}{c_0} = 25\pi\mathrm{rad} \qquad \Rightarrow \qquad \beta = \frac{16{,}67\pi\mathrm{rad}}{\mathrm{km}}; \qquad \underline{g} = 0{,}691 + \mathrm{j}25\pi.$$

Aus der Spannungsleitungsgleichung ergibt sich für den vorliegenden Anpassungsfall:

$$\hat{\underline{U}}_2 = \frac{\hat{\underline{U}}_1}{\cosh \underline{g} + \sinh \underline{g}} = \frac{\hat{\underline{U}}_1}{\mathrm{e}^{\underline{g}}} = \underline{U}_1\mathrm{e}^{-a}\mathrm{e}^{-\mathrm{j}b} = -0{,}5\mathrm{V}$$

$$\Rightarrow \quad u_2(t) = -0{,}5\mathrm{V} \cdot \cos 5\pi\mathrm{MHz}t.$$

Im Prinzip könnte man sich hier sparen, über die Leitungsgleichungen zu rechnen. Da ja der Anpassungsfall vorliegt, würde die direkte Verwendung der Lösung der Telegrafengleichung genügen.

$$\hat{\underline{I}}_1 = \frac{\hat{\underline{U}}_1}{Z_L} = 13{,}3\mathrm{mA} \qquad \Rightarrow \qquad i_1(t) = 13{,}3\mathrm{mA} \cdot \cos 5\pi\mathrm{MHz}t.$$

$$\hat{\underline{I}}_2 = \frac{\hat{\underline{U}}_2}{Z_L} = -6{,}68\mathrm{mA} \qquad \Rightarrow \qquad i_2(t) = -6{,}68\mathrm{mA} \cdot \cos 5\pi\mathrm{MHz}t.$$

$u(z,t)$ bestimmen wir daher direkt aus der Telegrafengleichung:

$$u(z,t) = \hat{U}_1\mathrm{e}^{-\alpha z}\cos(\omega t - \beta z) = 1\mathrm{V} \cdot \mathrm{e}^{-0{,}461\frac{z}{\mathrm{km}}}\cos(5\pi\mathrm{MHz}t - 16{,}67\pi\frac{z}{\mathrm{km}}).$$

Da die Längsdämpfung skineffektbedingt mit der Wurzel der Frequenz zunimmt, können wir angeben: $\quad a_{10} = \sqrt{\frac{10}{2{,}5}} \cdot a_{2,5} = 2a_{2,5} = 1{,}382\mathrm{Np}.$

Aufgabe 4.3.8-4: Eine leerlaufende verlustlose Leitung der Länge $l = \lambda/4$ und $Z_L = 200\ \Omega$ wird von eine Quellspannung $\underline{\hat{U}}_q = 12$V mit Innenwiderstand $R_i = 80\ \Omega$ gespeist. Man bestimme $u_1(t)$, $u_2(t)$, $i_1(t)$, $i_2(t)$, $u(z,t)$ und $i(z,t)$.

Für $l = \lambda/4$ gilt $b = 2\pi l/\lambda = \pi/2 \Rightarrow \cos b = 0$, $\sin b = 1$, wegen des Leerlaufs $\underline{\hat{I}}_2 = 0 = i_2(t)$. Wir setzen damit die Leitungsgleichungen an:

$$\underline{\hat{U}}_1 = \underline{\hat{U}}_2 \cos b + j\underline{\hat{I}}_2 Z_L \sin b = 0 = u_1(t);$$

$$\underline{\hat{I}}_1 = \underline{\hat{I}}_2 \cos b + j\frac{\underline{\hat{U}}_2}{Z_L}\sin b = j\frac{\underline{\hat{U}}_2}{Z_L} = \frac{\underline{\hat{U}}_q - \underline{\hat{U}}_1}{R_i} = \frac{\underline{\hat{U}}_q}{R_i} \quad \Rightarrow \quad i_1(t) = 150\text{mA}\cdot\cos\omega t$$

$$\Rightarrow \quad \underline{\hat{U}}_2 = -j\frac{\underline{\hat{U}}_q}{R_i} Z_L = -j30\text{V} \qquad \Rightarrow \quad u_2(t) = 30\text{V}\sin\omega t.$$

$$u(z,t) = \Re\{-j30\text{V}\cdot\cos\beta\zeta\cdot e^{j\omega t}\} = 30\text{V}\cos\beta\zeta\cdot\sin\omega t = 30\text{V}\sin\beta z\cdot\sin\omega t.$$

$$i(z,t) = \Re\{j\cdot(-j150\text{mA})\cdot\sin\beta\zeta\cdot e^{j\omega t}\} = 150\text{mA}\cdot\sin\beta\zeta\cdot\cos\omega t =$$

$$= 150\text{mA}\cdot\cos\beta z\cdot\cos\omega t.$$

Es ergibt sich eine stehende Welle mit Spannungsknoten und Strombauch am Leitungsanfang sowie Spannungsbauch und Stromknoten am Leitungsende.

Aufgabe 4.3.8-5: Für eine gegebene Frequenz f bestimme man für eine beidseitig kurzgeschlossene, eine beidseitig leerlaufende sowie eine einseitig kurzgeschlossene und auf der anderen Seite leerlaufende Leitung alle möglichen Leitungslängen l, bei denen stehende Wellen auftreten.

Auf der kurzgeschlossenen Leitung müssen an beiden Enden Strombäuche und Spannungsknoten auftreten. Dies ist für jede halbe Wellenlänge der Fall, so daß gilt:

$$l = \frac{n\lambda}{2} = \frac{nc}{2f}; \qquad n \in N.$$

Dasselbe gilt mit vertauschten Argumenten für die leerlaufende Leitung. Für den dritten Leitungstyp muß auf der einen Seite ein Strombauch und Spannungsknoten, auf der anderen Seite ein Spannungsbauch und Stromknoten vorliegen. Dies ist erfüllt für

$$l = (\frac{n}{2} + \frac{1}{4})\lambda = \frac{(2n+1)c}{4f}; \qquad n \in N_0.$$

Aufgabe 4.3.9-1: Eine Freileitung der Länge l werde mit einer Induktivität L abgeschlossen. Man berechne für $\underline{\hat{U}}_2 = \hat{U}_2$ reell $u(z,t)$ und $i(z,t)$ und vergleiche das Ergebnis mit einer am Ende offenen Leitung. Wie kann man deren Länge l' verändern, so daß sich beide Leitungen gleich verhalten.

$$u(z,t) = \hat{U}_2\Re\left\{(\cos\beta\zeta + \frac{Z_L}{\omega L}\sin\beta\zeta)e^{j\omega t}\right\} = \hat{U}_2(\cos\beta\zeta + \frac{Z_L}{\omega L}\sin\beta\zeta)\cos\omega t.$$

Mit der allgemeinen Umformung

$$A\cos\varphi + B\sin\varphi = \frac{A}{2}(e^{j\varphi} + e^{-j\varphi}) - j\frac{B}{2}(e^{j\varphi} - e^{-j\varphi}) =$$

$$=\frac{1}{2}(A-\mathrm{j}B)\mathrm{e}^{\mathrm{j}\varphi}+\frac{1}{2}(A+\mathrm{j}B)\mathrm{e}^{-\mathrm{j}\varphi}=\sqrt{A^2+B^2}\underbrace{\frac{1}{2}(\mathrm{e}^{\mathrm{j}(\varphi-\arctan\frac{B}{A})}+\mathrm{e}^{-\mathrm{j}(\varphi-\arctan\frac{B}{A})})}_{\cos(\varphi-\arctan B/A)}$$

$$=\frac{1}{2\mathrm{j}}(\mathrm{j}A+B)\mathrm{e}^{\mathrm{j}\varphi}-\frac{1}{2\mathrm{j}}(-\mathrm{j}A+B)\mathrm{e}^{-\mathrm{j}\varphi}=\sqrt{A^2+B^2}\underbrace{\frac{1}{2\mathrm{j}}(\mathrm{e}^{\mathrm{j}(\varphi+\arctan\frac{A}{B})}-\mathrm{e}^{-\mathrm{j}(\varphi+\arctan\frac{A}{B})})}_{\sin(\varphi+\arctan A/B)}$$

$$\Rightarrow\quad u(z,t)=\hat{U}_2\sqrt{1+\left(\frac{Z_\mathrm{L}}{\omega L}\right)^2}\cdot\cos(\beta\zeta-\arctan\frac{Z_\mathrm{L}}{\omega L})\cdot\cos\omega t\,.$$

Eine äquivalente leerlaufende Leitung der Länge $l'\Rightarrow\zeta'$ führt den Spannungsverlauf

$$u(z,t)=\hat{U}_2'\cos\beta\zeta'\cdot\cos\omega t\qquad\Rightarrow\quad\beta\zeta'\overset{!}{=}\beta\zeta-\arctan\frac{Z_\mathrm{L}}{\omega L}\pm 2n\pi$$

$$\Rightarrow\quad l'=l-\frac{\lambda}{2\pi}\arctan\frac{Z_\mathrm{L}}{\omega L}\pm n\lambda;\qquad n\in N_0.$$

Dies ist lediglich eine Modifikation der Betrachtungsweise des Problems der Aufgabe 4.3.7-5. Aus der Strombetrachtung gilt:

$$i(z,t)=\Re\left\{\frac{\hat{U}_2}{\mathrm{j}\omega L}(\cos\beta\zeta-\frac{\omega L}{Z_\mathrm{L}}\sin\beta\zeta)\mathrm{e}^{\mathrm{j}\omega t}\right\}=$$

$$=-\frac{\hat{U}_2}{Z_\mathrm{L}}(-\frac{Z_\mathrm{L}}{\omega L}\cos\beta\zeta+\sin\beta\zeta)\sin\omega t=$$

$$=-\frac{\hat{U}_2}{Z_\mathrm{L}}\sqrt{1+\left(\frac{Z_\mathrm{L}}{\omega L}\right)^2}\cdot\sin(\beta\zeta-\arctan\frac{Z_\mathrm{L}}{\omega L})\cdot\sin\omega t\,.$$

Eine äquivalente leerlaufende Leitung der Länge $l'\Rightarrow\zeta'$ führt den Stromverlauf

$$i(z,t)=-\frac{\hat{U}_2'}{Z_\mathrm{L}}\sin\beta\zeta'\cdot\sin\omega t\qquad\Rightarrow\quad\beta\zeta'\overset{!}{=}\beta\zeta-\arctan\frac{Z_\mathrm{L}}{\omega L}\pm 2n\pi,$$

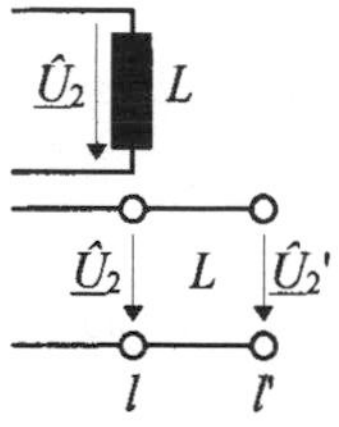

also das gleiche Ergebnis, wie beim Spannungsverlauf. Zur Erläuterung des Unterschieds zwischen $\hat{U}_2$ und $\hat{U}_2'$ diene die linke Skizze. Nach der Spannungsleitungsgleichung für Leerlauf gilt:

$$\underline{U}_2=\underline{U}_2'\cos(\arctan\frac{Z_\mathrm{L}}{\omega L})=\underline{U}_2'\cos(\arccos\frac{1}{\sqrt{1+(Z_\mathrm{L}/\omega L)^2}}),$$

woraus sich die o.a. Beziehung ergibt.

Aufgabe 4.3.9-2: Eine Leitung mit Z_L = 100 Ω Leitungswellenwiderstand werde entspr. Abb. 4.3-12 links zur Reduzierung von Reflexionen an einen R_2 = 400 Ω-Lastwiderstand mit einer $l\approx\lambda/4$-Leitung gekoppelt. In welchem Bereich muß das Toleranzverhältnis $l/(\lambda/4)$ liegen, wenn für die Welligkeit $s'<$ 1,1 gelten soll.

Für den Eingangsleitungswiderstand $\underline{Z}_2'$ des mit R_2 abgeschlossenen $\lambda/4$-Stücks können wir ansetzen:

$$\underline{Z}_2' = R_2 \left.\frac{1+\mathrm{j}Z_\mathrm{L}'/R_2 \cdot \tan b}{1+\mathrm{j}R_2/Z_\mathrm{L}' \cdot \tan b}\right|_{Z_\mathrm{L}'=\sqrt{Z_\mathrm{L}R_2}} = R_2 \frac{1+\mathrm{j}\sqrt{Z_\mathrm{L}/R_2} \cdot \tan b}{1+\mathrm{j}\sqrt{R_2/Z_\mathrm{L}} \cdot \tan b}.$$

Hier haben wir die Bedingung eingearbeitet, für die das $\lambda/4$-Stück anpaßt. Setzen wir nun als Abkürzungen $x := \tan b$, sowie die Welligkeit, wenn das Anpassungsstück fehlen würde: $s = R_2/Z_\mathrm{L} = 4$. Für $Z_2' > Z_\mathrm{L}$ fordern wir für die Welligkeit an der Kopplungsstelle zwischen Leitung und $\lambda/4$-Stück: $Z_2'/Z_\mathrm{L} < s' = 1{,}1$:

$$s'^2 > (\frac{Z_2'}{Z_\mathrm{L}})^2 = (\frac{R_2}{Z_\mathrm{L}})^2 \frac{1+x^2/s}{1+sx^2} = \frac{s^2+sx^2}{1+sx^2} \quad \Rightarrow \quad x^2(s'^2\, s - s) > s^2 - s'^2$$

$$\Rightarrow \quad x = \pm\tan\frac{2\pi l}{\lambda} \mathop{}^{>}_{<} \sqrt{\frac{s^2 - s'^2}{s'^2\, s - s}} \quad \Rightarrow \frac{l}{\lambda/4} \mathop{}^{>}_{<} \frac{\arctan\left(\pm\sqrt{\frac{s - s'^2/s}{s'^2 - 1}}\right) + \begin{pmatrix}0\\1\end{pmatrix}\pi}{\pi/2} = \frac{0{,}851}{1{,}149}.$$

Anders ausgedrückt: der gültige Bereich ist $0{,}851\frac{\lambda}{4} < l < 1{,}149\frac{\lambda}{4}$. Für den oberen Grenzwert muß der Winkel um π ergänzt werden, da das Ergebnis positiv sein muß.

Aufgabe 4.3.9-3: Man weise die eingezeichneten Amplitudenpegel der hinlaufenden Welle in Abb. 4.3-8 und Abb. 4.3-9 nach. Man gebe außerdem die jeweiligen Amplitudenpegel der rücklaufenden Welle an und wie sie sich in der jeweiligen Abbildung wiederfinden.

Wir suchen zunächst das (Betrags-)Verhältnis $\hat{U}_\mathrm{h}/\hat{U}_2$:

$$\hat{\underline{U}}_2 = \hat{\underline{U}}_\mathrm{h2} + \hat{\underline{U}}_\mathrm{r2} = \hat{\underline{U}}_\mathrm{h2}(1 + r_2) = \hat{\underline{U}}_\mathrm{h1}(1 + r_2)\mathrm{e}^{-\underline{g}}$$

$$\Rightarrow \quad \frac{\hat{U}_\mathrm{h}}{\hat{U}_2} = \frac{\hat{U}_\mathrm{h2}}{\hat{U}_2} = \frac{\hat{U}_\mathrm{h1}}{\hat{U}_2} = \frac{1}{1+r_2} = \frac{1}{2}(1+\frac{Z_\mathrm{L}}{R_2}) = \frac{3}{2}.$$

Dies ist aus der Darstellung anschaulich als der Mittelwert der stehenden Hüllkurve ersichtlich (strichpunktierte Linie). Eine unmittelbare Begründung liefert auch der Transmissionsfaktor:

$$\hat{\underline{U}}_2 = t_2\hat{\underline{U}}_\mathrm{h2} = \frac{2R_2}{R_2 + Z_\mathrm{L}}\hat{\underline{U}}_\mathrm{h2}.$$

Wir suchen nun das (Betrags-)Verhältnis $\hat{U}_\mathrm{r}/\hat{U}_2$:

$$\frac{\hat{U}_\mathrm{r}}{\hat{U}_2} = \frac{\hat{U}_\mathrm{r2}}{\hat{U}_2} = \frac{r_2\hat{U}_\mathrm{h2}}{\hat{U}_2} = \frac{r_2\hat{U}_\mathrm{h}}{\hat{U}_2} = \frac{r_2}{1+r_2} = \frac{1}{2}(1-\frac{Z_\mathrm{L}}{R_2}) = -\frac{1}{2}.$$

Das Ergebnis ist negativ, da sich die Amplitude aufgrund des negativen Reflexionsfaktors umdreht. Der Betrag ist das Maß für die Abweichung vom Mittelwert der Hüllkurve, also der Amplitude der hinlaufenden Welle. Beim Rücklauf kann die Welle mit der hinlaufenden konstruktiv oder destruktiv entspr. $1{,}5 \pm 0{,}5 = 2$ bzw. 1 interferieren, was die Werte von U_max bzw. U_min bestimmt. Das Minuszeichen bestimmt den Wert bei $z = l$.

Wir suchen noch die dazugehörigen Stromverhältnisse, indem wir in den Spannungsrechnungen r_2 durch $r_{2I} = -r_2$ ersetzen:

$$\frac{\hat{I}_h}{\hat{I}_2} = \frac{1}{1-r_2} = \frac{1}{2}(1+\frac{R_2}{Z_L}) = \frac{3}{4}; \qquad \frac{\hat{I}_r}{\hat{I}_2} = \frac{-r_2}{1-r_2} = \frac{1}{2}(1-\frac{R_2}{Z_L}) = \frac{1}{4}.$$

Das bei der Spannung gesagte gilt analog.

Aufgabe 4.3.9-4: Eine verlustlose 50 Ω-Leitung sei mit $\underline{Z}_2 = (25 + j50)\ \Omega$ abgeschlossen. Man bestimme $\underline{r}_2$, s, $\underline{Z}(0{,}8\lambda)$, sowie das kürzeste Verhältnis l/λ, für das der Leitungswiderstand rein resistiv ist und den dazugehörigen Wert von R_1'.

$$\underline{r}_2 = \frac{\underline{Z}_2 - Z_L}{\underline{Z}_2 + Z_L} = \frac{-25 + j50}{75 + j50} \approx 0{,}62e^{j1{,}446} = 0{,}077 + j0{,}615.$$

$$s = \frac{1+r_2}{1-r_2} = \frac{1+0{,}62}{1-0{,}62} = 4{,}27.$$

$$\underline{Z}(0{,}8\lambda) = Z_L \frac{\underline{Z}_2 + jZ_L \tan 0{,}8\lambda\beta}{Z_L + j\underline{Z}_2 \tan 0{,}8\lambda\beta} = 50\Omega \frac{25 + j50 + j50 \cdot \tan 1{,}6\pi}{50 + j(25 + j50) \cdot \tan 1{,}6\pi} =$$

$$= (13{,}782 - j20{,}275)\Omega.$$

Zum Auffinden der kürzesten resistiven Länge definieren wir $x := \tan b$, erweitern den Zähler der Leitungswiderstandsgleichung mit dem konjugiert Komplexen des Nenners und setzen den dann entstandenen Zählerimaginärteil Null:

$$\Im\{(25 + j50(1 + x))(50 - 50x - j25x)\} = 0 \qquad \Rightarrow \qquad x^2 + \frac{1}{4}x - 1 = 0.$$

Die Lösungen dieser quadratischen Gleichung sind:

$$x_{1,2} = -\frac{1}{8} \pm \frac{\sqrt{65}}{8} = \begin{matrix} 0{,}8828 \\ -1{,}1328 \end{matrix} = \tan\frac{2\pi l}{\lambda} \quad \Rightarrow \quad \frac{l}{\lambda} = \frac{\arctan x_1}{2\pi} = 0{,}1151.$$

Den Wert des dazugehörigen reellen Widerstands ermitteln wir, indem wir in der allgemeinen Widerstandsformel die Imaginärteile einfach zu Null setzen:

$$R_1' = 50\Omega \frac{25}{50 - 50x_1} = 213{,}28\Omega.$$

***Aufgabe 4.3.9-5**: Zum Anpassen einer verlustlosen Leitung mit Leitungswellenwiderstand Z_L an den Abschlußwiderstand R_2 wird entspr. Abb. 4.3-12 rechts eine kurzgeschlossene Stichleitung mit Z_L und der Länge l_S im Abstand l_2 vom Abschlußwiderstand angeschlossen. Man bestimme l_S und l_2 für gegebene Wellenlänge λ sowie die Welligkeit in jedem Teilstück.

Die Summe der beiden Leitungsleitwerte von Stich- und Abschlußleitung muß gleich dem Leitungswellenleitwert links von 0 sein:

$$\frac{1}{Z_L} = \frac{1}{\underline{Z}_{02}} + \frac{1}{\underline{Z}_S} = \frac{1}{Z_L}\frac{Z_L + jR_2 \tan b_2}{R_2 + jZ_L \tan b_2} + \frac{1}{jZ_L \tan b_S}.$$

Setze $x := \tan b_2$, $y := \tan b_S$, so folgt

$$\Rightarrow \quad 1 = \frac{Z_L + jR_2 x}{R_2 + jZ_L x} + \frac{1}{jy} \qquad \Rightarrow \quad (jy - 1)(R_2 + jZ_L x) = jy(Z_L + jR_2 x).$$

Aus der Identität der Realteile folgt

$$R_2 + Z_L xy = R_2 xy \qquad \Rightarrow \quad R_2 = (R_2 - Z_L)xy.$$

Aus der Identität der Imaginärteile folgt

$$R_2 y - Z_L x = Z_L y \qquad \Rightarrow \quad y = \frac{Z_L x}{R_2 - Z_L} \qquad \Rightarrow \quad R_2 = Z_L x^2$$

$$\Rightarrow \quad \tan\beta l_2 = \pm\sqrt{\frac{R_2}{Z_L}} \qquad \Rightarrow \quad l_2 = \pm\frac{\lambda}{2\pi}\arctan\sqrt{\frac{R_2}{Z_L}}$$

$$\Rightarrow \quad y = \tan\beta l_S = \pm\frac{\sqrt{R_2 Z_L}}{R_2 - Z_L} \qquad \Rightarrow \quad l_S = \pm\frac{\lambda}{2\pi}\arctan\frac{1}{\sqrt{R_2/Z_L} - \sqrt{Z_L/R_2}}.$$

Wir können das Ergebnis überprüfen, indem wir den Anpassungsfall mit $Z_L = R_2$ simulieren. Dann gilt erwartungsgemäß $l_S = \lambda/4$, was bedeutet, daß sich der Kurzschluß zu den Klemmen 0 hin als Leerlauf transformiert und besagt, daß der Stich nicht vorhanden ist. Der Wert von l_2 ist dann beliebig.

Die Welligkeit zum Generator hin verschwindet, da wir ja eine Anpassung vorgenommen haben. Die Welligkeit im Stich ist unendlich, da ein Kurzschluß vorliegt. Die Welligkeit zwischen 0 und Verbraucher ergibt sich je nachdem, welcher Wert größer ist, über das Widerstandsverhältnis R_2/Z_L oder Z_L/R_2.

Aufgabe 4.4.1-1: Man weise die Stromformel $i_{1,2}(\infty)$ durch direkte Herleitung nach.

Da der Stromreflexionsfaktor gleich dem negativen Spannungsreflexionsfaktor ist, muß bei allen ungeradzahligen Produktfaktoren der Stromreflexionsfaktoren das Vorzeichen negativ sein, bei allen geradzahligen positiv:

$$i_{1,2}(\infty) = \frac{U_0}{Z_L}(1 - r_2 + r_1 r_2 - r_1 r_2^2 + r_1^2 r_2^2 - r_1^2 r_2^3 + \ldots) =$$

$$= \frac{U_0}{Z_L}(1 - r_2)(1 + r_1 r_2 + r_1^2 r_2^2 + \ldots) = \frac{U_0}{Z_L}(1 - r_2)\sum_{i=0}^{\infty}(r_1 r_2)^i = \frac{U_0}{Z_L}\frac{1 - r_2}{1 - r_1 r_2} =$$

$$= \frac{U_q}{R_i + Z_L}\frac{1/r_2 - 1}{1/r_2 - r_1} = \frac{U_q}{R_i + Z_L}\frac{\frac{R_2 + Z_L}{R_2 - Z_L} - 1}{\frac{R_2 + Z_L}{R_2 - Z_L} - \frac{R_i - Z_L}{R_i + Z_L}} = \frac{U_q}{R_i + R_2} = \frac{u_{1,2}(\infty)}{R_2}. \qquad \text{q.e.d.}$$

Aufgabe 4.4.1-2: An eine leerlaufende Freiraum-Zweidrahtleitung wird zum Zeitpunkt $t = 0$ über $R_i = Z_L$ reflexionsfrei eine Gleichspannung U_0 angelegt. Man skizziere Spannungs- und Stromzeitverläufe am Eingang der Leitung.

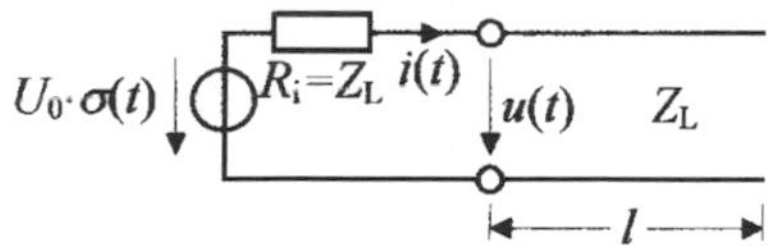

Die Eingangsstufe sieht wie links dargestellt aus; $t_L = l/c$. $\sigma(t)$ ist die Einheitssprungfunktion.

Leerlauffall: $r_2 = 1$.

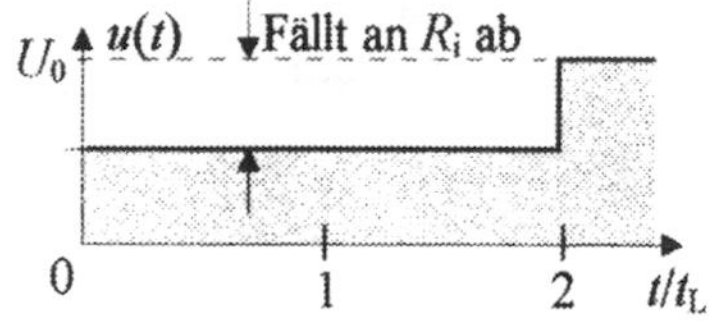

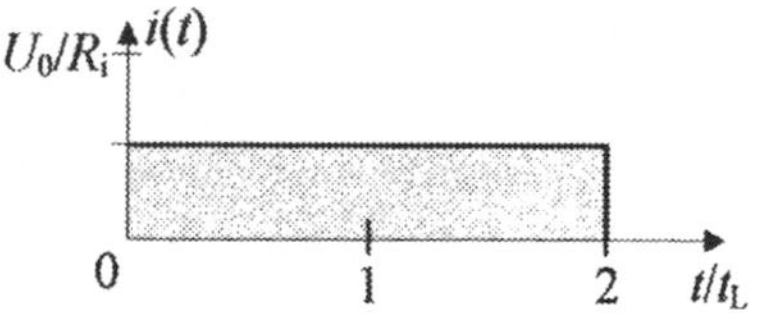

Kurzschlußfall. $r_2 = -1$.

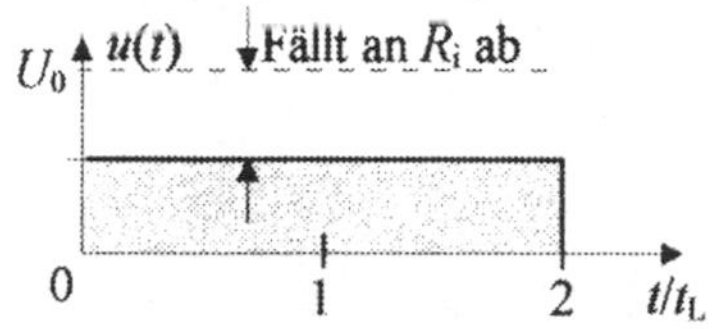

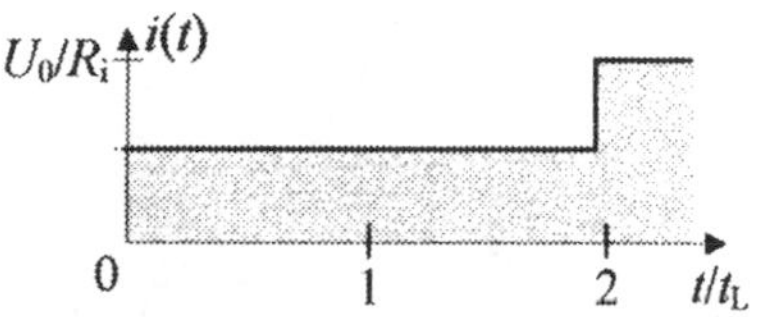

Aufgabe 4.4.1-3: An eine leerlaufende Freiraum-Zweidrahtleitung der Länge l wird zum Zeitpunkt $t = 0$ von einer idealen Spannungsquelle eine Gleichspannung U_0 angelegt. Man skizziere für $z = l/2$ Spannungs- und Stromverlauf über der Zeit t.

Mit $r_1 = -1$ und $r_2 = 1$ gilt mit $t_L = l/c$ am Ort $z = l/2$:

$$t > \frac{t_L}{2}: \quad u = U_0; \qquad i = \frac{U_0}{Z_L};$$

$$t > \frac{3t_L}{2}: \quad u = U_0(1 + r_2) = 2U_0; \qquad i = \frac{U_0}{Z_L}(1 - r_2) = 0;$$

$$t > \frac{5t_L}{2}: \quad u = U_0(1 + r_2 + r_2 r_1) = U_0; \quad i = \frac{U_0}{Z_L}(1 - r_2 + r_2 r_1) = -\frac{U_0}{Z_L};$$

$$t > \frac{7t_L}{2}: \quad u = U_0(1 + r_2 + r_2 r_1 + r_2^2 r_1) = 0 = u(t < \frac{t_L}{2});$$

$$i = \frac{U_0}{Z_L}(1 - r_2 + r_2 r_1 - r_2^2 r_1) = 0 = i(t < \frac{t_L}{2});$$

$$t > \frac{9t_L}{2}: \quad u = U_0(1 + r_2 + r_2 r_1 + r_2^2 r_1 + r_2^2 r_1^2) = U_0 = u(t > \frac{t_L}{2});$$

$$i = \frac{U_0}{Z_L}(1 - r_2 + r_2 r_1 - r_2^2 r_1 + r_2^2 r_1^2) = \frac{U_0}{Z_L} = i(t > \frac{t_L}{2}).$$

Ab hier wiederholt sich der Vorgang entspr. der rechten Angabe. Die Reihenentwicklung im Text ist nicht anwendbar, da sie nur für $r_i < 1$ gilt, also endliche Abschlüsse, was hier nicht der Fall ist.

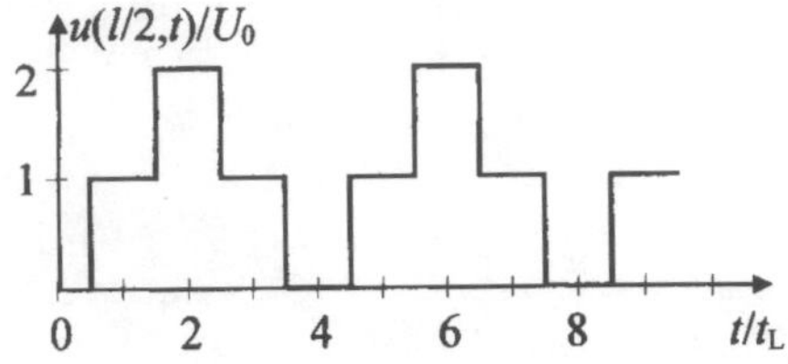

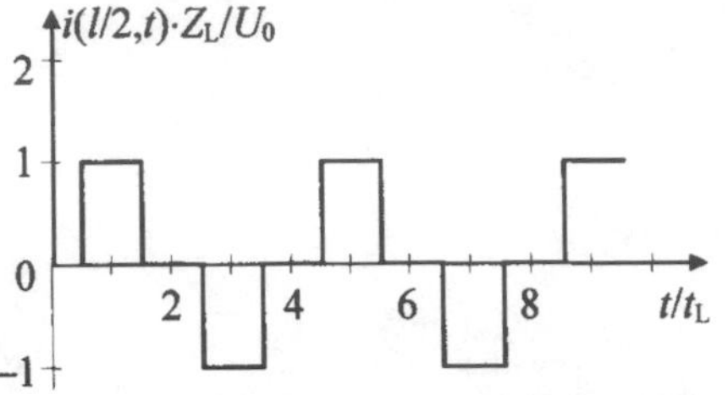

Aufgabe 4.4.1-4: Eine Leitung mit Leitungswellenwiderstand Z_L verzweige auf n Leitungen mit Leitungswiderständen Z_{1i}. Man gebe den Gesamtreflexions- und -transmissionsfaktor an.

$$r = \frac{Z_2 - Z_L}{Z_2 + Z_L} = \frac{1 - Z_L/Z_2}{1 + Z_L/Z_2}, \quad t = \frac{2Z_2}{Z_2 + Z_L} = \frac{2}{1 + Z_L/Z_2}; \quad \text{mit} \quad \frac{1}{Z_2} = \sum_{i=1}^{n} \frac{1}{Z_{1i}}$$

$$\Rightarrow \quad r = \frac{1 - Z_L \sum_{i=1}^{n} \frac{1}{Z_{1i}}}{1 + Z_L \sum_{i=1}^{n} \frac{1}{Z_{1i}}} = \frac{\frac{1}{Z_L} - \sum_{i=1}^{n} \frac{1}{Z_{1i}}}{\frac{1}{Z_L} + \sum_{i=1}^{n} \frac{1}{Z_{1i}}}, \quad t = \frac{2}{1 + Z_L \sum_{i=1}^{n} \frac{1}{Z_{1i}}} = \frac{\frac{2}{Z_L}}{\frac{1}{Z_L} + \sum_{i=1}^{n} \frac{1}{Z_{1i}}}.$$

Aufgabe 4.4.1-5: Ein Gatter-Ausgang ist bei $U_H = 3{,}6$ V mit $I_{max} = 20$ mA belastbar. Er soll über einen Serienwiderstand R_s an eine $Z_L = 130$ Ω-Leitung angekoppelt werden. Man bestimme R_s sowie die Spannung U an der Leitung. Welcher Strom I ergibt sich bei eingangsseitiger Anpassung?

Nach Einschalten der Spannung fließt

$$I_{max} = \frac{U_H}{R_s + Z_L} \quad \Rightarrow \quad R_s = \frac{U_H}{I_{max}} - Z_L = 50\Omega \quad \Rightarrow \quad U = I_{max} Z_L = 2{,}6\text{V}.$$

Im Anpassungsfall mit $R_s = 130$ Ω fließt $I = U_H/2R_s = 13{,}8$ mA.

Aufgabe 4.4.2-1: An eine Freiraum-Zweidrahtleitung wird zum Zeitpunkt $t = 0$ von einer idealen Spannungsquelle eine Gleichspannung U_0 angelegt. Man skizziere für Leerlauf und Kurzschluß Spannungs- und Stromverlauf über dem Ort z zu den Zeiten, zu denen die Flanke über die Leitungsmitte hinwegläuft.

Mit $r_1 = -1$ und $r_2 = \pm 1$ stellt sich das Ergebnis wie auf der folgenden Seite dar. Man beachte den Querbezug zu Aufgabe 4.4.1-3. Die grau schattierten Verläufe stellen den jeweils resultierenden Pulsverlauf dar. Die nicht ausgefüllten Gebiete den jeweils gerade maßgebenden hin- oder rücklaufenden Anteil. Wir erkennen, daß Spannungs- und Stromverlauf bei Leerlauf am Leitungsende sich ab der letzen Darstellung immer wiederholen.

Bei Kurzschluß am Leitungsende wiederholt sich der Spannungsverlauf ab dem dritten Bild, der Stromverlauf wächst über alle Grenzen. Die Bilder haben letztendlich jedoch nur theoretische Bedeutung, da die wenn auch noch so kleine, aber immer vorhandene Dämpfung bei Leerlauf die Verläufe bald zum Verschwinden bringt, bei Kurzschluß wird die Lebensdauer des Systems begrenzt sein.

Zu Aufgabe 4.4.2-1:

Leerlauf am Leitungsende: Kurzschluß am Leitungsende:

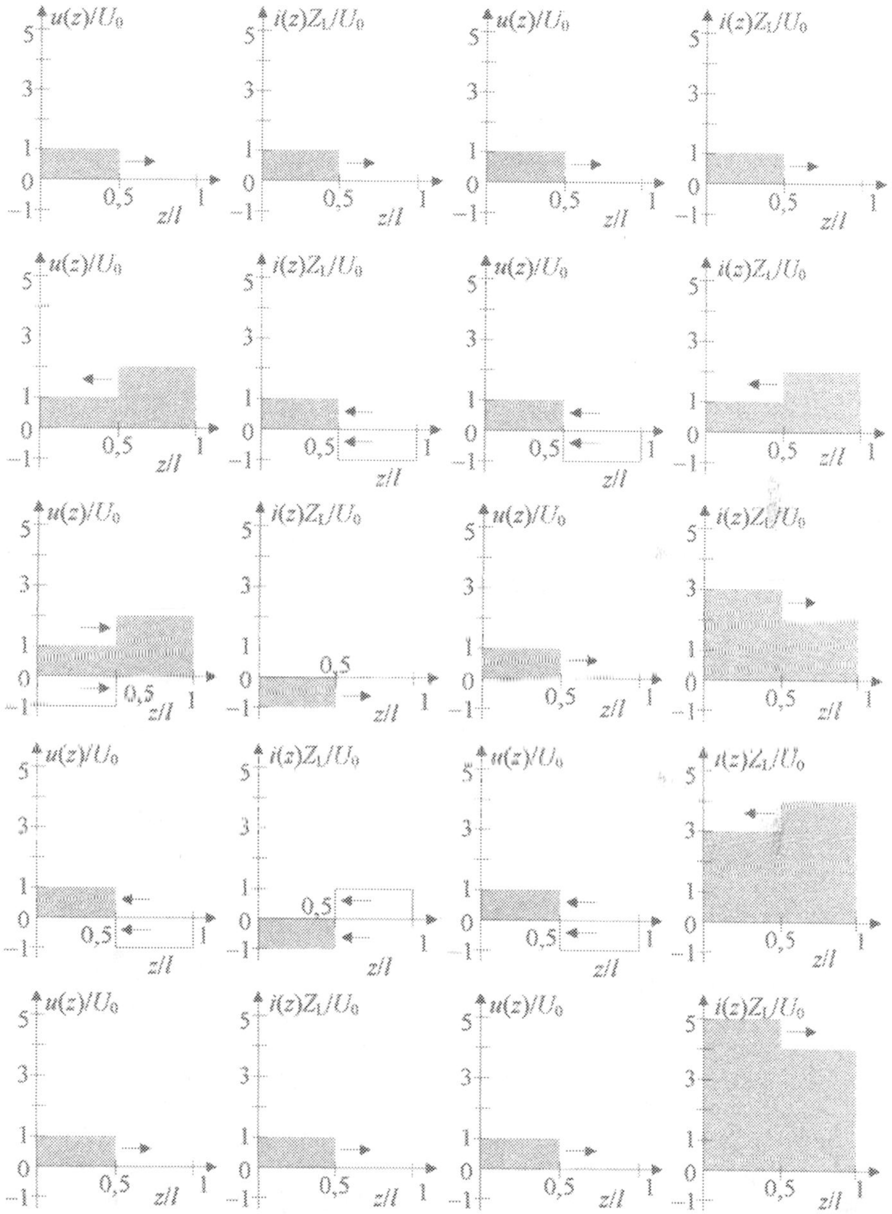

Aufgabe 4.4.2-2: An einer verzerrungsfreien Freiraum-Zweidrahtleitung gemäß Abb. 4.4-14 trete zum Zeitpunkt $t = 0$ bei der Länge l ein Kurzschluß auf und die rücklaufende Welle löse eine an der Spannungsquelle lokalisierte Sicherung S aus. Man berechne $u(z)$ und $i(z)$ zu den Reflexionszeitpunkten und skizziere $i_K(t)$ und $u_1(t)$.

Wegen des beidseitig reflexionsfreien Abschlusses gilt:

$$u(z) = \frac{U_0}{2} e^{-\alpha z} \qquad \text{und} \qquad i(z) = \frac{U_0}{2Z_L} e^{-\alpha z}, \qquad t < 0.$$

Die Hälfte der Quellspannung fällt vor t_L permanent am praktisch in Reihe zum Leitungswellenwiderstand liegenden Innenwiderstand ab. Betrachten wir den Zeitpunkt $t_L = l/c_0$, zu dem die durch den Kurzschluß verursachte rücklaufende Welle gerade die Sicherung erreicht. Mit $r_2 = -1 = -r_{I2}$ und $a := \alpha l$ gilt:

$$u(z) = \frac{U_0}{2}(e^{-\alpha z} + r_2 e^{-a} e^{-\alpha(l-z)}) = \frac{U_0}{2}(e^{-\alpha z} - e^{-2a} e^{+\alpha z});$$

$$i(z) = \frac{U_0}{2Z_L}(e^{-\alpha z} - r_2 e^{-a} e^{-\alpha(l-z)}) = \frac{U_0}{2Z_L}(e^{-\alpha z} + e^{-2a} e^{+\alpha z}); \qquad t = t_L.$$

Nachdem der erhöhte Stromwert $\frac{U_0}{2Z_L}(1 + e^{-2a})$ die Sicherung ausgelöst hat, wird die rücklaufende Welle am entstandenen Leerlauf mit $r_1 = 1 = -r_{I1}$ reflektiert und die Quelle abgeschaltet. Zum Zeitpunkt $t = 2t_L$, da die Kurzschlußflanke das kurzgeschlossene Leitungsende wieder erreicht hat, gilt folglich:

$$u(z) = \frac{U_0}{2}(r_2 e^{-a} e^{-\alpha(l-z)} + r_1 r_2 e^{-2a} e^{-\alpha z}) = -\frac{U_0}{2}(e^{-2a} e^{+\alpha z} + e^{-2a} e^{-\alpha z}).$$

$$i(z) = \frac{U_0}{2Z_L}(-r_2 e^{-a} e^{-\alpha(l-z)} + r_1 r_2 e^{-2a} e^{-\alpha z})) = \frac{U_0}{2Z_L}(e^{-2a} e^{+\alpha z} - e^{-2a} e^{-\alpha z}); \quad t = 2t_L.$$

Dabei tritt eine erneute Reflexion am kurzgeschlossenen Leitungsende auf, wobei die dort zuerst reflektierte Welle ausgeblendet wird:

$$u(z) = \frac{U_0}{2}(r_1 r_2 e^{-2a} e^{-\alpha z} + r_1 r_2^2 e^{-3a} e^{-\alpha(l-z)}) = -\frac{U_0}{2}(e^{-2a} e^{-\alpha z} - e^{-4a} e^{+\alpha z}).$$

$$i(z) = \frac{U_0}{2Z_L}(r_1 r_2 e^{-2a} e^{-\alpha z} - r_1 r_2^2 e^{-3a} e^{-\alpha(l-z)}) = -\frac{U_0}{2Z_L}(e^{-2a} e^{-\alpha z} + e^{-4a} e^{+\alpha z}); \quad t = 3t_L.$$

Wir erkennen das Bildungsgesetz und wie sich die Welle allmählich abdämpft.

Das Verhalten von $u_1(t)$ und $i_K(t)$ ändert sich erwartungsgemäß immer um t_L versetzt, wobei jeweils eine Abdämpfung um den Faktor e^{-a} stattfindet. Das Vorzeichen dreht sich mit jeder erneuten Reflexion an der jeweiligen Stelle um und es tritt eine Oszillation mit einer Grundschwingungsperiode von $T = 4t_L$ auf. Der Anfangsspannungswert $u_1(0)$ beträgt $U_0/2$, nach Auslösen der Sicherung gilt $u_1(t_L^+) = -U_0 e^{-2a}$ und alle $2t_L$ wird dieser Faktor um weitere $-e^{-2a}$ gedämpft. Der Kurzschlußstrom beginnt mit einer Stromverdopplung $i_K(0^+) = U_0 e^{-a} / Z_L$ und wird alle $2t_L$ ebenfalls um $-e^{-2a}$ gedämpft.

Nach dem Auslösen der Sicherung macht die dort reflektierte Welle die Leitung zunächst näherungsweise stromlos und lädt gleichzeitig dieses Stück auf negative Spannungswerte auf. Dabei wird die mit dem Kurzschlußstrom assoziierte magnetische Energie in elektrische umgewandelt, wobei α ebenfalls seinen Tribut fordert. Ist die Welle wieder am Kurzschluß angekommen, wird die Leitung entladen und die elektrische Energie wieder in magnetische transformiert. Dieses Spiel setzt sich fort, bis die Dämpfung die Leitung energielos gemacht hat.

Ein Problem stellt der erste negative Spannungswert nach Auslösen der Sicherung vor allem für Energieversorgungsleitungen dar, denn er ist vom Betrage her deutlich größer als der normale Spannungswert. Energieversorgungsleitungen sind zwar i.allg. Wechselstromleitungen, das hier dargestellte Problem tritt jedoch prinzipiell auch bei Wechselstromschaltvorgängen auf.

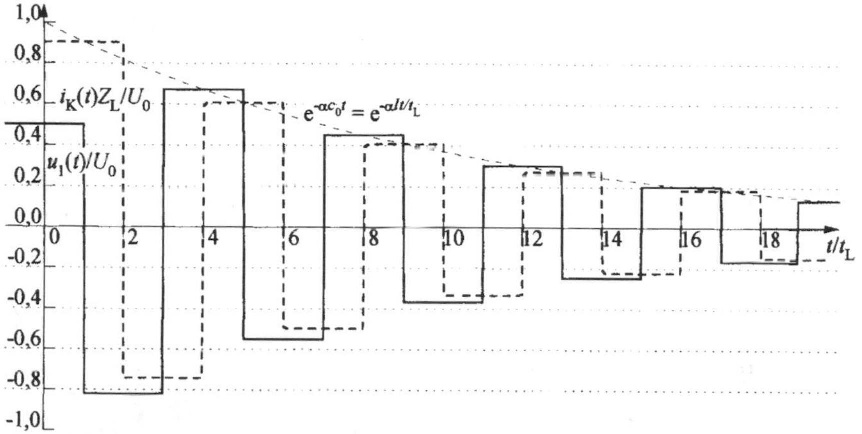

Aufgabe 4.4.3-1: In eine l = 600 m lange Zweidrahtleitung mit Z_L = 50 Ω und einem Leitungsabschluß von $Z_2 = Z_L/3$ wird zum Zeitpunkt t = 0 reflexionsfrei ein Rechteckimpuls von U_0 = 1V der Dauer T = 1 µs eingespeist. Man bestimme den Reflexionsfaktor r_2, zeichne Strom- und Spannungsverteilung zu den Zeitpunkten t_1 = 7/3 µs und t_2 = 8/3 µs, sowie deren Zeitverläufe an der Stelle l_0 = 500 m.

An Stellen, an denen der Puls hinläuft, gilt: $u_h = U_0 = 1$V, $i_h = U_0/Z_L = 20$ mA, an Stellen, an denen er zurückläuft, gilt mit $r_2 = -0{,}5$: $u_r = r_2 u_h = -0{,}5 U_0 = -0{,}5$V, $i_r = -r_2 i_h = 10$ mA. $l_1' = c_0 t_1 = 700$ m. Da die Leitung nur 600 m lang ist, ist zum Zeitpunkt t_1 = 7/3 µs der Puls bereits 100 m in Richtung Quelle reflektiert. Die Pulslänge beträgt $L = c_0 T$ = 300 m. Folglich ist das Pulsende bei $l_1' - L$ = 400 m zu finden:

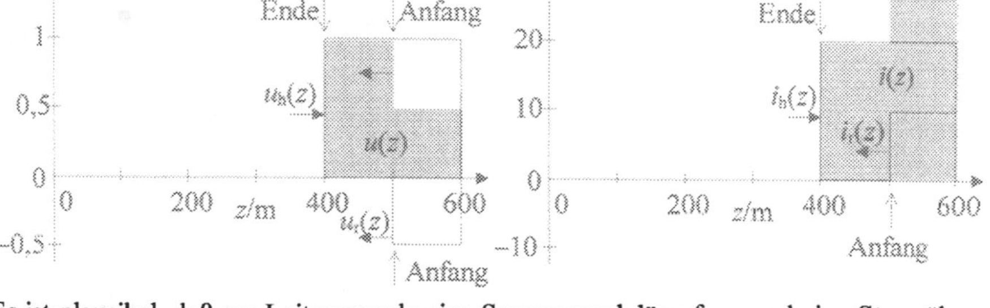

Es ist plausibel, daß am Leitungsende eine Spannungsabdämpfung und eine Stromüberhöhung auftritt, da der Abschlußwiderstand kleiner als der Leitungswellenwiderstand ist und somit näher am Kurzschluß liegt. Für t_2 = 8/3 µs ist $l_2' = c_0 t_2$ = 800 m ⇒ l_2 = 400 m und das Pulsende ist bei $l_2' - L$ = 500 m zu finden:

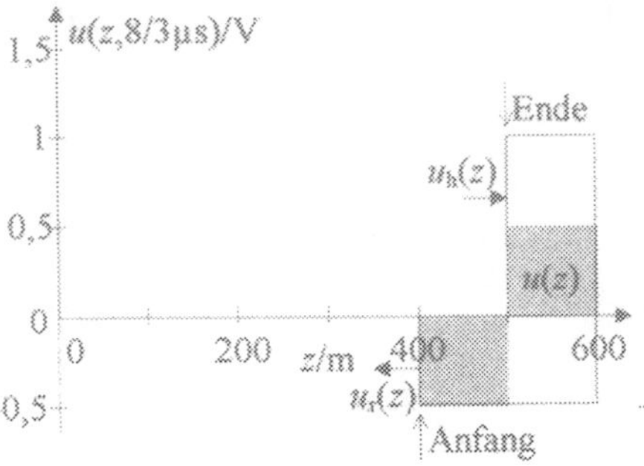

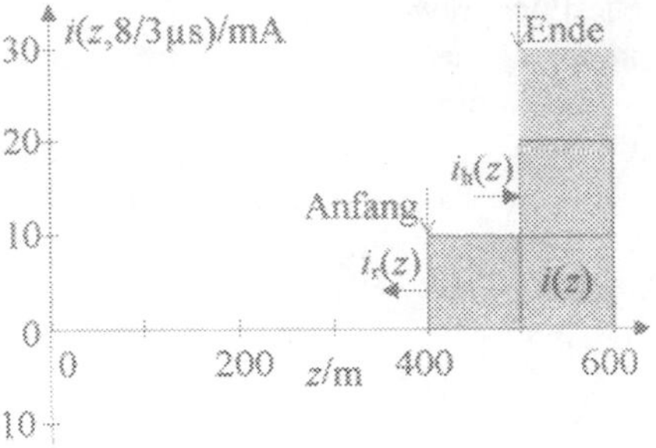

Die Zeitverläufe von Spannung und Strom entnehmen wir den folgenden Diagrammen. Bei 500 m erscheint der hinlaufende Puls erstmals nach $500/3 \cdot 10^{-8}$s = 5/3µs und verschwindet 1 µs später wieder. Der rücklaufende Puls erreicht die 500 m entspr. 700 m nach 7/3 µs und ab 10/3 µs ist der Punkt ladungsfrei.

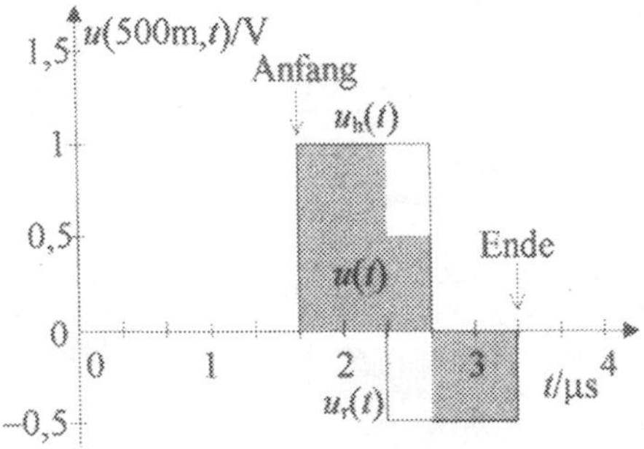

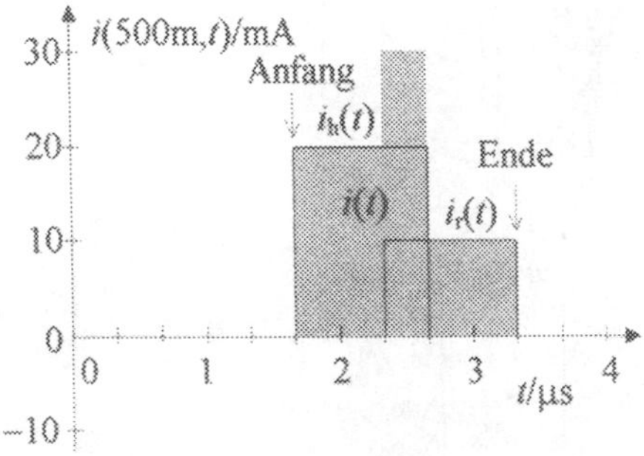

Aufgabe 4.4.3-2: Eine Pulsspannungsquelle erzeugt den in Abb. 4.4-17 links dargestellten Zeitverlauf, der in die rechts dargestellte Schaltung reflexionsfrei eingespeist wird. Man zeichne Strom- und Spannungsverteilung zu den Zeitpunkten t_1 = 5/3 µs, t_2 = 7/3 µs sowie deren Zeitverläufe an den Stellen z_1 = 300 m, z_2 = 450 m und z_3 = 600 m.

Wegen der Unsymmetrie der Pulsform muß entspr. den Erläuterungen im Text für die Momentanwerte bei der Reflexion des Pulses am Leitungsende zunächst dessen virtueller Verlauf über das Leitungsende hinaus ermittelt werden, dieser sodann mit dem Reflexionsfaktor r_2 = 0,5 gewichtet und an der vertikalen Achse bei l = 600 m gespiegelt werden:

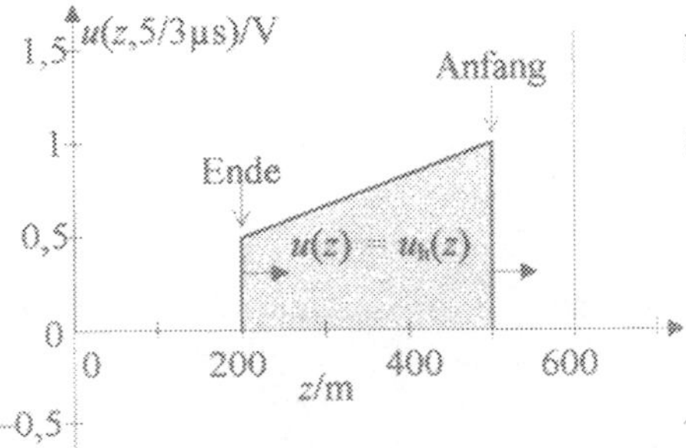

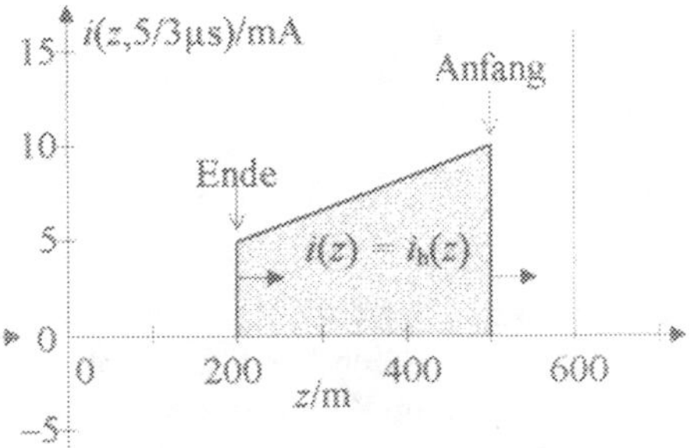

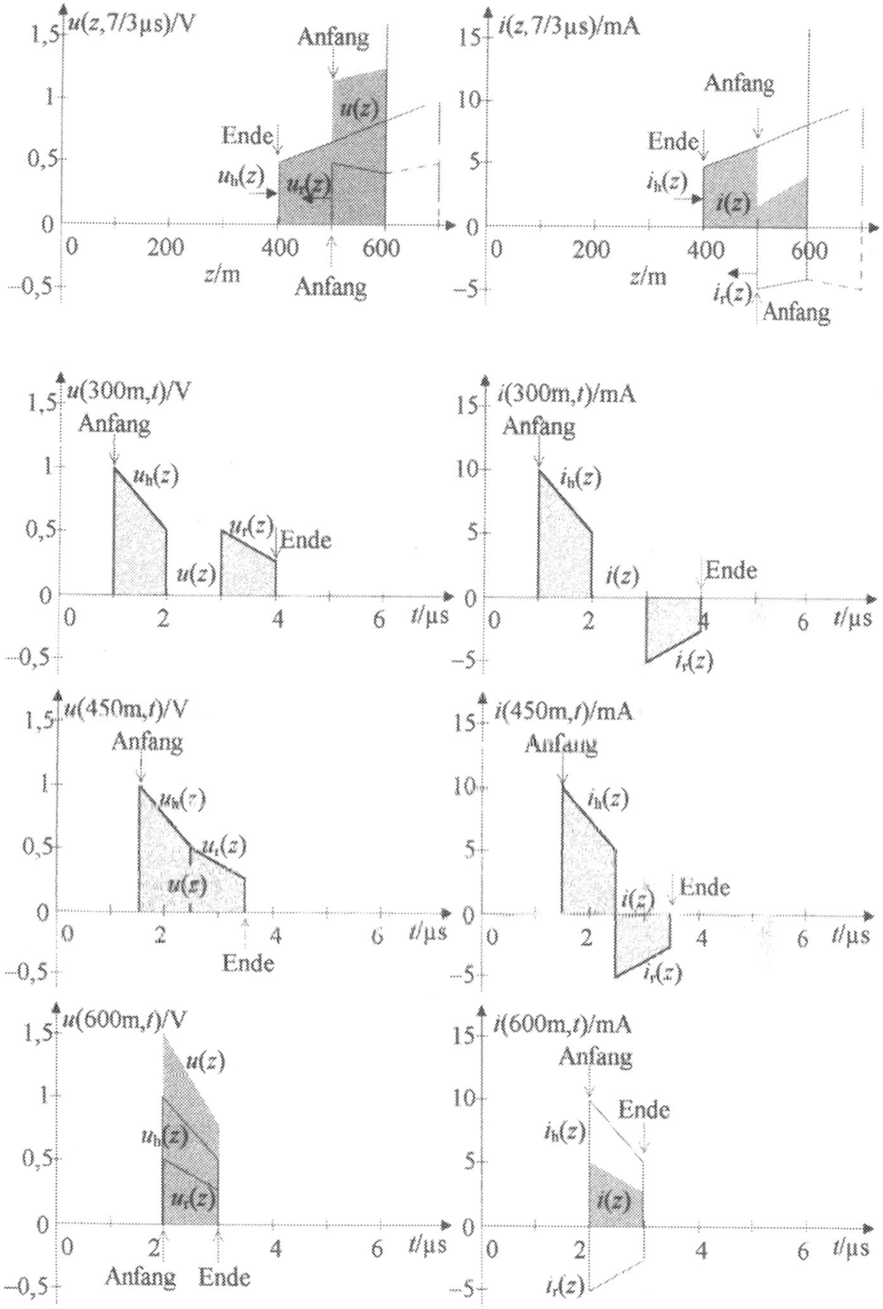

Aufgabe 4.4.3-3: Drei Freileitungsstücke werden entspr. Abb. 4.4-18 gekoppelt und reflexionsfrei mit einem Puls der Dauer $T = 10$ µs gespeist. Man stelle die normierten Momentanwerte der Spannung für Zeiten dar, da der Puls zu jeweils 1/3 über eine Koppelstelle hinweggelaufen ist.

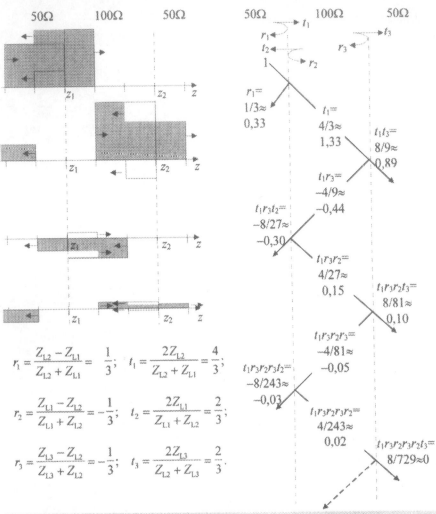

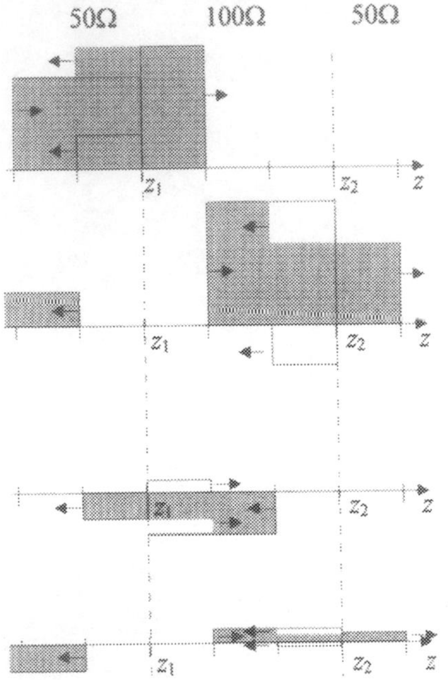

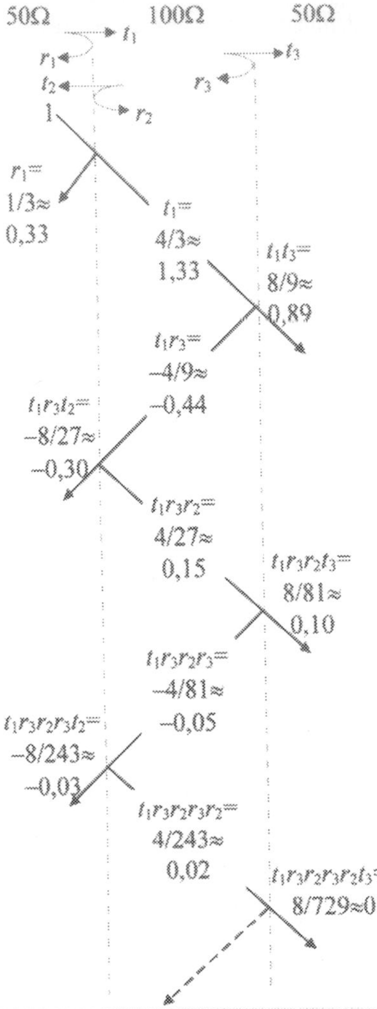

$$r_1 = \frac{Z_{L2} - Z_{L1}}{Z_{L2} + Z_{L1}} = \frac{1}{3}; \quad t_1 = \frac{2Z_{L2}}{Z_{L2} + Z_{L1}} = \frac{4}{3};$$

$$r_2 = \frac{Z_{L1} - Z_{L2}}{Z_{L1} + Z_{L2}} = -\frac{1}{3}; \quad t_2 = \frac{2Z_{L1}}{Z_{L1} + Z_{L2}} = \frac{2}{3};$$

$$r_3 = \frac{Z_{L3} - Z_{L2}}{Z_{L3} + Z_{L2}} = -\frac{1}{3}; \quad t_3 = \frac{2Z_{L3}}{Z_{L2} + Z_{L3}} = \frac{2}{3}.$$

***Aufgabe 4.4.3-4**: Zwei sehr lange Fernleitungen mit unterschiedlichen Leitungswellenwiderständen Z_{L1} und Z_{L2} werden entspr. Abb. 4.4-19 über einen Kondensator C gekoppelt, um die Reflexion zu verringern. Man bestimme $u(t)$.

Anwendung der Kirchhoffschen Gesetze führt zu:

$$i_C = C\frac{du}{dt}; \qquad u = u_h + u_r \quad \Rightarrow \quad u_r = u - u_h;$$

$$i_1 = i_h - i_r = i_2 + i_C \quad = \quad \frac{u_h - u_r}{Z_{L1}} = \frac{u}{Z_{L2}} + C\frac{du}{dt} = \frac{2u_h - u}{Z_{L1}}.$$

Dies stellen wir mit der Zeitkonstanten τ in der Standardform einer Differentialgleichung erster Ordnung dar:

$$\frac{du}{dt} + \frac{u}{C}\left(\frac{1}{Z_{L1}} + \frac{1}{Z_{L2}}\right) = \frac{2u_h}{Z_{L1}C} = \frac{du}{dt} + \frac{u}{\tau} \qquad \text{mit} \qquad \tau := \frac{CZ_{L1}Z_{L2}}{Z_{L1} + Z_{L2}}.$$

τ entspricht also einer Parallelschaltung der beiden Leitungswellenwiderstände, was daher rührt, daß an ihnen und dem Kondensator die gleiche Spannung abfällt. Im Intervall $0 < t < T$ können wir als Lösung ansetzen:

$$u(t) = \frac{2U_0}{Z_{L1}C}\tau + k\mathrm{e}^{-\frac{t}{\tau}}.$$

Da am Kondensator die Spannung nicht springen kann, gilt:

$$u(0^-) = u(0^+) = 0 = \frac{2U_0}{Z_{L1}C}\tau + k \quad \Rightarrow \quad k = -\frac{2U_0}{Z_{L1}C}\tau = -\frac{2Z_{L2}U_0}{Z_{L1}+Z_{L2}}.$$

Somit ergibt sich für die Zeitfunktion in $0 < t < T$:

$$u(t) = \frac{2Z_{L2}U_0}{Z_{L1}+Z_{L2}}(1-\mathrm{e}^{-\frac{t}{\tau}}) \qquad \Rightarrow \quad u(\infty) = \frac{2Z_{L2}U_0}{Z_{L1}+Z_{L2}} = t_2 U_0.$$

Würde der Puls nicht mehr zurückgenommen werden und wäre die zweite Leitung reflexionsfrei abgeschlossen, würde $u(\infty)$ als Endwert folgen. Da für $t > T$ jedoch $u_h = 0$, modifiziert sich die Differentialgleichung zu:

$$\frac{\mathrm{d}u}{\mathrm{d}t} + \frac{u}{\tau} = 0 \qquad \Rightarrow \qquad u(t) = u(T)\cdot \mathrm{e}^{-\frac{t-T}{\tau}} = \frac{2Z_{L2}U_0}{Z_{L1}+Z_{L2}}(1-\mathrm{e}^{-\frac{T}{\tau}})\cdot \mathrm{e}^{-\frac{t-T}{\tau}} \rightarrow 0\Big|_{t\to\infty}.$$

Aufgabe 5.3-1: Man weise Gl. 5.3-1 nach.

Wir starten mit Gln. 5.2-2 und 5.2-3 rechts, leiten sie nochmals nach y bzw. x ab und subtrahieren sie dann:

$$\frac{\partial^2 \underline{E}_z}{\partial y^2} + \mathrm{j}\beta_z\frac{\partial \underline{E}_y}{\partial y} = -\mathrm{j}\omega\mu\frac{\partial \underline{H}_x}{\partial y}; \qquad -\mathrm{j}\beta_z\frac{\partial \underline{E}_x}{\partial x} - \frac{\partial^2 \underline{E}_z}{\partial x^2} = -\mathrm{j}\omega\mu\frac{\partial \underline{H}_y}{\partial x};$$

$$\Rightarrow \quad \frac{\partial^2 \underline{E}_z}{\partial x^2} + \frac{\partial^2 \underline{E}_z}{\partial y^2} + \mathrm{j}\beta_z(\frac{\partial \underline{E}_y}{\partial y} + \frac{\partial \underline{E}_x}{\partial x}) = \mathrm{j}\omega\mu(-\frac{\partial \underline{H}_x}{\partial y} + \frac{\partial \underline{H}_y}{\partial x}) = -\omega^2\mu\varepsilon\underline{E}_z.$$

Bei der rechten Umformung wurde die linke Gl. 5.2-4 verwendet. Den mittleren Klammerausdruck formen wir mittels der dritten MAXWELLgleichung um. Wegen der Quellenfreiheit muß gelten:

$$\frac{\partial \underline{E}_y}{\partial y} + \frac{\partial \underline{E}_x}{\partial x} = -\frac{\partial \underline{E}_z}{\partial z} = \mathrm{j}\beta_z\underline{E}_z.$$

Dies in die darüberstehende Gleichung eingesetzt ergibt die gesuchte Beziehung.

Aufgabe 5.3-2: Wie ist das Verhältnis a/b zu wählen, damit in einem Hohlleiter mit derselben Frequenz f die Moden (5,5) und (13,3) angeregt werden können?

Die Bedingung für die Anregung zweier Moden (m_1,n_1) und (m_2,n_2) mit ein und derselben Frequenz f und damit derselben Phasenkonstante β kann angegeben werden über:

$$\beta_z^2 = \beta^2 - (\frac{m_1\pi}{a})^2 - (\frac{n_1\pi}{b})^2 \overset{!}{=} \beta^2 - (\frac{m_2\pi}{a})^2 - (\frac{n_2\pi}{b})^2$$

$$\Rightarrow \quad (\frac{m_1\pi}{a})^2 + (\frac{n_1\pi}{b})^2 \stackrel{!}{=} (\frac{m_2\pi}{a})^2 + (\frac{n_2\pi}{b})^2 \qquad \Rightarrow \quad \frac{a}{b} = \sqrt{\frac{m_2^2 - m_1^2}{n_1^2 - n_2^2}} = 3.$$

Aufgabe 5.3-3: Man bestimme die Wellenfunktion $e_z(x,y,z,t)$, wenn zum Zeitpunkt $t = T/4$ in der Ebene $z = \lambda_z/3$ $\underline{e}_z = e_z$ reell ist.

$$e_z(\boldsymbol{x},t) = \Re\left\{\underline{E}_z(\boldsymbol{x})\cdot e^{j\omega t}\right\} = \Re\left\{\underline{\hat{E}}_z \cdot \sin\frac{m\pi x}{a}\cdot\sin\frac{n\pi y}{b}\cdot e^{j(\omega t - \beta_z z)}\right\} =$$

$$= \Re\left\{\underline{\hat{E}}_z \cdot e^{j(\omega t - \beta_z z)}\right\}\cdot\sin\frac{m\pi x}{a}\cdot\sin\frac{n\pi y}{b}.$$

Wir zerlegen $\underline{\hat{E}}_z = \hat{E}_z \cdot e^{j\varphi}$ und berechnen den Nullphasenwinkel φ:

$$e_z(x,y,\frac{\lambda_z}{3},\frac{T}{4}) = \hat{E}_z\cdot\Re\left\{e^{j(\varphi + \omega\frac{T}{4} - \beta_z\frac{\lambda_z}{3})}\right\}\cdot\sin\frac{m\pi x}{a}\cdot\sin\frac{n\pi y}{b}.$$

Damit $\underline{e}_z(x,y,\frac{\lambda_z}{3},\frac{T}{4}) = e_z$ reell ist, muß gelten:

$$\varphi + \omega\frac{T}{4} - \beta_z\frac{\lambda_z}{3} = \pm k\pi; \quad k \in N_0 \qquad \Rightarrow \quad \varphi = -\frac{2\pi}{4} + \frac{2\pi}{3} \pm k\pi = \frac{\pi}{6} \pm k\pi.$$

Das Endergebnis lautet somit:

$$e_z(\boldsymbol{x},t) = \hat{E}_z\cdot\sin\frac{m\pi x}{a}\cdot\sin\frac{n\pi y}{b}\cdot\cos(\omega t - \beta_z z + \frac{\pi}{6} \pm k\pi).$$

Aufgabe 5.3-4: Man skizziere den Verlauf von $\underline{E}_z^{(3,4)}(x,y,0)$ für $\underline{\hat{E}}_z = \hat{E}_z$ reell.

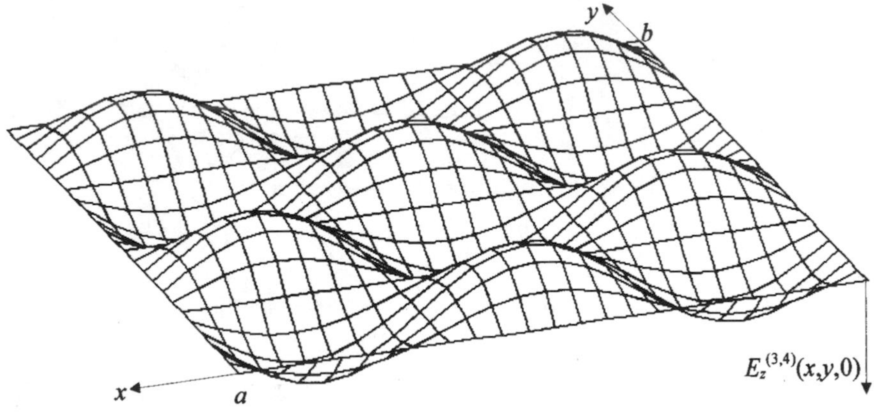

Aufgabe 5.3.1-1: Welche Moden werden für Wellenlängen oberhalb von 8 cm von einem quadratischen Hohlleiter der Kantenlänge 10 cm transmittiert?

Wir starten mit der Definitionsgleichung 5.3-10 für die kritische Wellenlänge:

$$\lambda^2 \overset{!}{<} \frac{4}{(\frac{m}{a})^2 + (\frac{n}{b})^2} = \frac{4a^2}{m^2 + n^2} \qquad \Rightarrow \quad m^2 + n^2 \overset{!}{<} (\frac{2a}{\lambda})^2 = 6{,}25$$

$$\Rightarrow \quad m \overset{!}{<} \sqrt{6{,}25 - n^2}\,.$$

Fallunterscheidungen:

$n = 0 \Rightarrow \quad m < 2{,}5 \quad \Rightarrow \quad (m{,}n) = (1{,}0), (2{,}0)$

(Anm.: diese H-Modentypen werden später besprochen)

$n = 1 \Rightarrow \quad m < 2{,}29 \quad \Rightarrow \quad (m{,}n) = (0{,}1), (1{,}1), (2{,}1)$

$n = 2 \Rightarrow \quad m < 1{,}5 \quad \Rightarrow \quad (m{,}n) = (0{,}2), (1{,}2).$

Höhere Wellentyp-Moden können nicht auftreten, da dann die Wurzel imaginär wird. Wegen der Entartung aufgrund des quadratischen Querschnitts sind folglich folgende Moden ausbreitungsfähig: $H^{(1,0)}$, $H^{(2,0)}$, (1,1), (1,2).

Aufgabe 5.3.1-2: Wie weit dürfte man die Frequenz eines Wellentyp-Modus absenken, von dem im Hohlleiter bei $f = 3$ GHz $\lambda_z = 12$ cm gemessen werden?

Wir lösen Gl. 5.3-16 nach f_c auf:

$$\lambda_z = \frac{\lambda}{\sqrt{1-(\lambda/\lambda_c)^2}} = \frac{c_0}{f\sqrt{1-(f_c/f)^2}} = \frac{c_0}{\sqrt{f^2 - f_c^2}}$$

$$\Rightarrow \quad f_c = \sqrt{f^2 - (\frac{c_0}{\lambda_z})^2} = 1{,}661\ \text{GHz}$$

Aufgabe 5.3.1-3: In einem Hohlleiter mit $a/b = 10$ cm/5 cm wird für einen Modus $f_c = 4{,}24$ GHz gemessen. Um welchen Modus (m,n) handelt es sich?

Wir lösen Gl. 5.3-11 für $a = 2b$ nach (m,n) auf:

$$f_c = \frac{c_0}{2}\sqrt{(\frac{m}{a})^2 + (\frac{n}{b})^2} \qquad \Rightarrow \quad (\frac{2f_c a}{c_0})^2 = m^2 + 4n^2 \approx 8.$$

Diese Bedingung ist für ganzzahlige (m,n) nur für (2,1) einzuhalten.

Aufgabe 5.3.1-4: In einem Hohlleiter wird für einen Dämpfungstyp-Modus bei $f = 3$ GHz nach 5 cm noch 1% der eingespeisten Wirkleistung detektiert. Um wieviel liegt f unterhalb des Cutoff?

Die Leistung im Hohlleiter wird mit $P(z) = P(0)\mathrm{e}^{-2\alpha z}$ gedämpft. Der Faktor 2 wurde bereits in Abschnitt 3.3.13.1 angegeben und resultiert aus der Tatsache, daß sowohl elektrische als auch magnetische Feldstärke mit α gedämpft werden, die beiden proportionale Leistung folglich mit 2α. Damit läßt sich α bestimmen:

$$\alpha = \frac{1}{2z}\ln\frac{P(0)}{P(z)} = \frac{\ln 100}{0{,}1\text{m}} = 46{,}05\frac{1}{\text{m}} \overset{!}{=} \sqrt{\beta_c^2 - \beta^2} = \frac{2\pi}{c_0}\sqrt{f_c^2 - f^2}$$

$$\Rightarrow \quad f_c^2 - f^2 = (\frac{\alpha c_0}{2\pi})^2 \quad \Rightarrow \quad \frac{f_c}{f} = \sqrt{1 + (\frac{\alpha c_0}{2\pi f})^2} = 1{,}24 \quad \Rightarrow \quad \frac{f}{f_c} = 80{,}67\%.$$

Aufgabe 5.3.1-5: Für ein Koordinatensystem, in dem auf der Ordinate m und auf der Abszisse n aufgetragen ist, gebe man die Gleichung an, aus der sich für gegebene Hohlleitergeometrie und Grenzfrequenz die anregbaren Moden bestimmen lassen. Welche geometrische Form beschreibt die Grenzkurve zwischen Wellen- und Dämpfungsbereich? Man bestimme für $f_c = 6{,}5$ GHz und $a/b = 10$ cm/5 cm graphisch die anregbaren Moden.

Wir gehen von der Bedingung geführter Moden nach Gl. 5.3-11 aus:

$$f^{(m,n)} \overset{!}{>} \frac{c}{2}\sqrt{(\frac{m}{a})^2 + (\frac{n}{b})^2} \quad \Rightarrow \quad (\frac{2f^{(m,n)}}{c})^2 \overset{!}{>} (\frac{m}{a})^2 + (\frac{n}{b})^2.$$

$$\Rightarrow \quad (\frac{m}{2f^{(m,n)}a/c})^2 + (\frac{n}{2f^{(m,n)}b/c})^2 \overset{!}{<} 1.$$

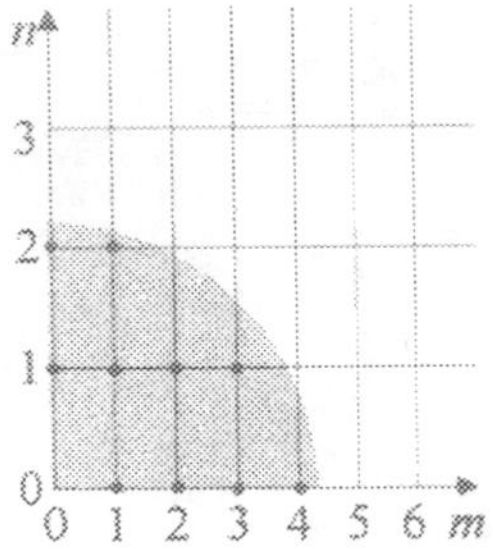

Dies ist für $a > b$ eine Ellipsengleichung mit $m_c = \frac{2f_c^{(m,n)}a}{c}$ als großer und $n_c = \frac{2f_c^{(m,n)}b}{c}$ als kleiner Halbachse. Für die angegebenen Zahlenwerte gilt: $m_c = 4{,}34$ und $n_c = 2{,}17$. Die grafische Darstellung läßt sich vereinfachen, wenn wir die n-Achse um den Faktor $2 = a/b$ strecken: die Ellipse wird dann zum Kreis, wie im linken Diagramm aufgetragen. Die (m,n)-Koordinaten der hier fett markierten Kreuzungspunkte bezeichnen die anregbaren Moden, wobei es sich bei denjenigen auf den Koordinatenachsen um H-Moden handelt.

Aufgabe 5.3.2-1: Man überprüfe, ob bei E-Wellen elektrisches und magnetisches Feld senkrecht aufeinander stehen.

Wir bilden das Skalarprodukt von elektrischer und magnetischer Feldstärke, das bei Orthogonalität verschwinden muß:

$$\underline{\boldsymbol{E}} \cdot \underline{\boldsymbol{H}} = \begin{pmatrix} \underline{E}_x \\ \underline{E}_y \\ \underline{E}_z \end{pmatrix} \cdot \begin{pmatrix} \underline{E}_y/\underline{\eta}_E \\ -\underline{E}_x/\underline{\eta}_E \\ 0 \end{pmatrix} = 0. \qquad \text{q.e.d.}$$

Der Nachweis läßt sich für H-Wellen analog führen.

Aufgabe 5.3.2-2: Zwei Wellen der Frequenz f mit in y-Richtung polarisierter elektrischer Feldstärke durchdringen einander entspr. Abb. 5.3-5. Man stelle die resultierende Welle $e_y(x,z,t)$ als Produkt einer stehenden und einer fortschreitenden Welle dar und bestimme die zugehörigen Wellenlängen.

POYNTINGvektor $\boldsymbol{\mathcal{P}}$ und Ausbreitungsvektor $\underline{\boldsymbol{\gamma}} = \mathrm{j}\boldsymbol{\beta}$ haben die gleiche Richtung. Setzen wir der Einfachheit halber $\underline{\hat{E}}_y = \hat{E}_y$ reell, so lesen wir aus der Abbildung ab:

$$\underline{E}_y = \hat{E}_y \cdot (\mathrm{e}^{-\mathrm{j}\boldsymbol{\beta}_1 \cdot \boldsymbol{x}} + \mathrm{e}^{-\mathrm{j}\boldsymbol{\beta}_2 \cdot \boldsymbol{x}}) =$$

$$= \hat{E}_y \cdot (\exp\left\{-\mathrm{j}\begin{pmatrix}\beta \sin\theta \\ 0 \\ \beta\cos\theta\end{pmatrix}\cdot\begin{pmatrix}x \\ y \\ z\end{pmatrix}\right\} + \exp\left\{-\mathrm{j}\begin{pmatrix}-\beta \sin\theta \\ 0 \\ \beta\cos\theta\end{pmatrix}\cdot\begin{pmatrix}x \\ y \\ z\end{pmatrix}\right\}) =$$

$$= \hat{E}_y (\mathrm{e}^{-\mathrm{j}\beta(x\sin\theta + z\cos\theta)} + \mathrm{e}^{-\mathrm{j}\beta(-x\sin\theta + z\cos\theta)}) =$$

$$= \hat{E}_y \mathrm{e}^{-\mathrm{j}\beta\cos\theta\cdot z}(\mathrm{e}^{-\mathrm{j}\beta\sin\theta\cdot x} + \mathrm{e}^{\mathrm{j}\beta\sin\theta\cdot x}) =$$

$$= 2\hat{E}_y \cos(\beta\sin\theta\cdot x)\cdot \mathrm{e}^{-\mathrm{j}\beta\cos\theta\cdot z} = \underline{E}_y(x,z).$$

Damit folgt für die Wellenfunktion mit $\beta = \omega/c_0$:

$$e_y(x,z,t) = \Re\left\{\underline{E}_y(x,z)\cdot \mathrm{e}^{\mathrm{j}\omega t}\right\} = 2\hat{E}_y \cos(\beta\sin\theta\cdot x)\cdot\cos(\omega t - \beta\cos\theta\cdot z).$$

Erwartungsgemäß finden wir eine in x-Richtung stehende und in z-Richtung fortschreitende Welle mit den zugehörigen Wellenlängen

$$\lambda_x = \frac{2\pi}{\beta\sin\theta} = \frac{c_0}{f\sin\theta} \qquad \text{und} \qquad \lambda_z = \frac{2\pi}{\beta\cos\theta} = \frac{c_0}{f\cos\theta}.$$

Aufgabe 5.3.2-3: Man bestimme $\eta_E^{(m,n)}$ bei gegebener Anregungsfrequenz f und Geometrie des Hohlleiters.

$$\eta_E = \frac{\beta_z}{\omega\varepsilon} = \frac{1}{\omega\varepsilon_0}\sqrt{(\frac{\omega}{c_0})^2 - (\frac{m\pi}{a})^2 - (\frac{n\pi}{b})^2}.$$

Aufgabe 5.3.2-4: Man bestimme für gegebene Anregungsfrequenz f und Geometrie des Hohlleiters alle komplexen Feldamplituden einer $E^{(m,n)}$-Welle am Ort $z = 0$, wenn $\underline{E}_x = \hat{E}_x$ reell gegeben ist.

Wir rechnen zunächst $\hat{\underline{E}}_z$ auf $\hat{\underline{E}}_x$ um:

$$\hat{E}_x = -\mathrm{j}\underline{\hat{E}}_z \frac{\beta_z}{\beta_c^2}\frac{m\pi}{a} \qquad \Rightarrow \qquad \underline{\hat{E}}_z = \mathrm{j}\hat{E}_x \frac{\beta_c^2}{\beta_z}\frac{a}{m\pi} =$$

$$= \mathrm{j}\hat{E}_x \frac{(\frac{m\pi}{a})^2 + (\frac{n\pi}{b})^2}{\sqrt{(\frac{\omega}{c_0})^2 - (\frac{m\pi}{a})^2 - (\frac{n\pi}{b})^2}}\frac{a}{m\pi} = \mathrm{j}\hat{E}_x \frac{\frac{m}{a} + \frac{a}{m}(\frac{n}{b})^2}{\sqrt{(\frac{2f}{c_0})^2 - (\frac{m}{a})^2 - (\frac{n}{b})^2}} = \underline{\hat{E}}_z.$$

$$\underline{\hat{E}}_y = -\mathrm{j}\underline{\hat{E}}_z \frac{\beta_z}{\beta_c^2}\frac{n\pi}{b} = \hat{E}_x\frac{na}{mb}; \qquad \underline{\hat{H}}_z = 0.$$

$$\underline{\hat{H}}_x = \mathrm{j}\underline{\hat{E}}_z \frac{\omega\varepsilon_0}{\beta_c^2}\frac{n\pi}{b} = -\hat{E}_x\frac{\omega\varepsilon_0}{\beta_z}\frac{na}{mb} = -\hat{E}_x \frac{2f\varepsilon_0 \frac{na}{mb}}{\sqrt{(\frac{2f}{c_0})^2 - (\frac{m}{a})^2 - (\frac{n}{b})^2}}$$

$$\underline{\hat{H}}_y = -\mathrm{j}\underline{\hat{E}}_z \frac{\omega\varepsilon_0}{\beta_c^2}\frac{m\pi}{a} = \hat{E}_x \frac{\omega\varepsilon_0}{\beta_z} = \hat{E}_x \frac{2f\varepsilon_0}{\sqrt{(\frac{2f}{c_0})^2 - (\frac{m}{a})^2 - (\frac{n}{b})^2}}.$$

Aufgabe 5.3.2-5: Man gebe die Betragsfunktion $e^{(m,n)}(x,t)$ an.

Mit den Abkürzungen $X = m\pi x/a$, $Y = n\pi y/b$ und $\Theta := \omega t - \beta_z z$ gilt:

$$e(x,t) = |e(x,t)| = \sqrt{e_x^2(x,t) + e_y^2(x,t) + e_z^2(x,t)} =$$

$$= \hat{E}_z \sqrt{(\frac{\beta_z \pi}{\beta_c^2})^2 \left((\frac{m}{a}\cos X \cdot \sin Y)^2 + (\frac{n}{b}\sin X \cdot \cos Y)^2 \right) \sin^2\Theta + (\sin X \cdot \sin Y \cdot \cos\Theta)^2}\,.$$

Aufgabe 5.3.3-1: Man weise Gl. 5.3-31 nach.

$$\boldsymbol{A} \times \mathrm{d}\boldsymbol{x} = \begin{vmatrix} A_x & \mathrm{d}x & \vec{e}_x \\ A_y & \mathrm{d}y & \vec{e}_y \\ A_z & \mathrm{d}z & \vec{e}_z \end{vmatrix} = \begin{pmatrix} A_y\mathrm{d}z - A_z\mathrm{d}y \\ A_z\mathrm{d}x - A_x\mathrm{d}z \\ A_x\mathrm{d}y - A_y\mathrm{d}x \end{pmatrix} = 0. \qquad \text{q.e.d.}$$

Aufgabe 5.3.3-2: In einem Hohlleiter mit quadratischem Querschnitt wird die $E^{(2,1)}$-Welle und mit doppelter Amplitude die $E^{(1,2)}$-Welle angeregt. Man berechne und skizziere den Verlauf der Knotenlinien von $e_z(x,t)$.

Die Bestimmungsgleichung für die Knotenlinie, an der die Längskomponente des elektrischen Felds verschwindet, lautet für diese Feldkombination:

$$\sin\frac{2\pi x}{a} \cdot \sin\frac{\pi y}{a} + 2 \cdot \sin\frac{\pi x}{a} \cdot \sin\frac{2\pi y}{a} = 0\,.$$

Mithilfe der allgemeinen trigonometrischen Umformung $\sin 2\varphi = 2 \cdot \sin\varphi \cdot \cos\varphi$ erhalten wir:

$$2 \cdot \sin\frac{\pi x}{a} \cdot \sin\frac{\pi y}{a} \cdot (\cos\frac{\pi x}{a} + 2 \cdot \cos\frac{\pi y}{a}) = 0\,.$$

Die beiden linken Sinusfunktionen erfüllen die Gleichung, wenn $x = 0$, $y = 0$, $x = a$, $y = b = a$. Dies sagt nichts anderes aus, als daß der ganze Hohlleiter auf einer Knotenlinie liegt, was nichts anderes als die Randbedingung verschwindender elektrischer Tangentialkomponenten ist. Der Klammerausdruck wird zu Null für

$$y(x) = \frac{a}{\pi} \cdot \arccos(-\frac{1}{2}\cos\frac{\pi x}{a}) = a - \frac{a}{\pi} \cdot \arccos(\frac{1}{2}\cos\frac{\pi x}{a}).$$

Die dazugehörige grafische Darstellung:

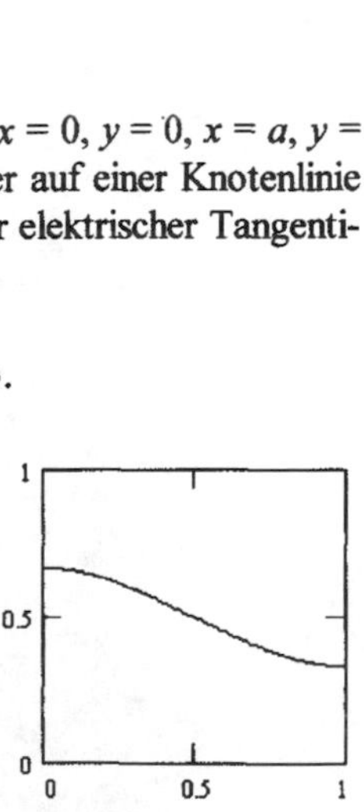

Jede angeregte Wellenform einzeln betrachtet hat eine wandparallele Knotenlinie bei 0,5. Würden beide mit gleicher Amplitude angeregt werden, wäre die Diagonale die Knotenlinie. Durch die unterschiedlichen Amplituden verzerrt sie sich wie dargestellt.

Aufgabe 5.3.4-1: Man gebe für einen bei $\lambda = 8$ cm angeregten Hohlleiter mit $a = b = 10$ cm sämtliche möglichen Winkel θ an.

Wir lösen für $a = b$ β_z nach θ auf:

$$\beta_z = \beta \cdot \cos\theta = \sqrt{\beta^2 - (\frac{m\pi}{a})^2 - (\frac{n\pi}{b})^2} \qquad \text{mit} \qquad \beta = \frac{2\pi}{\lambda}$$

$$\Rightarrow \quad \theta = \arcsin(\frac{\lambda}{2a}\sqrt{m^2+n^2}) = \arcsin(0{,}4\sqrt{m^2+n^2}).$$

Nur die Kombinationen von m und n führen zu ausbreitungsfähigen Moden mit zugehörigen Winkeln $\theta^{(m,n)}$, für die das Argument des arcsin < 1 ist (s. auch Aufgabe 5.3.1-1):

$$\theta^{(1,0)} = \arcsin(0{,}4) = 23{,}58°, \qquad \theta^{(2,0)} = \arcsin(0{,}4\cdot 2) = 53{,}13°,$$

$$\theta^{(1,1)} = \arcsin(0{,}4\cdot\sqrt{2}) = 34{,}45°, \qquad \theta^{(2,1)} = \arcsin(0{,}4\cdot\sqrt{5}) = 63{,}43°.$$

Aufgabe 5.3.4-2: Man bestimme den Winkel θ eines Modus mit der Gruppenlaufzeit $\tau_G = 5$ ns/m.

$$\frac{1}{\tau_G} = v_G = c_0\cos\theta \qquad \Rightarrow \qquad \theta = \arccos\frac{1}{c_0\tau_G} = 48{,}15°.$$

Aufgabe 5.3.4-3: Man bestimme den Winkel θ eines Modus bei $f = 2f_c$.

$$\Lambda = \cos\theta = \sqrt{1-(\frac{f_c}{f})^2} \qquad \Rightarrow \qquad 1-\cos^2\theta = (\frac{f_c}{f})^2 = \sin^2\theta.$$

$$\Rightarrow \quad \theta = \arcsin\frac{f_c}{f} = \arcsin 0{,}5 = 30°.$$

Aufgabe 5.3.4-4: In einem Hohlleiter breite sich eine Welle mit $v_\phi = 2\cdot 10^8$ m/s und $v_G = 10^8$ m/s aus. Welche Aussagen kann man über das Hohlleiterinnere machen? Welcher Winkel θ gehört dazu?

Da die Phasengeschwindigkeit unter der Freiraumlichtgeschwindigkeit liegt, können wir erwarten, daß der Hohlleiter mit einem Dielektrikum gefüllt ist:

$$c^2 = \frac{c_0^2}{\varepsilon_r} = v_\phi v_G \qquad \Rightarrow \qquad \varepsilon_r = \frac{c_0^2}{v_\phi v_G} = \frac{9}{2} = 4{,}5.$$

Der Winkel θ ergibt sich aus

$$\Lambda = \cos\theta = \sqrt{\frac{v_G}{v_\phi}} \qquad \Rightarrow \qquad \theta = \arccos\sqrt{\frac{v_G}{v_\phi}} = \arccos\frac{1}{\sqrt{2}} = 45°.$$

Aufgabe 5.3.4-5: Man stelle die Beziehung zwischen c, v_ϕ und v_G unter Einbeziehung des Winkels θ geometrisch in Form rechtwinkliger Dreiecke dar.

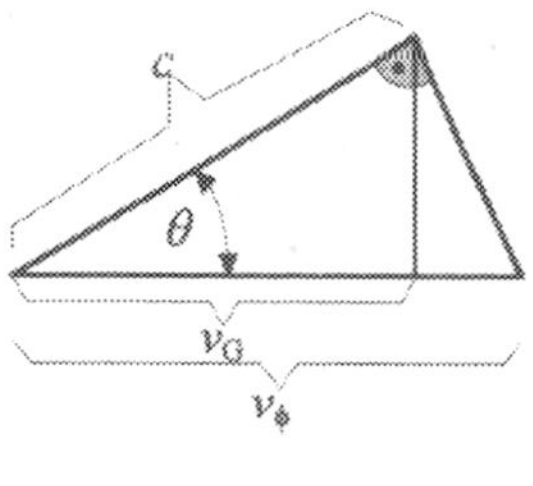

Aufgabe 5.4-1: Man berechne den komplexen zeitgemittelten POYNTINGvektor $\underline{\mathcal{P}}$ eines $H^{(m,n)}$-Modus und interpretiere das Ergebnis physikalisch.

$$\underline{\mathcal{P}} = \frac{1}{2}\underline{E}\times\underline{H}^* = \frac{1}{2}\begin{vmatrix} \eta_{\mathrm{H}} \underline{H}_y & \underline{H}_x^* & \vec{e}_x \\ -\eta_{\mathrm{H}} \underline{H}_x & \underline{H}_y^* & \vec{e}_y \\ 0 & \underline{H}_z^* & \vec{e}_z \end{vmatrix} = \frac{\eta_{\mathrm{H}}}{2}\begin{pmatrix} -\underline{H}_x \underline{H}_z^* \\ -\underline{H}_y \underline{H}_z^* \\ H_x^2 + H_y^2 \end{pmatrix} =$$

$$= \frac{\eta_{\mathrm{H}}\hat{H}_z^2}{2}\cdot\begin{pmatrix} -\mathrm{j}\frac{\beta_z}{\beta_c^2}\cdot\frac{m\pi}{a}\cdot\sin\frac{m\pi x}{a}\cdot\cos\frac{n\pi y}{b}\cdot\cos\frac{m\pi x}{a}\cdot\cos\frac{n\pi y}{b} \\ -\mathrm{j}\frac{\beta_z}{\beta_c^2}\cdot\frac{n\pi}{b}\cdot\cos\frac{m\pi x}{a}\cdot\sin\frac{n\pi y}{b}\cdot\cos\frac{m\pi x}{a}\cdot\cos\frac{n\pi y}{b} \\ (\frac{\beta_z}{\beta_c^2}\cdot\frac{m\pi}{a}\cdot\sin\frac{m\pi x}{a}\cdot\cos\frac{n\pi y}{b})^2 + (\frac{\beta_z}{\beta_c^2}\cdot\frac{n\pi}{b}\cdot\cos\frac{m\pi x}{a}\cdot\sin\frac{n\pi y}{b})^2 \end{pmatrix} =$$

$$= \eta_{\mathrm{H}}\hat{H}_z^2\,\frac{\beta_z\pi}{2\beta_c^2}\cdot\begin{pmatrix} -\mathrm{j}\frac{m}{a}\cdot\sin\frac{m\pi x}{a}\cdot\cos\frac{m\pi x}{a}\cdot\cos^2\frac{n\pi y}{b} \\ -\mathrm{j}\frac{n}{b}\cdot\cos^2\frac{m\pi x}{a}\cdot\sin\frac{n\pi y}{b}\cdot\cos\frac{n\pi y}{b} \\ \frac{\beta_z\pi}{\beta_c^2}\cdot\left((\frac{m}{a}\cdot\sin\frac{m\pi x}{a}\cdot\cos\frac{n\pi y}{b})^2 + (\frac{n}{b}\cdot\cos\frac{m\pi x}{a}\cdot\sin\frac{n\pi y}{b})^2\right) \end{pmatrix} =$$

$$= \mu f(\frac{\hat{H}_z\pi}{\beta_c})^2\cdot\begin{pmatrix} -\mathrm{j}\frac{m}{2a}\cdot\sin\frac{2m\pi x}{a}\cdot\cos^2\frac{n\pi y}{b} \\ -\mathrm{j}\frac{n}{2b}\cdot\cos^2\frac{m\pi x}{a}\cdot\sin\frac{2n\pi y}{b} \\ \frac{\beta_z\pi}{\beta_c^2}\cdot\left((\frac{m}{a}\cdot\sin\frac{m\pi x}{a}\cdot\cos\frac{n\pi y}{b})^2 + (\frac{n}{b}\cdot\cos\frac{m\pi x}{a}\cdot\sin\frac{n\pi y}{b})^2\right) \end{pmatrix}.$$

In diesem recht komplizierten Ausdruck sind die Transversalkomponenten imaginär, die Längskomponente reell. Das bedeutet, daß in Transversalrichtung reine Blindleistung durch die Reflexionen hin- und herpendelt, in Längsrichtung reine Wirkleistung transmittiert wird. Dies ist aus der Anschauung auch unmittelbar zu erwarten. Die Leistung hängt nur von den Transversalkoordinaten x und y ab, so daß der Leistungstransport an jeder Stelle z gleich ist.

Aufgabe 5.4-2: Von einer Hohlleiterwelle im mit einem Dielektrikum gefüllten Hohlleiter ist v_ϕ bekannt. Man bestimme η_{H} und η_{E}.

$$\eta_{\mathrm{H}} = \frac{\omega\mu_0}{\beta_z} = \mu_0 v_\phi; \qquad \eta_{\mathrm{E}} = \frac{\beta_z}{\omega\varepsilon} = \frac{1}{\varepsilon v_\phi}.$$

Die Information der Aufgabenstellung ist nicht ausreichend, um η_{E} zu bestimmen, da ε_r nicht bekannt ist.

Aufgabe 5.4-3: Von einer Hohlleiterwelle im mit einem Dielektrikum gefüllten Hohlleiter ist v_{G} bekannt. Man bestimme η_{H} und η_{E}.

$$\eta_H = \frac{\eta}{\Lambda} = \frac{\eta c}{v_G} = \frac{1}{\varepsilon v_G}; \qquad \eta_E = \frac{\eta^2}{\eta_H} = \mu_0 v_G.$$

Die Information der Aufgabenstellung ist nicht ausreichend, um η_H zu bestimmen, da ε_r nicht bekannt ist.

Aufgabe 5.4-4: Von einem Modus (m_1,n_1) im Hohlleiter mit $a/b = 2$ ist die Grenzfrequenz f_{c1} bekannt. Wie errechnet sich hieraus die Grenzfrequenz f_{c2} eines Modus (m_2,n_2)?

$$f_{c1} = \frac{c}{2a}\sqrt{m_1^2 + 4n_1^2}; \qquad f_{c2} = \frac{c}{2a}\sqrt{m_2^2 + 4n_2^2} = f_{c1}\sqrt{\frac{m_2^2 + 4n_2^2}{m_1^2 + 4n_1^2}}.$$

***Aufgabe 5.4-5**: Wie verändern sich bei einem Hohlleiter durch Einfügen eines Dielektrikums mit ε_r für einen gegebenen Modus (m,n) die Kenngrößen β_c, λ_c, f_c, λ_{0c}, Λ, θ, β_z, v_ϕ, v_G, η_E, η_H? Man gebe an, ob sie sich vergrößern oder verkleinern. Welche Nachteile sind von einer dielektrischen Füllung zu erwarten?

Versehen wir die Kenngrößen im luftgefüllten Hohlleiter explizit mit dem Index 0, so gilt:

$$\beta_c^{(m,n)} = \sqrt{\left(\frac{m\pi}{a}\right)^2 + \left(\frac{n\pi}{b}\right)^2} = \beta_{c0}^{(m,n)}: \qquad \text{verändert sich nicht.}$$

$$\lambda_c^{(m,n)} = \frac{2\pi}{\beta_c^{(m,n)}} = \lambda_{c0}^{(m,n)}: \qquad \text{verändert sich nicht.}$$

$$f_c^{(m,n)} = \frac{c_0}{2\sqrt{\varepsilon_r}}\sqrt{\left(\frac{m}{a}\right)^2 + \left(\frac{n}{b}\right)^2} = \frac{c_0}{2}\sqrt{\left(\frac{m}{a\sqrt{\varepsilon_r}}\right)^2 + \left(\frac{n}{b\sqrt{\varepsilon_r}}\right)^2} = \frac{f_{c0}^{(m,n)}}{\sqrt{\varepsilon_r}} < f_{c0}^{(m,n)}.$$

Die Grenzfrequenz erniedrigt sich um den Faktor $\sqrt{\varepsilon_r}$, also um die Brechzahl. Der dielektrisch gefüllte Hohlleiter verhält sich bzgl. der Grenzfrequenz wie ein luftgefüllter, bei dem die Querabmessungen um $\sqrt{\varepsilon_r}$ gestreckt sind.

$$\lambda_{0c}^{(m,n)} = \frac{c_0}{f_c^{(m,n)}} = \frac{c_0\sqrt{\varepsilon_r}}{f_{c0}^{(m,n)}} = \lambda_{c0}^{(m,n)}\sqrt{\varepsilon_r} > \lambda_{c0}^{(m,n)}.$$

$$\Lambda = \sqrt{1 - \left(\frac{f_c}{f}\right)^2} = \sqrt{1 - \frac{1}{\varepsilon_r}\left(\frac{f_{c0}}{f}\right)^2} = \sqrt{1 - \frac{1}{\varepsilon_r}(1 - \Lambda_0^2)} = \sqrt{1 - \frac{1}{\varepsilon_r} + \frac{\Lambda_0^2}{\varepsilon_r}} > \Lambda_0.$$

$$\Lambda = \cos\theta = \sqrt{1 - \frac{1 - \cos^2\theta_0}{\varepsilon_r}} \Rightarrow \theta = \arccos\sqrt{1 - \frac{\sin^2\theta_0}{\varepsilon_r}} = \arcsin\frac{\sin\theta_0}{\sqrt{\varepsilon_r}} < \theta_0.$$

$$\beta_z = \sqrt{\beta^2 - \beta_c^2} = \sqrt{\beta_0^2\varepsilon_r - \beta_0^2 + \beta_{z0}^2} = \sqrt{\beta_0^2(\varepsilon_r - 1) + \beta_{z0}^2} > \beta_{z0}.$$

$$v_\phi = \frac{\omega}{\beta_z} = \frac{\omega}{\sqrt{\beta_0^2(\varepsilon_r - 1) + \beta_{z0}^2}} = \frac{1}{\sqrt{\frac{\varepsilon_r - 1}{c_0^2} + \frac{1}{v_{\phi 0}^2}}} = \frac{v_{\phi 0}}{\sqrt{\left(\frac{v_{\phi 0}}{c_0}\right)^2(\varepsilon_r - 1) + 1}} < v_{\phi 0}$$

Diese Relation läßt sich auch über die Beziehung $\omega = v_{\phi 0}\beta_{z0} = v_{\phi}\beta_z$ und $\beta_z > \beta_{z0}$ zeigen.

$$v_G = \frac{c_0^2}{\varepsilon_r v_\phi} = \frac{c_0^2}{\varepsilon_r}\sqrt{\frac{\varepsilon_r - 1}{c_0^2} + \frac{1}{v_{\phi 0}^2}} = \frac{1}{\varepsilon_r}\sqrt{c_0^2(\varepsilon_r - 1) + v_{G0}^2} > v_{G0}.$$

Diese Relation läßt sich auch über die Beziehung $c_0^2 = v_{\phi 0}v_{G0} = v_\phi v_G/\varepsilon_r$ und $v_\phi < v_{\phi 0}$ zeigen.

$$\eta_E = \mu_0 v_G = \frac{1}{\varepsilon_r}\sqrt{\eta_0^2(\varepsilon_r - 1) + \eta_{E0}^2}.$$

Um herauszufinden, ob $\eta_E > \eta_{E0}$ oder $\eta_E < \eta_{E0}$ stellen wir diese in Abhängigkeit der Grenzfrequenzen dar:

$$\eta_E = \frac{\eta_0}{\sqrt{\varepsilon_r}}\sqrt{1 - \frac{1}{\varepsilon_r}(\frac{f_{c0}}{f})^2} = \eta_0\sqrt{\frac{1}{\varepsilon_r} - \frac{1}{\varepsilon_r^2}(\frac{f_{c0}}{f})^2} \quad \Rightarrow \quad \eta_{E0} = \eta_0\sqrt{1 - (\frac{f_{c0}}{f})^2}.$$

Wenn also z.B. $\eta_E > \eta_{E0}$ gelten soll, muß

$$\frac{1}{\varepsilon_r} - \frac{1}{\varepsilon_r^2}(\frac{f_{c0}}{f})^2 > 1 - (\frac{f_{c0}}{f})^2 \quad \Rightarrow \quad \frac{f_{c0}}{f} > \sqrt{\frac{1 - 1/\varepsilon_r}{1 - 1/\varepsilon_r^2}}.$$

Für $\varepsilon_r \to 1$ ergibt sich eine Division 0/0, so daß wir mit der HÔPITALschen Regel den Grenzwert bestimmen müssen. Zur einfacheren Berechnung bilden wir diesen unter der Wurzel:

$$\lim_{\varepsilon_r \to 1}\sqrt{\frac{1 - 1/\varepsilon_r}{1 - 1/\varepsilon_r^2}} = \sqrt{\lim_{\varepsilon_r \to 1}\frac{1 - 1/\varepsilon_r}{1 - 1/\varepsilon_r^2}} = \sqrt{\lim_{\varepsilon_r \to 1}\frac{\varepsilon_r^2 - \varepsilon_r}{\varepsilon_r^2 - 1}} = \sqrt{\lim_{\varepsilon_r \to 1}\frac{2\varepsilon_r - 1}{2\varepsilon_r}} = \frac{1}{\sqrt{2}}.$$

Wächst $\varepsilon_r \to \infty$, geht der Wurzelausdruck gegen 1 und f muß immer näher an f_c liegen, damit diese Bedingung erfüllt werden kann. Als Gesamtergebnis kann also sowohl $\eta_E > \eta_{E0}$ als auch $\eta_E < \eta_{E0}$ sein. Wir bestimmen noch η_H:

$$\eta_H = \mu_0 v_\phi = \frac{\mu_0 v_{\phi 0}}{\sqrt{(\frac{v_{\phi 0}}{c_0})^2(\varepsilon_r - 1) + 1}} = \frac{\eta_{H0}}{\sqrt{(\frac{\eta_{H0}}{\eta_0})^2(\varepsilon_r - 1) + 1}} < \eta_{H0}.$$

Diese Relation läßt sich auch aus der Relation für v_ϕ direkt ableiten. Von einer dielektrischen Füllung sind zusätzlich zu Wandstromverlusten dielektrische Verluste zu erwarten, wie sie in Abschnitt 3.3.9.5 behandelt wurden.

Aufgabe 5.4.1-1: Man leite die Gleichungen her, die in Abb. 5.4-2 a/b als Funktion von λ_c/a für einen gegebenen Modus (m,n) beschreiben. Welche Spezialfälle treten auf?

Wir starten mit der Definitionsgleichung 5.3-10:

$$\lambda_c = \frac{2}{\sqrt{(\frac{m}{a})^2 + (\frac{n}{b})^2}} \quad \Rightarrow \quad (\frac{m}{a})^2 + (\frac{n}{b})^2 = \frac{4}{\lambda_c^2} \quad \Rightarrow \quad m^2 + (\frac{a}{b}n)^2 = \frac{4}{(\lambda_c/a)^2}$$

$$\Rightarrow \quad (\frac{a}{b})^2 = \frac{4}{(n\lambda_c/a)^2} - (\frac{m}{n})^2 \qquad \Rightarrow \quad \frac{b}{a} = \frac{n}{\sqrt{\frac{4}{(\lambda_c/a)^2} - m^2}}.$$

Spezialfälle stellen zum einen alle $H^{(m,0)}$-Moden dar, bei denen keine Abhängigkeit von b besteht, d.h. nur noch $\lambda_c^{(m,0)}/a = 2/m$ angebbar ist, wofür alle b/a-Werte gelten, d.h. es sich um senkrechte Geraden durch diese Punkte handelt. Für $H^{(0,n)}$-Moden gilt

$$\frac{b}{a} = n\frac{\lambda_c^{(0,n)}/a}{2}.$$

Hierbei handelt es sich um Geradengleichungen durch den Nullpunkt mit der Steigung $n/2$.

Aufgabe 5.4.1-2: Für einen Rechteckhohlleiter mit a/b = 10 cm/5 cm bestimme man $\lambda_c^{(1,0)}$ sowie für eine Frequenz von $1{,}4f_c$ Phasen- und Gruppengeschwindigkeit dieses Modus.

$$\lambda_c^{(1,0)} = 2a = 20 \text{ cm}.$$

Zur Geschwindigkeitsberechnung bestimmen wir Λ:

$$\Lambda = \sqrt{1-(\frac{f_c}{f})^2} = 0{,}7 \quad \Rightarrow \quad v_\phi = \frac{c_0}{\Lambda} = 4{,}28\cdot 10^8\,\frac{\text{m}}{\text{s}}; \quad v_G = c_0\Lambda = 2{,}1\cdot 10^8\,\frac{\text{m}}{\text{s}}.$$

Aufgabe 5.4.1-3: Man bestimme den Frequenzbereich, für den in einem Hohlleiter mit den Maßen a/b = 22,86 mm/10,16 mm ausschließlich der Grundmodus angeregt wird. Welcher praxisrelevante Bereich ergibt sich?

Aus Abb. 5.4-2 lesen wir ab, daß für dieses Querschnittsverhältnis der nächstangeregte Modus der $H^{(2,0)}$-Modus ist. Folglich muß für Grundmodenanregung gelten:

$$f_c^{(1,0)} = \frac{c}{2}\cdot\frac{1}{a} = \frac{c}{2a} = 6{,}56 \text{ GHz} < f < f_c^{(2,0)} = \frac{c}{2}\cdot\frac{2}{a} = \frac{c}{a} = 13{,}11 \text{ GHz}.$$

Da das Verhältnis b/a nicht wesentlich von 0,5 abweicht, kann die Formel $1{,}25 < f/f_c^{(1,0)} < 1{,}9$ verwendet werden: $8{,}2 < f/\text{GHz} < 12{,}5$.

Aufgabe 5.4.1-4: Eine bei der Trägerfrequenz f_0 = 1,875 GHz angeregte Grundwelle in einem a/b = 10 cm/5 cm-Rechteckhohlleiter weist durch Modulation ein Bandbreite B symmetrisch um f auf. Wie groß darf B sein, damit kein Spektralanteil unterhalb des Cutoff um mehr als 3 dB/dm gedämpft wird.

Die aperiodische Dämpfung des $H^{(1,0)}$-Modus ergibt sich allgemein zu:

$$\alpha_z^{(1,0)} = \sqrt{(\frac{\pi}{a})^2 - (\frac{\omega}{c})^2} \qquad \Rightarrow \quad f = \frac{c}{2\pi}\sqrt{(\frac{\pi}{a})^2 - \alpha^2} = \frac{c}{2}\sqrt{(\frac{1}{a})^2 - (\frac{\alpha}{\pi})^2}.$$

Wir müssen den gegebenen dB-Wert in Np umrechnen:

$$3 = 20\log e^{\alpha_z^{(1,0)}\cdot 0{,}1\text{m}} \qquad \Rightarrow \quad 10^{\frac{3}{20}} = e^{\alpha_z^{(1,0)}\cdot 0{,}1\text{m}}$$

$$\Rightarrow \quad \alpha_z^{(1,0)} = \frac{3}{2}\ln 10\cdot\frac{\text{Np}}{\text{m}} = 3{,}454\,\frac{\text{Np}}{\text{m}}.$$

Es ergibt sich f = 1,48988 GHz und folglich $B = 2(f_0 - f)$ = 770,25 MHz.

***Aufgabe 5.4.1-5**: Man stelle alle Feldamplituden des Grundmodus am Ort $z = 0$ bei gegebener Anregungsfrequenz f und Geometrie des Hohlleiters in Abhängigkeit der Wirkleistung P dar.

Aus Aufgabe 5.4-1 stellen wir den POYNTINGvektor mit $\beta_c^2 = (\pi/a)^2$ für den $H^{(1,0)}$-Modus dar:

$$\underline{\mathcal{P}} = \frac{1}{2}\underline{\boldsymbol{E}} \times \underline{\boldsymbol{H}}^* = \mu f (\hat{H}_z a)^2 \begin{pmatrix} -\mathrm{j}\frac{1}{a}\sin\frac{2\pi x}{a} \\ 0 \\ \frac{\beta_z a^2}{\pi}(\frac{1}{a}\sin\frac{\pi x}{a})^2 \end{pmatrix}.$$

Wirkleistung wird entspr. dem Realteil nur in z-Richtung transportiert:

$$\mathcal{P}_z = \Re\{\underline{\mathcal{P}}_z\} = \mu f \frac{\beta_z}{\pi}(\hat{H}_z a \sin\frac{\pi x}{a})^2.$$

Die Wirkleistung P berechnen wir mittels des Integrals über die in z-Richtung transportierte Leistungsdichte über der Hohlleiterquerschnittsfläche:

$$P = \int_0^b\int_0^a \mathcal{P}_z \mathrm{d}x\mathrm{d}y = \frac{\mu f \beta_z}{\pi}(\hat{H}_z a)^2 \int_0^b\int_0^a \sin^2\frac{\pi x}{a}\mathrm{d}x\mathrm{d}y = \frac{\mu f \beta_z}{\pi}(\hat{H}_z a)^2\frac{ab}{2} =$$

$$= \frac{\mu f \hat{H}_z^2 a^3 b}{2\pi}\sqrt{(\frac{\omega}{c})^2 - (\frac{\pi}{a})^2} = \frac{\hat{H}_z^2 \mu f a^2 b}{2}\sqrt{(\frac{2fa}{c})^2 - 1}.$$

Dies können wir nun nach $\hat{H}_z$ auflösen, wobei wir dessen Phase der Einfachheit halber zu Null setzen, da die Vorgabe der Wirkleistung hierauf keinen Einfluß hat:

$$\hat{H}_z = \frac{1}{a}\sqrt{\frac{2\pi P}{\mu f a b \beta_z}} = \frac{1}{a}\sqrt{\frac{2P}{\mu f b\sqrt{(\frac{2fa}{c})^2 - 1}}};$$

$$\underline{\hat{H}}_x = \mathrm{j}\hat{H}_z\frac{\beta_z \pi}{\beta_c^2 a} = \mathrm{j}\frac{\hat{H}_z \beta_z a}{\pi} = \frac{\mathrm{j}}{a}\sqrt{\frac{2P\sqrt{(\frac{2fa}{c})^2 - 1}}{\mu f b}};$$

$$\underline{\hat{E}}_y = -\mathrm{j}\hat{H}_z\frac{\omega\mu\pi}{\beta_c^2 a} = -\mathrm{j}\hat{H}_z 2\mu f a = -\mathrm{j}2\sqrt{\frac{2P\mu f}{b\sqrt{(\frac{2fa}{c})^2 - 1}}}.$$

Aufgabe 5.4.2-1: Man gebe die Gleichungen für die graphische Darstellung der magnetischen Feldlinien $y(x)$ eines $H^{(m,n)}$-Modus an.

$$\frac{\mathrm{d}y}{\mathrm{d}x} = \frac{H_y}{H_x} = \frac{\frac{n\pi}{b}\cdot\cos\frac{m\pi x}{a}\cdot\sin\frac{n\pi y}{b}}{\frac{m\pi}{a}\cdot\sin\frac{m\pi x}{a}\cdot\cos\frac{n\pi y}{b}} = \frac{na}{mb}\cdot\cot\frac{m\pi x}{a}\cdot\tan\frac{n\pi y}{b}$$

$$\Rightarrow \quad \cot\frac{n\pi y}{b}\cdot \mathrm{d}y = \frac{na}{mb}\cot\frac{m\pi x}{a}\cdot \mathrm{d}x.$$

Zur Lösung der Differentialgleichung integrieren wir diese. Für verschiedene Werte der Integrationskonstanten C ergeben sich die verschiedenen Feldlinien:

$$\int\cot\frac{n\pi y}{b}\cdot \mathrm{d}y = \frac{na}{mb}\int\cot\frac{m\pi x}{a}\cdot \mathrm{d}x + C.$$

Die Integrale lassen sich mithilfe einschlägiger Integraltabellen lösen:

$$\frac{b}{n\pi}\ln\sin\frac{n\pi y}{b} = \frac{na}{mb}\cdot\frac{a}{m\pi}\ln\sin\frac{m\pi x}{a} + C.$$

Um eine einzelne Feldlinie zu erhalten, benötigen wir $y(x)$, weshalb wir diese Gleichung so umstellen müssen:

$$\ln\sin\frac{n\pi y}{b} = (\frac{na}{mb})^2\ln\sin\frac{m\pi x}{a} + C' = \ln\left(C''\cdot\sin\frac{m\pi x}{a}\right)^{(\frac{na}{mb})^2}$$

$$\frac{n\pi y}{b} = \arcsin\left(C''\cdot\sin\frac{m\pi x}{a}\right)^{(\frac{na}{mb})^2} \qquad \Rightarrow \quad y(x) = \frac{b}{n\pi}\arcsin\left(C''\cdot\sin\frac{m\pi x}{a}\right)^{(\frac{na}{mb})^2}.$$

Hier wurde die Konstante C so in die Umformung mit einbezogen, daß der Ergebnisausdruck möglichst einfach erscheint.

Aufgabe 5.4.2-2: Man gebe entspr. voriger Aufgabe die Gleichungen für die graphische Darstellung der elektrischen Feldlinien $y(x)$ eines $H^{(m,n)}$ Modus an.

$$\frac{\mathrm{d}x}{\mathrm{d}y} = \frac{E_x}{E_y} = -\frac{H_y}{H_x} = -\frac{na}{mb}\cot\frac{m\pi x}{a}\cdot\tan\frac{n\pi y}{b}$$

$$\Rightarrow \quad \frac{na}{mb}\tan\frac{n\pi y}{b}\cdot \mathrm{d}y = -\tan\frac{m\pi x}{a}\cdot \mathrm{d}x.$$

Zur Lösung der Differentialgleichung integrieren wir diese wieder:

$$\frac{na}{mb}\int\tan\frac{n\pi y}{b}\cdot \mathrm{d}y = -\int\tan\frac{m\pi x}{a}\cdot \mathrm{d}x + C.$$

Die Integrale lassen sich wieder mithilfe einschlägiger Integraltabellen lösen:

$$\frac{na}{mb}\cdot\frac{b}{n\pi}\ln\cos\frac{n\pi y}{b} = -\frac{a}{m\pi}\ln\cos\frac{m\pi x}{a} + C.$$

Um eine einzelne Feldlinie zu erhalten, benötigen wir wieder $y(x)$, weshalb wir diese Gleichung so umstellen müssen:

$$\ln\cos\frac{n\pi y}{b} = -\ln\cos\frac{m\pi x}{a} + C' = -\ln(C''\cdot\cos\frac{m\pi x}{a})$$

$$\Rightarrow \quad \frac{n\pi y}{b} = \arccos\frac{C''}{\cos\frac{m\pi x}{a}} \qquad \Rightarrow \quad y(x) = \frac{b}{n\pi}\arccos\frac{C''}{\cos\frac{m\pi x}{a}}.$$

Aufgabe 5.4.2-3: Man gebe für $a = 2b$ die Feldgleichungen für alle Komponenten des $H^{(2,1)}$-Modus in Abhängigkeit der Parameter $\underline{\hat{H}}_z$, a, λ und ggfls. η an und zeichne die Feldverläufe.

Die Feldgleichungen ergeben sich direkt aus den allgemeinen Feldgleichungen für den $H^{(m,n)}$-Modus, indem wir überall $m = 2$ und $n = 1$ setzen. Weiterhin gilt:

$$\beta_c^2 = \pi^2\left(\frac{4}{a^2} + \frac{1}{b^2}\right) = \frac{8\pi^2}{a^2}; \qquad \beta_z = \sqrt{\left(\frac{\omega}{c}\right)^2 - \beta_c^2} = 2\pi\sqrt{\frac{1}{\lambda^2} - \frac{2}{a^2}}.$$

$$\underline{\boldsymbol{H}}(\boldsymbol{x}) = \underline{\hat{H}}_z \begin{pmatrix} \mathrm{j}\sqrt{\left(\frac{a}{2\lambda}\right)^2 - \frac{1}{2}} \cdot \sin\frac{2\pi x}{a} \cdot \cos\frac{2\pi y}{a} \\ \mathrm{j}\sqrt{\left(\frac{a}{2\lambda}\right)^2 - \frac{1}{2}} \cdot \cos\frac{2\pi x}{a} \cdot \sin\frac{2\pi y}{a} \\ \cos\frac{2\pi x}{a} \cdot \cos\frac{2\pi y}{a} \end{pmatrix} \cdot \mathrm{e}^{-\mathrm{j}2\pi\sqrt{\frac{1}{\lambda^2} - \frac{2}{a^2}} \cdot z}$$

$$\underline{\boldsymbol{E}}(\boldsymbol{x}) = \mathrm{j}\underline{\hat{H}}_z \frac{\eta a}{2\lambda} \begin{pmatrix} \cos\frac{2\pi x}{a} \cdot \sin\frac{2\pi y}{a} \\ -\sin\frac{2\pi x}{a} \cdot \cos\frac{2\pi y}{a} \\ 0 \end{pmatrix} \cdot \mathrm{e}^{-\mathrm{j}2\pi\sqrt{\frac{1}{\lambda^2} - \frac{2}{a^2}} \cdot z}.$$

Die Feldlinien können wir unter Auswertung der Ergebnisse der vorangegangenen beiden Aufgaben darstellen:

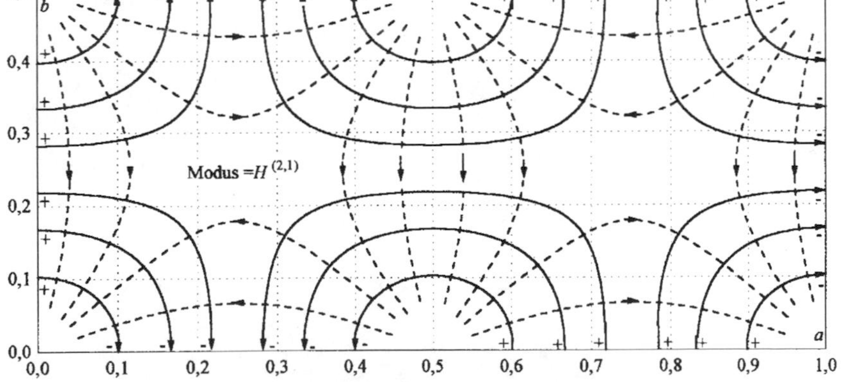

Aufgabe 5.4.3-1: Man berechne die Dämpfungskonstante α_{Skin} einer 150 MHz-TEM-Welle in einer unendlich ausgedehnten Parallelplattenkupferleitung mit Plattenabstand $a = 5$ cm.

Wir modifizieren die allgemeine Dämpfungsformel für den Fall der Parallelplattenleitung, indem wir berücksichtigen, daß in y-Richtung keine Wände vorhanden sind und außerdem der TEM-Ausbreitungsfall vorliegt. Damit gilt $H_{tW} = H_y(z)$; $H_x = 0$. Wegen der reinen z-Abhängigkeit kann die magnetische Feldstärke vor das jeweilige Integral gezogen werden und kürzt sich weg:

$$\alpha_{\text{Skin}} = \frac{\sqrt{\frac{\pi f \mu_0}{\kappa}} \oint\limits_{\square} H_{tW}^2 \mathrm{d}l}{2\eta \int\limits_0^b \int\limits_0^a \left(H_x^2 + H_y^2\right) \mathrm{d}x \mathrm{d}y} = \frac{\sqrt{\frac{\pi f \mu_0}{\kappa}} \cdot 2b}{2\eta ab} = \frac{1}{a}\sqrt{\frac{\pi f \varepsilon_0}{\kappa}} = 1{,}7 \cdot 10^{-4} \frac{\text{Np}}{\text{m}}.$$

Aufgabe 5.4.3-2: Man berechne näherungsweise die Dämpfungskonstante $\alpha_{z\varepsilon}$ eines H-Modus hinreichend oberhalb des Cutoff in einem Hohlleiter mit schwachen dielektrischen Verlusten in Abhängigkeit von $\tan\delta_\varepsilon$, β und Λ.

$$\underline{\gamma}_z = \alpha_z + \mathrm{j}\beta_z = \mathrm{j}\sqrt{\underline{\beta}^2 - \beta_c^2} - \mathrm{j}\sqrt{\omega^2 \mu(\varepsilon' - \mathrm{j}\varepsilon'') - \beta_c^2} =$$

$$= \mathrm{j}\sqrt{\omega^2 \mu\varepsilon' - \beta_c^2 - \mathrm{j}\omega^2 \mu\varepsilon''} = \mathrm{j}\sqrt{\omega^2 \mu\varepsilon' - \beta_c^2}\sqrt{1 - \mathrm{j}\underbrace{\frac{\omega^2 \mu\varepsilon''}{\omega^2 \mu\varepsilon' - \beta_c^2}}_{<<1}} \approx$$

$$\approx \mathrm{j}\sqrt{\omega^2 \mu\varepsilon' - \beta_c^2}\left(1 - \frac{\mathrm{j}}{2}\frac{\omega^2 \mu\varepsilon''}{\omega^2 \mu\varepsilon' - \beta_c^2}\right) = \mathrm{j}\sqrt{\omega^2 \mu\varepsilon' - \beta_c^2} + \frac{1}{2}\frac{\omega^2 \mu\varepsilon''}{\sqrt{\omega^2 \mu\varepsilon' - \beta_c^2}}.$$

$$\Rightarrow \quad \alpha_{z\varepsilon} \approx \frac{\omega^2 \mu\varepsilon''}{2\sqrt{\omega^2 \mu\varepsilon' - \beta_c^2}} = \frac{\omega^2 \mu\varepsilon' \tan\delta_\varepsilon}{2\sqrt{\omega^2 \mu\varepsilon'}\sqrt{1 - \left(\frac{\beta_c}{\sqrt{\omega^2 \mu\varepsilon'}}\right)^2}} \approx \frac{\beta \tan\delta_\varepsilon}{2\Lambda}.$$

Aufgabe 5.4.3-3: Die Hohlleitergüte Q ist definiert als $\omega \times$ im Hohlleiter momentan gespeicherter Energie zur Verlustenergie pro Sekunde. Man drücke Q durch f, α und v_G aus.

$$Q = \omega \frac{w}{\frac{\mathrm{d}w}{\mathrm{d}t}} = \omega \frac{w}{\frac{\mathrm{d}w}{\mathrm{d}z}\frac{\mathrm{d}z}{\mathrm{d}t}} = \omega \frac{P}{\frac{\mathrm{d}P}{\mathrm{d}z} v_G} = \frac{\omega}{2\alpha v_G} = \frac{\pi f}{\alpha v_G}.$$

***Aufgabe 5.4.3-4**: Man berechne die Dämpfungskonstante $\alpha^{(1,0)}$ des $H^{(1,0)}$-Grundmodus.

Wir modifizieren die allgemeine Dämpfungsformel für den Fall den Grundmodus, wobei wir gleich beachten, daß $H_y = 0$:

$$\alpha^{(1,0)} = \frac{R_\square \oint\limits_{\square} (H_{tW}^{(1,0)})^2 \mathrm{d}l}{2\eta_H^{(1,0)} \int\limits_0^b \int\limits_0^a (H_x^{(1,0)})^2 \mathrm{d}x \mathrm{d}y} = \frac{2R_\square \left(\int\limits_0^a (H_x^2 + H_z^2)\mathrm{d}x + \int\limits_0^b H_z^2 \mathrm{d}y\right)}{2\frac{\eta}{\Lambda} b \int\limits_0^a H_x^2 \mathrm{d}x} =$$

$$= \frac{R_\square \Lambda \left[\int_0^a \left((\frac{\beta_z a}{\pi})^2 \sin^2 \frac{\pi x}{a} + \cos^2 \frac{\pi x}{a} \right) dx + b \right]}{\eta b (\frac{\beta_z a}{\pi})^2 \int_0^a \sin^2 \frac{\pi x}{a} \cdot dx} = \frac{R_\square \Lambda \left(\Lambda^2 (\frac{\beta a}{\pi})^2 \frac{a}{2} + \frac{a}{2} + b \right)}{\eta b \Lambda^2 (\frac{\beta a}{\pi})^2 \frac{a}{2}} =$$

$$= \frac{R_\square}{\eta b \Lambda} (\Lambda^2 + \frac{\frac{a}{2} + b}{(\frac{\beta a}{\pi})^2 \frac{a}{2}}) = \frac{R_\square}{\eta b \Lambda} \left(1 - (\frac{f_c}{f})^2 + (\frac{f_c}{f})^2 (1 + \frac{2b}{a}) \right) = \frac{R_\square}{\eta \Lambda} \left(\frac{1}{b} + \frac{2}{a} (\frac{f_c}{f})^2 \right).$$

Aufgabe 5.6.3: Man berechne den Maximaldurchmesser *d* einer einmodigen Stufenprofilfaser mit Kern/Mantelbrechzahl von 1,45/1,44 im 2. optischen Fenster.

Die Einmodigkeit der Stufenprofilfaser wird durch den *V*-Parameter gleich der ersten Nullstelle der BESSELfunktion nullter Ordnung bestimmt:

$$2{,}405 \stackrel{!}{=} \beta_0 n(0) a \sqrt{2\Delta} = \frac{2\pi n(0)}{\lambda_0} \frac{d}{2} \sqrt{\frac{n^2(0) - n^2(a)}{n^2(0)}}$$

$$\Rightarrow \quad d = \frac{2{,}405 \cdot 1{,}3}{\pi \sqrt{1{,}45^2 - 1{,}44^2}} \mu\text{m} = 5{,}85 \mu\text{m}.$$

Mathematische Formelsammlung

a, b, c, d seien allgemeine Skalarfelder; **a, b, c, d** seien allgemeine Vektorfelder

Vektoralgebra:

Vektordarstellung:

in kartesischen Koordinaten: in Zylinderkoordinaten: in Kugelkoordinaten: koordinatenfrei:

$$\boldsymbol{a} = \begin{pmatrix} a_x \\ a_y \\ a_z \end{pmatrix} \qquad \begin{pmatrix} a_r \\ a_\varphi \\ a_z \end{pmatrix} \qquad \begin{pmatrix} a_r \\ a_\vartheta \\ a_\varphi \end{pmatrix} \qquad \begin{pmatrix} a_1 \\ a_2 \\ a_3 \end{pmatrix}.$$

Skalarprodukt:

$$\boldsymbol{a}\cdot\boldsymbol{b} = a_1 b_1 + a_2 b_2 + a_3 b_3 = ab\cos\angle(\boldsymbol{a},\boldsymbol{b}) = \boldsymbol{b}\cdot\boldsymbol{a} \qquad \boldsymbol{a}\cdot\boldsymbol{a} = a_1^2 + a_2^2 + a_3^2 = a^2$$

Einheitsvektor $\vec{e}_a$ in Richtung von $\boldsymbol{a}$:

$$\vec{e}_a = \frac{\boldsymbol{a}}{\sqrt{\boldsymbol{a}\cdot\boldsymbol{a}}} = \frac{\boldsymbol{a}}{a} = \frac{1}{\sqrt{a_1^2 + a_2^2 + a_3^2}} \begin{pmatrix} a_1 \\ a_2 \\ a_3 \end{pmatrix}.$$

Vektorprodukt:

$$\boldsymbol{a}\times\boldsymbol{b} = \begin{vmatrix} a_1 & b_1 & \vec{e}_1 \\ a_2 & b_2 & \vec{e}_2 \\ a_3 & b_3 & \vec{e}_3 \end{vmatrix} = \begin{pmatrix} a_2 b_3 - a_3 b_2 \\ a_3 b_1 - a_1 b_3 \\ a_1 b_2 - a_2 b_1 \end{pmatrix} = ab\sin\angle(\boldsymbol{a},\boldsymbol{b}) = -\,\boldsymbol{b}\times\boldsymbol{a} \qquad \boldsymbol{a}\times\boldsymbol{a} = 0.$$

Mehrfachvektorprodukte:

Spatprodukt: $(\boldsymbol{a}\times\boldsymbol{b})\cdot\boldsymbol{c} = (\boldsymbol{b}\times\boldsymbol{c})\cdot\boldsymbol{a} = (\boldsymbol{c}\times\boldsymbol{a})\cdot\boldsymbol{b} =$

$$= \begin{vmatrix} a_1 & b_1 & c_1 \\ a_2 & b_2 & c_2 \\ a_3 & b_3 & c_3 \end{vmatrix} = (a_2 b_3 - a_3 b_2)c_1 + (a_3 b_1 - a_1 b_3)c_2 + (a_1 b_2 - a_2 b_1)c_3$$

Doppelvektorprodukt:

$$\boldsymbol{a}\times(\boldsymbol{b}\times\boldsymbol{c}) = (\boldsymbol{a}\cdot\boldsymbol{c})\boldsymbol{b} - (\boldsymbol{a}\cdot\boldsymbol{b})\boldsymbol{c}$$

$$(\boldsymbol{a}\times\boldsymbol{b})\times\boldsymbol{c} = (\boldsymbol{a}\cdot\boldsymbol{c})\boldsymbol{b} - (\boldsymbol{b}\cdot\boldsymbol{c})\boldsymbol{a}$$

Skalarprodukt zweier Vektorprodukte: $(\boldsymbol{a}\times\boldsymbol{b})\cdot(\boldsymbol{c}\times\boldsymbol{d}) = (\boldsymbol{a}\cdot\boldsymbol{c})(\boldsymbol{b}\cdot\boldsymbol{d}) - (\boldsymbol{a}\cdot\boldsymbol{d})(\boldsymbol{b}\cdot\boldsymbol{c})$

Vektorprodukt zweier Vektorprodukte: $(\boldsymbol{a}\times\boldsymbol{b})\times(\boldsymbol{c}\times\boldsymbol{d}) = [(\boldsymbol{a}\times\boldsymbol{b})\cdot\boldsymbol{d}]\boldsymbol{c} - [(\boldsymbol{a}\times\boldsymbol{b})\cdot\boldsymbol{c}]\boldsymbol{d} =$

$$= [(\boldsymbol{a}\times\boldsymbol{c})\cdot\boldsymbol{d}]\boldsymbol{b} - [(\boldsymbol{b}\times\boldsymbol{c})\cdot\boldsymbol{d}]\boldsymbol{a}.$$

Vektoranalysis:

Weg, Strecke: l, $\boldsymbol{l}$; Fläche: A, $\boldsymbol{A}$ Volumen: V

Koordinatenumrechnungen:

kartesische Koordinaten:	Zylinderkoordinaten:	Kugelkoordinaten:
x, y, z	r, φ, z	r, ϑ, φ

Zylinder $\Rightarrow$ kartesisch: $x = r\cos\varphi$ $\quad y = r\sin\varphi$ $\quad z = z$

kartesisch $\Rightarrow$ Zylinder: $r = \sqrt{x^2 + y^2}$ $\quad \varphi = \begin{cases} \arctan\frac{y}{x} & \text{für } x \geq 0 \\ \arctan\frac{y}{x} + \pi & \text{für } x < 0 \end{cases}$

Kugel $\Rightarrow$ kartesisch: $x = r\sin\vartheta\cos\varphi$ $\quad y = r\sin\vartheta\sin\varphi$ $\quad z = r\cos\vartheta$

kartesisch $\Rightarrow$ Kugel: $r = \sqrt{x^2 + y^2 + z^2}$ $\quad \vartheta = \arccos\frac{z}{\sqrt{x^2 + y^2 + z^2}}$

$$\varphi = \begin{cases} \arctan\frac{y}{x} & \text{für } x \geq 0 \\ \arctan\frac{y}{x} + \pi & \text{für } x < 0 \end{cases}$$

Volumenelement: $\mathrm{d}V =$

in kartesischen Koordinaten:	in Zylinderkoordinaten:	in Kugelkoordinaten:
$\mathrm{d}x\mathrm{d}y\mathrm{d}z$	$r\mathrm{d}r\mathrm{d}\varphi\mathrm{d}z$	$r^2\mathrm{d}r\mathrm{d}\vartheta\sin\vartheta\mathrm{d}\varphi$

Gradient: $\nabla a = \mathrm{grad}a = \boldsymbol{b}$

in kartesischen Koordinaten: in Zylinderkoordinaten: in Kugelkoordinaten:

$$\begin{pmatrix} b_x \\ b_y \\ b_z \end{pmatrix} = \begin{pmatrix} \frac{\partial a}{\partial x} \\ \frac{\partial a}{\partial y} \\ \frac{\partial a}{\partial x} \end{pmatrix}; \quad \begin{pmatrix} b_r \\ b_\varphi \\ b_z \end{pmatrix} = \begin{pmatrix} \frac{\partial a}{\partial r} \\ \frac{1}{r}\frac{\partial a}{\partial \varphi} \\ \frac{\partial a}{\partial z} \end{pmatrix}; \quad \begin{pmatrix} b_r \\ b_\vartheta \\ b_\varphi \end{pmatrix} = \begin{pmatrix} \frac{\partial a}{\partial r} \\ \frac{1}{r}\frac{\partial a}{\partial \vartheta} \\ \frac{1}{r\sin\vartheta}\frac{\partial a}{\partial \varphi} \end{pmatrix}.$$

Gradientenintegralsatz: $\int \mathrm{grad}a \cdot \mathrm{d}\boldsymbol{l} = \int \mathrm{d}a$

$\mathrm{grad}(ab) = a\,\mathrm{grad}b + b\,\mathrm{grad}a$ $\quad$ $\mathrm{grad}\,\mathrm{div}\boldsymbol{a} = \mathrm{rot}\,\mathrm{rot}\boldsymbol{a} + \Delta\boldsymbol{a}$ $\quad$ $\mathrm{grad}f(a) = \frac{\partial f}{\partial a}\mathrm{grad}a$.

Divergenz: $\nabla \cdot \boldsymbol{a} = \mathrm{div}\boldsymbol{a}$

allgemeine Definition: $\mathrm{div}\boldsymbol{a} = \lim\limits_{V \to 0} \frac{1}{V} \oint\!\!\!\oint_{A \text{ um } V} \boldsymbol{a} \cdot \mathrm{d}\boldsymbol{A}$

in kartesischen Koordinaten:

$$\frac{\partial a_x}{\partial x}+\frac{\partial a_y}{\partial y}+\frac{\partial a_z}{\partial z}$$

in Zylinderkoordinaten:

$$\frac{1}{r}\frac{\partial r a_r}{\partial r}+\frac{1}{r}\frac{\partial a_\varphi}{\partial \varphi}+\frac{\partial a_z}{\partial z}$$

in Kugelkoordinaten:

$$\frac{1}{r^2}\frac{\partial r^2 a_r}{\partial r}+\frac{1}{r\sin\vartheta}\frac{\partial(\sin\vartheta\cdot a_\vartheta)}{\partial\vartheta}+\frac{1}{r\sin\vartheta}\frac{\partial a_\varphi}{\partial\varphi}.$$

div($a\boldsymbol{b}$) = $a$div$\boldsymbol{b}$ + $\boldsymbol{b}$·grad$a$; div($\boldsymbol{a}\times\boldsymbol{b}$) = $\boldsymbol{b}$·rot$\boldsymbol{a}$ – $\boldsymbol{a}$·rot$\boldsymbol{b}$; div grad$a$ = Δa; div rot$\boldsymbol{a}$ = 0.

Rotor: $\nabla\times\boldsymbol{a} = \mathrm{rot}\boldsymbol{a} = \boldsymbol{b}$

allgemeine Definition:

$$\vec{e}_{\perp A}\cdot \mathrm{rot}\boldsymbol{a} = \lim_{A\to 0}\frac{1}{A}\oint_{l\ \mathrm{um}\ A}\boldsymbol{a}\cdot \mathrm{d}\boldsymbol{l}$$

in kartesischen Koordinaten:

$$\begin{pmatrix} b_x\\ b_y\\ b_z\end{pmatrix}=\begin{vmatrix}\frac{\partial}{\partial x} & a_x & \vec{e}_x\\ \frac{\partial}{\partial y} & a_y & \vec{e}_y\\ \frac{\partial}{\partial z} & a_z & \vec{e}_z\end{vmatrix}=\begin{pmatrix}\frac{\partial a_z}{\partial y}-\frac{\partial a_y}{\partial z}\\ \frac{\partial a_x}{\partial z}-\frac{\partial a_z}{\partial x}\\ \frac{\partial a_y}{\partial x}-\frac{\partial a_x}{\partial y}\end{pmatrix}$$

in Zylinderkoordinaten:

$$\begin{pmatrix} b_r\\ b_\varphi\\ b_z\end{pmatrix}=\frac{1}{r}\begin{vmatrix}\frac{\partial}{\partial r} & a_r & \vec{e}_r\\ \frac{\partial}{\partial \varphi} & r a_\varphi & r\vec{e}_\varphi\\ \frac{\partial}{\partial z} & a_z & \vec{e}_z\end{vmatrix}=\begin{pmatrix}\frac{1}{r}\frac{\partial a_z}{\partial \varphi}-\frac{\partial a_\varphi}{\partial z}\\ \frac{\partial a_r}{\partial z}-\frac{\partial a_z}{\partial r}\\ \frac{1}{r}(\frac{\partial r a_\varphi}{\partial r}-\frac{\partial a_r}{\partial \varphi})\end{pmatrix}$$

in Kugelkoordinaten:

$$\begin{pmatrix} b_r\\ b_\vartheta\\ b_\varphi\end{pmatrix}=\frac{1}{r^2\sin\vartheta}\begin{vmatrix}\frac{\partial}{\partial r} & a_r & \vec{e}_r\\ \frac{\partial}{\partial \vartheta} & r a_\vartheta & r\vec{e}_\vartheta\\ \frac{\partial}{\partial \varphi} & r\sin\vartheta\cdot a_\varphi & r\sin\vartheta\cdot\vec{e}_\varphi\end{vmatrix}=\frac{1}{r}\begin{pmatrix}\frac{1}{\sin\vartheta}(\frac{\partial(\sin\vartheta\cdot a_\varphi)}{\partial\vartheta}-\frac{\partial a_\vartheta}{\partial\varphi})\\ \frac{1}{\sin\vartheta}\frac{\partial a_r}{\partial\varphi}-\frac{\partial r a_\varphi}{\partial r}\\ \frac{\partial r a_\vartheta}{\partial r}-\frac{\partial a_r}{\partial\vartheta}\end{pmatrix}.$$

rot($a\boldsymbol{b}$) = $a$rot$\boldsymbol{b}$ + grad$a\times\boldsymbol{b}$

rot($\boldsymbol{a}\times\boldsymbol{b}$) = ($\boldsymbol{b}$·grad)$\boldsymbol{a}$ – ($\boldsymbol{a}$·grad)$\boldsymbol{b}$ + $\boldsymbol{a}$div$\boldsymbol{b}$ – $\boldsymbol{b}$div$\boldsymbol{a}$

rot grad$a$ = 0

rot rot$\boldsymbol{a}$ = grad div$\boldsymbol{a}$ – $\Delta\boldsymbol{a}$.

LAPLACEoperator: $\Delta a = \nabla(\nabla a) = \nabla^2 a =$

in kartesischen Koordinaten:

$$\frac{\partial^2 a}{\partial x^2}+\frac{\partial^2 a}{\partial y^2}+\frac{\partial^2 a}{\partial z^2}$$

in Zylinderkoordinaten:

$$\frac{1}{r}\frac{\partial}{\partial r}(r\frac{\partial a}{\partial r})+\frac{1}{r^2}\frac{\partial^2 a}{\partial\varphi^2}+\frac{\partial^2 a}{\partial z^2}$$

in Kugelkoordinaten:

$$\frac{1}{r^2}\frac{\partial}{\partial r}(r^2\frac{\partial a}{\partial r})+\frac{1}{r^2\sin\vartheta}\frac{\partial}{\partial\vartheta}(\sin\vartheta\frac{\partial a}{\partial\vartheta})+\frac{1}{r^2\sin^2\vartheta}\frac{\partial^2 a}{\partial\varphi^2}.$$

Δa = div grad$a$ $\qquad$ $\Delta\boldsymbol{a}$ = grad div$\boldsymbol{a}$ – rot rot$\boldsymbol{a}$.

Trigonometrische und hyperbolische Umformungen:

$\cos(a \pm b) = \cos a \cdot \cos b \mp \sin a \cdot \sin b$

$\sin(a \pm b) = \sin a \cdot \cos b \pm \cos a \cdot \sin b$

$\cos a \cdot \cos b = ½[\cos(a-b) + \cos(a+b)]$

$\sin a \cdot \sin b = ½[\cos(a-b) - \cos(a+b)]$

$\cos a \cdot \sin b = ½[-\sin(a-b) + \sin(a+b)]$

$\sin a \cdot \cos b = ½[\sin(a-b) + \sin(a+b)]$

$\cos a + \cos b = 2\cos\frac{a+b}{2} \cdot \cos\frac{a-b}{2}$

$\sin a + \sin b = 2\sin\frac{a+b}{2} \cdot \cos\frac{a-b}{2}$

$\cos a - \cos b = -2\sin\frac{a+b}{2} \cdot \sin\frac{a-b}{2}$

$\sin a - \sin b = 2\cos\frac{a+b}{2} \cdot \sin\frac{a-b}{2}$

$\cos^2 a = ½(1 + \cos 2a)$

$\sin^2 a = ½(1 - \cos 2a)$

$\cos^2 a + \sin^2 a = 1$

$\cos^2 a - \sin^2 a = \cos 2a$

$\cos a \pm j\sin a = e^{\pm ja}$

$\cos a = \frac{1}{2}(e^{ja} + e^{-ja})$; $\sin a = \frac{1}{2j}(e^{ja} - e^{-ja})$

$\cos ja = \cosh a$ $\quad$ $\sin ja = j\sinh a$ $\quad$ $\tan ja = j\tanh a$ $\quad$ $\cot ja = -j\coth a$

$\cosh ja = \cos a$ $\quad$ $\sinh ja = j\sin a$ $\quad$ $\tanh ja = j\tan a$ $\quad$ $\coth ja = -j\cot a$

$\cosh^2 a + \sinh^2 a = \cosh 2a$

$\cosh^2 a - \sinh^2 a = 1$

$\cosh a \pm \sinh a = e^{\pm a}$

$\cosh a = \frac{1}{2}(e^{a} + e^{-a})$; $\sinh a = \frac{1}{2}(e^{a} - e^{-a})$

$\cosh(a \pm jb) = \cosh a \cdot \cos b \pm j\sinh a \cdot \sin b$

$\sinh(a \pm jb) = \sinh a \cdot \cos b \pm j\cosh a \cdot \sin b$

$\cosh^2 a = ½(\cosh 2a + 1)$

$\sinh^2 a = ½(\cosh 2a - 1)$

kleine Argumente: $\cosh a \approx (1 + \frac{a^2}{4})^2$; $|a| < 0{,}70$ $\quad$ $\sinh a \approx a + \frac{a^3}{6}$; $|a| < 0{,}84$

Reihenentwicklungen:

$\sqrt{1 \pm a} = 1 \pm \frac{a}{2} - \frac{a^2}{8} \pm \ldots$; $|a| < 1$

$\frac{1}{\sqrt{1 \pm a}} = 1 \mp \frac{a}{2} + \frac{3a^2}{8} \pm \ldots$; $|a| < 1$

Geometrische Reihe: $\sum_{i=1}^{n} a^{i-1} = \frac{1-a^n}{1-a}$; $a \neq 1$ $\quad$ $\sum_{i=1}^{\infty} a^{i-1} = \frac{1}{1-a}$; $|a| < 1.$

Physikalische Formelsammlung

1. MAXWELLgleichung: Durchflutungsgesetz

$$\Theta = \oint_{\substack{\text{Beliebiger}\\\text{Umlauf um } \Theta}} \boldsymbol{h} \cdot \mathrm{d}\boldsymbol{l} = \iint_{\substack{\text{Fläche des}\\\text{Umlaufs}}} \left(\boldsymbol{s} + \frac{\partial \boldsymbol{d}}{\partial t} \right) \cdot \mathrm{d}\boldsymbol{A}$$

$$\nabla \times \boldsymbol{h} = \mathrm{rot}\boldsymbol{h} = \boldsymbol{s} + \frac{\partial \boldsymbol{d}}{\partial t} \qquad -\frac{\partial h_y}{\partial z} = \kappa e_x + \varepsilon \frac{\partial e_x}{\partial t} \qquad -\frac{\partial i}{\partial z} = G' u + C' \frac{\partial u}{\partial t}$$

$$\mathrm{rot}\underline{\boldsymbol{H}} = (\kappa + \mathrm{j}\omega\varepsilon)\underline{\boldsymbol{E}} \qquad -\frac{\partial \underline{H}_y}{\partial z} = (\kappa + \mathrm{j}\omega\varepsilon)\underline{E}_x \qquad -\frac{\partial \underline{I}}{\partial z} = (G' + \mathrm{j}\omega C')\underline{U}$$

2. MAXWELLgleichung: Induktionsgesetz

$$\overset{\circ}{u} = \oint_{\substack{\text{Beliebiger}\\\text{Umlauf}}} \boldsymbol{e} \cdot \mathrm{d}\boldsymbol{l} = -\frac{\mathrm{d}}{\mathrm{d}t} \iint_{\substack{\text{Fläche des}\\\text{Umlaufs}}} \boldsymbol{b} \cdot \mathrm{d}\boldsymbol{a}$$

$$\nabla \times \boldsymbol{e} = \mathrm{rot}\boldsymbol{e} = -\frac{\partial \boldsymbol{b}}{\partial t} \qquad -\frac{\partial e_x}{\partial z} = \mu \frac{\partial h_y}{\partial t} \qquad -\frac{\partial u}{\partial z} = R' i + L' \frac{\partial i}{\partial t}$$

$$\mathrm{rot}\underline{\boldsymbol{E}} = -\mathrm{j}\omega\mu\underline{\boldsymbol{H}} \qquad -\frac{\partial \underline{E}_x}{\partial z} = \mathrm{j}\omega\mu \underline{H}_y \qquad -\frac{\partial \underline{U}}{\partial z} = (R' + \mathrm{j}\omega L')\underline{I}$$

3. MAXWELLgleichung: GAUßscher Satz der Elektrostatik

$$\overset{\circ}{\Psi} = q = \oiint_{\substack{\text{Bel. geschl.}\\\text{Hülle um } V}} \boldsymbol{d} \cdot \mathrm{d}\boldsymbol{A} = \iiint_V \rho \mathrm{d}V \qquad \nabla \cdot \boldsymbol{d} = \mathrm{div}\boldsymbol{d} = \rho$$

$$\overset{\circ}{i}_{\mathrm{tot}} = 0 = \oiint_{\substack{\text{Bel. geschl.}\\\text{Hülle um } V}} \left(\boldsymbol{s} + \frac{\partial \boldsymbol{d}}{\partial t} \right) \cdot \mathrm{d}\boldsymbol{A} \qquad \nabla \cdot \boldsymbol{s} = \mathrm{div}\boldsymbol{s} = -\frac{\partial \rho}{\partial t}$$

Kontinuitätsgleichung = Ladungserhaltung

$$\Delta\varphi = -\frac{\rho}{\varepsilon} \quad \text{bzw.} \quad \Delta\varphi = 0 \qquad \varphi = \frac{1}{4\pi\varepsilon} \iiint_V \frac{\rho \mathrm{d}V}{r}$$

POISSON/LAPLACE-gleichung mit Lösung

4. MAXWELLgleichung: Quellenfreiheit der Induktion

$$\overset{\circ}{\phi} = \oiint_{\substack{\text{Bel. geschl.}\\\text{Hülle}}} \boldsymbol{b} \cdot \mathrm{d}\boldsymbol{A} = 0 \qquad \nabla \cdot \boldsymbol{b} = \mathrm{div}\boldsymbol{b} = 0$$

$$\nabla \times \boldsymbol{a}_{\mathrm{m}} = \mathrm{rot}\boldsymbol{a}_{\mathrm{m}} = \boldsymbol{b} \quad \Rightarrow \quad \Delta\boldsymbol{a}_{\mathrm{m}} = -\mu\boldsymbol{s} \qquad \boldsymbol{a}_{\mathrm{m}} = \frac{\mu}{4\pi} \iiint_V \frac{\boldsymbol{s}\mathrm{d}V}{r}.$$

Vektorpotential mit Lösung

POYNTINGvektor und Leistung:

allgemein: $\wp = \boldsymbol{e} \times \boldsymbol{h} \quad \Rightarrow \quad p = \iint_A \wp \cdot \mathrm{d}\boldsymbol{A} = \iint_A (\boldsymbol{e} \times \boldsymbol{h}) \cdot \mathrm{d}\boldsymbol{A}$

komplexer zeitgemittelter POYNTINGvektor: $\underline{\mathcal{P}} = \frac{1}{2} \underline{\boldsymbol{E}} \times \underline{\boldsymbol{H}}^* = \frac{1}{2} \underline{\hat{\boldsymbol{E}}} \times \underline{\hat{\boldsymbol{H}}}^* \mathrm{e}^{-2\alpha z}$

komplexer zeitgemittelter POYNTINGvektorbetrag für TEM-Wellen: $\underline{\mathcal{P}} = \frac{1}{2} \underline{\hat{E} \hat{H}^*} = \frac{1}{2} \frac{\hat{E}^2}{\underline{\eta}^*} = \frac{1}{2} \hat{H}^2 \underline{\eta}$

zeitgemittelter POYNTINGvektor im verlustlosen Medium: $\mathcal{P} = \Re\{\underline{\mathcal{P}}\} = \frac{1}{2} \hat{E}^2 \sqrt{\frac{\varepsilon}{\mu}} = \frac{1}{2} \hat{H}^2 \sqrt{\frac{\mu}{\varepsilon}}$

Wirkleistung im verlustbehafteten Dielektrikum: $P = \frac{1}{2} \omega \varepsilon'' \hat{E}^2 V$.

Wellengleichungen, Telegrafengleichungen mit Lösungen:

im allgemeinen Medium bei allgemeiner Anregung, Lösung für sinusförmige Anregung:

$$\frac{\partial^2 a}{\partial z^2} = \mu\varepsilon \frac{\partial^2 a}{\partial t^2} + \mu\kappa \frac{\partial a}{\partial t}; \qquad \frac{\partial^2 a}{\partial z^2} = L'C' \frac{\partial^2 a}{\partial t^2} + (C'R' + L'G') \frac{\partial a}{\partial t} + R'G'a.$$

$$a(z,t) = \hat{A}\mathrm{e}^{\mp\alpha z} \cos(\omega t \mp \beta z + \varphi_0) = \Re\{\underline{a}(z,t)\} = \Re\{\underline{\hat{A}}\mathrm{e}^{\mp\alpha z + \mathrm{j}(\omega t \mp \beta z)}\}.$$

im verlustlosen Medium bei allgemeiner Anregung ($\alpha = 0$):

$$\frac{\partial^2 a}{\partial z^2} = \mu\varepsilon \frac{\partial^2 a}{\partial t^2}; \qquad \frac{\partial^2 a}{\partial z^2} = L'C' \frac{\partial^2 a}{\partial t^2}: \qquad a(z,t) = a(t \mp \frac{z}{v}).$$

HELMHOLTZgleichung, sinusförmige Telegrafengleichung: $\frac{\partial^2 \underline{A}}{\partial z^2} - \underline{\gamma}^2 \underline{A} = 0$

$$\frac{\partial^2 \underline{A}}{\partial z^2} - \mathrm{j}\omega\mu(\kappa + \mathrm{j}\omega\varepsilon)\underline{A} = 0; \qquad \frac{\partial^2 \underline{A}}{\partial z^2} - (R' + \mathrm{j}\omega L')(G' + \mathrm{j}\omega C')\underline{A} = 0;$$

$$\underline{a}(z,t) = \underline{\hat{A}}\mathrm{e}^{\mp\alpha z + \mathrm{j}(\omega t \mp \beta z)} = \underline{\hat{A}}\mathrm{e}^{\mathrm{j}\omega t \mp \underline{\gamma} z} = \underline{\hat{A}}\mathrm{e}^{\mp\underline{\gamma} z}\mathrm{e}^{\mathrm{j}\omega t} = \underline{A}(z)\mathrm{e}^{\mathrm{j}\omega t}.$$

im verlustlosen Medium ($\alpha = 0$):

$$\frac{\partial^2 \underline{A}}{\partial z^2} + \omega^2 \mu\varepsilon \underline{A} = 0; \qquad \frac{\partial^2 \underline{A}}{\partial z^2} + \omega^2 L'C' \underline{A} = 0.$$

(komplexe) Ausbreitungs/Fortpflanzungskonstante $\underline{\gamma}$, Übertragungsmaß g:

ungedämpft: $\underline{\gamma} = \mathrm{j}\beta = \mathrm{j}\omega\sqrt{\mu\varepsilon} = \mathrm{j}\omega\sqrt{L'C'}$

gedämpft: $\underline{\gamma} = \alpha + \mathrm{j}\beta = \sqrt{\mathrm{j}\omega\mu(\kappa + \mathrm{j}\omega\varepsilon)} = \sqrt{(R' + \mathrm{j}\omega L')(G' + \mathrm{j}\omega C')}$.

gut leitfähiges Medium: $\underline{\gamma} \approx \sqrt{\mathrm{j}\omega\mu\kappa} = \sqrt{\omega\mu\kappa}\,\mathrm{e}^{\mathrm{j}\frac{\pi}{4}} = \sqrt{\omega\mu\kappa}\,\frac{1+\mathrm{j}}{\sqrt{2}} = \sqrt{\pi f \mu\kappa}(1+\mathrm{j})$

Übertragungsmaß: $\underline{g} = \underline{\gamma} l = \alpha l + \mathrm{j}\beta l = a + \mathrm{j}b.$

Phasenkonstante bzw. **Wellenzahl** β, **Wellenlänge** λ:

ungedämpft: $\beta = \frac{2\pi}{\lambda} = \frac{\omega}{c} = \omega\sqrt{\mu\varepsilon} = \omega\sqrt{L'C'}$ $\quad \lambda = \frac{2\pi}{\beta} = \frac{c}{f} = \frac{1}{f\sqrt{L'C'}} = \frac{\lambda_0}{\sqrt{\varepsilon_r}} = \frac{\lambda_0}{n}$

gedämpft: $\beta = \frac{\omega}{c}\sqrt{\frac{1}{2}\left(\sqrt{1+(\frac{\kappa}{\omega\varepsilon})^2}+1\right)}$ $\quad \lambda = \frac{2\pi}{\beta} = \frac{1}{f\sqrt{\frac{\mu\varepsilon}{2}\left(\sqrt{1+(\frac{\kappa}{2\pi f\varepsilon})^2}+1\right)}}$

schwach leitfähiges Dielektr.: $\beta \approx \frac{\omega}{c}\left(1+\frac{1}{8}(\frac{\kappa}{\omega\varepsilon})^2\right)$ $\quad \lambda = \frac{2\pi}{\beta} \approx \frac{c}{f}\left(1-\frac{1}{8}(\frac{\kappa}{\omega\varepsilon})^2\right)$

gut leitfähiges Medium: $\beta \approx \sqrt{\pi f\mu\kappa}$ $\quad \lambda = \frac{2\pi}{\beta} \approx 2\pi\delta = 2\sqrt{\frac{\pi}{f\mu\kappa}} = \lambda_0\sqrt{\frac{2\omega\varepsilon_0}{\mu_r\kappa}}$

in Kupfer: $\beta_{\mathrm{Cu}} \approx \frac{15{,}1}{\mathrm{m}}\sqrt{\frac{f}{\mathrm{Hz}}}$ $\quad \lambda_{\mathrm{Cu}} \approx \frac{41{,}5\ \mathrm{cm}}{\sqrt{f/\mathrm{Hz}}}$

Hohlleiter-Wellenzahl: $\beta_z^{(\mathrm{m,n})} = \sqrt{\beta^2 - (\beta_c^{(\mathrm{m,n})})^2}$

Hohlleiter-Grenzwellenzahl: $\beta_c^{(\mathrm{m,n})} = \pi\sqrt{(\frac{m}{a})^2 + (\frac{n}{b})^2}$

Hohlleiter-Grenzwellenlänge: $\lambda_c^{(\mathrm{m,n})} = \frac{2}{\sqrt{(\frac{m}{a})^2 + (\frac{n}{b})^2}}$

Hohlleiter-Grenzfrequenz: $f_c^{(\mathrm{m,n})} = \frac{c}{2}\sqrt{(\frac{m}{a})^2 + (\frac{n}{b})^2}$

Dämpfungskonstante α, **Eindringtiefe** δ:

allgemein: $\alpha = \frac{\omega}{c}\sqrt{\frac{1}{2}\left(\sqrt{1+(\frac{\kappa}{\omega\varepsilon})^2}-1\right)}$ $\quad \delta = \frac{1}{\alpha} = \frac{1}{\omega\sqrt{\frac{\mu\varepsilon}{2}\left(\sqrt{1+(\frac{\kappa}{\omega\varepsilon})^2}-1\right)}}$

schwach leitfähiges Dielektr.: $\alpha \approx \frac{\kappa}{2}\sqrt{\frac{\mu}{\varepsilon}} = \frac{\kappa}{2}\eta$ $\quad \delta \approx \frac{2}{\kappa}\sqrt{\frac{\varepsilon}{\mu}} = \frac{2}{\kappa\eta}$

gut leitfähiges Medium: $\alpha \approx \sqrt{\pi f\mu\kappa}$ $\quad (\alpha_{\mathrm{Cu}} \approx \frac{15{,}1}{\mathrm{m}}\sqrt{\frac{f}{\mathrm{Hz}}})$ $\quad \delta \approx \frac{1}{\sqrt{\pi f\mu\kappa}}$ $\quad (\delta_{\mathrm{Cu}} \approx \frac{66\ \mathrm{mm}}{\sqrt{f/\mathrm{Hz}}})$

schwache Leitungsdämpfung: $\alpha \approx \underbrace{\frac{R'}{2}\sqrt{\frac{C'}{L'}}}_{\alpha_R} + \underbrace{\frac{G'}{2}\sqrt{\frac{L'}{C'}}}_{\alpha_G}$

schwache dielektrische Leitungsdämpfung: $\alpha_G \approx \pi f \sqrt{L'C'} \tan\delta_\varepsilon = \frac{\omega}{2c} \tan\delta_\varepsilon$

aperiodisch im Hohlleiter: $\alpha_z^{(m,n)} = \sqrt{(\frac{m\pi}{a})^2 + (\frac{n\pi}{b})^2 - (\frac{\omega}{c})^2}$

dielektrisch im Hohlleiter: $\alpha_{z\varepsilon} \approx \frac{\beta \tan\delta_\varepsilon}{2\sqrt{1-(f_c/f)^2}}$

Wandstrom im Hohlleiter:

$$\alpha_{z\mathrm{Skin}}^{(m,n)} = \frac{\sqrt{\frac{\pi f \mu}{\kappa}} \oint_{\square} (H_{\mathrm{tW}}^{(m,n)})^2 \mathrm{d}l}{2\eta_{\mathrm{E,H}}^{(m,n)} \int_0^b \int_0^a \left((H_x^{(m,n)})^2 + (H_y^{(m,n)})^2 \right) \mathrm{d}x\mathrm{d}y}$$

Wandstrom im Hohlleiter Grundmodus: $\alpha_{z\mathrm{Skin}}^{(1,0)} = \sqrt{\frac{\pi f \varepsilon / \kappa}{1-(f_c/f)^2}} \left(\frac{1}{b} + \frac{2}{a} (\frac{f_c}{f})^2 \right)$

Wandstrom TEM-Welle zwischen Parallelplatten: $\alpha_{\mathrm{Skin}} = \frac{1}{a}\sqrt{\frac{\pi f \varepsilon}{\kappa}}$.

Phasen- und Gruppengeschwindigkeit c, v_ϕ, v_G; -laufzeit τ_ϕ, τ_G:

Brechzahl: $n = \sqrt{\varepsilon_r} = \frac{c_0}{c}$ $\qquad N = \frac{c_0}{v_G}$

im Freiraum: $c_0 = \frac{1}{\tau_{\phi 0}} = 299\,792{,}458 \frac{\mathrm{km}}{\mathrm{s}} \approx 300\,000 \frac{\mathrm{km}}{\mathrm{s}}$

$$\tau_{\phi 0} = 3{,}335\,641 \frac{\mathrm{ns}}{\mathrm{m}} = 3{,}335\,641 \frac{\mu\mathrm{s}}{\mathrm{km}}$$

ungedämpft: $c = \frac{1}{\tau_\phi} = \lambda f = \frac{\omega}{\beta} = \frac{1}{\sqrt{\mu\varepsilon}} = \frac{1}{\sqrt{\mu_0\varepsilon_0}} \frac{1}{\sqrt{\mu_r\varepsilon_r}} = \frac{c_0}{n} = \frac{1}{\sqrt{L'C'}}$

gedämpft: $v_\phi = \frac{1}{\tau_\phi} = \frac{c}{\sqrt{\frac{1}{2}\left(\sqrt{1+(\frac{\kappa}{\omega\varepsilon})^2}+1\right)}} = \frac{c}{\sqrt{1+(\frac{\alpha c}{\omega})^2}} = c\sqrt{1-(\frac{\alpha}{\beta})^2}$

schwach leitfähiges Dielektrikum: $v_\phi \approx c\left(1 - \frac{1}{8}(\frac{\kappa}{\omega\varepsilon})^2\right)$

gut leitfähiges Medium: $v_\phi = \lambda f \approx 2\sqrt{\frac{\pi f}{\mu\kappa}} = c_0\sqrt{\frac{2\omega\varepsilon_0}{\mu_r\kappa}}$ $\qquad (v_{\phi\mathrm{Cu}} \approx 41{,}5\sqrt{\frac{f}{\mathrm{Hz}}}\frac{\mathrm{cm}}{\mathrm{s}})$

Gruppenlaufzeit und -geschwindigkeit, ungedämpft:
$$\tau_G = \frac{1}{v_G} = \frac{d\beta}{d\omega} = \tau_\phi\left(1+\frac{\omega}{c}\frac{dc}{d\omega}\right) = \tau_\phi\left(1+\frac{f}{n}\frac{dn}{df}\right) = \frac{1}{c_0}\left(n-\lambda\frac{dn}{d\lambda}\right)$$

Materialdispersion:
$$M = -\frac{d\tau_G}{d\lambda} = -\frac{1}{c_0}\frac{dN}{d\lambda} = \frac{\lambda}{c_0}\frac{d^2n}{d\lambda^2}$$

Phasengeschwindigkeit im Hohlleiter:
$$v_\phi = \frac{\omega}{\beta_z} = \lambda_z f = \frac{\omega}{\sqrt{\beta^2 - (\frac{m\pi}{a})^2 - (\frac{n\pi}{b})^2}} = \frac{c}{\sqrt{1-(\frac{f_c}{f})^2}} = \frac{c^2}{v_G}$$

Gruppengeschwindigkeit im Hohlleiter:
$$v_G = \frac{1}{d\beta_z/d\omega} = c\sqrt{1-(\frac{f_c}{f})^2} = \frac{c^2}{v_\phi}.$$

Feldwellenwiderstand η, Leitungswellenwiderstand Z_L:

im Freiraum:
$$\eta_0 = c_0\mu_0 = \frac{1}{c_0\varepsilon_0} = \sqrt{\frac{\mu_0}{\varepsilon_0}} \approx 120\pi\Omega = 376{,}63\Omega$$

ungedämpft:
$$\eta = \sqrt{\frac{\mu}{\varepsilon}} = \frac{\eta_0}{n} = c\mu = \frac{1}{c\varepsilon} \qquad Z_L = \sqrt{\frac{L'}{C'}} = \sqrt{\frac{L}{C}} = cL' = \frac{1}{cC'}$$

gedämpft:
$$\underline{\eta} = \sqrt{\frac{j\omega\mu}{\kappa + j\omega\varepsilon}} = \frac{j\omega\mu}{\underline{\gamma}} = \frac{\underline{\gamma}}{\kappa + j\omega\varepsilon} = \frac{\underline{E}_{hx}}{\underline{H}_{hy}} = -\frac{\underline{E}_{rx}}{\underline{H}_{ry}}$$
$$\underline{Z}_L = \sqrt{\frac{R'+j\omega L'}{G'+j\omega C'}} = \frac{R'+j\omega L'}{\underline{\gamma}} = \frac{\underline{\gamma}}{G'+j\omega C'} = \frac{\underline{U}_h}{\underline{I}_h} = -\frac{\underline{U}_r}{\underline{I}_r}$$

schwach leitfähiges Dielektrikum:
$$\underline{\eta} \approx \sqrt{\frac{\mu}{\varepsilon}}\left(1+j\frac{\kappa}{2\omega\varepsilon}\right) \qquad \underline{Z}_L \approx \sqrt{\frac{L'}{C'}}\left(1-\frac{j}{2\omega}(\frac{R'}{L'}-\frac{G'}{C'})\right)$$

gut leitfähiges Medium; Impedanz:
$$\underline{\eta} \approx \sqrt{\frac{j\omega\mu}{\kappa}} = \sqrt{\frac{\omega\mu}{\kappa}}e^{j\frac{\pi}{4}} = \sqrt{\frac{\pi f\mu}{\kappa}}(1+j); \qquad \underline{Z} = \underline{\eta}\frac{l}{b}$$

in Kupfer
$$\underline{\eta}_{Cu} \approx 2{,}61\cdot 10^{-7}\Omega(1+j)\sqrt{\frac{f}{Hz}}$$

Bandleitung:
$$Z_L \approx \frac{\eta_0}{\sqrt{\varepsilon_r}}\frac{a}{a+b}$$

Paralleldrahtleitung:
$$Z_L \approx \frac{\eta_0}{\pi\sqrt{\varepsilon_r}}\ln\frac{d}{a}$$

Koaxialleitung:
$$Z_L \approx \frac{\eta_0}{2\pi\sqrt{\varepsilon_r}}\ln\frac{b}{a}$$

Hohlleiter:
$$\eta_E = \frac{\beta_z}{\omega\varepsilon} = \mu v_G = \frac{1}{\varepsilon v_\phi} \qquad \eta_H = \frac{\omega\mu}{\beta_z} = \mu v_\phi = \frac{1}{\varepsilon v_G}.$$

Reflexionsfaktor(en) $\underline{r}$, Brechung, Transmissionsfaktor(en) $\underline{t}$, Welligkeit s:

normaler Einfall:

$$\underline{r} = \underline{r}_{\mathrm{e}} = -\underline{r}_{\mathrm{m}} = \frac{\underline{\eta}_2 - \underline{\eta}_1}{\underline{\eta}_2 + \underline{\eta}_1} = \frac{\hat{\underline{E}}_{\mathrm{r}}}{\hat{\underline{E}}_{\mathrm{h}}} = -\frac{\hat{\underline{H}}_{\mathrm{r}}}{\hat{\underline{H}}_{\mathrm{h}}}$$

$$\underline{t}_{\mathrm{e}} = \frac{2\underline{\eta}_2}{\underline{\eta}_2 + \underline{\eta}_1} = \frac{\hat{\underline{E}}_{\mathrm{t}}}{\hat{\underline{E}}_{\mathrm{h}}} \qquad \underline{t}_{\mathrm{m}} = \frac{2\underline{\eta}_1}{\underline{\eta}_1 + \underline{\eta}_2} = \frac{\underline{\eta}_1}{\underline{\eta}_2}\underline{t}_{\mathrm{e}} = \frac{\hat{\underline{H}}_{\mathrm{t}}}{\hat{\underline{H}}_{\mathrm{h}}}$$

ungedämpft:

$$r = r_{\mathrm{e}} = -r_{\mathrm{m}} = \frac{\sqrt{\varepsilon_1} - \sqrt{\varepsilon_2}}{\sqrt{\varepsilon_1} + \sqrt{\varepsilon_2}} = \frac{n_1 - n_2}{n_1 + n_2}$$

$$t_{\mathrm{e}} = \frac{2\sqrt{\varepsilon_1}}{\sqrt{\varepsilon_1} + \sqrt{\varepsilon_2}} = \frac{2n_1}{n_1 + n_2} \qquad t_{\mathrm{m}} = \frac{2\sqrt{\varepsilon_2}}{\sqrt{\varepsilon_2} + \sqrt{\varepsilon_1}} = \frac{2n_2}{n_2 + n_1}$$

Leitungen:

$$\underline{r}_{\mathrm{U}} = -\underline{r}_{\mathrm{I}} = \frac{\underline{Z}_{\mathrm{L2}} - \underline{Z}_{\mathrm{L1}}}{\underline{Z}_{\mathrm{L2}} + \underline{Z}_{\mathrm{L1}}} = \frac{\hat{\underline{U}}_{\mathrm{r}}}{\hat{\underline{U}}_{\mathrm{h}}} = -\frac{\hat{\underline{I}}_{\mathrm{r}}}{\hat{\underline{I}}_{\mathrm{h}}} \qquad r = \frac{s-1}{s+1} = \frac{1-m}{1+m}$$

lokaler Leitungsreflexionsfaktor:

$$\underline{r}(z) = \underline{r}_{\mathrm{U}}(z) = -\underline{r}_{\mathrm{I}}(z) = \frac{\underline{Z}(z) - \underline{Z}_{\mathrm{L}}}{\underline{Z}(z) + \underline{Z}_{\mathrm{L}}} = \frac{U_{\mathrm{r}}(z)}{U_{\mathrm{h}}(z)} = -\frac{I_{\mathrm{r}}(z)}{I_{\mathrm{h}}(z)}$$

Anpassung: $\underline{r}_{\mathrm{e}} = \underline{r}_{\mathrm{U}} = 0 \qquad \underline{r}_{\mathrm{m}} = \underline{r}_{\mathrm{I}} = 0$

Kurzschluß: $\underline{r}_{\mathrm{e}} = \underline{r}_{\mathrm{U}} = -1, \qquad \underline{r}_{\mathrm{m}} = \underline{r}_{\mathrm{I}} = +1$

Leerlauf: $\underline{r}_{\mathrm{e}} = \underline{r}_{\mathrm{U}} = +1, \qquad \underline{r}_{\mathrm{m}} = \underline{r}_{\mathrm{I}} = -1$

schräger Einfall, verlustloses Medium, vertikale Polarisation:

$$r_{\mathrm{ev}} = \frac{\sqrt{\varepsilon_2/\varepsilon_1 - \sin^2\theta_1} - \varepsilon_2/\varepsilon_1 \cdot \cos\theta_1}{\sqrt{\varepsilon_2/\varepsilon_1 - \sin^2\theta_1} + \varepsilon_2/\varepsilon_1 \cdot \cos\theta_1}$$

$$t_{\mathrm{ev}} = \frac{2}{\sqrt{1 - \varepsilon_1/\varepsilon_2 \cdot \sin^2\theta_1}/\cos\theta_1 + \sqrt{\varepsilon_2/\varepsilon_1}}$$

schräger Einfall, verlustloses Medium, horizontale Polarisation:

$$r_{\mathrm{eh}} = \frac{\cos\theta_1 - \sqrt{\varepsilon_2/\varepsilon_1 - \sin^2\theta_1}}{\cos\theta_1 + \sqrt{\varepsilon_2/\varepsilon_1 - \sin^2\theta_1}}$$

$$t_{\mathrm{eh}} = \frac{2}{\sqrt{\varepsilon_1/\varepsilon_2 - \sin^2\theta_1}/\cos\theta_1 + 1}$$

SNELLIUSsches Brechungsgesetz:

$$\frac{\sin\theta_1}{\sin\theta_2} = \frac{n_2}{n_1} = \sqrt{\frac{\varepsilon_2}{\varepsilon_1}} = \frac{\beta_2}{\beta_1} = \frac{c_1}{c_2} = \frac{\lambda_1}{\lambda_2} = \frac{\eta_1}{\eta_2}$$

Grenzwinkel der Totalreflexion $\theta_{1\mathrm{tot}}$:

$$\sin\theta_{1\mathrm{tot}} = \sqrt{\frac{\varepsilon_2}{\varepsilon_1}} = \frac{n_2}{n_1}$$

BREWSTER-winkel $\theta_{1\mathrm{B}}$:

$$\tan\theta_{1\mathrm{B}} = \sqrt{\frac{\varepsilon_2}{\varepsilon_1}} = \frac{n_2}{n_1}$$

Hohlleiter:

$$\cos\theta = \sqrt{1 - \left(\frac{f_{\mathrm{c}}}{f}\right)^2} = \frac{\beta_z}{\beta} = \frac{\lambda}{\lambda_z} = \frac{c}{v_\phi} = \frac{v_{\mathrm{G}}}{c} = \frac{\eta_{\mathrm{E}}}{\eta} = \frac{\eta}{\eta_{\mathrm{H}}}.$$

Leitungsgleichungen:

allgemein: $\underline{\hat{U}}_1 = \underline{\hat{U}}_2 \cosh \underline{g} + \underline{\hat{I}}_2 \underline{Z}_L \sinh \underline{g}$ $\qquad$ $\underline{\hat{I}}_1 = \underline{\hat{I}}_2 \cosh \underline{g} + \dfrac{\underline{\hat{U}}_2}{\underline{Z}_L} \sinh \underline{g}$

$\underline{U}(z) = \underline{\hat{U}}_2 \cosh \underline{\gamma}\zeta + \underline{\hat{I}}_2 \underline{Z}_L \sinh \underline{\gamma}\zeta;$ $\qquad$ $\underline{I}(z) = \underline{\hat{I}}_2 \cosh \underline{\gamma}\zeta + \dfrac{\underline{\hat{U}}_2}{\underline{Z}_L} \sinh \underline{\gamma}\zeta$

verlustlos: $\underline{\hat{U}}_1 = \underline{\hat{U}}_2 \cos b + \mathrm{j}\underline{\hat{I}}_2 Z_L \sin b;$ $\qquad$ $\underline{\hat{I}}_1 = \underline{\hat{I}}_2 \cos b + \mathrm{j}\dfrac{\underline{\hat{U}}_2}{Z_L} \sin b$

$\underline{U}(z) = \underline{\hat{U}}_2 \cos \beta\zeta, + \mathrm{j}\underline{\hat{I}}_2 Z_L \sin \beta\zeta;$ $\qquad$ $\underline{I}(z) = \underline{\hat{I}}_2 \cos \beta\zeta + \mathrm{j}\dfrac{\underline{\hat{U}}_2}{Z_L} \sin \beta\zeta$

Leitungswiderstände:

allgemein: $$\underline{Z}_1 = \frac{\underline{\hat{U}}_1}{\underline{\hat{I}}_1} = \frac{\underline{Z}_2 \cosh \underline{g} + \underline{Z}_L \sinh \underline{g}}{\cosh \underline{g} + \underline{Z}_2/\underline{Z}_L \cdot \sinh \underline{g}} = \underline{Z}_2 \frac{1 + \underline{Z}_L/\underline{Z}_2 \cdot \tanh \underline{g}}{1 + \underline{Z}_2/\underline{Z}_L \cdot \tanh \underline{g}}$$

$$\underline{Z}(z) = \frac{\underline{U}(z)}{\underline{I}(z)} = \underline{Z}_2 \frac{1 + \underline{Z}_L/\underline{Z}_2 \cdot \tanh \underline{\gamma}\zeta}{1 + \underline{Z}_2/\underline{Z}_L \cdot \tanh \underline{\gamma}\zeta} = \underline{Z}_L \frac{\underline{Z}_2 + \underline{Z}_L \tanh \underline{\gamma}\zeta}{\underline{Z}_L + \underline{Z}_2 \tanh \underline{\gamma}\zeta}$$

verlustlos: $$\underline{Z}_1 = \underline{Z}_2 \frac{1 + \mathrm{j}Z_L/\underline{Z}_2 \cdot \tan b}{1 + \mathrm{j}\underline{Z}_2/Z_L \cdot \tan b} = Z_L \frac{\underline{Z}_2 + \mathrm{j}Z_L \tan b}{Z_L + \mathrm{j}\underline{Z}_2 \tan b}$$

$$\underline{Z}(z) = \underline{Z}_2 \frac{1 + \mathrm{j}Z_L/\underline{Z}_2 \cdot \tan \beta\zeta}{1 + \mathrm{j}\underline{Z}_2/Z_L \cdot \tan \beta\zeta} = Z_L \frac{\underline{Z}_2 + \mathrm{j}Z_L \tan \beta\zeta}{Z_L + \mathrm{j}\underline{Z}_2 \tan \beta\zeta}$$

Anpassung: $\underline{Z}_2 = \underline{Z}_L$: $\quad \underline{Z}_{1A} = \underline{Z}_2 = \underline{Z}_L$.

Kurzschluß: $\underline{Z}_2 = 0$: $\quad \underline{Z}_{1K} = \underline{Z}_L \tanh \underline{g};$ $\quad$ verlustlos: $\underline{Z}_{1K} = \mathrm{j}Z_L \tan b = \mathrm{j}X_{1K}$.

Leerlauf: $\underline{Z}_2 = \infty;$ $\quad \underline{Z}_{1L} = \underline{Z}_L \coth \underline{g};$ $\quad$ verlustlos: $\underline{Z}_{1L} = -\mathrm{j}Z_L \cot b = \mathrm{j}X_{1L}$

verlustlose $\lambda/4$-Leitung: $\underline{Z}_1 = \dfrac{\underline{Z}_L^2}{\underline{Z}_2};$ $\quad \underline{Z}_L = \sqrt{\underline{Z}_1 \underline{Z}_2};$ $\quad \dfrac{\underline{Z}_1}{Z_L} = \dfrac{Z_L}{\underline{Z}_2}.$

verlustlose $\lambda/2$-Leitung: $\underline{Z}_1 = \underline{Z}_2$.

Hohlleiter: *E (TM)* - Wellen: $\qquad$ *H (TE)* - Wellen:

E (TM) - Wellen	*H (TE)* - Wellen
$\underline{E}_x(x,y) = -\mathrm{j}\underline{\hat{E}}_z \dfrac{\beta_z}{\beta_c^2} \dfrac{m\pi}{a} \cos\dfrac{m\pi x}{a} \cdot \sin\dfrac{n\pi y}{b}$	$\mathrm{j}\underline{\hat{H}}_z \dfrac{\omega\mu}{\beta_c^2} \dfrac{n\pi}{b} \cos\dfrac{m\pi x}{a} \cdot \sin\dfrac{n\pi y}{b}$
$\underline{E}_y(x,y) = -\mathrm{j}\underline{\hat{E}}_z \dfrac{\beta_z}{\beta_c^2} \dfrac{n\pi}{b} \sin\dfrac{m\pi x}{a} \cdot \cos\dfrac{n\pi y}{b}$	$-\mathrm{j}\underline{\hat{H}}_z \dfrac{\omega\mu}{\beta_c^2} \dfrac{m\pi}{a} \sin\dfrac{m\pi x}{a} \cdot \cos\dfrac{n\pi y}{b}$
$\underline{E}_z(x,y) = \underline{\hat{E}}_z \sin\dfrac{m\pi x}{a} \cdot \sin\dfrac{n\pi y}{b}$	0
$\underline{H}_x(x,y) = \mathrm{j}\underline{\hat{E}}_z \dfrac{\omega\varepsilon}{\beta_c^2} \dfrac{n\pi}{b} \sin\dfrac{m\pi x}{a} \cdot \cos\dfrac{n\pi y}{b}$	$\mathrm{j}\underline{\hat{H}}_z \dfrac{\beta_z}{\beta_c^2} \dfrac{m\pi}{a} \sin\dfrac{m\pi x}{a} \cdot \cos\dfrac{n\pi y}{b}$
$\underline{H}_y(x,y) = -\mathrm{j}\underline{\hat{E}}_z \dfrac{\omega\varepsilon}{\beta_c^2} \dfrac{m\pi}{a} \cos\dfrac{m\pi x}{a} \cdot \sin\dfrac{n\pi y}{b}$	$\mathrm{j}\underline{\hat{H}}_z \dfrac{\beta_z}{\beta_c^2} \dfrac{n\pi}{b} \cos\dfrac{m\pi x}{a} \cdot \sin\dfrac{n\pi y}{b}.$
$\underline{H}_z(x,y) = 0$	$\underline{\hat{H}}_z \cos\dfrac{m\pi x}{a} \cdot \cos\dfrac{n\pi y}{b}$

Konstanten und Materialgrößen

Bezeichnung:	Literal	Zahlenwert	Einheit
Freiraumlichtgeschwindigkeit	c_0	299 792 458	m/s
Freiraumlichtlaufzeit	$\tau_{\phi 0} = 1/c_0$	3,335 640 952 ...	ns/m
magnetische Feldkonstante	μ_0	$4\pi \cdot 10^{-7}$	Vs/Am
elektrische Feldkonstante	$\varepsilon_0 = 1/\mu_0 c_0^2$	$8{,}854\ 187\ 817... \cdot 10^{-12}$	As/Vm
Freiraumfeldwellenwiderstand	$\eta_0 = \mu_0 c_0$	376,730 313 ...	Ω
PLANCKsches Wirkungsquantum	h	$6{,}626\ 075\ 5\underline{40} \cdot 10^{-34}$	Ws/Hz
	$h/2\pi$	$1{,}054\ 572\ 66\underline{6\ 3} \cdot 10^{-34}$	Ws^2
Elementarladung	e	$1{,}602\ 177\ 33\underline{4\ 9} \cdot 10^{-19}$	As = C
	e/h	$2{,}417\ 988\ 36\underline{7\ 2} \cdot 10^{14}$	A/Ws
BOHRradius	a_0	$5{,}291\ 772\ 49\underline{2\ 4} \cdot 10^{-11}$	m
Ruhemasse des Elektrons	m_e	$9{,}109\ 389\ 7\underline{54} \cdot 10^{-31}$	kg
spezifische Elektronenladung	$-e/m_e$	$-1{,}758\ 819\ 62\underline{5\ 3} \cdot 10^{11}$	C/kg
(klassischer) Elektronenradius	r_e	$2{,}817\ 940\ 92\underline{3\ 8} \cdot 10^{-15}$	m
spez. elektrischer Leitwert von Kupfer	κ_{Cu}	58	Sm/mm^2
Eindringtiefe einer elektromagnetischen Welle der Frequenz f in Kupfer	δ_{Cu}	$\frac{66}{\sqrt{f / Hz}}$	mm

Unterstreichungen stellen die aktuellen physikalischen Unsicherheiten dar.

Literaturverzeichnis

Die Literaturliste ist nach Sachgebieten unterteilt. Da das im Buch dargestellte Wissen Allgemeingut der heutigen Technik ist, werden keine expliziten Literaturverweise im Text angegeben.

Mathematik:

Abramowitz M, Stegun I A (1970) Handbook of mathematical functions. Dover Publ Inc, New York

Bronstejn et al (1995) Taschenbuch der Mathematik. Harri Deutsch, Frankfurt

Stöcker (Hrsg.) (1993) Taschenbuch mathematischer Formeln und moderner Verfahren, Harri Deutsch, Frankfurt

Watson G N (1958) A treatise on the theory of BESSEL-Functions. University Press, Cambridge

Physik (mit Feldern und Wellen):

Bergmann L, Schäfer C (1971) Lehrbuch der Experimentalphysik, Band II: Elektrizität und Magnetismus. Walter de Gruyter, Berlin

Dransfeld K, Kienle P (1994) Physik II - Elektrodynamik. Oldenbourg, München

Feynman R (1973) Vorlesungen über Physik, Band II: Elektromagnetische Wellen und Materie. Oldenbourg, München

Jelitto R (1987) Theoretische Physik 3 - Elektrodynamik, Aula Verlag, Wiesbaden

Morse P M, Feshbach H (1953) Methods of theoretical physics. Mc Graw Hill Book Company

Orear J (1991) Physik. Carl Hanser, München

Schulz et al (1996) Experimentalphysik für Ingenieure. Vieweg, Braunschweig

Elektrische und magnetische Felder (hauptsächlich; teilweise auch Wellen):

Baldomir D, Hammond P (1996) Geometry of electromagnetic systems. Oxford University Press

Edminister J.A (1984) Elektromagnetismus - Theorie und Anwendung. McGraw-Hill, Hamburg

Frohne H (1994) Elektrische und magnetische Felder. B.G. Teubner, Stuttgart.

Hammond, P (1971) Applied electromagnetism. Pergamon Press, Oxford

Hayt W H (1989) Engineering electromagnetics. McGraw-Hill, New York

Jackson J D (1975) Classical electrodynamics. John Wiley & Sons, New York

Küpfmüller K, Kohn G (1993) Theoretische Elektrotechnik und Elektronik - Eine Einführung. Springer, Berlin

Lautz G (1985) Elektromagnetische Felder. B.G. Teubner, Stuttgart

Lehner G (1996) Elektromagnetische Feldtheorie für Ingenieure und Physiker. Springer, Berlin

Marinescu M (1996) Elektrische und magnetische Felder - Eine praxisorientierte Einführung. Springer, Berlin

Moon P, Spencer D E (1988) Field theory handbook. Springer, Berlin

Pfestorf G K M, Siebert J (1969) Kleines Lehrbuch der Elektrotechnik - Elektrische und magnetische Felder als Grundlage der Elektrotechnik. Vieweg, Braunschweig

Seidel H U, Wagner E (1992) Allgemeine Elektrotechnik Bände 1 & 2. Carl Hanser, München

Strassacker (1992) Rotation, Divergenz und das Drumherum - eine Einführung in die elektromagnetische Feldtheorie. B.G. Teubner, Stuttgart

Stratton J A (1941) Electromagnetic theory. McGraw-Hill, New York

Wolff I (1996) Grundl. und Anwendungen d. Maxwell'schen Theorie, Band I. VDI-Verlag, Düsseld.

Wolff I (1992) Grundlagen und Anwendungen der Maxwell'schen Theorie, Band II. BI-Wissenschaftsverlag, Mannheim

Elektromagnetische Wellen (hauptsächlich) und Felder:

Armbrüster H (1973) Elektromagnetische Wellen. Siemens AG, Berlin/München

Armbrüster H, Grünberger G (1978) Elektromagnetische Wellen im Hochfrequenzbereich. Hüthig & Pflaum Verlag, München

Henne (1966) Einführung in die Höchstfrequenztechnik. Kordass & Münch Verlag, München

Kraus J D (1984) Electromagnetics. McGraw-Hill Publishing, New York

Meinke H H, Gundlach F W (1992) Taschenbuch der Hochfrequenztechnik. Band 1: Grundlagen. Band 2: Komponenten, Band 3: Systeme. Springer, Berlin

Meinke H H (1963) Elektromagnetische Wellen - eine unsichtbare Welt. Springer, Berlin

Meinke H H (1966) Einführung in die Elektrotechnik höherer Frequenzen. Springer, Berlin

Nibler F (1975) Elektromagnetische Wellen - Ausbreitung und Abstrahlung. R. Oldenbourg Verlag, München Wien

Pehl E (1988/9) Mikrowellentechnik. Band 1: Wellenleitungen und Leitungsbausteine, Band 2: Antennen und aktive Bauteile. Dr. Alfred Hüthig, Heidelberg

Piefke G (1977) Feldtheorie I - III. Bibliographisches Institut, Mannheim

Ramo et al (1965) Fields and waves in communication electronics. John Wiley & Sons, New York

Russer P (1996) Felder und Wellen in der Hochfrequenztechnik. Springer, Berlin

Schilling H (1975) Elektromagnetische Felder und Wellen. Harri Deutsch, Zürich

Schwab A J (1993) Begriffswelt der Feldtheorie. Springer, Berlin

Unger H G (1987) Elektromagnetische Wellen I & II. Vorlesungsscript FernUni Hagen

Unger H G (1980) Elektromagnetische Wellen auf Leitungen. Vorlesungsscript FernUni Hagen

Wagner K W (1953) Elektromagnetische Wellen. Birkhäuser, Basel Stuttgart

Zinke O, Brunswig H (1990) Lehrbuch der Hochfrequenztechnik. Springer, Berlin

Nachrichtentechnik zu Kap. 4 und 5 (geführte Wellen):

Freyer U (1988) Nachrichtenübertragungstechnik. Carl Hanser, München

Herter E, Lörcher W (1994) Nachrichtentechnik. Carl Hanser, München

Schumny H (1978) Signalübertragung. Vieweg, Braunschweig

Stoll D (1979) Einführung in die Nachrichtentechnik. AEG-Telefunken, Berlin, Frankfurt

Numerische Methoden der Feld- und Wellenberechnung:

Hafner C (1987) Numerische Berechnung elektromagnetischer Felder. Springer, Berlin

Hammond P, Sykulski J K (1994) Engineering electromagnetism - physical processes and computation. Oxford University Press

Harrington R F (1995) Field Computation by Moment Methods. Oxford University Press

Hoole S R, Hoole P R (1995) A modern short course in engineering electromagnetics. Oxford University Press

Kost A (1994) Numerische Methoden in der Berechnung elektromagnetischer Felder. Springer, Berlin

Für Fortgeschrittene:

Blume S (1991) Theorie elektromagnetischer Felder. Hüthig, Heidelberg

Chen H C (1983) Theory of electromagnetic waves. McGraw-Hill, New York

Christopoulos C (1995) The transmission-line modelling method: TLM. Oxford University Press

Colin R E (1995) Field theory of guided waves. Oxford University Press

Dudley D G (1995) Mathematical foundations for electromagnetic theory. Oxford University Press

Elliot R S (1995) Electromagnetics - history, theory and applications. Oxford University Press

Felsen L B, Marcuvitz N (1995) Radiation and scattering of waves. Oxford University Press

Harrington R F (1961) Time-harmonic electromagnetic fields. McGraw-Hill, New York

Jones D S (1986) Acoustic and electromagnetic waves. Clarendon Press, Oxford

Jones D S (1995) Methods in electromagnetic waves propagation. Oxford University Press

Jordan E C, Balmain K G (1968) Electromagnetic waves and radiating systems. Prentice-Hall, Englewood Cliffs

Kong J A (1986) Electromagnetic wave theory, John Wiley & Sons, New York

Kröger R, Unbehauen R (1987) Technische Elektrodynamik. B.G.Teubner, Stuttgart

Lindell I (1995) Methods for electromagnetic field analysis. Oxford University Press

Papas C H (1965) Theory of electromagnetic wave propagation. McGraw-Hill, New York

Simonyi K (1993) Theoretische Elektrotechnik. Barth Verlagsgesellschaft. Berlin

Tai, C T (1995) Dyadic Green functions in electromagnetic theory. Oxford University Press

Tai, C T (1995) Generalized vector and dyadic analysis, Oxford University Press

Weiss A. von (1964) Die elektromagnetischen Feldgrößen. R. Oldenbourg, München

Wunsch G (1974) Feldtheorie. Bände 1 & 2. Dr. Alfred Hüthig, Heidelberg

Normen:

DIN VDE 0888, Teil 1/6.88 Lichtwellenleiter für die Nachrichtentechnik - Begriffe

DIN VDE 1324, Teile 1,2,3 Elektromagnetisches Feld

Fa. Siemens (1991) Technische Tabellen - Größen, Formeln, Begriffe

Sachverzeichnis

Druck: Mercedesdruck, Berlin
Verarbeitung: Buchbinderei Lüderitz & Bauer, Berlin